DELIUS KLASING

Dr. Etzold
Diplom-Ingenieur für Fahrzeugtechnik

So wird's gemacht

pflegen – warten – reparieren

Band 88

Mercedes C-Klasse (Typ 202) und T-Modell

Benziner
1,8 l/ 90 kW (122 PS) 6/93 – 5/00
2,0 l/100 kW (136 PS) 1/94 – 5/00
2,2 l/110 kW (150 PS) 6/93 – 5/96
2,3 l/110 kW (150 PS) 6/96 – 5/97
2,3 l/142 kW (193 PS) 8/95 – 5/00
2,4 l/125 kW (170 PS) 6/97 – 5/00
2,8 l/142 kW (193 PS) 6/93 – 5/97
2,8 l/145 kW (197 PS) 6/97 – 5/00

Delius Klasing Verlag

Redaktion: Günter Skrobanek (Text),
Christine Etzold (Bild)

Bibliografische Information der Deutschen Nationalbibliothek

Die Deutsche Nationalbibliothek verzeichnet diese Publikation
in der Deutschen Nationalbibliografie; detaillierte bibliografische
Daten sind im Internet über http://dnb.dnb.de abrufbar.

14. Auflage
ISBN 978-3-7688-0818-7

Alle Angaben ohne Gewähr
Druck: Kunst- und Werbedruck, Bad Oeynhausen
Printed in Germany 2022

Alle in diesem Buch enthaltenen Angaben und Daten wurden von dem Autor nach bestem Wissen erstellt und von ihm sowie vom Verlag mit der gebotenen Sorgfalt überprüft. Gleichwohl können wir keinerlei Gewähr oder Haftung für die Richtigkeit, Vollständigkeit und Aktualität der bereitgestellten Informationen übernehmen.

Delius Klasing Verlag, Siekerwall 21, D-33602 Bielefeld
Tel.: 0521/559-0, Fax: 0521/559-115
E-mail: info@delius-klasing.de
www.delius-klasing.de
http://sowirdsgemacht.com

Lieber Leser

in letzter Zeit werde ich von Autofahrern des öfteren angesprochen und gefragt, ob man bei den modernen Fahrzeugen überhaupt noch etwas selbst reparieren kann. Es ist richtig, daß viele Einstell- und Kontrollarbeiten nicht mehr erforderlich sind. Weggefallen sind beispielsweise das Einstellen von Zündung, Ventilspiel und Leerlauf. Und durch den vermehrten Einbau von langzeitstabilen Bauteilen, zu denen beispielsweise die elektronischen Zünd- und Einspritzanlagen zählen, entfällt der Austausch von Verschleißteilen. Andere Arbeiten wiederum, wie das Überprüfen elektronischer Bauteile, sind nur noch mit teuren Prüfgeräten möglich.

Obwohl also das Fahrzeug technisch immer aufwendiger und komplizierter wird, greifen dennoch immer mehr Heimwerker zum »So wird's gemacht«-Handbuch. Die Erklärung dafür ist einfach: Weil die Technik des Automobils komplizierter geworden ist, kommt man bei Arbeiten am Fahrzeug ohne eine spezielle Anleitung nicht mehr aus. Zudem gibt es nach wie vor am Auto eine Reihe von Verschleißteilen, die in regelmäßigen Abständen kontrolliert und gegebenenfalls ausgewechselt werden müssen. Dazu zählen vor allem Bremsbeläge, Stoßdämpfer sowie Teile der Abgasanlage.

Grundsätzlich sollte man nur Arbeiten durchführen, die man sich selbst zutraut. Das gilt insbesondere natürlich bei Arbeiten, die die Verkehrssicherheit des Fahrzeugs beeinträchtigen können. Gerade in diesem Punkt sorgt das »So wird's gemacht«-Handbuch für praktizierte Verkehrssicherheit. Durch die exakte Beschreibung der erforderlichen Arbeitsschritte und den nötigen Warnhinweisen wird der Heimwerker bei der Arbeit entsprechend sensibilisiert und fachlich richtig informiert. Auch wird darauf hingewiesen, im Zweifelsfall die Arbeit lieber von einem Fachmann durchführen zu lassen.

Vor jedem Arbeitsgang empfiehlt sich ein Blick in das vorliegende Buch. Dadurch werden schnell der Umfang und auch der Schwierigkeitsgrad der Reparatur deutlich. Außerdem erfahren Sie, welche Ersatz- oder Verschleißteile eingekauft werden müssen und ob unter Umständen die Arbeit nur mit Hilfe von Spezialwerkzeug durchgeführt werden kann.

Für die meisten Schraubverbindungen ist das Anzugsmoment angegeben. Bei Schraubverbindungen, die in jedem Fall mit einem Drehmomentschlüssel angezogen werden müssen (Zylinderkopf, Achsverbindungen usw.), ist der Wert **f e t t** gedruckt. Nach Möglichkeit sollte man jede Schraubverbindung mit einem Drehmomentschlüssel anziehen. Übrigens: Für viele Schraubverbindungen sind Innen- und Außen-Torxschlüssel erforderlich.

Auch der fachkundige Hobbymonteur, der sein Fahrzeug selbst wartet und repariert, sollte bedenken, daß der Fachmann viel Erfahrung hat und durch die Weiterschulung und den ständigen Erfahrungsaustausch über den neuesten Technik-Stand verfügt. Mithin kann es für die Überwachung und Erhaltung der Betriebs- und Verkehrssicherheit des eigenen Fahrzeugs sinnvoll sein, in regelmäßigen Abständen eine MERCEDES-Werkstatt aufzusuchen.

Natürlich kann das vorliegende Buch nicht auf jede aktuelle, technische Frage eingehen. Dennoch hoffe ich, daß die getroffene Auswahl an Reparatur-, Wartungs- und Pflegehinweisen in den meisten Fällen die eventuell auftretenden Probleme zufriedenstellend löst.

Rüdiger Etzold

Inhaltsverzeichnis

Motor . . . 11
- Die wichtigsten Motordaten . . . 13
- Motor aus- und einbauen . . . 14
- Die Motordurchlüftung . . . 19
- Untere Motorraumabdeckung aus- und einbauen . . . 20
- Kernlochdeckel aus- und einbauen . . . 21
- Kettenspanner aus- und einbauen . . . 22
- Zylinderkopfdeckel aus- und einbauen (4-Zylinder-Motor) . . . 23
- Zylinderkopf/Zylinderkopfdichtung aus- und einbauen (4-Zylinder-Motor) . . . 24
- Nockenwellen aus- und einbauen (4-Zylinder-Motor) . . 27
- Nockenwellen-Grundstellung prüfen/ einstellen (4-Zylinder-Motor) . . . 29
- Zylinderkopfdeckel aus- und einbauen (V6-Zylinder-Motor) . . . 30
- Zylinderkopf/Zylinderkopfdichtung aus- und einbauen (V6-Zylinder-Motor) . . . 30
- Nockenwelle aus- und einbauen (V6-Zylinder-Motor) . . . 33
- Nockenwellen-Grundstellung prüfen/ einstellen (V6-Zylinder-Motor) . . . 34
- Zylinderkopfdeckel aus- und einbauen (Reihen-6-Zylinder-Motor) . . . 35
- Zylinderkopf/Zylinderkopfdichtung aus- und einbauen (Reihen-6-Zylinder-Motor) . . . 36
- Nockenwellen aus- und einbauen (Reihen-6-Zylinder-Motor) . . . 39
- Nockenwellen-Grundstellung prüfen (Reihen-6-Zylinder-Motor) . . . 40
- Hydraulische Tassenstößel prüfen . . . 41
- Ventilschaftabdichtungen ersetzen . . . 42
- Ventil aus- und einbauen . . . 44
- Ventilführungen prüfen . . . 45
- Kompression prüfen . . . 46
- Keilrippenriemen aus- und einbauen/spannen . . . 48
- **Störungsdiagnose Motor** . . . 51

Motor-Schmierung . . . 52
- Der Ölkreislauf . . . 53
- Die Ölstandanzeige . . . 54
- Öldruckregelventil aus- und einbauen . . . 55
- Ölwanne aus- und einbauen . . . 56
- Ölpumpe aus- und einbauen . . . 58
- Ölstandgeber aus- und einbauen . . . 58
- **Störungsdiagnose Ölkreislauf** . . . 58

Motor-Kühlung . . . 59
- Der Kühlmittelkreislauf . . . 59
- Kühlmittel ablassen und auffüllen . . . 60
- Kühler-Frostschutzmittel/Mischungsverhältnis . . . 62
- Kühlmittelregler (Thermostat) prüfen . . . 62
- Kühlsystem prüfen . . . 63
- Kühlmittelregler (Thermostat) aus- und einbauen . . . 65
- Lüfterhaube aus- und einbauen . . . 66
- Visco-Lüfterkupplung aus- und einbauen . . . 67
- Kühler aus- und einbauen . . . 68
- Kühlmittelpumpe aus- und einbauen . . . 70
- **Störungsdiagnose Motor-Kühlung** . . . 72
- **Störungsdiagnose Kühlmittelstandanzeige** . . . 72

Zündung/Zündkerzen . . . 73
- Sicherheitsmaßnahmen zur elektronischen Zündanlage . . . 73
- Zündspulen aus- und einbauen . . . 74
- Zündkerzen aus- und einbauen/prüfen . . . 76
- Anpassung an die Kraftstoffqualität . . . 77
- Zündkerzentechnik . . . 78
- Zündkerzenwerte für die C-Klasse-Motoren . . . 78

Kraftstoffanlage . . . 79
- Sauberkeitsregeln bei Arbeiten an der Kraftstoffversorgung . . . 79
- Kraftstoff ablassen und auffüllen . . . 79
- Der Kraftstoffbehälter . . . 80
- Tankgeber aus- und einbauen . . . 80
- Kraftstoffpumpe aus- und einbauen . . . 81
- Kraftstoffilter aus- und einbauen . . . 82
- Luftfilter aus- und einbauen . . . 83
- Luftfilter-Querrohr aus- und einbauen . . . 84
- Saugrohr aus- und einbauen . . . 84
- Gaszug/Drosselklappengestänge einstellen . . . 86
- Gaszug aus- und einbauen . . . 87

Benzin-Einspritzanlage . . . 88
- Die PMS- und HFM- Motorsteuerung . . . 89
- Luftmassenmesser aus- und einbauen . . . 91
- Kühlmittel-Temperaturfühler aus- und einbauen/prüfen . . . 91
- Ansaugluft-Temperaturfühler aus- und einbauen/prüfen . . . 92
- Unterdruckanschlüsse . . . 93
- Kraftstoffverteiler mit Einspritzventilen aus- und einbauen . . . 94
- Einspritzventile aus- und einbauen . . . 95
- Lambdasonde aus- und einbauen . . . 95
- **Störungsdiagnose Benzin-Einspritzanlage** . . . 96

Abgasanlage . . . 97
- Abgasanlage aus- und einbauen . . . 98
- Funktion des Katalysators . . . 99
- Sicherheitsregeln für Katalysator- fahrzeuge . . . 99
- Abgasanlage auf Dichtigkeit prüfen . . . 100
- Mittel- und Nachschalldämpfer aus- und einbauen . . 100

Kupplung 101
Kupplung aus- und einbauen/prüfen 102
Dicke der Kupplungsscheibe in eingebautem Zustand prüfen 102
Ausrücklager aus- und einbauen 104
Kupplungsbetätigung entlüften/ Hydraulikflüssigkeit erneuern 105
Störungsdiagnose Kupplung 106

Getriebe/Schaltung/Automatikgetriebe 107
Getriebe aus- und einbauen 108
Die Schaltung 110
Schaltung einstellen 111
Automatikgetriebe 112
Abschleppen von Fahrzeugen mit Automatik 112
Ölstand im automatischen Getriebe prüfen 112
Automatikgetriebeöl und Filter wechseln 113
Steuerdruckzug einstellen 114
Schaltstange einstellen. 115

Vorderachse 116
Stoßdämpfer aus- und einbauen 117
Stoßdämpfer prüfen/verschrotten 117
Schraubenfeder vorn aus- und einbauen 118
Radlagerspiel vorn einstellen 119
Querstabilisator aus- und einbauen 121

Hinterachse 122
Stoßdämpfer hinten aus- und einbauen 123
Schraubenfeder hinten aus- und einbauen 124
Hinterachswelle aus- und einbauen 126
Hinterachswelle zerlegen/ Gummimanschetten ersetzen 127

Lenkung 130
Airbag-Sicherheitshinweise 131
Airbageinheit am Lenkrad aus- und einbauen 131
Lenkrad aus- und einbauen 132
Lenk-Spurstange aus- und einbauen 132
Staubmanschetten für Spurstangen- und Lenkstangengelenke aus- und einbauen 133
Lenkhilfpumpe aus- und einbauen 134

Fahrzeugvermessung. 135
Vorderachsen-Vorspur prüfen/einstellen 136

Bremsanlage 137
Technische Daten Bremsanlage 140
Bremsbeläge vorn aus- und einbauen 140
Scheibenbremsbeläge hinten aus- und einbauen . . . 144
Bremsscheibendicke/Seitenschlag prüfen 146
Bremssattel aus- und einbauen 147
Bremsscheibe vorn aus- und einbauen 148
Bremsscheibe hinten aus- und einbauen 149
Die Bremsflüssigkeit 149
Bremsanlage entlüften 149
Bremsleitung/Bremsschlauch ersetzen 150
Bremskraftverstärker prüfen 152
Die Feststellbremse 153
Pedal für Feststellbremse/vorderen Seilzug aus- und einbauen 153
Bremsbacken für Feststellbremse aus- und einbauen 154
Feststellbremse einstellen 156
Bremslichtschalter aus- und einbauen 156
Störungsdiagnose Bremse 158

Räder und Reifen 160
Reifenfülldruck 161
Austauschen der Räder/Laufrichtung beachten 161
Auswuchten von Rädern 162
Reifen- und Scheibenrad- Bezeichnungen/ Herstellungsdatum 163
Reifenpflegetips 163
Schneeketten 164
Störungsdiagnose Reifen 164

Karosserie 165
Sicherheitshinweise bei Karosseriearbeiten 166
Vordertür aus- und einbauen 166
Tür einstellen 167
Hintertür aus- und einbauen 168
Türgriff für Vordertür aus- und einbauen 169
Türgriff Hintertür aus- und einbauen 170
Türschloß aus- und einbauen 170
Türinnenverkleidung aus- und einbauen 171
Fensterheber vorn aus- und einbauen 173
Türfenster vorn einstellen 173
Fensterheber hinten aus- und einbauen 174
Türfenster vorn aus- und einbauen 175
Fensterhebermotor aus- und einbauen 176
Handschuhkasten aus- und einbauen 176
Abdeckung für Schalthebel aus- und einbauen 177
Aschenbecher vorn aus- und einbauen 178
Mittelkonsole aus- und einbauen. 178
Bedienblende für Heizung aus- und einbauen 179
Innenverkleidung A-Säule aus- und einbauen 180
Innenverkleidung C-Säule aus- und einbauen 180
Vordersitz aus- und einbauen 181
Rücksitz aus- und einbauen 182
Die Zentralverriegelung 182
Zentralverriegelungselemente aus- und einbauen . . 183
Außenspiegel/Spiegelglas aus- und einbauen 184
Abdeckung unter Armaturentafel aus- und einbauen . 184
Stoßfänger vorn aus- und einbauen 185
Stoßfänger hinten aus- und einbauen 185
Innenkotflügel aus- und einbauen 186
Kotflügel aus- und einbauen 186
Kühlergrill/Mercedes-Stern aus- und einbauen 187
Motorhaubenzug aus- und einhängen 188
Abdeckung unterhalb Windschutzscheibe aus- und einbauen 188
Lufteintritt Heizung aus- und einbauen. 189
Wassersammler aus- und einbauen 189

Lackierung . . . 191
Steinschlagschäden ausbessern . . . 191
Karosserie ausbeulen/Rostlöcher ausbessern . . . 192
Lackierung vorbereiten . . . 192

Heizung . . . 195
Vorwiderstand aus- und einbauen . . . 196
Heizgebläse aus- und einbauen . . . 196
Bediengerät für Heizung aus- und einbauen . . . 197
Störungsdiagnose Heizung . . . 198

Elektrische Anlage . . . 199
Meßgeräte . . . 199
Meßtechnik . . . 200
Elektrisches Zubehör nachträglich einbauen . . . 201
Fehlersuche in der elektrischen Anlage . . . 202
Schalter auf Durchgang prüfen . . . 203
Relais prüfen . . . 203
Scheibenwischermotor prüfen . . . 204
Blinkanlage prüfen . . . 204
Bremslicht prüfen . . . 204
Heizbare Heckscheibe prüfen . . . 205
Hupe aus- und einbauen . . . 205
Sicherungen auswechseln . . . 205
Relaisbelegung . . . 207
Batterie aus- und einbauen . . . 207
Hinweise zur wartungsarmen Batterie . . . 208
Batterie prüfen . . . 208
Batterie entlädt sich selbständig . . . 209
Batterie laden . . . 209
Batterie lagern . . . 210
Störungsdiagnose Batterie . . . 211
Der Generator . . . 212
Sicherheitshinweise bei Arbeiten am Drehstromgenerator . . . 212
Generator aus- und einbauen . . . 212
Generator-Ladespannung prüfen . . . 213
Schleifkohlen für Generator/Spannungsregler ersetzen/prüfen . . . 213
Störungsdiagnose Generator . . . 214
Der Anlasser . . . 215
Magnetschalter prüfen/aus- und einbauen . . . 215
Anlasser aus- und einbauen . . . 216
Störungsdiagnose Anlasser . . . 217

Beleuchtungsanlage . . . 218
Lampentabelle . . . 218
Glühlampe für Abblendlicht/Fernlicht/Nebellicht auswechseln . . . 219
Glühlampe für Blinkleuchte vorn/seitlich auswechseln . . . 219
Glühlampe für Heckleuchte auswechseln . . . 220
Glühlampe für Kennzeichenleuchte auswechseln . . . 220
Innenraumleuchte aus- und einbauen/Glühlampe wechseln . . . 220
Blinkleuchte aus- und einbauen . . . 221
Scheinwerfer einstellen . . . 221
Scheinwerfer aus- und einbauen . . . 222
Heckleuchte aus- und einbauen . . . 223

Armaturen . . . 224
Schalttafeleinsatz aus- und einbauen . . . 224
Glühlampen im Schalttafeleinsatz ersetzen . . . 225
Blinker-/Wischerschalter aus- und einbauen . . . 226
Lichtschalter aus- und einbauen . . . 227
Radio aus- und einbauen . . . 228
Antenne aus- und einbauen . . . 229
Teleskop für automatische Antenne aus- und einbauen . . . 229
Lautsprecher aus- und einbauen . . . 230

Scheibenwischeranlage . . . 231
Scheibenwischergummi ersetzen . . . 231
Scheibenwaschdüse einstellen . . . 232
Scheinwerfer-Waschdüse einstellen . . . 232
Wischeranlage/Wischermotor aus- und einbauen . . . 233
Heckwischermotor aus- und einbauen . . . 235
Störungsdiagnose Scheibenwischergummi . . . 236

Wagenpflege . . . 237
Fahrzeug waschen . . . 237
Lackierung pflegen . . . 237
Unterbodenschutz/Hohlraumkonservierung . . . 238
Polsterbezüge pflegen . . . 238

Motorstarthilfe . . . 239

Fahrzeug abschleppen . . . 240

Fahrzeug aufbocken . . . 241

Werkzeug . . . 243

Wartung MERCEDES C-Klasse . . . 244
Wartungsplan 6/93 – 5/97 . . . 244
Wartungsplan ab 6/97 . . . 245

Wartungsarbeiten . . . 247
Motor und Abgasanlage . . . 247
Motorölwechsel . . . 247
Sichtprüfung auf Ölverlust . . . 248
Motorölstand prüfen . . . 249
Keilrippenriemen: Zustand prüfen . . . 249
Zündkerzen ersetzen/elektrische Anschlüsse prüfen . . . 250
Gasbetätigung schmieren . . . 250
Kühlmittelstand prüfen . . . 250
Frostschutz prüfen . . . 251
Kühlsystem-Sichtprüfung auf Dichtheit . . . 251
Klimaanlage: Kältemittelstand prüfen . . . 251
Luftfiltereinsatz wechseln . . . 252
Sichtprüfung der Abgasanlage . . . 252
Getriebe/Achsantrieb . . . 253
Gelenkscheiben der Gelenkwelle prüfen . . . 253
Gummimanschetten der Achswellen prüfen . . . 253
Sichtprüfung auf Dichtheit . . . 253
Ölstand im Ausgleichgetriebe prüfen . . . 253

Vorderachse/Lenkung 254
Lenkungsspiel prüfen 254
Vorderachsgelenke prüfen 254
Befestigungsschrauben am Lenkgetriebe nachziehen 255
Ölstand für Servolenkung/Niveauregulierung prüfen . 255
Ölstand Niveauregulierung/ASD prüfen 255
Bremsen/Reifen/Räder 256
Sichtprüfung der Bremsleitungen 256
Bremsbelagdicke prüfen 256
Bremsflüssigkeitsstand prüfen 256
Bremsflüssigkeit wechseln 257
Reifenprofil prüfen 257
Reifenventil prüfen 258
Reifenfülldruck prüfen 258
Karosserie/Innenausstattung 258
Staubfiltereinsatz erneuern 258
Motorhaube schmieren 258
Sichtprüfung aller Sicherheitsgurte 259
Schiebedach fetten 259
Elektrische Anlage 259
Kontrolleuchten/Außenbeleuchtung: Funktion prüfen . 259
Batterie: Flüssigkeitsstand prüfen 260
Teleskopstab der Antenne reinigen 260
Serviceanzeige im Schaltafeleinsatz zurücksetzen . . 260

Schaltpläne 261
Der Umgang mit dem Schaltplan 261
Abkürzungen in den Schaltplänen 261
Kabelfarbcode/Kabelquerschnitt 262
Schaltpläne 262
Anordnung der Massestellen 262

Motor

Für die MERCEDES C-Klasse stehen flüssigkeitsgekühlte Reihenmotoren zur Verfügung, die je nach Hubraum 4, 6 oder 8 Zylinder aufweisen.

Das Triebwerk ist im Motorraum längs zur Fahrtrichtung eingebaut und kann nur mit einem geeigneten Kran nach oben herausgehoben werden.

In den aus Grauguß bestehenden Motorblock sind die Zylinderbohrungen eingelassen. Bei hohem Verschleiß oder Riefen an den Zylinderwänden können die Zylinder von einer Fachwerkstatt gehont, also ausgeschliffen werden. Anschließend müssen dann allerdings Kolben mit Übermaß eingebaut werden. Im unteren Teil des Motorblocks befindet sich die Kurbelwelle, die von den Kurbelwellenlagern abgestützt wird. Über Gleitlager sind die Pleuel, die die Verbindung zu den Kolben herstellen, mit der Kurbelwelle verbunden. Den unteren Abschluß des Motors bildet die Ölwanne, in der sich das für die Schmierung und Kühlung erforderliche Motoröl sammelt. Oben auf den Motorblock ist der Leichtmetall-Zylinderkopf aufgeschraubt. Er besteht aus Aluminium, weil dieses Metall eine bessere Wärmeleitfähigkeit und ein geringeres spezifisches Gewicht gegenüber Grauguß aufweist.

Der Zylinderkopf ist nach dem sogenannten Querstromprinzip aufgebaut. Das bedeutet, daß das frische Kraftstoff-Luftgemisch auf der einen Seite des Zylinderkopfes einströmt, während die verbrannten Gase auf der gegenüberliegenden Seite ausgestoßen werden. Durch die Querstrom-Anordnung ist ein schneller Gaswechsel sichergestellt. Im Zylinderkopf befinden sich 2 Nockenwellen; eine für die Einlaß- die andere für die Auslaßventile. Die Ventile werden von den Nockenwellen über Tassenstößel direkt betätigt. Hydraulische Tassenstößel sorgen automatisch für ein gleichmäßiges Ventilspiel unter allen Betriebsbedingungen. Dadurch entfällt im Rahmen der Wartung das Einstellen des Ventilspiels.

Für die Motorschmierung sorgt eine Ölpumpe, die vorn am Zylinderkurbelgehäuse befestigt ist und von einer zusätzlichen Rollenkette angetrieben wird. Das im Ölsumpf angesaugte Öl gelangt über Bohrungen und Leitungen zu den Lagern der Kurbelwelle und den Nockenwellen sowie in die Zylinderlaufbahnen.

Die Kühlmittelpumpe sitzt beim 4-Zylinder- und V6-Motor vorn im Motorblock, beim Reihen-6-Zylinder-Motor ist sie seitlich am Motorblock angeflanscht. Der Antrieb der Pumpe erfolgt über einen Keilrippenriemen, der unter anderem auch den Generator und die Lenkhilfpumpe antreibt. Zu beachten ist, daß der Kühlmittelkreislauf ganzjährig mit einer Mischung aus Kühlerfrost- und Korrosionsschutzmittel sowie kalkarmem Wasser befüllt sein muß.

Für die Aufbereitung eines zündfähigen Kraftstoff-Luftgemisches steht eine vollelektronisch gesteuerte Zünd- und Einspritzanlage zur Verfügung. Die Zünd- und Einspritzanlage ist praktisch wartungsfrei.

Fahrgestellnummer

Anhand der Fahrgestellnummer kann das Fahrzeugmodell identifiziert werden. In der Fahrgestellnummer sind Modellreihe und Karosserievariante verschlüsselt aufgeführt.

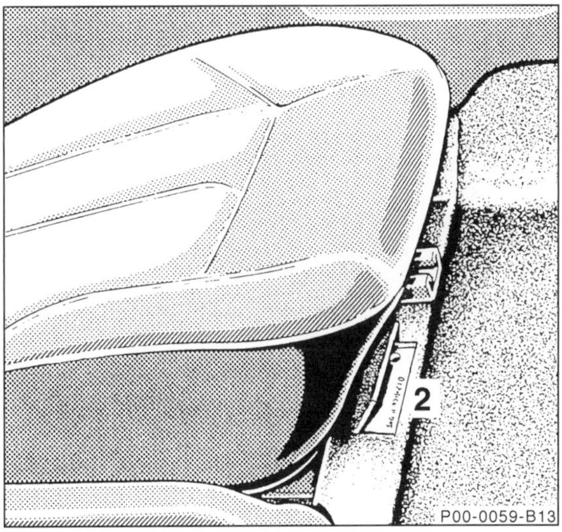

Die Fahrgestellnummer (Fahrzeug-Identifizierungsnummer) ist vor dem rechten Vordersitz in das Karosserie-Bodenblech eingeprägt sowie auf dem Typschild im Motorraum (am Träger oberhalb der Scheinwerfer).

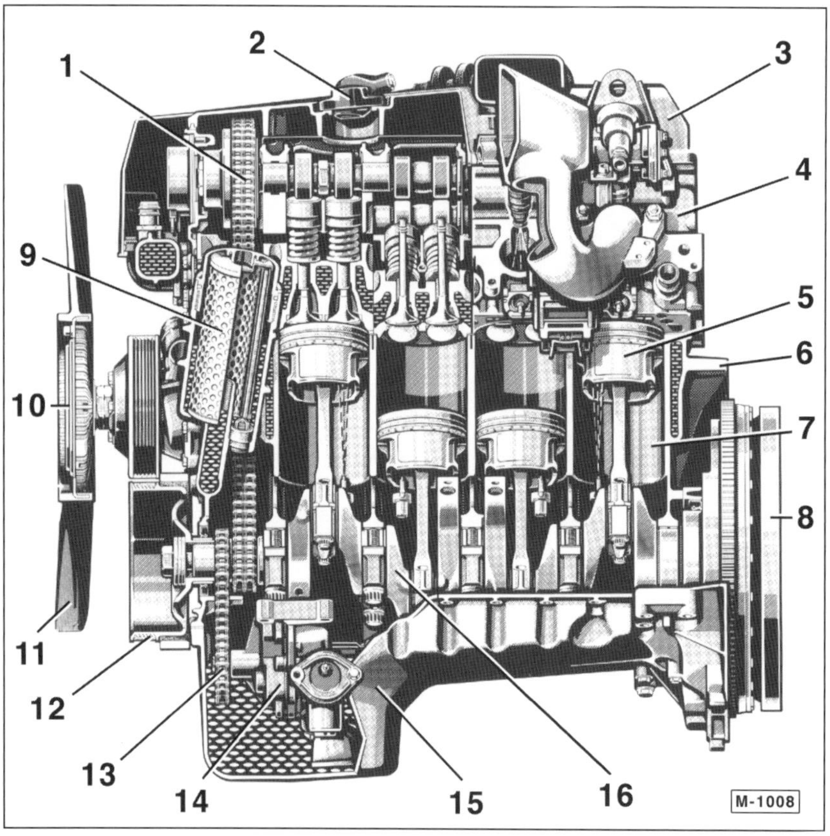

1 – Doppelrollenkette
2 – Öleinfülldeckel
3 – Zylinderkopfdeckel
4 – Zylinderkopf
5 – Kolben
6 – Motorblock
7 – Zylinder
8 – Schwungrad
9 – Ölfilter
10 – Viskosekupplung
11 – Lüfterrad
12 – Kurbelwellen-Riemenscheibe
13 – Kette für Ölpumpenantrieb
14 – Ölpumpe
15 – Ölwanne
16 – Kurbelwelle

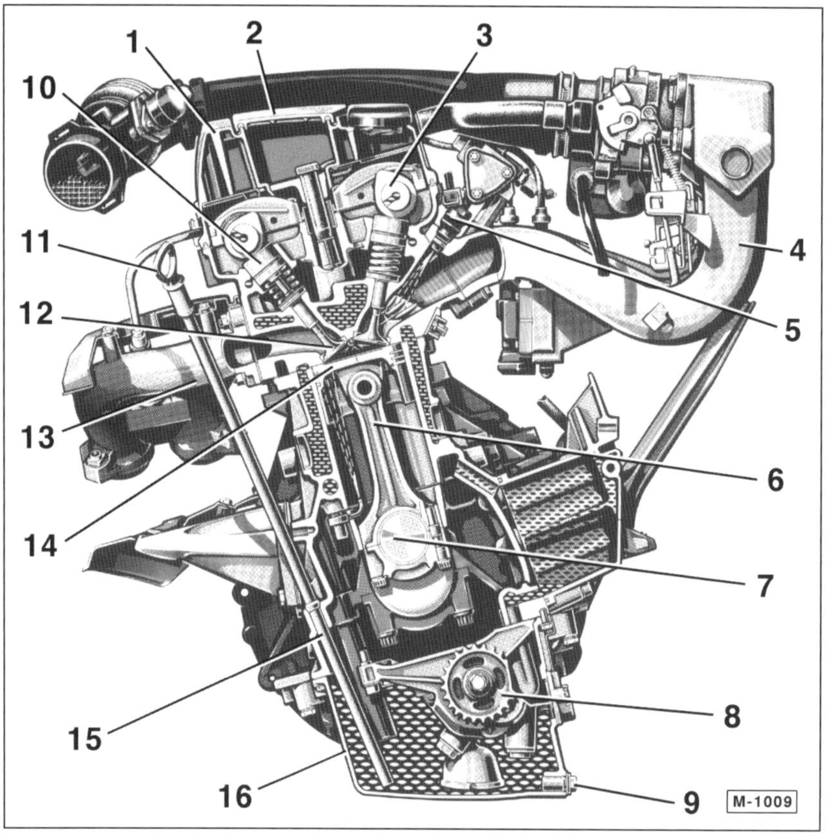

1 – Zylinderkopfdeckel
2 – Zündkabelabdeckung
3 – Einlaß-Nockenwelle
4 – Ansaugkrümmer
5 – Einspritzventil
6 – Pleuel
7 – Kurbelwelle
8 – Ölpumpe
9 – Ölablaßschraube
10 – Hydraulischer Tassenstößel
11 – Ölmeßstab
12 – Auslaßventil
13 – Abgaskrümmer
14 – Kolben
15 – Ölmeßstab-Führungsrohr
16 – Ölwanne

Die wichtigsten Motordaten

Motorbezeichnung	C 180	C 180	C 180 T	C 200	C 200	C 200 Kom.	C 220	C 230
Fertigung von – bis	6/93 - 5/97	6/97 - 5/00	5/00 - 2/01	1/94 - 5/97	6/97 - 5/00	5/00 - 2/01	6/93 - 5/96	6/96 - 5/97
Typ Limousine T-Modell	202.018 202.078	202.018 202.078	202.081 –	202.020 202.080	202.020 202.080	202.025 202.082	202.022 –	202.023 202.083
Motortyp	111.920	111.921	111.952	111.941	111.945	111.944	111.961	111.974
Hubraum cm^3	1799	1799	1998	1998	1998	1998	2199	2295
Leistung kW bei 1/min PS bei 1/min	90/5500 122/5500	90/5500 122/5500	95/5500 129/5500	100/5500 136/5500	100/5500 136/5500	120/5300 163/5300	110/5500 150/5500	110/5400 150/5400
Drehmoment Nm bei 1/min	170/4200	170/3700	190/4000	190/4000	190/3700	230/2500	210/4000	220/3700
Bohrung ∅ mm	85,3	85,3	89,9	89,9	89	89,9	89,9	90,9
Hub mm	78,7	78,7	78,7	78,7	78,7	18,7	86,6	88,4
Verdichtung	9,8	10,4	10,6	9,6	10,4	9,5	9,8	10,4
Zylinderzahl	R4	R4	R4	R4	R4	R4	R4	R4
Ventile pro Zylinder	4	4	4	4	4	4	4	4
Motor-Steuerung	PMS	HFM	HFM	PMS	HFM	HFM	HFM	HFM
Zündfolge	1-3-4-2	1-3-4-2	1-3-4-2	1-3-4-2	1-3-4-2	1-3-4-2	1-3-4-2	1-3-4-2
Füllmengen Motoröl (mit Filter) Liter Kühlmittelmenge Liter	 5,8 8,0	 5,8 8,0	 5,5 8,0	 5,8 8,0	 5,8 8,0	 5,5 8,0	 5,8 8,0	 5,8 8,0

Motorbezeichnung	C230 Kom.	C 240	C 240 T	C 280	C 280	CLK 320	CLK 430	C 43 AMG
Fertigung von – bis	8/95 - 5/00	6/97 - 5/00	5/00 - 2/01	6/93 – 5/97	6/97 - 5/00	6/97 - 5/00	9/97 - 5/00	9/97 - 5/00
Typ Limousine T-Modell	202.024 202.085	202.026 202.086	202.088 –	202.028 202.089	202.029 –	208.365 –	208.370 –	202.033 202.093
Motortyp	111.975	112.910	112.915	104.940	112.920	112.940	113.943	113.944
Hubraum cm^3	2295	2398	2597	2799	2799	3199	4266	4266
Leistung kW bei 1/min PS bei 1/min	142/5300 193/5300	125/5900 170/5900	125/5500 170/5500	142/5500 193/5500	145/5800 197/5800	160/5700 218/5700	205/5750 279/5750	225/5750 306/5750
Drehmoment Nm bei 1/min	280/3000	225/3000	240/4500	270/3750	265/3000	308/3000	400/3900	410/3200
Bohrung ∅ mm	90,9	83,2	89,9	89,9	89,9	89,9	89,9	89,9
Hub mm	88,4	73,5	68,2	73,5	73,5	84	84	84
Verdichtung	8,8	10	10,5	9,8	10	10	10	10
Zylinderzahl	R4	V6	V6	R6	V6	V6	V8	V8
Ventile pro Zylinder	4	3	3	4	3	3	3	3
Motor-Steuerung	HFM[1)]	Motr.ME 2.0	HFM	HFM	Motr.ME 2.0	Motr.ME 2.0	HFM	HFM
Zündfolge	1-3-4-2	1-4-3-6-2-5	1-4-3-6-2-5	1-5-3-6-2-4	1-4-3-6-2-5	1-4-3-6-2-5	1-5-4-8-6-3-7-2	
Füllmengen Motoröl (mit Filter) Liter Kühlmittelmenge Liter	 5,8 8,0	 8,0 9,0	 8,0 9,0	 7,5 10,0	 8,0 9,0	 8,0 9,0	 9,5 9,0	 9,5 9,0

PMS = **M**otor**s**teuerung mit Drucksensor (**P**)
HFM = **H**eiß**f**ilm-**M**otorsteuerung, teilweise auch als **HMS** (= **H**eißfilm-**M**otor-**S**teuerung) bezeichnet.
Motr. = BOSCH-**Motr**onic
Hinweis: Die Kühlmittelmenge bei Fahrzeugen mit Klimaanlage/Klimatisierungsautomatik beträgt ca. 0,5 l mehr.
[1]) Ab 8/96 mit dem Motormangement »Motronic ME« ausgestattet.

Typ- und Motorbezeichnungen MERCEDES C-KLASSE
Typ 202 = Limousine/T-Modell C-Klasse
Typ 208 = Coupé CLK
Typ 170 = Roadster SLK
Motor M111 = 4-Zylinder-Motor
Motor M104 = Reihen-6-Zylinder-Motor
Motor M112 = V6-Zylinder-Motor
Motor M113 = V8-Zylinder-Motor

Motor aus- und einbauen

4-Zylinder-Motor

Der Motor wird komplett mit dem Getriebe nach oben ausgebaut. Es empfiehlt sich deshalb auch, das Kapitel »Getriebeausbau« zu lesen. Zum Ausbau des Motors wird ein Kran benötigt. In **keinem Fall** darf der Motor mit einem Rangierheber nach unten abgesenkt werden, da der Heber am Motor schwere Schäden verursachen würde.

Da auch auf der Wagenunterseite einige Verbindungen gelöst werden müssen, werden vier standsichere Unterstellböcke sowie zum Aufbocken des Wagens ein Rangierheber benötigt. Vor der Montage im Motorraum sollten die Kotflügel mit Decken geschützt werden. Die vordere Haube muß beim Motorausbau nicht abgenommen werden.

Der Motor kann auch ohne Getriebe ausgebaut werden. Die Arbeitsschritte mit (*) sind dann nicht erforderlich. Das Getriebe muß dabei mit einem Werkstattwagenheber und einer Holzzwischenlage abgestützt werden; Verbindungsschrauben Motor/Getriebe lösen und Motor mit Montierhebel vom Getriebe abdrücken.

Je nach Baujahr und Ausstattung können die elektrischen Leitungen, beziehungsweise Unterdruck- und Kühlmittelschläuche, unterschiedlich im Motorraum verlegt sein. Da nicht auf jede Modellvariante detailliert eingegangen werden kann, empfiehlt es sich, die jeweilige Leitung vor dem Abziehen mit Klebeband zu kennzeichnen. Beschrieben wird der Ausbau des 4-Zylinder-Motors, beim 6-Zylinder-Motor ist singemäß vorzugehen.

Ausbau

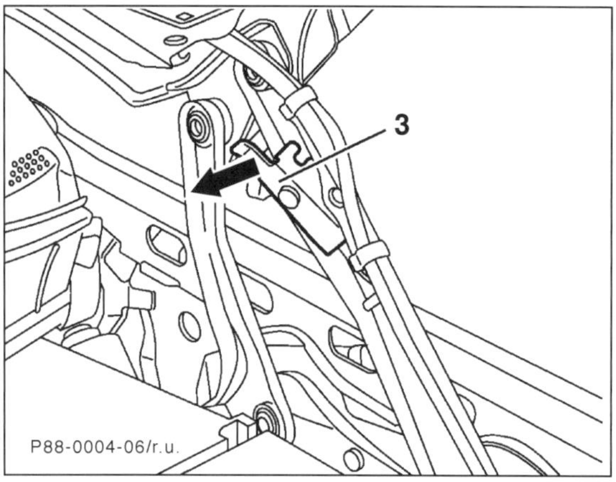

- Motorhaube in senkrechte Stellung hochdrücken. Dazu Motorhaube öffnen. Sperrhebel –3– an der linken Motorhaubenstütze in Pfeilrichtung ziehen und Haube etwas anheben, damit der Sperrhebel nicht einrastet. Sperrhebel an der rechten Stütze wegziehen und Motorhaube senkrecht stellen. **Achtung:** Der linke Sperrhebel muß in die obere Sicherung einrasten.

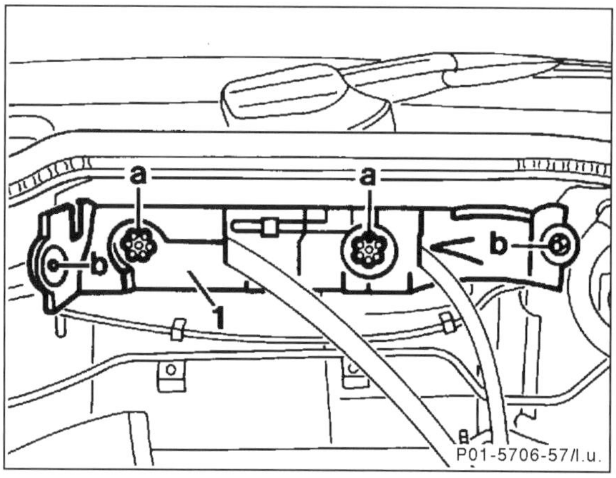

- Abdeckung –1– von der Spritzwand abbauen, dazu Rändelmuttern –a– abschrauben und Spreiznieten –b– lösen.

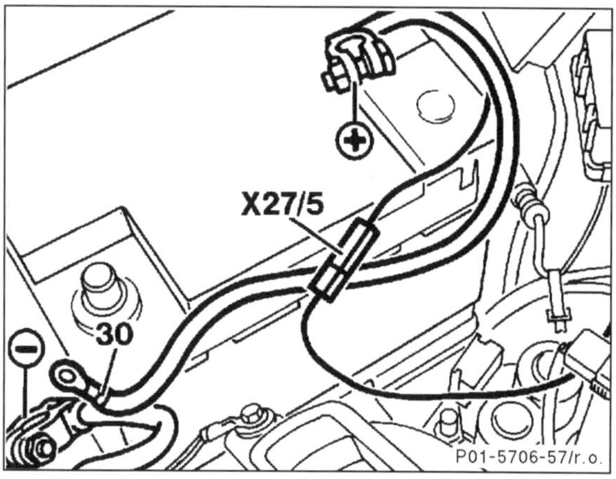

- Batterie-Massekabel (–) von der Batterie abklemmen. **Achtung:** Dadurch wird beispielsweise der Radiocode gelöscht. Vor dem Abklemmen der Batterie sollten auch die Hinweise im Kapitel »Batterie aus- und einbauen« durchgelesen werden.
- Pluskabel (+) von der Batterie abklemmen. Die Plus-Leitung zum Motor am Kabelverbinder bei der Batterie abklemmen und die Leitung durch die Aggregate-Trennwand ziehen und über den Motor legen.
- Steckverbindung –X27/5– für Öldruckschalter trennen.
- Leitung –30– am Leitungsverbinder abschrauben.
- Falls vorhanden, Luftmassenmesser ausbauen, siehe Seite 91.
- Luftfilter-Querrohr ausbauen, siehe Seite 84.
- Sämtliche Unterdruckleitungen abklemmen, die vom Aufbau zum Motor führen. Zum Beispiel:
  - Unterdruckleitung(en) am Regenerierventil abziehen.
  - Unterdruckleitung rechts am Saugrohr abziehen.
  - Unterdruckleitung für Bremskraftverstärker am Saugrohr abziehen.
- Gaszug aushängen, siehe Seite 87.
- Tankdeckel kurzzeitig öffnen und Überdruck im Kraftstoffsystem entweichen lassen.

- Sämtliche elektrische Leitungen abklemmen, die vom Aufbau zum Motor führen. Zum leichteren Einbau Leitungen vorher mit Tesaband markieren. Zum Beispiel:
  - ♦ Steckverbindung für Lambdasonde an der Spritzwand rechts trennen.
  - ♦ **2,2-l:** Abdeckung für Steuergerät hinter der Spritzwand rechts ausbauen. Mehrfachstecker am HFM-Steuergerät abziehen.
  - ♦ **1,8-/2,0-l:** Mehrfachstecker sowie Positionsgeber für Kurbelwelle und Unterdruckleitung am PMS-Steuergerät abziehen.
  - ♦ Sämtliche Leitungen vom Verbinder am linken Innenkotflügel abklemmen. Vorher Kunststoffabdeckung vom Leitungsverbinder abziehen.
  - ♦ Tempomat-Steckverbindung abziehen.
  - ♦ Massekabel vom Halter der Hydraulikeinheit abschrauben.
  - ♦ **Klimaanlage:** Elektrische Leitung am Klimakompressor abklemmen.
- Kabelbinder lösen und Leitungen aus den Haltern aushängen.

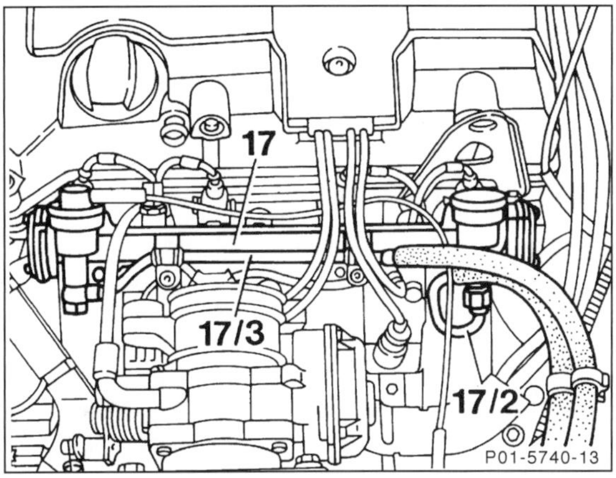

- Kraftstoffleitungen –17/2– und –17/3– mit Tesaband kennzeichnen und am Kraftstoffverteiler –17– abbauen. Vorher Schläuche mit handelsüblichen Schlauchklemmen abklemmen. **Achtung:** Kraftstoff läuft aus, Lappen unterlegen.

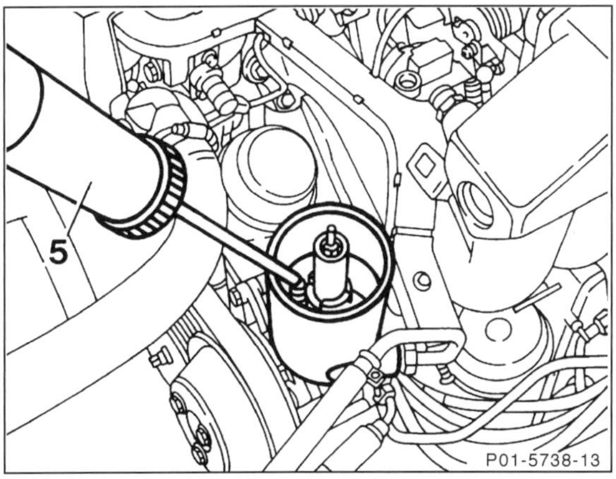

- Hydrauliköl aus dem Vorratsbehälter der Lenkhilfe mit geeigneter Spritze –5– absaugen. Schläuche abschrauben und verschließen.

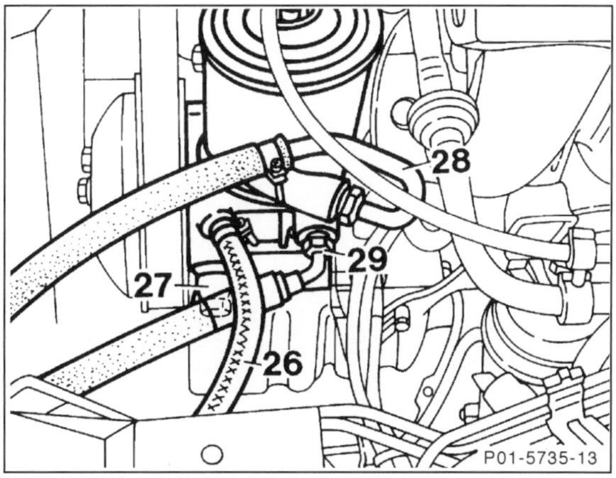

- Rücklaufleitung –28– und Hochdruck-Dehnschlauch –29– für Servolenkung abschrauben. Bei Fahrzeugen mit Niveauregulierung zusätzlich Hochdruckschlauch –26– und Ölleitung –27– für Tandempumpe abschrauben.
- Fahrzeug aufbocken.
- Motorraumverkleidung unten ausbauen, siehe Seite 20.
- Visco-Lüfter ausbauen, siehe Seite 67.
- Kühlmittel aus dem Kühler ablassen, siehe Seite 60.
- Kühlmittelschläuche am Zylinderkopf hinten und an der Kühlmittelpumpe vorn abziehen. Vorher Schlauchschellen lösen und ganz zurückschieben.
- Kühler ausbauen, siehe Seite 68.

Achtung: Bei Fahrzeugen mit Klimaanlage sofort nach dem Kühlerausbau Schutzplatte am Kondensator anbringen.

Fahrzeuge mit Klimaanlage

Achtung: Der Kältemittelkreislauf der Klimaanlage darf nicht geöffnet werden. Das Kältemittel enthält Stoffe, die bei Hautkontakt zu Erfrierungen führen können. Der Motor kann allerdings auch ausgebaut werden, ohne daß der Kältemittelkreislauf geöffnet wird.

- Keilrippenriemen ausbauen, siehe Seite 58.

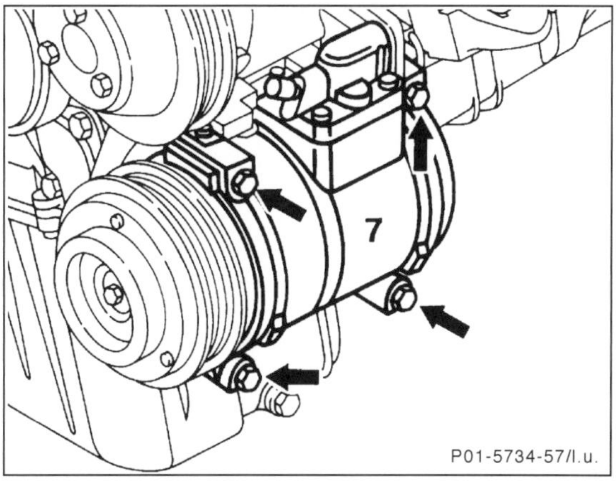

- Kältekompressor –7– abschrauben –Pfeile– und mit angeschlossenen Leitungen und Draht seitlich am Aufbau aufhängen.

- Abgasanlage ausbauen, siehe Seite 97.
- Kühlmittel aus dem Motorblock ablassen, siehe Seite 60.
- Gelenkwelle am Getriebe abschrauben und abdrücken. Schrauben für Gelenkwellen-Zwischenlager lösen. Wenn vorhanden, Klemmmutter lösen und Gelenkwelle soweit wie möglich zurückschieben, siehe Seite 107.*

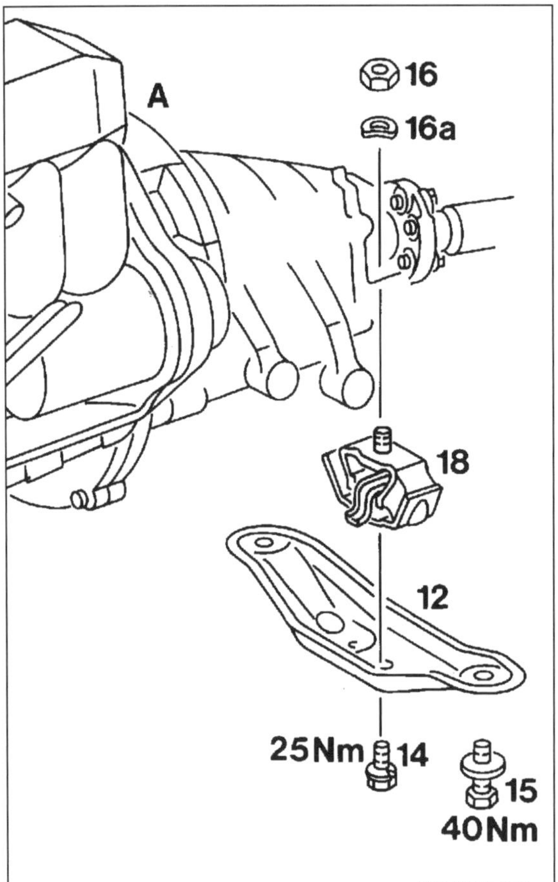

P22-5051-57/I.

- Werkstattwagenheber mit Holzzwischenlage unter das Getriebe –A– fahren. Getriebe leicht vorspannen (anheben).
- Hinteren Motorträger –12– mit Motorlager –18– ausbauen. Dazu Schrauben –14– und –15– sowie Mutter –16– abschrauben. **Achtung:** Federscheibe –16a– nicht verlieren. Anstelle der Mutter –16– kann das Lager auch mit 2 Schrauben befestigt sein.

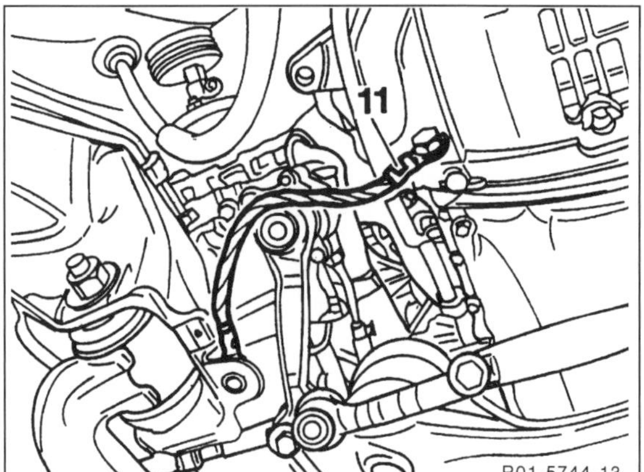

P01-5744-13

- Massekabel –11– zwischen Getriebe und Aufbau abschrauben.*
- Wird der Motor vom Getriebe getrennt, Anlasser ausbauen, siehe Seite 216.

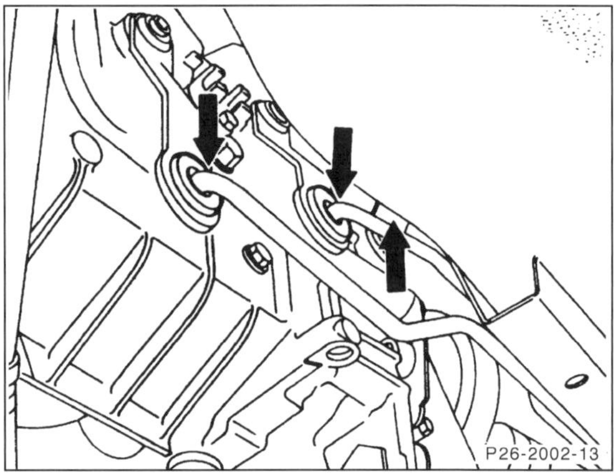
P26-2002-13

- Schaltstangen am Getriebe aushängen, dazu Sicherungsclips –Pfeile– abziehen.*
- **Automatikgetriebe:** Stecker für Startsperr- und Rückfahrlichtschalter abziehen, dazu weiße Kunststoffverriegelung am Schalter um ca. 45° nach rechts drehen. Elektrische Leitung am Kickdown-Magnetventil abziehen.*
- Wird der Motor vom Getriebe getrennt, Verbindungsschrauben Motor/Getriebe unten herausschrauben.

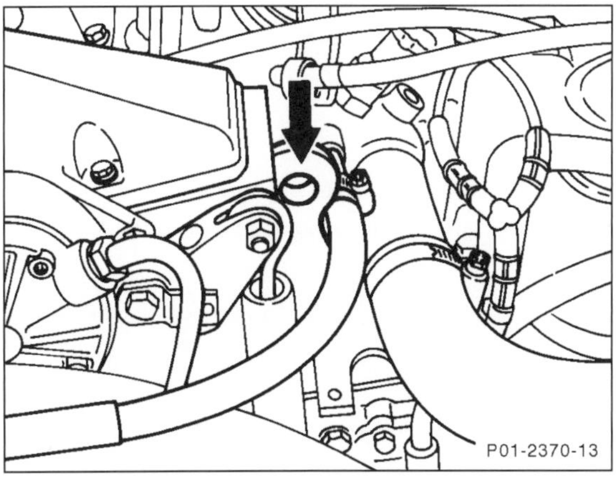

Aufhängeöse vorn.

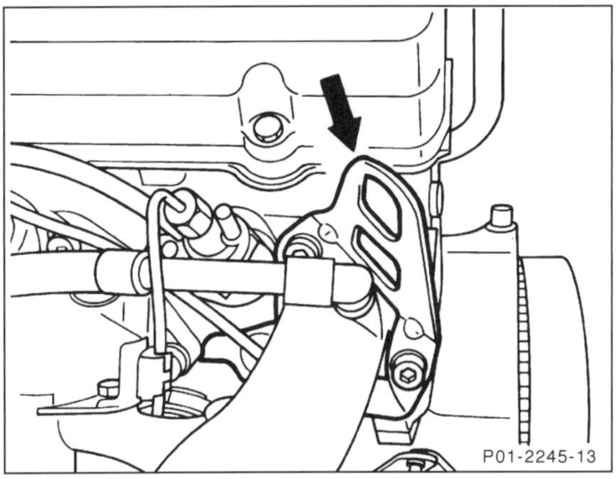

Aufhängeöse hinten.

- Motor anseilen. Dazu geeignetes Seil oder Kette an den Aufhängeösen des Motors einhängen. Motor mit Werkstattkran leicht vorspannen.

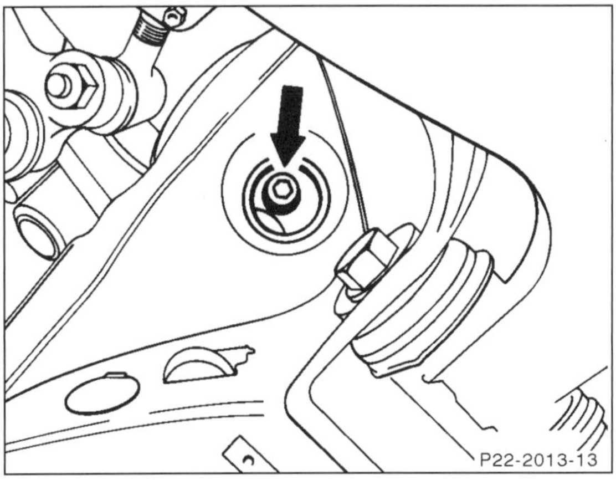

- Innensechskantschrauben –Pfeil– für die vorderen Motorlager von unten aus dem Rahmenquerträger herausschrauben. Die Abbildung zeigt die Schraube für das rechte Motorlager.

- Verbindungsschrauben Motor/Getriebe oben herausschrauben.
- Motor mit Montiereisen vom Getriebe abdrücken und herausheben.

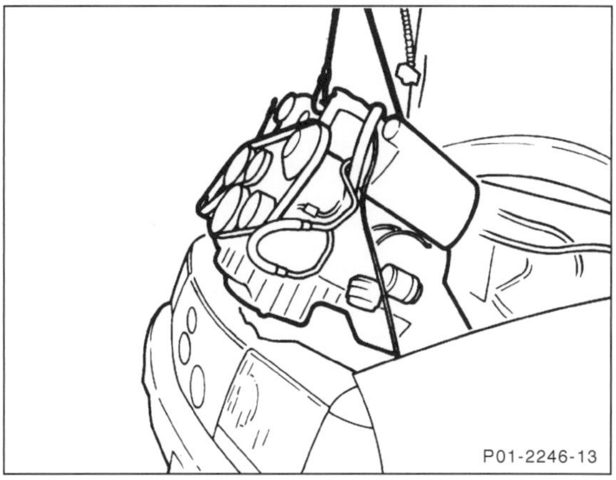

- Motor mit Getriebe in Schräglage drehen und herausheben. Dabei Schräglage anpassen, je weiter der Motor herausgehoben ist, maximale Schräglage ca. 45°.

Achtung: Der Motor muß beim Herausheben sorgfältig geführt werden, um Beschädigungen am Aufbau zu vermeiden. Dabei insbesondere auf die hintere Aufhängeöse des Motors und den Motorölfilter achten. Außerdem kontrollieren, ob alle Verbindungen zum Motor gelöst wurden.

- Wurden Motor und Getriebe zusammen ausgebaut, Getriebe abflanschen.

Einbau

- Motorlager, Kühlmittel-, Öl- und Kraftstoffschläuche auf Porosität oder Risse prüfen, falls erforderlich erneuern.
- Rillenkugellager in der Kurbelwelle und Kupplungsausrücklager auf leichten Lauf und Ausrückhebel auf Leichtgängigkeit prüfen, gegebenenfalls erneuern.
- Kupplungs-Mitnehmerscheibe auf ausreichende Belagdicke sowie Belagzustand prüfen.
- Motorlager vorn und hinten auf Porosität und Beschädigung prüfen.
- Falls ausgebaut, Getriebe an Motor anflanschen und komplett in den Motorraum einfahren.
- Motor einsetzen. Beim Absenken darauf achten, daß der Motor sorgfältig geführt wird, um Beschädigungen an Antriebswelle, Kupplung und Aufbau zu vermeiden.
- Getriebe am Zwischenflansch des Motors anschrauben, dabei Massekabel links unten am Getriebe mit anschrauben.

  Anziehdrehmoment: Schraube M10x40: **55 Nm**
  Schraube M10x45: **55 Nm**
  Schraube M10x90: **45 Nm**

- Befestigungsschrauben für die vorderen Motorlager einsetzen und handfest anschrauben.

- Hinteren Motorträger mit **40 Nm** an die Karosserie und mit **40 Nm** hinten an das Getriebe anschrauben.
- Schrauben für vordere Motorlager mit **25 Nm** festziehen.
- Gelenkwelle am Getriebe einbauen, siehe Seite 107.
- **Automatikgetriebe:** Stecker für Startsperr- und Rückfahrlichtschalter aufstecken und durch Zurückklappen der Kunststoffverriegelung sichern. Elektrische Leitung am Kickdown-Magnetventil aufstecken.
- Wurde der Motor ohne Getriebe ausgebaut, Anlasser einbauen, siehe Seite 216.
- Massekabel vom Getriebe am Aufbau anschrauben.
- Schaltstangen am Getriebe einhängen und mit Klammern sichern. Einstellung prüfen, siehe Seite 110.
- Abgasanlage einbauen, siehe Seite 98.
- **Klimaanlage:** Kältekompressor anschrauben. Keilrippenriemen einbauen, siehe Seite 48.
- Kühler einbauen, siehe Seite 68.
- Sämtliche Kühlmittelschläuche aufschieben und mit Schellen sichern.
- Visco-Lüfter einbauen, siehe Seite 67.
- Untere Motorraumabdeckung einbauen, siehe Seite 20.
- Fahrzeug ablassen.
- Rücklaufleitung und Hochdruck-Dehnschlauch für Servolenkung anschrauben. Bei Fahrzeugen mit Niveauregulierung zusätzlich Hochdruckschlauch und Ölleitung für Tandempumpe anschrauben. Druckölpumpe (Niveauteil) der Tandempumpe entlüften, siehe Seite 134.
- Gaszug einbauen und einstellen, siehe Seite 87.
- Kraftstoffleitungen anschließen.
- Sämtliche Unterdruckschläuche aufstecken, die zum Motor führen.
- Sämtliche elektrische Leitungen anklemmen, die vom Aufbau zum Motor führen. Elektrische Leitungen mit Kabelbindern befestigen.
- Luftfilter-Querrohr einbauen, siehe Seite 84.
- Falls ausgebaut, Luftmassenmesser einbauen, siehe Seite 91.
- Hydrauliköl für Lenkhilfe auffüllen, Lenkhilfe entlüften, siehe Seite 134.
- Ölstand im Motor und Getriebe prüfen, gegebenenfalls auffüllen, siehe Seite 247.
- Kühlmittel auf Gefrierschutz prüfen und auffüllen, siehe Seite 60.
- Luftfiltereinsatz reinigen, gegebenenfalls Einsatz erneuern und einbauen, siehe Seite 252.
- Zuerst Batterie-Pluskabel (+) anklemmen, dann Batterie-Massekabel (–) anklemmen.
- Abdeckung an der Spritzwand mit Rändelmuttern und Spreiznieten befestigen.
- Motor auf Betriebstemperatur bringen, Kühlmittelstand überprüfen und sämtliche Schlauchanschlüsse auf Dichtheit prüfen.
- Motorhaube schließen, dazu Sperrhebel am linken Haubenscharnier ziehen und Motorhaube langsam absenken, bis der Gegendruck der Gasdruckfedern einsetzt und der Sperrhebel einrastet.
- Zeituhr einstellen.
- Diebstahlcode für Radio eingeben.
- Motor-Fehlerspeicher auslesen lassen.

Die Motordurchlüftung

In der Abbildung ist die Motordurchlüftung im Bereich »Leerlauf bis mittlere Teillast« dargestellt.

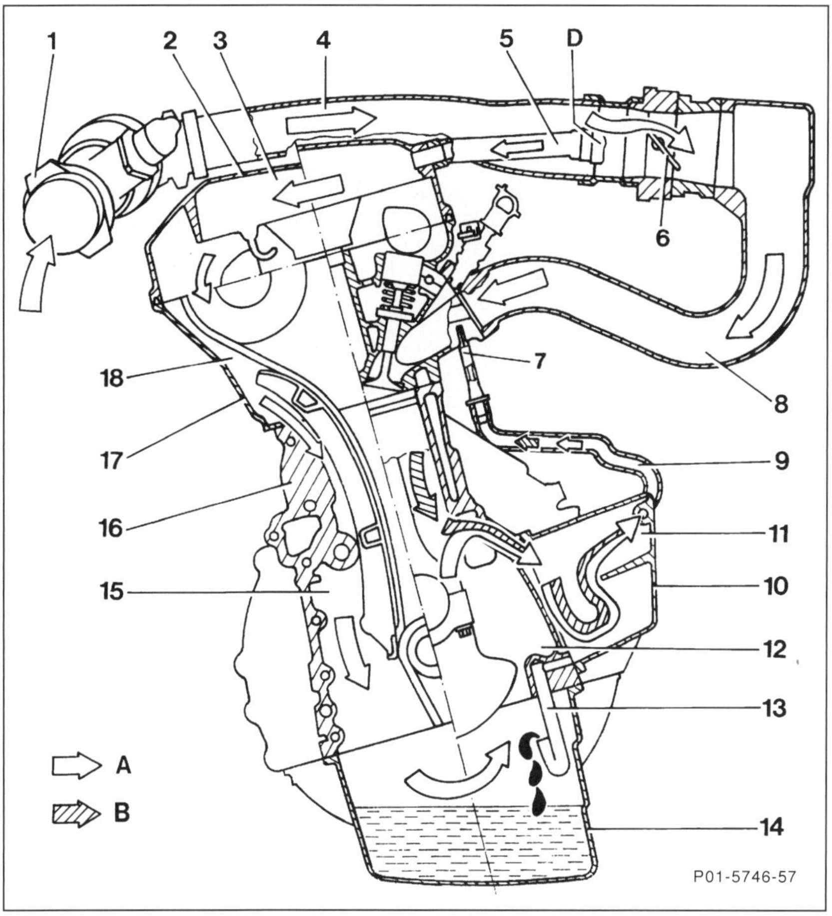

1 – **Heißfilm-Luftmassenmesser**
2 – **Zylinderkopfdeckel**
3 – **Ölabscheideraum**
Entlüftung obere Teillast/Vollast.
4 – **Ansaugluftleitung**
5 – **Entlüftungsleitung**
Entlüftung obere Teillast/Vollast.
6 – **Drosselklappe**
7 – **Drossel 1,1 mm ∅**
8 – **Saugrohr**
9 – **Entlüftungsleitung**
10 – **Träger Lenkhilfpumpe**
11 – **Ölabscheideraum**
12 – **Kurbelraum**
13 – **Ölrücklaufrohr (Syphon)**
14 – **Ölwanne**
15 – **Steuergehäuse**
16 – **Zylinderkurbelgehäuse**
17 – **Zylinderkopf**
18 – **Kettenkasten**
A – **Frischluft**
B – **Durchblasegase**
D – **Anschluß**

Die Motordurchlüftung ist erforderlich, damit im Kurbelgehäuse kein schädlicher Überdruck entstehen kann.

Da die Kolbenringe nicht vollständig abdichten können, gelangen Verbrennungsgase in das Kurbelgehäuse. Vermischt mit heißen Öl- und Kraftstoffdämpfen kann sich dadurch ein für den Kurbeltrieb schädlicher Überdruck aufbauen. Um dies zu vermeiden, werden die Gase über einen Verbindungsschlauch vom Motor abgesaugt und verbrannt.

Die geschlossene Motordurchlüftung ist wartungsfrei.

Funktion

Im Motor-Betriebszustand »Leerlauf bis mittlere Teillast« wird ein Gemisch aus Durchblasegasen und Frischluft aus dem Kurbelraum –12– über den Ölabscheideraum –11– und die Entlüftungsleitung –9– sowie die Drosseln –7– in die Brennräume gesaugt.

Im Ölabscheideraum wird das Motoröl von dem Gasgemisch getrennt und läuft durch eine Ablaufbohrung und das Ablaufrohr –13– in die Ölwanne zurück.

Um einer Motorölverschlammung entgegenzuwirken wird ein Teil der angesaugten Frischluft am Anschluß –D– abgezweigt und über Entlüftungsleitung –5–, Ölabscheideraum –3–, Kettenkasten –18– und Steuergehäuse –15– in den Kurbelraum –12– geleitet.

Untere Motorraumabdeckung aus- und einbauen

Ausbau

- Fahrzeug aufbocken, siehe Seite 241.

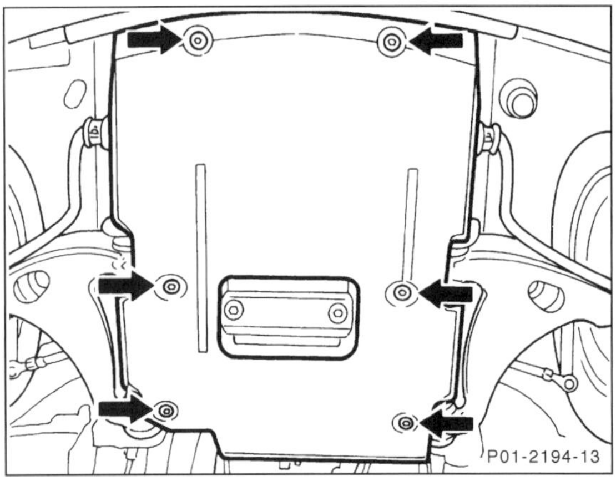

- Abdeckung mit 6 Blechschrauben –Pfeile– abschrauben und herausnehmen.

Einbau

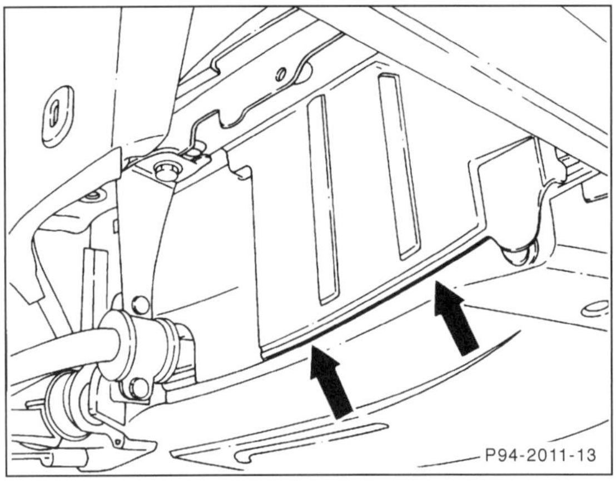

- Abdeckung ansetzen und festschrauben. Dabei Seitenteile so montieren, daß sie mit der Kante über die Motorraumverkleidung greifen.
- Fahrzeug ablassen, siehe Seite 241.

Fahrzeuge mit Marderschutzanlage

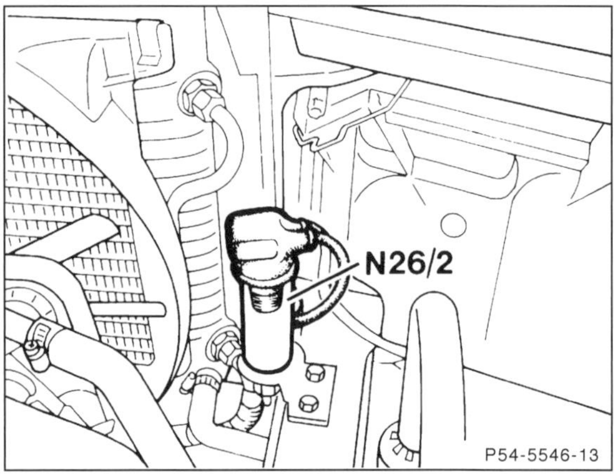

- Vor Ausbau der Motorraumverkleidung, Marderschutzanlage durch Öffnen der Motorhaube außer Betrieb setzen. Ob eine Marderschutzanlage eingebaut ist, ist am Steuergerät N26/2 erkennbar.

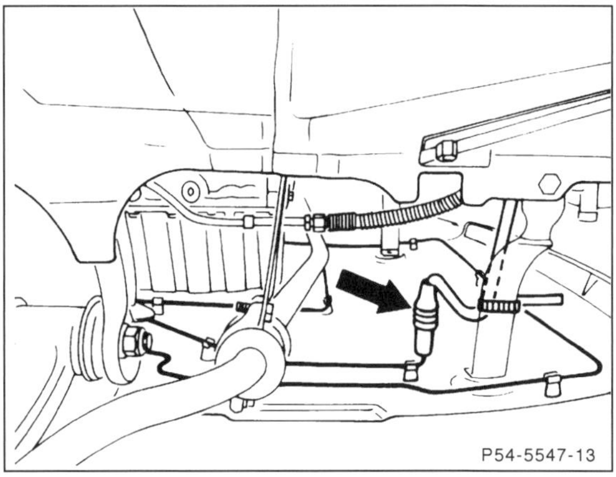

- Zündleitung an der Elektrode –Pfeil– abschrauben beziehungsweise abziehen.
- Nach dem Einbau der Motorraumverkleidung, Zündleitung anschließen.

Kernlochdeckel aus- und einbauen

Reihen-6-Zylinder-Motor

Die Kernlöcher sind mit den Kühlmittelkanälen verbunden und durch Blechdeckel verschlossen. Sollte bei tiefen Außentemperaturen das Kühlmittel einmal gefrieren, werden die Blechdeckel herausgedrückt. Dadurch wird eine Beschädigung des Motorblockes verhindert. Die Kernlöcher befinden sich seitlich am Motorblock.

Undichte Kernlochdeckel müssen erneuert werden.

- Jeweiliges Aggregateteil ausbauen, welches den Zugang zum betreffenden Kernlochdeckel behindert.

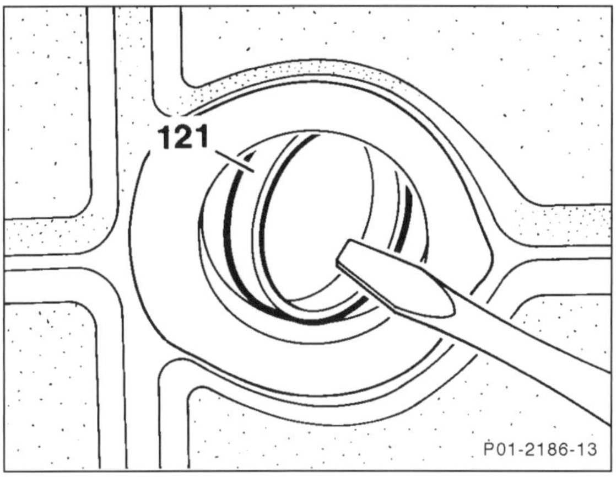

- Schraubendreher oder schmalen Meißel an die Kante des Deckels ansetzen.
- Verschlußdeckel –121– vorsichtig auf einer Seite soweit hineinschlagen, bis er sich um ca. 90° gedreht hat.

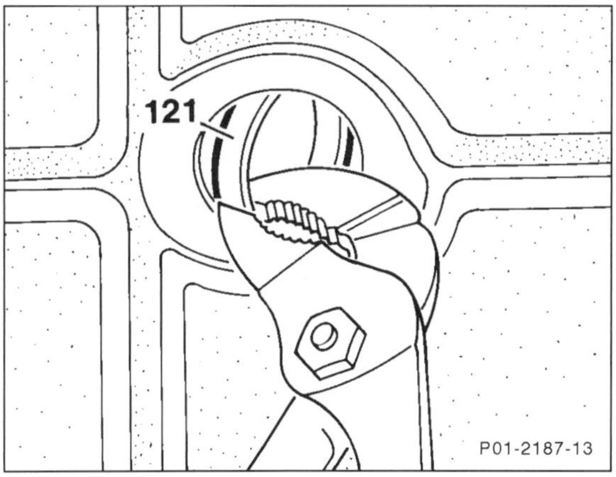

- Herausstehenden Deckel –121– mit Rohrzange herausziehen.

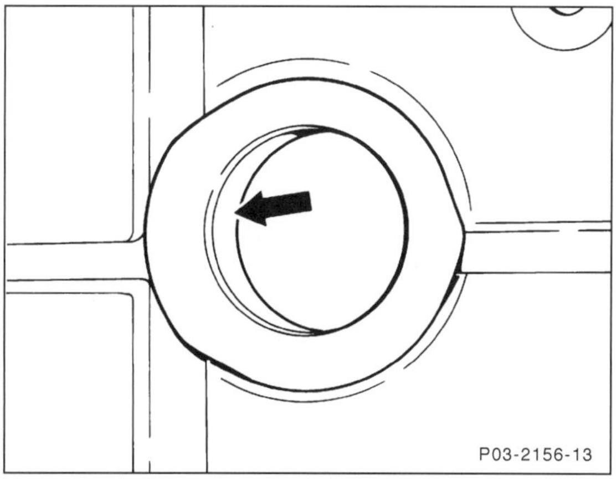

- Kernloch von Rückständen gründlich reinigen. Die Dichtfläche –Pfeil– muß fettfrei sein.
- Dichtfläche mit Dichtungsmittel (z.B. Loctite Nr.241 oder Curil) bestreichen.

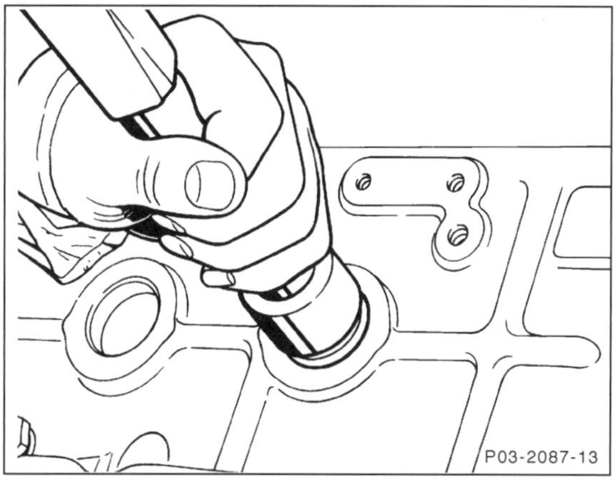

- Neuen Verschlußdeckel mit geeignetem Dorn hineinschlagen. Dichtungsmittel entsprechend Herstelleranweisung aushärten lassen (ca. 45 Minuten).
- Ausgebaute Aggregate-Teile einbauen.
- Kühlmittel auffüllen, siehe Seite 60.
- Motor warmfahren, Kühlmittelstand sowie Dichtheit des Kernlochdeckels prüfen.

Kettenspanner aus- und einbauen

Ausbau 4-Zylinder-Motor

- Luftfilteroberteil ausbauen, siehe Seite 83.

> **Sicherheitshinweis:**
> **Der Kältemittelkreislauf der Klimaanlage darf nicht geöffnet werden.** Das Kältemittel kann bei Hautberührung zu Erfrierungen führen.

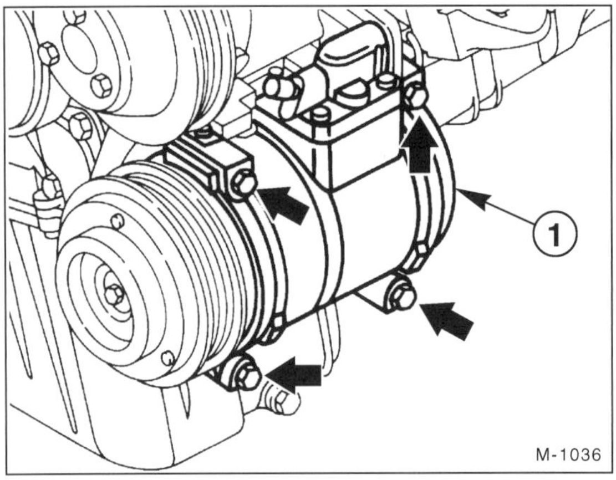

- **Klimaanlage:** Kältekompressor –1– abschrauben –Pfeile– und mit angeschlossenen Leitungen und Draht seitlich am Aufbau aufhängen.
- Visco-Lüfterkupplung ausbauen, siehe Seite 67.
- Lüfterhaube ausbauen, siehe Seite 66.

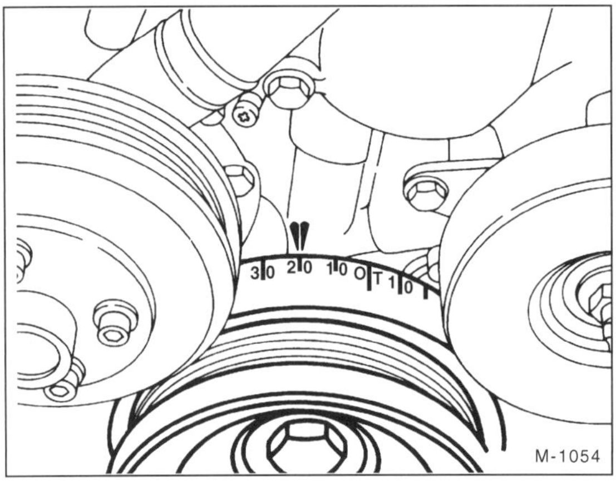

- Motor auf 20° nach Zünd-OT des 1. Zylinders stellen. In dieser Stellung kann die Steuerkette an den Nockenwellenrädern bei ausgebautem Kettenspanner nicht überspringen.
- Zum Drehen des Motors Getriebe in Leerlaufstellung bringen, Handbremse anziehen. Kurbelwelle mit Umschaltknarre und Steckschlüsseleinsatz SW 27 an der Zentralschraube der Kurbelwellen-Riemenscheibe in Motordrehrichtung, also im Uhrzeigersinn, durchdrehen bis die Markierungen übereinstimmen, siehe Abbildung. Der Steckschlüsseleinsatz muß länger als 42 mm sein.

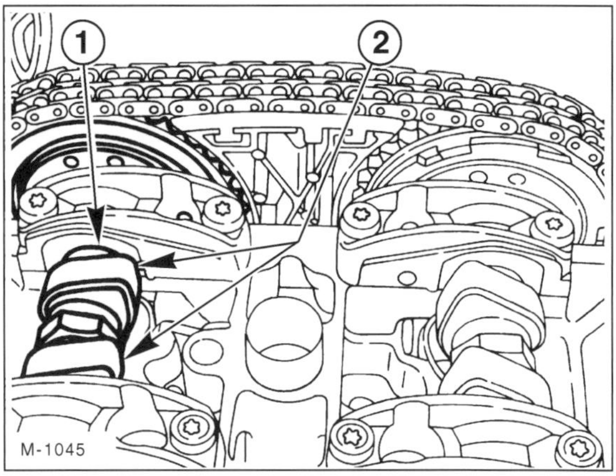

- Prüfen, ob der 1. Zylinder 20° nach OT steht. Dazu Öleinfülldeckel vom Zylinderkopfdeckel abschrauben. Durch die Öffnung sichtprüfen, ob die Spitzen der Einlaßnocken –2– des 1. Zylinders schräg nach oben zeigen. Gegebenenfalls Kurbelwelle um 1 volle Umdrehung weiterdrehen. In der Abbildung ist der Zylinderkopfdeckel zur Verdeutlichung abgenommen. 1 – Einlaßnockenwelle.
- Generator mit Folie oder Lappen abdecken.

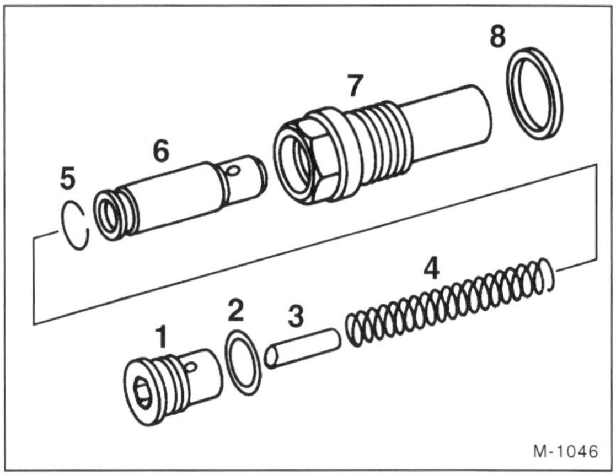

- Verschlußschraube –1– um 1 Umdrehung lösen, dazu wird ein Innensechskantschlüssel SW 10 benötigt.
- Kettenspanner komplett am Teil –7– herausschrauben und abnehmen.

Achtung: Wurde der Kettenspanner am Sechskant gelöst, muß er grundsätzlich ausgebaut und zerlegt werden, weil sonst beim Einschrauben die Steuerkette überspannen würde.

- Verschlußschraube –1– mit Dichtring –2– herausschrauben. Druckfeder –4– komplett mit Füllstift –3– herausnehmen.

- Druckbolzen –6– mit Rastfeder –5– nach hinten herausdrücken.
- Einzelteile sorgfältig mit Kraftstoff reinigen und auf Wiederverwendbarkeit (Anlaufspuren, Riefen) prüfen. Beschädigte Teile austauschen, gegebenenfalls Kettenspanner komplett erneuern.

Einbau

- Kettenspannergehäuse –7– mit **neuem** Dichtring –8– am Motorblock einschrauben. Anzugsdrehmoment: **80 Nm**.
- Teile –3– bis –6– wie vor der Zerlegung zusammensetzen und in das montierte Kettenspannergehäuse einsetzen.
- Verschlußschraube –1– mit **neuem** Dichtring –2– einschrauben, dabei wird die Feder zusammengedrückt. Schraube mit **40 Nm** anziehen. **Hinweis:** Zur Erleichterung beim Einsetzen, Dichtring mit etwas Fett an der Verschlußschraube ankleben.
- Abdeckfolie oder Lappen vom Generator abnehmen.
- Lüfterhaube einbauen, siehe Seite 66.
- Visco-Lüfterkupplung einbauen, siehe Seite 67.
- Klimaanlage: Kältekompressor anschrauben.
- Luftfilteroberteil einbauen, siehe Seite 83.
- Motor starten und Dichtheit des Kettenspanners prüfen.

Speziell Reihen-6-Zylinder-Motor M104:

- Keilrippenriemen ausbauen, siehe Seite 48.
- Luftfilter ausbauen, siehe Seite 83.
- Obere Schraube für Generator herausdrehen, untere Schraube lösen.
- Generator nach unten schwenken.

Speziell V6-Zylinder-Motor M112:

- Keilrippenriemen ausbauen, siehe Seite 48.
- Generator ausbauen, siehe Seite 212.
- Kettenspanner vom Steuergehäuse abschrauben und herausnehmen.
- Kettenspanner mit neuem Dichtring einsetzen und mit **80 Nm** anschrauben.

Hinweis: Es ist nicht erforderlich, den Kettenspanner zu zerlegen.

Zylinderkopfdeckel aus- und einbauen

4-Zylinder-Motor

Ausbau

- Luftfilter-Querrohr ausbauen, dazu Schlauchbänder lösen.

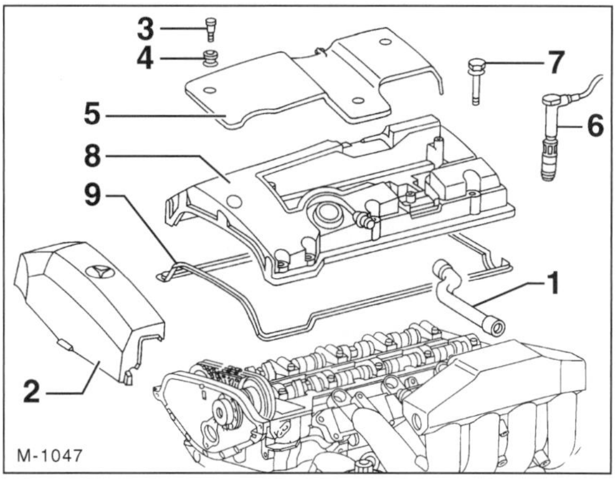

- Motorentlüftungsschlauch –1– vom Zylinderkopfdeckel abziehen, vorher Schlauchschelle lösen.
- Abdeckung –2– seitlich ausclipsen und nach oben abnehmen. Schrauben –3– lösen und Abdeckung –5– abnehmen. 4 – Tülle.
- Alle Zündkerzenstecker –6– abziehen.
- Kabel für Lambdasonde seitlich ausclipsen.
- Schrauben –7– für Zylinderkopfdeckel ausschrauben. **Achtung:** Die Schrauben haben unterschiedliche Längen, daher Einbaulage für Wiedereinbau notieren.
- Zylinderkopfdeckel –8– mit Dichtung –9– abnehmen.

Einbau

- Dichtung auf Porosität und Quetschungen überprüfen, gegebenenfalls erneuern.
- Beim Einsetzen der Dichtung besonders auf richtigen Sitz in den hinteren Aussparungen achten.
- Schrauben für Zylinderkopfdeckel mit 10 Nm gleichmäßig anziehen.
- Kabel für Lambdasonde einclipsen.
- Zündkerzenstecker in richtiger Anordnung wieder aufstecken.
- Abdeckungen einclipsen und anschrauben.
- Motorentlüftungsschlauch aufstecken und mit Schlauchschelle sichern.
- Luftfilter-Querrohr einbauen.
- Motor warmfahren und Zylinderkopfdeckel auf Dichtheit prüfen, besonders in den hinteren Aussparungen und in den Zündkerzenschächten.

Zylinderkopf/Zylinderkopfdichtung aus- und einbauen

4-Zylinder-Motor

Zylinderkopf nur bei abgekühltem Motor ausbauen. Abgas- und Ansaugkrümmer bleiben angeschlossen.

Eine defekte Zylinderkopfdichtung ist an einem oder mehreren der folgenden Merkmale erkennbar:

- Leistungsverlust.
- Kühlflüssigkeitsverlust. Weiße Abgaswolken bei warmem Motor.
- Ölverlust.
- Kühlflüssigkeit im Motoröl, Ölstand nimmt nicht ab, sondern zu. Graue Farbe des Motoröls, Schaumbläschen am Peilstab, Öl dünnflüssig.
- Motoröl in der Kühlflüssigkeit.
- Kühlflüssigkeit sprudelt stark.
- Keine Kompression auf 2 benachbarten Zylindern.

Ausbau

- Motorhaube senkrecht stellen, siehe Seite 13.
- Batterie-Massekabel (–) bei ausgeschalteter Zündung abklemmen. **Achtung:** Dadurch werden elektronische Speicher gelöscht, wie zum Beispiel der Radiocode. Deshalb Hinweise im Kapitel »Batterie aus- und einbauen« durchlesen.
- Zylinderkopfdeckel ausbauen, siehe Seite 23.
- Kühlmittel ablassen, auch am Kurbelgehäuse, siehe Seite 60.
- Kühlmittelregler (Thermostat) ausbauen, siehe Seite 65.
- Kühlmittelschlauch hinten am Zylinderkopf abziehen. Vorher Schelle lösen und zurückschieben.
- Abgasrohr am Abgaskrümmer abschrauben.
- **SLK/CLK:** Halter für Abgaskrümmer am Getriebe abschrauben.

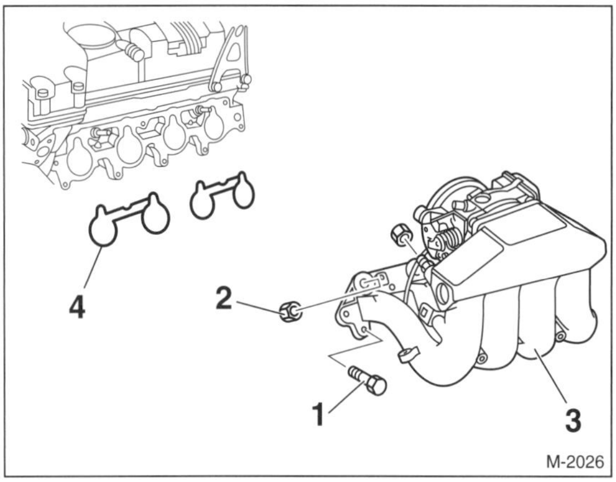

- Saugrohr –3– vom Zylinderkopf abschrauben –1/2– und mit angeschlossenen Anschlußleitungen zur Seite schwenken. 4 – Dichtung.

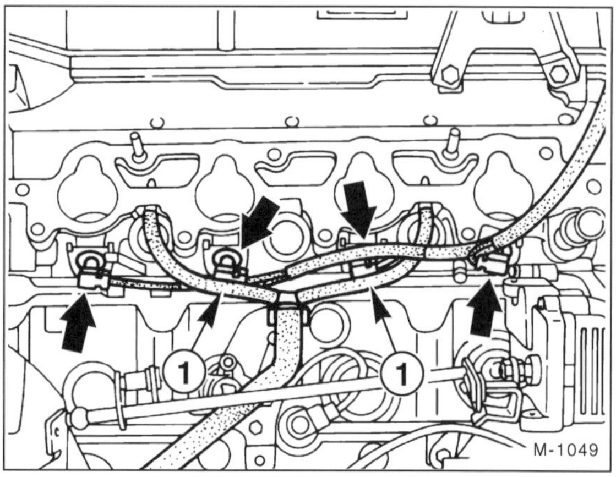

- Entlüftungsleitungen –1– am Zylinderkopf unten abziehen.

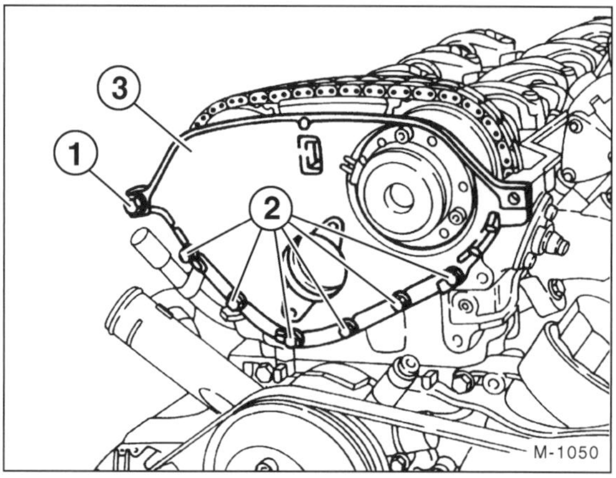

- **C230 Kompressor:** Steckverbindung am Kompressor und Bypaßklappe an der vorderen Abdeckung –3– abziehen.
- 2 Schrauben –1– auf beiden Seiten der vorderen Abdeckung –3– ausschrauben. Diese Schrauben haben Gewindedurchmesser 8 mm, außerdem sitzen Paßhülsen hinter der Abdeckung.
- Schrauben –2– (Gewindedurchmesser 6 mm) ausschrauben.
- Abdeckung –3– abnehmen, dabei O-Ring-Dichtung zwischen Abdeckung und Zylinderkopf beachten. Dichtflächen reinigen.
- Führungsrohr für Ölmeßstab am Zylinderkopf abschrauben. Bei Automatikgetriebe, auch Führungsrohr für Getriebe-Ölmeßstab hinten am Zylinderkopf abschrauben.
- Motor auf 20° nach Zünd-OT des 1. Zylinders stellen und Kettenspanner ausbauen, siehe Seite 22.

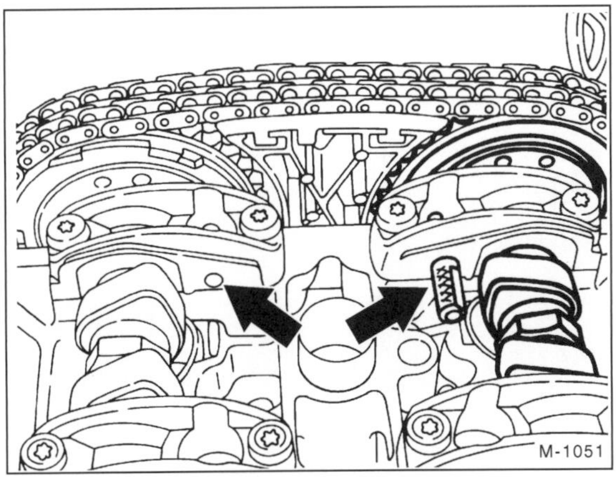

- Nockenwellen mit 2 Fixierstiften durch die Bohrungen in den vorderen Nockenwellenlagern arretieren.
- Lage der Steuerkette zu beiden Nockenwellen-Kettenrädern mit Farbe kennzeichnen, dazu Strich über Kette und Kettenrad ziehen.
- Auslaßnockenwellenrad vom Nockenwellenflansch abschrauben.
- **1,8-/2,0-l-Motor bis 5/97:** Einlaßnockenwellenrad abschrauben.
- **1,8-/2,0-l-Motor ab 6/97 und 2,2-/2,3-l-Motor:** Einlaßnockenwelle mit Nockenwellenversteller ausbauen, siehe Seite 27.

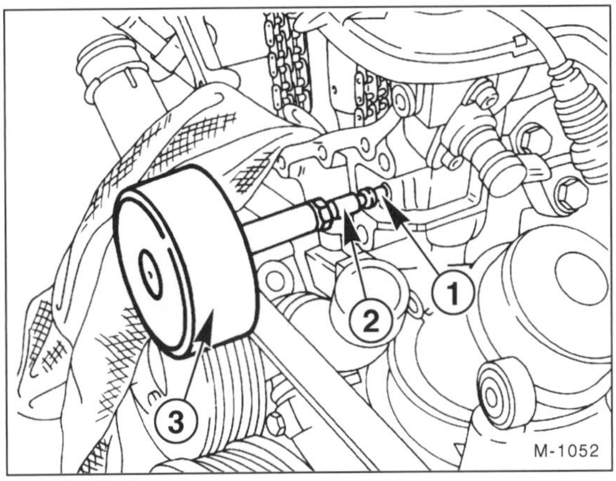

- Gleitschienenbolzen –1– am Gewinde mit Schlagauszieher –2– oder geeignetem Werkzeug ausziehen.

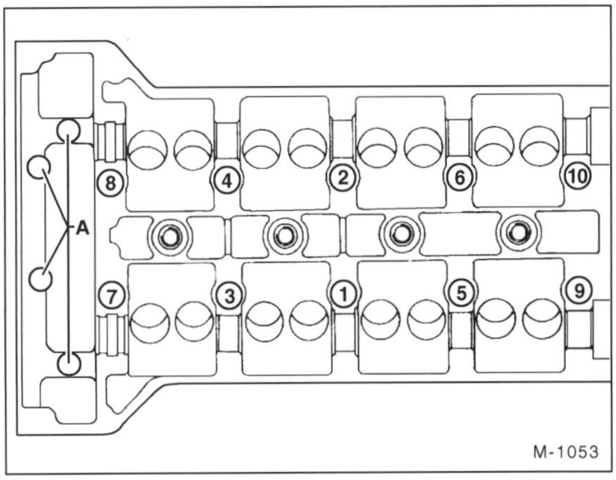

- 4 Kombischrauben –A– zwischen oberem und unterem Steuergehäusedeckel (Deckel, in dem die Steuerkette läuft) herausdrehen.
- Zylinderkopfschrauben in umgekehrter Reihenfolge der Numerierung, also von 10 nach 1, herausdrehen. Hierfür wird ein Innenvielzahn-Schlüsseleinsatz benötigt (z. B. HAZET 990 SLg-12).
- Zylinderkopf abheben. Der Zylinderkopf kann auch mit einem Werkstattkran abgehoben werden. Dazu muß anstelle des 1. Nockenwellenlagerdeckels der Auslaßnockenwelle ein geeigneter Halter, zum Beispiel MERCEDES 104 589 00 40 00, angeschraubt werden. Seil oder Kette durch den Halter und die hintere Motor-Aufhängeösen führen und am Kran einhängen.

Einbau

Vor dem Einbau Zylinderkopf und Zylinderblock mit geeignetem Schaber von Dichtungsresten freimachen. **Darauf achten, daß keine Dichtungsreste in die Bohrungen fallen.** Bohrungen mit Lappen verschließen.

- Zylinderkopf und Motorblock mit Stahllineal in Längs- und Querrichtung auf Planheit prüfen, gegebenenfalls nacharbeiten (Werkstattarbeit).
- Zylinderkopf auf Risse, Zylinderlauffläche auf Riefen überprüfen.
- Bohrungen der Zylinderkopfschrauben sorgfältig von Öl und anderen Rückständen reinigen. Bohrungen mit Preßluft ausblasen, oder Schraubendreher mit Lappen umwickeln und Flüssigkeit aufsaugen.

Achtung: Die Bohrungen für die Zylinderkopfschrauben müssen frei von Öl- und Kühlmittelresten sein. Sonst baut sich Druck beim Einschrauben der neuen Schrauben auf, was zum Reißen des Motorblocks oder zu einem falschen Anzugsdrehmoment führen kann.

- Zylinderkopfdichtung grundsätzlich ersetzen.
- Neue Dichtung ohne Dichtmittel so auflegen, daß keine Bohrungen verdeckt werden.

- Zylinderkopf aufsetzen. Vor dem Aufsetzen sicherstellen, daß Nockenwellen und Kurbelwelle wie beim Ausbau stehen und nicht verdreht wurden, sonst können Ventile auf die Kolben aufsetzen. **Achtung:** Der Zylinderkopf wird durch Paßstifte im Zylinderblock zentriert. Beim Aufsetzen des Zylinderkopfes auf die Gleitschienen achten beziehungsweise Gleitschienen zusammenbinden.

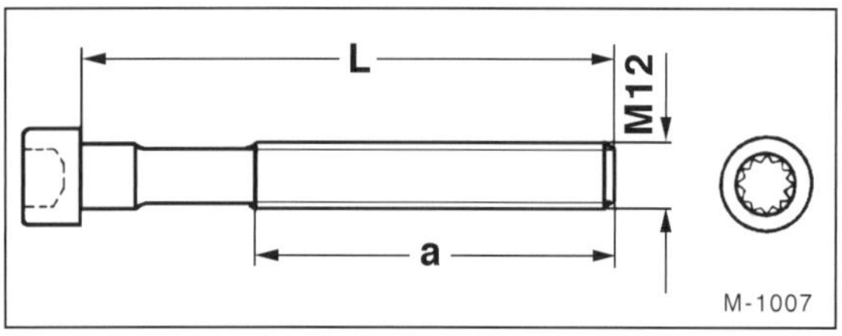

- Länge der Zylinderkopfschrauben messen. **Die Länge im Neuzustand beträgt 102 mm.** Bei jedem Anziehen unterliegen sie einer bleibenden Längung. Bei einer Länge von **105 mm** sind die Kopfschrauben auf jeden Fall zu **ersetzen.**
- Zylinderkopfschrauben am Gewinde und an der Kopfauflagefläche einölen, mit Unterlegscheiben einsetzen und handfest anziehen.

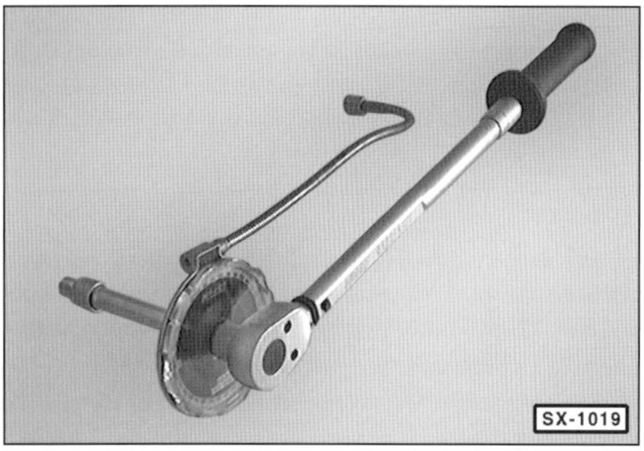

Achtung: Das Anziehen der Zylinderkopfschrauben ist mit größter Sorgfalt durchzuführen. Vor dem Anziehen der Schrauben sollte der Drehmomentschlüssel auf seine Genauigkeit überprüft werden. Das Anziehen der Zylinderkopfschrauben um die vorgegebenen Winkel wird mit einer Winkelscheibe erleichtert, zum Beispiel HAZET 6690. Um den Drehmomentschlüssel nicht mit hohem Drehmoment zu belasten, sollte die Winkelscheibe nur zusammen mit einem starren Schlüssel angewendet werden.

Hinweis: Steht keine Winkelscheibe zur Verfügung, Drehwinkel abschätzen. Dazu starren Schlüssel so aufsetzen, daß der Schlüsselarm längs zum Motor steht und Schlüssel in einem Zug drehen, bis der Griff quer zum Motor steht.

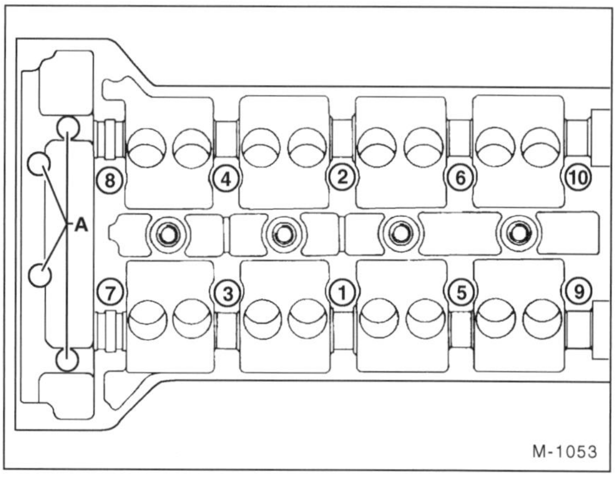

- Zylinderkopfschrauben gemäß der Reihenfolge von 1 bis 10 in **drei Stufen** anziehen.

1. Stufe: mit Drehmomentschlüssel und **55 Nm;**

2. Stufe: mit **starrem Schlüssel um 90° weiterdrehen;**

3. Stufe: mit **starrem Schlüssel um 90° weiterdrehen.**

- Kombischrauben –A– für Steuergehäusedeckel mit **25 Nm** einschrauben.
- Falls angebaut, vorderen Halter vom Zylinderkopf abschrauben. Nockenwellenlagerdeckel wechselweise mit 20 Nm festziehen.
- Gleitschienenbolzen mit handelsüblichem Dichtmittel bestreichen und eintreiben.
- **1,8-/2,0-l-Motor ab 6/97 und 2,2-/2,3-l-Motor:** Einlaßnockenwelle mit Nockenwellenversteller einbauen, siehe Seite 27.
- **1,8-/2,0-l-Motor bis 5/97:** Einlaßnockenwellenrad mit **neuen** Schrauben und **20 Nm** anschrauben. Anschließend Schraube mit starrem Schlüssel um **90°** (1/4 Umdrehung) weiterdrehen.
- Steuerkette auf Einlaßnockenwellenrad auflegen, dabei die beim Ausbau angebrachte Farbmarkierungen beachten.
- Auslaßnockenwellenrad in die Steuerkette einsetzen, dabei Markierungen beachten.
- Auslaßnockenwellenrad an Nockenwellenflansch ansetzen und mit **neuen** Torxschrauben (Schlüsselgröße T40), anschrauben. Schrauben mit **20 Nm** anziehen, dann mit starrem Schlüssel **90°** (1/4 Umdrehung) weiterdrehen.
- Kettenspanner einbauen, siehe Seite 22.

Achtung: Arretierstifte aus den Nockenwellen ziehen.

- Abgasrohr anschließen, siehe Seite 98.
- Kühlmittelschlauch hinten am Zylinderkopf aufstecken und mit Schlauchklemme sichern.
- Ölmeßstab-Führungsrohre für Motor und Automatikgetriebe am Zylinderkopf anschrauben.

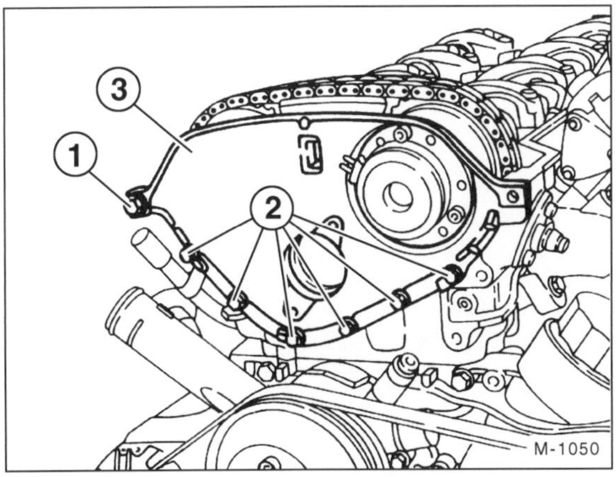

- Dichtflächen für vordere Abdeckung –3– am Zylinderkopf mit einem handelsüblichen Dichtmittel, zum Beispiel Omnifit FD 3041, bestreichen.
- Paßhülsen für 2 Schrauben –1– (Gewindedurchmesser 8 mm) hinter der Abdeckung einsetzen. **Neue** O-Ringdichtung für Kühlmittel einsetzen und Abdeckung aufdrücken.
- Schrauben –1– auf beiden Seiten mit **25 Nm**, Schrauben –2– (Gewindedurchmesser 6 mm) mit **10 Nm** anschrauben.
- **C230 Kompressor:** Steckverbindung am Kompressor und Bypaßklappe an der vorderen Abdeckung –3– aufstecken.
- Kabel für Lambdasonde zusammenstecken.
- Entlüftungsleitungen am Zylinderkopf aufstecken.
- Ansaugkrümmer mit **neuen** Dichtungen am Zylinderkopf anschrauben. Schrauben gleichmäßig über Kreuz mit **20 Nm** anziehen. **SLK/CLK:** Halter für Abgaskrümmer am Getriebe anschrauben.
- Kühlmittelregler (Thermostat) einbauen, siehe Seite 65.
- Kühlmittel auffüllen, siehe Seite 60.
- Zylinderkopfdeckel einbauen, siehe Seite 23.
- Batterie-Massekabel anklemmen.
- Zeituhr einstellen.
- Diebstahlcode für Radio eingeben.

Achtung: Bei Ölverschmutzung aufgrund undichter Zylinderkopfdichtung empfiehlt sich ein vorgezogener Ölwechsel, siehe Seite 247.

- Motor warmfahren und auf Dichtigkeit prüfen.

Nockenwellen aus- und einbauen

4-Zylinder-Motor

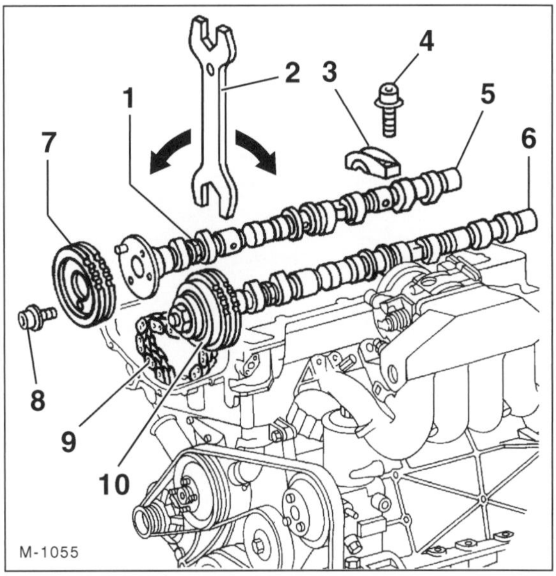

1 – Sechskant zum Verdrehen oder Gegenhalten der Nockenwelle
2 – Maulschlüssel zum Verdrehen oder Gegenhalten der Nockenwellen
3 – Nockenwellen-Lagerdeckel
4 – Befestigungsschraube, **20 Nm**
5 – Auslaß-Nockenwelle
6 – Einlaß-Nockenwelle
7 – Auslaß-Nockenwellenrad
8 – Befestigungsschraube, **20 Nm + 90°**
9 – Steuerkette
10 – Einlaß-Nockenwellenrad mit Nockenwellenversteller, Schraube Anker an Steuerkolben: **5 Nm + 90°**, Mutter Nockenwellenrad an Flanschwelle: **65 Nm.**

Achtung: Werden Teile der Ventilsteuerung wieder verwendet, müssen diese an gleicher Stelle wieder eingebaut werden. Damit keine Verwechselungen vorkommen, empfiehlt es sich, ein entsprechendes Ablagebrett anzufertigen.

Die Nockenwellen werden bei eingebautem Zylinderkopf nach oben ausgebaut.

Ausbau

- Batterie-Massekabel (–) abklemmen. **Achtung:** Beim Abklemmen der Batterie erlischt Radio-Diebstahlcodierung. Siehe Hinweise „Batterieausbau“.

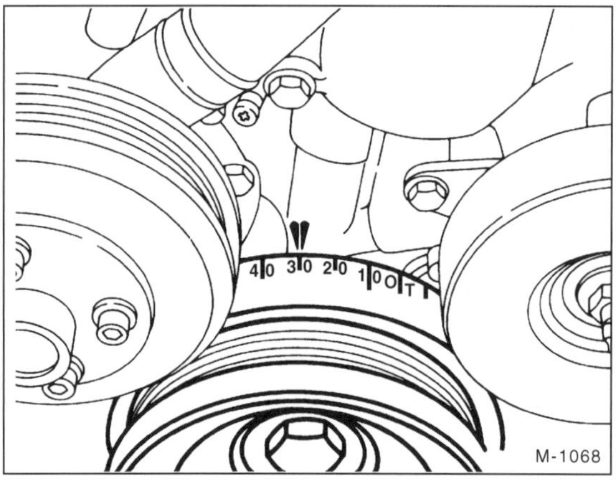

- Zylinder 1 auf 30° nach Zünd-OT stellen. Motor drehen, siehe Seite 22.

Hinweis: In dieser Stellung (30° nach OT) können die Nockenwellen bei abgenommener Steuerkette gedreht werden, ohne daß die Ventile mit dem Kolbenboden in Berührung kommen.

- Zylinderkopfdeckel ausbauen, siehe Seite 23.
- Gehäuse für Kühlmittelregler ausbauen, siehe Seite 65.
- Vorderen Deckel –3– ausbauen, siehe Abbildung M-1050 auf Seite 19.
- Lage der Steuerkette zu beiden Nockenwellen-Kettenrädern mit Farbe kennzeichnen, dazu Strich über Kette und Kettenrad ziehen.
- Kettenspanner ausbauen, siehe Seite 22.
- Auslaß-Nockenwellenrad –7– mit einem Torx-Schlüsseleinsatz T40 abschrauben, dabei Nockenwelle am Sechskant –1– gegenhalten. Nockenwellenrad abnehmen.
- Steuerkette vom Einlaß-Nockenwellenrad abheben.
- Nockenwellen mit Maulschlüssel –2– am Sechskant –1– so weit drehen, daß möglichst alle Grundkreise der Nocken an den Tassenstößeln anliegen. Dadurch sind die Nockenwellen in den Nockenwellenlagern weitgehend spannungsfrei. **Achtung:** Nockenwellen sind sehr bruchempfindlich.
- Nockenwellen-Lagerdeckel abschrauben. Dazu alle Schrauben der Lagerdeckel über Kreuz zunächst ½ Umdrehung lösen. Danach Schrauben über Kreuz in Schritten von 1 Umdrehung lösen und anschließend herausdrehen. Lagerdeckel abnehmen.
- Nockenwellen herausnehmen.
- Ventilschaft-Abdichtungen mit verbogenem Metallmantel müssen erneuert werden.

Einbau

- Sämtliche Einbauteile sorgfältig mit Waschbenzin reinigen, Dichtflächen säubern.
- Nockenwellen, Tassenstößel und Lagerstellen mit Motoröl einölen. Nockenwellen so einsetzen, daß möglichst alle Grundkreise der Nocken an den Tassenstößeln anliegen. **Achtung:** Die Einlaß-Nockenwelle kann mit oder ohne Nockenwellenrad beziehungsweise Nockenwellen-Versteller eingebaut werden. Wird die Nockenwelle ersetzt, auf richtige Zuordnung achten. Die Nockenwellen-Kennzahl steht am 2. Nockenwellenlager auf der Nockenwelle.
- Nockenwellenlagerdeckel in der richtigen Reihenfolge ansetzen. Nockenwellenlager und Lagerdeckel sind mit den Ziffern 1 - 10 fortlaufend numeriert, beginnend an der Auslaß-Nockenwelle –5– vorn (Kettenradseite). Lagerdeckel wechselweise in Schritten von 1 Umdrehung anziehen und schließlich mit **20 Nm** festziehen.
- Steuerkette auf Einlaß-Nockenwellenrad und Gleitschiene oben auflegen.
- Auslaß-Nockenwellenrad in die Steuerkette einsetzen und an der Nockenwelle mit einer **neuen** Bundschraube und **20 Nm** anschrauben. Anschließend Schraube mit einem starren Schlüssel und **90°** weiterdrehen.
- Übereinstimmung der beim Ausbau angebrachten Markierungen auf Nockenwellenräder und Steuerkette überprüfen.
- Kettenspanner einbauen, siehe Seite 22.
- Vordere Abdeckung einbauen, siehe Seite 24.
- Gehäuse für Kühlmittelregler einbauen, siehe Seite 65.
- Zylinderkopfdeckel einbauen, siehe Seite 23.
- Batterie-Massekabel (–) anklemmen.
- Zeituhr einstellen.
- Diebstahlcode für Radio eingeben.

Nockenwellen-Grundstellung prüfen/einstellen

4-Zylinder-Motor

Prüfen

- Zylinderkopfdeckel ausbauen, siehe Seite 23.
- Zylinder 1 auf 20° nach Zünd-OT stellen, siehe Seite 22.

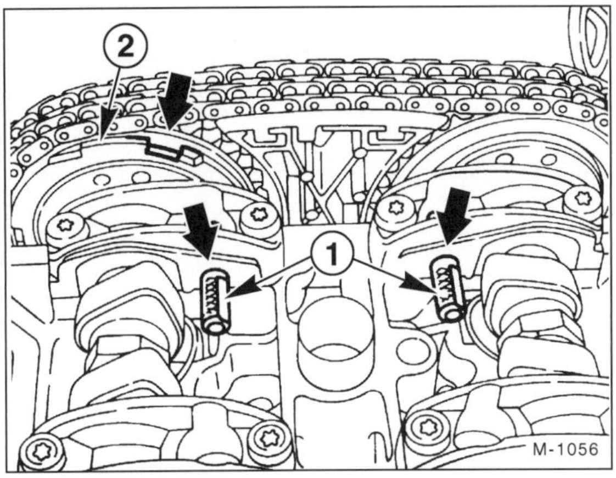

- Nockenwellen fixieren. Dazu Fixierstifte –1– durch die beiden Bohrungen in den Nockenwellen-Lagerdeckeln 1 und 6 in die Bohrungen im Nockenwellenflansch einsetzen. Falls sich die Fixierstifte nicht einsetzen lassen, Abweichungen in Grad Kurbelwinkel feststellen gegebenenfalls Nockenwellen-Grundstellung einstellen.

1,8-/2,0-l-Motor ab 6/97 und 2,2-/2,3-l-Motor: Die Umfangsanschläge am Einlaß-Nockenwellenrad –2– müssen in Stellung »spät« stehen (Stellung der Anschläge in den Aussparungen der Flanschwelle) –Pfeil oben–.

Abweichung von der Grundstellung prüfen:

Vorraussetzung: Kurbelwelle befindet sich in der Stellung 20° nach OT für Zylinder 1. Beide Fixierstifte sind nicht eingesetzt.

- Kurbelwelle gradweise weiterdrehen, bis sich ein Fixierstift einsetzen läßt.
- Verstellwert an der Kurbelwellen-Riemenscheibe ablesen und notieren.
- Fixierstift herausziehen.
- Kurbelwelle gradweise weiterdrehen, bis sich der Fixierstift an der anderen Nockenwelle einsetzen läßt.
- Verstellwert an der Kurbelwellen-Riemenscheibe ablesen und notieren.
- Fixierstift herausziehen.

Aufgrund der Kettenlängung, darf der Wert der Einlaß-Nockenwelle zwischen 20° und 30°, der der Auslaß-Nockenwelle zwischen 25° und 35° nach OT liegen.

Bei Falschmontage der Steuerkette, wenn beispielsweise die Kette um 1 Zahn versetzt wurde, verändert sich der Wert um ca. 20° Kurbelwinkel.

Die Steuerzeiten lassen sich nicht einstellen.

Grundstellung einstellen

- Zylinder 1 auf 30° nach Zünd-OT stellen.

Hinweis: In dieser Stellung (30° nach OT) können die Nockenwellen bei abgenommener Steuerkette gedreht werden, ohne daß die Ventile mit dem Kolbenboden in Berührung kommen.

- Zylinderkopfdeckel ist ausgebaut.
- Gehäuse für Kühlmittelregler ausbauen, siehe Seite 65.
- Vorderen Deckel –3– ausbauen, siehe Abbildung M-1050 auf Seite 19.
- Kettenspanner ausbauen, siehe Seite 22.
- Auslaß-Nockenwellenrad mit einem Torx-Schlüsseleinsatz T40 abschrauben, dabei Nockenwelle am Sechskant gegenhalten. Nockenwellenrad abnehmen.
- Steuerkette vom Einlaß-Nockenwellenrad abheben.
- Nockenwellen mit Maulschlüssel so weit drehen, bis sich die Fixierstifte –1– einsetzen lassen.
- Kurbelwelle in Stellung »20° nach OT« zurückdrehen. Dabei Steuerkette stramm nach oben ziehen.
- Steuerkette auf Einlaß-Nockenwellenrad und Gleitschiene oben auflegen.

1,8-/2,0-l-Motor ab 6/97 und 2,2-/2,3-l-Motor: Die Umfangsanschläge am Einlaß-Nockenwellenrad –2– müssen in Stellung »spät« stehen (Stellung der Anschläge in den Aussparungen der Flanschwelle) –Pfeil oben–.

- Auslaß-Nockenwellenrad in die Steuerkette einsetzen und an der Nockenwelle mit einer **neuen** Bundschraube und **20 Nm** anschrauben. Anschließend Schraube mit einem starren Schlüssel und **90°** weiterdrehen.
- Kettenspanner einbauen, siehe Seite 22.
- Fixierstifte abnehmen.
- Motor 2mal in Motordrehrichtung durchdrehen und wieder auf 20° nach OT stellen.
- Grundstellung der Nockenwellen nochmals prüfen. Gegebenenfalls Einstellung wiederholen.
- Vorderen Deckel einbauen, siehe Seite 24.
- Gehäuse für Kühlmittelregler einbauen, siehe Seite 65.
- Zylinderkopfdeckel einbauen, siehe Seite 23.

Zylinderkopfdeckel aus- und einbauen

V6-Zylinder-Motor M112

Ausbau

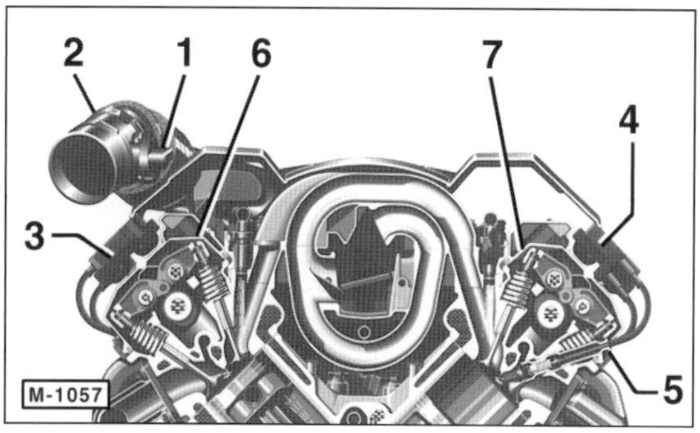

- Stecker –1– vom Luftmassenmesser abziehen.
- Resonanzkörper vom Luftfilter abbauen.
- Luftfilter ausbauen.
- Luftansaugrohr –2– am Zylinderkopfdeckel abschrauben, am Drosselklappenteil abclipsen und mit Luftmassenmesser herausnehmen.
- Automatikgetriebe: Führungsrohr für Getriebeöl-Meßstab abschrauben.
- Zündspulen –3/4– von den Zylinderkopfdeckeln abschrauben.
- Sämtliche Zündkerzenstecker –5– abziehen.
- Unterdruckschläuche von den Zylinderkopfdeckeln abziehen. Je 1 Schlauch pro Deckel, zum Saugrohr hin zeigend.
- Motorentlüftungsschlauch von der hinteren Stirnseite des linken Zylinderkopfdeckels –7– abziehen.
- Zylinderkopfdeckel –6/7– abschrauben.

Einbau

- Zylinderkopfdeckel mit Dichtung ansetzen und über Kreuz mit **10 Nm** anziehen. Korrekten Sitz der Deckeldichtung durch Abtasten mit den Fingern prüfen, vor allem an der hinteren Stirnseite des Zylinderkopfs.
- Motorentlüftungsschlauch hinten am linken Zylinderkopfdeckel aufstecken.
- Unterdruckschläuche an den Zylinderkopfdeckeln aufstecken.
- Zündspulen mit **8 Nm** anschrauben.
- Zündkerzenstecker entsprechend den Markierungen auf Zylinderkopfdeckel und Zündspulen aufstecken, siehe Seite 76.
- **Automatikgetriebe:** Führungsrohr für Getriebeöl-Meßstab anschrauben.
- Luftfilter ausbauen.
- Luftansaugrohr mit Luftmassenmesser am Drosselklappenteil einclipsen, am Luftfilter aufschieben und am Zylinderkopfdeckel anschrauben.
- Stecker für Luftmassenmesser aufstecken. Resonanzkörper einbauen.

Zylinderkopf/Zylinderkopfdichtung aus- und einbauen

V6-Zylinder-Motor M112

Zylinderkopf nur bei abgekühltem Motor ausbauen. Abgas- und Ansaugkrümmer bleiben angeschlossen.

Eine defekte Zylinderkopfdichtung ist an verschiedenen Merkmalen erkennbar, siehe Seite 24.

Ausbau

- Batterie-Massekabel (–) bei ausgeschalteter Zündung abklemmen. **Achtung:** Dadurch werden elektronische Speicher gelöscht, wie zum Beispiel der Radiocode. Deshalb Hinweise im Kapitel »Batterie aus- und einbauen« durchlesen.
- Kühlmittel am Kühler ablassen, siehe Seite 60.
- Visco-Lüfter ausbauen, siehe Seite 67.
- Lüfterhaube ausbauen.

Achtung: Bei Fahrzeugen mit Klimaanlage sofort nach dem Kühlerausbau Kondensator mit geeigneter Platte aus Blech oder Kunststoff abdecken und dadurch vor Beschädigungen bei den weiteren Arbeitsgängen schützen. Die Schutzplatte kann selbst angefertigt werden: Maße ca. 400 x 680 x 1 mm, zum Einhängen am Kühler beziehungsweise Kondensator entsprechende Haltebügel an der Platte befestigen.

- Zylinderkopfdeckel ausbauen, siehe entsprechendes Kapitel.
- Kraftstoffleitung abschrauben.
- Saugrohr ausbauen, siehe Seite 24.
- Leitung vom Unterdruck-Umschaltventil abschrauben und elektrische Steckverbindung trennen.
- Nockenwellen-Positionsgeber vorn am rechten Zylinderkopf abschrauben.
- Keilrippenriemen ausbauen, siehe entsprechendes Kapitel.
- Lenkhilfpumpe mit Vorratsbehälter abschrauben und mit angeschlossenen Leitungen am Aufbau aufhängen.
- Ölfilter ausbauen und Öl aus dem Filtergehäuse in die Ölwanne ablaufen lassen, siehe Seite 247.
- Kühlmittelschläuche am Ölkühler abziehen.
- Ölkühler am Ölfiltergehäuse abschrauben und mit angeschlossenen Leitungen zur Seite legen.
- Ölfiltergehäuse abschrauben. Dazu Zentralschraube im Ölfiltergehäuse herausdrehen.
- Kühlmittelschlauch von der hinteren Stirnseite des linken Zylinderkopfs abziehen. Vorher Schellen lösen und zurückschieben.
- Abgasanlage vom Krümmer abbauen, siehe Seite 98.
- Kurbelwelle auf 40° nach Zünd-OT für Zylinder 1 stellen. Kurbelwelle drehen, siehe Seite 22.

Achtung: Steuerkette und Nockenwellenräder sind zueinander markiert. Kurbelwelle solange durchdrehen, bis alle Markierungen gleichzeitig übereinstimmen. Dazu können bis zu

14 Umdrehungen erforderlich sein. Anschließend **OT-Stellung** von Kurbelwelle und Nockenwellen **nicht mehr verändern.** Kurbelwelle nur in Motordrehrichtung drehen, nicht rückwärts drehen.

- Nockenwelle rechts mit Fixierplatte arretieren.
- Kettenspanner ausbauen, siehe entsprechendes Kapitel.
- Nockenwellenräder abschrauben.

Achtung: Steuerkette mit Draht sichern, damit sie nicht ins Kurbelgehäuse fallen kann oder an Kurbel- sowie Ausgleichswelle überspringen kann. Bei abgebauten Nockenwellenrädern darf der Motor nicht mehr durchgedreht werden, da sonst die Steuerkette verkanten könnte.

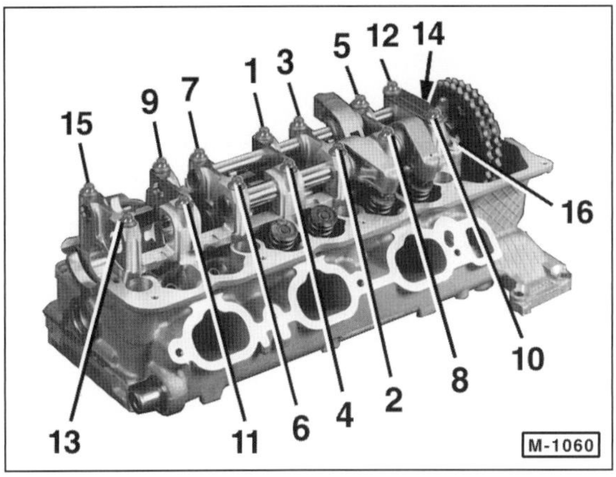

- Nockenwellen-Lagerbrücken entgegen der angegebenen Reihenfolge, also von 16 nach 1, abschrauben. Dabei Schrauben zunächst ½ Umdrehung, dann 1 Umdrehung lösen und anschließend herausdrehen.

Hinweis: Die Nockenwellenlagerbrücke darf nicht zerlegt werden. Bei Beschädigungen am Ventiltrieb (Rollenkipphebel, Kipphebelachse) oder der oberen Nockenwellenlagernhälfte muß der Zylinderkopf komplett mit Nockenwellenlagerbrücke erneuert werden.

Achtung: Zylinderkopfschrauben nur bei abgekühltem Motor lösen (Umgebungstemperatur, ca. 20° C).

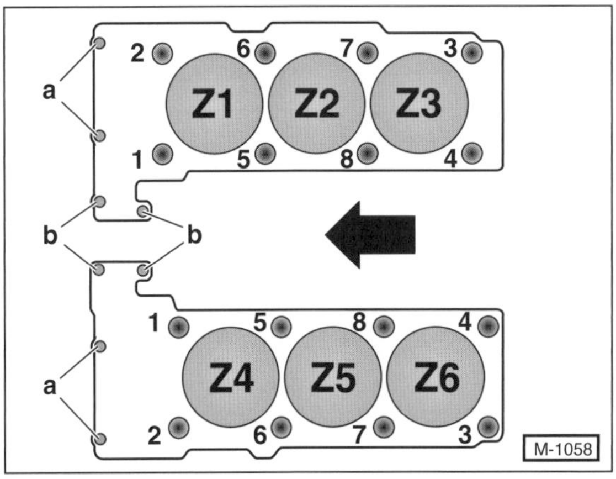

- Zylinderkopf mit 4 Schrauben –a/b– vom Steuergehäusedeckel abschrauben.
- Zylinderkopfschrauben in der angegebenen Reihenfolge der Numerierung, also von 1 nach 8, herausdrehen. Hierfür wird ein Innentorx-Schlüsseleinsatz benötigt. Z1 bis Z6 = Zylinder 1 bis 6. Der Pfeil zeigt in Fahrtrichtung.
- Zylinderkopf abheben.

Einbau

Vor dem Einbau Zylinderkopf und Zylinderblock mit geeignetem Schaber von Dichtungsresten freimachen. **Darauf achten, daß keine Dichtungsreste in die Bohrungen fallen.** Bohrungen mit Lappen verschließen.

- Zylinderkopf und Motorblock mit Stahllineal in Längs- und Querrichtung auf Planheit prüfen, gegebenenfalls nacharbeiten (Werkstattarbeit).
- Zylinderkopf auf Risse, Zylinderlauffläche auf Riefen überprüfen.
- Bohrungen der Zylinderkopfschrauben sorgfältig von Öl und anderen Rückständen reinigen. Bohrungen mit Preßluft ausblasen, oder Schraubendreher mit Lappen umwickeln und Flüssigkeit aufsaugen.

Achtung: Die Bohrungen für die Zylinderkopfschrauben müssen frei von Öl- und Kühlmittelresten sein. Sonst baut sich Druck beim Einschrauben der neuen Schrauben auf, was zum Reißen des Motorblocks oder zu einem falschen Anzugsdrehmoment führen kann.

- Zylinderkopfdichtung grundsätzlich ersetzen.
- Neue Dichtung ohne Dichtmittel so auflegen, daß keine Bohrungen verdeckt werden.
- Vor Aufsetzen des Zylinderkopfes prüfen, ob sich die Nockenwellen in der Stellung »40° nach OT« befinden. Auch die Kurbelwelle muß sich noch in dieser Stellung befinden, siehe unter »Ausbau«.
- Zylinderkopf aufsetzen. **Achtung:** Der Zylinderkopf wird durch Paßstifte im Zylinderblock zentriert.
- Länge der Zylinderkopfschrauben ab Unterkante Schraubenkopf messen. **Die Länge im Neuzustand beträgt 141,5 mm.** Bei einer Länge von **144,5 mm** sind die Kopfschrauben auf jeden Fall zu **ersetzen.**
- Zylinderkopfschrauben am Gewinde und an der Kopfauflagefläche einölen, mit Unterlegscheiben einsetzen und handfest anziehen.

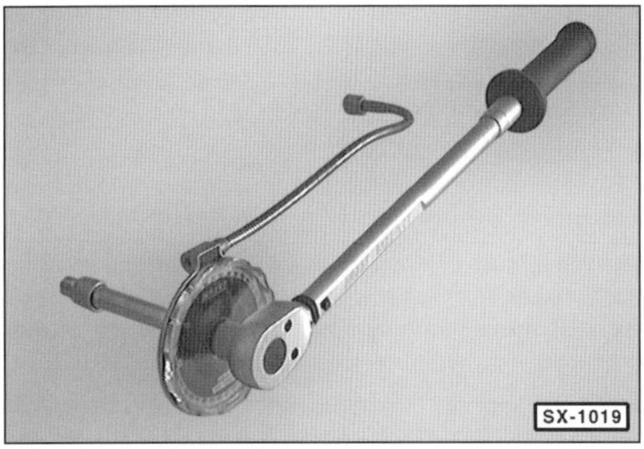

Achtung: Das Anziehen der Zylinderkopfschrauben ist mit größter Sorgfalt durchzuführen. Vor dem Anziehen der Schrauben sollte der Drehmomentschlüssel auf seine Genauigkeit überprüft werden. Das Anziehen der Zylinderkopfschrauben um die vorgegebenen Winkel wird mit einer Winkelscheibe erleichtert, zum Beispiel HAZET 6690. Um den Drehmomentschlüssel nicht mit hohem Drehmoment zu belasten, sollte die Winkelscheibe nur zusammen mit einem starren Schlüssel angewendet werden.

Hinweis: Steht keine Winkelscheibe zur Verfügung, Drehwinkel abschätzen. Dazu starren Schlüssel so aufsetzen, daß der Schlüsselarm längs zum Motor steht und Schlüssel in einem Zug drehen, bis der Griff quer zum Motor steht.

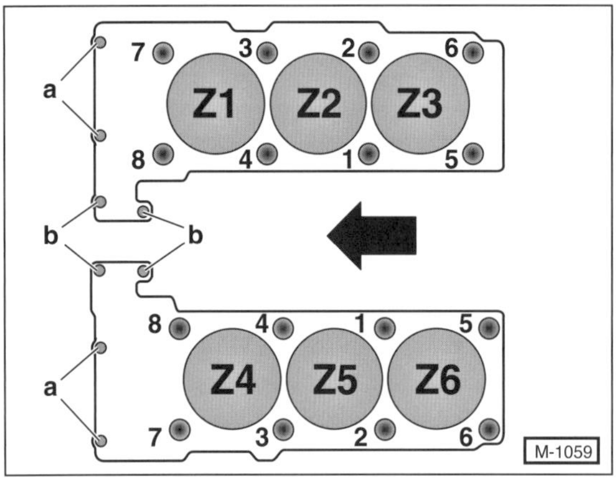

- Zylinderkopfschrauben gemäß der Reihenfolge von 1 bis 8 in **vier Stufen** anziehen.

1. Stufe: mit Drehmomentschlüssel und **20 Nm;**

2. Stufe: mit Drehmomentschlüssel und **50 Nm;**

3. Stufe: mit **starrem Schlüssel um 60 – 70° weiterdrehen;**

4. Stufe: mit **starrem Schlüssel um 60 – 70° weiterdrehen.**

Achtung: Wurde das Anzugsdrehmoment für eine Zylinderkopfschraube versehentlich überschritten, alle Schrauben entsprechend dem Löseschema herausdrehen. Schaftlänge der Schraube mit überschrittenem Anzugsmoment prüfen und gegebenenfalls Schraube ersetzen. Alle Schrauben entsprechend dem Anzugsschema, mit Stufe 1 beginnend, festziehen.

- Zylinderkopf mit 4 Schrauben –a/b– und **20 Nm** am Steuergehäusedeckel anschrauben. Der Pfeil zeigt in Fahrtrichtung.
- Sämtliche Nockenwellenlager mit Motoröl ölen.
- Nockenwellen-Lagerbrücken einsetzen, Schrauben handfest anziehen.
- Schrauben für Lagerbrücken in der angegebenen Reihenfolge, also von 1 nach 16, mit **15 Nm** festschrauben, siehe Abbildung M-1060.
- Nockenwellenräder mit Steuerkette so aufsetzen, daß die Markierungen übereinstimmen und mit **50 Nm** anschrauben. Anschließend Schrauben mit starrem Schlüssel und **90° – 100°** weiterdrehen.
- Grundstellung der Nockenwellen prüfen, gegebenenfalls einstellen, siehe entsprechendes Kapitel.
- Kettenspanner einbauen, siehe entsprechendes Kapitel.
- Fixierplatte für Nockenwelle herausnehmen.
- Abgasanlage am Krümmer anbauen, siehe Seite 98.
- Kühlmittelschlauch an der hinteren Stirnseite des linken Zylinderkopfs aufschieben und mit Schellen sichern.
- Ölfiltergehäuse mit neuem Dichtring ansetzen und mit **70 Nm** anschrauben.
- Ölkühler mit **neuen** Dichtungen und **10 Nm** am Ölfiltergehäuse anschrauben.
- Kühlmittelschläuche am Ölkühler aufschieben.
- Lenkhilfpumpe mit Vorratsbehälter anschrauben.
- Keilrippenriemen einbauen, siehe entsprechendes Kapitel.
- Nockenwellen-Positionsgeber mit 8 Nm am Zylinderkopf anschrauben. Vorher O-Ring auf Beschädigung prüfen, bei defektem O-Ring muß der Positionsgeber erneuert werden.
- Leitung am Unterdruck-Umschaltventil anschrauben und elektrische Stecker verbinden.
- Saugrohr einbauen, siehe Seite 24.
- Kraftstoffleitung anschrauben.
- Zylinderkopfdeckel einbauen, siehe entsprechendes Kapitel.
- Bei Fahrzeugen mit Klimaanlage, Schutzplatte am Kondensator abnehmen.
- Lüfterhaube einbauen.
- Visco-Lüfter einbauen, siehe Seite 67.
- Ölfilter ersetzen, Motoröl auffüllen, siehe Seite 247.
- Kühlmittel auffüllen, siehe Seite 60.
- Batterie-Massekabel (–) anklemmen.
- Zeituhr einstellen.
- Falls erforderlich, Diebstahlcode für Radio eingeben.

Nockenwelle aus- und einbauen

V6-Zylinder-Motor M112

Ausbau

- Zylinderkopfdeckel ausbauen, siehe entsprechendes Kapitel.
- Kurbelwelle auf 40° nach Zünd-OT für Zylinder 1 stellen. Kurbelwelle drehen, siehe Seite 22.

Achtung: Steuerkette und Nockenwellenräder sind zueinander markiert. Kurbelwelle solange durchdrehen, bis alle Markierungen gleichzeitig übereinstimmen. Dazu können bis zu 14 Umdrehungen erforderlich sein. Anschließend **OT-Stellung** von Kurbelwelle und Nockenwellen **nicht mehr verändern.** Kurbelwelle nur in Motordrehrichtung drehen, nicht rückwärts drehen.

- Kettenspanner ausbauen, siehe entsprechendes Kapitel.
- Hallgeber für Nockenwelle (Nockenwellen-Positionsgeber) vorn am rechten Zylinderkopf abschrauben.
- Nockenwellenrad abschrauben. Dabei mit Maulschlüssel SW 38 am Sechskant der Nockenwelle gegenhalten.
- Nockenwellenrad und Steuerkette mit Kabelbinder zusammenbinden, damit die Stellung von Kette zu Kettenrad unverändert bleibt.

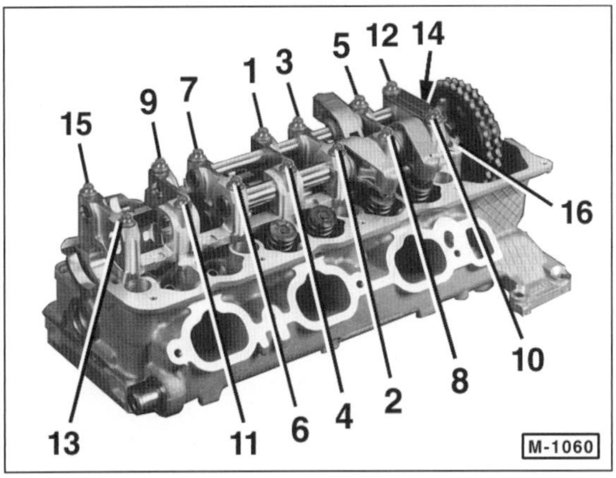

- Nockenwellen-Lagerbrücken entgegen der angegebenen Reihenfolge, also von 16 nach 1, abschrauben. Dabei Schrauben zunächst ½ Umdrehung, dann 1 Umdrehung lösen und anschließend herausdrehen.

Hinweis: Die Nockenwellenlagerbrücke darf nicht zerlegt werden. Bei Beschädigungen am Ventiltrieb (Rollenkipphebel, Kipphebelachse) oder der oberen Nockenwellenlagernhälfte muß der Zylinderkopf komplett mit Nockenwellenlagerbrücke erneuert werden.

- Nockenwelle herausnehmen. **Achtung:** Nockenwellen-Kennzeichnung für den Wiedereinbau beachten. Die Kennzahl steht auf der Nockenwelle vor dem 2. Nockenwellenlager beziehungsweise am Flansch für das Nockenwellenrad.
- Ventilschaft-Abdichtungen mit verbogenem Metallmantel müssen erneuert werden.

Einbau

- Sämtliche Lagerflächen mit Motoröl ölen.
- Nockenwellen einsetzen. Dabei auf richtige Nockenwellenkennzahl achten. Die Kennzahl steht auf der Nockenwelle vor dem 2. Nockenwellenlager beziehungsweise am Flansch für das Nockenwellenrad.
- Auf richtigen Sitz des Verschlußdeckels an der Stirnseite der Nockenwelle achten.

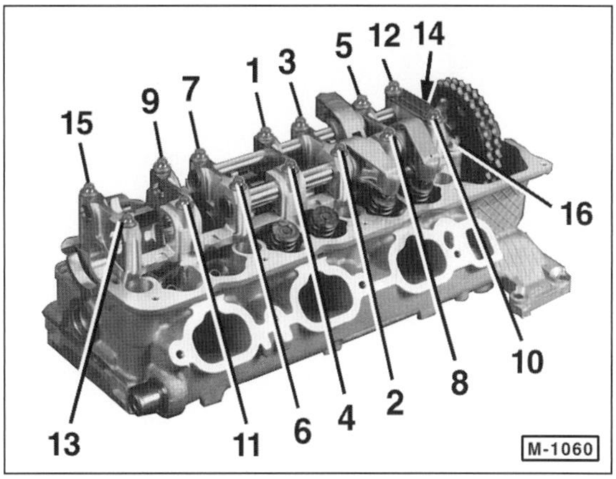

- Nockenwellen-Lagerbrücke einsetzen, Schrauben handfest anziehen.
- Schrauben in der angegebenen Reihenfolge, also von 1 nach 16, mit **15 Nm** festschrauben.
- Nockenwelle in Grundstellung drehen.
- Kabelbinder an Nockenwellenrad und Steuerkette lösen. Nockenwellenrad mit Steuerkette an die Nockenwelle mit **50 Nm** anschrauben. Anschließend Schraube mit starrem Schlüssel und **90° – 100°** weiterdrehen.
- Nockenwellen-Positionsgeber mit **8 Nm** am Zylinderkopf anschrauben. Vorher O-Ring auf Beschädigung prüfen, bei defektem O-Ring muß der Positionsgeber erneuert werden.
- Kettenspanner einbauen, siehe entsprechendes Kapitel.
- Grundstellung der Nockenwelle prüfen, siehe entsprechendes Kapitel.
- Zylinderkopfdeckel einbauen, siehe entsprechendes Kapitel.

Nockenwellen-Grundstellung prüfen/einstellen

V6-Zylinder-Motor M112

Steuerzeiten

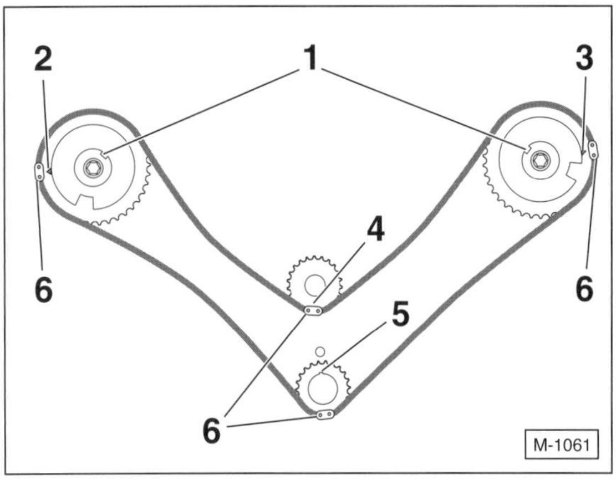

1 – Nut in Nockenwelle
2 – Markierung am rechten Nockenwellenrad
3 – Markierung am linken Nockenwellenrad
4 – Markierung am Kettenrad der Ausgleichswelle
5 – Nut in Kurbelwelle
6 – Kupferlasche

Die 4 Kupferlaschen der Steuerkette dienen als Montageerleichterung beim Auflegen der Steuerkette. Wenn alle 4 Kupferlaschen gleichzeitig mit den Markierungen auf den jeweiligen Kettenrädern übereinstimmen, steht die Kurbelwelle in Position »40° nach OT für Zylinder 1«.

Prüfen

- Zylinderkopfdeckel ausbauen, siehe entsprechendes Kapitel.
- Kurbelwelle auf 40° nach Zünd-OT für Zylinder 1 stellen. Kurbelwelle drehen, siehe Seite 22.

Achtung: Steuerkette und Nockenwellenräder sind zueinander markiert. Kurbelwelle solange durchdrehen, bis alle Markierungen gleichzeitig übereinstimmen. Die Nuten der Nockenwellen müssen parallel zur Zylinderkopf-Oberfläche (Trennfläche zum Zylinderkopfdeckel) nach innen zeigen (in Richtung anderer Zylinderkopf). Dazu können bis zu 14 Umdrehungen erforderlich sein. Anschließend **OT-Stellung** von Kurbelwelle und Nockenwellen **nicht mehr verändern.** Kurbelwelle nur in Motordrehrichtung drehen, nicht rückwärts drehen.

- Fixierplatte (Spezialwerkzeug) bündig auf den rechten Zylinderkopf legen und in die Nut der rechten Nockenwelle einführen. Die linke Nockenwelle zeigt mittig zur Trennfläche für den Zylinderkopfdeckel.
- Andernfalls Motor an der Kurbelwelle in Motordrehrichtung soweit durchdrehen (Fixierplatte abgenommen), bis die Kupferlaschen auf der Steuerkette den Markierungen auf den Nockenwellenrädern genau gegenüberstehen. Die Gradanzeige auf der Kurbelwellen-Riemenscheibe muß dann bei 40° nach OT stehen.
- Andernfalls Kurbelwelle gradweise solange weiterdrehen, bis die Fixierplatte eingeschoben werden kann.
- Gradanzeige auf der Kurbelwellen-Riemenscheibe notieren. Aufgrund der Kettenlängung darf der Wert zwischen 38° und 42° nach OT liegen.

Bei Falschmontage der Steuerkette, wenn beispielsweise die Kette auf dem Nockenwellenrad um 1 Zahn versetzt wurde, verändert sich der Wert um ca. 10° Kurbelwinkel. Das bewirkt eine Steuerzeitverschiebung um 20° Kurbelwinkel. Wurde die Kette auf der Kurbelwelle um 1 Zahn versetzt verändert sich der Wert um ca. 20° Kurbelwinkel.

Einstellen

- Zylinderkopfdeckel ausgebaut.
- Kurbelwelle steht auf 40° nach Zünd-OT für Zylinder 1. Markierungen auf den Nockenwellenrädern stimmen mit Kupferlaschen auf der Steuerkette überein.
- Kettenspanner ausbauen, siehe entsprechendes Kapitel.
- Hallgeber für Nockenwelle (Nockenwellen-Positionsgeber) vorn am rechten Zylinderkopf abschrauben.
- Nockenwellenräder abschrauben. Dabei mit Maulschlüssel SW 38 am Sechskant der Nockenwellen gegenhalten.
- Nockenwellenrad und Steuerkette mit Kabelbinder zusammenbinden, damit die Stellung von Kette zu Kettenrad unverändert bleibt.
- Linke Nockenwelle mit Maulschlüssel in Grundstellung drehen. Die Nut der Nockenwelle muß parallel zur Zylinderkopf-Oberfläche (Trennfläche zum Zylinderkopfdeckel) nach innen, zum Saugrohr, zeigen.

Hinweis: Bei der Kurbelwellenstellung »40° vor OT« können die Nockenwellen bei abgebauter Steuerkette gedreht werden, ohne daß die Ventile mit dem Kolbenboden in Berührung kommen.

- Rechte Nockenwelle mit Maulschlüssel in Grundstellung drehen. Die Nut der Nockenwelle muß parallel zur Zylinderkopf-Oberfläche (Trennfläche zum Zylinderkopfdeckel) nach innen, zum Saugrohr, zeigen.
- Fixierplatte (Spezialwerkzeug) bündig auf den rechten Zylinderkopf legen und in die Nut der rechten Nockenwelle einführen.
- In dieser Stellung Nockenwellenräder einbauen, siehe entsprechendes Kapitel.
- Nockenwellen-Positionsgeber mit **8 Nm** am Zylinderkopf anschrauben. Vorher O-Ring auf Beschädigung prüfen, bei defektem O-Ring muß der Positionsgeber erneuert werden.
- Kettenspanner einbauen, siehe entsprechendes Kapitel.
- Zylinderkopfdeckel einbauen, siehe entsprechendes Kapitel.

Zylinderkopfdeckel aus- und einbauen

Reihen-6-Zylinder-Motor M104

Ausbau

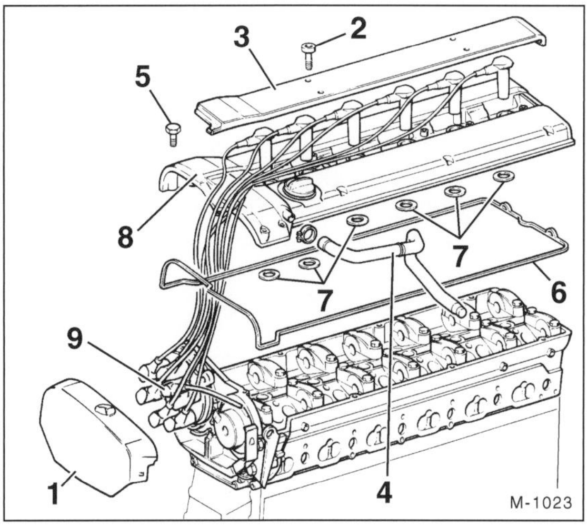

- Abdeckung –1– seitlich ausclipsen und nach oben abnehmen.
- Schrauben –2– herausdrehen und Zündkabelabdeckung –3– abnehmen. Hinweis: Die Zündkabeldarstellung –9– in der Abbildung entspricht nicht dem Typ 202.
- Alle Zündkerzenstecker durch Rechts- und Linksdrehen lösen und abziehen. Zündkerzenstecker mit Zündspulen zur Seite legen.
- Motorentlüftungsschlauch –4– am Zylinderkopfdeckel –8– abziehen, vorher Schlauchschelle lösen.
- Schrauben –5– für Zylinderkopfdeckel ausschrauben. Zylinderkopfdeckel mit Dichtung –6– und Dichtungen –7– für Zündkerzenschächte abnehmen.

Einbau

- Dichtungen auf Porosität und Quetschungen überprüfen. Ist eine Dichtung beschädigt, müssen alle gemeinsam erneuert werden.

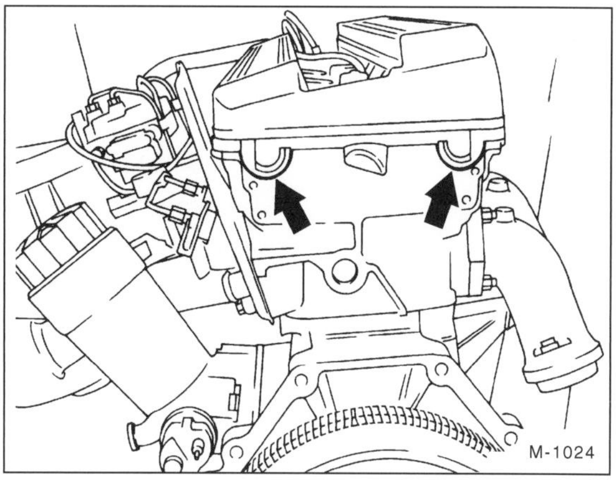

- Beim Einsetzen der Dichtung besonders auf richtigen Sitz in den hinteren Aussparungen achten –Pfeile–.
- Schrauben für Zylinderkopfdeckel mit 10 Nm gleichmäßig anziehen.
- Zündkerzenstecker in richtiger Anordnung wieder aufstecken, als Hilfe ist ein Schema auf der Zylinderkopfdeckel aufgedruckt.
- Abdeckungen einclipsen und anschrauben.
- Motorentlüftungsschlauch aufstecken und mit Schlauchschelle sichern.
- Motor warmfahren und Zylinderkopfdeckel auf Dichtheit prüfen, besonders in den hinteren Aussparungen.

Zylinderkopf/Zylinderkopfdichtung aus- und einbauen

Reihen-6-Zylinder-Motor M104

Zylinderkopf nur bei abgekühltem Motor ausbauen. Abgas- und Ansaugkrümmer bleiben angeschlossen.

Eine defekte Zylinderkopfdichtung ist an verschiedenen Merkmalen erkennbar, siehe Seite 24.

Ausbau

- Batterie-Massekabel (–) bei ausgeschalteter Zündung abklemmen. **Achtung:** Dadurch werden elektronische Speicher gelöscht, wie zum Beispiel der Radiocode. Hinweise im Kapitel »Batterie aus- und einbauen« beachten.
- Kühlmittel ablassen, auch am Kurbelgehäuse, siehe Seite 60.
- Saugrohr-Oberteil ausbauen, siehe Seite 24.

Motor auf Zünd-OT stellen:

- Lüfterhaube (Verkleidung um den Kühlerlüfter) ausbauen. Dazu 2 Haltefedern nach oben abziehen. Lüfterhaube unten aus den Führungen herausziehen und abnehmen.
- Getriebe in Leerlaufstellung bringen und Handbremse anziehen.

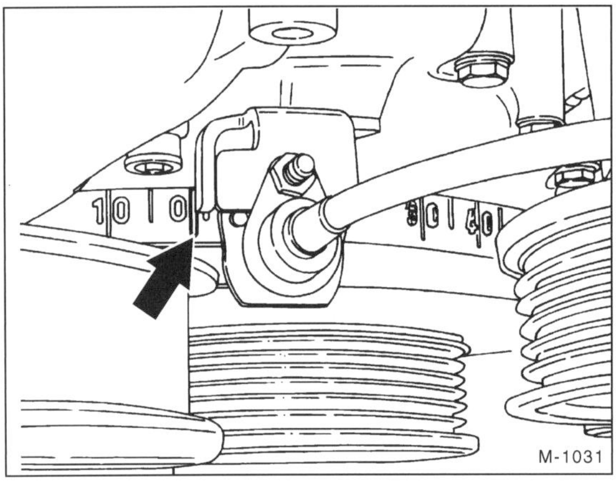

- Kurbelwelle mit Umschaltknarre und Steckschlüsseleinsatz SW 27 an der Zentralschraube der Kurbelwellen-Riemenscheibe in Motordrehrichtung, also im Uhrzeigersinn, durchdrehen bis die OT-Markierung mit der linken Kante des Halters für OT-Geber übereinstimmt, siehe Abbildung. Hinweis: Der Steckschlüsseleinsatz muß mindestens 40 mm lang sein.
- Kühlmittel ablassen, auch am Kurbelgehäuse, siehe Seite 60.
- Saugrohr-Oberteil ausbauen, siehe Seite 24.

Vorderen Deckel ausbauen

- Zylinderkopfdeckel ausbauen, siehe Seite 35.
- Kettenspanner ausbauen, siehe Seite 22.

Achtung: Der Kettenspanner muß ausgebaut werden, da beim Herausnehmen der oberen Gleitschiene der Kettenspanner automatisch eine Raste nachspannen würde. Dies würde zu einer Überspannung der Steuerkette führen.

- Auslaßnockenwelle in Nockenwellendrehrichtung drehen und dadurch Steuerkette bei der oberen Gleitschiene entspannen. Zum Drehen Maulschlüssel SW 27 beziehungsweise SW 29 an den Abflachungen vor den Nocken von Zylinder 5 ansetzen.
- Obere Gleitschiene von den Lagerbolzen abziehen.
- Auslaßnockenwelle mit Maulschlüssel entgegen der Nockenwellendrehrichtung zurückdrehen.
- Kettenspanner einbauen, siehe Seite 22.

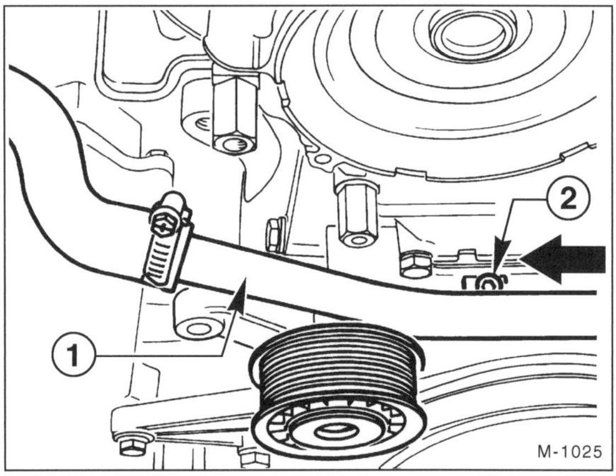

- Kühlmittelrücklaufleitung –1– am Lüfterlagerbock –2– und an der Kühlmittelpumpe abschrauben und herausziehen.
- Stecker für Positionsgeber Nockenwelle und Stellmagnet Nockenwellenverstellung abziehen.
- Bei Lufteinblasung: Unterdruckleitungen und Stecker am Umschaltventil abziehen.

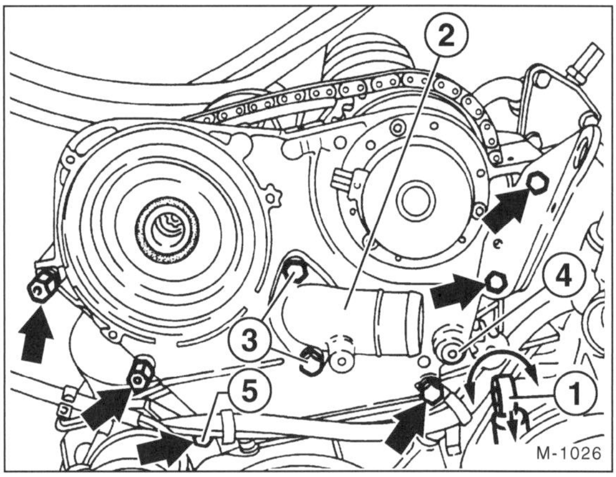

- Bei Spannvorrichtung für Keilrippenriemen 1. Ausführung: Stoßdämpfer –1– am vorderen Deckel abschrauben und nach unten drücken. Beilegscheibe beachten, beim Wiedereinbau nicht vergessen.
- Kühlmittelstutzen –2– abschrauben –3–.

- Verschlußschraube –4– im vorderen Deckel herausschrauben und mit Dichtring abnehmen.
- Durch die Öffnung oberen Gleitschienenbolzen mit Schlagauszieher oder geeignetem Werkzeug ausziehen.
- Schrauben –Pfeile– für vorderen Deckel herausdrehen, Deckel mit Schraube –5– abnehmen.

- Vordere Abgasanlage am Abgaskrümmer abschrauben, etwas absenken und abstützen.
- Falls vorhanden, Schlauch für Lufteinblasung von der Lufteinblasleitung abziehen, vorher Schelle lösen und zurückschieben.
- Falls vorhanden, Halter für Lufteinblasleitung mit Distanzhülse oberhalb der Kurbelwellen-Riemenscheibe abschrauben.
- Automatikgetriebe: Ölmeßstab-Führungsrohr am Zylinderkopf hinten rechts abschrauben.
- Kühlmittelschlauch hinten am Zylinderkopf abziehen, vorher Schelle lösen und zurückschieben.

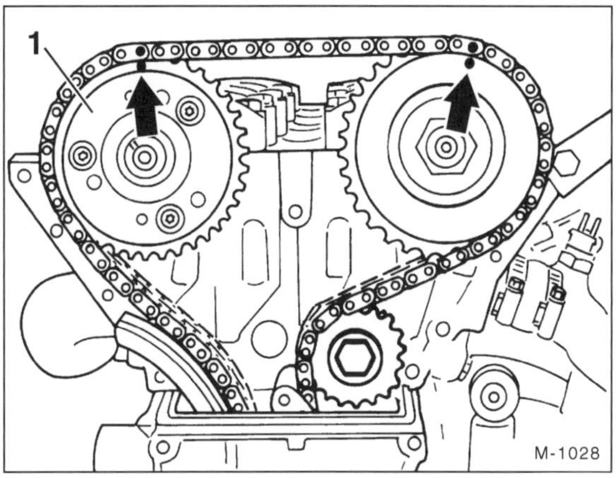

- Stellung der Nockenwellenräder zur Steuerkette mit Filzstift oder Farbe markieren.
- Auslaßnockenwellenrad –1– abschrauben.
- Steuerkette vom Einlaßnockenwellenrad abnehmen.

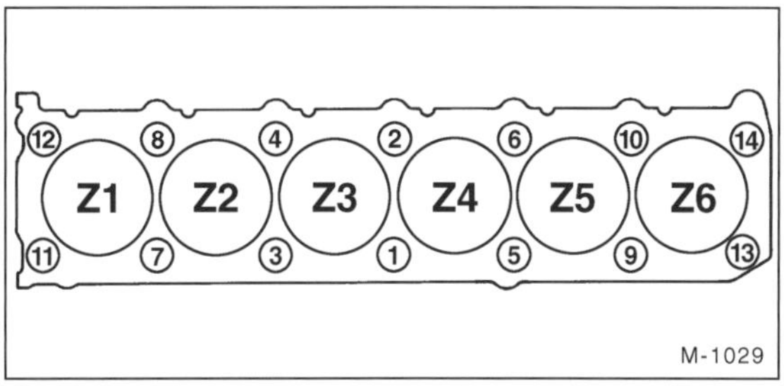

- Zylinderkopfschrauben in umgekehrter Reihenfolge der Numerierung, also von 14 nach 1, herausdrehen. Hierfür wird ein Innenvielzahn-Schlüsseleinsatz benötigt (z.B. HAZET 990 SLg-12). Der Zylinder –Z1– befindet sich an der »Lüfter«-Seite des Motors. Z1 – Z6 = Zylinder 1 bis 6.

- Zylinderkopf abheben. Der Zylinderkopf kann auch mit einem Werkstattkran abgehoben werden. Dazu muß anstelle des 1. Nockenwellenlagerdeckels der Auslaßnockenwelle ein geeigneter Halter, zum Beispiel MERCEDES 104 589 00 40 00, angeschraubt werden. Seil oder Kette durch den Halter und die hintere Motor-Aufhängeösen führen und am Kran einhängen.

Einbau

Vor dem Einbau Zylinderkopf und Zylinderblock mit geeignetem Schaber von Dichtungsresten freimachen. **Darauf achten, daß keine Dichtungsreste in die Bohrungen fallen.** Bohrungen mit Lappen verschließen.

Achtung: Wird bei einem Motor ohne Lufteinblasung der Zylinderkopf ersetzt, Lufteinblasbohrung im Zylinderkopf mit einem Verschlußdeckel (ET-Nr. 104 016 00 33) seitlich rechts verschließen. Verschlußdeckel mit Dichtmasse »LOCTITE 241« einsetzen.

- Zylinderkopf und Motorblock mit Stahllineal in Längs- und Querrichtung auf Planheit prüfen, gegebenenfalls nacharbeiten (Werkstattarbeit).
- Zylinderkopf auf Risse, Zylinderlauffläche auf Riefen überprüfen.
- Bohrungen der Zylinderkopfschrauben sorgfältig von Öl und anderen Rückständen reinigen. Bohrungen mit Preßluft ausblasen, oder Schraubendreher mit Lappen umwickeln und Flüssigkeit aufsaugen.

Achtung: Die Bohrungen für die Zylinderkopfschrauben müssen frei von Öl- und Kühlmittelresten sein. Sonst baut sich Druck beim Einschrauben der neuen Schrauben auf, was zum Reißen des Motorblocks oder zu einem falschen Anzugsdrehmoment führen kann.

- Zylinderkopfdichtung grundsätzlich ersetzen.
- Neue Dichtung ohne Dichtmittel so auflegen, daß keine Bohrungen verdeckt werden.

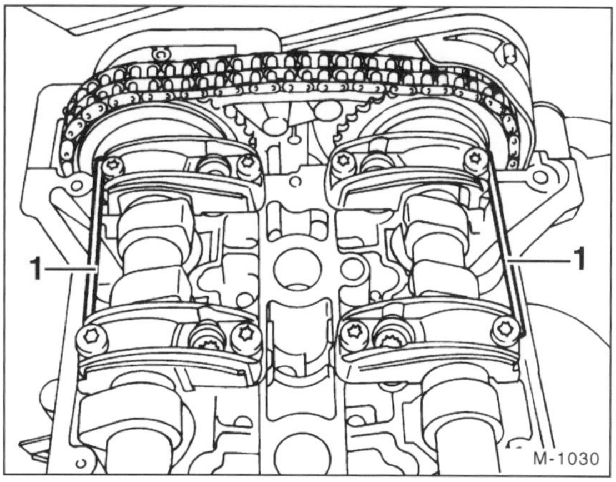

- Vor Aufsetzen des Zylinderkopfes prüfen, ob sich die Nockenwellen in OT-Stellung befinden. In dieser Stellung lassen sich Stifte –1– von 4 mm ∅ direkt oberhalb der Zylinderkopf-Oberkante in die Nockenwellenräder-Flansche einsetzen. Auch die Kurbelwelle muß sich noch in OT-Stellung befinden, siehe Abbildung unter »Ausbau«.

- Zylinderkopf aufsetzen. **Achtung:** Der Zylinderkopf wird durch Paßstifte im Zylinderblock zentriert.
- Länge der Zylinderkopfschrauben ab Unterkante Schraubenkopf messen. **Die Länge im Neuzustand beträgt 160 mm.** Bei einer Länge von **163,5 mm** sind die Kopfschrauben auf jeden Fall zu **ersetzen.**
- Zylinderkopfschrauben am Gewinde und an der Kopfauflagefläche einölen, mit Unterlegscheiben einsetzen und handfest anziehen.

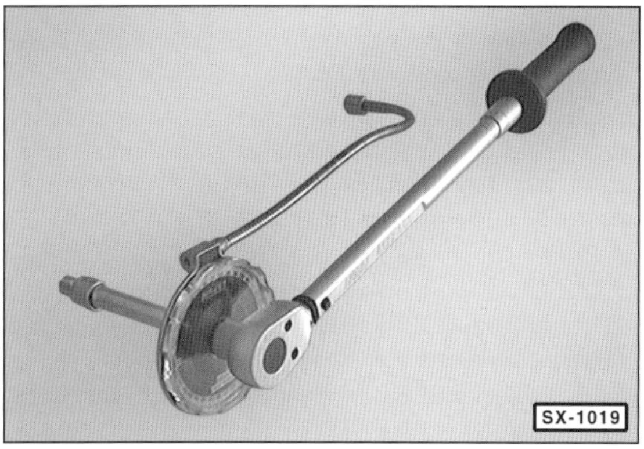

SX-1019

Achtung: Das Anziehen der Zylinderkopfschrauben ist mit größter Sorgfalt durchzuführen. Vor dem Anziehen der Schrauben sollte der Drehmomentschlüssel auf seine Genauigkeit überprüft werden. Das Anziehen der Zylinderkopfschrauben um die vorgegebenen Winkel wird mit einer Winkelscheibe erleichtert, zum Beispiel HAZET 6690. Um den Drehmomentschlüssel nicht mit hohem Drehmoment zu belasten, sollte die Winkelscheibe nur zusammen mit einem starren Schlüssel angewendet werden.

Hinweis: Steht keine Winkelscheibe zur Verfügung, Drehwinkel abschätzen. Dazu starren Schlüssel so aufsetzen, daß der Schlüsselarm längs zum Motor steht und Schlüssel in einem Zug drehen, bis der Griff quer zum Motor steht.

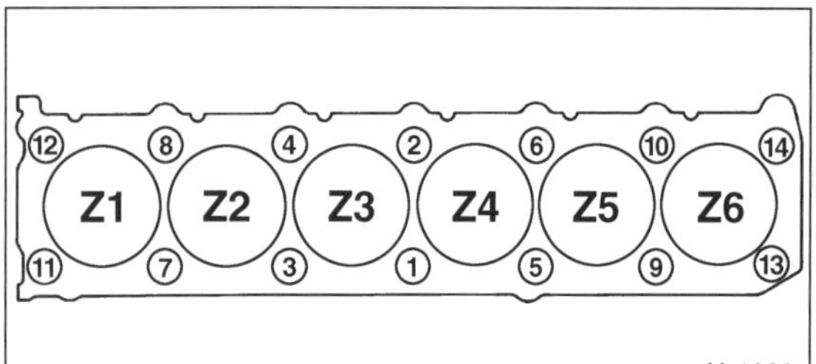

M-1029

- Zylinderkopfschrauben gemäß der Reihenfolge von 1 bis 14 in **drei Stufen** anziehen. Z1 – Z6 = Zylinder 1 bis 6.

1. Stufe: mit Drehmomentschlüssel und **55 Nm;**

2. Stufe: mit **starrem Schlüssel um 90° weiterdrehen;**

3. Stufe: mit **starrem Schlüssel um 90° weiterdrehen.**

- Falls angebaut, vorderen Halter vom Zylinderkopf abschrauben. Nockenwellenlagerdeckel wechselweise mit **20 Nm** festziehen.
- Steuerkette auf Einlaßnockenwellenrad auflegen, dabei die beim Ausbau angebrachten Farbmarkierungen beachten.
- Auslaßnockenwellenrad in die Steuerkette einsetzen, dabei Markierungen beachten.
- Auslaßnockenwellenrad an Nockenwellenflansch ansetzen und anschrauben. Das Anzugsdrehmoment richtet sich nach der Größe der Schraube.
  Torx-Schraube T30 mit Spannscheibe und
  Gewinde M7 x 13 mm. **18 Nm;**
  Torx-Bundschraube T30 mit
  Gewinde M7 x 13,5 mm . . . . **22 Nm;**
  Torx-Bundschraube T40 mit
  Gewinde M7 x 13,3 mm. . . . . **20 Nm + 60°.**
  Achtung: T40-Schraube immer erneuern.
- Stifte 4 mm ∅ aus den Nockenwellenflanschen herausziehen.
- Kühlmittelschlauch hinten am Zylinderkopf aufschieben und mit Schelle sichern.
- Automatikgetriebe: Ölmeßstab-Führungsrohr am Zylinderkopf hinten rechts anschrauben.
- Falls vorhanden, Halter für Lufteinblasleitung mit Distanzhülse oberhalb der Kurbelwellen-Riemenscheibe anschrauben.
- Falls vorhanden, Schlauch für Lufteinblasung an der Lufteinblasleitung aufschieben und mit Schelle sichern.
- Vordere Abgasanlage am Abgaskrümmer anschrauben, siehe Seite 98.

Vorderen Deckel einbauen

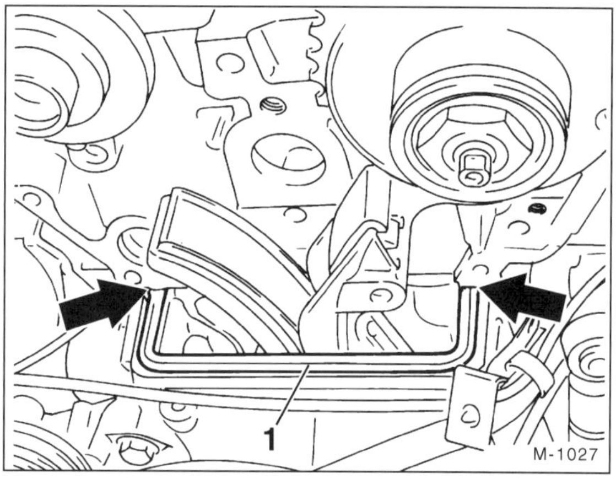

M-1027

- Dichtflächen für vorderen Deckel reinigen. Die Dichtflächen müssen öl- und fettfrei sein.
- Zum Abdichten in die Nut des Steuergehäusedeckels links und rechts am Stoß –Pfeile– zum Zylinderkopf jeweils punktförmig Dichtmittel, MERCEDES-Nr. 002 989 45 20, auftragen. Stattdessen kann auch ein anderes handelsübliches Dichtmittel verwendet werden, zum Beispiel „Omnifit FD 10" oder „Curil".
- Neue Profilgummidichtung –1– ohne zusätzliches Dichtmittel in die Nut einlegen.

- Oberseite der Profilgummidichtung mit wenig Motoröl bestreichen.
- Vorderen Deckel an den Auflageflächen zum Zylinderkopf mit Dichtmittel 002 989 45 20 bestreichen.

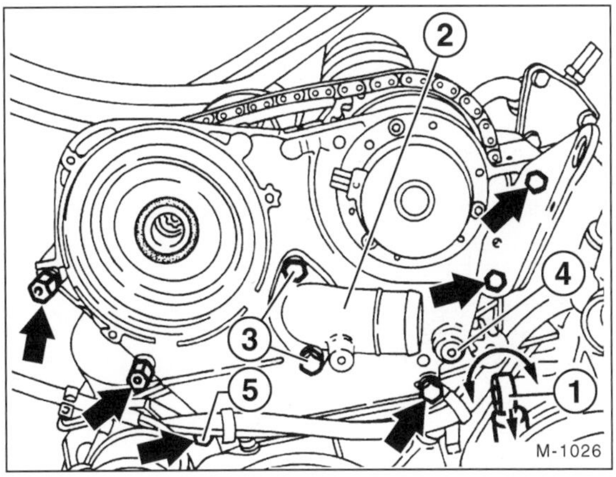

- Vorderen Deckel mit eingesteckter unterer Schraube –5– montieren. Die unteren Schrauben zuerst anziehen, Anzugsdrehmoment **20 Nm.**

Achtung: Bei der Montage des vorderen Deckels darauf achten, daß die Profilgummidichtung nicht verschoben wird.

Wird der vordere Deckel erneuert, muß der Positionsgeber Nockenwelle eingestellt werden. Abstandsmaß 0,2 bis 0,6 mm.

- Oberen Gleitschienenbolzen einsetzen.
- Verschlußschraube –4– mit Dichtring in den vorderen Deckel einschrauben.
- Kühlmittelstutzen –2– anschrauben –3–.
- Falls abgeschraubt, Stoßdämpfer –1– für Keilrippenriemen am vorderen Deckel anschrauben, Beilegscheibe nicht vergessen.
- Bei Lufteinblasung: Unterdruckleitungen und Stecker am Umschaltventil aufstecken
- Stecker für Positionsgeber Nockenwelle und Stellmagnet Nockenwellenverstellung aufstecken.
- Kühlmittelrücklaufleitung mit neuem Dichtring einsetzen und am Lüfterlagerbock sowie an der Kühlmittelpumpe anschrauben.
- Obere Gleitschiene auf die Lagerbolzen aufstecken.
- Zylinderkopfdeckel einbauen, siehe Seite 35.

- Saugrohr-Oberteil einbauen, siehe Seite 24.
- Kühlmittel auffüllen, siehe Seite 60.
- Batterie-Massekabel (–) anklemmen.
- Zeituhr einstellen.
- Falls erforderlich, Diebstahlcode für Radio eingeben.

Nockenwellen aus- und einbauen

Reihen-6-Zylinder-Motor M104

Achtung: Werden Teile der Ventilsteuerung wieder verwendet, müssen diese an gleicher Stelle wieder eingebaut werden. Damit keine Verwechslungen vorkommen, empfiehlt es sich, ein entsprechendes Ablagebrett anzufertigen.

Die Nockenwellen werden bei eingebautem Zylinderkopf nach oben ausgebaut. Einige Arbeiten sind im Kapitel »Zylinderkopf aus- und einbauen« ausführlicher beschrieben, deshalb dieses Kapitel ebenfalls durchlesen, siehe Seite 36.

Ausbau

- Batterie-Massekabel (–) bei ausgeschalteter Zündung abklemmen. **Achtung:** Dadurch werden elektronische Speicher gelöscht, wie zum Beispiel der Radiocode. Hinweise im Kapitel »Batterie aus- und einbauen« beachten.
- Motor auf Zünd-OT für Zylinder 1 stellen, siehe Seite 22.
- Kurbelwelle auf 30° vor Zünd-OT für Zylinder 1 drehen. **Hinweis:** In dieser Stellung können die Nockenwellen bei abgebauter Steuerkette gedreht werden, ohne daß die Ventile mit dem Kolbenboden in Berührung kommen.
- Vorderen Deckel und obere Gleitschiene ausbauen.
- Lage der Steuerkette zu beiden Nockenwellen-Kettenrädern mit Farbe kennzeichnen, dazu Strich über Kette und Kettenrad ziehen.
- Auslaß-Nockenwellenrad abschrauben und abnehmen.
- Steuerkette vom Einlaß-Nockenwellenrad abnehmen.
- Nockenwellen mit Maulschlüssel SW 27/SW 29 so drehen, daß die Spitzen der Nocken am 2. Zylinder mittig auf die Tassenstößel drücken.

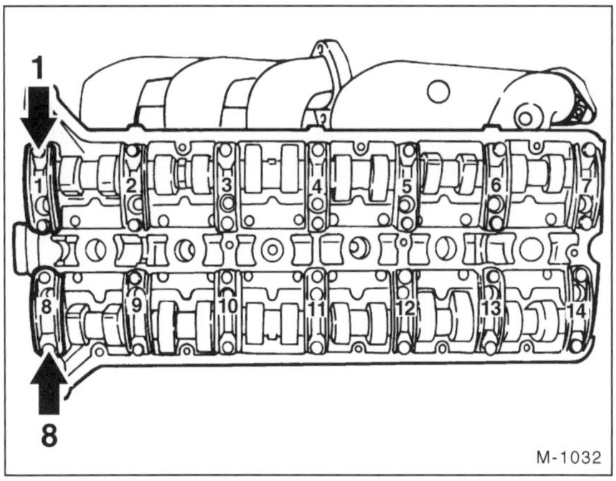

Achtung: Nockenwellen sind sehr bruchempfindlich und müssen daher möglichst spannungsfrei gelöst beziehungsweise montiert werden. Alle Schrauben für die Lagerdeckel über Kreuz zunächst ½ Umdrehung, dann alle Schrauben 1 Umdrehung lösen und herausschrauben.

- Nockenwellen-Lagerdeckel 1, 4, 6 und 7 der Auslaßnockenwelle abschrauben. Lagerdeckel abnehmen.
- Nockenwellen-Lagerdeckel 8, 11, 13 und 14 der Einlaßnockenwelle abschrauben. Lagerdeckel abnehmen.

Achtung: Die Schrauben der folgenden Lagerdeckel über Kreuz zunächst ½ Umdrehung, dann alle Schrauben 1 Umdrehung lösen, bis der Gegendruck der Ventilfedern abgebaut ist.

- Nockenwellen-Lagerdeckel 2, 3 und 5 der Auslaßnockenwelle abschrauben. Lagerdeckel abnehmen.
- Nockenwellen-Lagerdeckel 9, 10 und 12 der Einlaßnockenwelle abschrauben. Lagerdeckel abnehmen.
- Nockenwellen herausnehmen.
- Ventilschaft-Abdichtungen mit verbogenem Metallmantel müssen erneuert werden.

Einbau

Achtung: Wird die Nockenwelle ersetzt, auf richtige Zuordnung achten. Die Nockenwellen-Kennzahl befindet sich am 3. Nockenwellen-Lagerzapfen hinten, hinter dem Nockenwellen-Lagerdeckel beziehungsweise auf dem Nockenwellenflansch.

- Sämtliche Einbauteile sorgfältig mit Waschbenzin reinigen, Dichtflächen säubern.
- Tassenstößel prüfen, siehe Seite 41.
- Nockenwellen, Lagerstellen und Tassenstößel mit Motoröl einölen.
- Prüfen, ob die Kurbelwelle sich in der Stellung »30° vor OT« befindet, andernfalls entsprechend verdrehen.
- Nockenwellen so in die Lagerstellen einlegen, daß die Nockenspitzen am 2. Zylinder mittig nach unten zeigen, axial ausrichten
- Zuerst Lagerdeckel 2, 3, 5 der Auslaßnockenwelle anschrauben. Dabei Schrauben über Kreuz in Schritten von jeweils 1 Umdrehung abwechselnd anziehen. Dabei Nockenwelle mit Schlüssel SW 27/SW 29 so halten, daß die Spitzen der Nocken am 2. Zylinder mittig nach unten zeigen. Anzugsdrehmoment: **20 Nm.**

Achtung: Die Nockenwelle darf beim Anschrauben der Lagerdeckel nicht verkanten, Bruchgefahr!

- Anschließend Lagerdeckel 9, 10, 12 der Einlaßnockenwelle auf die gleiche Weise anschrauben.
- Restliche Nockenwellen-Lagerdeckel montieren und mit **20 Nm** anziehen.
- Steuerkette auf Einlaß-Nockenwellenrad auflegen.
- Auslaß-Nockenwellenrad in die Steuerkette einsetzen und an der Nockenwelle anschrauben, siehe Seite 39.
- Übereinstimmung der beim Ausbau angebrachten Markierungen auf Nockenwellenräder und Steuerkette überprüfen.
- Grundstellung der Nockenwellen prüfen.
- Vorderen Deckel und obere Gleitschiene einbauen.
- Kettenspanner einbauen.
- Batterie-Massekabel (–) anklemmen.
- Zeituhr einstellen.
- Diebstahlcode für Radio eingeben.

Nockenwellen-Grundstellung prüfen

Reihen-6-Zylinder-Motor M104

Einige Arbeiten sind im Kapitel »Zylinderkopf aus- und einbauen« ausführlicher beschrieben, deshalb dieses Kapitel ebenfalls durchlesen, siehe Seite 24.

Prüfen

- Zylinderkopfdeckel ausbauen.
- Lüfterhaube ausbauen.
- Motor auf OT für Zylinder 1 stellen, siehe Seite 22.

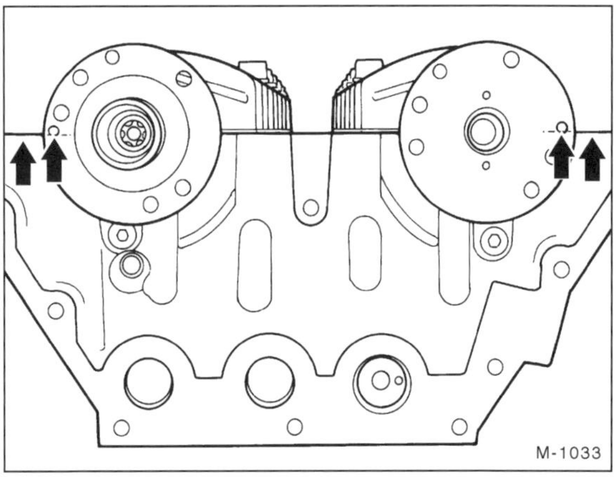

- Die Nockenwellen-Einstellbohrungen müssen sich dann jeweils außen an der Zylinderkopf-Oberkante befinden –Pfeile–. Der Nockenwellenversteller steht in Richtung »spät«.

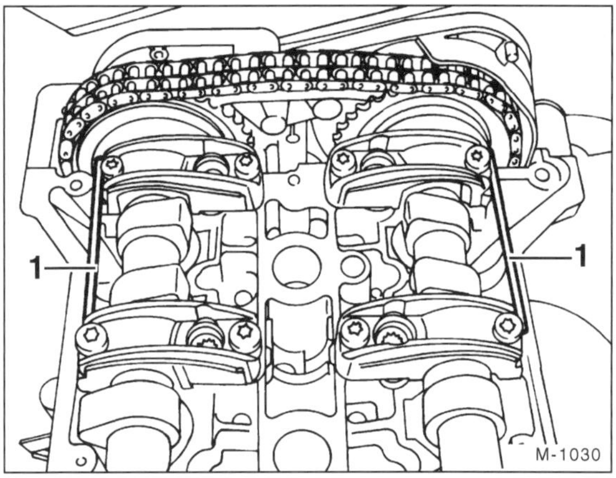

- In dieser Stellung lassen sich die Stifte –1– von 4 mm ∅ direkt oberhalb der Zylinderkopf-Oberkante in die Flansche der Nockenwellenräder einsetzen. Andernfalls Grundstellung der Nockenwellen einstellen.

Einstellen

- Kurbelwelle auf 30° vor OT für Zylinder 1 stellen.
- Kettenspanner ausbauen.
- Vorderen Deckel ausbauen.

- Nockenwellen in Grundstellung drehen und Stifte in die Bohrungen einführen.
- Kurbelwelle auf OT für Zylinder 1 drehen, dabei Steuerkette anheben damit diese nicht verkanten kann.
- Nockenwellenversteller von Hand in Nockenwellendrehrichtung auf Anschlag »Stellung spät« drehen. Dazu Einlaßnockenwelle entgegen der Motordrehrichtung drehen und Nockenwellenrad in Motordrehrichtung bis zum Anschlag drehen.
- Steuerkette auf Einlaßnockenwellenrad auflegen und prüfen, ob die Steuerkette an der Gleitschiene im Steuergehäusedeckel richtig anliegt.
- Auslaßnockenwellenrad bei »Nockenwelle in Grundstellung« montieren.
- Vorderen Deckel einbauen.
- Kettenspanner einbauen.
- Grundstellung der Nockenwellen prüfen, gegebenenfalls Einstellung wiederholen.

Hydraulische Tassenstößel prüfen

Reihen-4- und 6-Zylinder-Motor (M111, M104)

Die hydraulischen Ventilstößel sind zu prüfen, wenn nach Erreichen der Betriebstemperatur Geräusche im Ventiltrieb auftreten.

Achtung: Geräusche im Ventiltrieb beim Anlassen des Motors sind normal. Beim Motorstillstand wird je nach Stellung des Nockens mehr oder weniger Öl aus dem einzelnen Ventilstößel herausgedrückt. Dies führt zu Geräuschen, bis sich die Hydrostößel bei laufendem Motor wieder mit Motoröl gefüllt haben. Unter Umständen kann dieser Vorgang so lange dauern, bis der Motor seine Betriebstemperatur erreicht hat. Um eine einwandfreie Funktion der Hydrostößel zu gewährleisten, befindet sich im Zylinderkopf eine Ölrücklaufsperre, welche verhindert, daß sich die Ölkanäle im Zylinderkopf bei abgestelltem Motor vollständig entleeren.

Prüfen

- Motor warmfahren. Nach Erreichen der Kühlmittel-Betriebstemperatur noch etwa 5 km weiterfahren, damit auch eine ausreichende Motoröltemperatur sichergestellt ist.
- Falls die hydraulischen Stößel immer noch laut sind, Motor abstellen und Zylinderkopfdeckel ausbauen, siehe Seiten 23/30/35.
- Kurbelwelle und damit Nockenwelle so weit drehen, bis die Nocken des zu prüfenden Hydrostößels vom Stößel wegzeigen. Dazu Getriebe in Leerlaufstellung bringen, Handbremse anziehen und Kurbelwelle an der Befestigungsschraube der Riemenscheibe mit geeignetem Schlüssel im Uhrzeigersinn drehen.

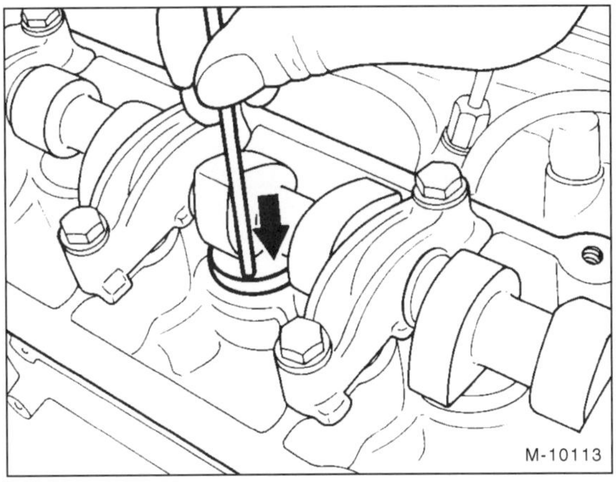

- Tassenstößel mit Holz- oder Kunststoffkeil mit normaler Handkraft nach unten drücken. Bei zu starkem Druck sinkt das Ausgleichelement im Tassenstößel scheinbar ab, in Wirklichkeit öffnet jedoch das Ventil. **Achtung:** Kein Stahlwerkzeug zum herunterdrücken verwenden.
- Falls sich dabei ein Tassenstößel leichter als die anderen niederdrücken läßt, diesen erneuern. **Achtung:** Sinken mehrere Ausgleichelemente scheinbar ab, Druckölversorgung des Zylinderkopfs prüfen.

Ventilschaftabdichtungen ersetzen

Hoher Ölverbrauch kann auf verschlissene Ventilschaftabdichtungen zurückzuführen sein. Die Ventilschaftabdichtungen können auch bei eingebautem Zylinderkopf ausgebaut werden. Allerdings werden dann Preßluft sowie ein Hebeldrücker mit Abstützvorrichtung benötigt, z. B. MERCEDES-111 589 015900, 111 589 186100 und 111 589 256 300. Stehen die Spezialwerkzeuge nicht zur Verfügung, muß der Zylinderkopf ausgebaut werden.

Beschrieben wird der Arbeitsablauf anhand des **4-Zylinder-Motors**, beim 6-Zylinder-Motor ist sinngemäß vorzugehen. Es werden dann jedoch entsprechend angepaßte Werkzeuge benötigt. Spezielle Hinweise für den V6-Zylinder-Motor stehen am Ende des Kapitels.

Ausbau

Achtung: Werden Teile der Ventilsteuerung wieder verwendet, müssen diese an gleicher Stelle wieder eingebaut werden. Damit keine Verwechselungen vorkommen, empfiehlt es sich, ein entsprechendes Ablagebrett anzufertigen.

- **Reihen-6-Zylinder-Motor:** Lüfterhaube ausbauen. Bei Automatik-Getriebe: Ölmeßstabführungsrohr am Zylinderkopf hinten abschrauben.
- Nockenwellen ausbauen, siehe entsprechendes Kapitel.
- Zündkerzen ausbauen, siehe Seite 76.

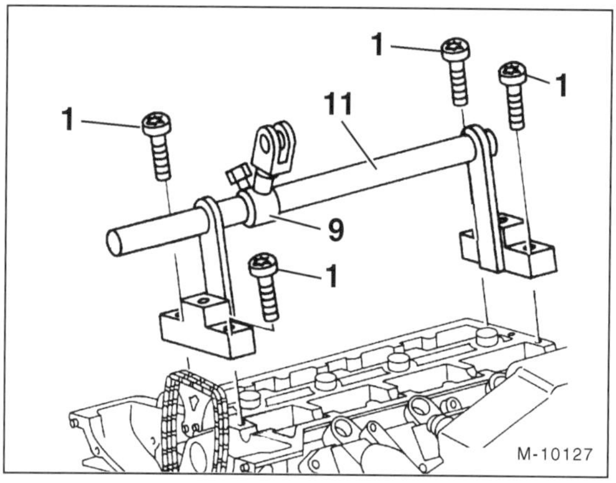

- Abstützbrücke –11– mit Schiebestück –9– an Nockenwellenlager 1 und 5 beziehungsweise später an Lager 6 und 10 mit den Bundschrauben –1– für Lagerdeckel und 20 Nm anschrauben.
- Kolben des jeweiligen Zylinders in den Oberen Totpunkt (OT) drehen. Dazu Kurbelwelle verdrehen, siehe Seite 22.
- **4-Zylinder-Motor:** Bei OT-Stellung der Riemenscheibe stehen die Kolben der Zylinder 1 und 4 in OT. Bei Übereinstimmung der 180°-Marke der Riemenscheibe mit der Bezugsmarke sind es die Zylinder 3 und 4.
- **Reihen-6-Zylinder-Motor:** Bei OT-Stellung der Riemenscheibe stehen die Kolben der Zylinder 1 und 6 in OT. Bei Übereinstimmung der 120°-Marke der Riemenscheibe sind es die Zylinder 2 und 5; bei der 240°-Marke die Zylinder 3 und 4. Riemenscheibenstellung siehe Seite 36.

Achtung: Beim Drehen der Kurbelwelle die Steuerkette hochhalten, damit sie sich nicht verklemmt.

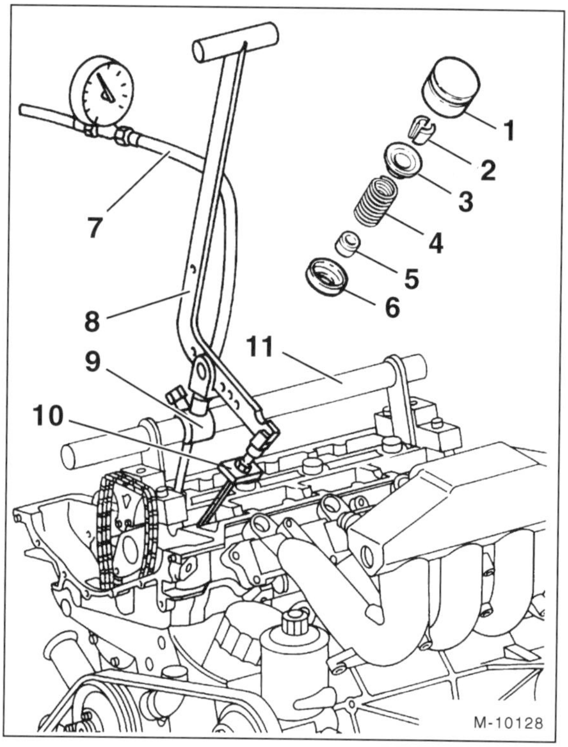

1 – Tassenstößel
2 – Ventilkegelstücke
3 – Ventilfederteller oben
4 – Ventilfeder
5 – Ventilschaftabdichtung
6 – Ventilfederteller unten
7 – Druckschlauch
8 – Hebeldrücker
9 – Schiebestück
10 – Druckstück
11 – Abstützvorrichtung

- Hebeldrücker –8– einhängen.
- Tassenstößel –1– mit einem Gummisauger (30 mm ∅) herausziehen, z. B. HAZET 735-2. **Achtung:** Für diese Arbeit **keinen** Magnetheber verwenden, da hierdurch die Gleitflächen des Tassenstößels magnetisiert werden. Dadurch lagern sich kleinste Eisenspäne an der Oberfläche ab, was zu Schäden an Tassenstößeln und Nocken führt.
- Kurbelwelle arretieren, damit der Kolben durch den Druck im Kompressionsraum nicht weiterbewegt wird. Dazu 1. Gang einlegen und Handbremse anziehen. Die Werkstatt verwendet hierzu ein Spezialwerkzeug, das in den Zahnkranz des Schwungrades eingesetzt wird.
- Kompressionsraum des Zylinders mit mindestens 6 bar Überdruck unter Druck setzen. Dazu Anschlußschlauch –7– des Zylinderdichtheitsprüfgerätes in die Zündkerzenbohrung einschrauben. Steht das Prüfgerät nicht zur Verfügung kann ein entsprechender Anschlußstutzen mit Hilfe einer alten Zündkerze angefertigt werden.

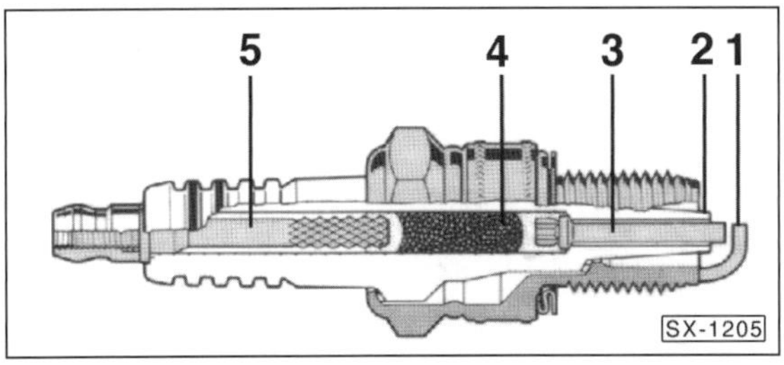

- An einer alten Zündkerze Masseelektrode –1– abkneifen. Keramik-Isolator –2– mit Schraubendreher abbrechen und Mittelelektrode –3– durch Hin- und Herbiegen abbrechen und herausnehmen. Rest der Mittelelektrode zusammen mit Glasschmelze –4– und Anschlußbolzen –5– mit geeignetem Durchschlag (ca. 3 mm) heraustreiben. Dabei Zündkerze in Schraubstock einspannen oder in entsprechendem Schraubendrehereinsatz (Stecknuß) einsetzen. **Achtung:** Das Gewinde der Zündkerze darf nicht beschädigt werden, um Folgeschäden an der Gewindebohrung im Zylinderkopf zu vermeiden.
- Zündkerze in den betreffenden Zylinder einschrauben und mit Druckluftschlauch verbinden.
- Über den Druckluftschlauch ständig mindestens 6 bar Überdruck in den Zylinder blasen.

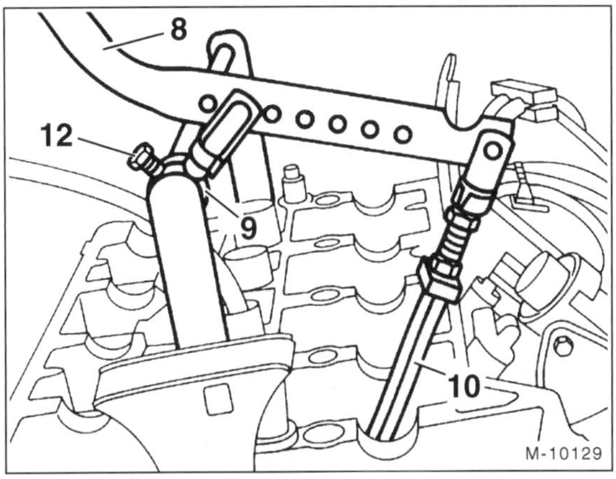

- Hebeldrücker –8– mit Druckstück –10– am Ventilfederteller ansetzen. Druckstück und Schiebestück –9– parallel zueinander ausrichten. Schiebestück mit Schraube –12– arretieren.
- Ventilfeder zusammendrücken.

Achtung: Ventilfeder **nicht** ohne Druckluft ausbauen, sonst können Beschädigungen an Ventilen und Kolben entstehen.

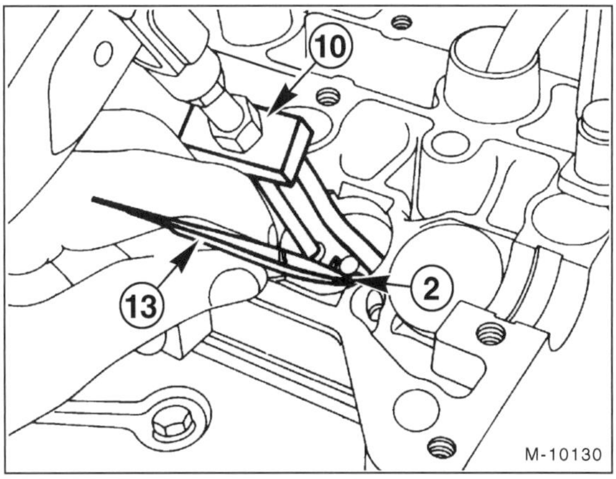

- Ventilkegelstücke –2– mit Pinzette –13– oder Magnetheber vom Ventilschaft abnehmen. 10 – Druckstück.
- Ventilfederteller –3– und Ventilfeder –4–herausnehmen, siehe Abbildung M-10128.

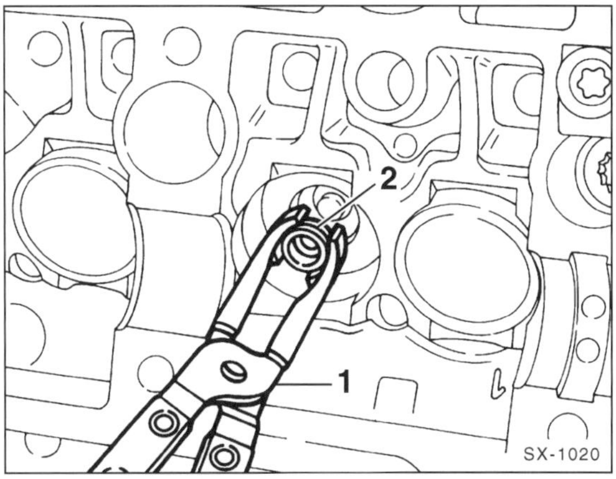

- Ventilschaft-Abdichtungen –2– mit einer Spezialzange –1–, z. B. HAZET 2791, vom Ventilschaft abziehen. **Achtung:** Dabei Ventilschaft und Ventilführung nicht beschädigen.
- Falls erforderlich, Ventilschaft an der Nut mit feinem Schmirgelleinen entgraten.
- Ventilführungen im Anlagebereich der Ventilschaft-Abdichtungen auf Verschleiß prüfen. Falls kein fester Sitz der Ventilschaft-Abdichtungen mehr gewährleistet ist, Ventilführungen erneuern (Werkstattarbeit).

Einbau

- Eingeschlagene Ventilkegelstücke und Federteller erneuern.
- Ventilführungen, die an der Haltenut für die Ventilschaft-Abdichtung ausgeschlagen sind und Ventile mit beschädigten Ventilenden oder beschädigtem Ventilschaft müssen erneuert werden (Werkstattarbeit).

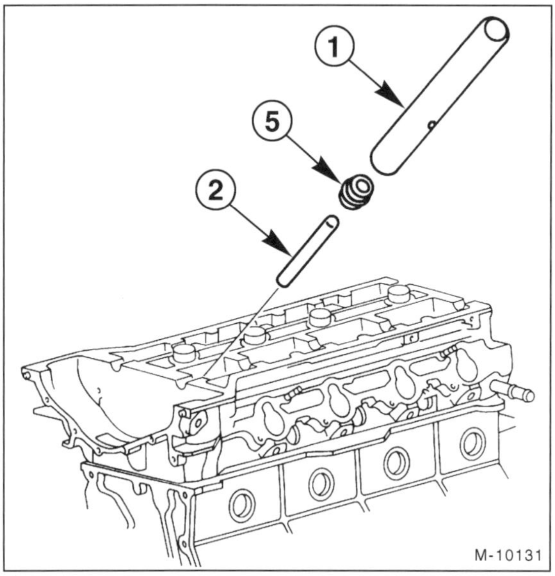

- Schutzhülse –2– auf den Ventilschaft aufstecken.
- Ventilschaft-Abdichtung –5– einölen und mit Montagedorn –1– von Hand aufdrücken.

Achtung: Die Montagehülse liegt dem Reparatursatz bei. Beim Aufschieben ohne Montagehülse wird die Dichtlippe der Ventilschaft-Abdichtung beschädigt.

- Ventilfederteller unten, Ventilfeder und Ventilfederteller oben einsetzen und Ventilfeder spannen.
- Ventilkegelstücke einsetzen, Ventilfedern entspannen.
- Tassenstößel einsetzen.
- Ventilschaftabdichtung für nächstes Ventil ersetzen.
- Spezialwerkzeug abschrauben.
- Zündkerzen einbauen, siehe Seite 76.
- Kurbelwelle in die Position drehen, wie vor dem Herausnehmen der Nockenwellen. Dabei Kurbelwelle in Motordrehrichtung, also im Uhrzeigersinn, drehen.
- Nockenwellen einbauen, siehe entsprechendes Kapitel.
- **Reihen-6-Zylinder-Motor:** Lüfterhaube einbauen. Bei Automatik-Getriebe: Ölmeßstabführungsrohr am Zylinderkopf hinten anschrauben.

V6-Zylinder-Motor

Benötigte Werkzeuge: Hebeldrücker mit Gelenklager, z. B. MERCEDES-111 589 25 61 00 zum Einschrauben am Zylinderkopf.

- Visco-Lüfter ausbauen, siehe Seite 67.
- Lüfterhaube ausbauen.
- Keilrippenriemen ausbauen, siehe entsprechendes Kapitel.
- Zylinderkopfdeckel ausbauen, siehe entsprechendes Kapitel.
- Je eine Zündkerze pro Zylinder ausbauen, siehe Seite 76.
- Saugrohr komplett ausbauen.
- Nockenwellenlagerbrücken ausbauen, siehe Seite 33.
- Motor auf OT des zu bearbeitenden Zylinders stellen. Dabei Steuerkette hochhalten, damit sie sich nicht verklemmt.
- Hydraulische Ventilstößel mit 2 mm starkem Dorn aus den Rollenkipphebeln herausdrücken.
- Nach dem Ersetzen der Ventilschaft-Abdichtung für den betreffenden Zylinder Hydraulische Ventilstößel in die Rollenkipphebel einsetzen. Dabei darauf achten, daß das Plättchen oben im Rollenkipphebel mit den Schlitzen nach unten zum Hydrostößel zeigt.
- Der weitere Einbau erfolgt in umgekehrter Reihenfolge.

Ventil aus- und einbauen

Ausbau

Achtung: Werden Teile der Ventilsteuerung wieder verwendet, müssen diese an gleicher Stelle wieder eingebaut werden. Damit keine Verwechselungen vorkommen, empfiehlt es sich, ein entsprechendes Ablagebrett anzufertigen.

- Zylinderkopf ausbauen und auf 2 Holzleisten legen, siehe Seiten 24/30/36.
- Nockenwellen ausbauen, siehe Seiten 27/33/39.
- Tassenstößel ausbauen, siehe Seite 41.

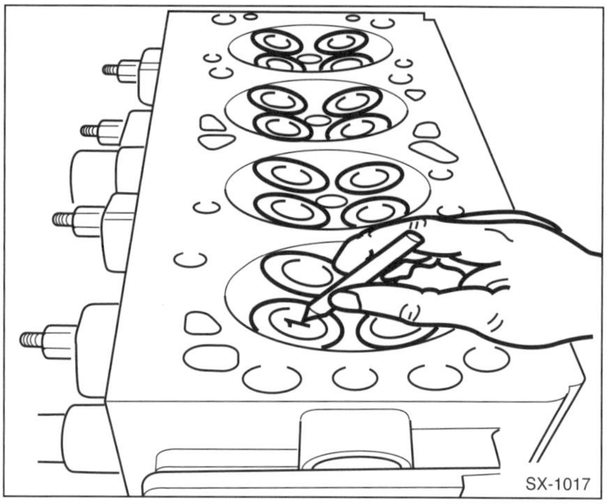

- Ventile vor dem Ausbau kennzeichnen, damit sie an gleicher Stelle wieder eingebaut werden. Dazu mit Filzstift die Ventilteller numerieren.

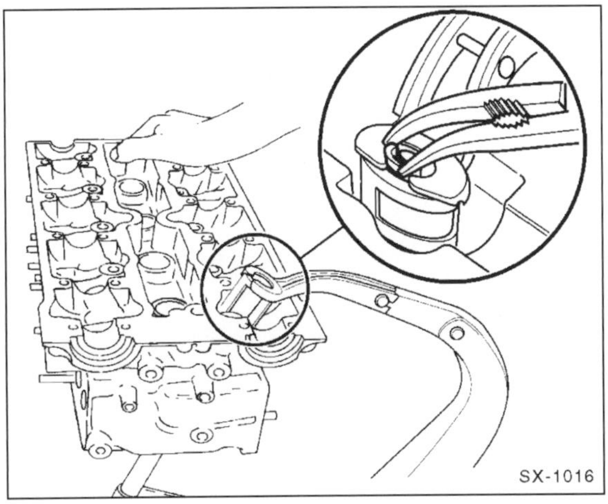

- Ventile mit handelsüblichem Federspanner ausbauen. Hierzu Federn spannen und am Ventilschaft die Ventilkeile entfernen. Anschließend Feder entspannen, oberen Ventilteller und Ventilfeder herausnehmen.
- Ventilschaftabdichtungen ausbauen, siehe Seite 42.
- Ventile zur Brennraumseite aus Zylinderkopf herausziehen.
- Ventile reinigen. Ventile mit verbranntem Ventilteller, mit zu geringer Höhe des Ventiltellers und mit abgenütztem oder riefigem Ventilschaft sind zu erneuern.
- Die Werkstatt kann den Ventilschaft auf Schlag prüfen. Der zulässige Schlag darf nicht mehr als 0,03 mm betragen.

Achtung: Auslaßventile sind natriumgefüllt. Sie dürfen nicht eingeschmolzen oder als Werkzeug (z. B. Durchschlag) verwendet werden. Explosionsgefahr!

- Ventilführungen, die an der Haltenut für die Ventilschaft-Abdichtungen ausgeschlagen sind und Ventile mit beschädigten Ventilenden oder Ventilschaft müssen erneuert werden.

Einbau

Vor Einbau der Ventile Ventilführungen prüfen, eventuell Ventilsitze nacharbeiten.

Achtung: Wird ein neues Ventil eingebaut, auf jeden Fall vorher Ventilsitz nacharbeiten.

- Ventilschaft an der Anlagefläche der Ventilkegelstücke entgraten.
- Ventilschaft und Ventilführung mit Motoröl leicht einölen und Ventil einsetzen.
- Ventilschaft-Abdichtung einbauen, siehe entsprechendes Kapitel.
- Ventilfeder einbauen, siehe entsprechendes Kapitel.
- Anschließend nächstes Ventil einbauen. Dabei Ein- und Auslaßventil nicht verwechseln.
- Tassenstößel einsetzen.
- Nockenwellen einbauen, siehe entsprechendes Kapitel.
- Zylinderkopf einbauen, siehe entsprechendes Kapitel.

Ventilführungen prüfen

Bei Instandsetzungsarbeiten von Zylinderköpfen mit undichten Ventilen genügt es nicht, die Ventile und Ventilsitze zu bearbeiten beziehungsweise zu erneuern. Es ist außerdem dringend erforderlich, die Ventilführungen auf Verschleiß zu prüfen. Besonders wichtig ist die Prüfung an Motoren mit längerer Laufzeit. Verschlissene Ventilführungen gewährleisten keinen zentrischen Ventilsitz und führen zu hohem Ölverbrauch. Ist der Verschleiß zu groß, sind die Ventilführungen zu erneuern (Werkstattarbeit).

- Ventil ausbauen.

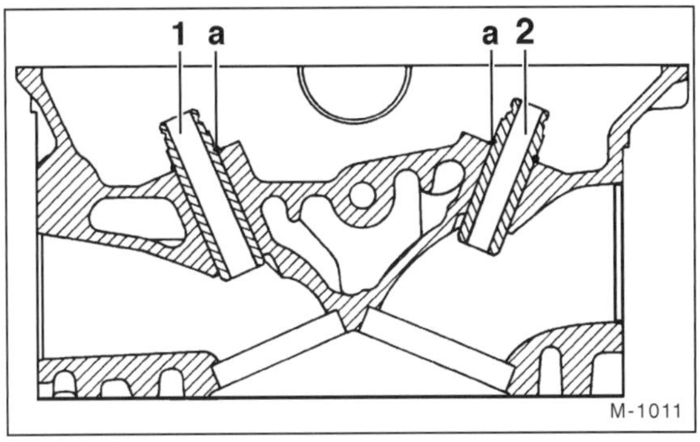

- Ventilführung –1/2– mit einer Zylinderbürste (∅ ca. 20 mm) reinigen.
- Ventil von der Brennraumseite her in die Ventilführung einführen und Spiel durch seitliches Hin- und Herbewegen des Ventils prüfen. Die Ventilführung darf dabei kein spürbares Spiel aufweisen. –1– Ventilführung für Auslaßventil, –2– Ventilführung für Einlaßventil,–a– Sprengring.
- Gegebenenfalls Ventilführungen erneuern lassen (Werkstattarbeit).
- Ventilführungen, die an der Haltenut für die Ventilschaft-Abdichtungen ausgeschlagen sind, und Ventile mit beschädigten Ventilenden oder Ventilschaft müssen erneuert werden.

Kompression prüfen

Die Kompressionsprüfung erlaubt Rückschlüsse über den Zustand des Motors. Und zwar läßt sich bei der Prüfung feststellen, ob die Ventile oder die Kolben (Kolbenringe) in Ordnung bzw. verschlissen sind. Außerdem zeigen die Prüfwerte an, ob der Motor austauschreif ist bzw. komplett überholt werden muß. Für die Prüfung wird ein Kompressionsdruckprüfer benötigt, der recht preiswert in Fachgeschäften angeboten wird.

Der Druckunterschied zwischen den einzelnen Zylindern darf maximal 1,5 bar betragen. Falls ein oder mehrere Zylinder gegenüber den anderen einen Druckunterschied von mehr als 1,5 bar haben, ist dies ein Hinweis auf defekte Ventile, verschlissene Kolbenringe bzw. Zylinderlaufbahnen. Ist die Verschleißgrenze erreicht, muß der Motor überholt bzw. ausgetauscht werden.

Kompressionsdruck in bar

Motor	Sollwert	Differenz
1,8-/2,0-l 6/93 - 5/97	10,5 – 14	≤ 1,5
1,8-/2,0-l ab 6/97	11 – 15	≤ 1,5
2,2-l	10,5 – 14	≤ 1,5
2,3-l	11 – 15	≤ 1,5
2,3-l Kompressor	7,5 – 10,5	≤ 1,5
2,8-l (R6) 6/93 - 5/97	10,5 – 14	≤ 1,5
2,4-/2,8-/3,2-l (V6) ab 6/97	10 – 14	≤ 1,5

- Zur Prüfung der Kompression den Motor warmfahren. Nach Erreichen der Kühlmittel-Betriebstemperatur noch etwa 5 km weiterfahren, damit auch eine ausreichende Motoröltemperatur sichergestellt ist.
- Motorhaube senkrecht stellen, siehe Seite 13.
- Sämtliche Zündkerzen herausdrehen, siehe Seite 76.

Sicherheitshinweis:
Getriebe in Leerlaufstellung beziehungsweise bei automatischem Getriebe Wählhebel in Stellung »P« und Handbremse angezogen. Während der Motor durchgedreht wird, **nicht über den Motor beugen. Unfallgefahr!**

Motoren bis 5/97

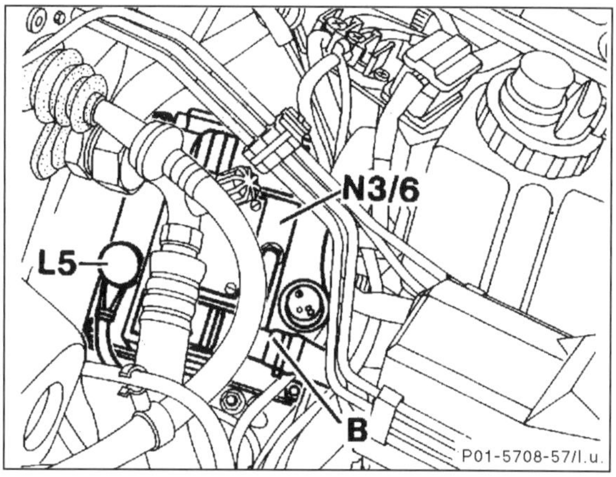

- **1,8-/2,0-l:** Zündung ausschalten. Positionsgeber für Kurbelwelle –L5– am PMS-Steuergerät –N3/6– abziehen. B – Anschlußstecker.

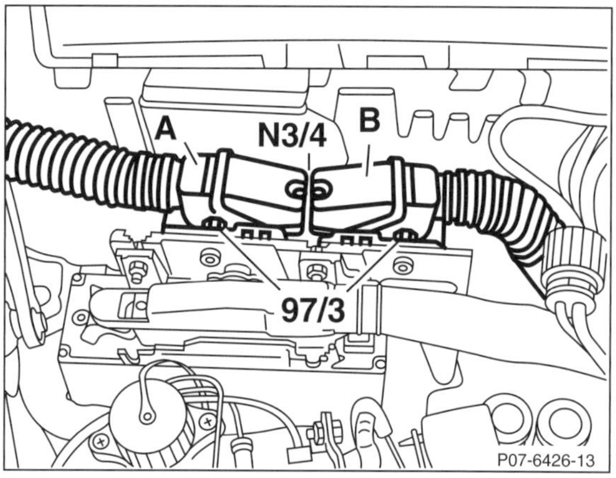

- **2,2-/2,8-l:** Zündung ausschalten. Abdeckung für Steuergerät hinter der Spritzwand ausbauen. Stecker –A– am HFM-Steuergerät –N3/4– abziehen –97/3–.
- Motor mit Anlasser ein paarmal durchdrehen, damit Rückstände und Ruß herausgeschleudert werden.

Motoren ab 6/97

Achtung: Motor **nicht** mit dem Zündstartschalter durchdrehen.

- Damit beim Durchdrehen des Motors mit dem Anlasser kein Kraftstoff eingespritzt wird, Kompressionsdruckschreiber folgendermaßen anschließen (die Beschreibung bezieht sich auf einen Druckschreiber mit eingebautem Startschalter):
  - Steuergerätedeckel abschrauben.
  - Abdeckung für Steckverbindung Motor/Karosserie am Radlauf vorne links ausbauen. Sicherungsbügel der Steckverbindung mit Schraubendreher nach vorn ziehen und Stecker abziehen.
  - Steuerleitung des Druckschreibers über Hilfskabel mit Stift A1 des Steckers verbinden. Typ 170: Leitung an Buchse 9 des Steckers anschließen. Typ 208: Leitung an Buchse 6 des Steckers A1 anschließen.
  - Deckel für Leitungsverbinder im Motorraum aufklappen. Der Leitungsverbinder befindet sich am Radlauf links neben dem Sicherungs- und Relaiskasten. Leitung für Stromzuführung des Druckschreibers an den rechten Anschlußkontakt des Leitungsverbinders anschließen. Typ 170/208: Leitung an mittleren Anschlußkontakt anschließen.
- Motor durch Drücken auf den Kontaktschalter des Kompressionsdruckschreibers mit Anlasser ein paarmal durchdrehen, damit Rückstände und Ruß herausgeschleudert werden.

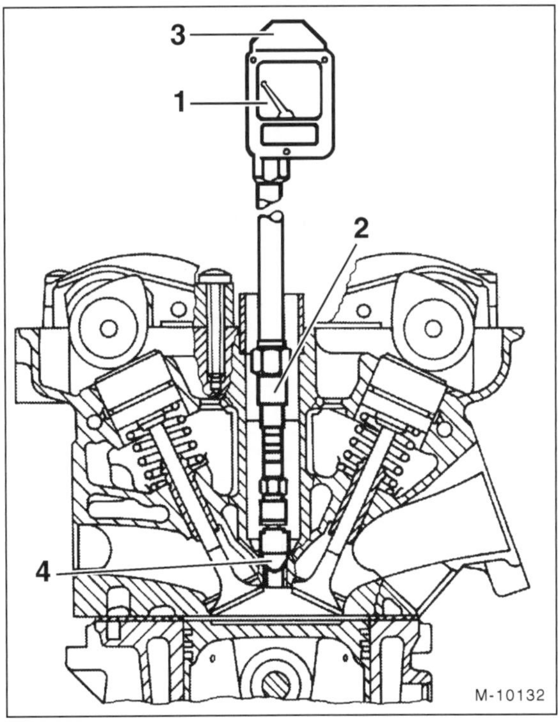

- Kompressionsdruckprüfer –1– entsprechend der Bedienungsanleitung mit dem Dichtkegel –4– in die Zündkerzenöffnung drücken oder einschrauben. Neues Diagrammblatt –3– einsetzen. 2 – Zwischenstück.
- Von Helfer Gaspedal ganz durchtreten lassen und während der ganzen Prüfung mit dem Fuß festhalten.
- Motor ca. 8 Umdrehungen drehen lassen, bis kein Druckanstieg mehr auf dem Meßgerät erfolgt.
- Nacheinander sämtliche Zylinder prüfen und mit Sollwert vergleichen.
- Anschließend Zündkerzen einbauen, siehe Seite 76.
- Motorhaube schließen.

Speziell V6-Zylinder-Motor

- Luftfilter mit Luftmassenmesser ausbauen, siehe Seite 91.
- Zündspulen auf der linken Seite ausbauen.
- Je 1 Zündkerze pro Zylinder ausbauen, siehe Seite 76.
- Nach der Kompressionsdruckprüfung Motorfehlerspeicher in der Werkstatt auslesen und gegebenenfalls löschen lassen.

Keilrippenriemen aus- und einbauen/spannen

4-Zylinder-Motor

Sämtliche Zusatzaggregate des Motors werden durch einen Keilrippenriemen angetrieben.

Eine automatische Spannvorrichtung sorgt dafür, daß der Keilrippenriemen über einen längeren Zeitraum gleichmäßig gespannt bleibt.

Der Riemen muß im Rahmen der regelmäßigen Wartung auf Beschädigungen geprüft werden. Je nach Ausstattung des Fahrzeuges besitzt der Keilrippenriemen eine unterschiedliche Länge.

Ausbau

- Fahrzeuge mit Heizungs-Automatik beziehungsweise Klimaanlage bis 8/96: Visco-Lüfterkupplung ausbauen, siehe Seite 67.

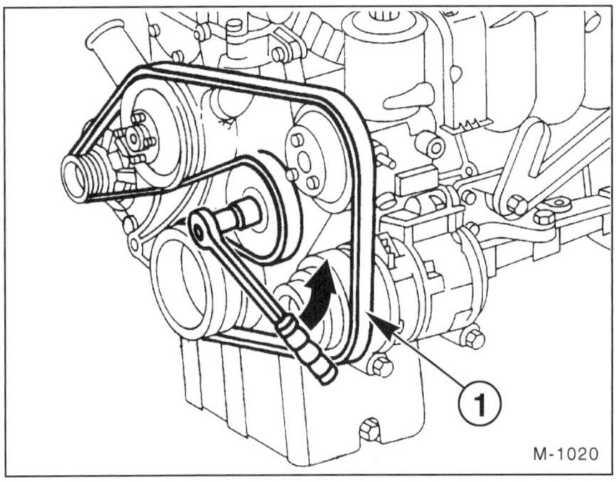

- Schlüssel mit Stecknuß für Außentorx-Schraube E10 an der Schraube der Spannrolle ansetzen und Keilrippenriemen –1– durch Schwenken entgegen Uhrzeigersinn entspannen. Keilrippenriemen abnehmen.

Achtung: Spannarm nicht an der Mutter für Spannrollenbefestigung schwenken.

Einbau

- Riemenscheibenprofile und Spannvorrichtung auf Beschädigung und Verschmutzung prüfen, gegebenenfalls reinigen oder erneuern. Dabei auf ausgeschlagene Lagerstellen der Spannvorrichtung und auf Dellen an den Riemenscheiben achten.
- Keilrippenriemen prüfen. Riemen mit Schmutzeinlagerungen zwischen den Rippen, gelösten Rippen, Ausfransungen, Querrissen oder Rippenbrüchen unbedingt ersetzen, siehe auch Kapitel »Wartung«.

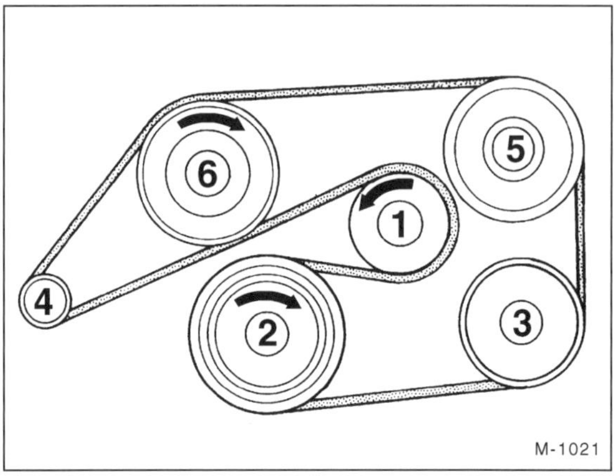

1 – Spannrolle
2 – Kurbelwelle
3 – Kältekompressor (Klimaanlage)
4 – Drehstromgenerator
5 – Lenkhilfepumpe
6 – Kühlmittelpumpe

- Keilrippenriemen auflegen, dabei an der Spannrolle beginnen. Riemen entsprechend der Ziffernfolge in der Abbildung auflegen.

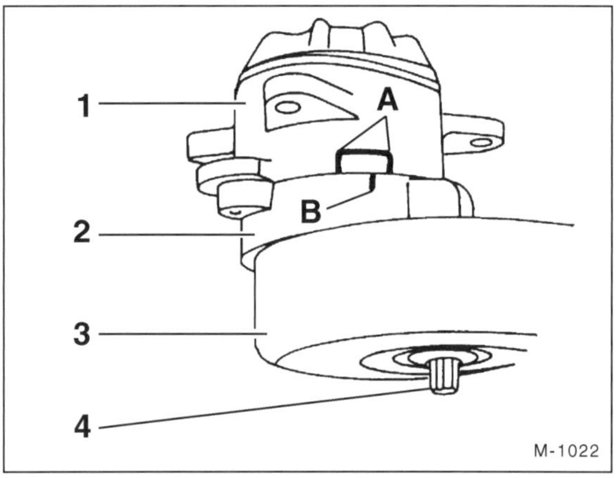

- Spannrolle loslassen. Die Positionsmarkierung –B– muß sich nun im Arbeitsbereich –A– befinden. Wenn nicht, stimmt entweder die Länge des Keilrippenriemens nicht oder die Spannvorrichtung ist fehlerhaft. 1 – Träger; 2 – Spannarm; 3 – Spannrolle; 4 – Außentorx E10.
- Sitz des Riemens auf den Riemenscheiben sichtprüfen.
- Visco-Lüfterkupplung einbauen, siehe Seite 67.

Zusatzinformationen für Reihen-6-Zylinder-Motor M104

Achtung: Da Spannrollen mit unterschiedlichem Durchmesser (92 mm bzw. 80 mm) eingebaut werden, sind bei gleicher Motorausstattung unterschiedlich lange Keilrippenriemen erforderlich. Ist die kleinere Spannrolle (∅ 80 mm) vorhanden, dann muß ein um ca. 20 mm kürzerer Keilrippenriemen eingebaut werden.

Ausbau (9/94 – 5/97)

- Lüfterhaube ausbauen, siehe Seite 66.

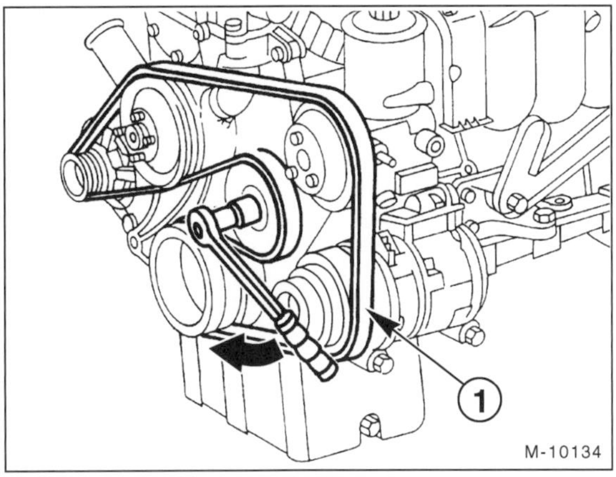

- Schlüssel mit Stecknuß SW 15 an der Mutter der Spannrolle ansetzen und Keilrippenriemen –1– durch Schwenken im Uhrzeigersinn entspannen. Keilrippenriemen abnehmen.

Einbau

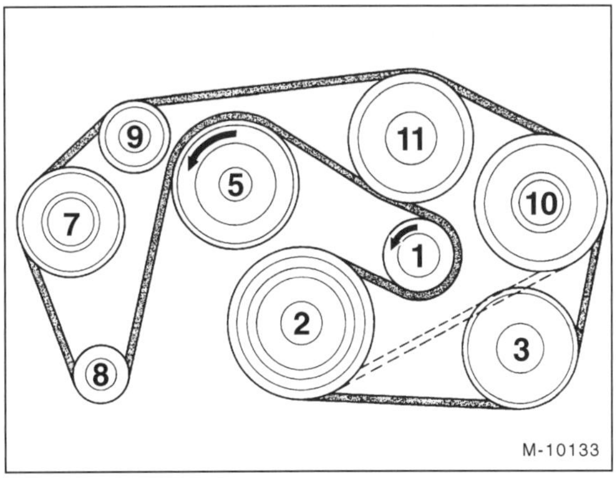

1 – Spannrolle
2 – Kurbelwelle
3 – Kältekompressor (Klimaanlage)
5 – Lüfter
7 – Luftpumpe
8 – Generator
9 – Umlenkrolle oben
10 – Lenkhilfepumpe
11 – Kühlmittelpumpe

- Keilrippenriemen auflegen, dabei an der Spannrolle beginnen. Riemen entsprechend der Ziffernfolge in der Abbildung auflegen.
- Spannrolle durch Schwenken im Uhrzeigersinn entspannen und Keilrippenriemen vollständig auflegen.
- Sitz des Riemens auf den Riemenscheiben sichtprüfen.
- Lüfterhaubenring einsetzen, drehen und sichern.

Ausbau (6/93 – 8/94)

- Visco-Lüfterkupplung ausbauen, siehe Seite 67.

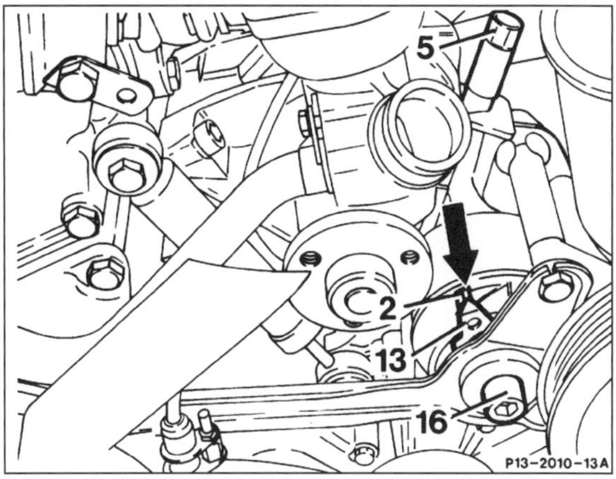

- Schraube –16– um 1/4 bis 1/2 Umdrehung lösen.
- Spannmutter –5– nach links drehen, dadurch Riemen entspannen und abnehmen. Zusätzlich abgebildete Teile: 13 – Einstellzeiger, Pfeil – 2. Teilstrich.

Einbau

- Keilriemen auflegen, dabei an der Spannrolle beginnen. Riemen entsprechend der Ziffernfolge in der Abbildung M-10133 auflegen.

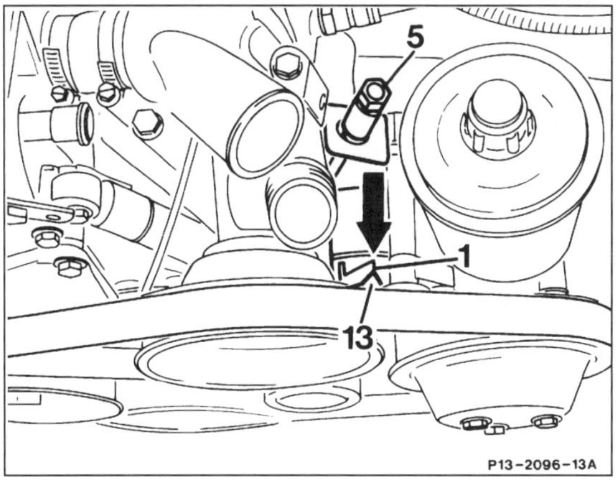

- Einstellzeiger auf Markierung –1– stellen.
- Spannmutter –5– (siehe Abbildung P13-2010-13A) nach rechts drehen, bis der Einstellzeiger –13– mit der Markierung –2– übereinstimmt.
- Schraube –16– mit **75 Nm** anziehen.

- Sitz des Riemens auf den Riemenscheiben sichtprüfen.
- Visco-Lüfterkupplung einbauen, siehe Seite 67.

Zusatzinformationen für V6-Zylinder-Motor M112

Ausbau

- Visco-Lüfter ausbauen, siehe Seite 67.
- Lüfterhaube ausbauen, siehe Seite 66.
- Keilrippenriemen entspannen und abnehmen. Dazu Innentorxschlüssel an der Stiftschraube in der Mitte der Spannrolle ansetzen und Spannrolle entgegen dem Uhrzeigersinn schwenken.

Einbau

- Keilrippenriemen auflegen, dabei an der Kurbelwellen-Riemenscheibe beginnen. Riemen entsprechend der Ziffernfolge in der Abbildung auflegen.

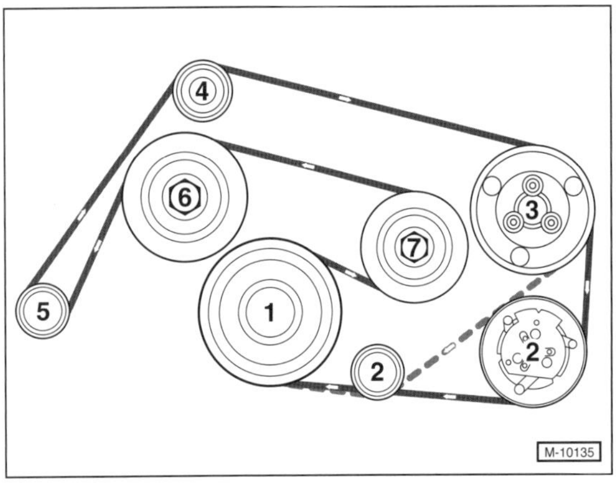

1 – Kurbelwelle
2 – Umlenkrolle 2 bzw. Kältekompressor
3 – Lenkhilfpumpe
4 – Umlenkrolle 1
5 – Drehstromgenerator
6 – Kühlmittelpumpe/Lüfter
7 – Spannrolle

- Spannrolle durch Schwenken entgegen dem Uhrzeigersinn entspannen und Keilrippenriemen vollständig auflegen.
- Sitz des Riemens auf den Riemenscheiben sichtprüfen.
- Lüfterhaube einbauen, siehe Seite 66.
- Visco-Lüfter einbauen, siehe Seite 67.

Störungsdiagnose Motor

Damit der Motor überhaupt anspringen kann, müssen verschiedene Voraussetzungen erfüllt sein: Es wurden keine Bedienungsfehler gemacht; Kraftstoff befindet sich im Tank; der Anlasser dreht normal durch.

Tritt ein Fehler im Motorsteuerungssystem auf, nimmt das elektronische Motorsteuergerät gespeicherte Festwerte an und ermöglicht weiterhin den Betrieb des Fahrzeugs - allerdings mit Einschränkungen. Ein Einkreisen des Fehlers ist in Eigenhilfe nicht mehr möglich. Fachwerkstatt aufsuchen und mit Hilfe des Diagnosegerätes, Fehler aufspüren.

Störung: Der Motor springt schlecht oder gar nicht an

Ursache	Abhilfe
Bedienungsfehler beim Starten.	■ Kupplung treten beziehungsweise bei automatischem Getriebe den Wähhebel in Stellung »P« oder »N« einlegen, Zündung einschalten, kein Gas geben. Zündschlüssel drehen und Anlasser betätigen. Sobald der Motor läuft, Schlüssel loslassen. Grundsätzlich sofort losfahren, nur bei strengem Frost Motor ca. 30 Sekunden warmlaufen lassen. Wenn der Motor nach mehreren Startversuchen trotz einzelner Zündungen nicht anspringt, nochmals mit vollständig niedergetretenem Gaspedal starten. **Achtung:** Häufige vergebliche Startversuche hintereinander können den Katalysator schädigen, da unverbranntes Benzin in den Katalysator gelangt und bei Erwärmung explosionsartig verbrennt. Bei **heißem Motor** Gaspedal während des Startens langsam niedertreten.
Anlasser dreht nicht, oder zu langsam.	■ Batterie laden. Anlasserstromkreis überprüfen.
Kraftstoffanlage defekt, verschmutzt.	■ Kraftstoffanlage überprüfen.
Kompressionsdruck zu niedrig.	■ Motor überholen.
Falsche Steuerzeiten, Längung der Steuerkette.	■ Steuerzeiten überprüfen lassen, Steuerkette ersetzen.
Zylinderkopfdichtung defekt.	■ Dichtung ersetzen.

Motor-Schmierung

Für die C-Klasse sind Mehrbereichsöle vorgeschrieben. Das Mehrbereichsöl baut auf einem dünnflüssigen Einbereichsöl auf, das durch sogenannte »Viskositätsindexverbesserer« in heißem Zustand stabilisiert wird. Dadurch ist für jeden Betriebszustand die richtige Schmierfähigkeit gegeben.

Es können auch Leichtlauföle (Hochleistungsöle) verwendet werden. Dabei handelt es sich um Mehrbereichsöle, denen unter anderem Reibwertverminderer zugesetzt wurden, wodurch sich die Reibung innerhalb des Motors vermindert. Für das Leichtlauföl wird als Grundöl ein sogenanntes Synthetiköl verwendet.

Anwendungsbereich/Viskositätsklassen

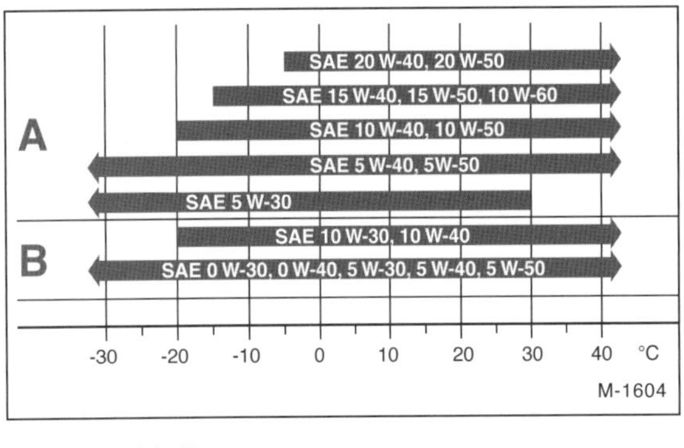

A – Mehrbereichsöle
B – Leichtlauföle (Hochleistungsöle)

In der Abbildung wird die Motoröl-Viskosität in Abhängigkeit von der Außentemperatur dargestellt. Da sich die Einsatzbereiche benachbarter SAE-Klassen überschneiden, können kurzfristige Temperaturschwankungen unberücksichtigt bleiben. Es ist zulässig, Öle verschiedener Viskositätsklassen miteinander zu mischen, wenn einmal Öl nachgefüllt werden muß und die Außentemperaturen nicht mehr der Viskositätsklasse des im Motor befindlichen Öles entsprechen.

Zusatzschmiermittel – gleich welcher Art – sollen weder dem Kraftstoff noch den Schmierölen beigemischt werden.

Spezifikation des Motoröls

Die Qualität eines Motoröls wird durch Normen der Automobil- sowie der Ölhersteller gekennzeichnet.

Die Klassifikation der Motoröle amerikanischer Ölhersteller erfolgt nach dem **API**-System (API: American Petroleum Institut): Die Kennzeichnung erfolgt durch jeweils zwei Buchstaben. Der erste Buchstabe gibt den Anwendungsbereich an: **S** = Service, für **Ottomotoren** geeignet; **C** = Commercial, für **Dieselmotoren** geeignet. Der zweite Buchstabe gibt die Qualität in alphabetischer Reihenfolge an. Von höchster Qualität sind Öle der API-Spezifikation **SL** für Ottomotoren und **CF** für Dieselmotoren.

Europäische Ölhersteller klassifizieren ihre Öle nach der **»ACEA«-Spezifikation** (**A**ssociation des **C**onstructeurs **E**uropéens d'**A**utomobiles), die vor allem die europäische Motorentechnologie berücksichtigt. Öle für PKW-Benzinmotoren haben die ACEA-Qualitätsklassen A1-96 bis A3-96; Dieselmotoröle von B1-96 bis B4-96. Von höchster Qualität sind Öle **»A3«** für Ottomotoren und **»B3«** für Dieselmotoren. **»B4«** ist auf Diesel-Direkteinspritzer abgestimmt, sollte aber nur verwendet werden, wenn ebenfalls die Spezifikation »B3« angegeben ist. **»96«** gibt den Beginn der Gültigkeit der ACEA-Klassifikation im Jahr 1996 an. Motoröle mit höheren Jahreszahlangaben können ebenfalls verwendet werden.

Achtung: Motoröle, die vom Hersteller ausdrücklich als Öle für Diesel-Motoren bezeichnet werden, sind für Ottomotoren nicht geeignet. Es gibt Öle, die sowohl für den Otto- als auch für den Diesel-Motor geeignet sind. In diesem Fall sind beide Spezifikationen (Beispiel: ACEA A3-96/B3-96 oder API SJ/CF) auf der Öldose vermerkt.

Das richtige Motoröl für die C-Klasse

Mehrbereichs- oder Leichtlauföl nach folgenden Spezifikationen verwenden. Die Spezifikation **muß** auf der Öldose angegeben sein. Motoröle höherer Qualitätsstufen können ebenso verwendet werden.

Benzinmotoren: **API SG** oder höher,
ACEA A2-96 oder
ACEA A3-96.

Dieselmotoren: **API CE** oder höher,
ACEA B3-96 oder
ACEA A3-96/B3-96.

Ölverbrauch

Bei einem Verbrennungsmotor versteht man unter dem Ölverbrauch diejenige Ölmenge, die als Folge des Verbrennungsvorganges verbraucht wird. Auf keinen Fall ist Ölverbrauch mit Ölverlust gleichzusetzen, wie er durch Undichtigkeiten an Ölwanne, Zylinderkopfdeckel usw. auftritt.

Normaler Ölverbrauch entsteht durch Verbrennung jeweils kleiner Mengen im Zylinder; durch Abführen von Verbrennungsrückständen und Abrieb-Partikeln. Zudem verschleißt das Öl durch hohe Temperaturen und hohe Drücke, denen es im Motor fortwährend ausgesetzt ist. Auch äußere Betriebsverhältnisse, wie Fahrweise sowie Fertigungstoleranzen haben einen Einfluß auf den Ölverbrauch. Im Normalfall ist dieser Verbrauch so gering, daß zwischen den vorgeschriebenen Ölwechselintervallen nur ein geringfügiges Nachfüllen erforderlich ist.

Unbedingt muß Öl nachgefüllt werden, wenn die »Nachfüll«-Markierung erreicht ist (Nachfüllmenge dann max. 2,0 l). **Achtung:** Motoröl **nicht** über die »Maximal«-Markierung einfüllen. Wurde zuviel Öl eingefüllt, muß das überschüssige Öl abgelassen werden. Sonst kann der Katalysator beschädigt werden, da unverbranntes Öl in die Abgasanlage gelangt.

Der Ölkreislauf

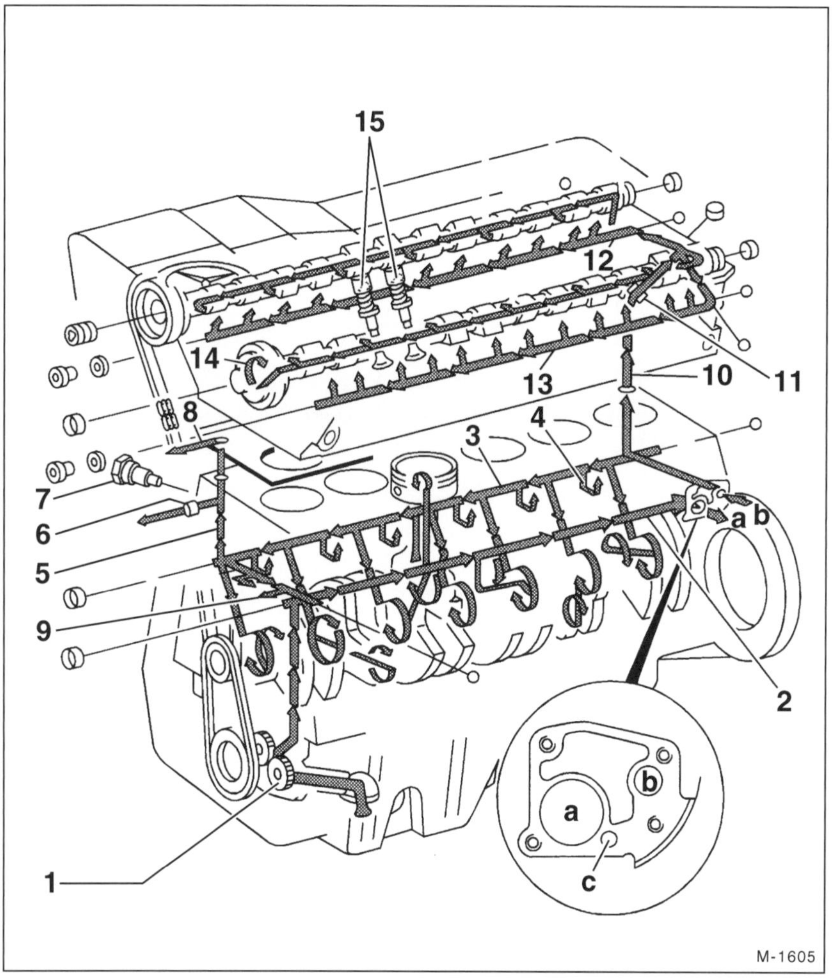

1 – **Ölpumpe**
Saugt das Motoröl über Saugkorb und Saugrohr aus der Ölwanne an.

2 – **Öllängskanal zum Ölfilter**

3 – **Hauptölkanal**
Zu den Lagerstellen.

4 – **Ölspritzdüsen**
Motoröl wird von unten zur Kühlung gegen den Kolbenboden gespritzt.

5 – **Steigleitung zum Kettenspanner**

6 – **Ölrücklaufsperrventil**

7 – **Kettenspanner**

8 – **Entlüftungsöffnung in der Zylinderkopfdichtung**

9 – **Ölspritzdüse für Steuerkette**

10 – **Steigleitung zum Zylinderkopf**

11 – **Öldrossel**
Innendurchmesser 4 mm.

12 – **Ölkanal**
Zur Versorgung der Tassenstößel auf der Auslaßseite.

13 – **Ölkanal**
Zur Versorgung der Tassenstößel auf der Einlaßseite.

14 – **Nockenwellen-Versteller**

15 – **Hydraulische Tassenstößel**

a – **Ölkanal**
Von der Ölpumpe zum Ölkühler.

b – **Ölkanal**
Vom Ölfilter zu den Lagerstellen.

c – **Ablaufbohrung in die Ölwanne**

Die Abbildung zeigt den Reihen-6-Zylinder-Motor.

Die Ölstandanzeige

6/93 – 5/97

Die Ölstandanzeige besteht im wesentlichen aus dem Ölstandgeber, der über der Ablaßschraube in die Ölwanne eingeschraubt ist, und der Kontrolleuchte im Schalttafeleinsatz. Die Ölstandanzeige überwacht den Ölstand in der Ölwanne ab einer Öltemperatur von ca. +60° C.

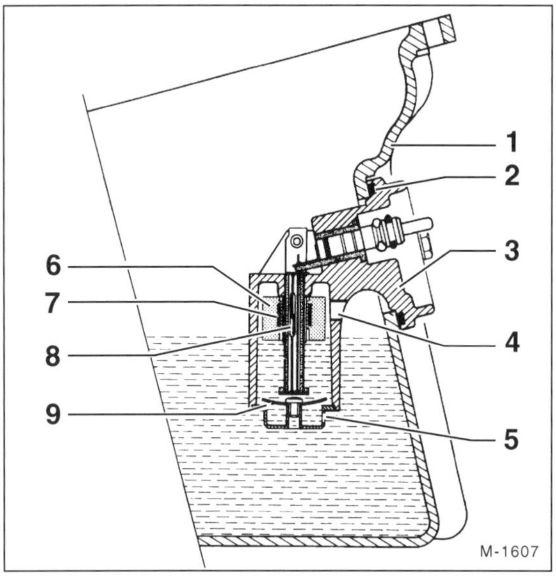

1 – Ölwanne	6 – Schwimmer
2 – O-Ring	7 – Magnet
3 – Ölstandgeber	8 – Reed-Kontakt
4 – Belüftungsbohrung 8 mm ∅	9 – Bimetall-Schnappscheibe
5 – Ablaufbohrung 4 mm ∅	

Der Ölstand in der Ölwanne wird von einem Schwimmer abgetastet. Bei geringem Ölstand (im Bereich der unteren Marke des Ölmeßstabes) wird durch einen Magnet im Schwimmer der Reedkontakt geöffnet. Dadurch erhält die Elektronik im Schalttafeleinsatz ein Signal, und die Kontrollampe leuchtet auf.

Bei sinkendem Ölstand wird je nach Fahrweise die Kontrollleuchte zuerst kurzzeitig und später ständig aufleuchten.

Um bei verschiedenen Fahrzuständen, beispielsweise scharfe Linkskurve, unnötige Warnungen zu vermeiden, ist in der Elektronik eine Verzögerungsschaltung angebracht. Sie läßt erst ein Aufleuchten der Kontrolleuchte zu, wenn 60 Sekunden lang Ölmangel signalisiert wird.

Zur Vermeidung von Fehlanzeigen bei kaltem Motor (dickflüssiges Öl läuft nur langsam zur Ölwanne zurück) hat der Ölstandgeber eine Bimetall-Schnappscheibe. Sie verhindert, daß der Schwimmerraum über die Ablaufbohrung bei niedrigen Temperaturen leerläuft.

Die Ölstandanzeige ist so ausgelegt, daß die Kontrolleuchte kurz vor der »min«-Markierung am Ölmeßstab aufleuchtet (Sicherheitsreserve). Daher muß nicht sofort, sondern erst bei nächster Gelegenheit wie z. B. Tankstopp Motoröl nachgefüllt werden.

Ab 6/97, Wartungssystem ASSYST

Durch den Ölstandgeber wird der Ölstand ständig überwacht und die entsprechenden Daten werden an das Steuergerät von »ASSYST« weitergegeben.

Wenn Öl nachgefüllt wird, erkennt »ASSYST« dies und verlängert das Serviceintervall entsprechend. Zu hoher oder zu niedriger Ölstand wird im Schalttafeleinsatz angezeigt. Die Ölstandanzeige erscheint auf dem Display automatisch wenn zuviel oder zuwenig Öl vorhanden ist, oder wenn der Fahrer die Anzeige manuell abruft.

Hinweis: Die tatsächlichen Anzeigen im Fahrzeug können modell- und baujahrbezogen von den hier angegebenen Beispielen abweichen.

Automatische Anzeige:

Frühestens 60 Sekunden nach Motorstart und nur bei Öltemperaturen über +60° C.

- Bei zuviel Öl erscheint das Ölkannensymbol und die Anzeige »ÖLSTAND ÜBER MAX«, zusätzlich ertönt ein Warnton. In diesem Fall überschüssiges Motoröl absaugen (Tankstelle).
- Bei geringem Ölstand erscheint das Ölkannensymbol und die Anzeige »ÖLSTAND UNTER MIN«. In diesem Fall so bald wie möglich Motoröl nachfüllen.
- Bei zuwenig Öl erscheint das Ölkannensymbol und die Anzeige »ÖLSTAND MINIMUM«, zusätzlich ertönt ein Warnton. In diesem Fall umgehend Motoröl nachfüllen. **Hinweis:** Bei Fahrzeugen ohne Multifunktionsanzeige erscheint neben dem Ölkannensymbol die blinkende Anzeige »-2L«.

Achtung: Die Ölstandanzeige verändert sich nicht, während Öl nachgefüllt wird. Um den neuen Ölstand anzeigen zu lassen, Anzeige manuell abrufen.

Manuelle Anzeige:

- Zündung ausschalten und anschließend Startschalter mit Zündschlüssel in Stellung »2« drehen. Nach ca. 10 Sekunden erscheint der Text »ÖLSTAND ANZEIGEN?«, das Ölkannen- und das Uhrensymbol leuchten.
- Während dieser Anzeige Rückstelltaste für Tageskilometerzähler innerhalb 1 Sekunde 2mal drücken. Nach einer gewissen Wartezeit erscheint der Ölstand, zum Beispiel: »1,0L Öl einfüllen«. Die Wartezeit ist von der Öltemperatur abhängig. Sie beträgt bei +20° C ca. 30 Minuten, bei +60° C ca. 1 Minute.

Öldruckregelventil aus- und einbauen

4-Zylinder-Motor
Reihen-6-Zylindermotor

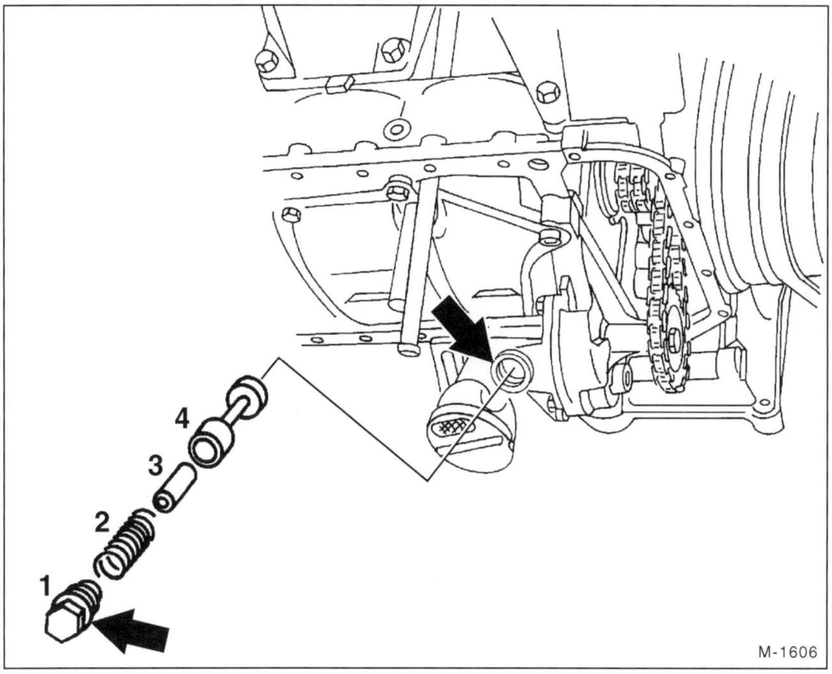

1 – Verschlußschraube, SW22
2 – Druckfeder
3 – Führungsbolzen
4 – Kolben

Das Öldruckregelventil befindet sich im Verbindungskanal zwischen Druck- und Saugraum der Ölpumpe. Steigt der Öldruck über ca. 5 bar, öffnet das Ventil, und ein Teil des Öles kann in den Saugraum der Pumpe zurückfließen.

Das Ventil ist zu überprüfen, wenn bei normalem Ölstand der Öldruck zu gering ist.

Ausbau

- Ölwanne ausbauen.
- Verschlußschraube mit Schlüssel SW22 herausdrehen.

Achtung: Die Verschlußschraube steht durch Federkraft unter Druck und kann leicht wegspringen.

- Druckfeder, Führungsbolzen und Kolben herausnehmen.

Achtung: Schwergängigen oder klemmenden Kolben mit einer Außen-Seegerringzange herausziehen.

- Bohrung in der Ölpumpe reinigen und mit Preßluft ausblasen.
- Kolben in der Ölpumpenbohrung mehrmals hin- und herschieben. Falls sich der Kolben nicht leicht hin- und herschieben läßt, Kolben mit Polierleinen leicht abziehen.

Einbau

- Falls der Kolben erneuert wird, neuen Kolben auf Leichtgängigkeit in der Bohrung prüfen. Gegebenenfalls Grat am Kolben mit Schmirgelleinen entfernen.
- Kolben mit Führungsbolzen und **neuer** Druckfeder einsetzen.
- Verschlußschraube ohne Dichtring einschrauben und mit **50 Nm** festziehen. Die Verschlußschraube dichtet durch ihren Konussitz.
  Anzugsdrehmoment 4,2-/5,0-l-Motor: **40 Nm.**

Ölwanne aus- und einbauen

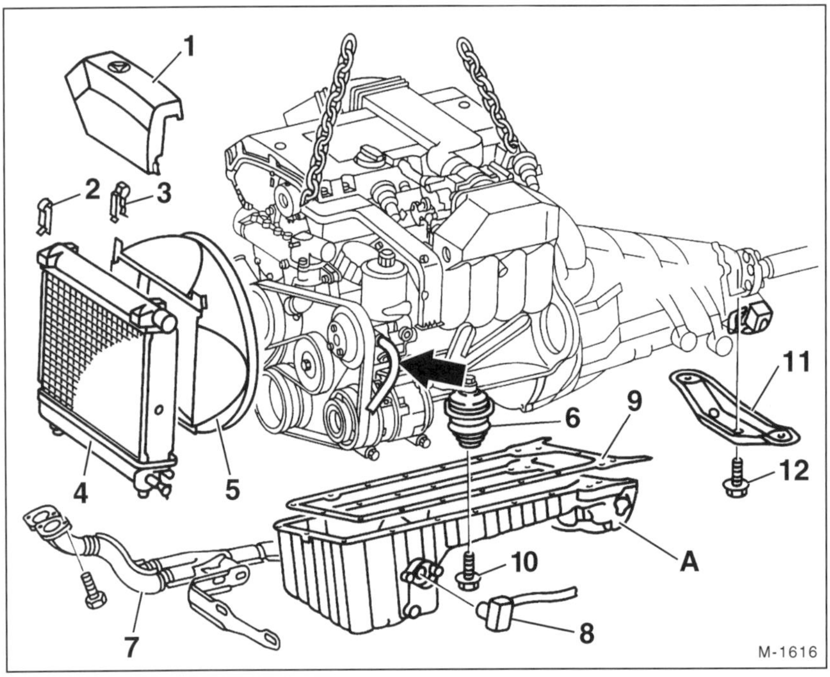

1 – Abdeckung
2 – Klammer für Kühler
3 – Klammer für Lüfterhaube
4 – Kühler
5 – Lüfterhaube
6 – Motorlager vorn
7 – Vorderes Abgasrohr
8 – Stecker Ölstandgeber
9 – Ölwannendichtung
10 – Schraube, 25 Nm
11 – Motorlager hinten
12 – Schraube, 25 Nm
A – Ölwanne

Ausbau 4-Zylinder-Motor

Achtung: Um die Ölwanne herausnehmen zu können, muß bei allen Modellen außer beim SLK die Ölpumpe abgeschraubt werden.

- Batterie-Massekabel (–) bei ausgeschalteter Zündung abklemmen. **Achtung:** Dadurch werden elektronische Speicher gelöscht, wie zum Beispiel der Radiocode. Deshalb Hinweise im Kapitel »Batterie aus- und einbauen« durchlesen.
- Untere Motorraumverkleidung ausbauen, siehe Seite 20.
- Stabilisator ausbauen, siehe Seite 121.
- **SLK:** Kühlflüssigkeit ablassen, siehe Seite 60.
- Motoröl ablassen, siehe Seite 247.
- Abdeckung –1– ausbauen.
- Klammern –3– abziehen. Lüfterhaube –5– hochziehen und über den Lüfter legen.
- Vorderes Abgasrohr –7– vom Krümmer abschrauben.
- **Alle außer SLK:** Träger für Abgasrohrhalter vom Getriebe abschrauben.
- Stecker für Ölstandgeber –8– abziehen.
- Schrauben –10– für vordere Motorlager –6– von unten herausdrehen.
- **SLK:** Kühlmittelschläuche am Kühlmittelreglergehäuse abziehen.
- Schrauben –12– für hintere Motorlager –11– von unten herausdrehen.
- Motor an vorderer und hinterer Motor-Aufhängeöse einhängen, siehe Seite 14.
- Motor waagerecht soweit wie möglich anheben.

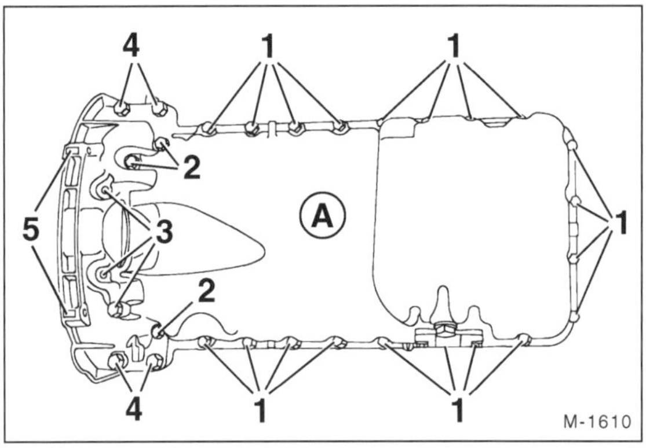

- Befestigungsschrauben –1– bis –5– für Ölwanne –A– herausdrehen.
- Ölwanne –A– mit Ölwannendichtung nach unten absenken.
- Ölpumpe abschrauben, siehe entsprechendes Kapitel.
- Ölwanne zusammen mit Ölpumpe in Fahrtrichtung nach vorn herausnehmen.
- Dichtfläche an Ölwanne und Kurbelgehäuse sorgfältig reinigen.

Einbau

- Ölwanne zusammen mit Ölpumpe einsetzen.
- Ölpumpe anschrauben, siehe entsprechendes Kapitel.

- **Neue** Ölwannendichtung mit Dichtmasse, zum Beispiel »Omnifit FD 10«, am Motorblock fixieren.
- Ölwanne vorsichtig ansetzen, zur hinteren Anlagefläche am Getriebe ausrichten und Befestigungsschrauben gleichmäßig handfest einschrauben.

Achtung: Wird die Ölwanne nicht zum Getriebe hin ausgerichtet, kann das später zu Geräuschen führen.

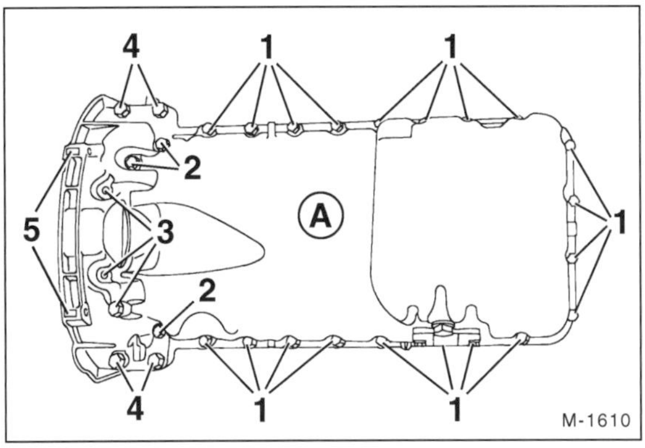

1 – Kombischraube M 6x20 10 Nm
2 – Kombischraube M 6x35 10 Nm
3 – Kombischraube M 6x85 10 Nm
4 – Schraube M 8x40 25 Nm
5 – Schraube M 10x40 40 Nm
A – Ölwanne

- Schrauben für Ölwanne wechselweise mit vorgeschriebenem Drehmoment festziehen. Dabei unterschiedliche Schraubenlängen und Schraubendurchmesser beachten.
- Motor ablassen
- Befestigungsschrauben für die vorderen Motorlager einsetzen und handfest anschrauben.
- Hintere Motorlagerschrauben mit **25 Nm** anschrauben.
- Schrauben für vordere Motorlager mit **25 Nm** festziehen.
- **SLK:** Kühlmittelschläuche am Kühlmittelreglergehäuse aufschieben und mit Schlauchschellen sichern.
- Stecker für Ölstandgeber aufstecken.
- **SLK:** Träger für Abgasrohrhalter am Getriebe anschrauben.
- Vorderes Abgasrohr am Abgaskrümmer anschrauben, siehe Seite 98.
- Lüfterhaube einsetzen und mit Klammern befestigen.
- Abdeckung –1– einbauen.
- Stabilisator einbauen, siehe Seite 121.
- Untere Motorraumverkleidung einbauen, siehe Seite 20.
- Motoröl auffüllen, siehe Seite 247.
- Batterie-Massekabel (–) anklemmen.
- Motor warmlaufen lassen und Ölwanne auf Dichtheit prüfen.
- Zeituhr einstellen.
- Falls erforderlich, Diebstahlcode für Radio eingeben.

Speziell Reihen-6-Zylinder-Motor M104:

- **Automatikgetriebe:** Getriebeöl ablassen. Links und rechts Ölleitungen zwischen Getriebe und Ölkühler abschrauben. Getriebeöl ablassen, siehe Seite 113.
- Lenk-Spurstange ausbauen, siehe Seite 132.
- Schrauben für Ölwanne wechselweise mit vorgeschriebenem Drehmoment festziehen. Dabei unterschiedliche Schraubenlängen und Schraubendurchmesser beachten.
  Anzugsdrehmoment M6-Schraube: 10 Nm;
  M8-Schraube: 20 Nm.
  M10-Schraube: 40 Nm.

Speziell V6-Zylinder-Motor M112:

- Ölwannenunterteil abschrauben und herausnehmen.
- Einstecktiefe für Ölmeßstab-Führungsrohr im Kurbelgehäuse markieren. Führungsrohr für Ölmeßstab vom Zylinderkopfdeckel abschrauben und herausnehmen.

Achtung: Nach dem Auftragen des Dichtmittels muß die Ölwanne innerhalb von 5 Minuten angesetzt und angeschraubt sein.

- Dichtmittel, zum Beispiel »LOCTITE 5900«, an den Dichtflächen von Ölwanne und Kurbelgehäuse in einer Raupe von 2,0 mm ± 0,5 mm ∅ auftragen.

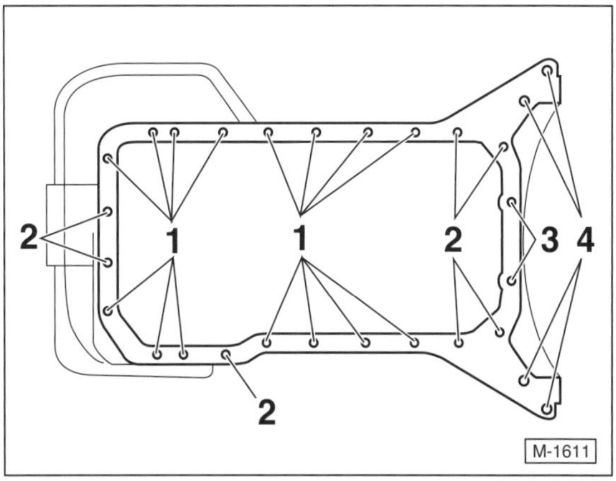

1 – Schraube M 6x20. . . 10 Nm
2 – Schraube M 6x40. . . 10 Nm
3 – Schraube M 6x90. . . 10 Nm
4 – Schraube M 8x30. . . 20 Nm

- Schrauben für Ölwanne einsetzen und handfest anschrauben, anschließend wechselweise mit vorgeschriebenem Drehmoment festziehen. Dabei unterschiedliche Schraubenlängen und Schraubendurchmesser beachten.
- Ölmeßstab-Führungsrohr einsetzen und am Zylinderkopfdeckel anschrauben.
- Dichtmittel, zum Beispiel »LOCTITE 5900«, an den Dichtflächen von Ölwannenunter- und -oberteil in einer Raupe von 2,0 mm ± 0,5 ∅ mm auftragen.
- Schrauben für Ölwannenunterteil einsetzen und handfest anschrauben, anschließend wechselweise mit **10 Nm** festziehen.

Ölpumpe aus- und einbauen

4-Zylinder-Motor

Ausbau

- Ölwanne abschrauben, siehe entsprechendes Kapitel.
- Ölpumpenantriebsrad abschrauben und mit Ölpumpenkette von der Ölpumpe abziehen.
- Ölpumpe abschrauben und abnehmen. Darauf achten, daß die Paßhülsen für die beiden vorderen Schrauben nicht verloren gehen.
- Sieb der Ölpumpe mit Kraftstoff reinigen.

Einbau

- Ölpumpe vor dem Einbau mit Motoröl füllen, damit sie beim ersten Motorstart sofort Öl fördert.
- Ölpumpe zusammen mit Ölwanne einsetzen.
- Paßhülsen für die beiden vorderen Schrauben einsetzen und Ölpumpe mit **25 Nm** anschrauben.
- Ölpumpenantriebsrad mit Kette und Kettenrad ansetzen. Befestigungsschraube mit Unterlegscheibe und **30 Nm** festschrauben.

Ölstandgeber aus- und einbauen

Ausbau

- Untere Motorraumverkleidung ausbauen, siehe Seite 20.
- Motoröl ablassen beziehungsweise absaugen, siehe Seite 247.

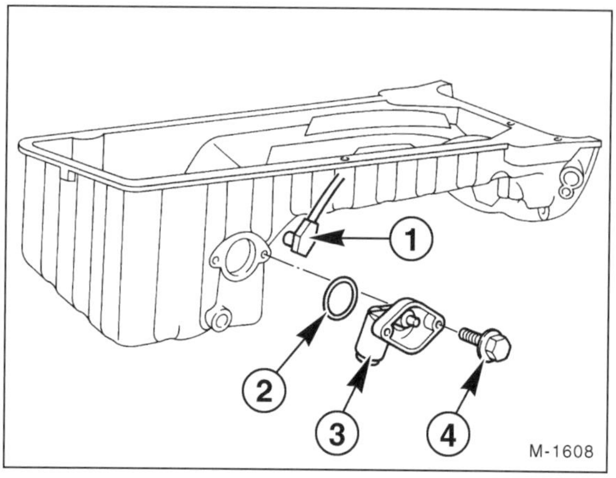

- Stecker –1– für Ölstandgeber abziehen.
- Schrauben –4– herausdrehen. Ölstandgeber –3– schwenken und aus der Ölwanne herausziehen.

Einbau

- Ölstandgeber mit **neuem** O-Ring –2– einsetzen und mit **10 Nm** anschrauben –4–.
- Stecker aufschieben.
- Untere Motorraumverkleidung einbauen, siehe Seite 20.
- Motoröl auffüllen, siehe Seite 247.
- Motor warmlaufen lassen und Ölstandgeber auf Dichtheit prüfen.

Speziell V6-Zylinder-Motor

- Ölwannen-unterteil ausbauen.
- Ölstandgeber (vorn neben dem Ölsaugrohr) von unten mit 2 Torxschrauben abschrauben.
- Ölstandgeber mit **10 Nm** anschrauben.

Störungsdiagnose Ölkreislauf

Störung	Ursache	Abhilfe
Geringer Öldruck nach Anspringen des Motors.	Öl sehr warm.	■ Unbedenklich, wenn Öldruck beim Gasgeben auf Normalwert steigt.
Zu niedriger Öldruck im unteren Drehzahlbereich.	Öldruckregelventil klemmt in offenem Zustand durch Verschmutzung.	■ Ventil ausbauen und prüfen.
Zu niedriger Öldruck im gesamten Drehzahlbereich.	Zu wenig Öl im Motor.	■ Motoröl nachfüllen.
	Ansaugsieb in der Saugglocke verschmutzt.	■ Ölwanne ausbauen, Ansaugsieb reinigen.
	Ölsaugrohr lose oder gebrochen.	■ Ölwanne ausbauen, Saugrohr überprüfen.
	Ölpumpe verschlissen.	■ Ölpumpe ausbauen und prüfen, ggf. ersetzen.
	Lagerschaden.	■ Motor ausbauen und überholen.

Motor-Kühlung

Der Kühlmittelkreislauf

Solange der Motor kalt ist, zirkuliert das Kühlmittel nur im Zylinderkopf sowie im Motorblock und – bei geöffneter Heizung – im Wärmetauscher. Mit zunehmender Erwärmung öffnet der Kühlmittelregler (Thermostat) den großen Kühlmittelkreislauf. Das Kühlmittel wird von der ständig im Einsatz befindlichen Kühlmittelpumpe über den Kühler geleitet. Die Kühlflüssigkeit durchströmt den Kühler von oben nach unten und wird dabei durch die an den Kühlrippen vorbeistreichende Luft gekühlt.

Zur Steigerung des Luftdurchsatzes durch den Kühler wird die Drehzahl des Lüfterrades durch eine integrierte Visco-Kupplung erhöht. Bei ausgeschalteter Visco-Kupplung dreht sich der Lüfter entsprechend der Motordrehzahl, jedoch nicht schneller als mit 1.000/min. Bei einer Kühlmitteltemperatur von ca. +95° C schaltet ein Bimetallstreifen die Visco-Kupplung ein, wodurch die Lüfterdrehzahl entsprechend der Motordrehzahl zunimmt. Übersteigt die Motordrehzahl ca. 4500/min, schaltet die Lüfterkupplung automatisch ab, weil das Siliconöl im Innern zu heiß wird. Sobald die Drehzahl wieder unter ca. 4500/min sinkt, wird der Lüfter wieder zugeschaltet. Durch den nicht ständig voll mitlaufenden Lüfter wird die nutzbare Motorleistung erhöht und der Kraftstoffverbrauch verringert.

Nachlaufkühlung (6-/8-Zylinder-Motor)

Falls nach Abstellen des Motors die Kühlmitteltemperatur über 110° C ansteigt, wird im Kühlmittelkreislauf eine elektrische Umwälzpumpe eingeschaltet, die das Kühlmittel in Bewegung bringt. Dadurch werden eine örtliche Überhitzung

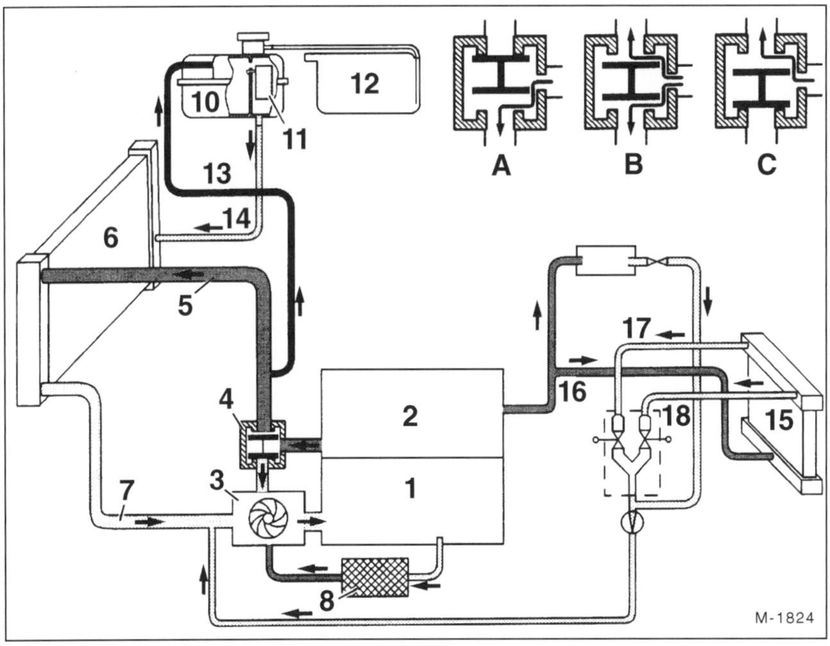

1 – Motorblock

2 – Zylinderkopf

3 – Kühlmittelpumpe

4 – Kühlmittelregler (Thermostat)
A – Kurzschlußbetrieb. Kühlmittelumlauf nur im Motor, bei einer Kühlmitteltemperatur von unter +85° C (+87° C).
B – Mischbetrieb. Bei einer Kühlmitteltemperatur von +85° C (+87° C) bis +94° C (+102° C) ist der Kühlmittelregler teilweise geöffnet. Die Kühlflüssigkeit strömt auch durch den Kühler.
C – Kühlbetrieb. Bei einer Kühlmitteltemperatur über +94° C (+102° C) ist der Kühlmittelregler voll geöffnet. Die ganze Kühlflüssigkeit fließt durch den Kühler.
Hinweis: Die Klammerwerte (...) gelten für die 6-Zylinder-Motoren.

5 – Kühlmittelleitung oben

6 – Querstromkühler

7 – Kühlmittelleitung unten

8 – Ölkühler

10 – Ausgleichbehälter

11 – Silikatvorrat
Verhindert Aluminiumkorrosion. Falls vorhanden, braucht der Silikatvorrat im Rahmen der Wartung nicht gewechselt zu werden.

12 – Überlaufbehälter

13 – Entlüftungsleitung

14 – Entlüftungsleitung

15 – Heizungs-Wärmetauscher

16 – Zulauf Heizung

17 – Rücklauf Heizung rechts

18 – Rücklauf Heizung links

des Motors und die Bildung von Dampfblasen verhindert. Die elektrische Umwälzpumpe läuft zur Nachlaufkühlung maximal 10 Minuten lang.

Elektrische Lüfter

Fahrzeuge mit Klimaanlage besitzen ein zusätzliches Doppellüftersystem vor dem Kühler. Dabei treibt der Elektromotor des linken Lüfters über einen Keilriemen das rechte Lüfterrad an.

Der Inhalt des Kühlsystems beträgt je nach Motor ca. 8 Liter bis ca. 10 Liter Kühlflüssigkeit.

Kühlmittel ablassen und auffüllen

Das Kühlmittel ist im Rahmen der Wartung alle 3 Jahre zu erneuern. Falls bei Reparaturen der Zylinderkopf, die Zylinderkopfdichtung, der Kühler, der Wärmetauscher oder der Motor ersetzt wurden, muß die Kühlflüssigkeit auf jeden Fall ersetzt werden. Das ist erforderlich, weil sich die Korrosionsschutzanteile in der Einlaufphase an den neuen Leichtmetallteilen absetzen und somit eine dauerhafte Korrosionsschutzschicht bilden. Bei gebrauchter Kühlflüssigkeit ist der Korrosionsschutzanteil in der Regel nicht mehr groß genug, um eine ausreichende Schutzschicht an den neuen Teilen zu bilden.

Wird die Kühlflüssigkeit im Rahmen anderer Reparaturen abgelassen, sollte sie zur Wiederverwendung aufgefangen werden.

Achtung: Kühlflüssigkeit ist ein Problemstoff und darf nicht einfach weggeschüttet oder dem Hausmüll mitgegeben werden. Gemeinde- und Stadtverwaltungen informieren darüber, wo sich die nächste Problemstoff-Sammelstelle befindet.

Hinweis: Die Beschreibung bezieht sich auf den 4-Zylinder-Motor. Zusätzliche Angaben für den 6-Zylinder-Motor (V6 und R6) sowie den 8-Zylinder-Motor stehen am Ende des Kapitels.

Ablassen

- Batterie-Massekabel (–) bei ausgeschalteter Zündung abklemmen. **Achtung:** Dadurch werden elektronische Speicher gelöscht, wie zum Beispiel der Radiocode. Deshalb Hinweise im Kapitel »Batterie aus- und einbauen« durchlesen.

Sicherheitshinweis:
Bei heißem Motor vor dem Öffnen des Deckels einen dicken Lappen auflegen, um Verbrühungen durch heiße Kühlflüssigkeit oder Dampf zu vermeiden. Deckel nur bei Kühlmitteltemperaturen unter +90° C abnehmen.

- Deckel am Ausgleichbehälter nach links drehen, bis er einrastet, und Überdruck aus dem Kühlsystem entweichen lassen. Dann Deckel weiterdrehen und ganz abnehmen.
- Heizungsregler im Innenraum auf maximale Heizleistung stellen.
- Motorraumverkleidung unten ausbauen, siehe Seite 20.

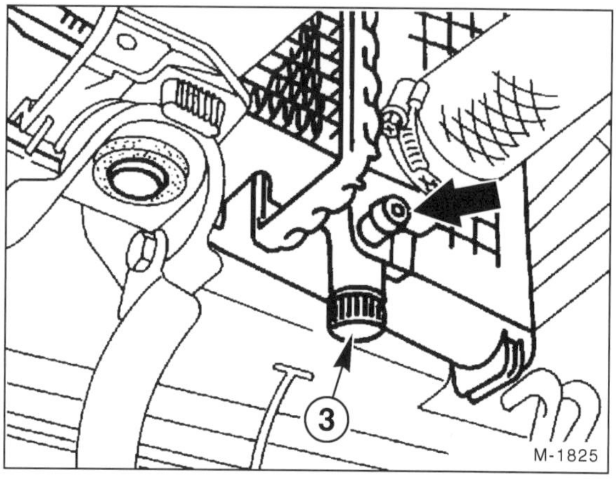

- Schlauch auf den Ablaßstutzen des Kühlers stecken.
- Schlauch mit 12 mm Innendurchmesser auf den Ablaßstutzen des Kühlers stecken.
- Sauberes Auffanggefäß unter den Kühler stellen. Schlauch in das Auffanggefäß führen und Ablaßschraube –3– öffnen.

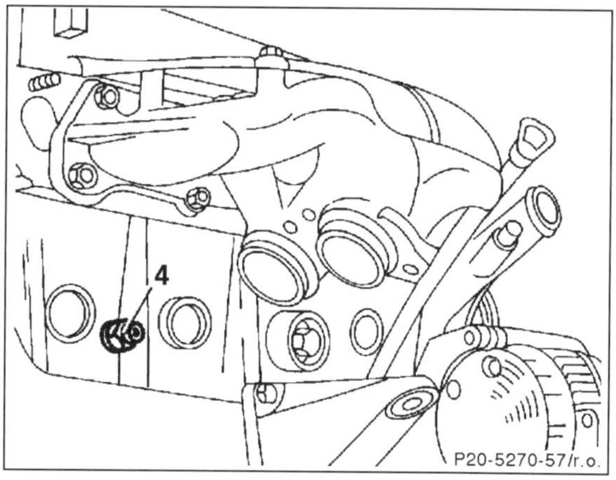

- Schlauch mit 14 mm Innendurchmesser auf die Ablaßschraube –4– am Motorblock stecken.
- Sauberes Auffanggefäß unter den Motor stellen. Schlauch in das Auffanggefäß führen und Ablaßschraube –4– nur lösen, nicht abschrauben.
- Kühlmittel ganz ablaufen lassen.
- Ablaßschraube am Motorblock festziehen.
  Anzugsdrehmoment 4-Zylinder-Motor: **30 Nm**;
  V6-Motor: **12 Nm;**
  Reihen-6-Zylinder-Motor: **30 Nm.**
- Ablaßschraube am Kühler mit 1,5 bis 2 Nm, also handfest, hineindrehen.
- Falls aufgesteckt, Ablaufschlauch abnehmen.
- Motorraumverkleidung unten einbauen, siehe Seite 20.

Auffüllen

- Frostschutz des Kühlmittels prüfen, siehe Seite 62.

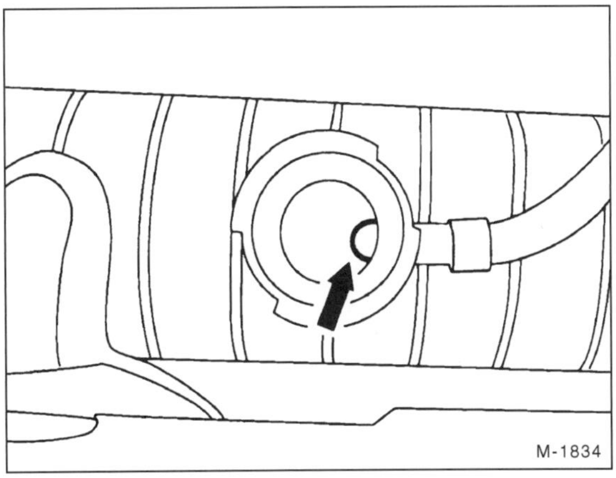

M-1834

- **4-Zylinder-Motor ohne Klimaanlage:** Kühlmittel über den Einfüllstutzen am Kühler auffüllen. Der Kühlmittelstand muß bei kaltem Motor bis zur Markierung –Pfeil– am Einfüllstutzen reichen. **Hinweis:** Bei warmem Motor soll der Kühlmittelstand ca. 1 cm über der Markierung liegen.

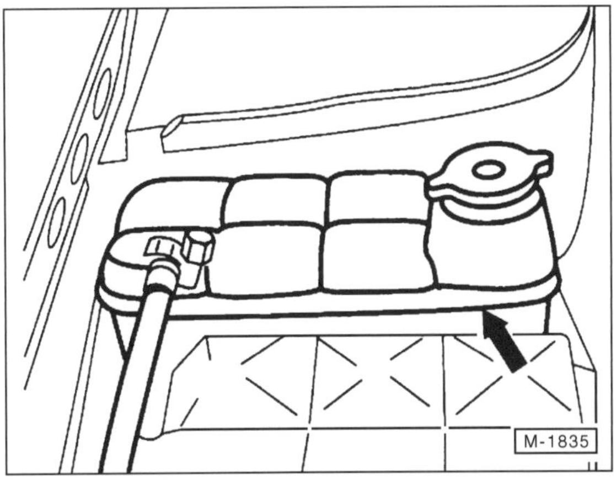

M-1835

- **4-Zylinder-Motor mit Klimaanlage / Reihen-6-Zylinder-Motor:** Kühlmittel über den Einfüllstutzen am Ausgleichbehälter auffüllen. Der Kühlmittelstand muß bei kaltem Motor bis zur Trennfläche zwischen Behälteroberteil (schwarz) und Behälterunterteil (transparent) –Pfeil– reichen. **Hinweis:** Bei warmem Motor soll der Kühlmittelstand ca. 1 cm über der Trennfläche liegen.

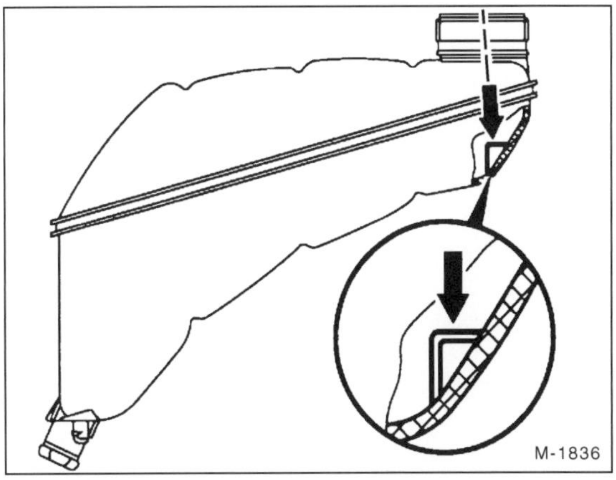

M-1836

- **V6-/V8-Zylinder-Motor:** Der Kühlmittelstand soll bis zu der eingegossenen Nase am Boden des Ausgleichbehälters reichen (sichtbar bei geöffnetem Verschlußdeckel). Das sind ca. 5,5 cm unter Oberkante Einfüllstutzen. **Hinweis:** Bei warmem Motor soll der Kühlmittelstand ca. 1 cm über der Markierung liegen.
- Batterie-Massekabel (–) anschließen.
- Motor mit mittlerer Drehzahl warmlaufen lassen. Dabei Heizung auf volle Leistung stellen.
- Beim Warmlaufen Kühlmittelstand beobachten und, falls erforderlich, Kühlmittel nachfüllen.
- Bei einer Kühlmitteltemperatur von +60° bis +70° C Ausgleichbehälter verschließen.
- Motor weiter warmlaufen lassen, bis der Kühlmittelregler öffnet (Kühlmitteltemperatur ca. +100° C). Der untere Schlauch am Kühler wird dann warm.
- Kühlsystem – Schlauchanschlüsse sowie Ablaßschrauben und Kühlmittelpumpe – auf Dichtheit prüfen.
- Zeituhr einstellen.
- Diebstahlcode für Radio eingeben.

Speziell V6-/V8-Zylinder-Motor

Fahrzeuge mit V6-/V8-Zylinder-Motor sind je nach Baujahr mit einem 2-Stufen-Verschlußdeckel am Ausgleichbehälter ausgestattet. Der Verschlußdeckel des Kühlsystems hat dann eine 2. Druckstufe, so daß nach dem Abstellen des Motors der Druck im Kühlsystem bis auf 2 bar ansteigen kann, ohne daß Kühlmittel austritt.

- 2-Stufen-Verschlußdeckel am Ausgleichbehälter ½ Umdrehung nach links drehen und Überdruck aus dem Kühlsystem entweichen lassen. Dann Deckel weiterdrehen und ganz abnehmen.

- Verschlußdeckel einschrauben, bis die Nase in die Kerbe am Kühlmittel-Ausgleichbehälter einrastet.
- Der **V8-Zylinder-Motor** besitzt 2 Ablaßventilschrauben am Motorblock neben linkem und rechtem Motorträger. Anzugsdrehmoment: 10 Nm.

Speziell SLK (Typ 170)

Beim SLK muß das Kühlsystem beim Auffüllen des Kühlmittels folgendermaßen entlüftet werden:

- Schwimmer im Ausgleichbehälter mit einem Schraubendreher nach unten drücken.
- Kühlmittel sehr langsam bis zur Markierung auffüllen.
- Heizung auf »maximale Heizleistung« stellen und Motor mit mittlerer Drehzahl warmlaufen lassen.
- Kühlmittel laufend bis zur Markierung nachfüllen, falls erforderlich.
- Ab einer Kühlmitteltemperatur von 60° bis 70° C Einfüllöffnung am Ausgleichbehälter mit Verschlußdeckel verschließen.

Kühler-Frostschutzmittel/ Mischungsverhältnis

Die Kühlanlage wird ganzjährig mit einer Mischung aus Wasser und Kühlerfrost- und Korrosions-Schutzmittel befüllt. Diese Mischung verhindert Frost- und Korrosionsschäden sowie Kalkansatz und hebt außerdem die Siedetemperatur des Kühlmittels an. Durch den Verschlußdeckel am Ausgleichbehälter wird bei warmem Motor innerhalb des Kühlkreislaufes ein Überdruck von ca. 1,4 bar aufgebaut, der ebenfalls zur Siedepunkterhöhung der Kühlflüssigkeit beiträgt. Erforderlich ist der höhere Siedepunkt der Kühlflüssigkeit für ein einwandfreies Funktionieren der Motor-Kühlung. Bei zu niedrigem Siedepunkt der Flüssigkeit kann es zu einem Hitzestau kommen, wodurch der Kühlkreislauf behindert und die Kühlung des Motors vermindert werden. Deshalb muß das Kühlsystem unbedingt ganzjährig mit einer Kühlkonzentrat-Mischung gefüllt sein.

Nur von MERCEDES-BENZ freigegebenes Kühlkonzentrat verwenden. **Achtung:** Im Handel sind silikathaltige Frostschutzmittel, erkennbar an der **blaugrünen** Farbe, und silikatfreie Frostschutzmittel, erkennbar an der **roten** Farbe, erhältlich. Diese unterschiedlichen Frostschutzmittel dürfen auf keinen Fall gemischt werden, sonst können Motorschäden auftreten.

Das Wasser muß sauber und kalkarm sein. Trinkwasser erfüllt normalerweise diese Anforderungen. Sollte das Wasser sehr hart (hoher Kalkanteil) oder die Wasserqualität nicht bekannt sein, kann vollentsalztes oder destilliertes Wasser verwendet werden.

Da der Korrosionsschutz-Anteil in der Kühlflüssigkeit nach einiger Zeit an Wirkung verliert, sollte die Kühlflüssigkeit alle 3 Jahre gewechselt werden.

Kühlmittel-Mischungsverhältnis

Motor	Frostschutz bis	Kühlkonzentrat	Wasser	Gesamtfüllmenge
4-Zylinder ohne Klimaanl.	– 37° C – 45° C	4,0 l 4,5 l	4,0 l 3,5 l	8,0 l
4-Zylinder mit Klimaanl.	– 37° C – 45° C	4,25 l 4,75 l	4,25 l 3,75 l	8,5 l
2,4-l 2,8-l ab 6/97 3,2-/4,3-l	– 37° C – 45° C	4,5 l 5,0 l	4,5 l 4,0 l	9,0 l
2,8-l bis 5/97 ohne Klimaanl.	– 37° C – 45° C	5,0 l 5,5 l	5,0 l 4,5 l	10,0 l
2,8-l bis 5/97 mit Klimaanl.	– 37° C – 45° C	5,25 l 5,75 l	5,25 l 4,75 l	10,5 l

Der Frostschutz sollte in unseren Breiten bis ca. – 35° C reichen.

Achtung: Ist der Anteil des Kühlkonzentrats in der Kühlflüssigkeit höher als 55% (entspricht einem Frostschutz von – 45° C), verringert sich der Frostschutz und verschlechtert dadurch die Wärmeabfuhr des Kühlsystems.

Kühlmittelregler (Thermostat) prüfen

Der Kühlmittelregler öffnet mit zunehmender Erwärmung des Motors den großen Kühlmittelkreislauf. Bleibt der Kühlmittelregler durch einen Defekt geschlossen, wird der Motor zu heiß. Erkennbar ist das an einer im roten Bereich stehenden Kühlmittel-Temperaturanzeige, während gleichzeitig der Kühler kalt bleibt. Ein defekter Thermostat kann aber auch nach dem Abkühlen der Kühlflüssigkeit weiterhin geöffnet bleiben. Dies erkennt man daran, daß der Motor nicht mehr seine Betriebstemperatur erreicht bzw. daß der Zeiger der Kühlmittel-Temperaturanzeige langsamer ansteigt als bisher oder im Winter die Heizleistung nachläßt.

Achtung: Wenn der Motor nach kurzer Fahrstrecke heiß wird, kann das auch daran liegen, daß sich der Kühler aufgrund von Kalkablagerungen zugesetzt hat.

Prüfen

- Kühlmittelregler ausbauen, siehe entsprechendes Kapitel.

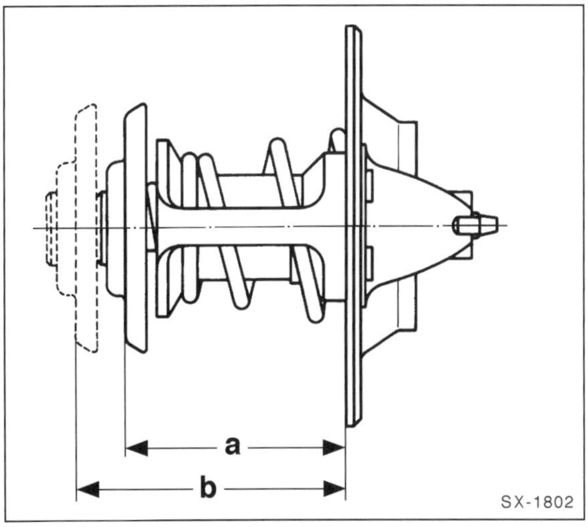

- Höhe des Thermostats messen, Maß »a« notieren.

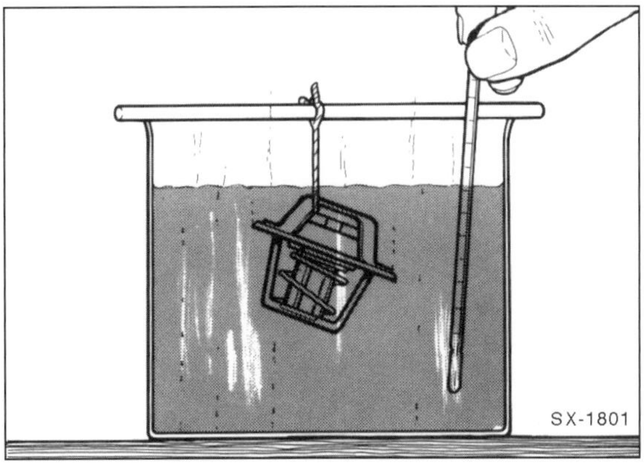

- Kühlmittelregler im Wasserbad langsam erwärmen. Dabei darf der Thermostat nicht die Wände des Behälters berühren. Der Thermostat muß vollständig eingetaucht sein. Temperatur mit einem geeigneten Thermometer kontrollieren.
- Bei einer Temperatur von ca. +85° C beginnt die Bimetallfeder des Reglers sich auszudehnen. Die größte Ausdehnung ist ab ca. +94° C erreicht.
  6-Zylinder-Motor (R6 und V6):
  Öffnungsbeginn: 85 – 89° C;
  Öffnungsende: 102° C.
- Sobald das Wasser die Öffnungstemperatur erreicht, muß der Thermostat mit dem Öffnen der Regelklappe beginnen.
- Wasser weiter erwärmen, bis der Siedepunkt erreicht ist. Thermostat herausnehmen, die Höhe messen (Maß »b«) und mit dem ersten Meßwert (Maß »a«) vergleichen. Der Öffnungshub beträgt bei Öffnungsende ca. 8 mm.
- Anschließend prüfen, ob sich der Regler beim Abkühlen wieder ganz schließt.
- Bei fehlerhafter Funktion, Thermostat ersetzen.
- Kühlmittelregler einbauen.

Kühlsystem prüfen

Hinweis: Die Beschreibung bezieht sich auf den 4-Zylinder-Motor. Zusätzliche Angaben für den 6-Zylinder-Motor (V6 und R6) stehen am Ende des Kapitels.

Prüfen

Undichtigkeiten im Kühlsystem und die Funktion des Überdruckventils im Verschlußdeckel für das Kühlsystem können mit einem handelsüblichen Prüfgerät überprüft werden.

Achtung: Wurde die Zylinderkopfdichtung erneuert, Motor zuerst auf Betriebstemperatur bringen, danach Kühlsystem auf Dichtheit prüfen.

Sicherheitshinweis:
Bei heißem Motor vor dem Öffnen des Deckels einen dicken Lappen auflegen, um Verbrühungen durch heiße Kühlflüssigkeit oder Dampf zu vermeiden. Deckel nur bei Kühlmitteltemperaturen unter +90° C abnehmen.

- Deckel am Ausgleichbehälter nach links drehen, bis er einrastet, und Überdruck aus dem Kühlsystem entweichen lassen. Dann Deckel weiterdrehen und ganz abnehmen.
- Verschlußdeckel auf Korrosion prüfen, gegebenenfalls erneuern.

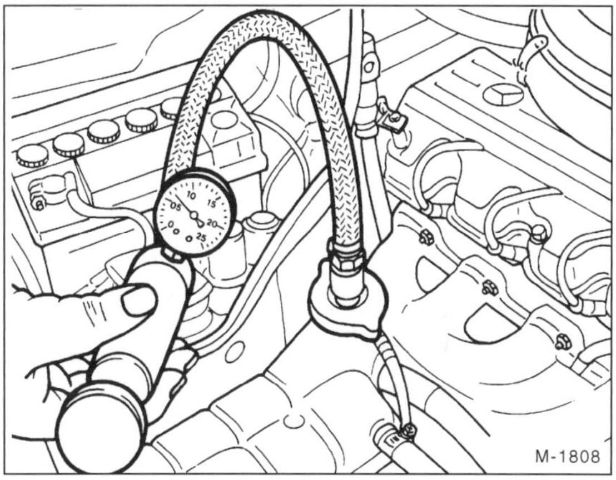

- Prüfgerät auf Einfüllstutzen des Ausgleichbehälters aufsetzen. Mit der Handpumpe des Gerätes einen Überdruck von ca. 1,4 bar erzeugen. Fällt der Druck ab, undichte Stelle suchen und beseitigen. Die undichte Stelle läßt sich an ausfließendem Kühlmittel erkennen.
- Wenn der Druck ohne Austritt von Kühlmittel abfällt, kann auf inneren Kühlmittelverlust im Motor, zum Beispiel durch eine defekte Zylinderkopfdichtung oder einen Gehäuseriß, geschlossen werden.

Überdruckventil prüfen

Das Überdruckventil sitzt im Deckel des Ausgleichbehälters. Es hat die Aufgabe, ab einem bestimmten Überdruck das Kühlsystem zu öffnen und das überschüssige Kühlmittel abfließen zu lassen.

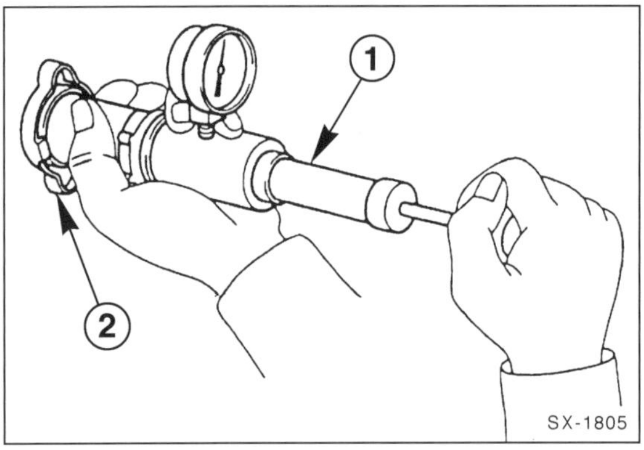

- Verschlußdeckel –2– auf das Prüfgerät –1– aufschrauben.
- Überdruck aufbauen. Das Überdruckventil muß bei einem Überdruck von 1,3 bis 1,4 bar öffnen. Andernfalls Deckel ersetzen. **Hinweis:** Öffnungsdruck bei einem neuen Deckel: 1,4 bis 1,5 bar.

Hinweis: Auf dem Verschlußdeckel ist der jeweilige Öffnungsdruck des Überdruckventils in »bar mal 100« angegeben. Wenn beispielsweise auf dem Deckel »140« steht, liegt der Öffnungsdruck des Überdruckventils bei 1,4 bar.

Unterdruckventil prüfen

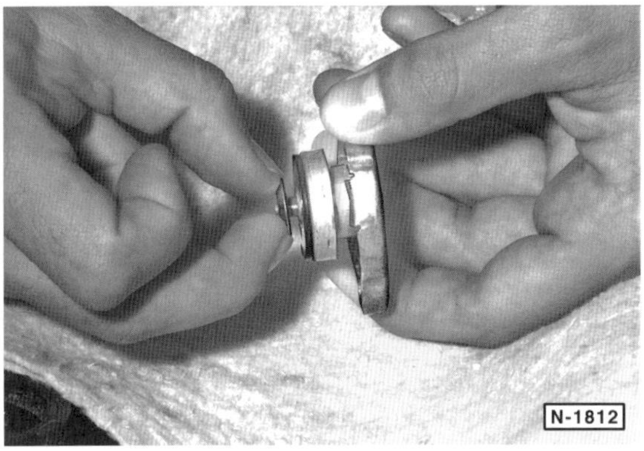

- Unterdruckventil mit den Fingern herausziehen, so daß es sich öffnet. Prüfen, ob sich das Ventil beim Loslassen vollständig schließt. Das Unterdruckventil im Deckel öffnet bei 0,1 bar Unterdruck.
- Verschlußdeckel am Ausgleichbehälter aufschrauben, Gummidichtring bei Beschädigung erneuern.

Speziell V6-/V8-Zylinder-Motor

Fahrzeuge mit V6-/V8-Zylinder-Motor sind je nach Baujahr mit einem 2-Stufen-Verschlußdeckel am Ausgleichbehälter ausgestattet. Der Verschlußdeckel des Kühlsystems hat dann eine 2. Druckstufe, so daß nach dem Abstellen des Motors der Druck im Kühlsystem bis auf 2 bar ansteigen kann, ohne daß Kühlmittel austritt.

- 2-Stufen-Verschlußdeckel am Ausgleichbehälter erst ½ Umdrehung nach links drehen und Überdruck aus dem Kühlsystem entweichen lassen. Dann Deckel weiterdrehen und ganz abnehmen.
- Öffnungsdruck für Überdruckventil:
  Stufe 1 = 1,3 – 1,5 bar;
  Stufe 2 = 1,8 – 2,2 bar.
- Verschlußdeckel einschrauben, bis die Nase in die Kerbe am Kühlmittel-Ausgleichbehälter einrastet.

Kühlmittelregler (Thermostat) aus- und einbauen

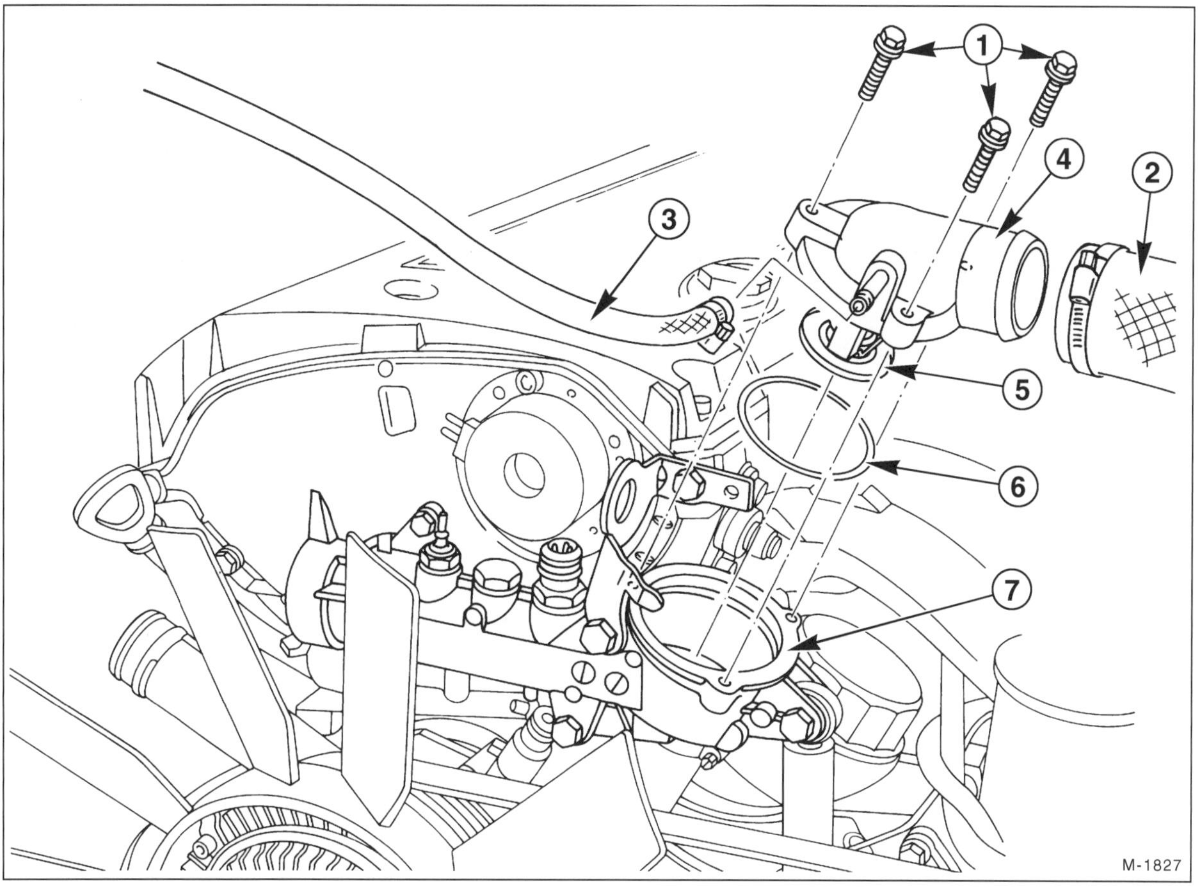

1 – Schraube, 10 Nm
2 – Kühlmittelschlauch
3 – Kühlmittelschlauch
4 – Deckel Kühlmittelreglergehäuse
5 – Kühlmittelregler (Thermostat)
6 – Dichtring
7 – Reglergehäuse

Die Abbildung stellt den 4-Zylinder-Motor dar.

Ausbau

- Batterie-Massekabel (–) bei ausgeschalteter Zündung abklemmen. **Achtung:** Dadurch werden elektronische Speicher gelöscht, wie zum Beispiel der Radiocode. Deshalb Hinweise im Kapitel »Batterie aus- und einbauen« durchlesen.

Sicherheitshinweis:
Bei heißem Motor vor dem Öffnen des Deckels einen dicken Lappen auflegen, um Verbrühungen durch heiße Kühlflüssigkeit oder Dampf zu vermeiden. Deckel nur bei Kühlmitteltemperaturen unter +90° C abnehmen.

- Kühlmittel ablassen und auffangen, siehe entsprechendes Kapitel.
- Motorabdeckung vorn oben ausbauen.
- Kühlmittelschläuche –2– und –3– abziehen. Vorher Schellen lösen und zurückschieben.
- Thermostatdeckel –4– am Reglergehäuse abschrauben und mit Kühlmittelregler –5– herausnehmen.

Achtung 4- und V6-Zylinder-Motor: Der Kühlmittelregler darf aus dem Thermostatdeckel **nicht** ausgebaut werden. Er wird dadurch zerstört. Ein Wiedereinbau ist nicht möglich. Bei Defekt, Regler zusammen mit Deckel ersetzen.

- Kühlmittelregler prüfen.

Einbau

- Deckel mit Kühlmittelregler und **neuem** Dichtring aufsetzen und mit **10 Nm** anschrauben. Vorher Dichtflächen an Gehäuse und Deckel reinigen.
- Kühlmittelschläuche aufschieben und mit Schellen sichern.
- Kühlmittel auffüllen.
- Motor warmlaufen lassen, bis der Lüfter einschaltet. Prüfen, ob der Kühler unten warm wird und das Kühlmittelreglergehäuse dicht ist.
- Batterie-Massekabel (–) anklemmen.
- Zeituhr einstellen.
- Falls erforderlich, Diebstahlcode für Radio eingeben.

Speziell Reihen-6-Zylinder-Motor:

- Thermostatdeckel abschrauben und mit angeschlossenen Schläuchen zur Seite legen. Kühlmittelregler herausnehmen.
- Kühlmittelregler mit neuem Dichtring in das Gehäuse einsetzen. **Achtung:** Beim Einfüllen des Kühlmittels wird das Kühlsystem über ein Kugelventil am Kühlmittelregler entlüftet. Daher Kühlmittelregler so einsetzen, daß sich das Kugelventil an der höchsten Stelle befindet.
- Deckel aufsetzen und mit **10 Nm** anschrauben.

Lüfterhaube aus- und einbauen

Ausbau

- Visco-Lüfterkupplung ausbauen.

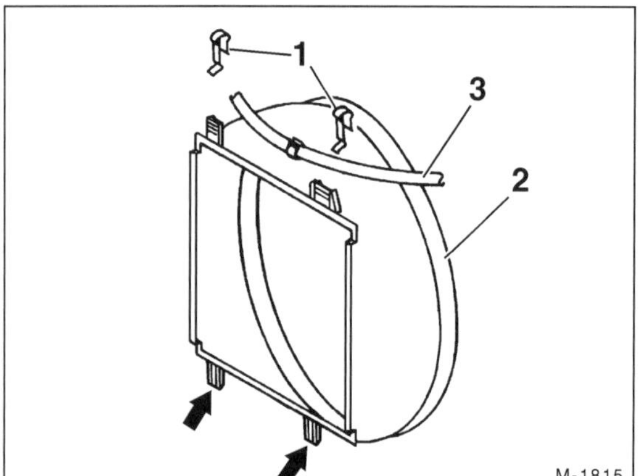

M-1815

- Kühlmittelschlauch –3– an der Lüfterhaube –2– ausclipsen.
- Halteklammern –1– abziehen.
- Lüfterhaube –2– mit den Haltenasen –Pfeile– nach oben aus den Aufnahmen am Kühler herausziehen.

Einbau

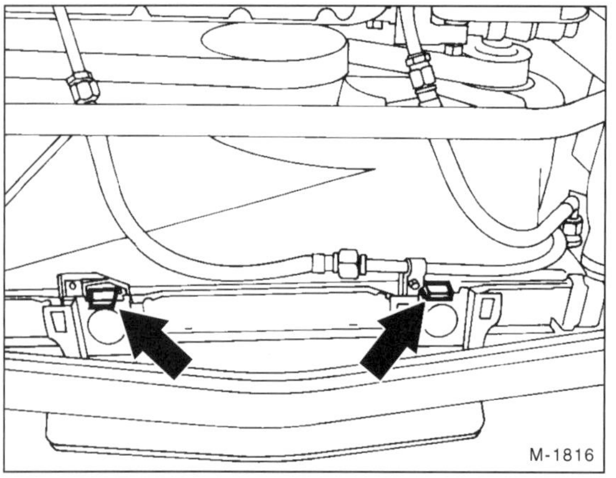
M-1816

- Lüfterhaube mit den Haltelaschen –Pfeile– in die Aufnahmen am Kühler einsetzen. Die Anzahl der Haltelaschen kann je nach Modell unterschiedlich sein.

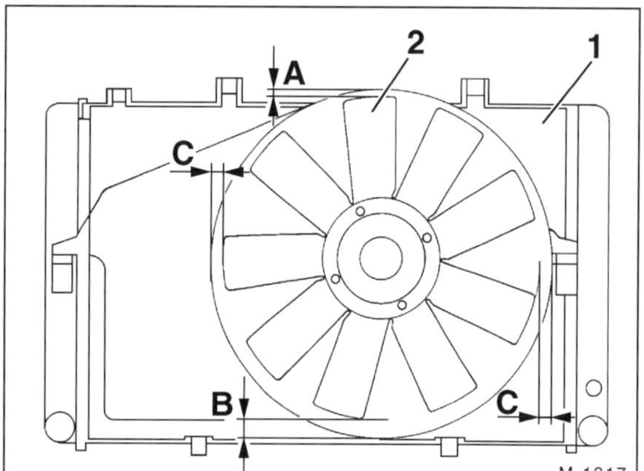

M-1817

- Lüfterhaube –1– zu Lüfter –2– entsprechend den angegebenen Maßen ausrichten:
  A: 22 – 25 mm; B: 25 – 28 mm; C: 17 – 23 mm.
- Haltefedern aufdrücken.
- Kühlmittelschlauch einhängen.

Speziell Reihen-6-Zylinder-Motor:

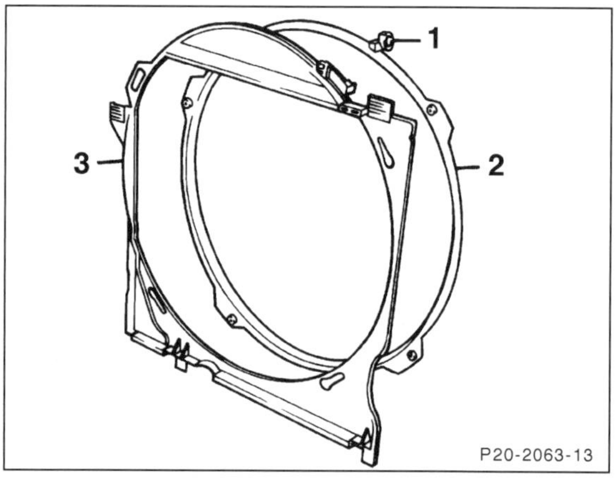

P20-2063-13

- Um den Lüfterhaubenring –2– auszubauen, Arretierstift –1– herausziehen. Ring nach links drehen und über den Lüfter legen.
- Lüfterhaubenring an Abdeckung –3– ansetzen und nach rechts drehen, bis der Arretierstift eingesetzt werden kann.
- Lüfterhaube –1– zu Lüfter –2– entsprechend der folgenden Maßen ausrichten (Abbildung M-1817):
  A = 1 – 22 mm; B = 28 – 31 mm; C = 17 – 23 mm.

Visco-Lüfterkupplung aus- und einbauen

4-Zylinder-Motor mit Klimaanlage und Klimatisierungsautomatik bis 8/96;
4-Zylinder-Motor mit Heizungsautomatik;
6-/8-Zylinder-Motor.

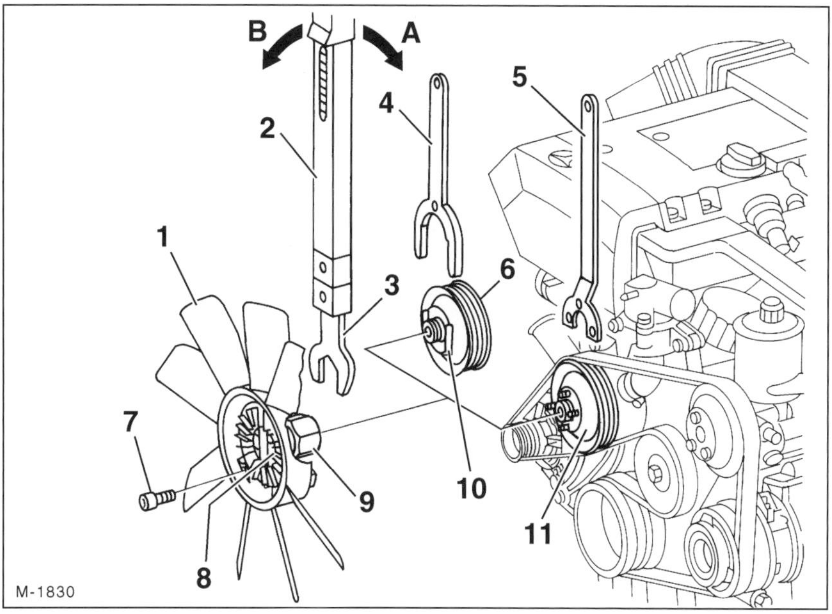

1 – **Lüfter**
2 – **Drehmomentschlüssel**
3 – **Maulschlüssel-Einsatz**
4 – **Gegenhalter bei Riemenscheibe mit Halteblech**
5 – **Gegenhalter bei Riemenscheibe mit Innensechskantschrauben** Der Gegenhalter wird mit seinen 3 Bohrungen (∅ = 10,5 mm, 8-Zylinder-Motor: ∅ = 11,5 mm) auf die Schraubenköpfe der Riemenscheibe gesetzt.
6 – **Riemenscheibe**
7 – **Schraube M6x14, 10 Nm**
8 – **Visco-Kupplung**
9 – **Überwurfmutter**
10 – **Halteblech**
11 – **Riemenscheibe**
A – **Abschrauben**
B – **Anschrauben**

Die Abbildung zeigt den 4-Zylinder-Motor.

Zuschalt-Temperatur für Visco-Lüfterkupplung: 92 – 100° C. Sicherheitsabschaltung der Visco-Lüfterkupplung bei einer Motordrehzahl von 4500/min. Die Lüfterdrehzahl liegt dann bei etwa 3420/min.

Ausbau 4-/8-Zylinder-Motor

- Überwurfmutter mit Maulschlüssel abschrauben, dabei Riemenscheibe der Kühlmittelpumpe mit Gegenhalter festhalten. **Achtung:** Die Mutter hat **Linksgewinde**. Daher Mutter zum Lösen rechtsherum drehen.
- Visco-Kupplung mit Lüfter herausnehmen.
- 3 Befestigungsschrauben herausdrehen und Lüfter von der Lüfterkupplung trennen.

Einbau

- Lüfterkupplung in den Lüfter einsetzen. **Achtung:** Durch die angegossene Rippe wird die richtige Einbaulage des Lüfters bestimmt.
- Visco-Kupplung mit **10 Nm** an den Lüfter anschrauben.
- Visco-Kupplung mit Lüfter einsetzen und mit **40 Nm** anschrauben. Dazu wird ein Drehmomentschlüssel mit Maulschlüsseleinsatz benötigt. **Achtung:** Die Mutter hat **Linksgewinde**. Daher Mutter zum Festziehen linksherum drehen.

Speziell Reihen-6-Zylinder-Motor:

Ausbau

- Lüfterhaube ausbauen, siehe entsprechendes Kapitel.

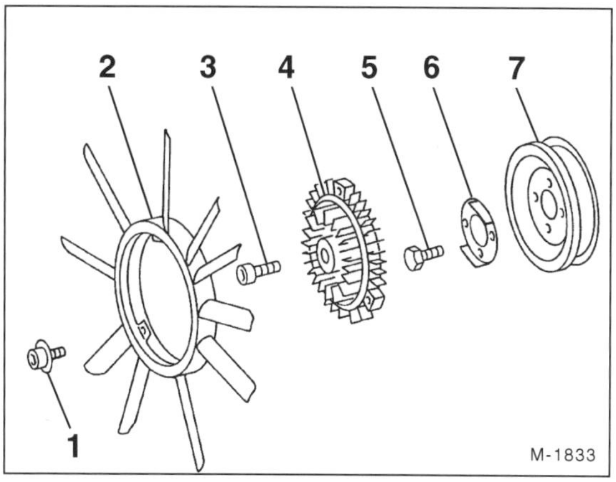

1 – Schraube, 10 Nm
2 – Lüfterrad
3 – Schraube, 45 Nm
4 – Visco-Kupplung
5 – Schraube, 15 Nm
6 – Scheibe
7 – Riemenscheibe

- Visco-Lüfterkupplung –4– mit Schraube –3– abschrauben. Dabei Riemenscheibe –7– mit einem selbstangefertigten Schlüssel (–4– in Abbildung M-1830) an den Abflachungen der Scheibe –6– gegenhalten.
- Lüfter mit Visco-Kupplung herausnehmen.

Einbau

- Lüfterkupplung einsetzen und mit **45 Nm** anschrauben, dabei Riemenscheibe gegenhalten. **Hinweis:** Durch eine eingegossene Rippe ist die Montage des Lüfters nur einseitig möglich.
- Lüfterhaube einbauen, siehe entsprechendes Kapitel.

Speziell V6-Zylinder-Motor:

Achtung: Der Aus- und Einbau erfolgt auf die gleiche Weise wie beim 4-Zylinder-Motor. Allerdings hat die überwurfmutter **Rechtsgewinde.** Zum Lösen Mutter daher linksherum drehen.

Anzugsdrehmoment der Überwurfmutter: **45 Nm.**

Kühler aus- und einbauen

Nach längerer Laufzeit des Fahrzeuges können sich die dünnen Kanäle im Kühler durch Rückstände im Kühlmittel und Kalkablagerungen zusetzen. Dadurch läßt die Kühlleistung stark nach und der Motor wird zu warm. In diesem Fall hilft nur der Einbau eines neuen Kühlers.

Beschrieben wird der Ausbau beim 2,0-/2,3-l-Motor. Hinweise für die anderen Motoren stehen am Ende des Kapitels.

Ausbau

- Batterie-Massekabel (–) bei ausgeschalteter Zündung abklemmen. **Achtung:** Dadurch werden elektronische Speicher gelöscht, wie zum Beispiel der Radiocode. Deshalb Hinweise im Kapitel »Batterie aus- und einbauen« durchlesen.
- Motorraumverkleidung unten ausbauen, siehe Seite 20
- Kühlmittel ablassen, siehe entsprechendes Kapitel.
- Visco-Lüfterkupplung ausbauen, siehe entsprechendes Kapitel.
- Lüfterhaube ausbauen, siehe entsprechendes Kapitel.
- Falls vorhanden, elektrischen Lüfter mit Luftführungsgehäuse ausbauen.

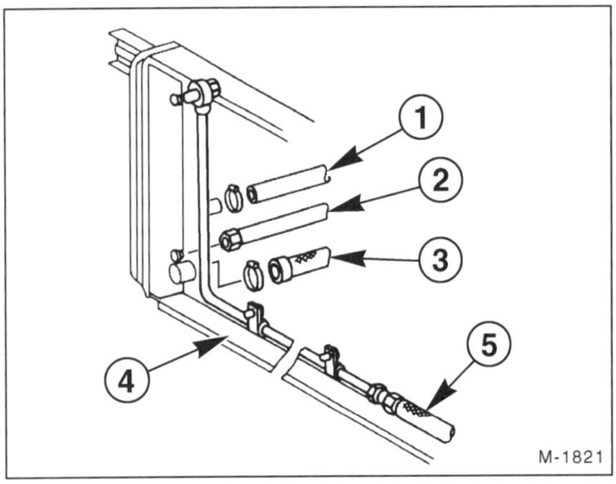

M-1821

- Kühlmittelschläuche –1– und –3– vom Kühler abziehen. Vorher Schlauchschelle öffnen und ganz zurückschieben.
- **Automatikgetriebe:** Ölleitungen –2/5– vom und zum Getriebe mit geeigneten Klammern abklemmen und am Kühler –4– abschrauben. Dabei auf peinliche Sauberkeit achten, Anschlüsse vor dem Abnehmen äußerlich mit Spiritus reinigen. Anschließend kleine Plastiktüten mit Gummiringen auf die Leitungen schieben, damit kein Schmutz eindringen kann.
- Ansaugluftthutze ausbauen.
- **Klimaanlage:** Lüftergitter vorn am vorderen Querträger ausclipsen und herausnehmen. Dazu die beiden Clips mit Kreuzschlitzschraubendreher oder mit den Fingern um 90° nach links drehen.

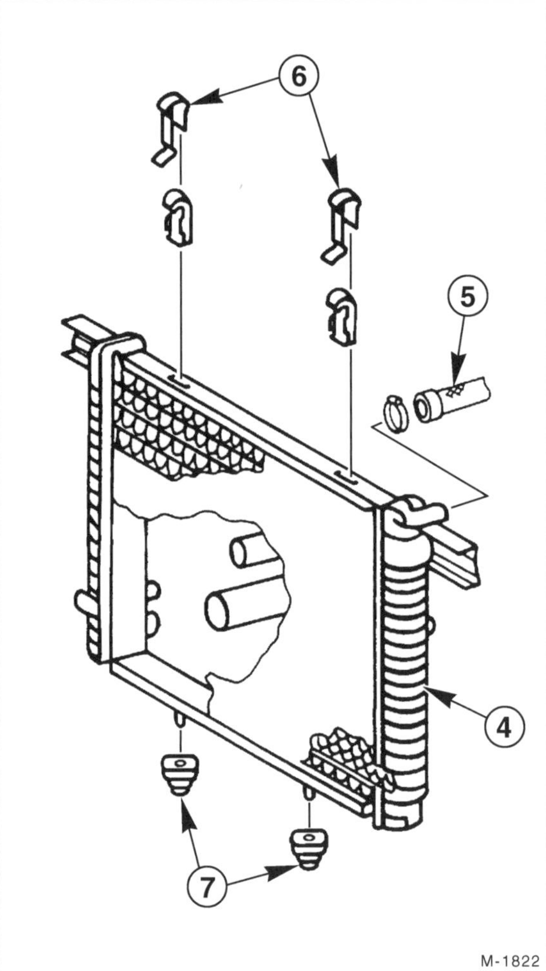

M-1822

- Kühlmittelschlauch –5– vom Kühler –4– abziehen, vorher Schelle lösen und ganz zurückschieben.
- Haltefedern –6– nach oben herausziehen.
- **Klimaanlage:** Vorderen Querträger mit 5 Schrauben abschrauben. Motorhaubenzug am Querträger aushängen und Querträger herausnehmen.

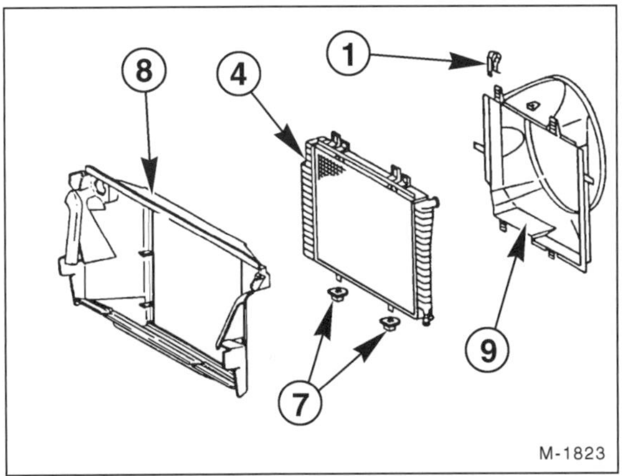

1 – Halteklammer für Lüfterhaube
4 – Kühler
7 – Gummilager für Kühler
8 – Luftführung
9 – Lüfterhaube

- Luftführung aus den Halterungen am Kühler aushängen.

Sicherheitshinweis:
Der Kältemittelkreislauf der Klimaanlage darf nicht geöffnet werden. Das Kältemittel kann bei Hautberührung zu Erfrierungen führen.

- **Klimaanlage:** Kondensator vom Kühler abschrauben und mit angeschlossenen Leitungen aufhängen.
- Kühler nach oben herausheben.

Einbau

- Sämtliche Kühlmittelschläuche auf Einschnitte, Risse und sonstige Beschädigungen überprüfen und, falls erforderlich, auswechseln. Gummitüllen –7– der Kühlerhalterung auf einwandfreien Zustand prüfen.
- Kühler von oben so einsetzen, daß die Befestigungszapfen des Kühlers in die Gummitüllen –7– in der unteren Quertraverse eingreifen.
- Luftführung am Kühler einhängen.

Klimaanlage:

- Kondensator am Kühler anschrauben.
- Vorderen Querträger einsetzen.
- Querträger mit 5 Schrauben anschrauben.
- Motorhaubenzug am einhängen.

- Ansauglufthutze einbauen.
- Haltefedern oben für Kühler aufstecken.
- Kühlmittelschläuche am Kühler aufschieben und mit Schellen sichern.
- Falls abgebaut, Ölkühlerschläuche mit Überwurfmuttern und **20 Nm** festschrauben, Klammern entfernen.
- **Klimaanlage:** Lüftergitter ansetzen. Die beiden Clips in die Bohrungen einsetzen und um 90° nach rechts drehen.
- Falls ausgebaut, Lüfterhaube einbauen.
- Falls ausgebaut, Visco-Lüfterkupplung einbauen.
- Falls ausgebaut, elektrischen Lüfter mit Luftführungsgehäuse einbauen.
- Kühlmittel auffüllen, siehe entsprechendes Kapitel.
- Batterie-Massekabel (–) anklemmen.
- Motor warmlaufen lassen und Schlauchanschlüsse auf Dichtheit prüfen.
- Kühlmittelstand kontrollieren, gegebenenfalls Kühlmittel nachfüllen.
- **Automatikgetriebe:** Ölstand im Getriebe prüfen.
- Zeituhr einstellen.
- Falls erforderlich, Diebstahlcode für Radio eingeben.

Speziell Reihen-6-Zylinder-Motor:

Hinweis: Visco-Lüfterkupplung nur bei Fahrzeugen mit automatischem Getriebe ausbauen.

- Kühlmittelschlauch –1– vom Kühler abziehen. Vorher Schlauchschelle öffnen und ganz zurückschieben, siehe Abbildung M-1821.
- Lüftergitter vorn am vorderen Querträger ausclipsen und herausnehmen. Dazu die beiden Clips mit Kreuzschlitzschraubendreher oder mit den Fingern um 90° nach links drehen.
- Vorderen Querträger mit 5 Schrauben abschrauben.
- Motorhaubenzug am Querträger aushängen und Querträger herausnehmen.

Kühlmittelpumpe aus- und einbauen

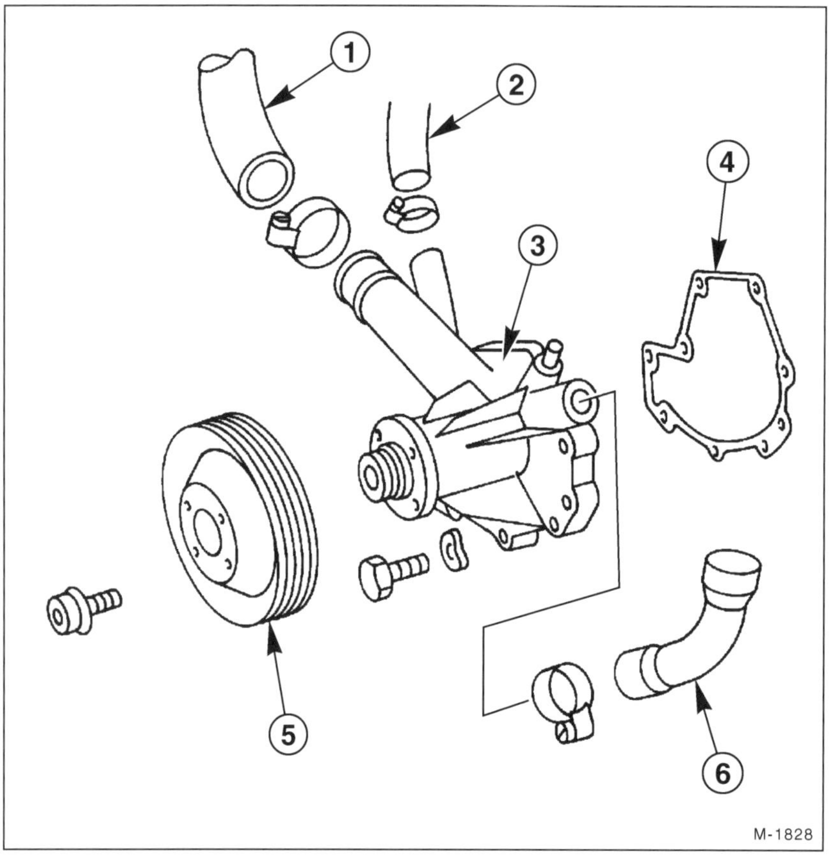

1 – Kühlmittelschlauch

2 – Kühlmittelschlauch

3 – Kühlmittelpumpe
Die Pumpe beim 2,3-l-Kompressormotor ist um 29,5 mm länger als bei den anderen Motoren.

4 – Papierdichtung

5 – Riemenscheibe

6 – Kühlmittelschlauch

Ausbau

- Visco-Lüfterkupplung ausbauen.
- Kühlmittel ablassen und auffangen.
- 3 Kühlmittelschläuche an der Kühlmittelpumpe abziehen. Vorher Schellen ganz öffnen und zurückschieben.
- Schrauben für Kühlmittelpumpen-Riemenscheibe lösen, nicht abschrauben.
- Keilrippenriemen ausbauen, siehe Seite 48
- Kühlmittelpumpen-Riemenscheibe abschrauben und herausnehmen.

Achtung: Die Kühlmittelpumpe ist mit unterschiedlichen Schrauben befestigt. Beim Herausschrauben Schrauben und Bohrungen mit Filzstift markieren, damit die Schrauben wieder an der derselben Stelle eingesetzt werden können.

- Kühlmittelpumpe abschrauben und herausnehmen.
- Dichtflächen an Pumpengehäuse und Steuergehäusedeckel sorgfältig reinigen.

Einbau

Achtung: Werkseitig ist die Kühlmittelpumpe mit Flüssigdichtmittel abgedichtet. Beim Einbau kann eine Papierdichtung oder Flüssigdichtmittel, zum Beispiel »Omnifit FD 3041«, verwendet werden. Dabei Dichtflächen an der Kühlmittelpumpe gleichmäßig und möglichst dünn mit Dichtmittel bestreichen.

- Dichtfläche der Kühlmittelpumpe mit Dichtmittel bestreichen oder Kühlmittelpumpe mit **neuer** Papierdichtung ansetzen und festschrauben. Dabei Schrauben entsprechend der angebrachten Markierungen beim Ausbau einsetzen.
  Anzugsdrehmoment: M6-Schrauben: **10 Nm;**
  M8-Schrauben: **25 Nm.**
- Kühlmittelpumpen-Riemenscheibe anschrauben.
- Keilrippenriemen einbauen, siehe Seite 48
- Schrauben für Kühlmittelpumpen-Riemenscheibe mit **10 Nm** festziehen.
- Sämtliche Kühlmittelschläuche aufschieben und mit Schellen sichern.
- Visco-Lüfterkupplung einbauen.
- Kühlmittel auffüllen.

Speziell Reihen-6-Zylinder-Motor:

- Keilrippenriemen ausbauen, siehe Seite 48
- Lenkhilfpumpe abschrauben und mit angeschlossenen Leitungen zur Seite schwenken.
- Motorabdeckung vorn oben ausbauen.
- Elektrische Steckverbindungen an der Kühlmittelpumpe abziehen.
- Heizungsrücklaufrohr von der Kühlmittelpumpe und Lagerbock für Visco-Kupplung abschrauben.
- Kühlmittelleitung zum Ölkühler abschrauben.
- Kühlmittelpumpe mit 4 Schrauben vom Motorblock abschrauben und mit Leckwasserschlauch herausnehmen.
- Kühlmittelpumpe mit neuem Dichtring ansetzen, dabei Leckwasserleitung in Kombiträger einführen. **Achtung:** Die Kühlmittelpumpe wird durch 2 Paßhülsen (vorn oben und unten) geführt.
- Kühlmittelpumpe mit **20 Nm** festziehen.

Hinweis: Die Bohrungen für die beiden hinteren Schrauben sind schwer zugänglich, daher Schrauben mit einem Stabmagneten einsetzen.

Dichtringe für Kühlmittelleitung zum Ölkühler und Heizungsrücklaufrohr grundsätzlich erneuern.

Speziell V6-Zylinder-Motor:

Aus- und Einbau erfolgen prinzipiell gleich wie beim 4-Zylinder-Motor.

- Dichtfläche von Kühlmittelpumpe und Motorblock mit geeignetem Schaber reingen.
- Kühlmittelpumpe mit **neuer** Papierdichtung ansetzen und festschrauben. Dabei Schrauben entsprechend der angebrachten Markierungen beim Ausbau einsetzen.
  Anzugsdrehmoment: M6-Schrauben: **10 Nm;**
  M8-Schrauben: **20 Nm.**

Störungsdiagnose Motor-Kühlung

Störung: Die Kühlmitteltemperatur ist zu hoch, Anzeige steht im roten Bereich.

Ursache	Abhilfe
Zu wenig Kühlmittel im Kreislauf.	■ Ausgleichbehälter muß bis zur Markierung voll sein, siehe Kapitel »Kühlmittel auffüllen«. Kühlsystem auf Dichtheit prüfen.
Kühlmittelregler (Thermostat) öffnet nicht.	■ Prüfen, ob oberer Kühlmittelschlauch am Kühler warm wird. Wenn nicht, Regler ausbauen und prüfen, ggf. ersetzen.
Kühlmittelpumpe defekt.	■ Kühlmittelpumpe ausbauen und überprüfen.
Geber für Kühlmitteltemperaturanzeige defekt.	■ Geber überprüfen.
Kühlmitteltemperaturanzeige defekt.	■ Anzeigegerät überprüfen lassen.
Kühler-Verschlußdeckel defekt.	■ Kühlsystem prüfen, Druckprüfung des Verschlußdeckels durchführen.
Kühlerlamellen verschmutzt.	■ Kühler ausbauen und von der Motorseite her mit Preßluft durchblasen.
Kühler innen durch Kalkablagerungen oder Korrosion zugesetzt. Kühler wird nur im oberen Teil warm, unterer Kühlmittelschlauch vom Kühler wird nicht warm.	■ Kühler erneuern.
Kühler-Lüfter läuft nicht mit erhöhter Drehzahl, Bimetallstreifen der Visco-Kupplung defekt.	■ Bei einer Kühlmitteltemperatur von ca. +90° bis +95° C Motor mit 4.000 – 5.000/min laufen lassen, dabei muß die Drehzahl des Lüfters deutlich ansteigen. Andernfalls Lüfterkupplung prüfen, gegebenenfalls Bimetallstreifen ersetzen.

Störungsdiagnose Kühlmittelstandanzeige

Störung	Ursache	Abhilfe
Kontrollampe leuchtet bei laufendem Motor und richtigem Kühlmittelstand.	Geber defekt.	■ Mit Ohmmeter prüfen, siehe Kapitel »Elektrische Anlage«. Gegebenenfalls Geber ersetzen.
	Masseschluß in elektrischer Leitung. zum Geber	■ Elektrische Leitungen prüfen, siehe Kapitel »Elektrische Anlage«.
	Anzeigeinstrument defekt.	■ Ersetzen.
Kontrollampe leuchtet nicht beim Einschalten der Zündung.	Lampe defekt.	■ Ausbauen und prüfen.
	Leitungsunterbrechung.	■ Elektrische Leitungen prüfen, siehe Kapitel »Elektrische Anlage«.
	Anzeigeinstrument defekt.	■ Ersetzen.
Kontrollampe leuchtet bei laufendem Motor und leerem Ausgleichbehälter nicht.	Geber defekt.	■ Mit Ohmmeter prüfen, siehe Kapitel »Elektrische Anlage«. Gegebenenfalls Geber ersetzen.
	Leitungsunterbrechung zum Geber	■ Elektrische Leitungen prüfen, siehe Kapitel »Elektrische Anlage«.

Zündung/Zündkerzen

Die Zündanlage erzeugt den Zündfunken, der das angesaugte Kraftstoffluftgemisch in Brand setzt. Um einen kräftigen Zündfunken erzeugen zu können, wird in den Zündspulen die Batteriespannung von 12 Volt auf über 30.000 Volt umgeformt.

Die Benzinmotoren der C-Klasse verfügen über eine ruhende Hochspannungs-Zündverteilung, die sogenannte Direktzündung. In der Zündanlage sind keine beweglichen Teile vorhanden, der herkömmliche Zündverteiler mit Verteilerläufer entfällt. Es verschleißen dadurch keine Teile mehr und die Betriebssicherheit wird erhöht. Ausgelöst werden die in den Zündspulen indizierten Zündfunken direkt durch das Motor-Steuergerät. Um die Startsicherheit zu verbessern, werden beim Kaltstart mehrere Zündfunken pro Arbeitstakt erzeugt (sogenannte Funkenbandzündung).

Bei den 4- und 6-Zylinder-Reihenmotoren erhalten jeweils 2 Zylinder den Zündfunken von einer gemeinsamen Zündspule. Dabei zündet der eine Zündfunke das Gemisch im Zylinder, während der andere Zündfunke in den Auspufftakt des korrespondierenden Zylinders zündet. Beim V6-Motor sind pro Zylinder 2 Zündkerzen und eine Doppel-Zündspule eingebaut. Im V8-Motor ist für jede Zündkerze eine Zündspule vorhanden.

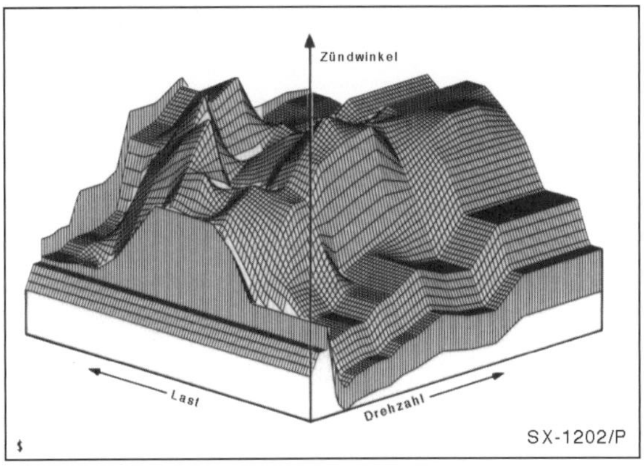

Zur Ermittlung des richtigen Zündzeitpunktes stützt sich das Steuergerät auf ein elektronisch gespeichertes Zündkennfeld. Dadurch läßt sich die Zündanlage leichter an unterschiedliche Betriebsbedingungen, zum Beispiel andere Kraftstoffqualität, anpassen.

Eine Antiklopfregelung ermöglicht bei Motoren ab 2,2 l Hubraum den wirtschaftlichen Betrieb mit hoher Verdichtung und gleicht unterschiedliche Kraftstoffqualitäten aus. Beim 4-Zylinder-Motor sitzt 1 und beim 6- und 8-Zylinder-Motor sitzen 2 Klopfsensoren am Motorblock. Sie registrieren klopfende Verbrennungen im Motor und beeinflussen durch entsprechende Impulse das Motor-Steuergerät, die Zündung in Richtung »spät« zu verstellen. Dadurch wird das Klopfen des Motors verhindert und Motorschäden werden vermieden.

Wenn beim 1,8-/2,0-l-Motor bis 5/97 vorübergehend nur Benzin geringerer Güte zur Verfügung steht, muß über einen Abgleichstecker im Motorraum die Zündung auf ein anderes Kennfeld umgestellt werden.

Bei Arbeiten an der elektronischen Zündanlage sind bestimmte Punkte zu beachten, um Verletzungen von Personen oder die Zerstörung der Zündanlage zu vermeiden.

Sicherheitsmaßnahmen zur elektronischen Zündanlage

Bei elektronischen Zündanlagen beträgt die Zündspannung bis zu 30 kV (Kilovolt). Unter ungünstigen Umständen, zum Beispiel bei Feuchtigkeit im Motorraum, können Spannungsspitzen die Isolation durchschlagen. Werden dann Teile der Zündanlage berührt, kann dies zu Elektroschocks führen.

Um Verletzungen von Personen und/oder die Zerstörung der elektronischen Zündanlage zu vermeiden, ist bei Arbeiten an Fahrzeugen mit elektronischer Zündanlage folgendes zu beachten:

- Zündkabel nicht bei laufendem Motor bzw. bei Anlaßdrehzahl mit der Hand berühren bzw. abziehen.
- Leitungen der Zündanlage, insbesondere Mehrfachstecker für Motor-Steuergerät, nur bei ausgeschalteter Zündung abklemmen.
- Jeder Hochspannungskreis muß mit mindestens 2 kΩ belastet werden, das heißt beim Einschalten der Zündung müssen die Kerzenstecker eingebaut sein.
- Das An- und Abklemmen von Meßgeräteleitungen (Drehzahlmesser/Zündungstester) nur bei ausgeschalteter Zündung vornehmen.
- An Klemme 1 (–) und 15 (+) der Zündspulen dürfen keine Prüflampe angeschlossen werden.

- Ist bei einer Pannenhilfe die Prüfung des Zündfunken notwendig, darf diese nur mit einer Zündkerze an einem Zylinder durchgeführt werden. Dabei guten Massekontakt der Zündkerze sicherstellen. Kerzenstecker beziehungsweise Zündkabel nicht mit der Hand, sondern mit einer gut isolierten Zange gegen Masse (z. B. Motorblock) halten.
- Vor Arbeiten mit Anlasserdrehzahl, z. B. Kompressionsdruck prüfen, Zündung ausschalten und Stecker –A– am HFM-Steuergerät beziehungsweise Positionsgeber für Kurbelwelle –L5– am PMS-Steuergerät abziehen, siehe Seite 46.
- Die Primäranschlüsse führen Spannungen bis 400 Volt! Daher muß der Halter/Kernpaket immer mit Fahrzeugmasse verbunden sein.
- Bei Elektroschweißen Batterie vom Bordnetz abklemmen.
- Motorwäsche nur bei ausgeschalteter Zündung durchführen.
- Personen mit einem Herzschrittmacher sollen keine Arbeiten an der elektronischen Zündanlage durchführen.

Zündspulen aus- und einbauen

Bei den 4- und 6-Zylinder-Reihenmotoren erhalten jeweils 2 Zylinder den Zündfunken von einer gemeinsamen Zündspule. Dabei zündet der eine Zündfunke das Gemisch im Zylinder, während der andere Zündfunke in den Auspufftakt des korrespondierenden Zylinders zündet. Beim V6-Motor sind pro Zylinder 2 Zündkerzen und eine Doppel-Zündspule eingebaut. Im V8-Motor ist für jede Zündkerze eine Zündspule vorhanden.

Ausbau 4-Zylinder-Motor

- Zündung ausschalten.
- Luftfilter-Querrohr ausbauen.

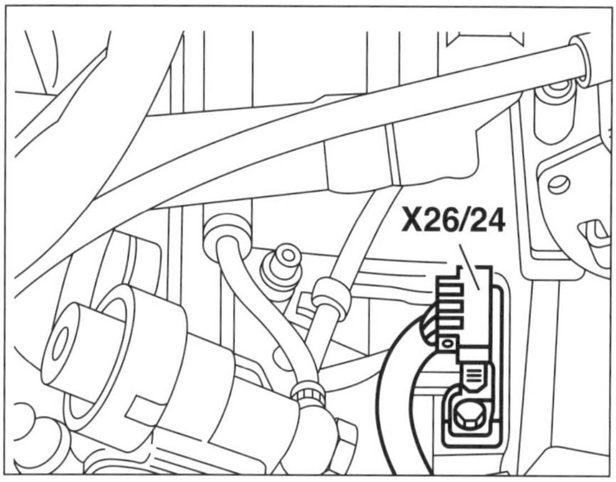

- Steckverbindung zwischen Motor/Zündspulen –X26/24– trennen.
- Scheibenwaschbehälter herausnehmen und zur Seite legen.
- Saugrohrstütze abschrauben, siehe Seite 84.
- Falls vorhanden, Tempomat-Gestänge aushängen.

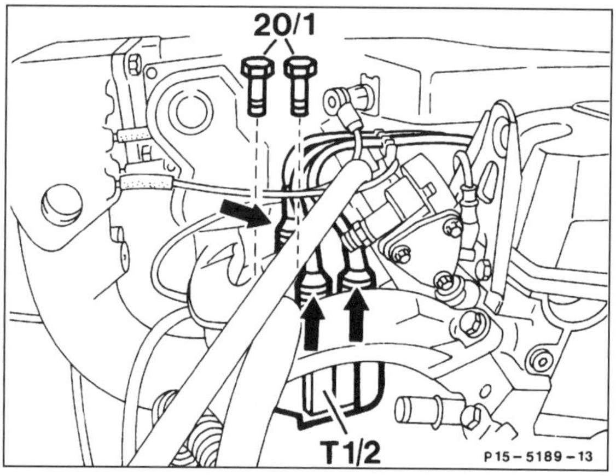

- Zündleitungen –Pfeile– an den Zündspulen abziehen. Schrauben –20/1– für Zündspulen herausdrehen.

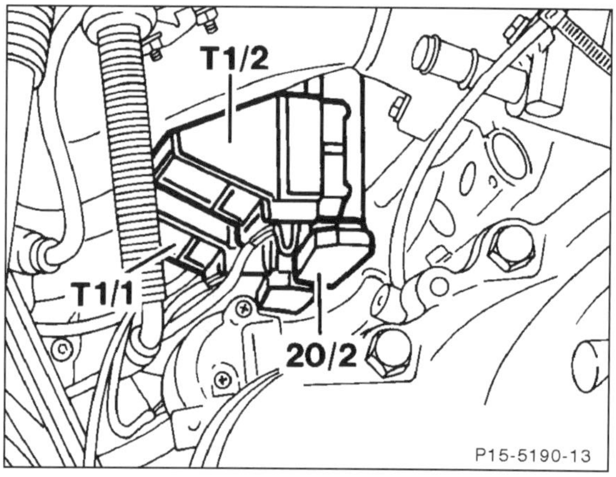

- Abdeckungen –20/2– an den Zündspulen-Unterseiten aufklappen. Kabel an Klemmen 15 und 1 mit Tesaband markieren und abschrauben.
- Zündspulen –T1/1– und –T1/2– herausnehmen. **Achtung:** Die Primäranschlüsse führen Spannungen bis 400 Volt! Daher muß der Halter/Kernpaket immer mit Fahrzeugmasse verbunden sein.

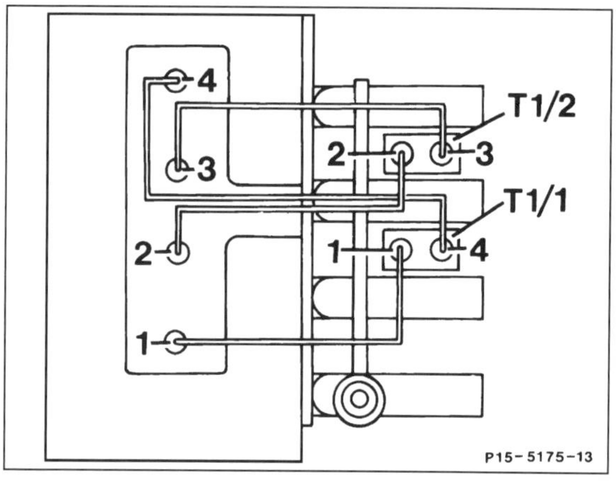

- Zündspulen in umgekehrter Ausbaureihenfolge einbauen. Die Abbildung zeigt das Anschlußschema. Jeweils eine Zündspule versorgt 2 Zündkerzen.

Ausbau Reihen-6-Zylinder-Motor

- Luftfilter-Querrohr ausbauen, dazu Schlauchschellen lösen.
- Zündkerzenabdeckung abschrauben.

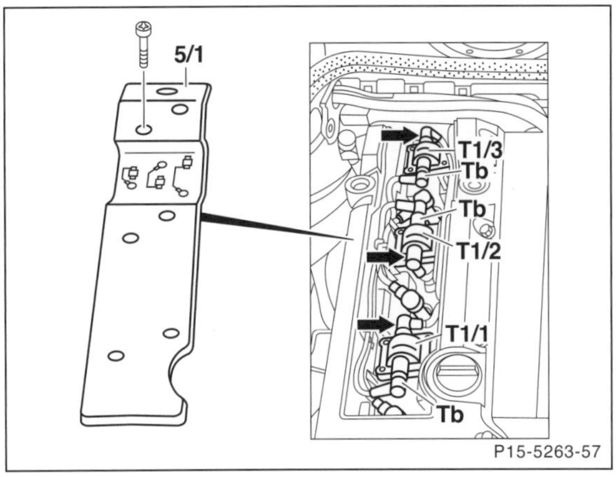

- Zündkerzenabdeckung –5/1– abschrauben.
- Stecker für Steuerleitungen an den Zündspulen abziehen –Pfeile–.
- Stecker der Zündleitungen am Sekundärausgang –Tb– abziehen.

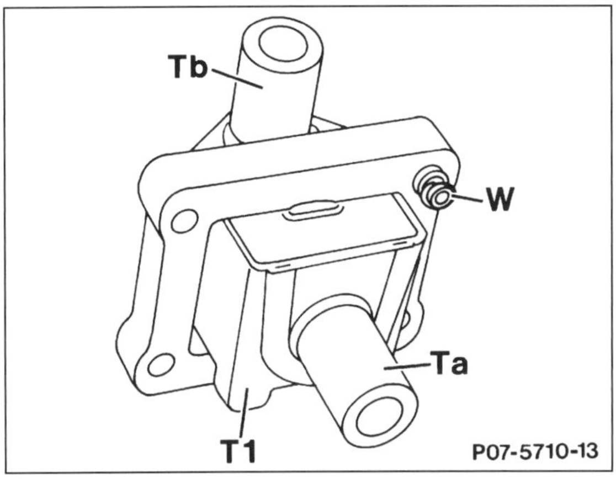

Hinweis: Die Zündspulen –T1– sind mit einem Zündkerzenstecker über –Ta– direkt auf eine Zündkerze aufgesteckt. –Tb– führt über eine Zündleitung zur korrespondierenden Zündkerze, siehe folgende Abbildung. Führungsstift –W– ist gleichzeitig der Masseanschluß für die Zündspule.

- Zündspule nach oben abziehen. **Achtung:** Die Primäranschlüsse führen Spannungen bis 400 Volt! Daher muß der Halter/Kernpaket immer mit Fahrzeugmasse verbunden sein.
- Der Einbau erfolgt in umgekehrter Ausbaureihenfolge.

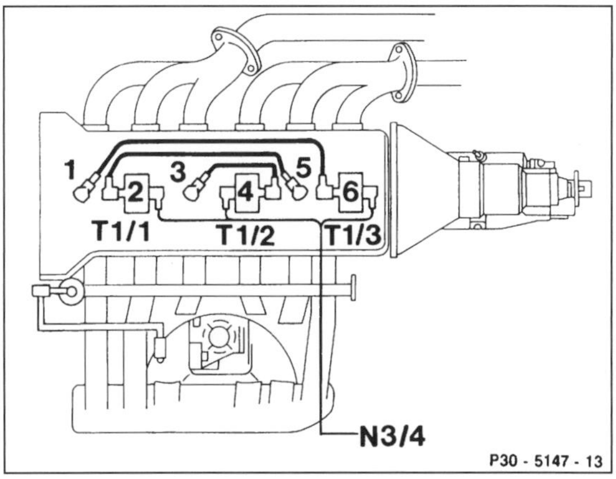

- Die Abbildung zeigt das Anschlußschema der Zündspulen/Zündkerzen. Jeweils eine Zündspule versorgt 2 Zündkerzen mit Hochspannung.

Ausbau V6-Motor

- Zündung ausschalten.
- Heißfilm-Luftmassenmesser mit Ansaugrohr ausbauen, siehe Seite 91.

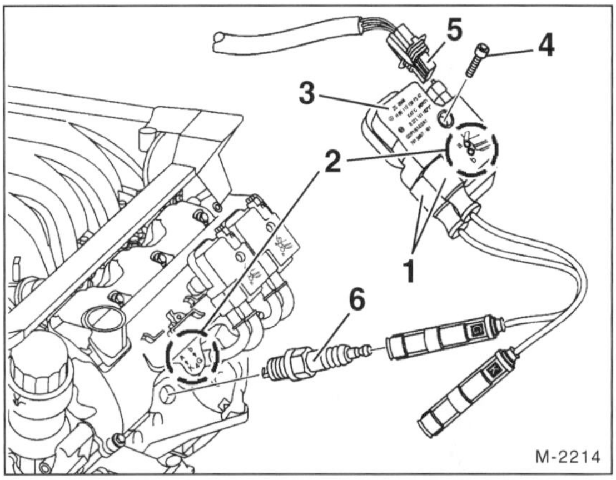

- Beide Zündkabelstecker –1– an der Zündspule –3– abziehen. Dabei Einbaulage für Wiedereinbau beachten. Die Einbaulage ist auf der Zündspule und am Motor gekennzeichnet –2–, die Kerzenstecker sind beschriftet, da für jeden Zylinder 2 Zündkerzen vorhanden sind. Anschluß –a– an der Zündspule führt zu Zündkerzenstecker –K–, –b– zu Kerzenstecker –G–. 6 – Zündkerze.
- Stecker für Steuerleitung –5– an der Zündspule abziehen.
- Schraube –4– abschrauben und Zündspule abnehmen.

Einbau

- Zündspulen aufsetzen und mit 8 Nm anschrauben.
- Stecker für Steuerleitung –5– aufstecken.

- Beide Zündkabelstecker –1– an der Zündspule aufstecken. Dabei Stecker nicht vertauschen, Beschriftung beachten. Anschluß –a– an der Zündspule führt zu Zündkerzenstecker –K–, –b– zu Kerzenstecker –G–.
- Heißfilm-Luftmassenmesser mit Ansaugrohr einbauen, siehe Seite 91.

Ausbau V8-Motor

- Zündung ausschalten.

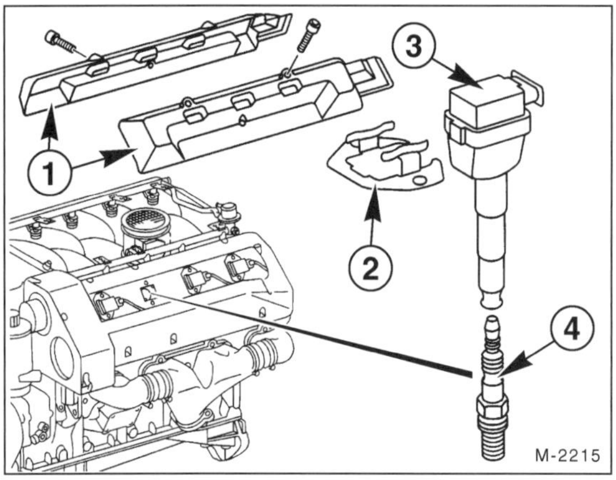

- Motorabdeckungen –1– mit je 2 Schrauben abschrauben.
- Stecker für Steuerleitung seitlich an jeder Zündspule abziehen.
- Befestigungsteil –2– mit 2 Schrauben abschrauben. Zündspulen –3– nach oben von den Zündkerzen –4– abziehen.

Einbau

- Zündspulen auf die Zündkerzen aufstecken und mit Befestigungsteil anschrauben.
- Stecker für Steuerleitung seitlich an jeder Zündspule aufstecken.
- Motorabdeckungen anschrauben.

Zündkerzen aus- und einbauen/prüfen

Die Zündkerzen sind regelmäßig nach dem Wartungsplan zu ersetzen.

Ausbau

Achtung: Zündkerzen nur bei kaltem oder handwarmem Motor wechseln. Wenn die Kerzen bei heißem Motor herausgedreht werden, kann das Kerzengewinde des Leichtmetall-Zylinderkopfes ausreißen.

- Motor mindestens auf Handwärme abkühlen lassen.
- Luftfilter-Querrohr ausbauen, siehe Seite 84.

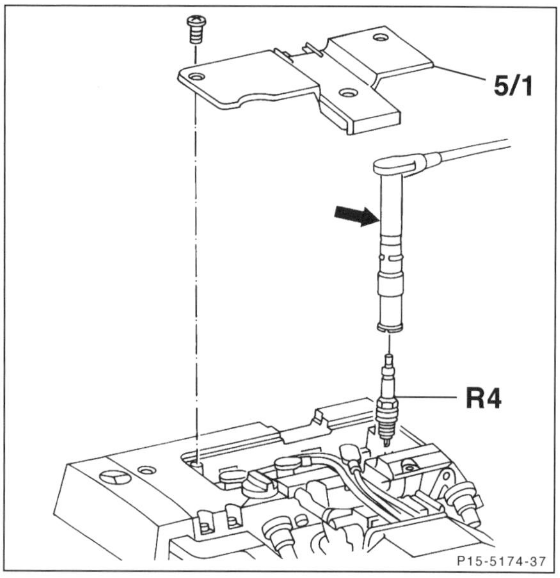

- **4-Zylinder-Motor bis 5/97:** Zündkabel-Abdeckung –5/1– am Zylinderkopfdeckel abschrauben. R4 – Zündkerze.
- Sämtliche Kerzenstecker durch Rechts- und Linksdrehen lösen, dann abziehen. Dabei nur an den Steckern und nicht an den Kabeln ziehen.

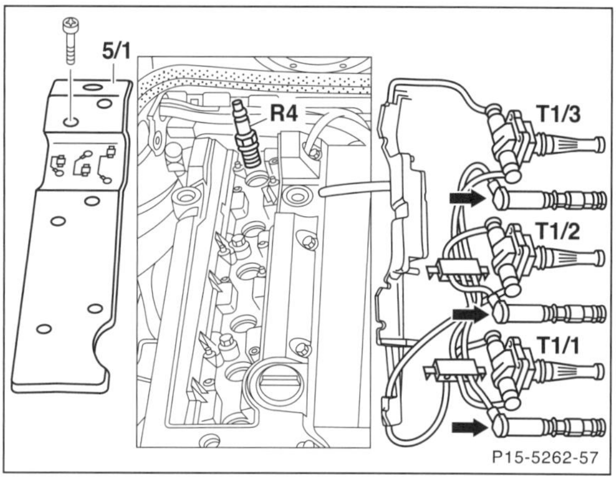

- **Reihen-6-Zylinder-Motor:** Zündkabel-Abdeckung –5/1– am Zylinderkopfdeckel abschrauben. Zündspulen –T1/1 bis T1/3– mit angeschlossenen Steuerleitungen herausnehmen und zur Seite legen, siehe Seite 35.

- **4-Zylinder-Motor ab 6/97 sowie V6-/V8-Motor:** Zündspulen ausbauen, siehe Seite 74.
- Zündkerzen-Nischen, wenn möglich, vorsichtig mit Preßluft ausblasen.
- Zündkerzen mit Zündkerzenschlüssel herausdrehen. Kerzenschlüssel nicht verkanten, sonst kann der Keramikisolator der Zündkerze brechen. Es empfiehlt sich, den speziell auf die MERCEDES-BENZ-Motoren abgestimmten Kerzenschlüssel HAZET 2776 zu verwenden.

Prüfen

- Sieht die Kerze verölt aus, deutet das auf Aussetzen der betreffenden Zündkerze oder schlecht abdichtende Kolbenringe hin (Kompression prüfen).
- Isolatoren der Zündkerzen auf Kriechströme untersuchen. Kriechströme zeigen sich als dünne, unregelmäßige Spuren auf der Oberfläche. Eventuell undichten Zündkerzenstecker austauschen.

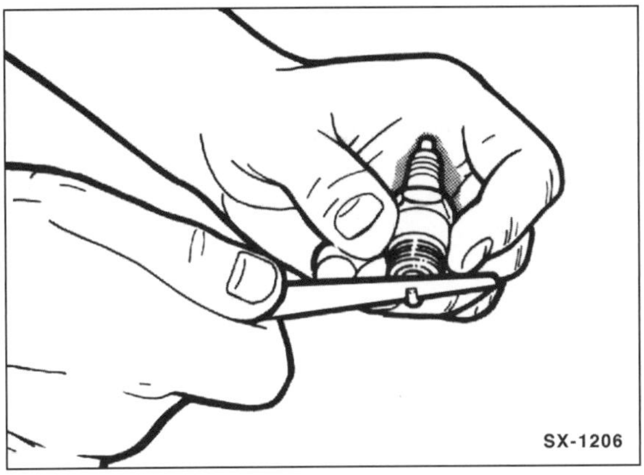

- Elektrodenabstand mit Fühlerblattlehre prüfen. **Sollwert**, siehe Tabelle auf Seite 78.

Hinweis: Bei neuen Zündkerzen ist der Elektrodenabstand in der Regel richtig eingestellt.

- Zum Einstellen des Kontaktabstandes Masse-Elektrode nachbiegen. Dazu seitlich gegen die Masse-Elektrode klopfen. Beim Aufbiegen kleinen Schraubendreher am Gewinderand der Kerze abstützen, keinesfalls jedoch an der Mittel-Elektrode, da diese sonst beschädigt wird.

Einbau

- Gewinde an den Kerzen und im Zylinderkopf reinigen.
- Zündkerzen von Hand bis zur Anlage am Zylinderkopf einschrauben. **Achtung:** Dabei Kerzen nicht verkantet ansetzen. Darauf ist besonders zu achten, weil die Kerzen tief in den Zündkerzenschächten sitzen. Es empfiehlt sich daher, den speziell auf die MERCEDES-BENZ-Motoren abgestimmten Kerzenschlüssel HAZET 2776 zu verwenden.
- Zündkerzen mit **28 Nm** festziehen. **Achtung:** Steht kein Drehmomentschlüssel zur Verfügung, neue Zündkerzen mit Kerzenschlüssel um ca. 90° (¼ Umdrehung) anziehen. Gebrauchte Zündkerzen nur ca. 15° anziehen. Zu fest angezogene Zündkerzen können beim Herausschrauben abreißen oder das Gewinde im Zylinderkopf beschädigen. In diesem Fall Kerzengewinde mit UTC- oder Heli-Coil-Einsätzen reparieren.
- Zündspulen einbauen, siehe Seite 74.
- Kerzenstecker aufstecken. Durch Hin- und Herbewegen festen Sitz der Kerzenstecker und Zündkabel prüfen.
- Zündkabel-Abdeckung am Zylinderkopfdeckel anschrauben. Luftfilter-Querrohr einbauen und mit Schlauchschellen sichern.

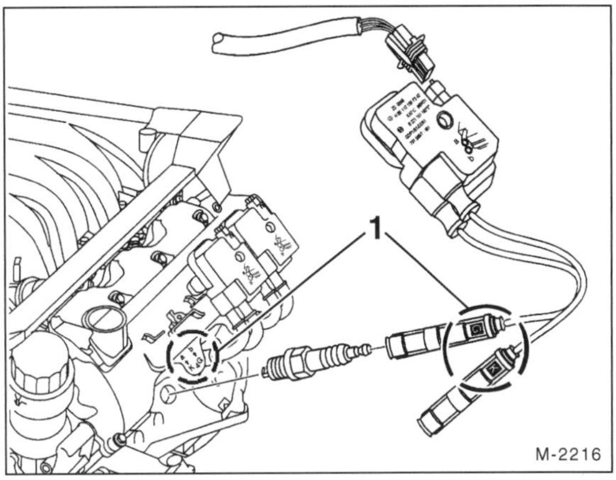

- **V6-Motor:** Für jeden Zylinder sind 2 Zündkerzen vorhanden. Damit die Kerzenstecker nicht vertauscht aufgesteckt werden, sind sie beschriftet, ebenso die Abdeckung am Motor –1–.

Anpassung an die Kraftstoffqualität

Die C-KLASSE-Motoren benötigen normalerweise unverbleiten Superkraftstoff (ROZ 95). Ist die Versorgung mit diesem Kraftstoff nicht gewährleistet, zum Beispiel im Ausland, kann vorübergehend auch unverbleiter Normalkraftstoff (ROZ 91) getankt werden. Die Research-Oktanzahl (ROZ) gibt die Klopffestigkeit des Kraftstoffes an.

Bei allen Motoren, außer **1,8-** und **2,0-l bis 5/97,** wird der Zündzeitpunkt durch das Klopfregelungssystem automatisch an die jeweilige Kraftstoffqualität angepaßt.

Bei den **1,8-** und **2,0-l-Motoren bis 5/97** erfolgt die Anpassung durch Abziehen eines Abgleichsteckers. Die Zündung wird dadurch auf ein anderes Zündkennfeld umgestellt. Dieses neue Zündkennfeld erlaubt den Betrieb mit unverbleiten Normalkraftstoff (ROZ 91).

- Kunststoff-Befestigungsschraube für Scheibenwaschbehälter lösen und Behälter anheben.

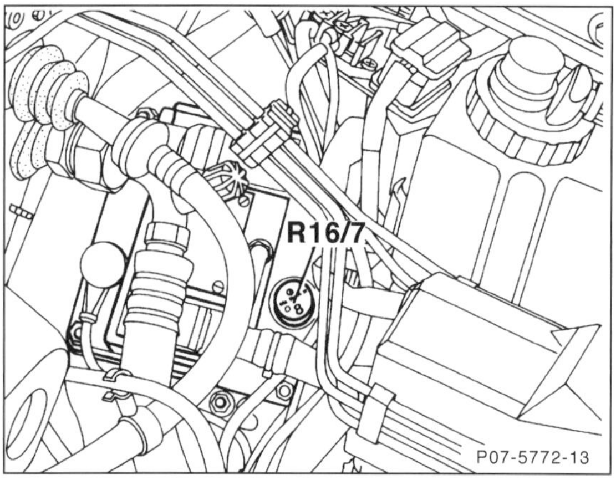

- Abgleichstecker –R16/7– abziehen. Der Abgleichstecker befindet sich neben dem Motor-Steuergerät (PMS).
- Wird wieder Superkraftstoff verwendet, Abgleichstecker aufstecken.

Achtung: Durch Verwendung von Normalkraftstoff kann sich die Leistung verringern und der Kraftstoffverbrauch erhöhen. Vollgas sollte vermieden werden.

Hinweis: Kraftstoff mit höherer Oktanzahl, beispielsweise Super Plus (ROZ 98) kann ohne Umstellungen immer verwendet werden.

Zündkerzentechnik

Die Zündkerze besteht aus der Mittel-Elektrode, dem Isolator mit Gehäuse und der Masse-Elektrode. Die Mittel-Elektrode ist gasdicht im Isolator befestigt, der Isolator ist fest mit dem Gehäuse verbunden. Zwischen Mittel- und Masse-Elektrode springt der Zündfunke über, der das Kraftstoffluftgemisch entzünden soll. Von der Zündkerze hängen Startbereitschaft, Leerlaufverhalten, Beschleunigung und Höchstgeschwindigkeit ab. Man sollte deshalb nicht von dem vom Werk vorgeschriebenen Zündkerzentyp abweichen, der unter anderem von der Wärmewert-Kennzahl bestimmt wird.

Die Wärmewert-Kennzahl gibt den Grad der Wärmebelastbarkeit einer Zündkerze an. Je niedriger die Wärmewert-Kennzahl einer Kerze ist, desto höher ist die Wärmebelastbarkeit. Die Kerze kann also die Wärme besser ableiten, wodurch schädliche Glühzündungen (Motorklopfen) verhindert werden. Eine Kerze mit hoher Wärmebelastbarkeit hat allerdings den Nachteil, daß ihre Selbstreinigungstemperatur ebenfalls höher liegt. Sie neigt daher schneller zum Verrußen, insbesondere dann, wenn der Motor häufig seine Betriebstemperatur während der Fahrt nicht erreicht (Stadtverkehr, Kurzstreckenverkehr im Winter). In der Regel werden »kalte« Zündkerzen bei »heißen« Motoren eingesetzt, also bei Triebwerken denen hohe Motorleistung abgefordert wird. Die Wärmewert-Kennzahl ist im Zündkerzencode enthalten.

Zündkerzenwerte für die C-Klasse-Motoren

Motor	Motortyp	CHAMPION	NGK	BOSCH	BERU	EA *
1,8-l bis 5/97	111.920	C 11 YCC	BCP 6 ES	F 8 DC 4	14F-8 DU4	0,8 mm
1,8-l ab 6/97	111.921	RC 8 VTYC 4	BKUR 5 ET	–	14FGH-8 DTURX0	1,0 mm
2,0-l bis 5/97	111.941	C 11 YCC	BCP 6 ES	F 8 DC 4	14F-8 DU4	0,8 mm
2,0-l ab 6/97	111.945	RC 8 VTYC 4	BKUR 5 ET	–	14FGH-8 DTURX0	1,0 mm
2,2-l	111.961	C 11 YCC	BCP 6 ES	F 8 DC 4	14F-8 DU4	0,8 mm
2,3-l/110 kW	111.974	C 11 YCC	BCP 6 ES	F 8 DC 4	14F-8 DU4	0,8 mm
2,3-l Kompressor	111.975	RC 8 VTYC 4	BKUR 6 ET-10	F 7 KTCR	14FGH-7 DTURX0	0,8 mm
2,4-l	112.910	KC 11 PYP	IFR5 D 10	F 8 DPER	14FGH-8 DPURX2	1,0 mm
2,8-l (R6) bis 5/97	104.941	C 11 YCC	BCP 6 ES	F 8 DC 4	14F-8 DU4	0,8 mm
2,8-l (V6) ab 6/97	112.920	KC 11 PYP	IFR5 D 10	F 8 DPER	14FGH-8 DPURX2	1,0 mm
3,2-l	112.940	KC 11 PYP	IFR5 D 10	F 8 DPER	14FGH-8 DPURX2	1,0 mm
4,3-l	113. –	RC 10 PYP 4	IFR5 D 10	F 8 DPER	14FGH-8 DPURX2	1,0 mm

* **EA** = Elektrodenabstand

Das Zündkerzen-Wechselintervall ist je nach Motor unterschiedlich, siehe Kapitel »Wartung«. Der Elektrodenabstand ist bei neuen Zündkerzen richtig eingestellt und kann bei Zündkerzen mit 2 oder mehreren Masseelektroden nicht nachgestellt werden.

Achtung: Es kann sein, daß inzwischen für einzelne Motoren andere Zündkerzenwerte gelten, so daß unsere Tabelle möglicherweise nicht auf dem neuesten Stand ist. Um die aktuelle Zündkerze für Ihren Fahrzeugmotor zu ermitteln, benötigt der Fachhandel die **Fahrzeug-Ident.-** und die **3 Schlüsselnummern**. Diese Nummern sind im Fahrzeugschein aufgeführt. Sie sollten beim Kauf von Zündkerzen angegeben werden.

Kraftstoffanlage

Zur Kraftstoffanlage zählen der Kraftstoffbehälter, die Kraftstoffpumpe und die Kraftstoffleitungen sowie die Kraftstoff-Einspritzanlage mit Kraftstoff- und Luftfilter.

Der Kraftstoffbehälter mit einem Fassungsvermögen von 62 Litern ist unter der Rücksitzbank vor der Hinterachse angeordnet. Der jeweilige Kraftstoffvorrat wird dem Fahrer am Schalttafeleinsatz angezeigt.

Sauberkeitsregeln bei Arbeiten an der Kraftstoffversorgung

Bei Arbeiten an der Kraftstoffversorgung sind die folgenden Regeln zur Sauberkeit sorgfältig zu beachten:

- Verbindungsstellen und deren Umgebung vor dem Lösen gründlich reinigen.
- Ausgebaute Teile auf einer sauberen Unterlage ablegen und abdecken. Folien oder Papier verwenden. Keine fasernden Lappen benutzen!
- Geöffnete Bauteile sorgfältig abdecken bzw. verschließen, wenn die Reparatur nicht umgehend ausgeführt wird.
- Ersatzteile erst unmittelbar vor dem Einbau aus der Verpackung nehmen. Nur saubere Teile einbauen.
- Keine Teile verwenden, die unverpackt (z. B. in Werkzeugkästen usw.) aufgehoben wurden.
- Bei geöffneter Kraftstoff-Anlage möglichst nicht mit Druckluft arbeiten. Das Fahrzeug möglichst nicht bewegen.

Kraftstoff ablassen und auffüllen

Achtung: Unbedingt auf gute Belüftung des Arbeitsplatzes achten. Kraftstoffdämpfe sind giftig, kein offenes Feuer, Brandgefahr!

- Tank weitgehend leerfahren.
- Massekabel (–) von der Batterie abklemmen. **Achtung:** Beim Abklemmen der Batterie erlischt die Radio-Diebstahlcodierung. Siehe Hinweise »Batterieausbau«.
- Fahrzeug aufbocken.
- Kraftstoffdruck abbauen, dazu Tankdeckel kurzzeitig öffnen.
- Abdeckungen vom Tankgeber abmontieren. Dabei darauf achten, daß keine elektrischen Leitungen oder der Kraftstoff-Rücklaufschlauch eingeklemmt werden.
- Stecker vom Tankgeber abziehen.
- Verschlußschraube für Ablaßventil herausschrauben.

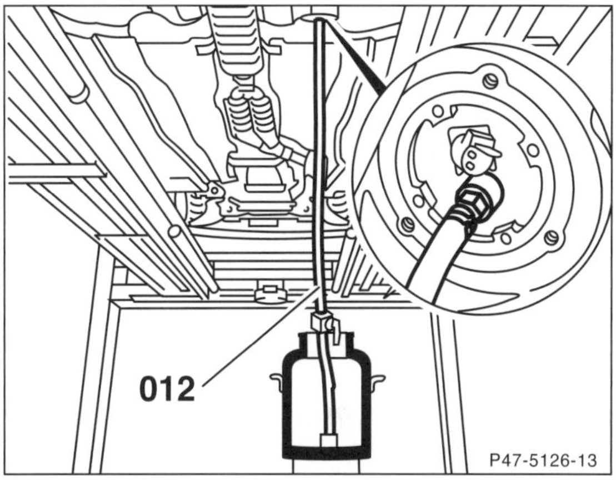

- Ablaufschlauch –012– mit Absperrventil in das Ablaßventil hineindrehen.
- Tankdeckel öffnen. Absperrventil öffnen und Kraftstoff in geeigneten Behälter ablaufen lassen.
- Ablaufschlauch abnehmen und Verschlußschraube mit 15 Nm anschrauben. Vorher O-Ring auf Beschädigungen prüfen, gegebenenfalls ersetzen.
- Stecker am Tankgeber aufstecken. Abdeckungen montieren.
- Fahrzeug ablassen.
- Kraftstoff über den Einfüllstutzen auffüllen. Darauf achten, daß dabei keine Schmutzteilchen in den Tank gelangen können.
- Kraftstoffbehälter mit Tankdeckel verschließen.
- Batterie-Massekabel anschließen. Zeituhr einstellen. Diebstahlcode für Radio eingeben.
- Motor starten und prüfen, ob alle Anschlußstellen dicht sind.

Der Kraftstoffbehälter

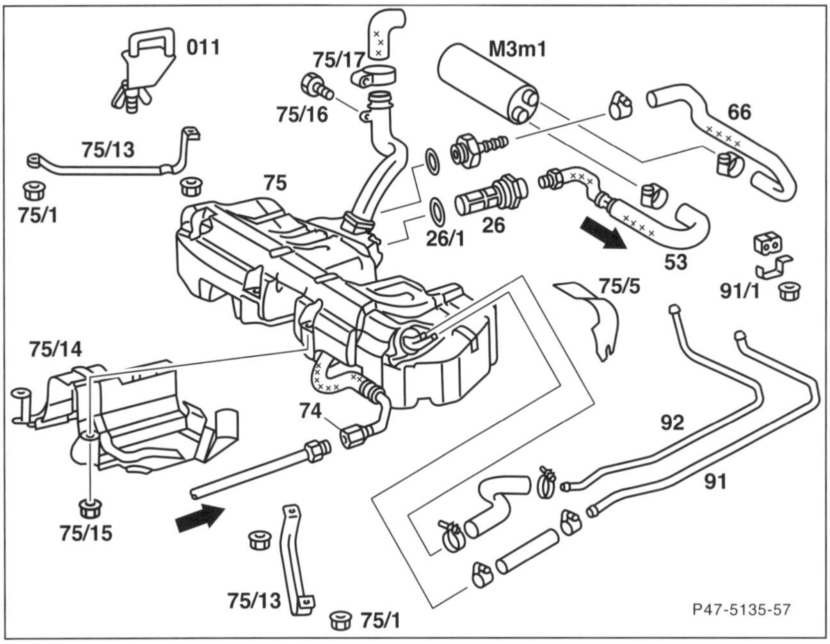

011 – **Schlauchklemme**
26 – **Kraftstoffsieb**
26/1 – **O-Ring**
Immer ersetzen.
53 – **Kraftstoff-Saugschlauch**
66 – **Entgasungsschlauch**
Nur bei Pierburg-Kraftstoffpumpe.
74 – **Kraftstoff-Rücklaufleitung**
75 – **Kraftstoffbehälter (Tank)**
75/1 – **Mutter, 40 Nm**
75/5 – **Dämmatte**
Vor dem Einbau auf Beschädigungen prüfen.
75/13 – **Spannbänder**
75/14 – **Abschirmblech**
75/15 – **Mutter, 20 Nm**
75/16 – **Schraube**
75/17 – **Schlauchschelle**
91 – **Entlüftungsleitung**
91/1 – **Halter**
92 – **Entlüftungsleitung**
M3m1 – **Kraftstoffpumpe**

Der Kraftstoffbehälter ist in 2 Kammern aufgeteilt. Die Kammern sind im oberen Bereich miteinander verbunden. Im unteren Bereich befinden sich die Tankgeber und die Saugstrahlpumpen. Der Kraftstoff wird durch die Saugstrahlpumpen aus der jeweiligen Kammer abgesaugt und in den Beruhigungstopf gefördert. Der Beruhigungstopf ist in die rechte Kammer des Tanks eingeschweißt und dient als Kraftstoffreservehälter bei Kurvenfahrt und niedrigem Kraftstoffstand.

Tankgeber aus- und einbauen

In jeder Kammer des Kraftstoffbehälters befindet sich ein Geber für die Kraftstoffanzeige (Tankgeber).

Ausbau

- Kraftstoff aus dem Tank ablassen. Wird nur ein Geber ausgebaut, muß nur diese Kammer entleert werden.

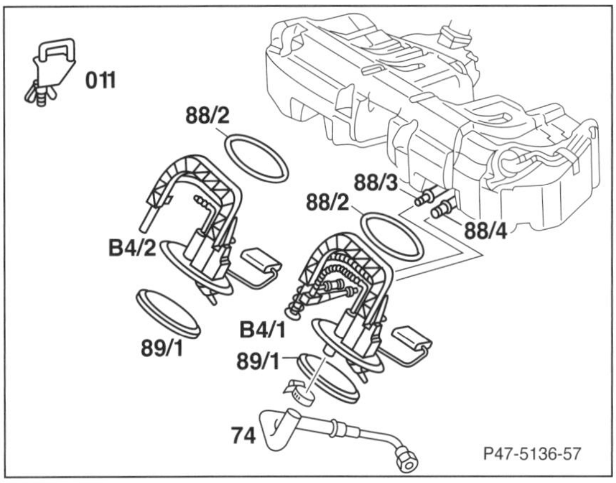

- Kraftstoff-Rücklaufschlauch –74– mit handelsüblicher Klemme –011– abklemmen.
- Rücklaufschlauch an der Verschlußplatte für Tankgeber –B4/1– bzw. –B4/2– abziehen. Dazu Schlauchschelle lösen und zurückschieben. **Achtung:** Auslaufenden Restkraftstoff mit Lappen oder geeignetem Behälter auffangen. Anschluß der Leitung mit Stopfen verschließen, beispielsweise eine saubere Schraube mit passendem Gewindedurchmesser in den Schlauch stecken.
- Ringmutter –89/1– abschrauben. Die Werkstatt verwendet hierzu einen speziellen Zapfenschlüssel. Steht das Werkzeug nicht zur Verfügung, geeigneten Kunststoffkeil an einer Nut des Sicherungsrings ansetzen und Ring mit leichten Hammerschlägen lösen. **Achtung:** Kein Metall verwenden, Funkengefahr!
- Tankgeber herausnehmen.
- Leitungen –88/3– und –88/4– von der Saugstrahlpumpe am Tankgeber abziehen.

Einbau

- Leitungen –88/3– und –88/4– am Tankgeber aufstecken.
- Tankgeber mit **neuem** Profildichtring –88/2– so einsetzen, daß die Zapfen des Gebers in die Nuten des Kraftstoffbehälters eingreifen.
- Ringmutter mit Zapfenschlüssel und 55 Nm anschrauben.
- Rücklaufschlauch aufschieben und mit Schlauchschelle sichern. Schlauchklemme abnehmen.
- Kraftstoff auffüllen und Dichtheit aller Anschlußstellen bei laufendem Motor prüfen.

Kraftstoffpumpe aus- und einbauen

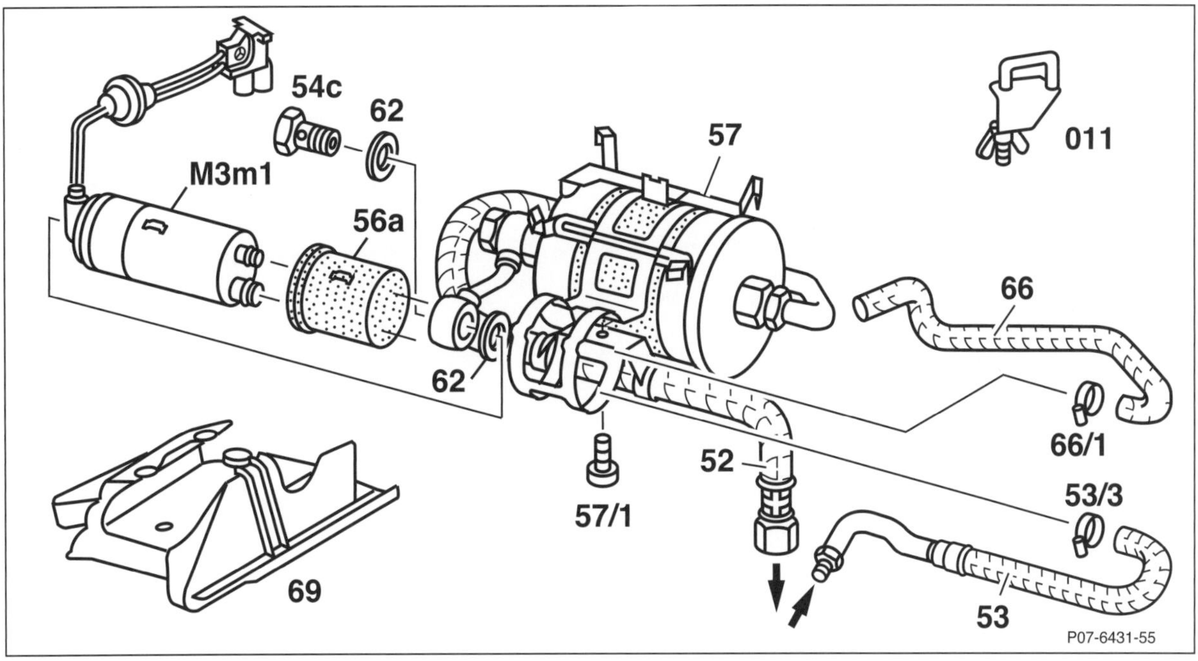

Ausbau

Hinweis: Bei Fahrzeugen mit 4-/6-Zylinder-Reihenmotor können auch 2 Kraftstoffpumpen vorhanden sein. Der Aus- und Einbau der zweiten Pumpe erfolgt prinzipiell auf die gleiche Weise, wie in diesem Kapitel beschrieben.

Achtung: Unbedingt auf gute Belüftung des Arbeitsplatzes achten. Kraftstoffdämpfe sind giftig, kein offenes Feuer, Brandgefahr!

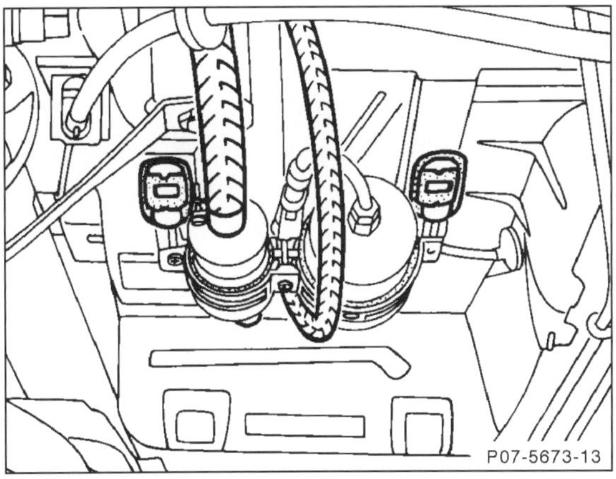

Die Kraftstoffpumpe ist am Fahrzeugboden, in Fahrtrichtung gesehen, rechts vor der Hinterachse angeordnet.

- Massekabel (–) von der Batterie abklemmen. **Achtung:** Beim Abklemmen der Batterie erlischt die Radio-Diebstahlcodierung, siehe dazu Hinweise im Kapitel »Batterie aus- und einbauen«.
- Kraftstoffdruck abbauen, dazu Tankdeckel kurzzeitig öffnen.
- Abdeckung –69– ausbauen. Vorher Einbaulage der Abdeckung markieren.
- Kraftstoffschläuche –53– (Saugleitung) und –52– (Druckleitung) sowie Entgasungsschlauch –66– mit handelsüblichen Schlauchklemmen –011– abklemmen. Schläuche für den leichteren Einbau mit Tesaband markieren.
- Druckleitung mit Hohlschraube –54c– an der Kraftstoffpumpe abschrauben. Restkraftstoff mit Lappen auffangen.
- Saugschlauch abziehen, vorher Schlauchschelle öffnen.
- Abdeckung für Kofferraumboden herausnehmen.
- Abdeckung für Kabelschacht und Isoliermatte abbauen.

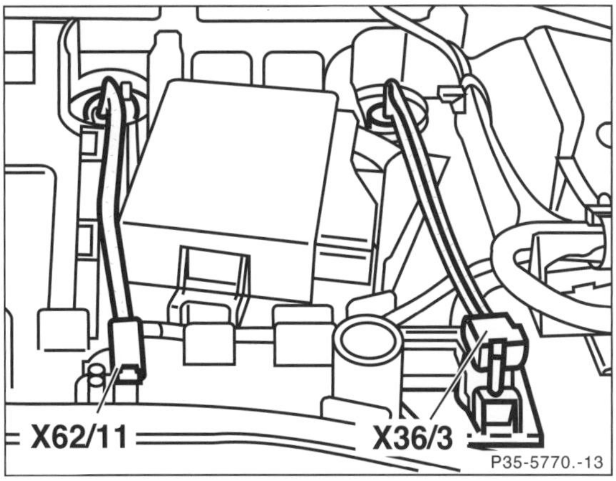

- Steckverbindung für Kraftstoffpumpe –X36/3– trennen und durch den Kofferraumboden führen. Dazu Gummitülle herausdrücken. X62/11 – Steckverbindung.
- Elektrische Leitung am Halter ausclipsen, Leitungsbinder öffnen.

- Entgasungsschlauch –66– abziehen, vorher Schlauchschelle –66/1– öffnen.
- Kraftstoff-Saugschlauch –53– abziehen, vorher Schlauchschelle –53/1– öffnen.
- Schraube –57/1– am Halter –57– herausdrehen.
- Kraftstoffpumpe –M3m1– herausnehmen.

Einbau

- Kraftstoffpumpe mit der Führung in die Nut der Kunststoffhülse –56a– und diese in die Führung des Halters –57– einsetzen. Dadurch wird die Kraftstoffpumpe mit der Kunststoffhülse fixiert. **Achtung:** Die Kunststoffhülse zwischen Kraftstoffpumpe und Halter muß unbedingt montiert werden. Dabei darauf achten, daß sie auf beiden Seiten des Halters übersteht. Andernfalls kann bei direkter Berührung der Kraftstoffpumpe mit dem Halter Kontaktkorrosion auftreten.
- Kraftstoffpumpe am Halter anschrauben.
- Entgasungsschlauch aufschieben und mit Schelle –66/1– sichern.
- Kraftstoff-Saugschlauch aufschieben und mit Schelle –53/3– sichern.
- Elektrische Leitung durch den Kofferraumboden führen und Stecker verbinden. Bohrung im Kofferraumboden mit Gummitülle abdichten.
- Isoliermatte und Abdeckung für Kabelschacht montieren.
- Abdeckung für Kofferraumboden einsetzen.
- Elektrische Leitung am Halter einclipsen und mit Leitungsbinder befestigen.
- Kraftstoffleitung mit Hohlschraube und neuem Kupfer-Dichtring –62– anschrauben. Ein Anzugsdrehmoment von 25 Nm dient als Anhaltewert.
- Schlauchklemmen abnehmen.
- Abdeckung –69– einbauen.
- Massekabel (–) an die Batterie anschließen.
- Zeituhr einstellen.
- Diebstahlcode für Radio eingeben.

Kraftstoffilter aus- und einbauen

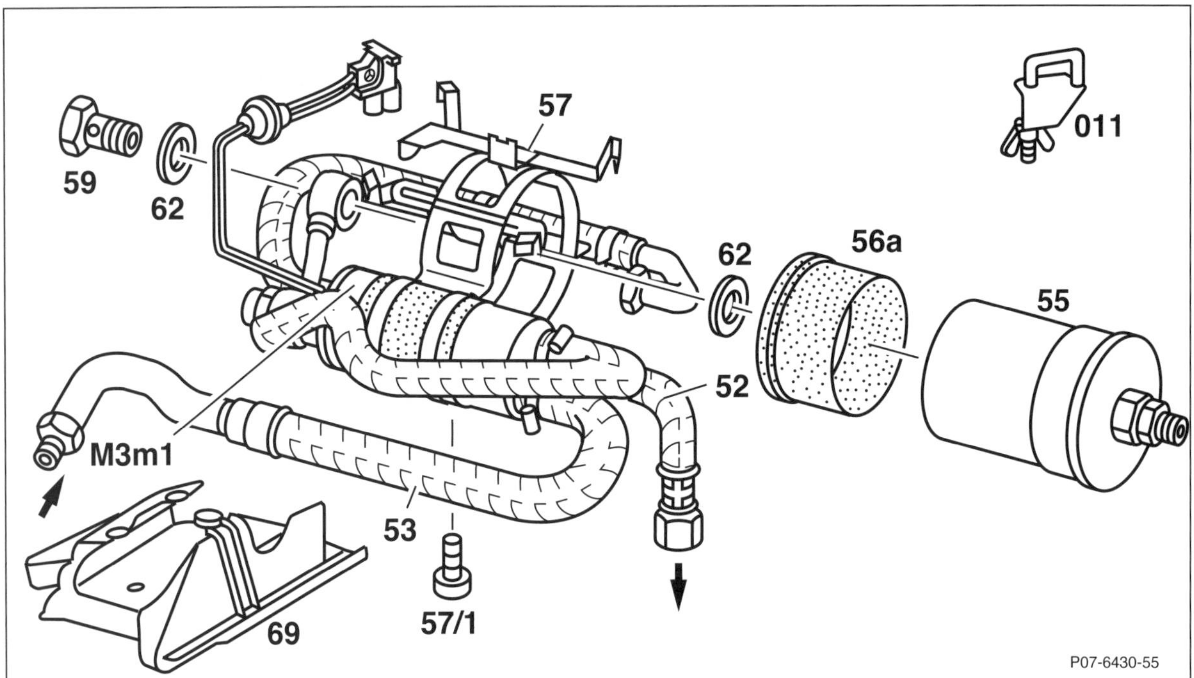

P07-6430-55

Ausbau

Hinweis: Bei Fahrzeugen mit 4-/6-Zylinder-Reihenmotor können auch 2 Kraftstoffpumpen vorhanden sein. Der Aus- und Einbau der zweiten Pumpe erfolgt prinzipiell auf die gleiche Weise, wie in diesem Kapitel beschrieben.

Achtung: Unbedingt auf gute Belüftung des Arbeitsplatzes achten. Kraftstoffdämpfe sind giftig, kein offenes Feuer, Brandgefahr!

Die Kraftstoffilter ist am Fahrzeugboden, in Fahrtrichtung gesehen, rechts vor der Hinterachse angeordnet.

Die Bezeichnungen im folgenden Text beziehen sich auf Abbildung P07-6430-55

- Massekabel (–) von der Batterie abklemmen. **Achtung:** Beim Abklemmen der Batterie erlischt die Radio-Diebstahlcodierung. Siehe Hinweise »Batterieausbau«.
- Kraftstoffdruck abbauen, dazu Tankdeckel kurzzeitig öffnen.

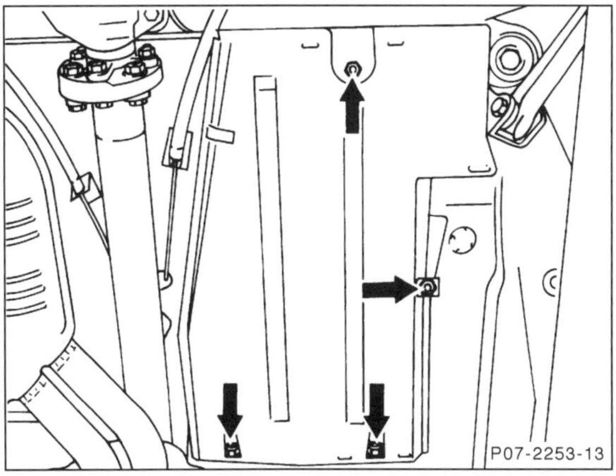

- Abdeckung –69– ausbauen. Vorher Einbaulage der Abdeckung markieren.
- Kraftstoffschläuche –53– (Saugleitung) und –52– (Druckleitung) mit handelsüblicher Schlauchklemme –011– abklemmen. Schläuche für den leichteren Einbau mit Tesaband markieren.
- Hohlschraube –59– am Kraftstoffilter –55– abschrauben. Restkraftstoff mit Lappen auffangen.
- Kraftstoffdruckschlauch am Filter abschrauben.

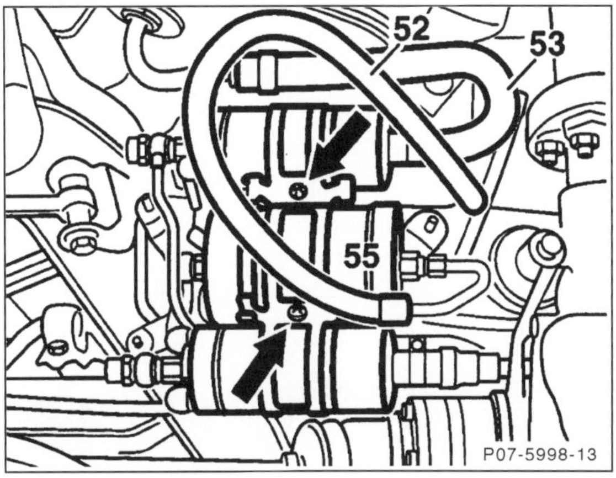

- Schrauben –Pfeile– am Halter lösen und Kraftstoffilter –55– herausnehmen.

Einbau

- Kunststoffhülse –56a– beziehungsweise Kunststoffolie –56– auf Beschädigungen prüfen, gegebenenfalls ersetzen.
- Kraftstoffilter mit Kunststoffhülse/-folie montieren. **Achtung:** Die Kunststoffhülse zwischen Kraftstoffpumpe und Halter muß unbedingt montiert werden. Dabei darauf achten, daß sie auf beiden Seiten des Halters übersteht. Andernfalls kann, bei direkter Berührung des Kraftstoffilters mit dem Halter Kontaktkorrosion auftreten.
- Kraftstoffilter mit Schrauben –57/1, 57/3– am Halter befestigen.
- Kraftstoff-Schläuche anschrauben. Hohlschraube mit **neuem** Kupfer-Dichtring –62– ansetzen und mit 25 Nm festziehen.
- Schlauchklemmen abnehmen.
- Abdeckung –69– einbauen.
- Massekabel (–) an die Batterie anschließen.
- Motor starten und bei laufendem Motor Dichtheit der Anschlußstellen prüfen.
- Zeituhr einstellen.
- Diebstahlcode für Radio eingeben.

Luftfilter aus- und einbauen

Ausbau

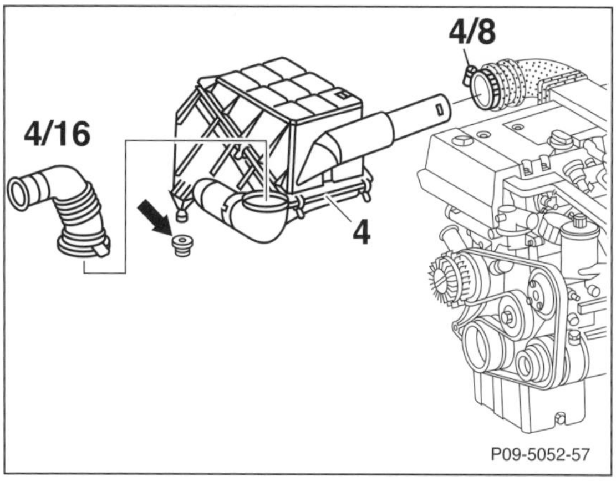

- **1,8-/2,0-l-Motor:** Schelle –4/8– lösen und Luftschlauch vom Luftfilter –4– abziehen.
- **2,2-/2,8-l-Motor:** Luftmassenmesser mit Luftschlauch vom Luftfilter –4– abziehen. Vorher Spannbügel am Luftfilterstutzen öffnen. O-Ring auf Beschädigung prüfen, gegebenenfalls erneuern.
- Luftansaugrohr –4/16– abziehen.
- Luftfilter aus den Gummilagern –Pfeil– herausziehen und abnehmen.

Einbau

- Luftfilter mit den Haltenasen in die Gummilager –Pfeil– einsetzen.
- Luftansaugrohr –4/16– aufstecken.
- **1,8-/2,0-l-Motor:** Luftschlauch am Luftfilter aufschieben und mit Schelle sichern.
- **2,2-/2,8-l-Motor:** Luftmassenmesser mit O-Ring am Luftfilterstutzen einsetzen und mit Spannbügel sichern.

Luftfilter-Querrohr aus- und einbauen

4-Zylinder-Motor, Reihen-6-Zylinder-Motor

Ausbau

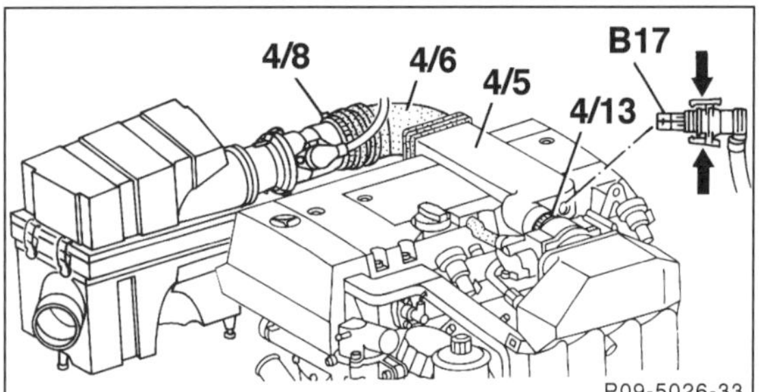

P09-5026-33

- Temperaturfühler für Ansaugluft –B17– aus dem Querrohr herausziehen, dazu Halteklammern –Pfeile– zusammendrücken.
- Schellen –4/8–, –4/13– aufschrauben und Luftfilter-Querrohr –4/5– mit Formschlauch –4/6– abziehen.

Einbau

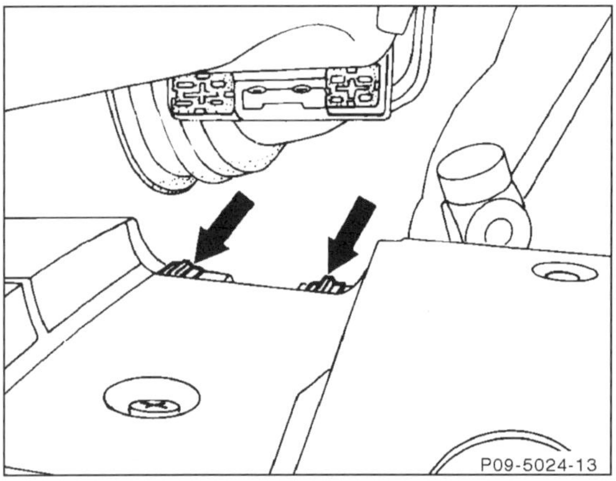

P09-5024-13

- **4-Zylinder-Motor:** Luftfilter-Querrohr so aufstecken, daß die beiden Aufnahmen an der Unterseite in die entsprechenden Haltenasen an der Zündleitungs-Abdeckung –Pfeile– gedrückt werden.
- **Reihen-6-Zylinder-Motor:** Luftfilter-Querrohr so aufstecken, daß die angegossenen Hohlstifte in die Gummilager des Zylinderkopfdeckels gedrückt werden. Die Hohlstifte dienen zur Motor-Entlüftung und zur Fixierung des Querrohres.
- Schlauchschellen festziehen.
- Temperaturfühler für Ansaugluft –B17– einsetzen und Halteklammern nach außen drücken, bis sie hörbar einrasten.

Saugrohr aus- und einbauen

4-Zylinder-Motor

Ausbau

- Luftfilter-Querrohr ausbauen.
- Massekabel (–) von der Batterie abklemmen. **Achtung:** Beim Abklemmen der Batterie erlischt die Radio-Diebstahlcodierung. Siehe Hinweise »Batterieausbau«.
- Kraftstoffverteiler mit Einspritzventilen ausbauen, siehe Seite 94.
- Leitungsschacht abschrauben.
- Scheibenwaschbehälter abschrauben und zur Seite legen.

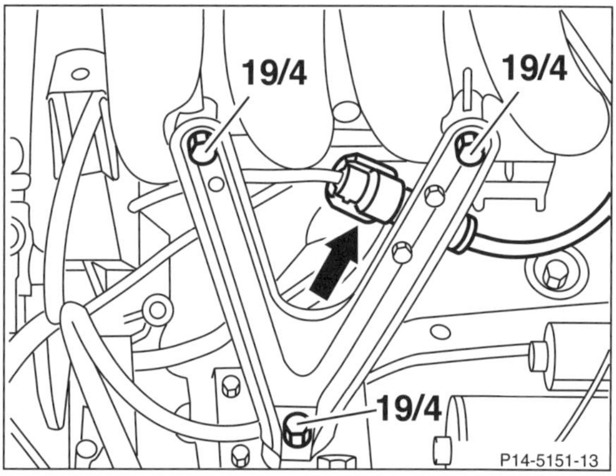

P14-5151-13

- Steckverbindung –Pfeil– für Stellglied Leerlaufregelung trennen. Dazu Haltebügel öffnen und Leitung ausclipsen.
- Saugrohrstütze abschrauben –19/4–.
- Steckverbindung Motor/Zündspulen trennen. Zündspulen abschrauben, siehe Seite 74.

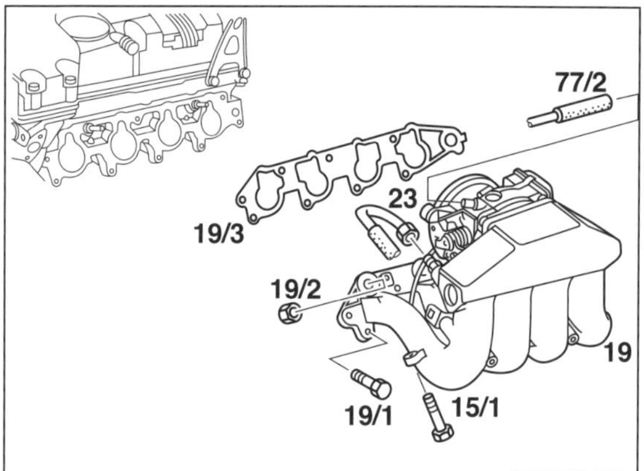

P14-5150-59/o

- Leitung –77/2– zum Regenerierungsventil abziehen.
- Unterdruckleitung –23– für Bremskraftverstärker abschrauben.
- Sämtliche Unterdruckleitungen am Saugrohr mit Tesaband markieren und abziehen.

- Schraube –15/1– vom Halter der Lenkhilfpumpe am Saugrohr herausdrehen.

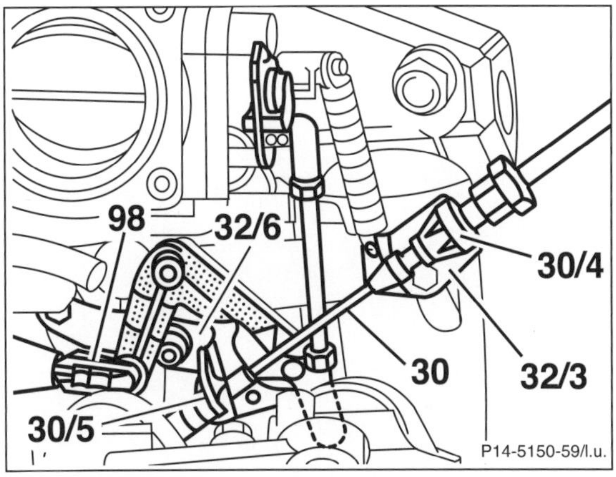

- Führungsstück –30/5– ausbauen. Dabei zuerst den Kunststoffnippel aus dem Führungsstück herausziehen.
- Gaszug –30– aushängen. Dazu Seilzug durch den Schlitz im Kulissenhebel –32/6– führen. Kunststoffclips –30/4– zusammendrücken und Bowdenzug aus dem Widerlager –32/3– herausziehen.
- **Automatikgetriebe:** Steuerdruck-Bowdenzug –98– an der Regulierung aushängen.
- **Tempomat:** Verbindungsstange aushängen.
- Schrauben –19/1– und Muttern –19/2– herausdrehen.
- Saugrohr –19– herausheben.

Einbau

- Dichtflächen reinigen und mit Lineal auf Verzug prüfen.
- Saugrohr mit neuer Dichtung –19/3– anschrauben. Schrauben wechselweise mit 20 Nm (Anhaltswert) festziehen.
- **Tempomat:** Verbindungsstange einhängen.
- **Automatikgetriebe:** Steuerdruck-Bowdenzug einhängen und einstellen.
- Gaszug durch die Öffnung im Widerlager führen, am Widerlager eindrücken und einrasten.
- Gaszug mit Führungsstück einhängen. Darauf achten, daß der Kunststoffnippel in das Führungsstück einrastet.
- Halter der Lenkhilfpumpe lösen, dann Schraube –15/1– vom am Saugrohr ansetzen und hineindrehen. Halter für Lenkhilfpumpe festziehen.
- Sämtliche Unterdruckleitungen entsprechend den angebrachten Markierungen am Saugrohr aufstecken.
- Unterdruckleitung für Bremskraftverstärker anschrauben.
- Leitung –77/2– zum Regenerierungsventil aufstecken.
- Zündspulen einbauen, siehe Seite 74.
- Saugrohrstütze anschrauben.
- Elektrische Leitungen für Stellglied Leerlaufregelung verbinden, Haltebügel schließen und Leitung einclipsen.
- Scheibenwaschbehälter einsetzen und anschrauben.
- Leitungsschacht anschrauben.
- Kraftstoffverteiler mit Einspritzventilen einbauen.
- Luftfilter-Querrohr einbauen.
- Gaszug einstellen.
- Batterie-Massekabel (–) anklemmen. Zeituhr einstellen. Diebstahlcode für Radio eingeben.
- Motor starten und sämtliche Anschlußstellen auf Dichtheit prüfen.
- Leerlauf prüfen lassen (Werkstattarbeit).

Gaszug/Drosselklappengestänge einstellen

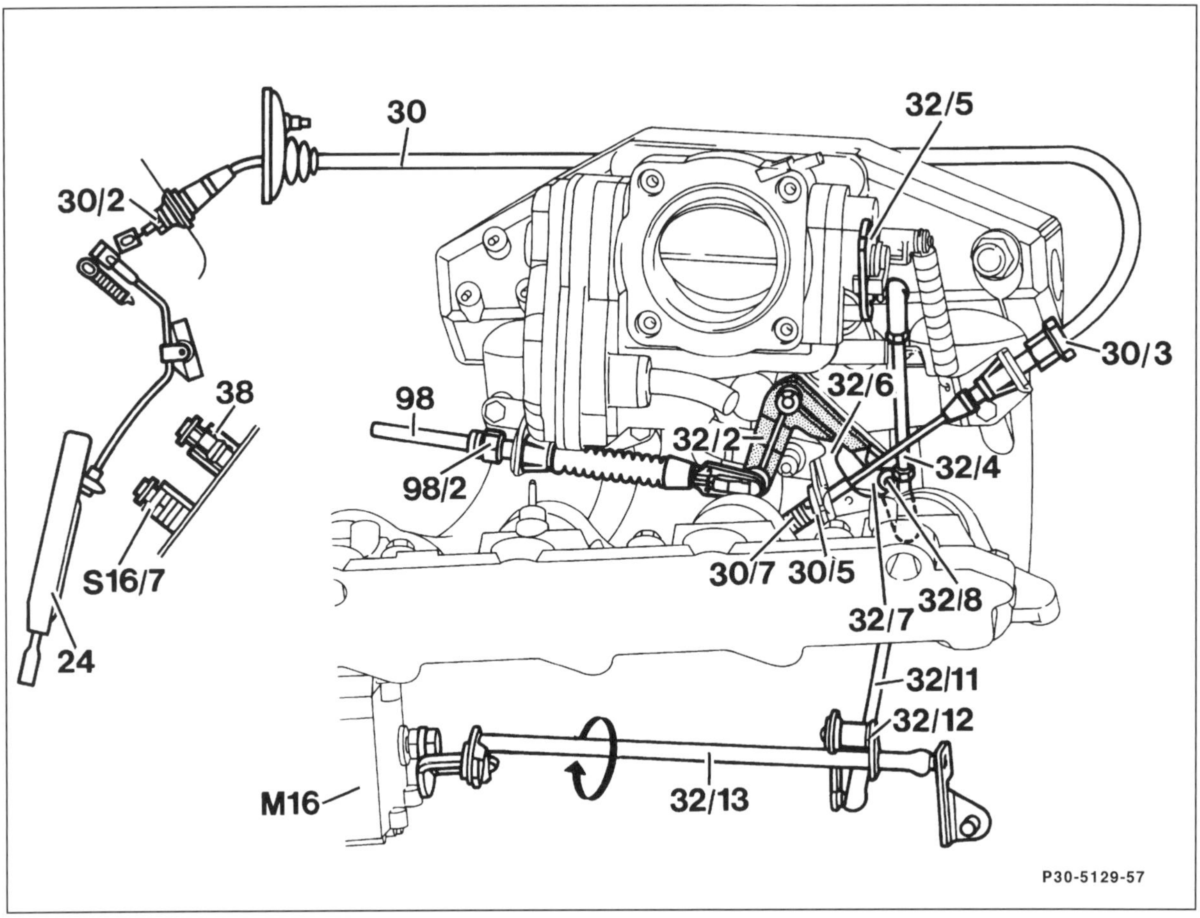

Gaszug –30– einstellen

- Bei abgestelltem Motor und nicht betätigtem Gaspedal muß zwischen Mitnehmerfeder –30/7– und Führungsstück –30/5– ein Spiel von 0,5 bis 1,0 mm vorliegen, sonst an der Einstellschraube –30/3– einstellen.
- Der Winkelhebel –32/5– muß am Drosselklappen-Leerlaufanschlag anliegen, sonst Verbindungsstange –32/4– entsprechend verstellen. **Achtung:** Die Verbindungsstange muß sehr genau eingestellt werden. Der Microschalter muß in Leerlaufstellung betätigt (geschlossen) sein.
- Die Rolle –32/8– muß spannungsfrei am Endanschlag Regulierhebel –32/7– anliegen. Andernfalls Verbindungsstange –32/4– entsprechend verstellen.
- Steuerdruck-Bowdenzug –98– einstellen. Dazu Einstellschraube –98/2– drehen, bis die Spitze des Schlepphebels –32/2– mit der Spitze am Kulissenhebel –32/6– auf gleicher Höhe steht.
- Bei abgestelltem Motor Gaspedal bis zum Vollgasanschlag durchtreten lassen (Helfer) oder mit einem Brett zwischen Vordersitz und Pedal in Vollgasstellung festklemmen. Bei automatischem Getriebe, Kickdown-Schalter –S16/7– nicht betätigen.
- Prüfen, ob der Drosselklappenhebel am Vollgasanschlag anliegt. **Automatisches Getriebe:** Gegebenenfalls Einstellschraube –30/3– entsprechend verdrehen. **Schaltgetriebe:** Vollgasanschlag einstellen.

Vollgasanschlag im Fußraum einstellen (nur Schaltgetriebe)

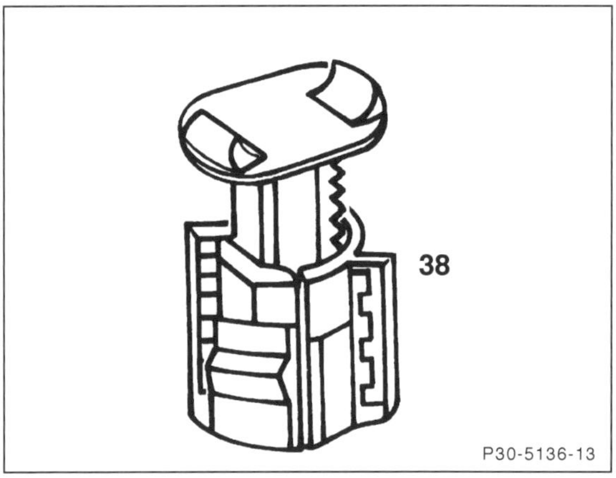

- Vollgasanschlag –38– im Fußraum durch Linksdrehung ausrasten und den Anschlagbolzen etwas herausziehen.

- Gaspedal langsam in Vollgas-Stellung bringen, bis der Drosselklappenhebel am Vollgasanschlag anliegt.
- In dieser Stellung Vollgasanschlag –38– im Innenraum durch Rechtsdrehung einrasten.
- Gaspedal –24– (Abbildung. P30-5129-57) loslassen. Zwischen Mitnehmerfeder –30/7– und Führungsstück –30/5– muß ein Spiel von 0,5 bis 1,0 mm vorliegen, gegebenenfalls im Wageninnern mit Einstellmutter –30/2– einstellen.
- Bowdenzug –30– zwischen Endstück und Führungsstück –30/5– mit Korrosionsschutzfett einfetten.
- Falls vorhanden, Tempomat-Einstellung prüfen.

Tempomat einstellen

- Verbindungsstange –32/11– an einer Seite am Kugelkopf aushängen. 32/12 – Schlepphebel (nur bei Tempomat).
- Regulierhebel –32/7– muß sich in Leerlaufstellung befinden.
- Regulierwelle –32/13– am Tempomat-Stellglied –M16– im Uhrzeigersinn –Pfeilrichtung– drehen. Das Stellglied befindet sich dann in Leerlaufstellung.
- Anschließend Verbindungsstange wieder einhängen; dabei muß der Hebel des Stellgliedes um ca. 1 mm vom Leerlaufanschlag angehoben werden.
- Andernfalls Verbindungsstange einstellen. Kugelpfanne abdrücken, Kontermutter lösen und Kugelpfanne auf- oder abschrauben. Kontermutter wieder festziehen.

Gaszug aus- und einbauen

Achtung: Der Gaszug ist sehr knickempfindlich und daher beim Einbau besonders sorgfältig zu behandeln. Ein einziger leichter Knick kann zum späteren Bruch im Fahrbetrieb führen. Züge, die geknickt wurden, dürfen deswegen **nicht** eingebaut werden.

Ausbau

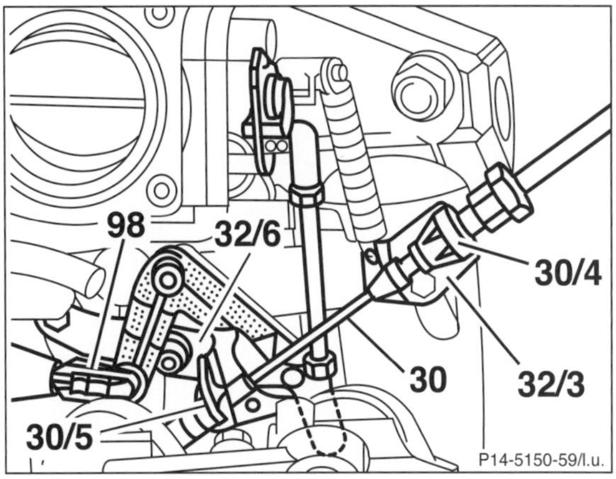

- Führungsstück –30/5– ausbauen. Dabei zuerst den Kunststoffnippel aus dem Führungsstück herausziehen.
- Gaszug –30– aushängen. Dazu Seilzug durch den Schlitz im Kulissenhebel –32/6– führen. Kunststoffclips –30/4– zusammendrücken und Bowdenzug am Widerlager –32/3– herausziehen. 98 – Steuerdruck-Bowdenzug.
- Abdeckung unter Armaturentafel ausbauen, siehe Seite 184.
- Seilzugaufnahme am Gaspedalhebel aushängen. Dazu Halter mit Spreizbolzen herausziehen.
- Gaszug vom Fahrzeuginnenraum nach außen drücken. Dabei Gummitülle nicht herausdrücken.
- Gaszug komplett abnehmen

Einbau

- Gaszug zwischen Führungsstück und Endstück fetten. Die Werkstatt verwendet dazu das Korrosionschutzfett MERCEDES-000 989 87 5110.
- Gummitülle auf Beschädigungen oder Porosität prüfen, gegebenenfalls ersetzen.
- Gaszug in den Fahrzeuginnenraum durchziehen und am Gaspedalhebel einhängen.
- Abdeckung unter Armaturentafel einbauen, siehe Seite 184.
- Gaszug durch die Öffnung im Widerlager führen, am Widerlager eindrücken und einrasten.
- Gaszug mit Führungsstück einhängen. Darauf achten, daß der Kunststoffnippel in das Führungsstück einrastet.
- Gaszug einstellen.

Benzin-Einspritzanlage

Schemazeichnung PMS-Einspritzanlage (1,8-/2,0-l-Motor bis 5/97)

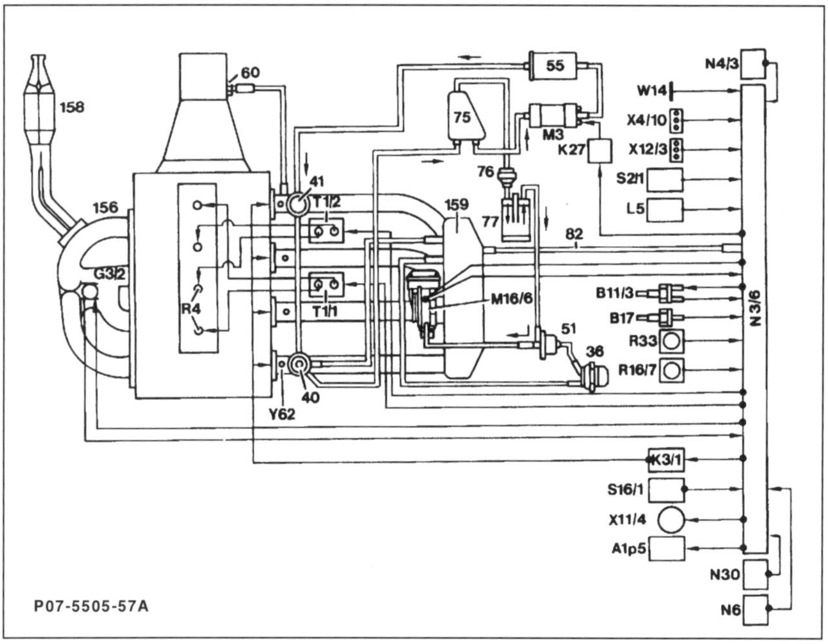

Hinweis: Anstelle des Thermoventils –36– und des Regenerierventils –51– besitzt der Typ 202 (C-Klasse) ein elektrisches Umschaltventil, das direkt durch das PMS-Steuergerät angesteuert wird.

36 – Thermoventil (nur Typ 124)
40 – Membrandruckregler
41 – Membrandruckdämpfer (nur Typ 124)
51 – Regenerierventil (nur Typ 124)
55 – Kraftstoffilter
60 – Unterdruckdose Modulierdruck (nur Automatikgetriebe)
75 – Kraftstoffbehälter (Tank)
76 – Entlüftungsventil
77 – Aktivkohlebehälter
82 – Unterdruckleitung

156 – Saugrohr
158 – Katalysator
159 – Abgaskrümmer
A1p5 – Temperaturanzeige Kühlmittel
B11/3 – Kühlmittel-Temperaturfühler
B17 – Ansaugluft-Temperaturfühler
G3/2 – Lambdasonde
K3/1 – Partielle Saugrohrbeheizung (nur Typ 124)
K27 – Kraftstoffpumpenrelais
L5 – Kurbelwellen-Positionsgeber
M3 – Kraftstoffpumpe
M16/6 – Stellglied Leerlaufregelung
N3/6 – Motor-Steuergerät (PMS)
N6 – Steuergerät für Klimaanlage
N30 – ABS-Steuergerät

R16/7 – Abgleichstecker
R33 – CO-Potentiometer, nur bei Fahrzeugen ohne Katalysator (Ausland)
S2/1 – Zünd-Anlaß-Schalter
S16/1 – Anlaßsperr- und Rückfahrlichtschalter
T1/1 – Zündspule 1 für Zyl. 1 und 4
T1/2 – Zündspule 2 für Zyl. 2 und 3
W14 – Massepunkt am Halter ABS-Hydraulikeinheit
X4/10 – Leitungsverbinder
X11/14 – Diagnosestecker
X12/3 – Leitungsverbinder Klemme 30/15 ungesichert
Y62 – Einspritzventile

Die PMS- und HFM- Motorsteuerung

Die C-Klasse-Motoren sind mit einer kombinierten elektronischen Zünd- und Einspritzanlage ausgerüstet. Die Regelung des Zünd- und Einspritzsystems wird von einem gemeinsamen Steuergerät übernommen. In diesem Kapitel wird hauptsächlich auf den Einspritzteil des Systems eingegangen.

Alle Teile der Einspritzanlage sind langzeitstabil und wartungsarm, Reparaturen sind daher äußerst selten. Wesentliche Einstell- und Reparaturarbeiten lassen sich nur mit teueren Prüfgeräten und entsprechenden Fachkenntnissen durchführen, so daß diese Arbeiten nur noch von entsprechend ausgerüsteten Fachwerkstätten ausgeführt werden können.

Arbeitsweise der P-Motronic (PMS-Steuerung)

1,8-/2,0-l-Motor bis 5/97

Der Kraftstoff wird aus dem Kraftstoffbehälter von der elektrischen Kraftstoffpumpe angesaugt und über Kraftstoffilter und Verteilerrohr zu den Einspritzventilen gefördert. Ein Druckregler am Verteilerrohr hält den Druck im Kraftstoffsystem in Abhängigkeit vom Ansaugrohr-Unterdruck konstant. Die Einspritzventile werden elektrisch angesteuert und spritzen den Kraftstoff intermittierend, also stoßweise, in das Ansaugrohr vor die Einlaßventile. Dabei werden die Einspritzventile halbsequentiell angesteuert, das heißt, pro Kurbelwellenumdrehung spritzen jeweils 2 Einspritzventile abwechselnd gleichzeitig ein. Bei Zündstörungen wird die betreffende Gruppe zum Schutz des Katalysators abgeschaltet.

Die Luftmenge wird vom Motor über Luftfilter und Saugrohr angesaugt. Der Unterdruck im Saugrohr wird über einen Fühler erfaßt und dient als Maß für die angesaugte Luftmenge. Da der Unterdruck von der Drosselklappenstellung (Gaspedalstellung) sowie der Motordrehzahl abhängt, ist er ein Maß für die aktuelle Motorlast. Daher wird diese Steuerung auch P-Steuerung genannt, das »P« steht als physikalische Größe für Druck.

Das Steuergerät regelt entsprechend dem Unterdruck und der jeweiligen Motordrehzahl die Einspritzzeit und dadurch die Einspritzmenge. Bei längerer Öffnung des Einspritzventils wird mehr Kraftstoff eingespritzt. Zusätzliche Fühler und Stellglieder sorgen auch in extremen Fahrsituationen für die richtig bemessene Kraftstoffmenge.

- Das Steuergerät der Einspritzanlage regelt die Leerlaufdrehzahl durch einen Leerlaufsteller. Dieser reguliert die Leerlaufluftmenge unter Umgehung der Drosselklappe. Dadurch wird eine gleichbleibende Leerlaufdrehzahl erreicht, und zwar unabhängig davon, ob gerade Zusatzverbraucher, wie etwa Servolenkung oder Kältekompressor, eingeschaltet sind.

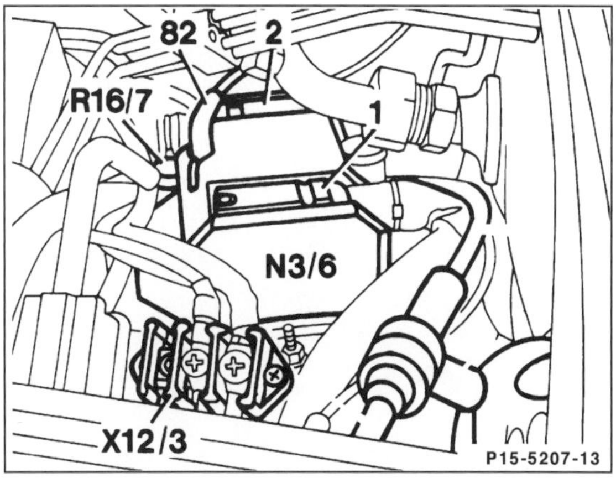

- Das elektronische Steuergerät –N3/6– befindet sich im Motorraum auf der linken Seite. 1 – Mehrfachstecker (Fahrzeugseite), 2 – Mehrfachstecker (Motorseite), 82 – Unterdruckleitung zum Saugrohr, R16/7 – Abgleichstecker für Kraftstoffanpassung, X12/3 – Leitungsverbinder Klemme 15, ungesichert.

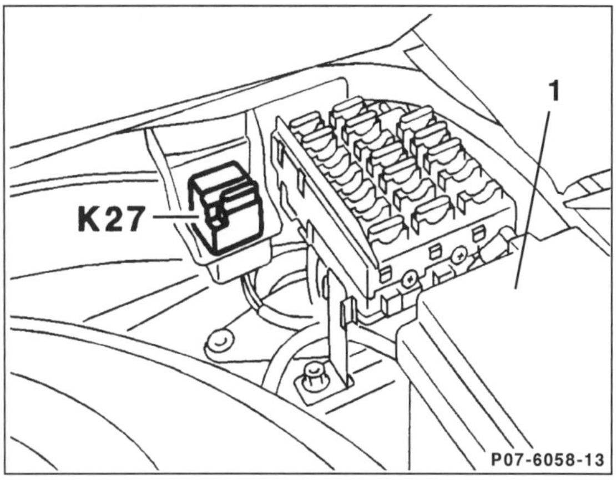

- Das Kraftstoffpumpenrelais –K27– versorgt die Kraftstoffpumpe mit Strom. Eine Sicherheitsschaltung unterbricht die Stromzufuhr, sobald keine Drehzahlimpulse mehr erfolgen, zum Beispiel wenn der Motor abgewürgt wurde. Das Relais ist im Kofferraum auf der rechten Seite angeordnet; 1 – Batterie.
- Die Lambdasonde (Sauerstoffsensor) mißt den Sauerstoffgehalt im Abgasstrom und schickt entsprechende Spannungssignale an das Steuergerät. Daraufhin regelt das Steuergerät die eingespritzte Kraftstoffmenge, so daß die Abgase im Katalysator optimal nachverbrannt werden.
- Der Ansaugluft-Temperaturfühler mißt die Temperatur der angesaugten Luft, ein zweiter Temperaturfühler am Kühlmittel-Reglergehäuse mißt die Kühlmitteltemperatur.
- Das Magnetventil für Tankentlüftung wird je nach Betriebszustand des Motors angesteuert. Auftretende Kraftstoffdämpfe im Tank werden von einem Aktivkohlefilter gespeichert und über das Ventil der Verbrennung zugeführt. Die Kraftstoffdämpfe werden also durch den Aktivkohlefilter größtenteils wirtschaftlich genutzt und gelangen nicht ins Freie.

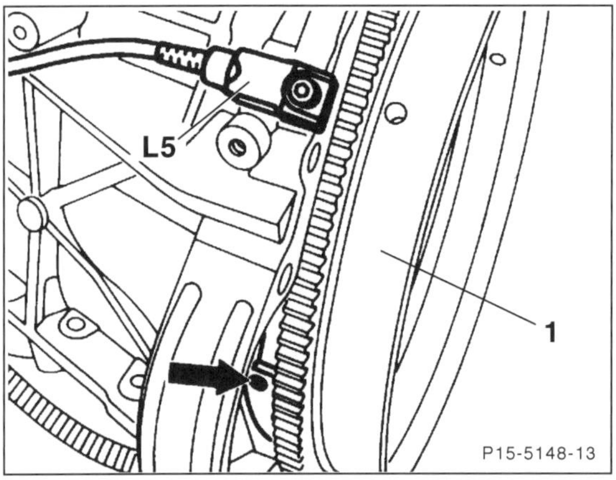

- Am Schwungrad –1– und am Einlaß-Nockenwellenrad sitzen Induktivsensoren –L5–. Sie übermitteln die Information über die aktuelle Motor-Drehzahl und Kurbelwellen-Position an das Steuergerät der Einspritzanlage.
- Die Zündanlage besitzt keine beweglichen Bauteile mehr und ist daher bis auf die Zündkerzen verschleißfrei. Wird ein Abgleichstecker im Motorraum abgezogen, darf Kraftstoff niedrigerer Qualität getankt werden, siehe Kapitel »Zündanlage«. Wird wieder Superkraftstoff (mindestens 95 ROZ) getankt, den Abgleichstecker wieder aufstecken.

HFM-Steuerung (Alle Motoren außer 1,8-/2,0-l bis 5/97)

Der wesentliche Unterschied zur P-Motronic ist die Verwendung eines **H**eiß**f**ilm-Luft**m**assenmessers (HFM) anstelle des Luftdruckfühlers.

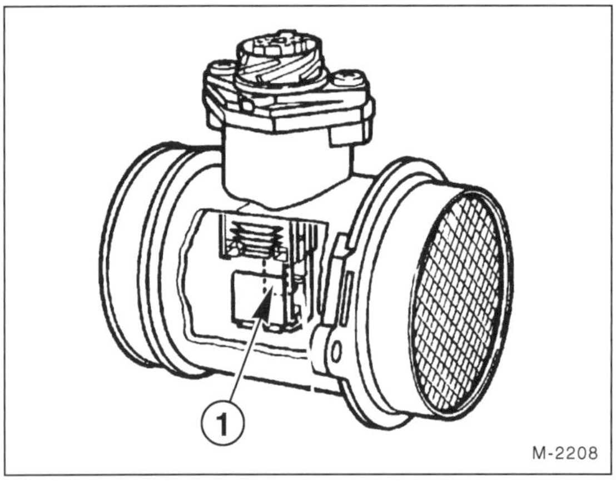

- Der Luftmassenmesser ermöglicht eine noch genauere Kraftstoffzumessung. Funktionsprinzip der Luftmassenmessung: Eine elektrisch erwärmte Sensorplatte –1– wird durch die vorbeistreichende Ansaugluft abgekühlt. Um die Temperatur der Sensorplatte konstant zu halten, ändert sich der Heizstrom entsprechend der Dichte der angesaugten Luft. Anhand der Schwankungen des Heizstromes erkennt das Steuergerät die Masse der angesaugten Luft und regelt dementsprechend die Einspritzmenge.
- Die Einspritzventile werden einzeln, entsprechend der Zündreihenfolge angesteuert. Der Fachbegriff dafür lautet: sequentielle Einspritzung.
- Eine Anti-Klopfregelung dient der Ermittlung und Einstellung des optimalen Zündzeitpunkts, auch bei niedrigerer Kraftstoffqualität. Bei einer Zündstörung wird die Kraftstoffzufuhr zum betreffenden Zylinder abgeschaltet.
- Mit Hilfe eines elektrisch/hydraulischen Stellglieds wird die Einlaßnockenwelle gegenüber dem Kettenrad vom Steuergerät verstellt. Durch Verstellung in Richtung »spät« wird die Laufruhe des Motors im Leerlauf verbessert, beziehungsweise bei hohen Drehzahlen die Leistung gesteigert. Im unteren und mittleren Drehzahlbereich wird bei frühem Schließen der Einlaßventile die Zylinderfüllung und dadurch das Drehmoment verbessert.
- **Reihen-6-Zylinder-Motor:** Zur Verbesserung des Drehmomentverlaufs bei niedrigen Drehzahlen kommt ein Resonanz-Schaltsaugrohr zum Einsatz, das in Abhängigkeit der Motordrehzahl die Luftstrecke zu den Zylindern variiert. Hierzu ist das Luftsammelrohr hinter der Drosselklappe durch eine pneumatisch betätigte Klappe in zwei Hälften geteilt: Je ein Luftstrom wird zu jeweils 3 Zylindern geleitet. Die Länge der Ansaugwege sorgt bei niedrigen Drehzahlen durch Resonanzeffekte für eine gute Zylinderfüllung und damit für ein hohes Drehmoment. Bei hohen Drehzahlen öffnet die Klappe, um das Leistungspotential des Motors voll nutzen zu können.

Eigendiagnose der Zünd- und Einspritzanlage

Das Einstellen der Leerlaufdrehzahl und des CO-Werts ist bei der HFM- und PMS-Steuerung nicht mehr nötig. Das System überwacht sich selbst und speichert auftretende Fehler in einem Fehlerspeicher ab. Die MERCEDES-Werkstatt kann die Fehler durch ein Auslesegerät abrufen und gezielt beheben. Ein Fehler macht sich nicht unbedingt durch schlechtes Fahrverhalten bemerkbar. Daher ist es ratsam, in gewissen Abständen eine MERCEDES-BENZ-Werkstatt aufzusuchen.

Der Inhalt des Fehlerspeichers bleibt auch bei abgeklemmter Batterie erhalten. Abgespeicherte Fehler werden automatisch gelöscht, wenn sie bei ca. 20 aufeinanderfolgenden Fahrten nicht mehr auftreten. Manuell können die abgespeicherten Fehler mit dem Fehler-Auslesegerät gelöscht werden.

Bei Arbeiten an der Einspritzanlage sind die Sauberkeitsregeln für die Kraftstoffanlage ebenso zu beachten wie die Sicherheitshinweise zur Zündanlage, siehe Seiten 59, 64.

Motronic ME (V6-Motor, 2,3-l ab 8/96)

Die Motronic ME ist eine Weiterentwicklung der HFM. Die Einspritzventile werden ebenfalls sequentiell angesteuert. Hauptunterschied ist, daß die Drosselklappensteuerung sowie die Leerlaufregelung durch einen Stellmotor erfolgen.

- **Elektronisches Gaspedal:** Die Gaspedalstellung wird mit Hilfe eines Sollwertgebers ermittelt, dessen Signale ebenfalls in das elektronische Steuergerät eingelesen, verarbeitet und überwacht werden. Der Sollwertgeber sitzt im Motorraum links hinter der Spritzwand und ist über den Gaszug mit dem Gaspedal verbunden. Die Drosselklappe wird vom Steuergerät über einen Elektromotor im Drosselklappenstutzen betätigt.
- In der Regelung des elektronischen Gaspedals integriert ist der **Tempomat**.

Luftmassenmesser aus- und einbauen

Ausbau

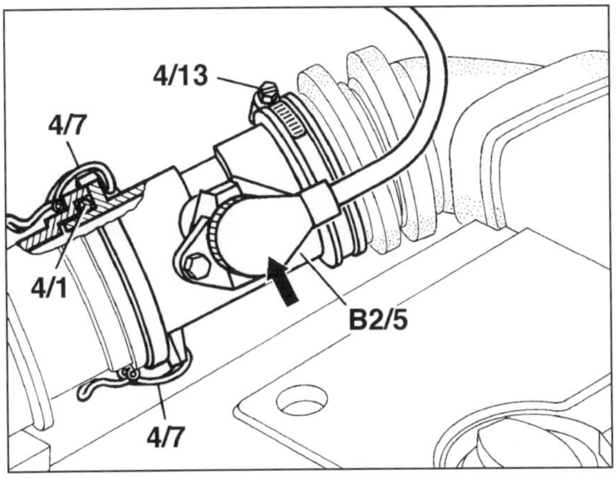

- Stecker –Pfeil– vom Luftmassenmesser –B2/5– abziehen. Vorher Überwurfmutter des Steckers lösen.
- Spannbügel –4/7– öffnen.
- Schelle –4/13– lösen und Luftmassenmesser herausnehmen.
- O-Ring –4/1– auf Beschädigungen oder Porosität prüfen, gegebenenfalls ersetzen.

Einbau

- Luftmassenmesser mit O-Ring einsetzen.
- Schlauchschelle festziehen und Spannbügel schließen.
- Stecker aufschieben, Überwurfmutter festdrehen, bis sie hörbar einrastet.

Kühlmittel-Temperaturfühler aus- und einbauen/prüfen

Der Temperaturfühler mißt die Kühlmitteltemperatur und gibt entsprechende Signale an das Steuergerät weiter. Der Fühler beinhaltet ein NTC-Element (NTC = Negativer Temperatur-Coeffizient), das seinen Widerstand bei steigender Temperatur verringert. Bei einem defekten Fühler wählt das Steuergerät einen Ersatzwert, der einer Kühlmitteltemperatur bei betriebswarmem Motor entspricht. Das führt bei niedrigen Außentemperaturen und kaltem Motor zu Startschwierigkeiten und unruhigem Motorlauf.

Der Temperaturfühler befindet sich im Thermostatgehäuse.

Ausbau

- Druck im Kühlmittelkreislauf abbauen. Dazu Deckel vom Kühlmittelausgleichbehälter öffnen, siehe Seite 60.

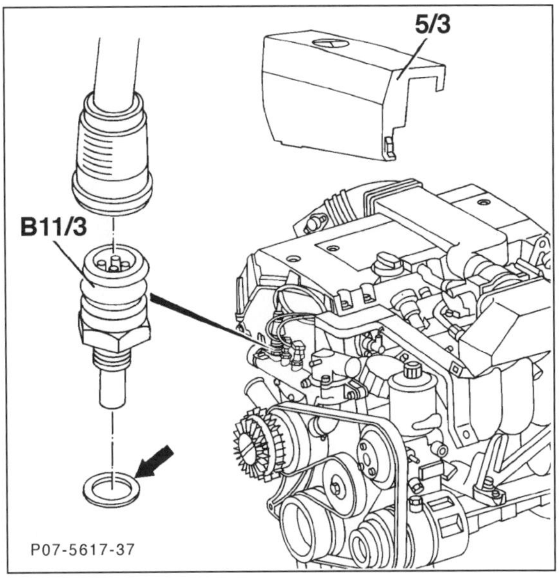

- Abdeckung –5/3– vom Thermostatgehäuse abnehmen.
- Stecker abziehen und Temperaturfühler –B11/3– herausschrauben.

Prüfen

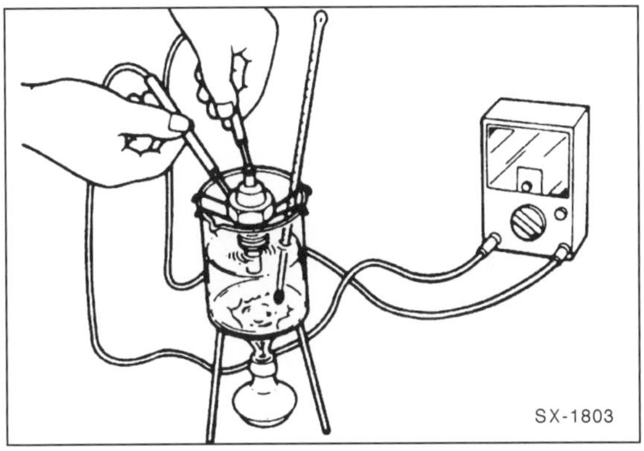

- Temperaturfühler in ein Wasserbad hängen. Das Wasserbad langsam erwärmen.
- Mit einem Ohmmeter Widerstand des Temperaturfühlers prüfen. Der gemessene Wert ist in Ordnung, wenn er sich innerhalb einer Toleranz von ±5% des angegebenen Wertes in der Tabelle befindet.

Temperatur	Widerstand
+20° C	ca. 2500 Ω
+30° C	ca. 1700 Ω
+40° C	ca. 1170 Ω
+50° C	ca. 830 Ω
+60° C	ca. 600 Ω
+70° C	ca. 435 Ω
+80° C	ca. 325 Ω
+90° C	ca. 245 Ω
+100° C	ca. 185 Ω

- Erreicht der Temperaturfühler die Sollwerte bei den Messungen nicht, so ist er zu ersetzen.

Einbau

- Temperaturfühler mit **neuem** Dichtring und 20 Nm einschrauben.
- Kabelstecker aufschieben.
- Kühlmittel auffüllen.
- Motor warmfahren und Anschluß auf Dichtheit prüfen. Kühlmittelstand nochmals kontrollieren.

Ansaugluft-Temperaturfühler aus- und einbauen/prüfen

Der Temperaturfühler mißt die Temperatur der angesaugten Luft. Dieser Wert dient dem Steuergerät zusammen mit dem Signal des Saugrohrdrucksensors (PMS-Steuerung) als Maß für die angesaugte Luftmenge. Es handelt sich bei dem Ansaugluft-Temperaturfühler um einen NTC-Widerstand (NTC = Negativer Temperatur-Coeffizient), dessen Widerstand sich bei steigender Temperatur verringert.

Der Temperaturfühler sitzt auf der linken Seite im Luftfilter-Querrohr.

Ausbau

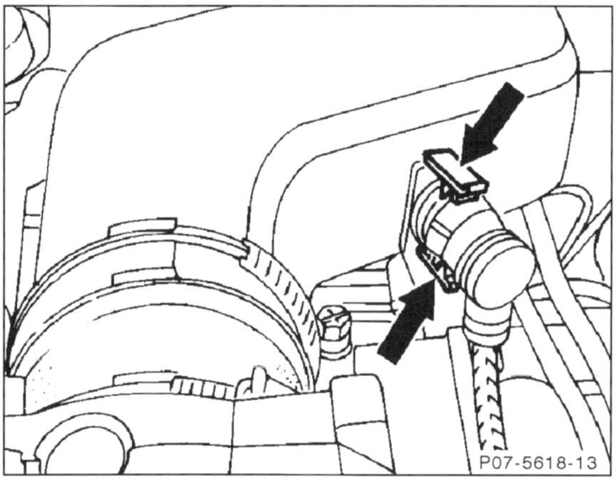

- Temperaturfühler mit Stecker abziehen, dazu die beiden Halteklammern –Pfeile– zusammendrücken.

Prüfen

- Stecker abziehen.
- Temperaturfühler in ein Wasserbad hängen. Das Wasserbad langsam erwärmen.
- Mit einem Ohmmeter Widerstand des Temperaturfühlers prüfen. Der gemessene Wert ist in Ordnung, wenn er sich innerhalb einer Toleranz von ±5% des angegebenen Wertes in der Tabelle befindet.

Temperatur	Widerstand
+10° C	ca. 9670 Ω
+20° C	ca. 6060 Ω
+30° C	ca. 3900 Ω
+40° C	ca. 2600 Ω
+50° C	ca. 1760 Ω
+60° C	ca. 1220 Ω
+70° C	ca. 860 Ω
+80° C	ca. 620 Ω

- Erreicht der Temperaturfühler die Sollwerte bei den Messungen nicht, so ist er zu ersetzen.

Einbau

- Kabelstecker aufschieben.
- O-Ring auf Beschädigungen oder Porosität prüfen, gegebenenfalls ersetzen.
- Temperaturfühler mit O-Ring einsetzen. Halteklammern nach außen drücken, bis sie hörbar einrasten.

Unterdruckanschlüsse

1,8-/2,0-l-Motor bis 5/97

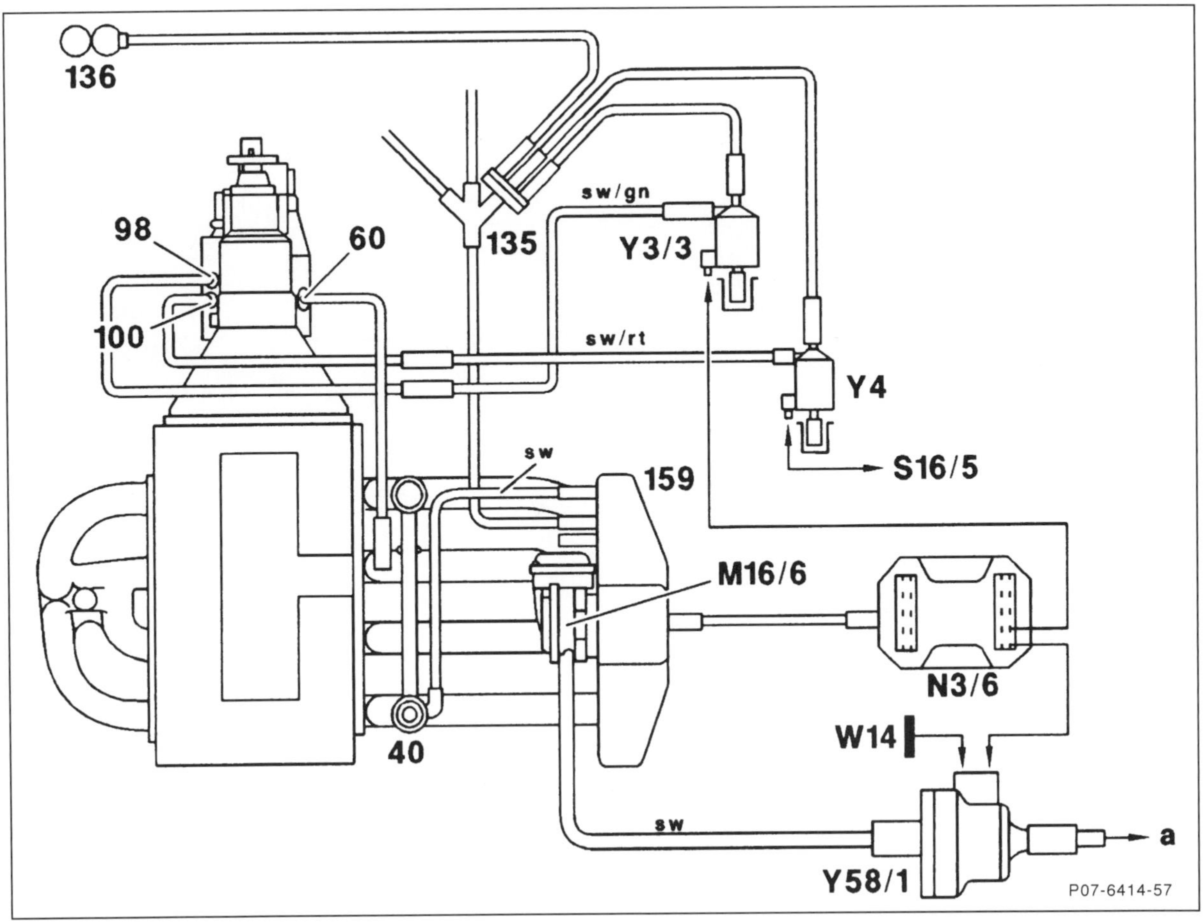

40 – Membrandruckregler
60 – Unterdruckdose Modulierdruck (nur Automatikgetriebe)
98 – Unterdruckelement Schaltpunktanhebung (nur Automatikgetriebe)
98 – Unterdruckelement 2. Fahrprogramm (nur Automatikgetriebe)
100 – Unterdruckelement S- und E-Programm
135 – Rückschlagventil
136 – Unterdruckbehälter
159 – Saugrohr
M16/6 – Stellglied Leerlaufregelung
N3/6 – Motor-Steuergerät (PMS)
S16/5 – Schalter 2. Fahrprogramm (nur Automatikgetriebe)
W14 – Massepunkt am Halter ABS-Hydraulikeinheit
Y3/3 – Umschaltventil Schaltpunktanhebung (nur Automatikgetriebe)
Y4 – Umschaltventil 2. Fahrprogramm (nur Automatikgetriebe)
Y58/1 – Umschaltventil Regenerierung
a – Zum Aktivkohlebehälter

Kraftstoffverteiler mit Einspritzventilen aus- und einbauen

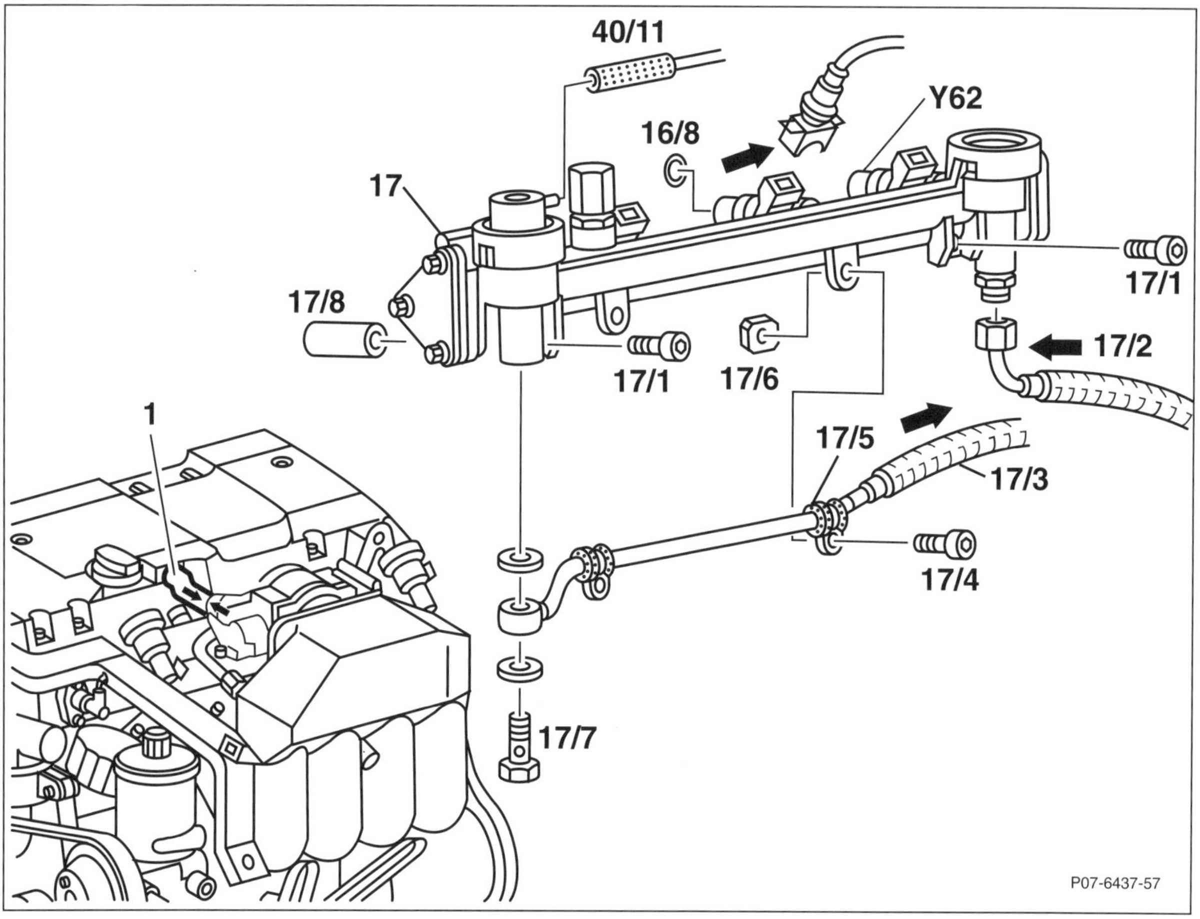

Ausbau

Achtung: Unbedingt auf gute Belüftung des Arbeitsplatzes achten. Kraftstoffdämpfe sind giftig, kein offenes Feuer, Brandgefahr!

- Massekabel (–) von der Batterie abklemmen. **Achtung:** Beim Abklemmen der Batterie erlischt die Radio-Diebstahlcodierung. Siehe Hinweise »Batterieausbau«.
- Kraftstoffdruck abbauen, dazu Tankdeckel kurzzeitig öffnen.
- Luftfilter-Querrohr ausbauen, siehe Seite 69.
- Kurbelgehäuse-Entlüftungsschlauch –1– abziehen.
- Unterdruckschlauch –40/11– abziehen.
- Zündleitungen an den Zündspulen abziehen und aus der Halterung ausclipsen.
- Schrauben –17/4– von den Kraftstoffleitungsschellen –17/5– herausdrehen. Darauf achten, daß die Muttern –17/6 nicht herunterfallen.
- Kraftstoffvor- –17/2– und -rücklaufleitung –17/3– abschrauben. Dazu Überwurfmutter und Hohlschraube –17/7– lösen. **Achtung:** Vor dem Lösen der Kraftstoffleitungen dicken Lappen über die Anschlüsse legen, um eventuellen Kraftstoff-Restdruck aufzufangen.
- Stecker für Einspritzventile –Pfeil– abziehen.
- Schrauben –17/1– herausdrehen und Distanzhülsen –17/8– abnehmen.
- Kraftstoffverteiler –17– mit Einspritzventilen vorsichtig aus dem Saugrohr herausziehen.

Einbau

- Kraftstoffverteiler mit **neuen** O-Ringen –16/8– einsetzen.
- Distanzhülsen einsetzen und Kraftstoffverteiler anschrauben.
- Stecker für Einspritzventile aufschieben.
- Kraftstoffleitungen mit **neuen** Dichtringen anschrauben.
- Rücklaufleitung mit Schellen am Kraftstoffverteiler befestigen.
- Zündleitungen an den Zündspulen aufstecken und in die Halterung einclipsen.
- Kurbelgehäuse-Entlüftungsschlauch so aufstecken, daß sich die Pfeile von Schlauch und Gummiflansch gegenüberstehen.
- Luftfilter-Querrohr einbauen, siehe Seite 69.
- Massekabel (–) an die Batterie abklemmen. Zeituhr einstellen. Diebstahlcode für Radio eingeben.
- Motor starten und Dichtheit der Kraftstoff-Anschlußstellen prüfen.

Einspritzventile aus- und einbauen

Ausbau

- Kraftstoffverteiler mit Einspritzventilen ausbauen.

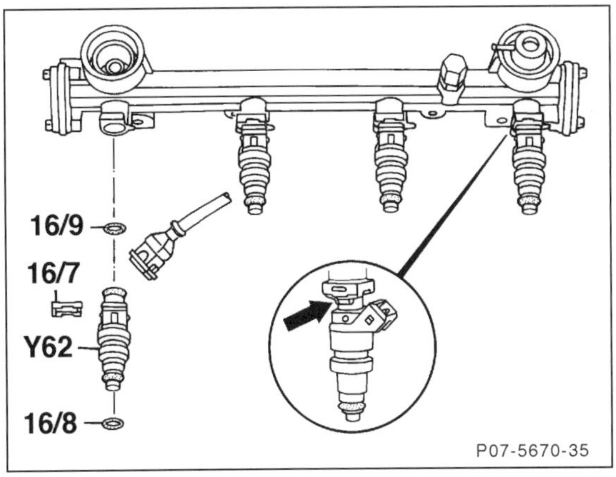

P07-5670-35

- Verdrehsicherungen –16/7– an den Einspritzventilen abziehen.
- Einspritzventile aus dem Kraftstoffverteiler herausziehen.

Einbau

- Einspritzventile in den Kraftstoffverteiler einsetzen. Vorher O-Ringe –16/8– und –16/9– leicht einölen.
- Verdrehsicherungen an den Einspritzventilen so aufstecken, daß sie in die Vierkantnase –Pfeil– am Einspritzventil –Y62– einrasten.
- Kraftstoffverteiler mit Einspritzventilen einbauen.

Lambdasonde aus- und einbauen

Ausbau

- Rechte Abdeckung hinter Spritzwand abnehmen.
- Leitungsschacht an der Spritzwand abbauen. Dazu Spreizstift herausziehen.

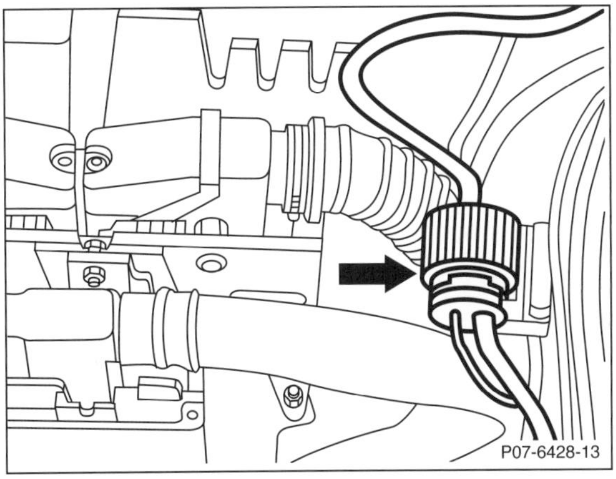
P07-6428-13

- Steckverbindung für Lambdasonde –Pfeil– trennen.
- Elektrische Leitung mit Gummitülle durch die Spritzwand herausziehen und am Zylinderkopfdeckel ausclipsen.

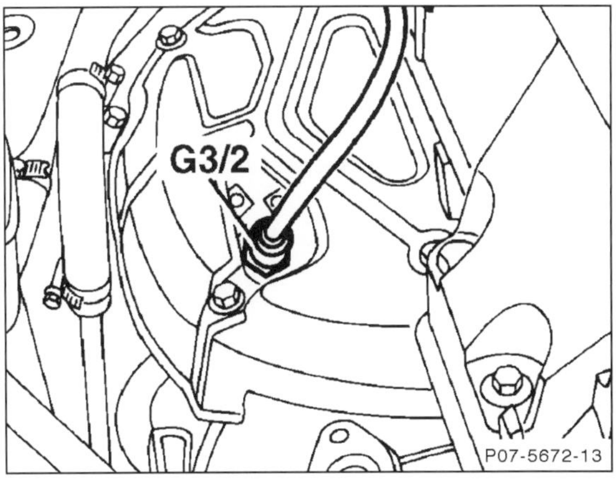

P07-5672-13

- Lambdasonde –G3/2– aus dem Abgaskrümmer herausschrauben.

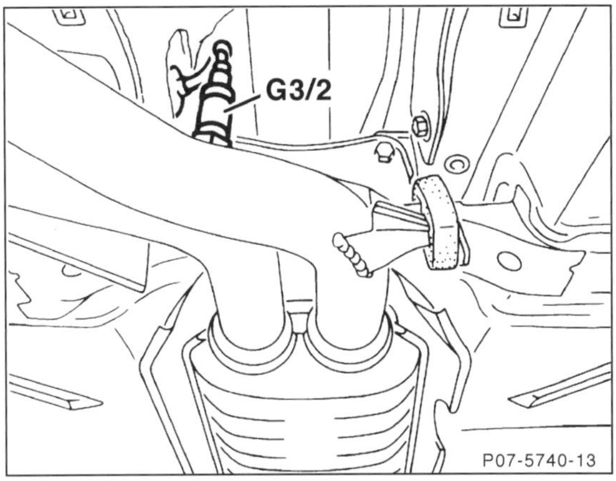

P07-5740-13

- Beim Reihen-6-Zylinder-Motor sitzt die Lambdasonde im vorderen Abgasrohr vor dem Katalysator.

Einbau

- Gewinde der Lambdasonde mit Heißschmierpaste, zum Beispiel Liqui Moly LM-508-ASC, einstreichen und mit **55 Nm** anschrauben.
- Elektrische Leitung durch die Spritzwand ziehen. Stecker verbinden. Leitung am Zylinderkopfdeckel einclipsen.
- Leitungsschacht an der Spritzwand ansetzen und Spreizstift hineindrücken.
- Rechte Abdeckung hinter der Spritzwand einsetzen.

Störungsdiagnose Benzin-Einspritzanlage

Bevor anhand der Störungsdiagnose der Fehler aufgespürt wird, müssen folgende Prüfvoraussetzungen erfüllt sein: Bedienungsfehler beim Starten ausgeschlossen. Sowohl für den kalten wie warmen Motor gilt: Gaspedal während des Startvorgangs nicht betätigen, Kupplungspedal treten.

Kraftstoff im Tank, Motor mechanisch in Ordnung, Batterie geladen, Anlasser dreht mit ausreichender Drehzahl, Zündanlage ist in Ordnung, keine Undichtigkeiten an der Kraftstoffanlage, Verschmutzungen im Kraftstoffsystem ausgeschlossen, Kurbelgehäuse-Entlüftung in Ordnung, elektrische Masseverbindung (Motor-Getriebe-Aufbau) vorhanden. Fehlerspeicher abfragen lassen. **Achtung:** Wenn Kraftstoffleitungen gelöst werden, müssen diese vorher mit Kaltreiniger oder Benzin gesäubert werden.

Störung	Ursache	Abhilfe
Motor springt nicht an	Elektro-Kraftstoffpumpe läuft beim Betätigen des Anlassers nicht an (keine Laufgeräusche hörbar)	■ Leicht gegen das Pumpengehäuse klopfen, damit sich eine eventuell hängengebliebene Pumpe lösen kann ■ Prüfen, ob Spannung an der Pumpe anliegt. Elektrische Kontakte auf gute Leitfähigkeit überprüfen
	Sicherung defekt	■ Sicherung für Kraftstoffpumpe überprüfen
	Kraftstoffpumpenrelais defekt	■ Relais überprüfen
	Einspritzventile erhalten keine Spannung	■ Stecker von den Ventilen abziehen, Prüflampe anschließen und Starter betätigen. Prüflampe muß schwach flackern. Wenn die Lampe schwach leuchtet: Steuergerät ersetzen; wenn die Prüflampe nicht leuchtet: Kraftstoffpumpenrelais überprüfen
Der kalte Motor springt schlecht an, läuft unrund	Temperaturfühler defekt	■ Temperaturfühler prüfen
	Lambdasonde defekt	■ Lambdasonde prüfen lassen ggf. ersetzen
Der Motor setzt aus	Elektrische Verbindungen zur Kraftstoffpumpe zeitweise unterbrochen	■ Steckverbindungen und Anschlüsse von elektrischen Leitungen an der Kraftstoffpumpe und dem Kraftstoffpumpen-Relais auf feste und widerstandslose Verbindung prüfen. Sicherung und Kontaktstellen am Kraftstoff pumpen-Relais prüfen. Kontakte reinigen.
	Kraftstoff-Fördermenge zu gering	■ Fördermenge prüfen lassen
	Kraftstoffilter verstopft	■ Kraftstoffilter erneuern
	Kraftstoffpumpe defekt	■ Kraftstoffpumpe prüfen
	Einspritzventil undicht	■ Einspritzventile prüfen
Der Motor hat Übergangsstörungen	Luftansaugsystem undicht	■ Ansaugsystem prüfen. Dazu Motor im Leerlauf drehen lassen und Dichtstellen sowie Anschlüsse im Ansaugtrakt mit Benzin bestreichen. Wenn sich die Drehzahl kurzfristig erhöht, undichte Stelle beseitigen. **Achtung:** Benzindämpfe sind giftig, nicht einatmen!
	Kühlmittel-Temperaturfühler defekt	■ Temperaturfühler prüfen
	Kraftstoffsystem undicht	■ Sichtprüfung an allen Verbindungsstellen im Bereich des Motors und der elektrischen Kraftstoffpumpe. Alle Anschlüsse nachziehen
Der heiße Motor springt nicht an	Druck im Kraftstoffsystem zu hoch	■ Kraftstoffdruck prüfen lassen, gegebenenfalls Druckregler ersetzen
	Rücklaufleitung zwischen Druckregler und Tank verstopft oder geknickt	■ Leitung reinigen oder ersetzen

Abgasanlage

Die Abgasanlage besteht aus dem vorderen Abgasrohr mit Katalysator, dem Mittel- und dem Hauptschalldämpfer.

Das vordere Abgasrohr ist mit dem Abgaskrümmer verschraubt, der am Zylinderkopf angeflanscht ist. Alle Teile sind miteinander verschraubt und lassen sich einzeln auswechseln. Selbstsichernde Muttern und Dichtungen sind nach dem Ausbau zu ersetzen. Halteringe und Gummipuffer auf Porosität und Beschädigung prüfen, gegebenenfalls auswechseln.

Beim Einbau einer neuen Abgasanlage empfiehlt es sich, alle Aufhängungsteile ebenfalls zu erneuern.

4-Zylinder-Motor

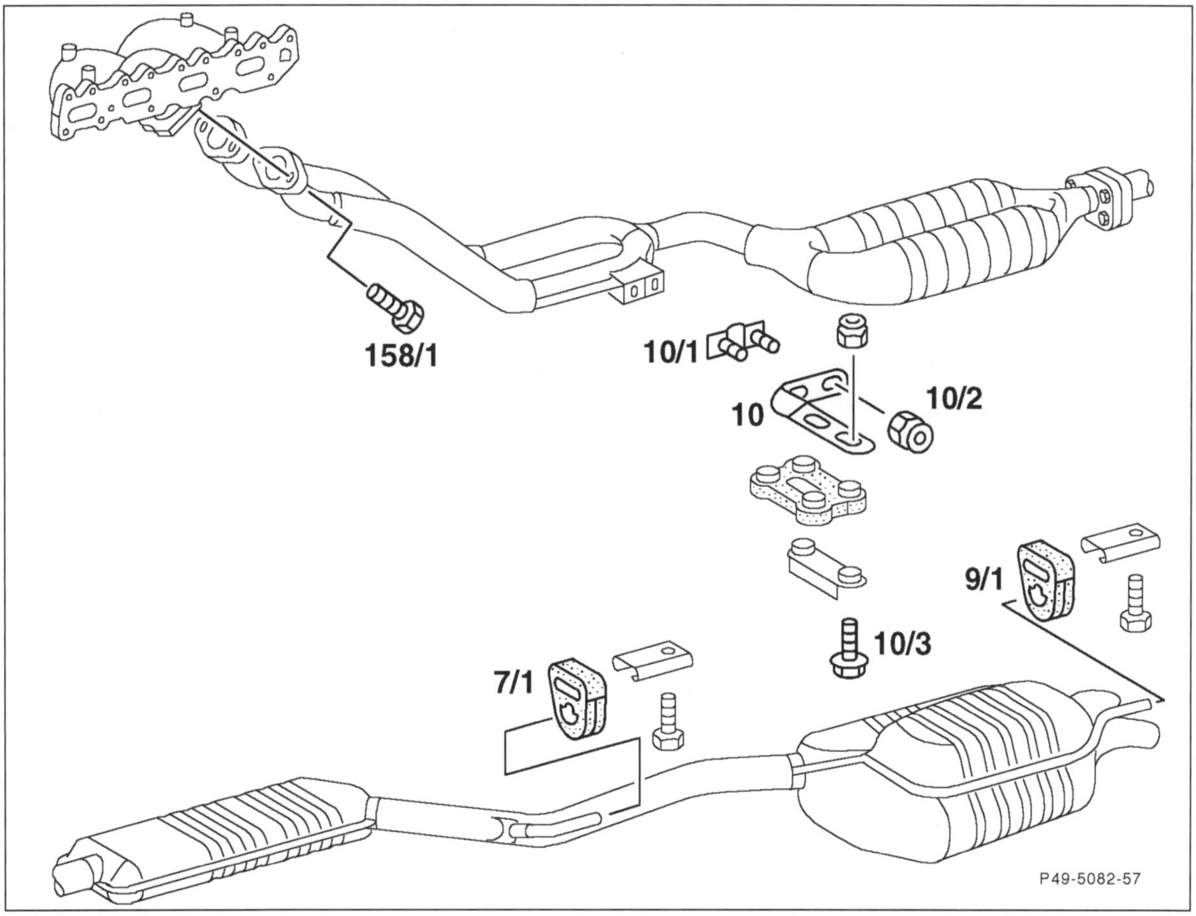

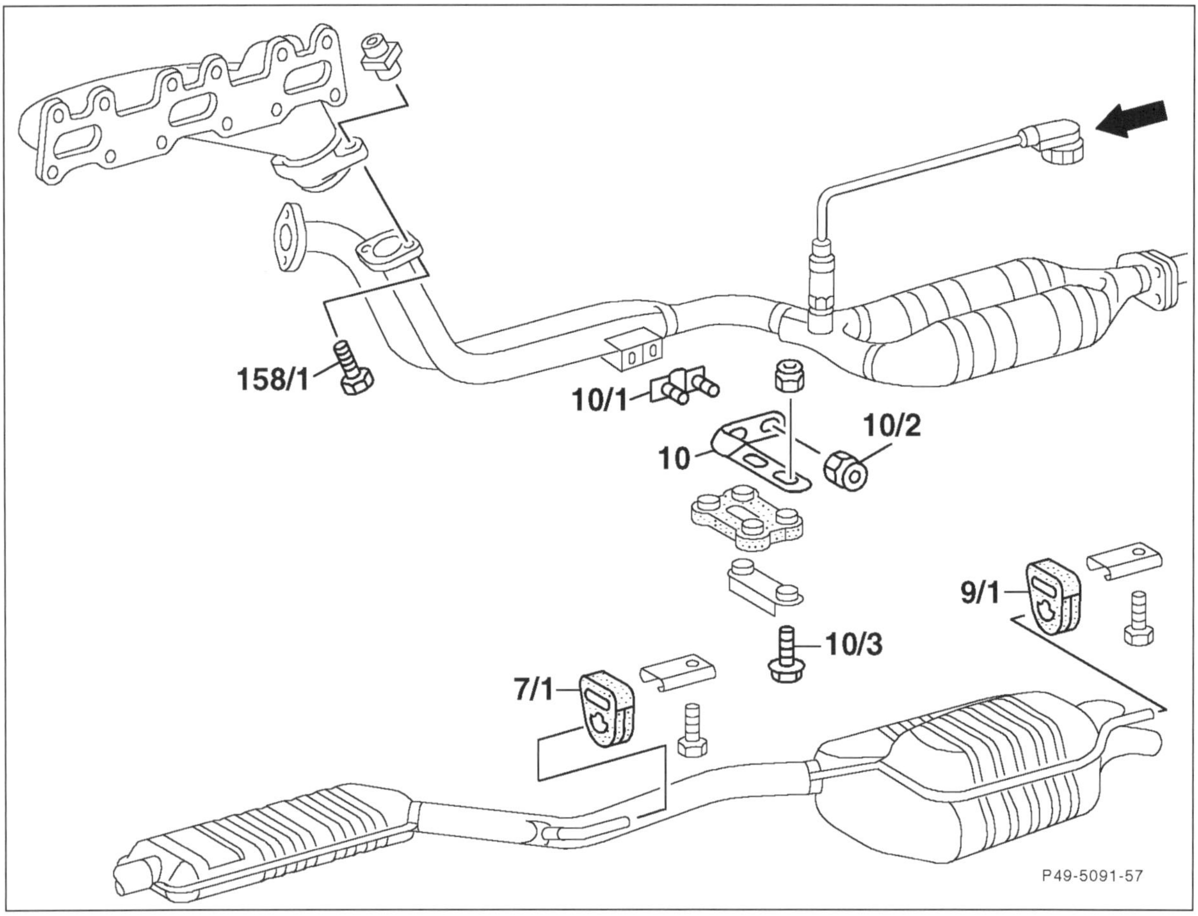

Abgasanlage aus- und einbauen

Es lassen sich auch sämtliche Teile der Abgasanlage einzeln auswechseln. **Achtung:** Beim Einbau von Teilen der Abgasanlage darauf achten, daß die Teile fest zusammengefügt werden. Sonst kann es bei der Abgasuntersuchung (AU) zu Fehlmessungen kommen.

Ausbau

- Fahrzeug aufbocken.
- Sämtliche Schrauben und Muttern der Abgasanlage mit rostlösendem Mittel einsprühen. Rostlöser einige Zeit einwirken lassen.
- Vorderes Abgasrohr am Abgaskrümmer von unten abschrauben –158/1–.
- **Reihen-6-Zylinder-Motor:** Lambdasonde ausbauen, siehe Seite 95.
- Abgasanlage durch Holzunterlagen abstützen.
- Schrauben –10/3– am Träger –10– herausdrehen.
- Muttern –10/2– an der Gewindeplatte –10/1– abschrauben. Gewindeplatte abnehmen.
- Gummilager –7/1, 9/1, 9/2, 158/2– mit selbstangefertigten Haken aushängen.
- Komplette Abgasanlage ablassen und herausnehmen.

Einbau

Vor der Montage der Abgasanlage prüfen, ob der Flansch zum Abgaskrümmer verzogen ist, gegebenenfalls Flansch ausrichten.

- Gummilager auf Porosität oder Beschädigungen prüfen, gegebenenfalls ersetzen.
- Neue Abgasanlage zusammenstecken, Verbindungsflansche leicht beiziehen.
- Werden bisherige Teile der Abgasanlage wieder eingebaut, Anschlußstellen mit Schmirgelleinwand von Verbrennungs- und Korrosionsrückständen säubern.

Achtung: Um die Muttern und Schrauben der Abgasanlage später leichter lösen zu können, empfiehlt es sich, diese mit einer Hochtemperaturpaste, zum Beispiel Liqui Moly LM-508-ASC, einzustreichen.

- Abgasanlage in die Gummilager einhängen.

- Abgasanlage durch Drehen und Verschieben in Längsrichtung so ausrichten, daß überall ausreichend Abstand zum Aufbau vorhanden ist und die Gummilager gleichmäßig belastet werden.
- Gewindeplatte mit 20 Nm anschrauben.
- Schrauben für Verbindungsflansch mit 20 Nm, für vorderes Abgasrohr an Krümmer mit 30 Nm festziehen.
- **Reihen-6-Zylinder-Motor:** Lambdasonde einbauen, siehe Seite 95.
- Motor starten und Abgasanlage auf Dichtheit prüfen.
- Fahrzeug ablassen.

Funktion des Katalysators

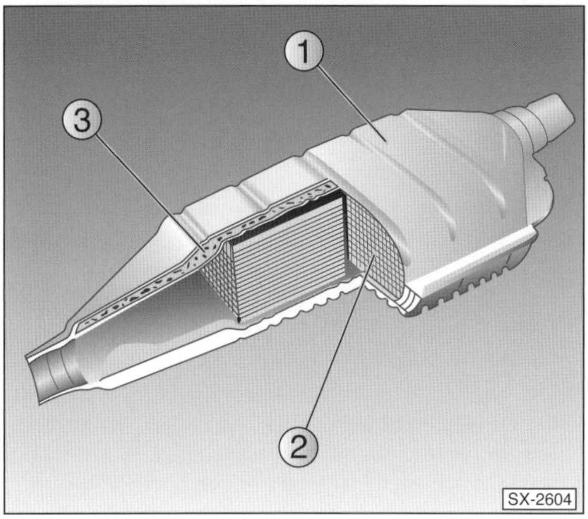

Der Katalysator besteht aus einem Keramik-Wabenkörper –2–, der mit einer Trägerschicht überzogen ist. Auf der Trägerschicht befinden sich Edelmetallsalze, die den Umwandlungsprozeß bewirken. Im Gehäuse –1– wird der Katalysator durch eine Isolations-Stützmatte –3– fixiert, die außerdem Wärmeausdehnungen ausgleicht.

In Verbindung mit der elektronisch gesteuerten Einspritzanlage und der Lambdasonde wird die Kraftstoffmenge für die Verbrennung exakt dosiert, damit der Katalysator die Schadstoffe reduzieren kann. Die Lambdasonde sitzt im Abgasrohr vor dem Katalysator und wird vom Abgasstrom umspült. Bei der Lambdasonde handelt es sich um einen elektrischen Meßfühler, der den Restgehalt an Sauerstoff im Abgas durch elektrische Spannungsschwankungen anzeigt und Rückschlüsse auf die Zusammensetzung des Luft-Benzin-Gemisches ermöglicht. In Bruchteilen von Sekunden kann die Lambdasonde entsprechende Signale an die Steuereinheit der Einspritzanlage weitergeben und dadurch das Kraftstoff-Luftverhältnis ständig verändern. Das ist einerseits erforderlich, da sich ja die Betriebsverhältnisse (Leerlauf, Vollgas) ständig ändern, zum anderen aber auch, weil nur dann eine optimale Nachverbrennung im Katalysator erfolgt, wenn noch genügend Benzinanteile im Motorabgas vorhanden sind.

Damit es also bei einer Temperatur von +300° bis +800° C im Katalysator überhaupt zu einer Nachverbrennung kommen kann, muß das Kraftstoff-Luftgemisch mehr Kraftstoffanteile aufweisen, als für die reine Verbrennung erforderlich wären.

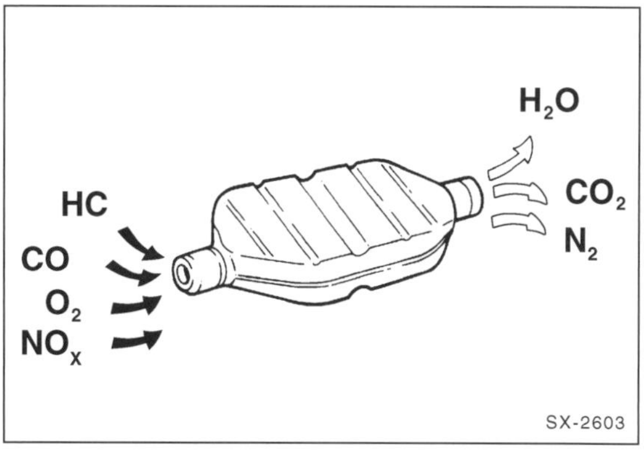

Bei den verwendeten Katalysatoren handelt es sich um sogenannte 3-Wege-Katalysatoren. Das bedeutet, daß aufgrund der Lambdaregelung die Oxidation von Kohlenmonoxid (CO) und Kohlenwasserstoffen (HC) sowie die Reduktion der Stickoxide (NO_X) gleichzeitig durchgeführt werden.

Sicherheitsregeln für Katalysatorfahrzeuge

Um Beschädigungen an der Lambdasonde und am Katalysator zu vermeiden, sind folgende Hinweise unbedingt zu beachten:

- Grundsätzlich nur bleifreies Benzin tanken.
- Beim Ein- oder Nachfüllen von Motoröl besonders darauf achten, daß auf keinen Fall die Maximum-Markierung am Ölpeilstab überschritten wird. Das überschüssige Öl gelangt sonst aufgrund unvollständiger Verbrennung in den Katalysator und kann das Edelmetall beschädigen oder den Katalysator vollständig zerstören.
- Das Anlassen des **betriebswarmen** Motors durch Anschieben oder Anschleppen ist nicht erlaubt. Starthilfekabel verwenden. Unverbrannter Kraftstoff könnte bei einer Zündung zur Überhitzung des Katalysators und zu seiner Zerstörung führen.
- Bei Startschwierigkeiten nicht unnötig lange den Anlasser betätigen. Während des Anlassens wird permanent Kraftstoff eingespritzt. Fehlerursache ermitteln und beseitigen.
- Kraftstofftank nie ganz leerfahren.
- Treten Zündaussetzer auf, hohe Motordrehzahlen vermeiden und Fehler umgehend beheben.
- Nur die vorgeschriebenen Zündkerzen verwenden.
- Nur Funkenprüfung mit abgezogenem Zündkerzenstecker durchführen, wenn gleichzeitig die Kraftstoffeinspritzung durch Abziehen der Kraftstoffpumpen-Sicherung unterbunden wird.

- Es darf kein Zylindervergleich (Balancetest) durch Zündabschaltung eines Zylinders durchgeführt werden. Bei Zündabschaltung der einzelnen Zylinder – auch über Motortester – gelangt unverbrannter Kraftstoff in den Katalysator.
- Fahrzeug nicht über trockenem Laub, Gras oder auf einem Stoppelfeld abstellen. Die Abgasanlage wird im Bereich des Katalysators sehr heiß und strahlt die Wärme auch nach Abstellen des Motors noch ab.
- Keinen Unterbodenschutz an der Abgasanlage aufbringen.

Abgasanlage auf Dichtigkeit prüfen

Bei Fahrzeugen mit geregeltem Katalysator können Undichtigkeiten der Abgasanlage vor der Lambdasonde zu folgenden Störungen führen:

- Startschwierigkeiten; Motor geht aus, schüttelt im Leerlauf, ruckelt beim Beschleunigen.

Prüfvoraussetzung: Motor kalt oder handwarm.

- Motor starten und Abgasanlage auf Dichtheit prüfen, dazu Abgasendrohr mit Lappen zuhalten. Dabei von einer Hilfsperson alle Dichtflansche auf austretende Abgase prüfen lassen (zischendes Geräusch, Austritt mit der Hand spürbar).
- Verbindungsstellen Zylinderkopf/Krümmer und Krümmer/Abgasrohr vorn mit handelsüblichem »Leck-Sucher« einsprühen und auf Blasenbildung untersuchen.

Mittel- und Nachschalldämpfer aus- und einbauen

Ausbau

- Fahrzeug aufbocken.

4-Zylinder-Motor:

M-2606

- Schelle abschrauben und Nachschalldämpfer aus den Stegschlaufen aushängen.
- Nachschalldämpfer mit drehenden Bewegungen abziehen. Falls das hintere Abgasrohr nicht abgezogen werden kann, Verbindungsstelle mit einer Schweißflamme erwärmen, falls vorhanden.

Sicherheitshinweis:

Dabei den Tank mit einer Asbestplatte abschirmen. **Feuergefahr! Feuerlöscher bereitstellen.**

- Steht kein Schweißgerät zur Verfügung, Abgasrohr hinter der Schelle durchtrennen.

Hinweis: Zum Trennen eignet sich am besten ein handelsüblicher Ketten-Abgasrohrschneider, zum Beispiel HAZET Nr. 4682. Es geht auch mit einer Eisensäge oder einem Trennschleifer.

- Das auf dem Zwischenrohr verbleibende Stück der Länge nach aufsägen und mit einem Meißel abschlagen.

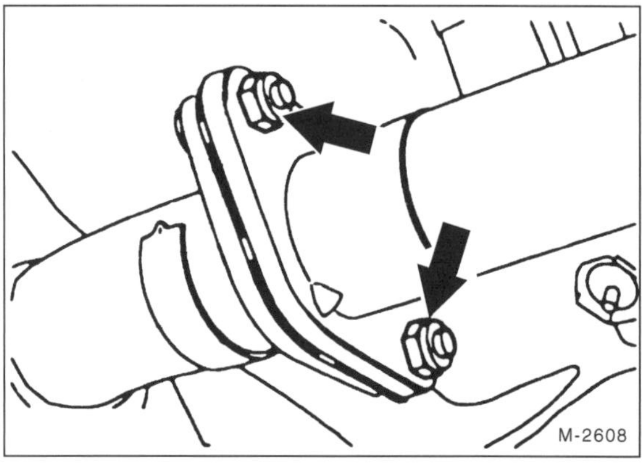
M-2608

- **6- und 8-Zylinder-Motor:** Die Doppelrohre von vorderem und hinterem Abgasrohr sind durch einen Flansch miteinander verschraubt. Flanschschrauben abschrauben.

Einbau

- Grundsätzlich **neue** Dichtungen verwenden, beschädigte Schrauben und Muttern erneuern.
- Um die Muttern und Schrauben der Abgasanlage später leichter lösen zu können, empfiehlt es sich, diese mit einer Hochtemperatur-Kupferpaste, zum Beispiel LIQUI MOLY LM-508-ASC, einzustreichen.
- Gummistegschlaufen auf Porosität oder Beschädigungen prüfen, gegebenenfalls ersetzen.
- **4-Zylinder-Motor:** Neuen Nachschalldämpfer aufschieben, ausrichten und Schelle lose befestigen.
- **6- und 8-Zylinder-Motor:** Abgasrohrflansche mit Schmirgelleinwand von Verbrennungs- und Korrosionsrückständen säubern. Nachschalldämpfer mit neuen Dichtungen an vorderes Abgasrohr anschrauben.
- Nachschalldämpfer in die Gummistegschlaufen einhängen.
- Abgasanlage ausrichten, Schrauben an Schelle beziehungsweise Flansch mit **20 Nm** anziehen.
- Fahrzeug ablassen.

Kupplung

Die Kupplung besteht aus der Kupplungsdruckplatte, der Kupplungsscheibe und dem hydraulischen Betätigungssystem. Druckplatte und Kupplungsscheibe sind im Schwungrad des Motors untergebracht.

Die Kupplungsdruckplatte ist mit dem Schwungrad verschraubt, das wiederum an der Kurbelwelle des Motors angeflanscht ist. Zwischen der Kupplungsdruckplatte und dem Schwungrad befindet sich die Kupplungsmitnehmerscheibe, die von der Kupplungsdruckplatte gegen das Schwungrad gepreßt wird. Die Mitnehmerscheibe wird von der verzahnten Getriebeantriebswelle zentriert.

Beim Niedertreten des Kupplungspedals (auskuppeln) wird über den Geberzylinder im Fußraum des Fahrzeuges Druck aufgebaut und über eine Hydraulikleitung auf den am Getriebe angeflanschten Kupplungs-Nehmerzylinder übertragen. Der Kolben des Nehmerzylinders drückt über die Ausrückgabel das Ausrücklager gegen die Membranfeder der Druckplatte und hebt diese etwas an. Dadurch wird die Kupplungsscheibe zwischen Schwungrad und Druckplatte frei, der Kraftschluß zwischen Motor und Getriebe ist somit aufgehoben.

Wird das Kupplungspedal zurückgenommen (einkuppeln), preßt die Druckplatte die Mitnehmerscheibe gegen das Schwungrad. Der Kraftschluß ist wieder hergestellt, da die angepreßte Mitnehmerscheibe über eine Verzahnung fest mit der Getriebewelle verbunden ist.

Bei jedem Ein- und Auskuppeln wird durch den leichten Schleifvorgang etwas Reibbelag von der Mitnehmerscheibe abgeschliffen. Die Mitnehmerscheibe ist also ein Verschleißteil, doch hat sie eine mittlere Lebensdauer von über 100.000 Kilometer. Der Verschleiß hängt im wesentlichen von der Belastung (z.B. Anhängerbetrieb) und der Fahrweise ab. Die Kupplung ist wartungsfrei.

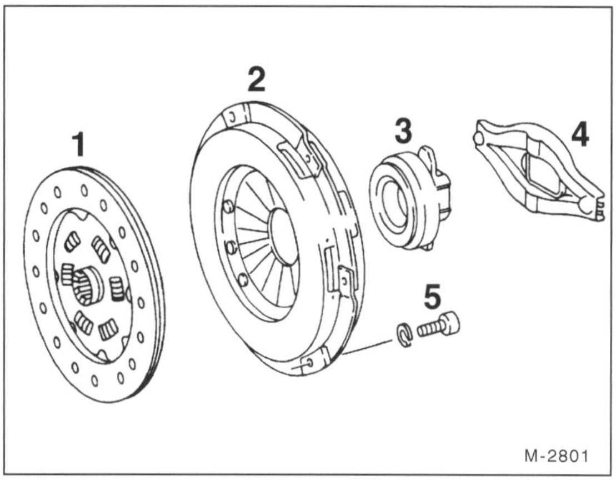

1 – Kupplungsscheibe
2 – Druckplatte
3 – Ausrücklager
4 – Ausrückgabel
5 – Innensechskantschraube, 25 Nm

Sämtliche Motoren, außer 1,8-l und 2,0-l ohne Klimaanlage, sind mit einem Zweimassenschwungrad ausgerüstet. Das Zweimassenschwungrad besitzt ein Feder- und Dämpfersystem, um die Übertragung der vom Motor erzeugten Drehschwingungen zu reduzieren. Außerdem verringert sich dadurch auch die Geräuschübertragung im unteren Drehzahlbereich. Die Kupplungsscheibe für dieses Schwungrad besteht nur noch aus Nabe, Mitnehmerblech und Kupplungsbelag. Ebenso sind die Druckplatte und das Ausrücklager den geänderten Platzverhältnissen angepaßt.

Dicke der Kupplungsscheibe in eingebautem Zustand prüfen

Die Kupplung ist selbstnachstellend und wartungsfrei, daher ist der Verschleiß der Kupplungsscheibe nicht am Spiel des Kupplungspedales erkennbar. Um die Dicke der Kupplungsscheibe in eingebautem Zustand zu prüfen, wird eine spezielle Kontroll-Lehre benötigt, die selbst angefertigt werden kann.

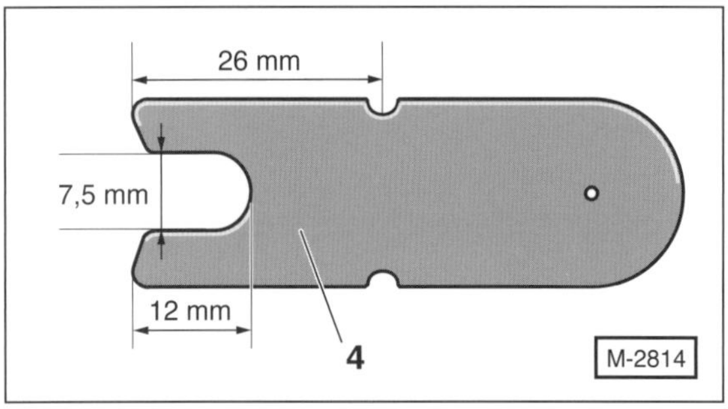

- Kontroll-Lehre –4– im Maßstab 1:1 entsprechend der Abbildung aus 0,8 mm starkem Blech anfertigen.
- Fahrzeug aufbocken.

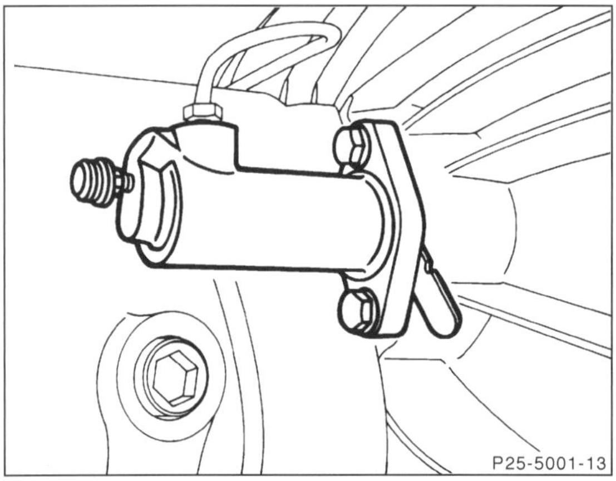

- Lehre –4– am Kupplungs-Nehmerzylinder in die Nut der Kunststoffbeilage bis zum Anschlag einschieben.

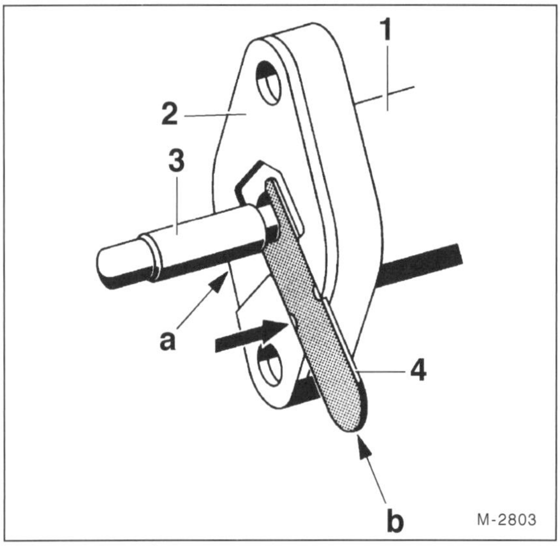

- Wenn die Kerbmarken –Pfeil– der Lehre –4– hinter dem Flansch des Nehmerzylinders verschwinden, ist die Kupplungsscheibe noch ausreichend dick. 1 – Nehmerzylinder; 2 – Kunststoffzwischenlage; 3 – Druckstange; a, b – Nuten für Lehre.

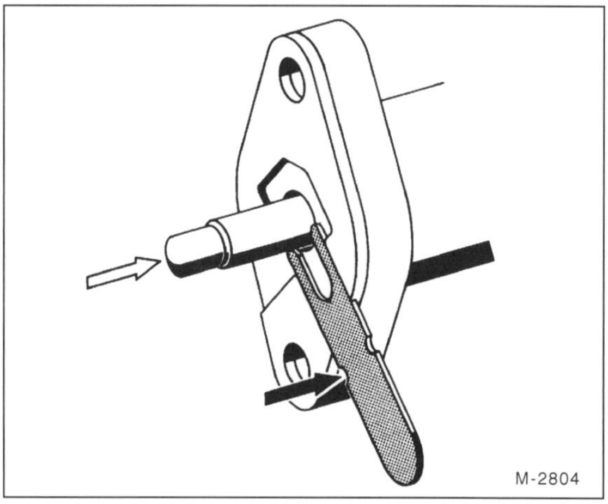

- Wenn die Kerbmarken sichtbar bleiben, obwohl die Lehre bis zum Anschlag eingeschoben ist, dann hat die Kupplungsscheibe ihre Verschleißgrenze erreicht und muß ausgewechselt werden.
- Fahrzeug ablassen.

Kupplung aus- und einbauen/prüfen

Ausbau

- Getriebe ausbauen, siehe Seite 108.

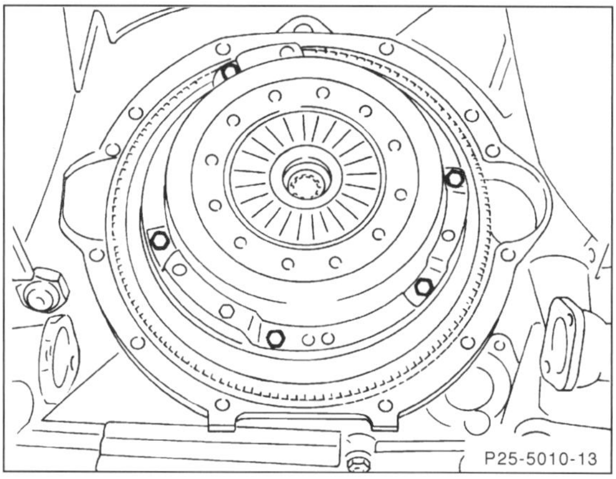

- Befestigungsschrauben der Kupplungsdruckplatte nacheinander jeweils um 1 bis 1½ Umdrehungen lösen, bis die Druckplatte entspannt ist.

Achtung: Wenn die Schrauben sofort ganz gelöst werden, kann die Membranfeder beschädigt werden.

- Damit das Schwungrad beim Lösen der Schrauben nicht mitdreht, Schwungrad mit Schraubendreher arretieren.
- Anschließend Schrauben ganz herausdrehen.

- Druckplatte und Kupplungsscheibe herausnehmen. **Achtung:** Druckplatte und Kupplungsscheibe beim Herausnehmen nicht fallen lassen, sonst können nach dem Einbau Rupf- und Trennschwierigkeiten auftreten.
- Schwungrad innen ausblasen oder mit benzingetränktem Lappen auswischen.

Prüfen

- Kupplungsdruckplatte auf Brandrisse und Riefen prüfen.

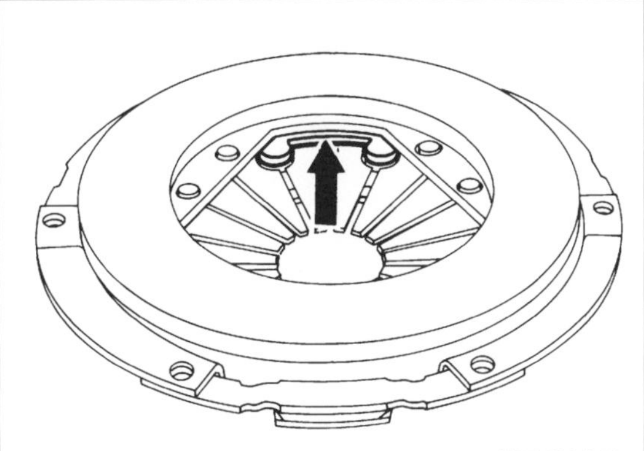
P25-5005-13

- Membranfeder auf Risse untersuchen –Pfeil–.

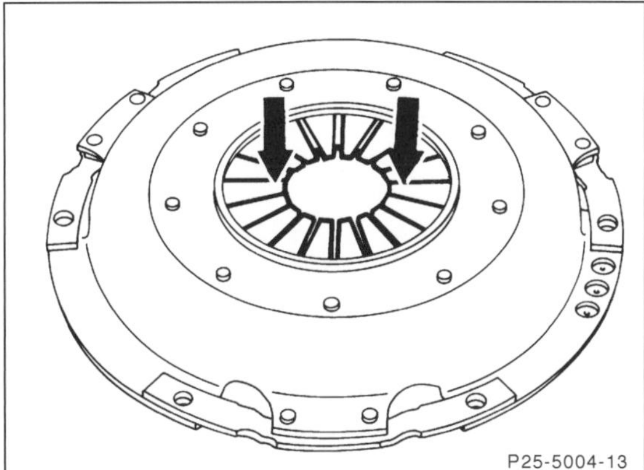
P25-5004-13

- Zungen der Membranfeder –Pfeile– auf Verschleiß und gleichmäßige Höhe prüfen, gegebenenfalls mit Zange vorsichtig nachrichten. **Achtung:** Der Verschleiß darf maximal 0,3 mm betragen.
- Schwungrad auf Brandrisse und Riefen prüfen.
- Kupplungsdruckplatte und Schwungrad mit grobem Schmirgelleinen abziehen.

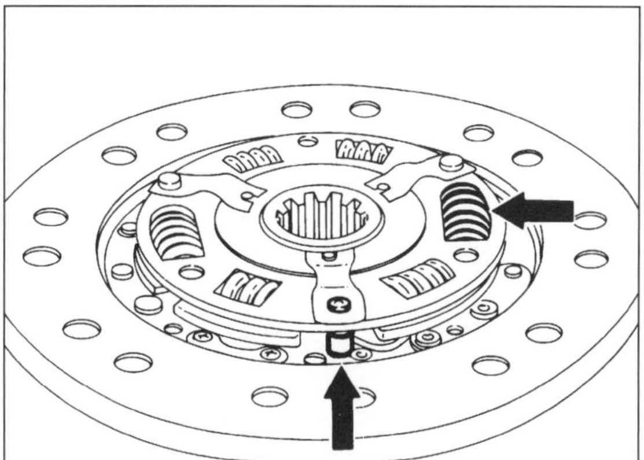
P25-5016-13

- Verölte, verfettete oder mechanisch beschädigte Kupplungsscheiben austauschen.
- Belagstärke der Kupplungsscheibe messen. Neu: 3,6 – 4,0 mm je Belagseite. Wenn die Verschleißgrenze von 2,6 – 3,0 mm je Belagseite erreicht ist, Kupplungsscheibe auswechseln. Ebenso bei Belagrissen.
- Anschlagbolzen, Federfenster, Torsionsfedern und Nabe auf Verschleiß- und Einlaufspuren prüfen –Pfeile–.
- Ausrücklager vom Lagerrohr am vorderen Getriebedeckel abnehmen und prüfen, siehe Seite 104.
- In der Werkstatt kann die Kupplungsscheibe auf Schlag geprüft werden. Der Seitenschlag darf bei der Kupplungsscheibe maximal 0,5 mm betragen. **Achtung:** Diese Prüfung ist nur notwendig, wenn die alte Kupplungsscheibe wieder eingebaut werden soll und die Kupplung vorher nicht richtig ausgekuppelt hat.

Einbau

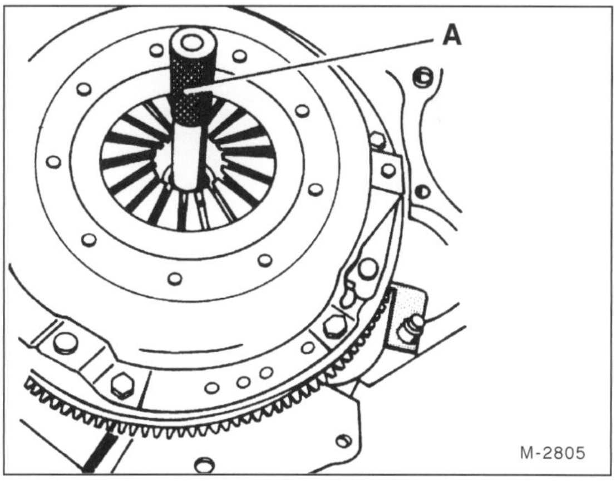

M-2805

- Kupplungsscheibe und Kupplungsdruckplatte am Schwungrad ansetzen und mit einem Kupplungsdorn –A– oder HAZET-Zentrierwerkzeug 2174 zentrieren.

Achtung: Bei Motoren mit Zweimassen-Schwungrad ist die Verzahnung der Kupplungsscheibe vernickelt und darf somit nicht gefettet werden.

- Befestigungsschrauben für Kupplungsdruckplatte nacheinander mit 1 bis 1½ Umdrehungen anziehen, bis die Druckplatte festgezogen ist. Anziehdrehmoment: **25 Nm**. Anschließend Zentrierdorn entfernen. **Achtung:** Darauf achten, daß die Druckplatte beim Anziehen der Schrauben gleichmäßig und gratfrei in das Schwungrad eingezogen wird.
- Getriebe einbauen, siehe Seite 108.

Ausrücklager aus- und einbauen

Hörbare Lagergeräusche in ausgekuppeltem Zustand, also bei niedergetretenem Kupplungspedal, deuten auf ein defektes Ausrücklager hin.

Ausbau

- Getriebe ausbauen, siehe Seite 108.

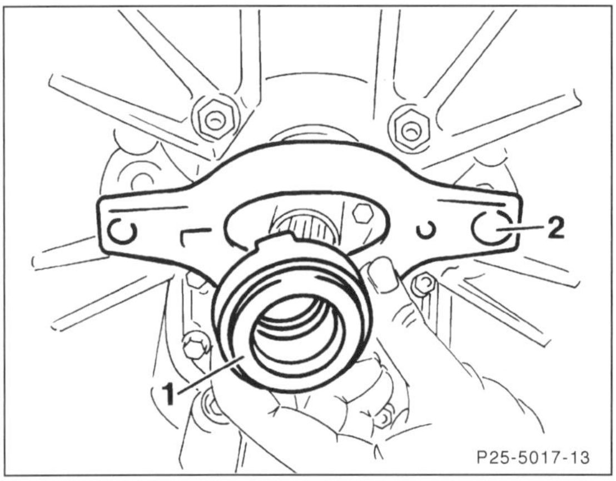

- Ausrücklager –1– vom Lagerrohr am vorderen Getriebedeckel abziehen.

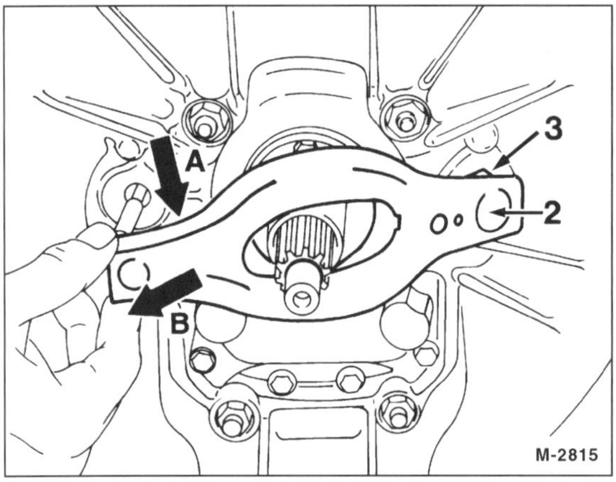

- Ausrückgabel –2– in Pfeilrichtung –A– bewegen und dann in Pfeilrichtung –B– vom Kugelbolzen –3– am Kupplungsgehäuse abziehen und abnehmen.

Prüfen

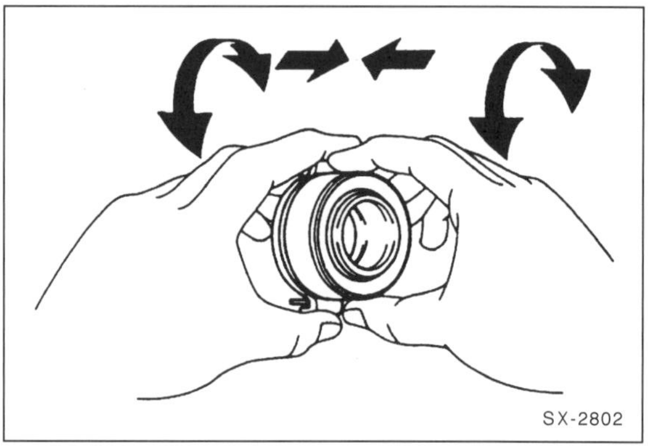

- Ausrücklager zusammendrücken und gleichzeitig drehen. Läuft das Lager rauh, neues Lager einbauen.
- Gleitflächen auf Verschleiß, Korrosion und Beschädigungen prüfen.

Einbau

- Sämtliche Lager- und Berührungsflächen mit sauberem Lappen abwischen und mit MoS_2-Schmierfett einfetten.

Achtung: Nicht zuviel Fett auftragen, damit bei eingebauter Kupplung kein Fett auf die Reibfläche gelangen kann.

- Ausrückgabel –2– entgegen der Pfeilrichtung –B– auf den Kugelbolzen –3– aufdrücken, bis der Federbügel der Gabel einrastet. Anschließend Gabel entgegen der Pfeilrichtung –A– bewegen, bis die Druckstange des Nehmerzylinders an der Aussparung der Ausrückgabel anliegt.
- Ausrücklager innen und an den beiden seitlichen Anfräsungen am hinteren Hülsenteil einfetten.
- Ausrücklager auf das Lagerrohr aufschieben und so lange drehen, bis es mit den seitlichen Anfräsungen in die Gabel einschnappt.
- Getriebe einbauen, siehe Seite 108.

Kupplungsbetätigung entlüften/ Hydraulikflüssigkeit erneuern

Die Kupplungsbetätigung muß entlüftet werden, wenn das Kupplungspedal nicht oder nur verzögert zurückkommt, die Kupplung nicht richtig trennt beziehungsweise wenn das Hydrauliksystem geöffnet wurde.

Sicherheitshinweis:
Da das Hydrauliksystem der Kupplung mit Bremsflüssigkeit arbeitet, sind ebenfalls die entsprechenden Hinweise im Kapitel »Bremsanlage« durchzulesen. Bremsflüssigkeit ist giftig und greift den Autolack an.

Achtung: Bei dem hier beschriebenen Entlüftungsvorgang ohne Entlüftergerät kann etwas Luft im System bleiben. Erkennbar ist das am Kratzen und nicht richtigen Trennen der Kupplung. In diesem Fall Kupplungshydraulik umgehend in der Werkstatt mit dem Spezialgerät entlüften lassen.

Entlüften ohne Entlüftergerät

- Bremsflüssigkeitsstand im Vorratsbehälter prüfen, gegebenenfalls auffüllen, siehe Kapitel »Wartung«.

Achtung: Der Flüssigkeitsstand im Vorratsbehälter darf nicht zu weit absinken, immer **neue** Bremsflüssigkeit nachfüllen.

- Fahrzeug aufbocken. Untere Motorraumverkleidung ausbauen, siehe Seite 20.

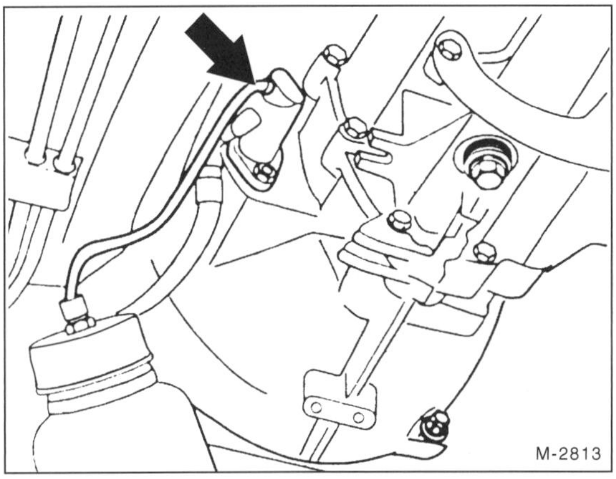
M-2813

- Staubkappe von Entlüfterschraube –Pfeil– am Nehmerzylinder abziehen. Durchsichtigen Schlauch auf das Entlüfterventil am Nehmerzylinder aufschieben.
- Entlüfterventil vorsichtig gangbar machen. Zum Öffnen Ringschlüssel verwenden, damit der Sechskant der Schraube nicht beschädigt wird.
- Freies Schlauchende in ein Gefäß mit Bremsflüssigkeit tauchen, damit beim Entlüftungsvorgang keine Luft angesaugt werden kann.
- Kupplungspedal von Helfer ca. 10mal bis zum Anschlag durchtreten und dann gedrückt festhalten lassen.
- In dieser Stellung Entlüfterschraube öffnen, Bremsflüssigkeit tritt aus. Wenn keine Luftblasen mehr in der austretenden Bremsflüssigkeit sichtbar sind, Entlüfterschraube zudrehen (verschließen).

Achtung: Der Flüssigkeitsstand im Vorratsbehälter darf nicht zu weit absinken, immer **neue** Bremsflüssigkeit nachfüllen.

- Kupplungspedal loslassen und erneut 10mal betätigen, in gedrückter Stellung festhalten und Entlüfterschraube öffnen. Diesen Vorgang so oft wiederholen, bis am Schlauch keine Luftblasen mehr herausgedrückt werden. Dabei stets **neue** Bremsflüssigkeit in den Vorratsbehälter nachfüllen.

Achtung: Soll die Hydraulikflüssigkeit komplett erneuert werden, so lange entlüften, bis im Schlauch neue Bremsflüssigkeit sichtbar ist. Neue Bremsflüssigkeit ist an der helleren Farbe erkennbar.

- Entlüfterschraube am Nehmerzylinder verschließen. Schlauch abziehen und Staubkappe aufschieben.
- Untere Motorraumverkleidung einbauen, siehe Seite 20.
- Bremsflüssigkeit bis zur Max.-Markierung auffüllen und Behälter verschließen.
- Funktion von Brems- und Kupplungssystem prüfen.

Entlüften mit Entlüftergerät

In den Werkstätten wird die Kupplungshydraulik in der Regel mit einem Entlüftergerät entlüftet. Das Entlüftergerät gibt Druck auf die Bremsflüssigkeit.

- Fahrzeug aufbocken. Untere Motorraumverkleidung ausbauen, siehe Seite 20.
- Verschlußdeckel am Bremsflüssigkeits-Ausgleichbehälter abschrauben.
- Entlüftergerät nach Bedienungsanleitung des Herstellers anschließen.
- Staubkappe von Entlüfterschraube am Kupplungsnehmerzylinder abziehen. Schlauch auf Entlüfterschraube aufschieben. Schlauchende in eine Flasche für Bremsflüssigkeit stecken.
- Entlüfterschraube so lange geöffnet lassen, bis keine Luftblasen mehr entweichen, dann schließen.

Achtung: Soll die Hydraulikflüssigkeit komplett erneuert werden, so lange entlüften, bis im Schlauch neue Bremsflüssigkeit sichtbar ist. Neue Bremsflüssigkeit ist an der helleren Farbe erkennbar.

- Staubkappe auf Entlüfterschraube aufschieben.
- Entlüftergerät abbauen.
- Bremsflüssigkeit bis zur Max.-Markierung auffüllen und Behälter verschließen.
- Untere Motorraumverkleidung einbauen, siehe Seite 20.
- Funktion von Brems- und Kupplungssystem prüfen.

Störungsdiagnose Kupplung

Störung	Ursache	Abhilfe
Kupplung rupft	Zu niedrige Leerlaufdrehzahl	■ Leerlaufregelung prüfen lassen
	Motor- und Getriebelager defekt	■ Prüfen, gegebenenfalls auswechseln
	Druckplatte trägt ungleichmäßig	■ Druckplatte auswechseln
	Kupplungsscheibe kein Originalteil	■ Original-Kupplungsscheibe einbauen
Kupplung rutscht	Kupplungsscheibe verschlissen	■ Dicke der Kupplungsscheibe prüfen, ggf. Kupplungsscheibe auswechseln
	Begrenzungsanschlag für Kupplungspedal defekt	■ Begrenzungsanschlag im Fußraum prüfen
	Spannung der Membranfeder zu gering	■ Druckplatte auswechseln
	Nehmerzylinder klemmt	■ Nehmerzylinder ersetzen
	Nehmerzylinder undicht	■ Sichtprüfung durchführen
	Belag verhärtet oder verölt	■ Kupplungsscheibe austauschen, Ursache für Verschmutzung beseitigen
	Kupplung wurde überhitzt	■ Originalteil einbauen
Kupplung trennt nicht richtig	Geberzylinder undicht	■ Geberzylinder prüfen, Pedal durchtreten lassen und prüfen, ob die Flüssigkeit im Vorratsbehälter aufwallt.
	Luft im Kupplungssystem	■ Kupplungsbetätigung entlüften
	Begrenzungsanschlag für Kupplungspedal wird nicht erreicht	■ Begrenzungsanschlag im Fußraum prüfen, ggf. Fußmatte ausschneiden
	Belag durch Abrieb verklebt	■ Kupplungsscheibe austauschen
	Kupplungsscheibe klemmt auf der Antriebswelle, Kerbverzahnung trocken oder verklebt	■ Kerbverzahnung reinigen, entgraten, ggf. Rost entfernen
	Kupplungsscheibe hat Seitenschlag	■ Kupplungsscheibe prüfen lassen, ersetzen
	Führungslager für die Getriebe-Antriebswelle in der Kurbelwelle defekt	■ Führungslager in der Kurbelwelle ersetzen
	Ausrücklager oder Fußhebel schwergängig	■ Ausrücklager ersetzen, Fußhebel gangbar machen
Kupplungspedal kommt nicht oder nur verzögert zurück	Luft im Kupplungssystem	■ Kupplungsbetätigung entlüften
	Alte Bremsflüssigkeit	■ Bremsflüssigkeit wechseln
	Nehmer- oder Geberzylinder klemmt	■ Nehmer- bzw. Geberzylinder ersetzen
	Kupplungsscheibe verschlissen	■ Kupplungsscheibe ersetzen
	Kupplungsdruckplatte durch Überhitzung beschädigt, dadurch ungenügende Rückstellkraft	■ Druckplatte auswechseln
Geräusch bei betätigtem Kupplungspedal	Ausrücklager defekt	■ Ausrücklager prüfen, ersetzen
	Kupplungsscheibe schlägt an die Druckplatte	■ Kupplungsscheibe auswechseln
Auf- und abschwellendes Geräusch bei Zug- oder Schubzustand, oder wenn das Fahrzeug in ausgekuppeltem Zustand rollt	Torsionsdämpfer der Kupplungsscheibe schwergängig	■ Kupplungsscheibe erneuern
	Nietverbindungen der Kupplung locker	■ Kupplung ersetzen
	Unwucht der Kupplung zu groß	■ Kupplung und Kupplungsscheibe ersetzen

Getriebe/Schaltung/ Automatikgetriebe

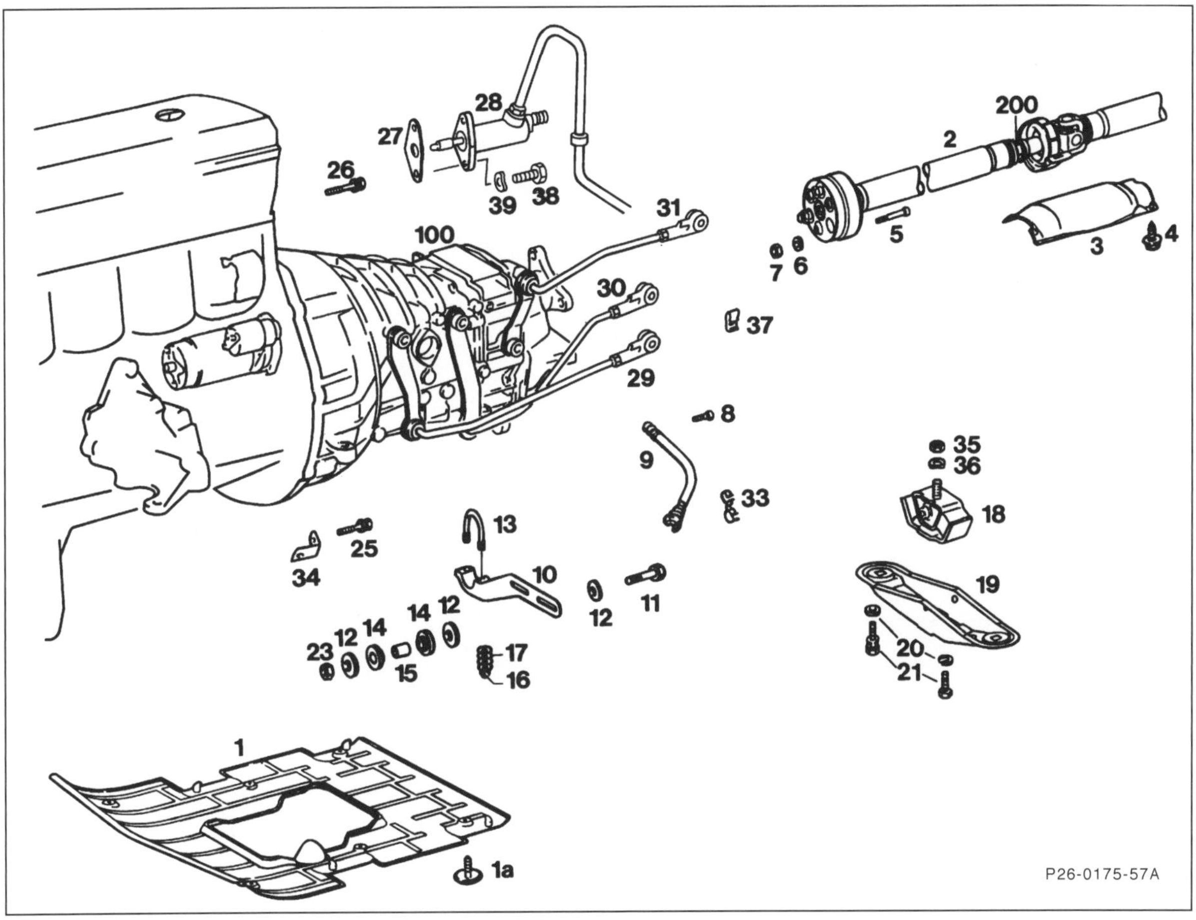

1 – Untere Motorraumabdeckung
1a – Schraube
2 – Gelenkwelle
3 – Abschirmblech
4 – Blechschraube
5 – Innensechskantschraube (immer erneuern)
6 – Scheibe (immer erneuern)
7 – Selbstsichernde Mutter (immer erneuern)
8 – Schraube
9 – Tachowelle (nur Typ 124)
Bei den C-Klasse-Modellen (Typ 202) wird anstelle des Tachometerantriebrades auf der Getriebe-Hauptwelle eine Abstandhülse eingebaut. Das Geschwindigkeitssignal für den elektronischen Tachometer wird vom ABS-Steuergerät abgenommen.
10 ... 17 – Halter Abgasrohr (nur Typ 124)
18 – Motorlager
19 – Motorträger
23, 36 – Mutter mit Federscheibe
25, 26 – Sechskantschrauben
27 – Zwischenlage
28 – Kupplungs-Nehmerzylinder
29, 30, 31 – Schaltstangen
33 – Halter
34 – Winkel
37 – Halteklammer
100 – Getriebe
200 – Klemmutter

Getriebe aus- und einbauen

Das Getriebe kann ohne Ausbau des Motors ausgebaut werden. Ein Ausbau ist aber meistens nur dann notwendig, wenn das Getriebe ausgetauscht, erneuert oder die Kupplung gewechselt werden muß. Da es jedoch in keinem Fall anzuraten ist, Reparaturen am Getriebe mit Heimwerkermitteln in Angriff zu nehmen, verweise ich in dieser Hinsicht auf die Werkstatt und beschreibe lediglich den Ausbau des Aggregates.

Ausbau

- Massekabel (–) von der Batterie abklemmen. **Achtung:** Beim Abklemmen der Batterie erlischt die Radio-Diebstahlcodierung. Siehe Hinweise »Batterieausbau«.

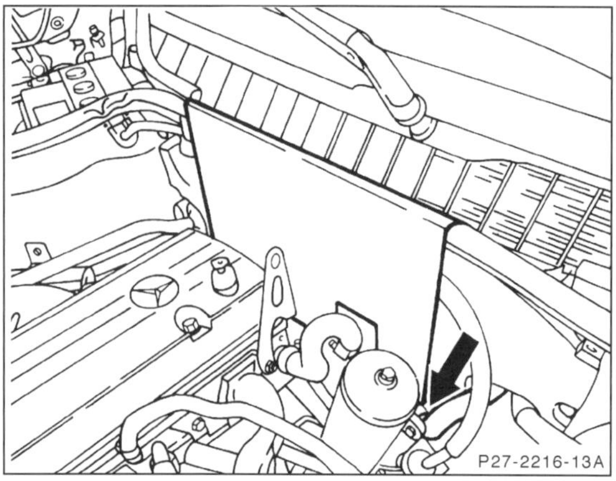

- Hintere Motorraumwand mit geeignetem Blech abdecken, damit beim Ablassen des Getriebes die Dämmatte nicht beschädigt wird.

Achtung: Bei Fahrzeugen mit Zusatzheizung beim Absenken des Getriebes darauf achten, daß der Kühlmittelschlauch im Bereich der hinteren Motorraumwand nicht beschädigt wird –Pfeil–.

- Fahrzeug aufbocken, Getriebe mit Werkstattwagenheber und Holzzwischenlage abstützen.
- Untere Motorraumabdeckung ausbauen, siehe Seite 20.

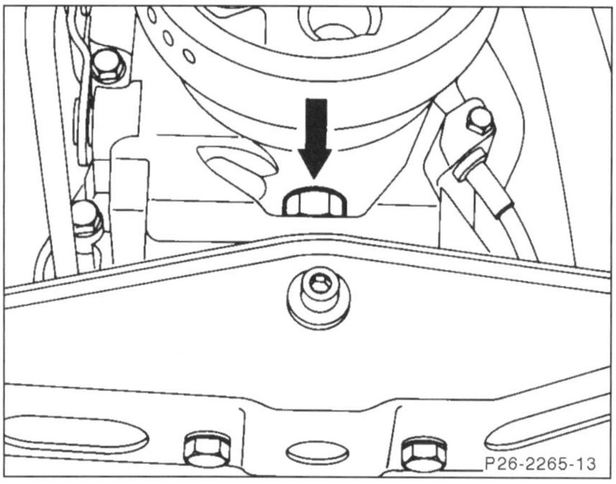

- Motorlager –Pfeil– am hinteren Getriebedeckel abschrauben.

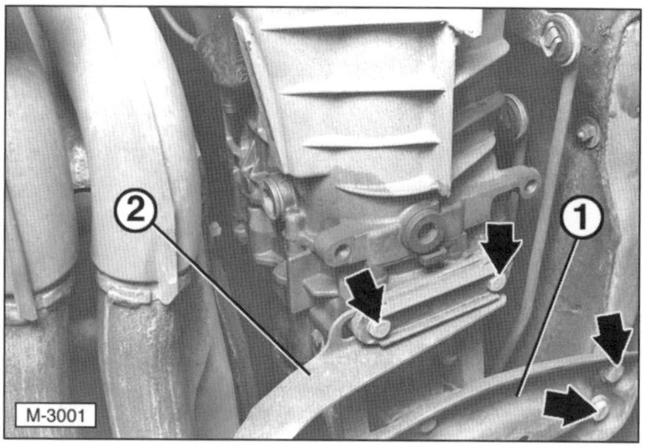

- Motorträger –1– am Rahmenboden abschrauben –Pfeile–.
- Abgasanlage ausbauen. Halter –2– am Getriebe abschrauben –Pfeile–. Vorher Lage der Unterlegplatte mit Reißnadel markieren (umkreisen), damit sie später an der gleichen Stelle wieder eingebaut werden kann.
- Abschirmblech für Gelenkwellen-Zwischenlager abschrauben.

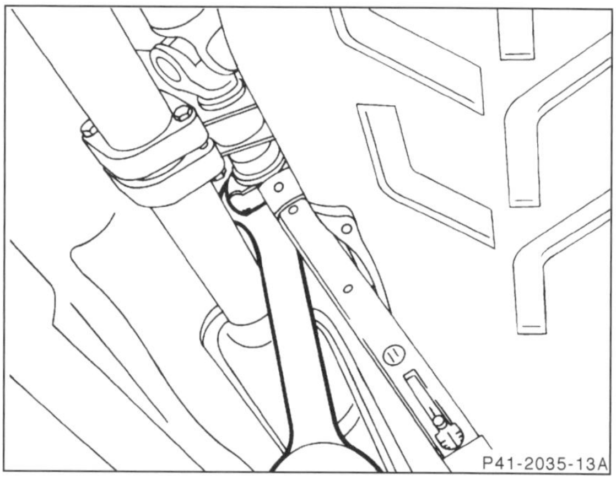

- Wenn vorhanden, Klemmutter an der Gelenkwelle lösen.
- Schrauben für Gelenkwellen-Zwischenlager lösen, nicht herausdrehen.
- Gelenkwelle am Getriebe abschrauben. Dabei muß die Gelenkscheibe an der Gelenkwelle bleiben.

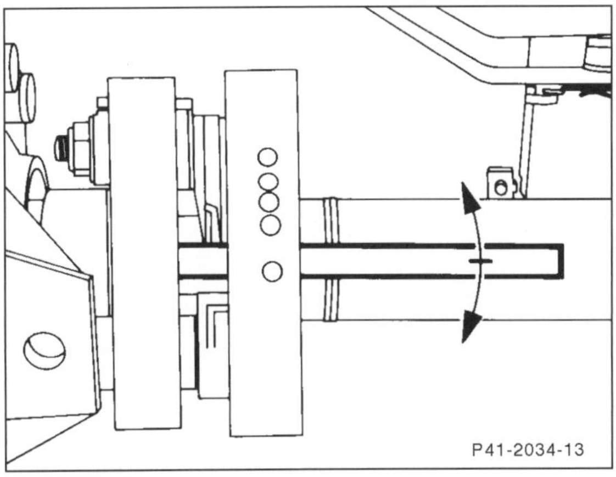

- Paßhülsen im Gelenkflansch mit einem zylindrischen Dorn (∅ = 10 mm, Länge = ca. 150 mm) lockern.
- Gelenkwelle so weit nach hinten drücken, wie es Zwischenlager und Klemmstück zulassen.

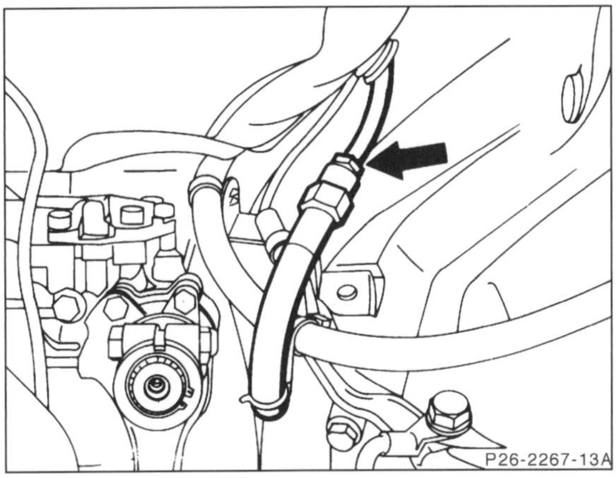

- Leitung zum Nehmerzylinder auf der linken Seite an der Schlauchverbindung trennen –Pfeil–. Auslaufende Bremsflüssigkeit auffangen. Anschlüsse mit Stopfen verschließen.

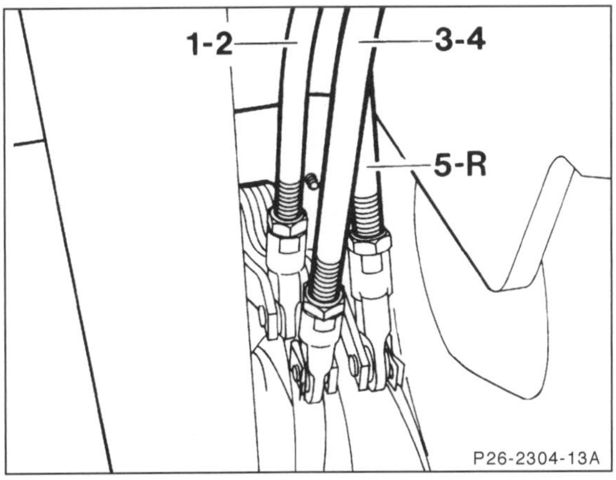

- Schaltstangen von den Zwischenhebeln am Schaltbock abnehmen. Vorher Sicherungsklammern abdrücken.
- Befestigungsschrauben aus Starterflansch herausdrehen.

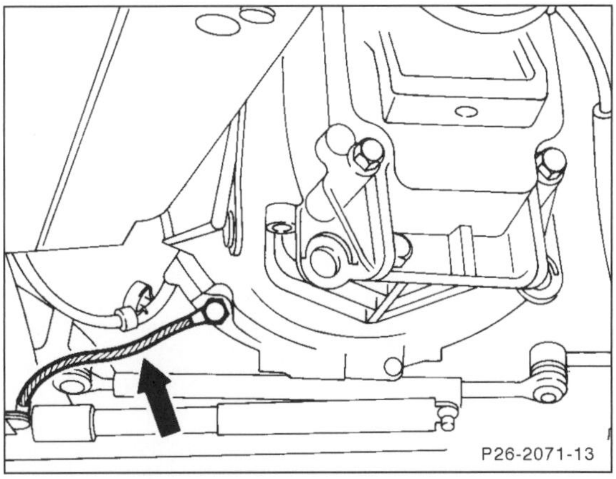

- Sämtliche Befestigungsschrauben, Getriebe an Zwischenflansch, herausschrauben. Dabei die 3 oberen Schrauben zuletzt entfernen.
- Masseleitung –Pfeil– abschrauben.
- Getriebe nach links drehen, waagerecht nach hinten von den Paßstiften abziehen und aus der Kupplung herausziehen.
- Getriebe ablassen.

Achtung: Getriebe erst ablassen, wenn die Antriebswelle mit Sicherheit aus der Kupplungsscheibe herausgezogen ist, andernfalls kann die Kupplungsscheibe beschädigt werden.

Einbau

- Vor dem Einbau Kupplung prüfen, siehe Seite 102.
- Kupplungsausrücklager auf leichten Lauf prüfen. Lager einfetten, z.B. mit Liqui Moly M-320. Sind vor dem Ausbau Laufgeräusche des Ausrücklagers beim Auskuppeln aufgetreten, Lager auswechseln, siehe Seite 104.
- **1,8-/2,0-l-Motor ohne Klimaanlage:** Keilverzahnung der Antriebswelle sowie Zentrierzapfen reinigen und leicht mit Moly-Gleitpaste oder Moly-Spray schmieren. **Achtung:** Die Nabenverzahnung der Kupplungsscheibe für das Zweimassen-Schwungrad ist vernickelt. Daher ist es nicht erforderlich die Verzahnung der Antriebswelle bei diesen Motoren (ab 2,2-l sowie 1,8-/2,0-l mit Klimaanlage) einzufetten.
- Einen Gang einlegen.
- Getriebe anheben, nach links drehen und waagerecht in die Kupplung einfahren. Falls beim Einsetzen die Getriebe-Antriebswelle nicht in die Kupplungsscheibe einrastet, Antriebswelle von hinten am Flansch für die Gelenkwelle mit der Hand entsprechend verdrehen.
- Getriebe am Zwischenflansch anschrauben, dabei Massekabel links unten am Getriebe mit anschrauben.
  Anziehdrehmoment: Schraube M10x40: **55 Nm**
  Schraube M10x45: **55 Nm**
  Schraube M10x90: **45 Nm**
- Anlasser mit 2 Schrauben festziehen.
- Schaltstangen an den Zwischenhebeln einhängen und mit Sicherungsklammern sichern. Dabei Federklammer aufdrücken, mit dem Langloch in die Nut der Schaltstange schieben und einrasten.

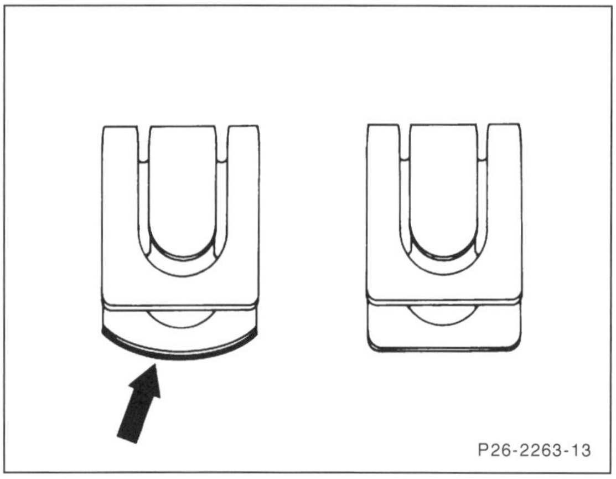

Achtung: Nur Sicherungsklammern mit Abrundungen –Pfeil– verwenden. Die Klammern müssen beim Einbau einrasten, damit sicherer Halt gewährleistet ist.

- Leitung zum Nehmerzylinder verbinden.
- Gelenkwelle im Schiebestück so weit wie möglich auseinanderziehen und am Getriebe anflanschen. Dazu Motor und Getriebe mit Werkstattwagenheber und Holzzwischenlage etwas anheben.
- Gelenkwelle mit **neuen** selbstsichernden Muttern am Getriebeflansch festschrauben.
  Anziehdrehmoment: Mutter M10: **40 Nm**
  Mutter M12: **60 Nm**
- Hinteres Motorlager mit Motorträger am Getriebe festschrauben.
- Motorträger am Rahmenboden festschrauben.
- Gelenkwellen-Zwischenlager festschrauben.
- Wenn vorhanden, Klemmutter mit 40 Nm festziehen.
- Abschirmblech für Gelenkwellen-Zwischenlager festschrauben.
- Abgasanlage einbauen, dabei Gummiringe auf Porosität und Beschädigung prüfen.
- Kupplungs-Betätigung entlüften, siehe Seite 105.
- Einstellung der Schaltung überprüfen, siehe Seite 111.
- Untere Motorraumabdeckung einbauen, siehe Seite 20.
- Fahrzeug ablassen.
- Blech aus Motorraum herausnehmen.
- Batterie-Massekabel (–) anklemmen.
- Zeituhr einstellen.
- Diebstahlcode für Radio eingeben.

Die Schaltung

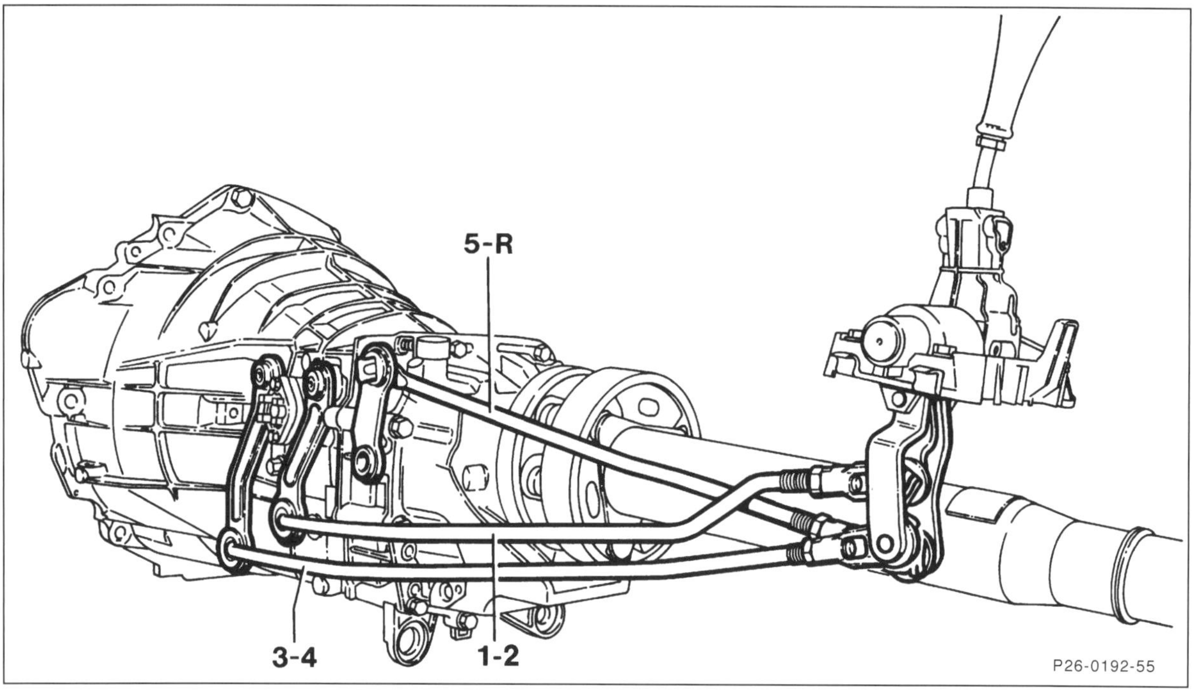

1-2 – Schaltstange für 1./2. Gang

3-4 – Schaltstange für 3./4. Gang

5-R – Schaltstange für 5. Gang und Rückwärtsgang

Schaltung einstellen

- Getriebe in Leerlaufstellung bringen.

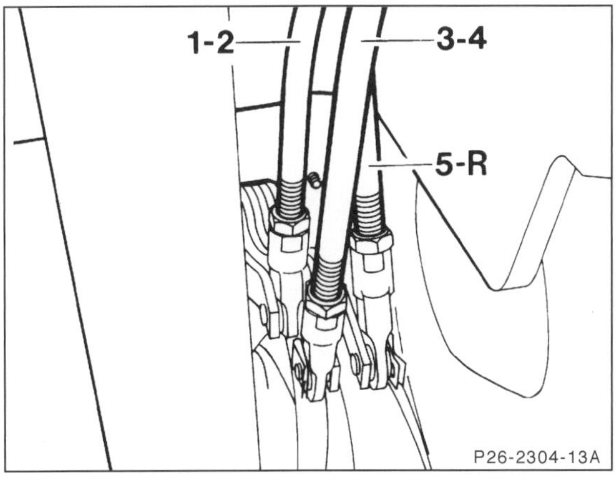

P26-2304-13A

- Sicherungsklammern abhebeln, dann Schaltstangen an den Zwischenhebeln aushängen. 1-2 = Zwischenhebel für 1./2. Gang, 3-4 = Zwischenhebel für 3./4. Gang, 5-R = Zwischenhebel für 5. Gang und Rückwärtsgang.

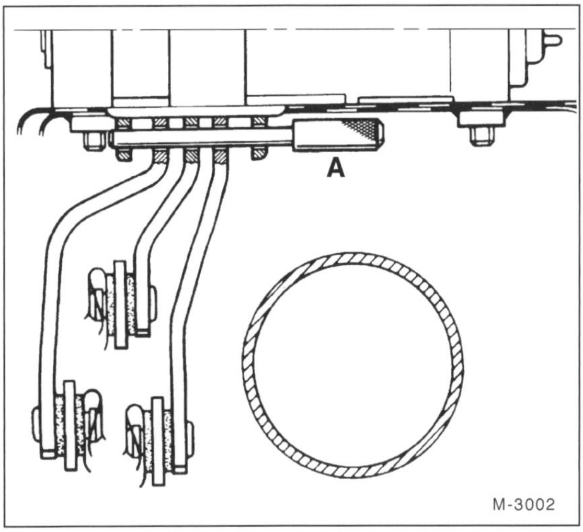

M-3002

- Fixierbolzen –A– unten am Schaltbock in die Bohrungen einführen und dadurch die 3 Zwischenhebel fixieren.

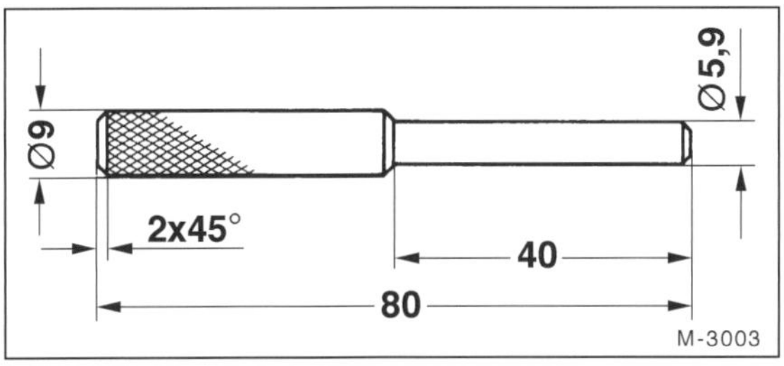

M-3003

- Falls erforderlich, Fixierbolzen nach den angegebenen Maßen anfertigen.

- Die Schaltstangen müssen sich nun spannungsfrei auf die Bolzen der Zwischenhebel drücken lassen. Andernfalls Kontermutter lösen und jeweilige Schaltstange auf die entsprechende Länge einstellen. Kontermutter festziehen.

M-3023

- Schaltstangen –1– mit Sicherungsklammern –2– sichern.

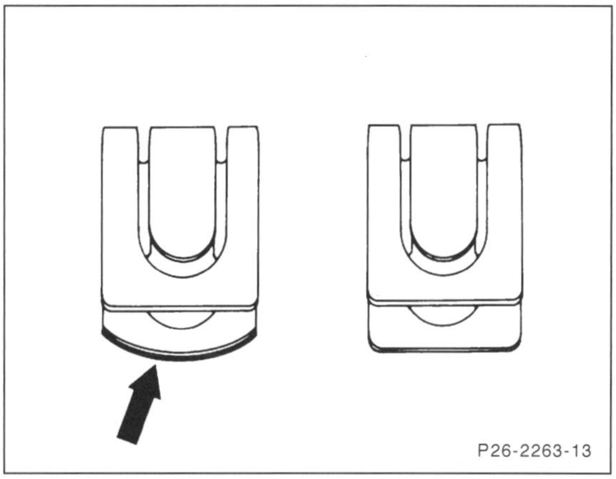
P26-2263-13

Achtung: Es dürfen nur Sicherungsklammern mit Abrundungen –Pfeil– verwendet werden.

- Fixierbolzen herausnehmen.
- Schaltung bei laufendem Motor auf Funktion prüfen. Die Gänge müssen sich ohne zu haken einlegen lassen.

Automatikgetriebe

Die C-Klasse wird auf Wunsch mit einer Getriebevollautomatik ausgestattet. Das automatische Getriebe hat bis zu 5 Vorwärtsgänge, die automatisch geschaltet werden.

Um schneller beschleunigen zu können, zum Beispiel bei Überholvorgängen, hat die Automatik einen sogenannten Kickdown-Schalter, der sich beim vollen Niedertreten des Gaspedals einschaltet. Der Kickdown-Effekt sorgt dafür, daß das Getriebe entweder länger im kürzeren Gang verweilt oder von einem höheren in einen niedrigeren Gang zurückschaltet.

Für die Beurteilung der Funktion der Getriebeautomatik und für die richtige Fehlersuche ist Erfahrung mit automatischen Getrieben und die Kenntnis der Arbeitsweise unerläßlich. Da diese Materie nur durch lange Berufserfahrung erworben werden kann, beschränke ich mich deshalb im Kapitel Automatik auf einige leichte Überprüfungsarbeiten.

Abschleppen von Fahrzeugen mit Automatik

- Wählhebelstellung »N«.

Maximale Schleppgeschwindigkeit: 50 km/h!

Maximale Schleppentfernung: 50 Kilometer!

- Über große Entfernungen muß der Wagen hinten angehoben werden, oder die Gelenkwelle muß an der Hinterachse abgeflanscht werden. Grund: Bei stehendem Motor arbeitet die Getriebeölpumpe nicht, das Getriebe wird für höhere Drehzahlen und längere Laufzeiten daher nicht ausreichend geschmiert.
- Zündung einschalten, damit das Lenkrad nicht blockiert ist und die Blinkleuchten, das Signalhorn und gegebenenfalls die Scheibenwischer betätigt werden können.
- Da der Bremskraftverstärker nur bei laufendem Motor arbeitet, muß bei Fahrzeugen mit Bremskraftverstärker bei nicht laufendem Motor das Bremspedal entsprechend kräftiger getreten werden!

Ölstand im automatischen Getriebe prüfen

6/93 – 5/97

Der vorgeschriebene Ölstand ist für die einwandfreie Funktion des automatischen Getriebes äußerst wichtig. Darum ist die Prüfung mit großer Sorgfalt durchzuführen.

Der Peilstab für die Prüfung befindet sich im Motorraum. Hier wird auch das ATF (Automatic Transmission Fluid) eingefüllt.

Der Ölstand kann bei kaltem (ca. 30° C) und betriebswarmem Getriebe (ca. 80° C) geprüft werden.

- Fahrzeug auf ebener Fläche abstellen.
- Motor im Leerlauf ca. 1 bis 2 Minuten laufen lassen.
- Wählhebel in Stellung »P« legen, Feststellbremse anziehen.
- Der Motor starten und während der Prüfung im Leerlauf laufen lassen.

Achtung: Bei zu niedrigem Ölstand wird von der Ölpumpe deutlich hörbar Luft angesaugt. Das Öl schäumt dadurch auf und kann bei der Ölstandsprüfung zu einem falschen Ergebnis führen. In diesem Fall Motor abstellen, nach ca. 2 Minuten etwas Öl nachfüllen und anschließend Ölstand nochmals bei laufendem Motor prüfen.

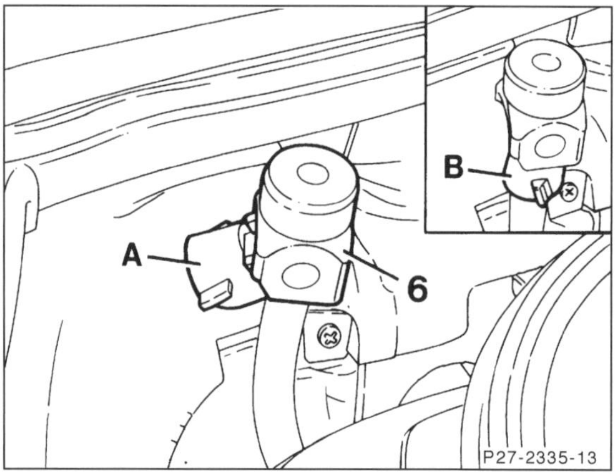

- Verschlußhebel –6– öffnen –A– und Ölmeßstab herausziehen. B – Verschlußhebel geschlossen.
- Meßstab mit faserfreiem Tuch, am besten Leder, abwischen und mit geöffnetem Verschluß bis zum Anschlag einstecken.
- Meßstab herausziehen und Ölstand ablesen.

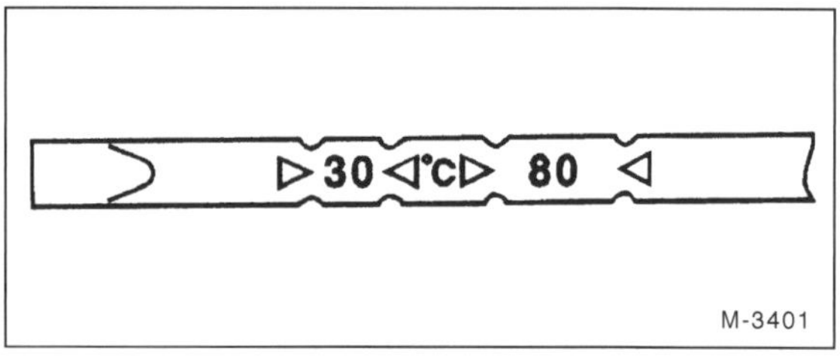

- Der Flüssigkeitsstand muß zwischen der »min« und »max«-Markierung des entsprechenden Temperaturbereiches liegen. Bei kaltem Getriebe (Getriebeöltemperatur ca. 30° C) gilt der Temperaturbereich »30«, bei betriebswarmem Getriebe (Getriebeöltemperatur ca. 80° C) gilt der Temperaturbereich »80« auf dem Peilstab.

Hinweis: Eine zu kleine beziehungsweise zu große Ölmenge beeinträchtigt die Funktion des automatischen Getriebes.

- Altes Öl gleichzeitig am Peilstab auf Aussehen und Geruch prüfen. Verbrannte Reibbeläge verursachen Brandgeruch. Durch verschmutztes Öl können Störungen in der Getriebesteuerung auftreten.

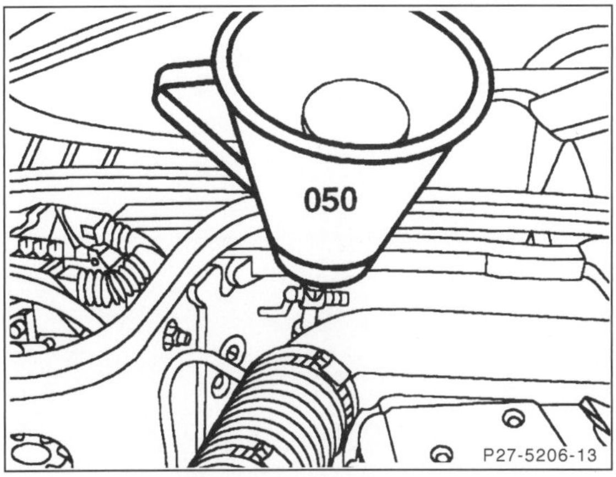

- Muß ATF nachgefüllt werden, sauberen Trichter –050– und feinmaschiges Sieb verwenden.

Achtung: Nicht zuviel Öl einfüllen. Zuviel Öl kann Störungen in der Automatik hervorrufen. In jedem Fall muß zuviel eingefülltes Öl wieder abgelassen werden.

Achtung: Es dürfen nur die vom Werk freigegebenen ATF-Öle verwendet werden.

Alle zugelassenen ATF-Öle lassen sich miteinander mischen. Keine Zusatzschmiermittel verwenden.

Ohne ATF-Füllung im Drehmomentwandler und automatischen Getriebe darf weder der Motor laufen, noch darf der Wagen abgeschleppt werden.

- Fußbremse betätigen und sämtliche Wählhebelstellungen langsam durchschalten. Anschließend Ölstand nochmals kontrollieren.
- Meßstab bis zum Anschlag einstecken und mit Verschlußhebel verriegeln, Stellung –B– in Abbildung P27-2335-13.

Automatikgetriebeöl und Filter wechseln

6/93 – 5/97

Die ATF-Füllung wird bei Fahrzeugen von 6/93 - 5/97 normalerweise alle 60.000 km gewechselt, gleichzeitig wird auch der Filter gewechselt. Bei erschwerten Einsatzbedingungen (Anhängerbetrieb, überwiegend Kurzstrecken- und Großstadtverkehr, extrem hohe Außentemperaturen) ist es notwendig, die Füllung alle 30.000 km zu wechseln (ohne Filterwechsel).

Achtung: Getriebeöl bei der Altölsammelstelle abgeben, keinesfalls einfach wegschütten oder dem Hausmüll mitgeben.

Ablassen

- Wählhebel in Stellung »P« bringen.
- Fahrzeug waagerecht aufbocken.
- Gegebenenfalls untere Motorraumverkleidung ausbauen.
- Öl-Auffangwanne unter Getriebe stellen.

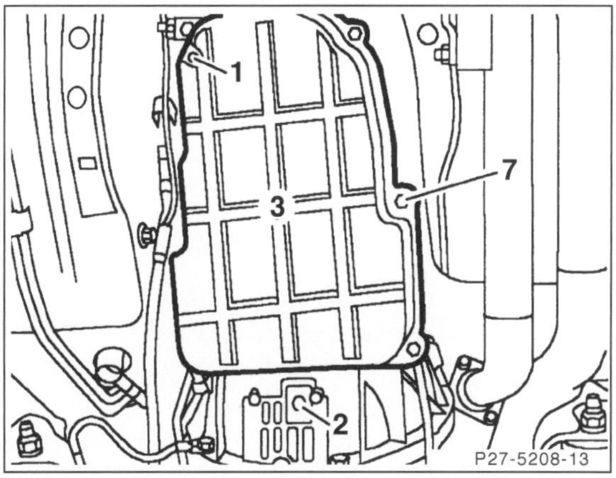

- Ablaßschraube –1– an der Getriebeölwanne –3– herausdrehen und Öl ablaufen lassen.
- Motor an der Kurbelwellen-Riemenscheibe in Motordrehrichtung durchdrehen (Helfer), bis die Ablaßschraube –2– am Drehmomentwandler über der Öffnung im Lüftungsgitter steht. Motor durchdrehen, siehe Seite 22.
- Ablaßschraube –2– herausdrehen und Öl ablaufen lassen.
- Ölwanne –3– abschrauben –7–.

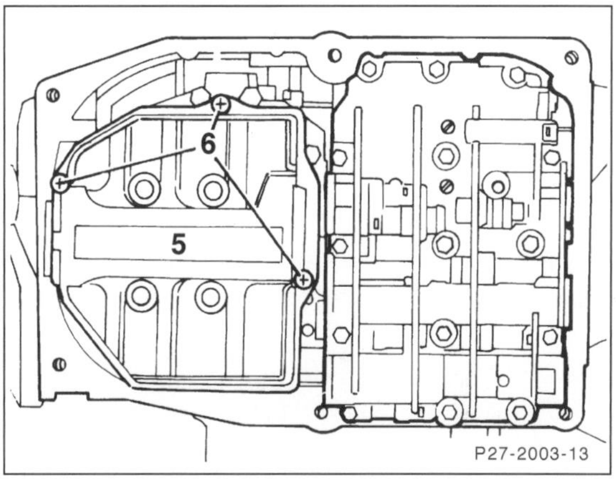

- Ölfilter –5– abschrauben –6– und nach unten abnehmen.
- Neuen Ölfilter mit ca. 4 Nm anschrauben.
- Ölwanne sorgfältig reinigen und mit neuer Dichtung ansetzen.

Achtung: Zum Reinigen nur sauberen, nicht fasernden Lappen verwenden und auf peinlichste Sauberkeit bei sämtlichen Arbeitsschritten achten.

- Befestigungsschrauben für Ölwanne gleichmäßig mit 8 Nm festziehen.
- Ablaßschrauben mit neuen Dichtringen einschrauben und mit 14 Nm festziehen.
- Fahrzeug ablassen.

Auffüllen

- Feststellbremse anziehen.
- Verschlußhebel am Ölmeßstab öffnen, Peilstab herausziehen und bei stehendem Motor ca. 4 l ATF mit einem sauberen Trichter und einem feinmaschigen Sieb einfüllen.
- Motor starten und im Leerlauf drehen lassen.
- Restliches ATF-Öl auffüllen. Ölstand mit Peilstab kontrollieren.
  Füllmenge 4-Zylinder-Motor: ca. 5,5 Liter
  6-Zylinder-Motor: ca. 6,0 Liter
- Bei stehendem Fahrzeug sämtliche Wählhebelstellungen durchschalten, dabei Wählhebel jeweils einige Sekunden in den einzelnen Stellungen belassen. Anschließend Wählhebel wieder in Stellung »P« bringen.

Achtung: Beim Durchschalten der Fahrstufen zusätzlich Fußbremse betätigen.

- Meßstab bis zum Anschlag einstecken und mit Verschlußhebel verriegeln, Stellung –B– in Abbildung P27-2235-13.
- Kurze Probefahrt durchführen und dadurch ATF auf die Betriebstemperatur von 80° C bringen.
- Fahrzeug waagerecht abstellen.
- Bei Leerlaufdrehzahl ATF-Stand prüfen, gegebenenfalls auffüllen.
- Ablaßschrauben und Ölwanne auf Dichtheit sichtprüfen.
- Untere Motorraumverkleidung einbauen.

Steuerdruckzug einstellen

Die Einstellung des Steuerdruckzuges ist in den folgenden Fällen zu überprüfen, gegebenenfalls zu korrigieren:

- Grundsätzlich beim Einstellen des Gaszuges.
- Wenn die Schaltstöße im Teillastbereich, also bei mittlerer Drehzahl, zu stark sind. Dabei Steuerdruckzug nicht zu kurz einstellen, da sonst keine Bremsschaltungen mehr erfolgen.
- Hochschaltungen erfolgen nur im oberen Geschwindigkeitsbereich der Gänge.
- Hochschaltungen erfolgen nur im unteren Geschwindigkeitsbereich der Gänge, der Zug ist dann unter Umständen ausgehängt oder gerissen.
- Kein Zurückschalten bei voll durchgetretenem Gaspedal (Kickdown).
- Keine Bremsschaltungen möglich, das heißt, beim Zurückschalten des Wählhebels zum Beispiel von »D« in »3« schaltet das Getriebe nicht.

Achtung: Die angeführten Beanstandungen können auch andere Ursachen haben. Da die Beurteilung der Störungen eine spezielle Erfahrung erfordert, sollte die weitergehende Fehlersuche und deren Behebung der Werkstatt überlassen werden.

- Motor auf Betriebstemperatur bringen.

Achtung: Einstellung Gaszug/Drosselklappengestänge prüfen, gegebenenfalls einstellen, siehe Seite 86.

- Motor im Leerlauf laufen lassen, Schlauch zum Unterdruckregler mit Schraubklemme abklemmen und Motor abstellen.

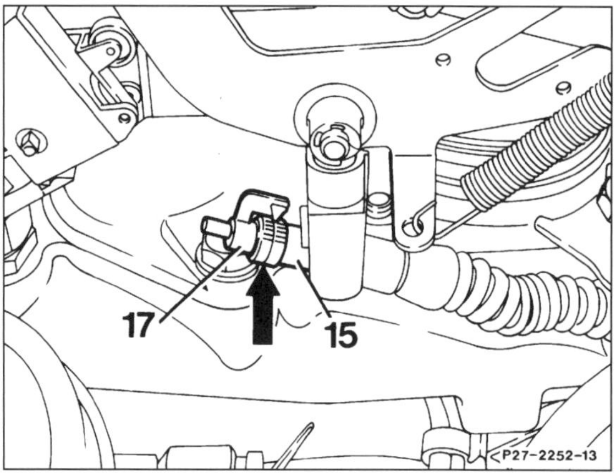

- Einstellschraube –15– soweit hineindrehen, bis der Quetschnippel an der Abstandhülse –17– ca. 2 mm Spiel hat.
- Anschließend Einstellschraube herausdrehen, bis die Spitze des Zeigers genau über der Rille auf der Einstellschraube steht –Pfeil–.

Schaltstange einstellen

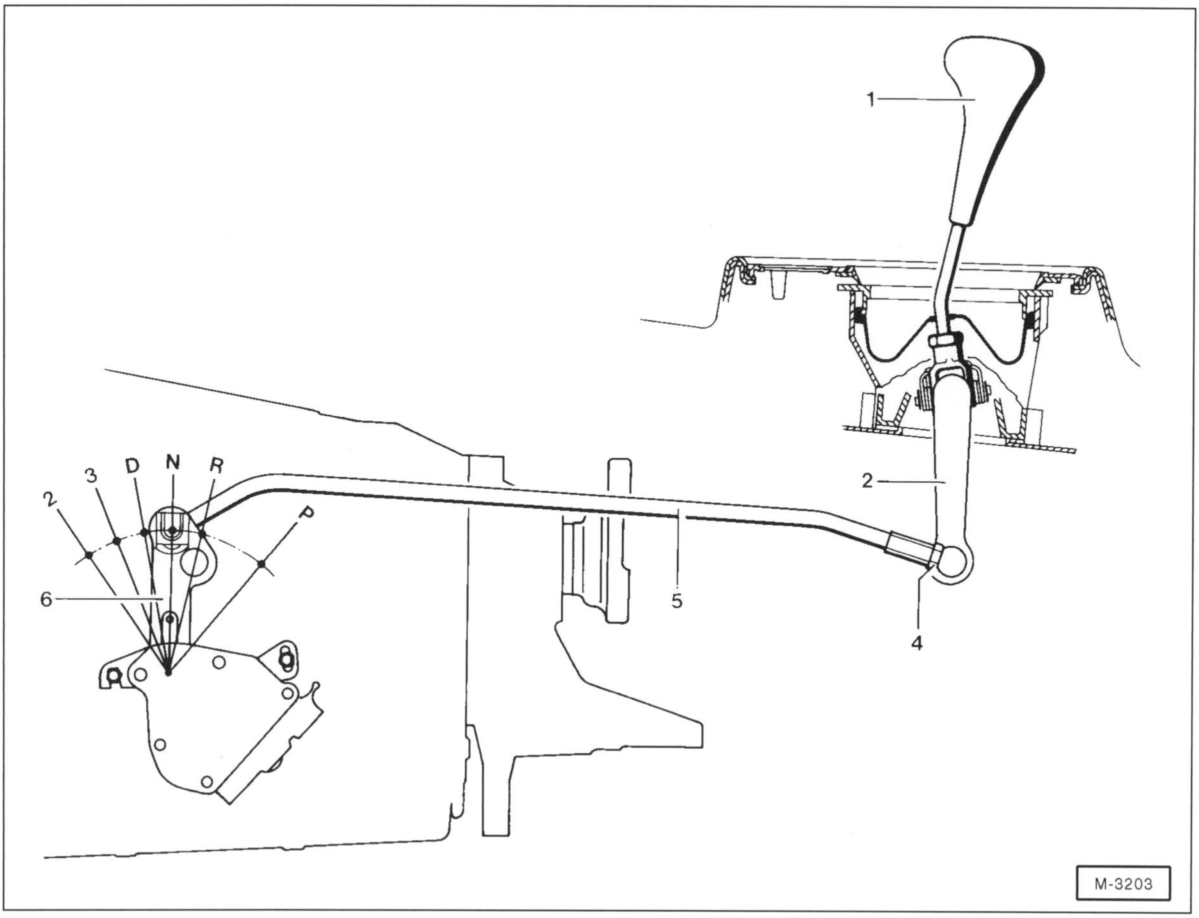

Achtung: Das Fahrzeug muß während der Einstellung auf den Rädern stehen.

- Schaltstange –5– am Wählhebel –2– aushängen.
- Bereichswählhebel –6– in Position »N« stellen.
- Kronenmutter –4– lösen.
- Schaltstange –5– in der Länge so einstellen, daß zwischen dem Wählhebel –1– und dem »N«-Anschlag an der Kulissenplatte ca. 1 mm Spiel vorhanden ist.
- Schaltstange –5– einhängen und mit Klammer sichern. Mutter –4– festziehen.

Vorderachse

Bei der MERCEDES-BENZ C-Klasse wird eine sogenannte Doppelquerlenker-Vorderachse verwendet.

Für die Radführung stehen jeweils zwei Dreieck-Querlenker zur Verfügung: der obere Lenker ist über Gummilager mit der Karosserie verbunden, der untere Lenker ist am Achsträger befestigt. Beide Lenker führen über Kugelgelenke den Achsschenkel. Schraubenfeder und Gasdruckstoßdämpfer sind separat voneinander am unteren Querlenker angeordnet. Der Stoßdämpfer übernimmt keine Radführungsfunktion, wodurch sich Vorteile gegenüber herkömmlichen Konstruktionen im Hinblick auf Ansprechverhalten und Abrollkomfort ergeben. Ein Querstabilisator sorgt für bessere Bodenhaftung der Vorderräder vor allem bei Kurvenfahrt.

Die Vorderradlager sind als doppelte Kegelrollenlager ausgeführt, das Radlagerspiel ist einstellbar.

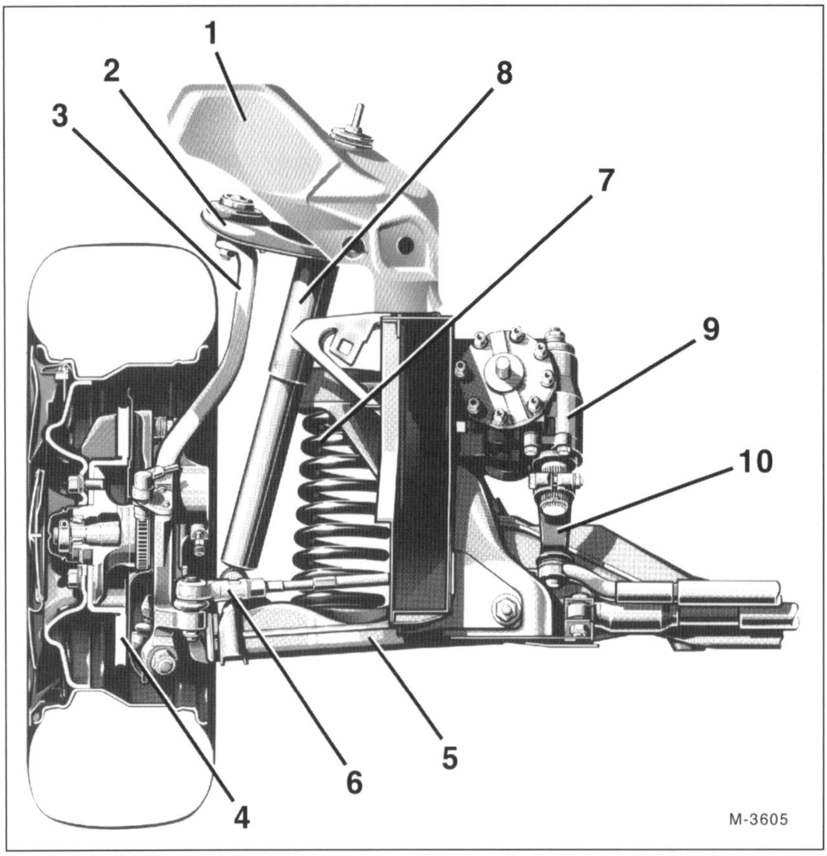

1 – Aufbau (Karosserie)
2 – Oberer Querlenker
3 – Achsschenkel
4 – Bremsscheibe
5 – Unterer Querlenker
6 – Spurstangenkopf
7 – Schraubenfeder
8 – Stoßdämpfer
9 – Lenkgetriebe
10 – Lenkstockhebel

Stoßdämpfer aus- und einbauen

Stoßdämpfer sind unabhängig vom Fabrikat einzeln austauschbar, lediglich die Ausführung nach Farbkennziffer, zum Beispiel »V1 orange«, muß übereinstimmen.

Ausbau

- Stellung der Vorderräder zur Radnabe mit Farbe kennzeichnen. Dadurch kann das ausgewuchtete Rad wieder in derselben Position montiert werden. Radschrauben bei auf dem Boden stehendem Fahrzeug lösen. Fahrzeug vorn aufbocken und Vorderräder abnehmen.
- Motorraumverkleidung unten ausbauen, siehe Seite 20.
- Die Stoßdämpfer dienen gleichzeitig als Ausfederungsanschlag. Werkstattwagenheber unter dem unteren Querlenker postieren und Querlenker etwas anheben, damit die Achse beim Lösen des Stoßdämpfers nicht nach unten fällt. Holzzwischenlage verwenden.

  Abdeckung vom Motorraum her ausbauen. Wegen erschwertem Zugang zur oberen Stoßdämpferaufhängung muß auf der rechten Fahrzeugseite das Relais für Überspannschutz abgezogen werden. Beim Dieselmotor muß auf der linken Seite die Gasbetätigung, beim Dieselmotor mit Automatikgetriebe das Unterdruck-Steuerventil ausgebaut werden.

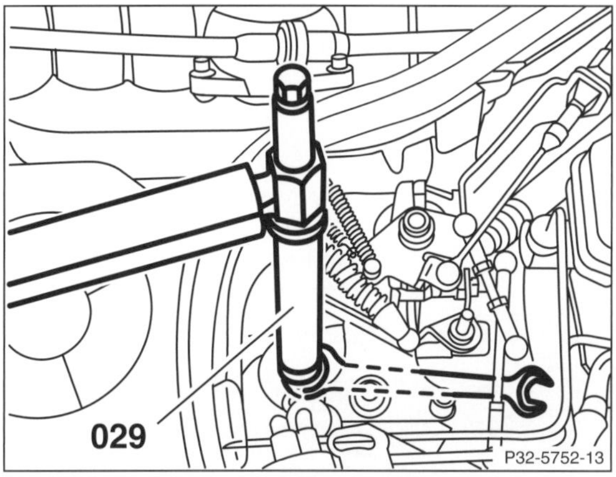

- Kontermutter und Mutter für Stoßdämpfer abschrauben, dabei Kolbenstange am Zweikant gegenhalten, sie darf nicht verdreht werden. Scheibe, Gummilager abnehmen. 029 = Spezialwerkzeug HAZET 2780.

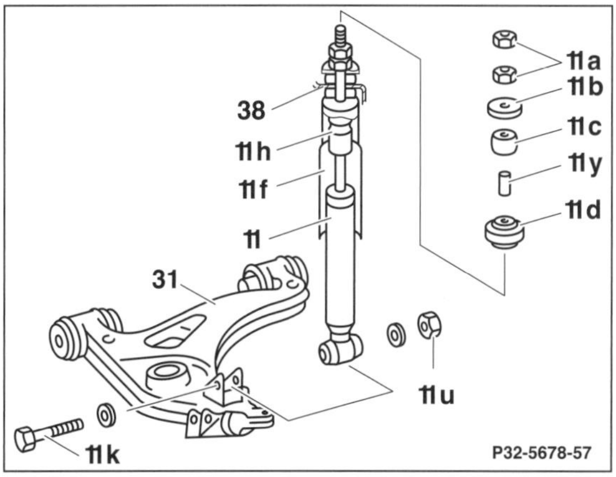

- Mutter –11u– am Querlenker –31– lösen, Schraube –11k– mit Unterlegscheiben herausziehen und Stoßdämpfer –11– abnehmen. 11a – Muttern, 38 – Innenkotflügel.

Achtung: Der Werkstattwagenheber kann jetzt bei Bedarf abgelassen und entfernt werden. Die Achse besitzt am oberen Querlenker einen Anschlag, der dann am Längsträger anliegt und ein weiteres Ausfedern verhindert.

Einbau

- Vorhandensein von Anschlagpuffer –11h–, Schutzhülse –11f– und Abstandhülse –11y– kontrollieren, gegebenenfalls aufsetzen. Bei neuen Stoßdämpfern sind diese Teile bereits montiert. Dämpfer –11d– aufsetzen.
- Stoßdämpfer mit Bolzen am unteren Querlenker einsetzen. Unterlegscheiben einsetzen. **Neue selbstsichernde** Mutter aufschrauben, mit **55 Nm** festziehen.
- Querlenker mit Werkstattwagenheber in richtige Einbauposition für oberes Stoßdämpferlager fahren.
- Gummidämpfer –11c– und Scheibe –11b– vom Motorraum her auf die Stoßdämpferstange aufsetzen. Mutter für Stoßdämpferstange mit **15 Nm** anschrauben, dabei Kolbenstange am Zweikant gegenhalten, sie darf nicht verdreht werden. Kontermutter mit **30 Nm** aufschrauben, dabei untere Mutter gegenhalten.
- Werkstattwagenheber entfernen.
- Motorraumverkleidung einbauen.
- Vorderräder so ansetzen, daß die beim Ausbau angebrachten Markierungen übereinstimmen. Räder anschrauben. Fahrzeug ablassen und Radschrauben über Kreuz mit **110 Nm** festziehen.
- Relais für Überspannschutz aufstecken. Bei Dieselmotor Gasbetätigung beziehungsweise Unterdruck-Steuerventil einbauen.

Stoßdämpfer prüfen/verschrotten

Folgende Fahreigenschaften weisen auf defekte Stoßdämpfer hin:

- Langes Nachschwingen der Karosserie bei Bodenunebenheiten.
- Aufschaukeln der Karosserie bei aufeinander folgenden Bodenunebenheiten.
- Springen der Räder auch auf normaler Fahrbahn.
- Ausbrechen des Fahrzeuges beim Bremsen (kann auch andere Ursachen haben).
- Kurvenunsicherheit durch mangelnde Spurhaltung, Schleudern des Fahrzeuges.
- Poltergeräusche während der Fahrt.
- Abnorme Reifenabnutzung mit Abflachungen (Auswaschungen) am Reifenprofil.

Der Stoßdämpfer kann von Hand geprüft werden. Eine genaue Überprüfung der Stoßdämpferleistung ist jedoch nur mit einem Shock-Tester (Stoßdämpfer eingebaut) oder einer Stoßdämpfer-Prüfmaschine möglich.

Prüfung von Hand

- Stoßdämpfer ausbauen.

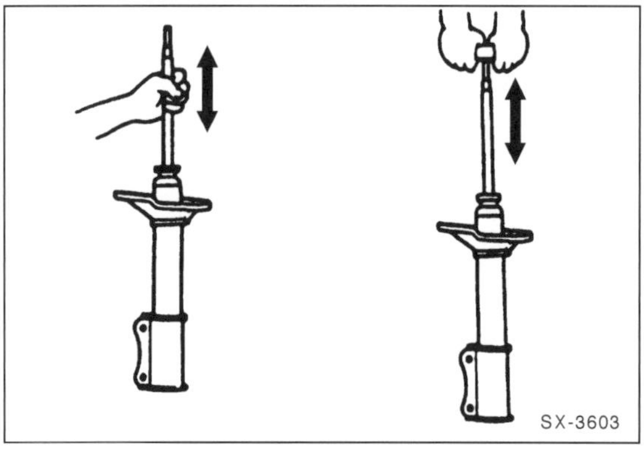

- Stoßdämpfer in Einbaulage halten, Stoßdämpfer mindestens 3mal auseinanderziehen und zusammendrücken. Der Stoßdämpfer muß sich dabei über den gesamten Hub gleichmäßig schwer und ruckfrei bewegen lassen, außerdem dürfen keine ungewöhnlichen Geräusche auftreten.
- Die Kolbenstange vollständig einschieben und dann loslassen. Die Kolbenstange muß sich mit gleichmäßiger Geschwindigkeit wieder herausschieben.
- Bei einwandfreier Funktion sind geringe Spuren von Stoßdämpferöl kein Grund zum Austausch.
- Bei starkem Ölverlust Stoßdämpfer austauschen.
- Stoßdämpfer einbauen.

Stoßdämpfer verschrotten

- Stoßdämpfer sind mit Öl gefüllt. Stoßdämpfer deshalb nicht in den Hausmüll geben, sondern beim Rohstoffhandel oder bei der Sondermüllsammelstelle abgeben.
- In der Werkstatt werden die Stoßdämpfer vor der Verschrottung entleert.

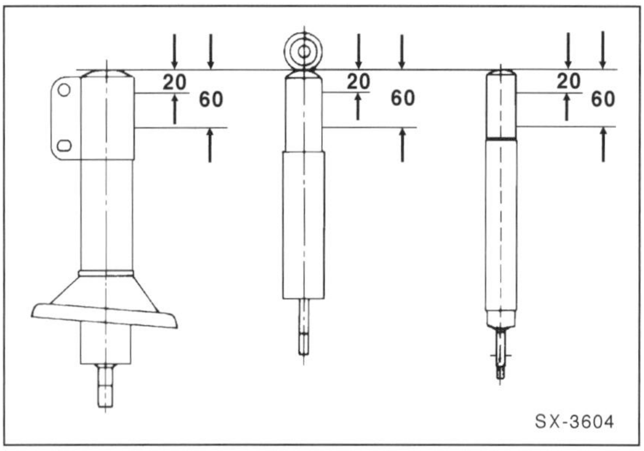

- Stoßdämpfer senkrecht mit der Kolbenstange nach unten in den Schraubstock spannen.
- Etwa 20 mm unterhalb des Bodens das Dämpferrohr mit einem 3 mm Bohrer anbohren, um das Gas entweichen zu lassen. Das entweichende Gas ist farblos, geruchlos und ungiftig.
- Etwa 60 mm unterhalb des Bodens ein 5 mm Loch für die Ölentleerung bohren.
- Durch mehrmaliges Auf- und Abbewegen der Kolbenstange das Dämpferöl herauspumpen und auffangen.

Achtung: Altöl nicht einfach wegschütten oder in den Hausmüll geben. Stoßdämpferöl ist Mineralöl und kann laut Abfallgesetz zusammen mit Motorenöl entsorgt werden.

Schraubenfeder vorn aus- und einbauen

Achtung: Je nach Ausstattung des Fahrzeuges sind unterschiedliche Schraubenfedern mit den jeweils dazu passenden Gummilagern eingebaut. Zur Kennzeichnung der Federn sind am letzten, unteren Windungsgang ein roter oder blauer Farbstrich angebracht sowie die Teile-Nr. eingeschlagen. Beim Auswechseln nur Feder gleicher Kennzeichnung einbauen.

Ausbau

- Stellung der Vorderräder zur Radnabe mit Farbe kennzeichnen. Dadurch kann das ausgewuchtete Rad wieder in derselben Position montiert werden. Radschrauben bei auf dem Boden stehendem Fahrzeug lösen. Fahrzeug vorn aufbocken und Vorderräder abnehmen.
- Stoßdämpfer oben abschrauben, dabei Querlenker mit Werkstattwagenheber und Holzzwischenlage unterstützen, siehe Seite 117.
- Untere Motorraumverkleidung ausbauen, siehe Seite 20.
- Die Schraubenfeder ist vorgespannt. Zum Herausnehmen der Feder muß sie noch weiter gespannt werden, damit die Federteller entlastet sind. Schraubenfeder mit geeigneter Spannvorrichtung spannen.

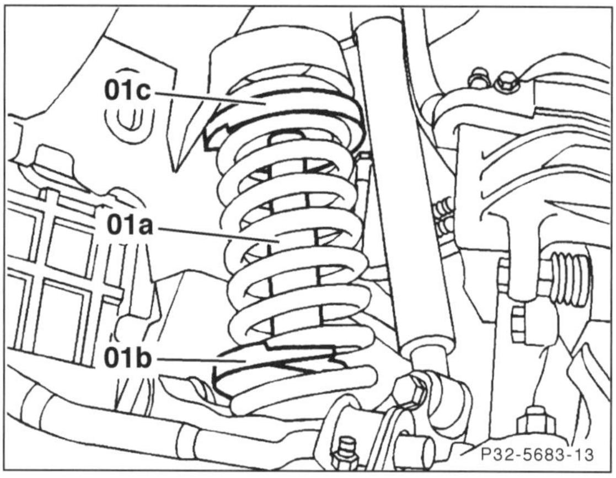

- Feder mit handelsüblichem Federspanner spannen. Die MERCEDES-Werkstätten benutzen dazu eine Spezialvorrichtung: Spanngerät –01a– (000 589 46 31 00), Spannplatten –01b, 01c– (000 589 79 63 00). Dabei soll der Federspanner 8 Windungen umfassen. Feder zusammendrücken, bis sie herausgenommen werden kann.

Achtung: Federspanner so in die Windungen der Feder einsetzen, daß die Federwindungen sicher umfaßt werden und der Federspanner nicht abrutschen kann. Feder grundsätzlich an mindestens 3 gleichmäßig über den Umfang verteilten Punkten spannen. Die Schraubenfeder steht unter großer Vorspannung, deshalb nur stabiles Werkzeug verwenden. Keinesfalls Feder mit Draht zusammenbinden. Unfallgefahr!

- Falls die Feder ausgewechselt werden soll, Feder langsam entspannen.

Einbau

Vor dem Einbau Gummilager auf Porosität oder Beschädigung prüfen, gegebenenfalls ersetzen. Anlagefläche am Querlenker reinigen.

- Federspanner ansetzen und Feder langsam spannen.

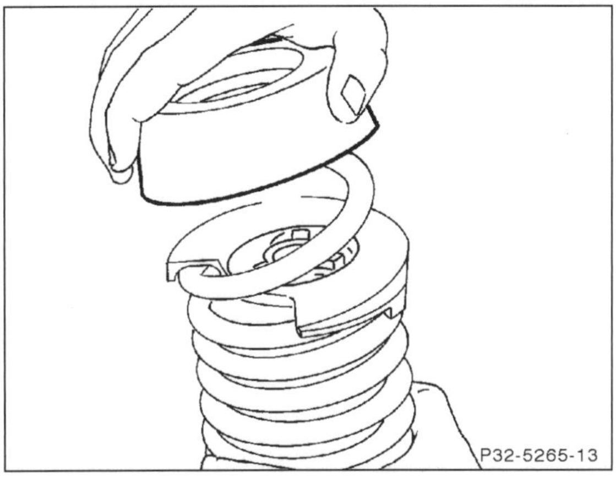

- Gummilager mit einer Rechtsdrehung auf die Feder aufsetzen. Zur leichteren Montage kann das Gummilager mit Geschirrspülmittel oder Glyzerin bestrichen werden.
- Schraubenfeder so einsetzen, daß das Ende der unteren Windung am Anschlag des Federtellers im Querlenker sitzt.
- Querlenker mit Werkstattwagenheber etwas anheben, Stoßdämpfer oben einführen. Scheibe vom Motorraum her auf die Stoßdämpferstange aufsetzen. Mutter für Stoßdämpferstange mit **15 Nm** anschrauben. Kontermutter mit **30 Nm** aufschrauben, dabei untere Mutter gegenhalten. **Achtung:** Beim Anheben darauf achten, daß sich das Fahrzeug nicht von den Auflageflächen der Hebebühne abhebt.
- Schraubenfeder langsam entspannen, dabei auf richtigen Sitz der Gummilager im Rahmenboden und unten am Querlenker achten.
- Werkstattwagenheber entfernen.
- Motorraumverkleidung einbauen.
- Vorderräder so ansetzen, daß die beim Ausbau angebrachten Markierungen übereinstimmen. Räder anschrauben. Fahrzeug ablassen und Radschrauben über Kreuz mit **110 Nm** festziehen.
- Fahrzeugniveau an der Vorderachse von Werkstatt prüfen lassen.
- Scheinwerfer einstellen, siehe Seite 221.

Radlagerspiel vorn einstellen

Hinweis: Die Einstellung wird nachfolgend am Radlager bis 8/95 beschrieben. Seit 9/95 wird ein geändertes Radlager eingebaut.

- Stellung von Vorderrad zur Radnabe mit Farbe kennzeichnen. Dadurch kann das ausgewuchtete Rad wieder in derselben Position montiert werden. Radschrauben bei auf dem Boden stehendem Fahrzeug lösen. Fahrzeug vorn aufbocken und Vorderrad abnehmen.

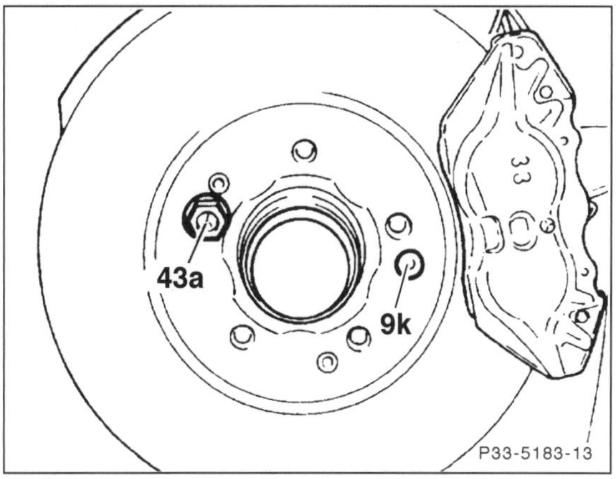

- Bremsscheibe mit 1 Radschraube –43a– gegenüber der Sicherungsschraube –9k– an Nabe anschrauben.
- Scheibenbremsbeläge mit Schraubendreher vorsichtig von der Bremsscheibe wegdrücken.

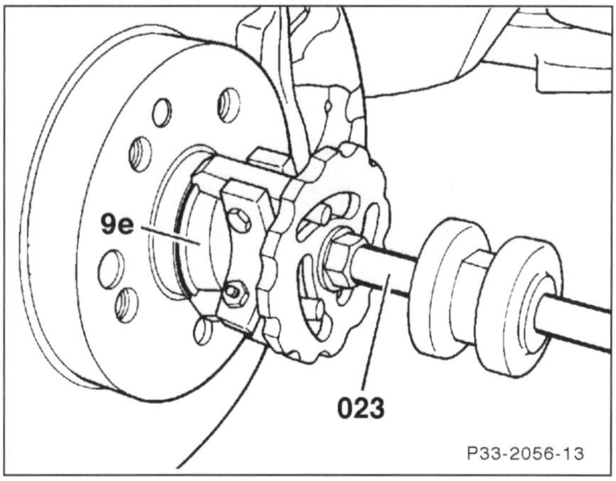

- Nabenkappe –9e– mit Abziehgerät –023– abziehen, oder mit Gummihammer abschlagen.

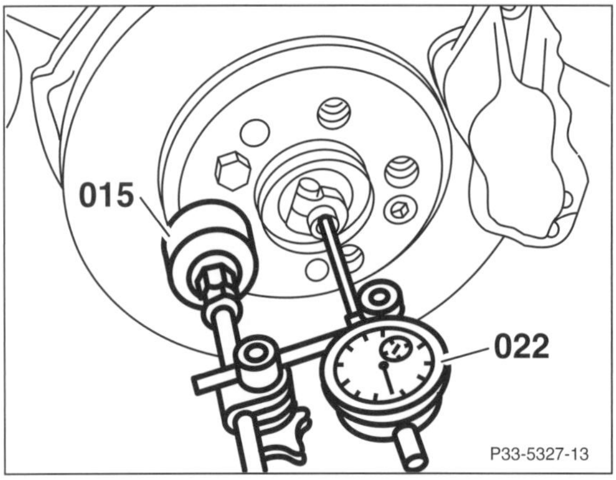

- Spiel durch kräftiges Ziehen und Drücken am Flansch kontrollieren. Vor jedem Messen Radnabe einige Male durchdrehen.
- Die Werkstatt mißt das Axialspiel des Radlagers mit Hilfe einer Meßuhr –022– und des entsprechenden Halters –015–. Meßuhr auf 2 mm Vorspannung einstellen. **Sollwert** bei richtig eingestelltem Spiel: **0,01–0,02 mm**.

Achtung: Während der Messung darf sich die Radnabe nicht verdrehen.

Einstellen

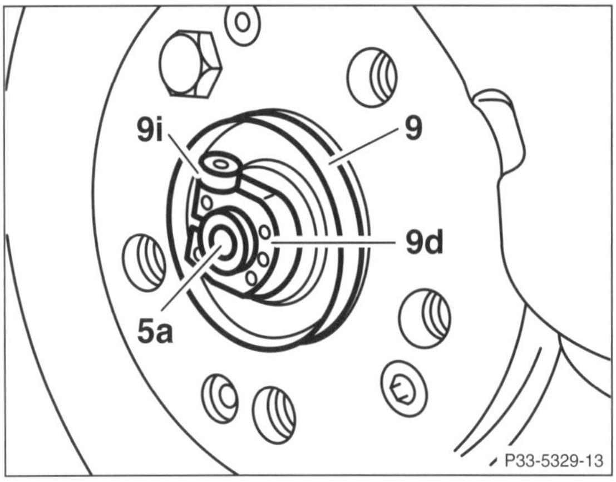

- Innensechskantschraube –9i– der Klemm-Mutter –9d– lösen.
- Klemm-Mutter unter gleichzeitigem Drehen der Nabe –9– so weit anziehen, daß sich die Nabe kaum noch drehen läßt. Anschließend Klemm-Mutter ca. ⅓ Umdrehung zurückdrehen und durch einen Schlag mit einem Kunststoffhammer auf den Achsschenkelzapfen –5a– die Spannung lösen.
- Messung mit Meßuhr wiederholen und Spiel gegebenenfalls nochmals korrigieren.

- MERCEDES schreibt die Prüfung des Lagerspiels mit der Meßuhr vor. In der Praxis (oder wenn keine Meßuhr vorhanden ist) ist das Radlagerspiel normalerweise richtig eingestellt, wenn sich die Scheibe hinter der Klemm-Mutter **satt, das heißt mit etwas Kraftaufwand** mit einem Schraubendreher verschieben läßt. Sonst Klemm-Mutter etwas anziehen oder lösen.
- Innensechskantschraube der Klemm-Mutter mit 8 Nm festziehen und Radlagerspiel nochmals kontrollieren.

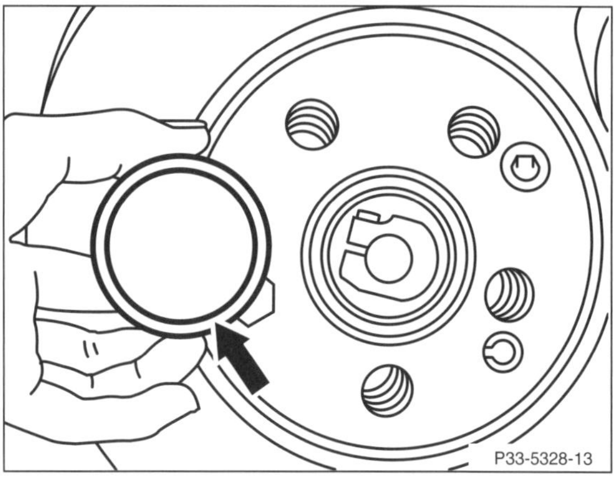

- Nabenkappe bis zum Bördelrand –Pfeil– mit Hochtemperatur-Wälzlagerfett füllen. Füllmenge ca. 15 Gramm.

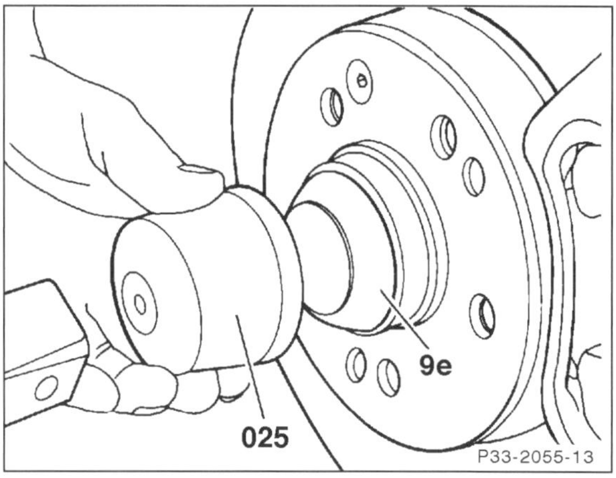

- Nabenkappe –9e– mit Spezialwerkzeug –025– oder mit Gummihammer aufschlagen. **Achtung:** Verbeulte Nabenkappe unbedingt ersetzen, da durch Undichtigkeiten Feuchtigkeit ins Radlager eindringt und dieses in kurzer Zeit zerstört wird.
- Radschraube an der Bremsscheibe herausdrehen.
- Vorderrad so ansetzen, daß die beim Ausbau angebrachten Markierungen übereinstimmen. Rad anschrauben. Fahrzeug ablassen und Radschrauben über Kreuz mit **110 Nm** festziehen.
- Bremspedal mehrmals betätigen, damit die Bremsbeläge in Betriebsstellung kommen.

Querstabilisator aus- und einbauen

Ausbau

- Fahrzeug vorn aufbocken.

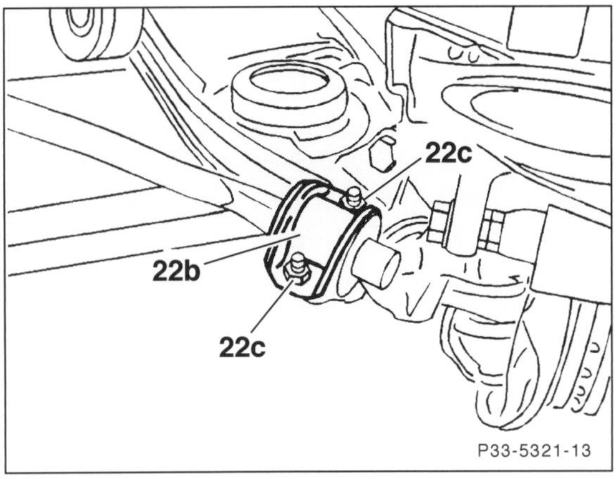

- Auf beiden Seiten die Lager –22b– am Unterboden und an den Querlenkern abschrauben. Vorher Lage der Schellen für den Wiedereinbau mit Farbe kennzeichnen.
- Stabilisator zusammen mit Gummilagern herausnehmen.

Einbau

- Vor dem Einbau Gummilager prüfen, poröse oder beschädigte Lager ersetzen.
- Schellen der Gummilager in gleicher Lage wie ausgebaut mit **neuen selbstsichernden Schrauben** –22c– und **20 Nm** anschrauben.

Hinterachse

Der MERCEDES besitzt eine Raumlenker-Hinterachse mit Einzelradaufhängung. Zur Abfederung dienen Schraubenfedern und Gasdruckstoßdämpfer.

In der Mitte der Hinterachse befindet sich das Hinterachsgetriebe. Es ist mit dem Achsträger über 3 Gummilager verbunden. Der Achsträger ist über 4 Gummilager mit dem Rahmenboden verbunden. Durch hydraulische Dämpfung einiger dieser Gummilager werden Geräusch- und Schwingungskomfort gegenüber herkömmlichen Lagern verbessert.

Auf beiden Seiten des Achsträgers sind je 5 Lenker (Federlenker, Zugstrebe, Schubstrebe, Sturzstrebe und Spurstange) elastisch gelagert. Die Lenker sind auf der anderen Seite über Gummilager mit dem Radträger verbunden.

Die Schraubenfedern und Stoßdämpfer sind zwischen Federlenker und Rahmenboden angeordnet. Die Stoßdämpfer befinden sich in der Nähe der Radträger und außerhalb der Federn.

Als Sonderausstattung ist eine Niveauregulierung verfügbar. Anstelle der Gasdruckstoßdämpfer sind dann Federbeine eingebaut, die ab einer bestimmten Fahrzeugbeladung automatisch mit Hydrauliköl »aufgepumpt« werden und so einen Teil des Fahrzeuggewichts mittragen. Dadurch ist sichergestellt, daß der volle Federweg sowie ausreichende Bodenfreiheit bei allen Beladungszuständen an der Hinterachse vorhanden sind. Der Ausbau dieser Federbeine sollte von einer MERCEDES-Werkstatt vorgenommen werden.

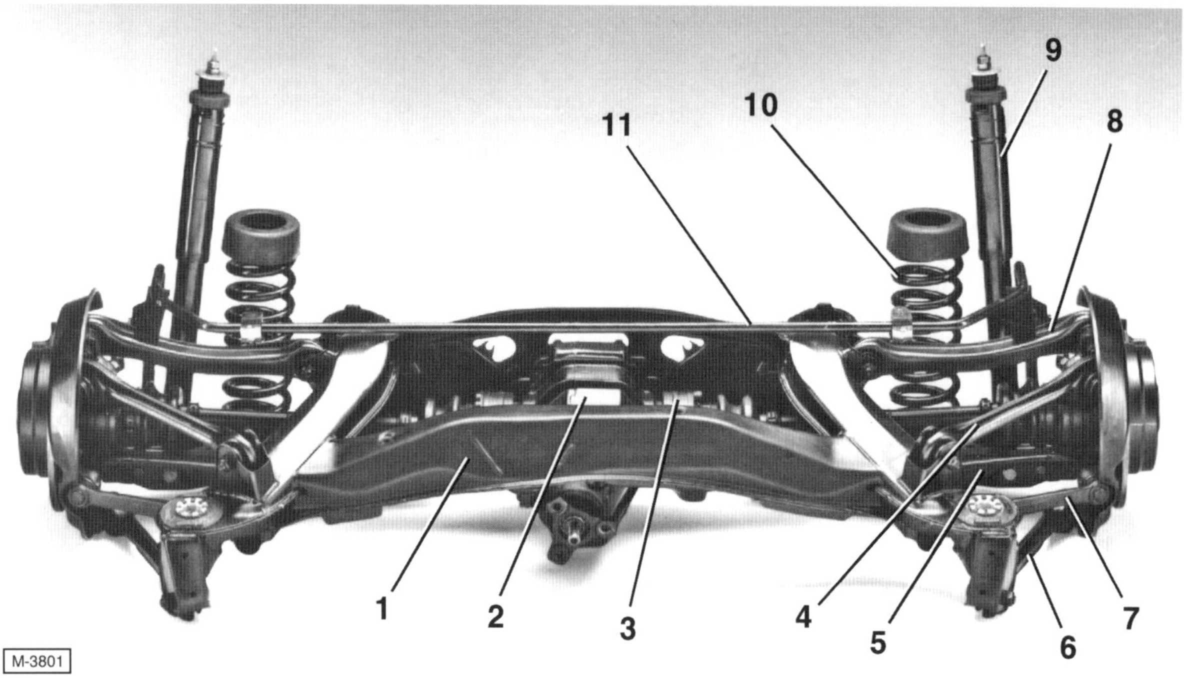

M-3801

1 – Hinterachsträger
2 – Hinterachsgetriebe
3 – Hinterachswelle
4 – Zugstrebe
5 – Federlenker
6 – Schubstrebe
7 – Spurstange
8 – Sturzstrebe
9 – Stoßdämpfer
10 – Hinterfeder
11 – Stabilisator

Stoßdämpfer hinten aus- und einbauen

Fahrzeuge ohne Niveauregulierung

Stoßdämpfer sind im Reparaturfall, unabhängig vom Fabrikat, einzeln austauschbar. Die Ausführung der Stoßdämpfer nach Farbkennziffer, zum Beispiel »H2 orange«, muß jedoch übereinstimmen.

Ausbau

- Kofferraum-Verkleidung ausclipsen und herausnehmen.

Achtung: Die Stoßdämpfer dienen gleichzeitig als Ausfederungsanschlag für die Hinterräder. Daher oberes Stoßdämpferlager bei auf den Rädern stehendem Fahrzeug lösen, damit die Achse beim Lösen des Stoßdämpfers nicht nach unten fällt. Ist das Fahrzeug angehoben, muß der Federlenker abgestützt werden.

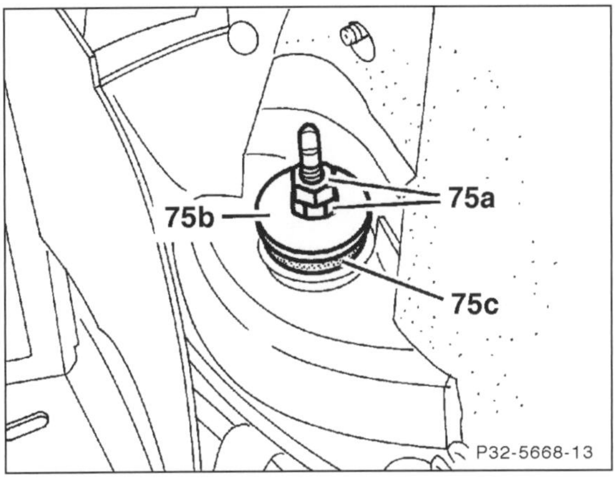

Achtung: Beim Lösen der oberen Aufhängung darf sich die Stoßdämpfer-Kolbenstange nicht mitdrehen, sonst könnte sich die Befestigung des Arbeitskolbens lösen. Unfallgefahr!

- Muttern –75a– abschrauben. Wenn sich hierbei die Stoßdämpferstange mitdreht, diese mit einem Gabelschlüssel am Zweikant festhalten. Beim Lösen der Kontermutter untere Mutter mit flachem Gabelschlüssel (SW 17) gegenhalten. 75b – Scheibe, 75c – Gummidämpfer.
- Fahrzeug hinten aufbocken.

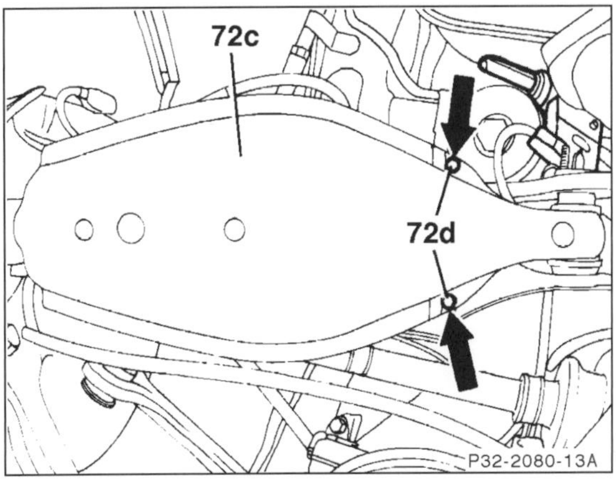

- Wo vorhanden, 2 Schrauben –72d– der Federlenker-Abdeckung –72c– abschrauben und Abdeckung abnehmen.

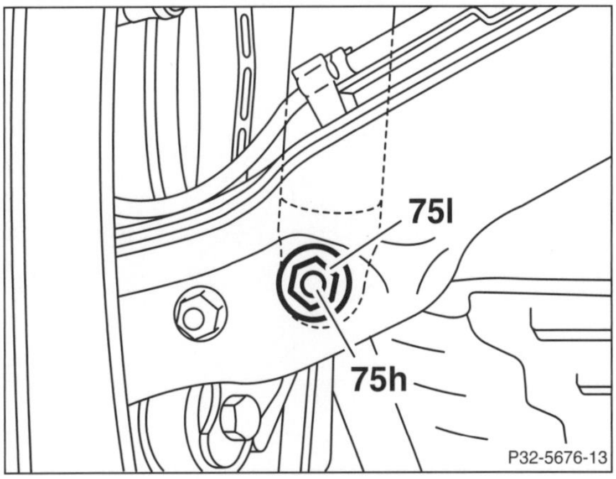

- Mutter –75l– am Federlenker abschrauben und Sechskantschraube –75h– mit Scheibe herausnehmen.

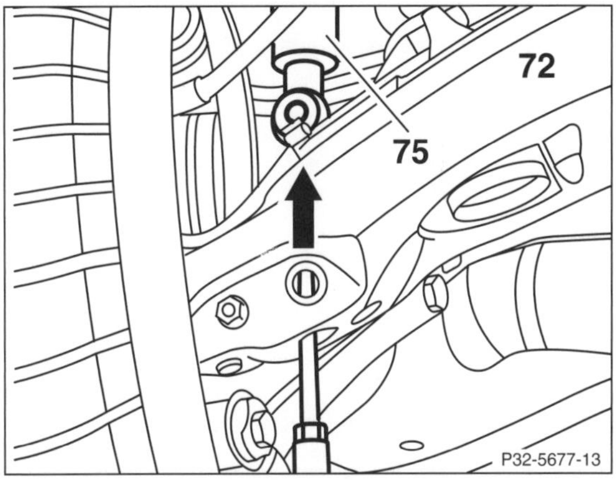

- Stoßdämpfer –75– aus Federlenker –72– und Rahmenbohrung herausnehmen. Ist dies schwierig, Stoßdämpfer mit großem Schraubendreher durch die Bohrung im Federlenker nach oben drücken und Stoßdämpfer nach hinten herausnehmen.

Einbau

- Vor dem Einbau Stoßdämpfer prüfen, siehe Seite 117.
- Gummiteile auf Porosität und Beschädigung prüfen, gegebenenfalls ersetzen.

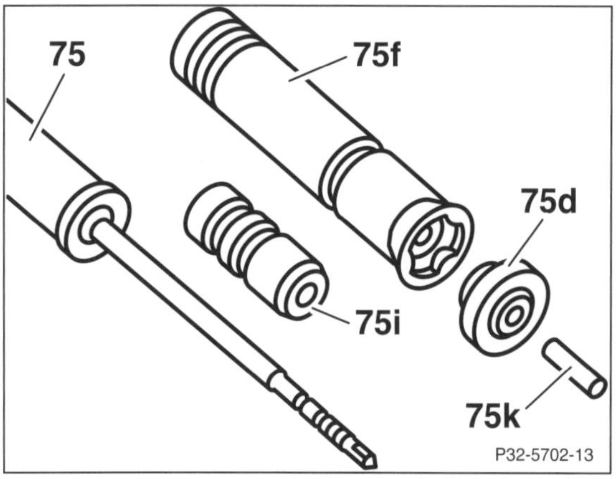

- Neue Stoßdämpfer –75– werden mit montiertem Anschlagpuffer –75i–, Schutzhülse –75f–, Gummilager –75d– und Abstandhülse –75k– geliefert.
- Stoßdämpfer mit der Farbkennziffer nach hinten einsetzen.
- Sechskantschraube –75h– mit Unterlegscheiben einsetzen und **neue selbstsichernde** Mutter mit **55 Nm** festziehen.
- Federlenker-Abdeckung anschrauben.
- Fahrzeug langsam ablassen, dabei Stoßdämpfer in die obere Aufnahmebohrung einführen.

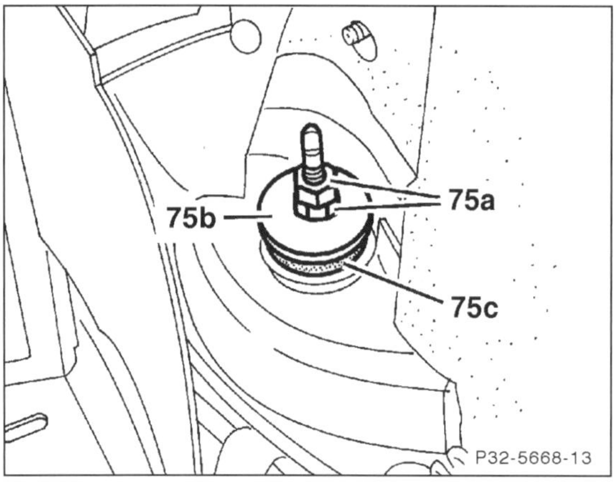

- Gummiring –75c– und Scheibe –75b– aufschieben.
- Die beiden Sechskantmuttern –75a– anschrauben, dabei die untere Mutter bis zum Gewindeende auf **15 Nm** anziehen, dann die obere Mutter mit **30 Nm** kontern. Darauf achten, daß die Kolbenstange nicht mitdreht, gegebenenfalls am Zweikant gegenhalten.
- Kofferraum-Verkleidung einsetzen und Clipse eindrücken.

Schraubenfeder hinten aus- und einbauen

Achtung: Je nach Ausstattung des Fahrzeuges sind unterschiedliche Schraubenfedern mit den jeweils dazu passenden Gummilagern eingebaut. Zur Kennzeichnung der Federn sind am letzten unteren Windungsgang ein Farbstrich angebracht sowie die Teile-Nr. eingeschlagen. Beim Auswechseln nur Feder mit gleicher Kennzeichnung verwenden.

Ausbau

- Fahrzeug hinten aufbocken.
- Wo vorhanden, Abdeckung für Federlenker abnehmen, siehe Seite 122.

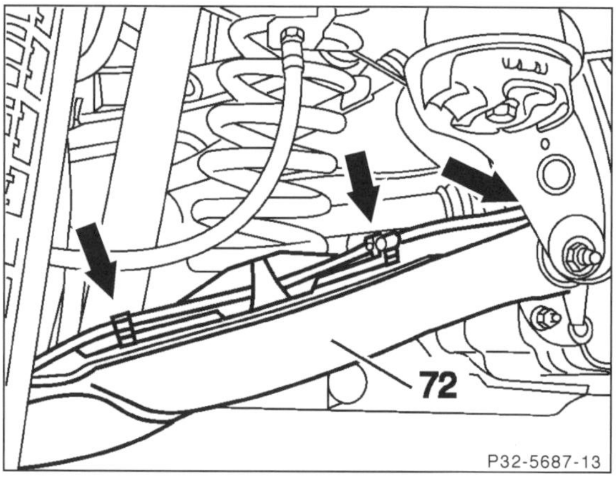

- Kabel für Bremsbelag-Verschleißanzeige am Federlenker –72– ausclipsen.

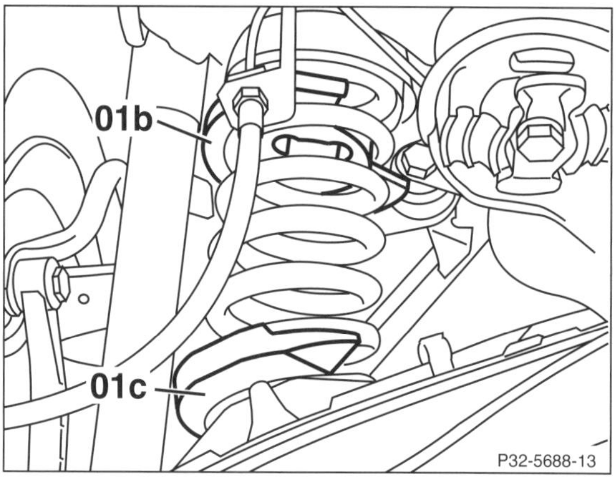

- Die Schraubenfeder ist vorgespannt. Zum Herausnehmen der Feder muß sie noch weiter gespannt werden, damit die Federteller –01b/01c– entlastet sind. Dabei soll der Federspanner 4 bis 5 Windungen umfassen.

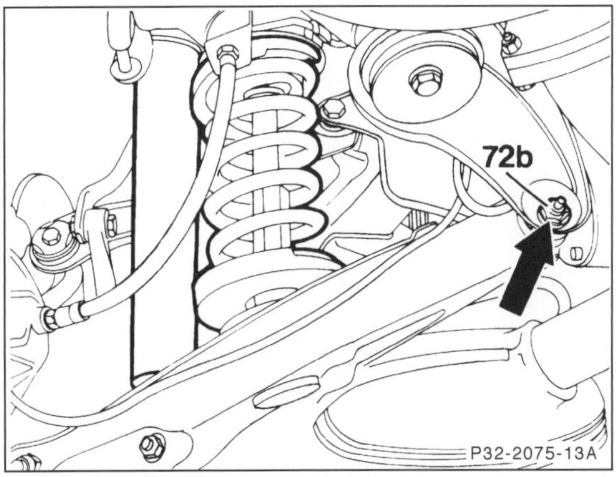

● Selbstsichernde Mutter für Federlenker abschrauben, mit Scheibe –72b– abnehmen. Bolzen herausziehen.

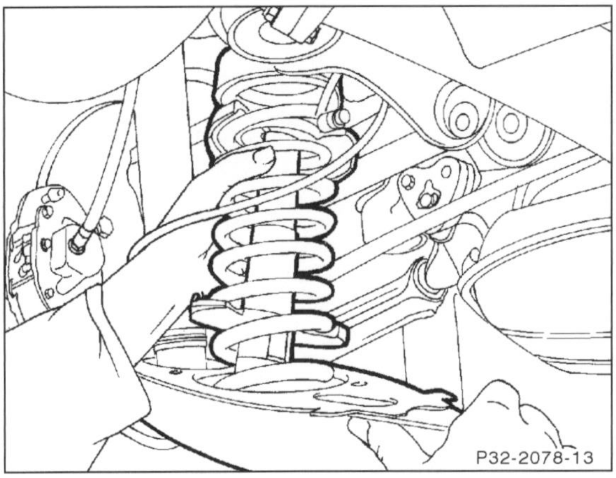

● Federlenker nach unten ziehen und hintere Schraubenfeder mit Gummilager herausnehmen.

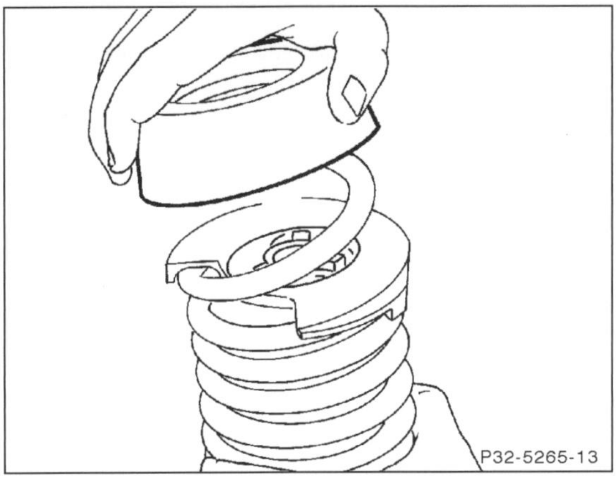

● Feder in Schraubstock einspannen, Gummilager durch Linksdrehung abnehmen und Feder langsam entspannen.

Einbau

Vor dem Einbau Gummilager auf Porosität oder Beschädigung prüfen, gegebenenfalls ersetzen. Anlagebereich am Federlenker reinigen.

● Federspanner ansetzen und Feder langsam spannen.

● Gummilager mit Rechtsdrehung aufsetzen, zur leichteren Montage kann das Gummilager mit Geschirrspülmittel oder Glyzerin bestrichen werden.

● Schraubenfeder so einsetzen, daß das Ende der unteren Windung in der Vertiefung am Federlenker sitzt.

● Bolzen für Federlenker einsetzen und **neue selbstsichernde** Mutter mit Scheibe –72b– aufschrauben, noch nicht festziehen.

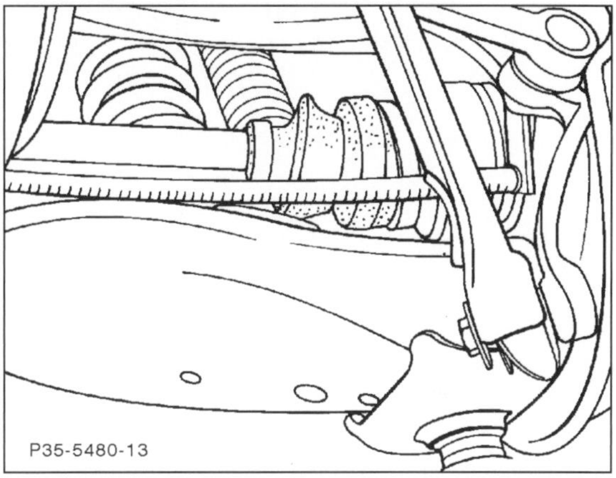

● Werkstattwagenheber unter dem Federlenker postieren und Federlenker anheben, bis die Hinterachswelle annähernd waagerecht steht. Holzzwischenlage verwenden. **Achtung:** Beim Anheben darauf achten, daß sich das Fahrzeug nicht von den Auflageflächen der Hebebühne abhebt.

● In dieser Stellung Mutter für Federlenker mit **70 Nm** festziehen.

● Feder entspannen, dabei auf richtigen Sitz im oberen Gummilager und unten im Federlenker achten.

● Federspanner und Wagenheber entfernen.

● Kabel für Bremsbelag-Verschleißanzeige am Federlenker verlegen und einclipsen.

● Wo vorhanden, Federlenkerabdeckung einbauen.

● Fahrzeugniveau an der Vorderachse prüfen lassen.

● Scheinwerfer einstellen lassen.

Hinterachswelle aus- und einbauen

Achtung: Zum Festziehen der Hinterachs-Bundmutter wird ein Drehmomentschlüssel mit einem Anzugsmoment bis mindestens 220 Nm benötigt.

Ausbau

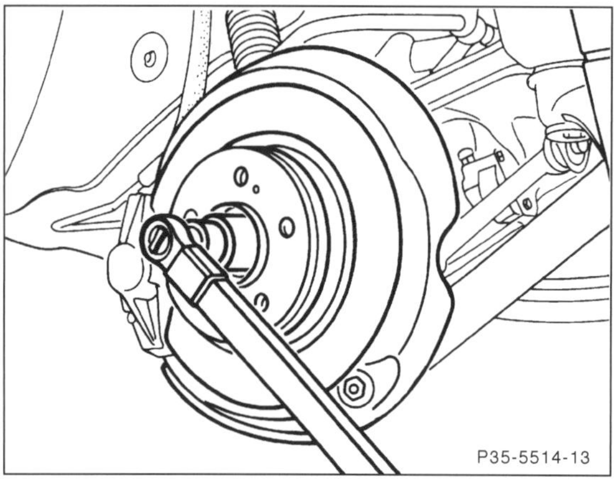

P35-5514-13

- Bundmutter mit Zwölfkant-Steckschlüsseleinsatz SW 30 abschrauben.

Achtung: Dabei muß das Fahrzeug auf den Rädern stehen, Gang einlegen, Bremse anziehen. Unfallgefahr!

- Stellung der Hinterräder zur Radnabe mit Farbe kennzeichnen. Dadurch kann das ausgewuchtete Rad wieder in derselben Position montiert werden. Radschrauben bei auf dem Boden stehendem Fahrzeug lösen. Fahrzeug aufbocken und Hinterräder abnehmen.

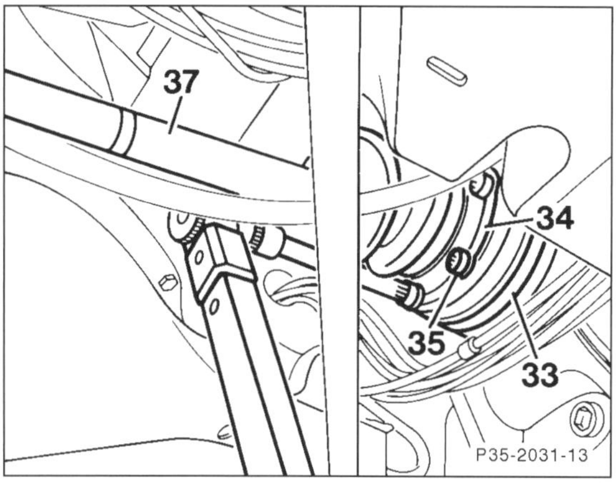

P35-2031-13

- Hinterachswelle –37– vom Verbindungsflansch –33– abschrauben. Dazu Innenvielzahnschrauben –35– herausdrehen (SW 10, zum Beispiel HAZET 2751 oder 990 SLg 10) und mit Sicherungsblechen –34– abnehmen. **Achtung:** Auf guten Sitz des Steckschlüsseleinsatzes im Vielzahnprofil des Schraubenkopfes achten, eventuell Vielzahnprofil reinigen.

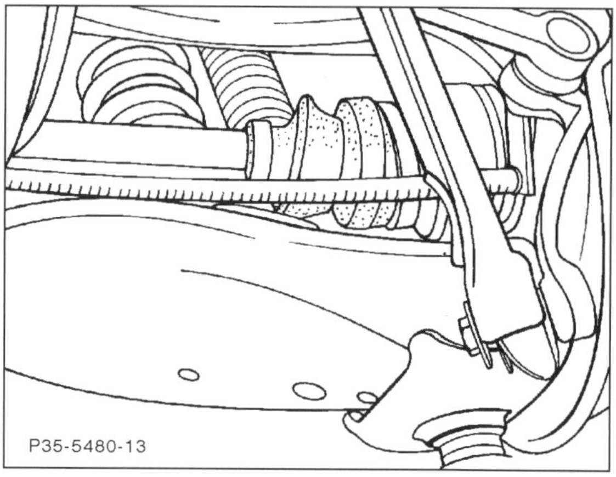

P35-5480-13

- Werkstattwagenheber unter dem Federlenker postieren und Federlenker anheben, bis die Hinterachswelle annähernd waagerecht steht. Holzzwischenlage verwenden. **Achtung:** Beim Anheben darauf achten, daß sich das Fahrzeug nicht von den Auflageflächen der Hebebühne abhebt. Notfalls eventuell Kofferraum beladen.

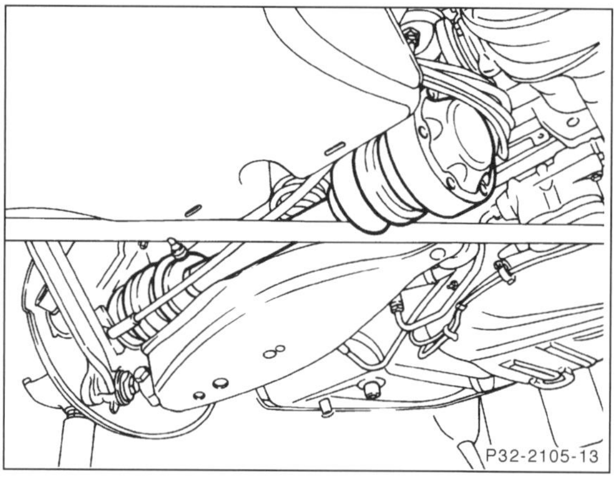

P32-2105-13

- Hinterachswelle in Axialrichtung zusammenschieben, dann nach schräg unten schwenken.

Achtung: Darauf achten, daß sich beim Abnehmen der Hinterachswelle der Abschlußdeckel der Welle nicht löst.

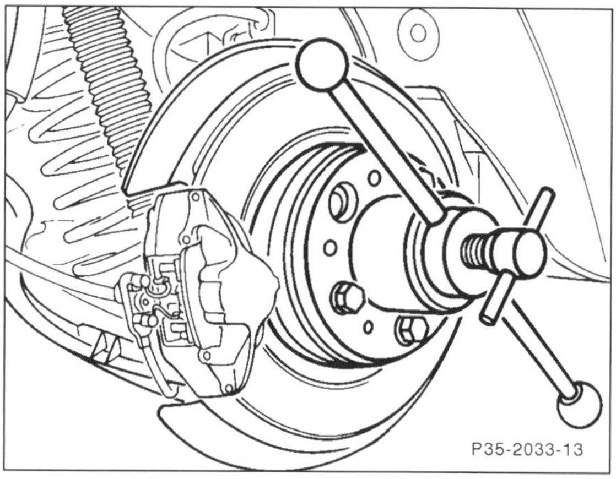

P35-2033-13

- Hinterachswelle aus dem Achswellenflansch herausnehmen. Falls die Welle im Flansch festsitzt, Welle mit geeignetem handelsüblichen Ausdrückwerkzeug herausdrücken.
- Hinterachswelle abnehmen.
- Gummimanschetten und Abschlußdeckel auf Dichtheit und Beschädigung prüfen, gegebenenfalls instandsetzen.

Einbau

- Flanschfläche zwischen Verbindungsflansch und Abschlußdeckel reinigen.
- Hinterachswelle in Hinterachswellenflansch einschieben.
- Welle an den Verbindungsflansch ansetzen.
- **Neue** Unterlegbleche ansetzen und **neue** Innenvielzahnschrauben reindrehen. **Achtung:** Vorher Gewinde und Schraubenkopf-Auflage leicht einölen. Gewindedurchmesser messen, danach richtet sich das Anzugsmoment der Schrauben.
- Innenvielzahnschrauben bei Gewindedurchmesser 10 mm über Kreuz mit **70 Nm**, bei Gewindedurchmesser 12 mm mit **100 Nm** festziehen.
- Werkstattwagenheber ablassen und entfernen.
- Hinterräder so ansetzen, daß die beim Ausbau angebrachten Markierungen übereinstimmen. Räder anschrauben. Fahrzeug ablassen und Radschrauben über Kreuz mit **110 Nm** festziehen.
- **Neue** Zwölfkant-Bundmutter anschrauben und mit **220 Nm** festziehen. **Achtung:** Vorher Gewinde und Schraubenkopf-Auflage leicht einölen.

Achtung: Dabei muß das Fahrzeug auf dem Boden stehen. Mutter grundsätzlich erneuern. Beim Anziehen Gang einlegen und Bremse anziehen.

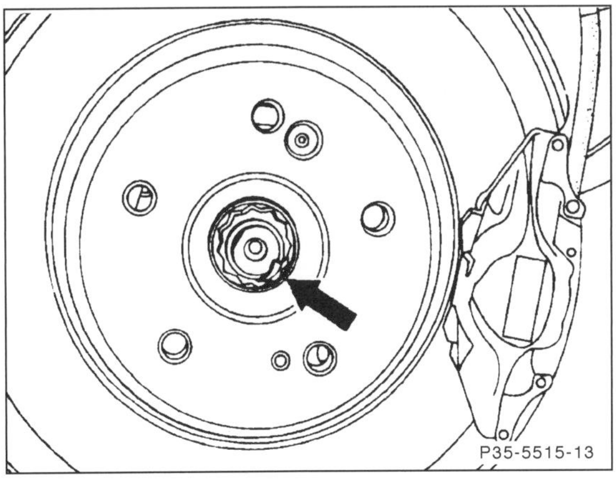

P35-5515-13

- Bundmutter am Quetschbund sichern –Pfeil–, dazu Bund der Mutter mit Dorn in die Nut einschlagen.

Hinterachswelle zerlegen/ Gummimanschetten ersetzen

Achtung: Das äußere Gleichlaufgelenk kann nicht zerlegt werden. Beide Manschetten werden über die innere Seite ausgebaut. Nach längerer Laufzeit empfiehlt es sich, grundsätzlich beide Manschetten zu ersetzen.

Zerlegen

- Hinterachswelle ausbauen.

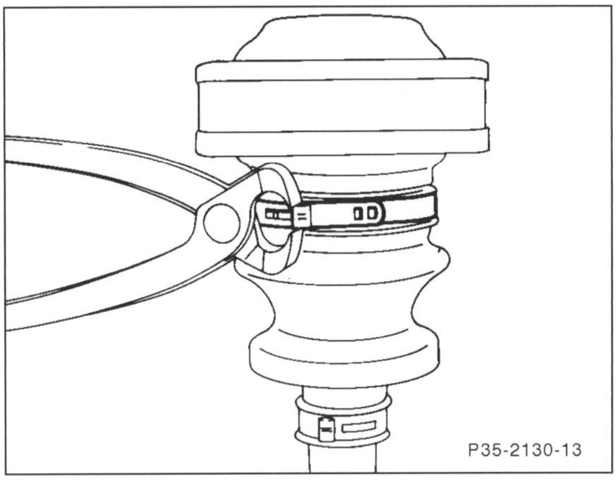

P35-2130-13

- Schraubschellen abschrauben, Klemmschellen durchkneifen und beim Einbau durch Schraubschellen ersetzen.

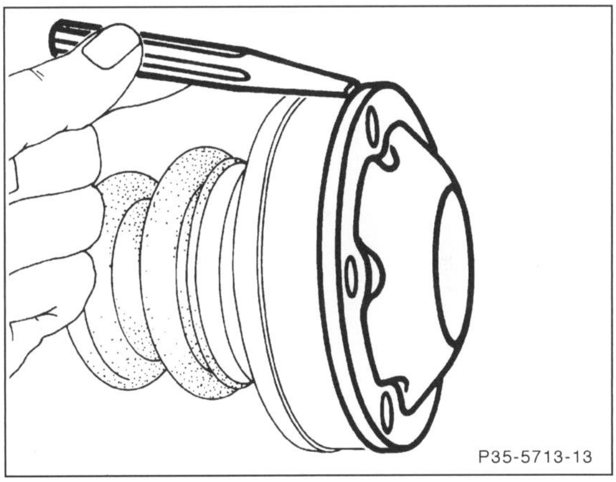

P35-5713-13

- Abschlußdeckel mit Dorn vom Gelenkring abdrücken.
- Gummimanschette am Gelenkring abdrücken und auf der Hinterachswelle zurückschieben.
- Mit Lappen Fett vom Gelenk abwischen.

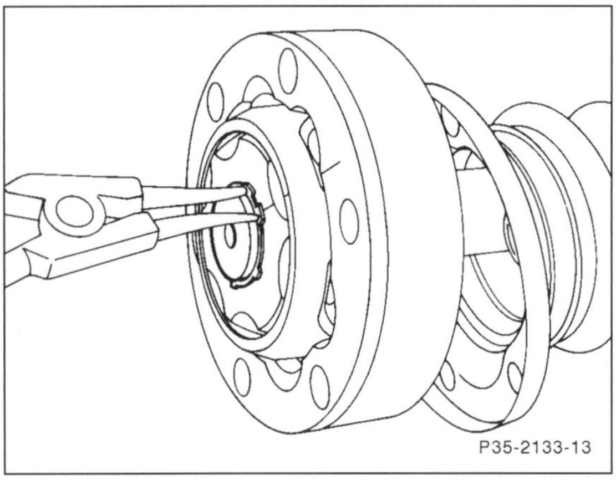
P35-2133-13

- Sicherungsring mit geeigneter Zange spreizen und abnehmen.

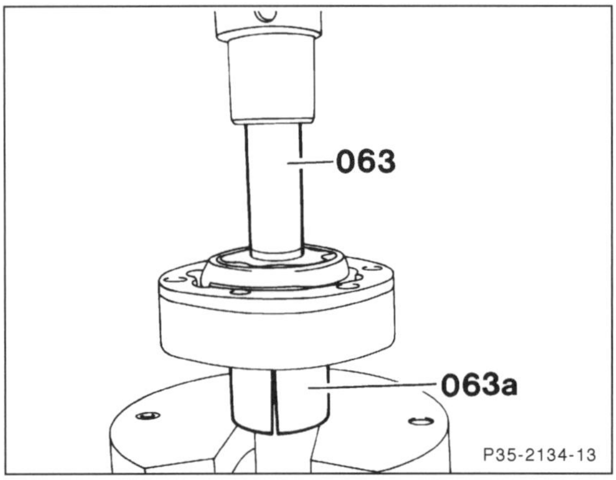

P35-2134-13

- Inneres Gleichlaufgelenk von der Hinterachswelle abpressen. Hierzu werden ein geeigneter Dorn –063– (Länge ca. 80 mm) sowie passende Halbschalen –063a– benötigt.

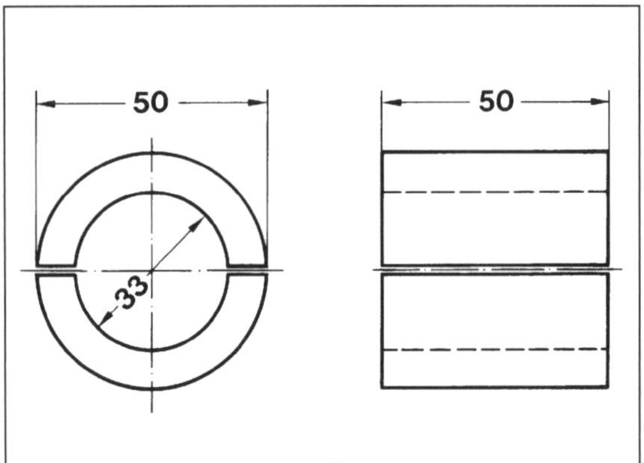

P35-0067-13

- Die Halbschalen können nach den oben angegebenen Maßen (in mm) selbst angefertigt werden.
- Gummimanschette für inneres Gleichlaufgelenk von der Hinterachswelle abziehen.

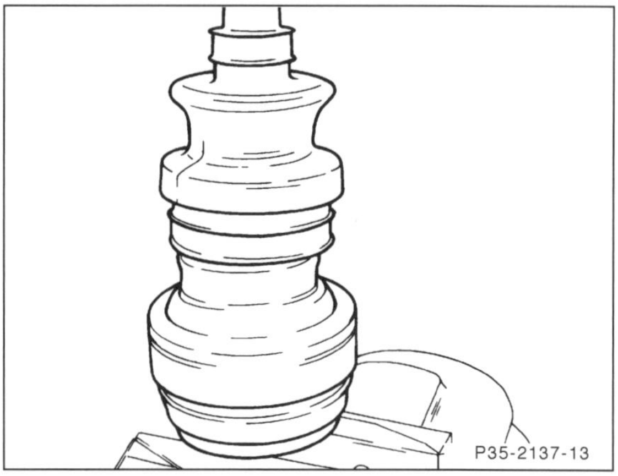
P35-2137-13

- Bei Bedarf Schlauchschellen für Gummimanschette am äußeren Gelenk lösen und Manschette über die Hinterachswelle abziehen. Dabei darauf achten, daß kein Schmutz in das Gelenk gelangt. Vor dem Abziehen der Manschette das Fett von der Innenseite der Manschette abstreifen und in das Gleichlaufgelenk einfüllen.
- Gegebenenfalls inneres Gleichlaufgelenk in Benzin auswaschen und Kugellaufbahnen auf Verschleißspuren sichtprüfen. Bei starken Verschleißspuren und Vertiefungen ist das gesamte Gelenk zu erneuern.
- Hinterachswelle reinigen.

Zusammenbauen

- Für den Manschettenwechsel kompletten Reparatursatz verwenden. Der Reparatursatz besteht aus 1 Sicherungsring, 4 Schlauchschellen, 1 Gummimanschette und 100 Gramm MB-Langzeit-Schmierfett (Menge für ein Gelenk). Bei Fahrzeugen mit längerer Laufzeit empfiehlt es sich, die zweite Gummimanschette ebenfalls auszuwechseln.

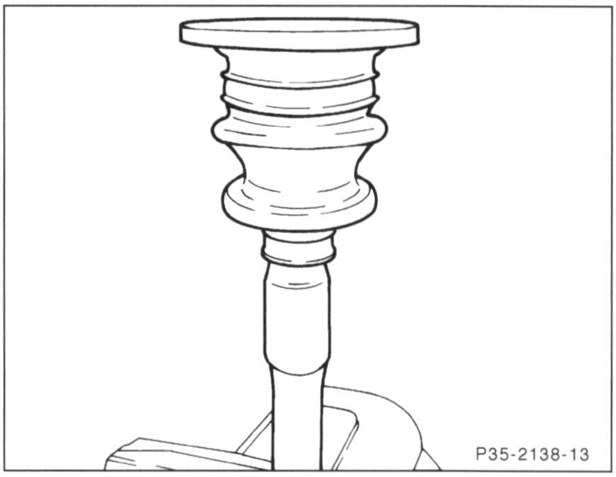
P35-2138-13

- Montagehülse auf das Vielzahnprofil der Hinterachswelle stülpen. Steht die Hülse nicht zur Verfügung, Vielzahnprofil mit Klebstreifen abkleben, damit die Manschette nicht beschädigt wird.
- Äußere Gummimanschette aufschieben.
- Innere Gummimanschette auf Hinterachswelle schieben.
- Montagehülse beziehungsweise Klebstreifen entfernen.

- Inneres Gelenk auf die Hinterachswelle stecken.

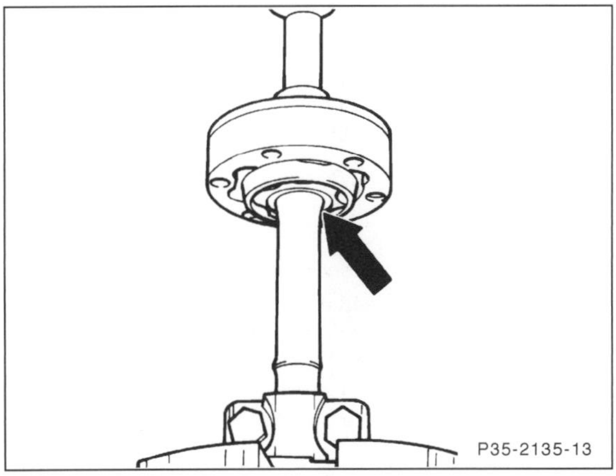

P35-2135-13

- Hinterachswelle am Manschettenbund mit Klemmvorrichtung oder im Schraubstock zwischen Schutzbacken spannen.
- Gleichlaufgelenk mit geeignetem Dorn bis zur Anlagefläche –Pfeil– der Hinterachswelle aufpressen.
- Klemmvorrichtung abnehmen.
- **Neuen** Sicherungsring mit geeigneter Zange einsetzen, auf korrekten Sitz in der Nut achten.
- Gleichlaufgelenke und Gummimanschetten an äußerem und innerem Gelenk mit vorgeschriebener Menge MERCEDES-Fließfett füllen, siehe Tabelle. Darauf achten, daß kein Schmutz in das Gelenk eindringt.

Lochkreis-Ø des inneren Gelenks (mm)	86	94	102
Fettfüllung innen (g)	100	120	150
Fettfüllung außen (g)	100	120	120

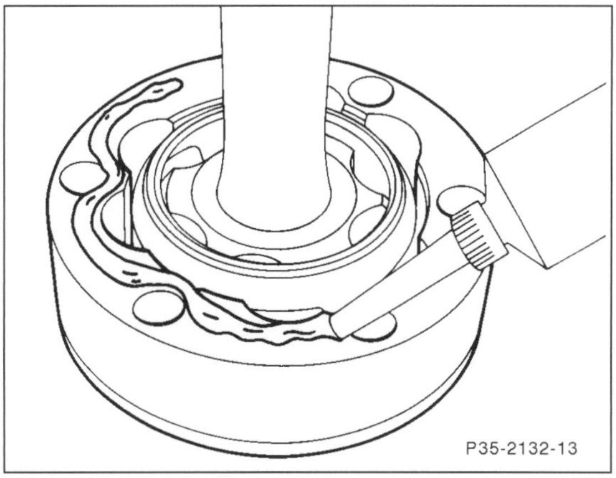

P35-2132-13

- Dichtflächen am inneren Gleichlaufgelenk zum Abschlußdeckel und zur Gummimanschette mit Dichtungsmasse (zum Beispiel: Curil, Loctite 574 oder Hylomar) bestreichen.
- Abschlußdeckel und Gummimanschette aufschieben.
- Gummimanschetten an der Manschettenkappe mit Schraubschellen befestigen.
- Manschetten jeweils über den Wulst an der Hinterachswelle schieben und mit Schellen befestigen.

Achtung: Die Schrauben der Schellen sollen jeweils in die gleiche Richtung zeigen. An der zweiten Manschette Schellen so montieren, daß sie um 180° gegenüber der ersten Manschette versetzt sind.

- Hinterachswelle einbauen.

Achswellen-Übersicht

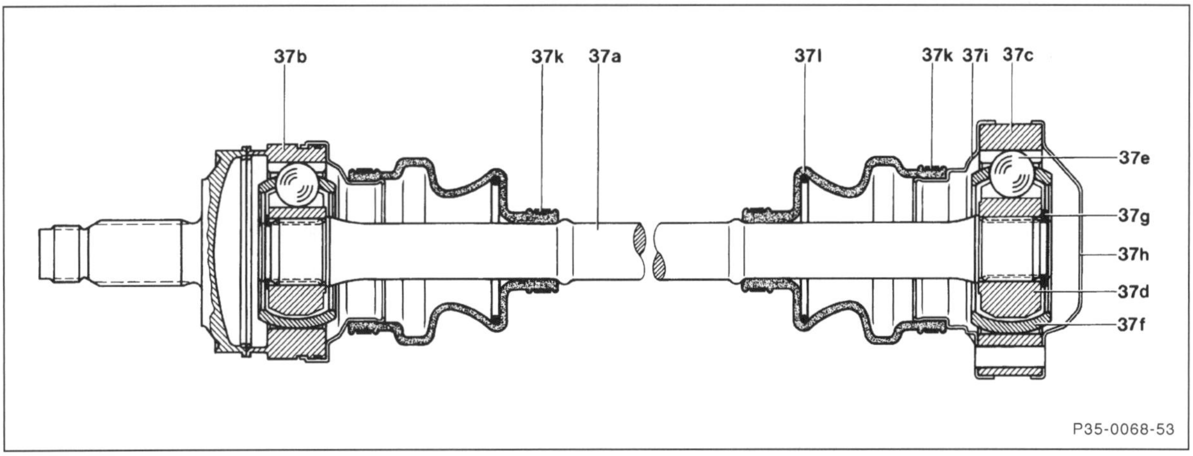

P35-0068-53

37a – Hinterachswelle
37b – Gelenkring außen
37c – Gelenkring innen
37d – Gelenknabe
37e – Kugel
37f – Kugelkäfig
37g – Sicherungsring
37h – Abschlußdeckel
37i – Manschettenkappe
37k – Schlauchschelle
37l – Gummimanschette

Lenkung

Die Lenkung besteht aus dem Lenkrad, der Lenkspindel, dem Lenkgetriebe, dem Lenkgestänge, dem Lenkungsdämpfer und der hydraulischen Lenkhilfe. Das Lenkrad ist auf die Lenkspindel aufgeschraubt, die wiederum die Lenkbewegungen auf das Lenkgetriebe überträgt.

Je nach Lenkeinschlag ändert sich die Übersetzung im Lenkgetriebe. Das heißt, je weiter das Lenkrad eingeschlagen wird, desto indirekter wird die Lenkung. Das Lenkrad läßt sich dann leichter drehen, zum Beispiel beim Einparken. Die direktere Getriebeübersetzung in Mittelstellung sorgt für erhöhte Lenkpräzision, insbesondere bei höheren Geschwindigkeiten.

Eine hydraulische Lenkhilfe (Servolenkung) sorgt dafür, daß der Kraftaufwand beim Einschlagen der Lenkung möglichst gering gehalten wird. Die Lenkhilfe besteht aus der Ölpumpe, dem Vorratsbehälter und den Öldruckleitungen. Angetrieben wird die Ölpumpe über den Keilrippenriemen. Die Pumpe saugt das Hydrauliköl aus dem Vorratsbehälter an und fördert es mit hohem Druck zum Lenkgetriebe. Dort sorgt eine Regeleinheit zusammen mit dem Arbeitskolben für die erforderliche Lenkunterstützung.

Als Zusatzausstattung ist eine mechanische Längsverstellung der Lenksäule zum Einrichten des Lenkrads verfügbar.

Während der Fahrer-Airbag im Lenkrad integriert ist, befindet sich der Beifahrer-Airbag rechts in der Armaturentafel. Beim stärkeren Frontalcrash werden die Airbags ausgelöst: Über ein Steuergerät wird eine kleine Sprengladung in der Airbag-Einheit gezündet, die Abgase der Explosion blasen den Luftsack innerhalb wenigen Millisekunden auf. Diese Zeit reicht aus, den Aufprall des nach vorn schnellenden Körpers zu dämpfen. Der Airbag fällt innerhalb weniger Sekunden wieder in sich zusammen, da die Gase durch Austrittsöffnungen entweichen. Der Airbag für den Beifahrer ist als Zusatzausstattung erhältlich.

MERCEDES-BENZ empfiehlt, den Airbag nach einer Fahrzeuglebensdauer von etwa 10 Jahren ersetzen zu lassen, damit die Funktion sichergestellt ist.

Achtung: Selbstsichernde Muttern immer ersetzen. Schweiß- und Richtarbeiten an Lenkungsteilen sind nicht zulässig. Bei mangelnder Erfahrung sowie größeren Reparaturen ist eine Fachwerkstatt aufzusuchen.

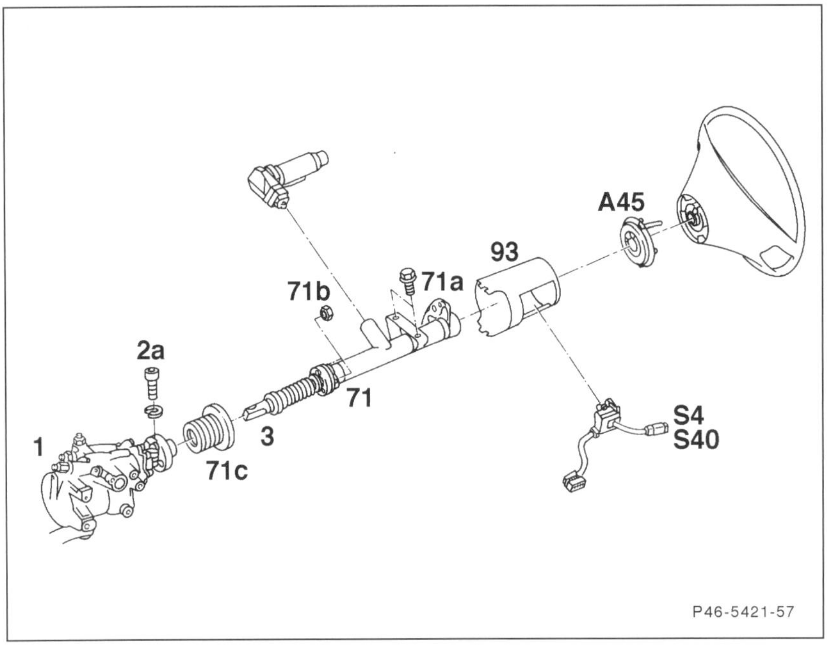

Feststehende Lenksäule

1 – Lenkgetriebe
2a – Schraube, 25 Nm
71 – Mantelrohr
71a – Schraube, 20 Nm
71b – Muttern, 8 Nm
71c – Dichtmanschette
93 – Mantelrohrverkleidung
3 – Untere Lenkspindel
A45 – Kontaktspirale
S4 – Kombischalter
S40 – Tastschalter Tempomat

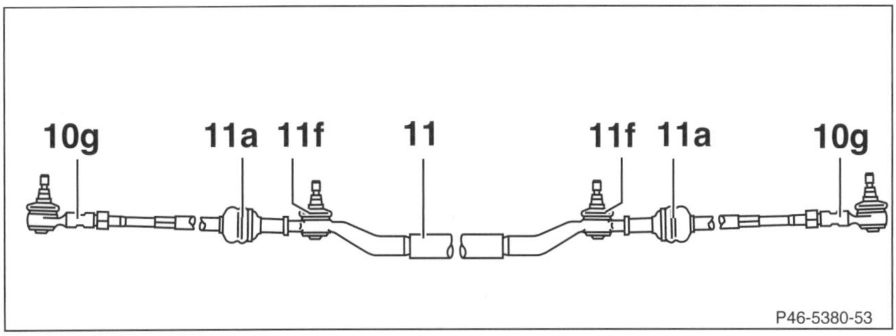

11 – Lenk-Spurstange
11f – Lenkstangengelenk
11a – Kugelgelenke
10g – Spurstangenköpfe

Airbag-Sicherheitshinweise

- Die Airbageinheit darf nicht zerlegt werden, bei Defekt ist sie immer komplett zu ersetzen. Da die Airbageinheit Explosivstoffe enthält, ist sie unter Verschluß oder geeigneter Aufsicht aufzubewahren. Die Entsorgung sollte die MERCEDES-Werkstatt vornehmen.
- Airbageinheit nach dem Ausbau immer so aufbewahren, daß die gepolsterte Seite nach oben zeigt.
- Die Airbageinheit darf nicht mit Flüssigkeiten wie Fett oder Reinigungsmitteln behandelt werden.
- Die Airbageinheit darf auch kurzzeitig keiner Temperatur über +100° C (Trockenofen) ausgesetzt werden.
- Die Airbageinheit ist schlagempfindlich. Falls sie von einer größeren Höhe als 50 cm auf einen harten Untergrund fällt, darf die Airbageinheit nicht mehr eingebaut werden.
- **Die Airbageinheit darf nur bei abgeklemmtem Batterie-Massekabel (–) und »0«-Stellung des Zündschlüssels ausgebaut werden.**

Airbageinheit am Lenkrad aus- und einbauen

Ausbau

- Zündung ausschalten, Zündschlüssel steht in »0«-Stellung.
- Batterie-Massekabel (–) von der Batterie abklemmen. **Achtung:** Dadurch werden die elektronischen Speicher gelöscht, wie zum Beispiel der Motorfehlerspeicher oder der Radiocode. Vor dem Abklemmen der Batterie sollten auch die Hinweise im Kapitel »Batterie aus- und einbauen« durchgelesen werden.

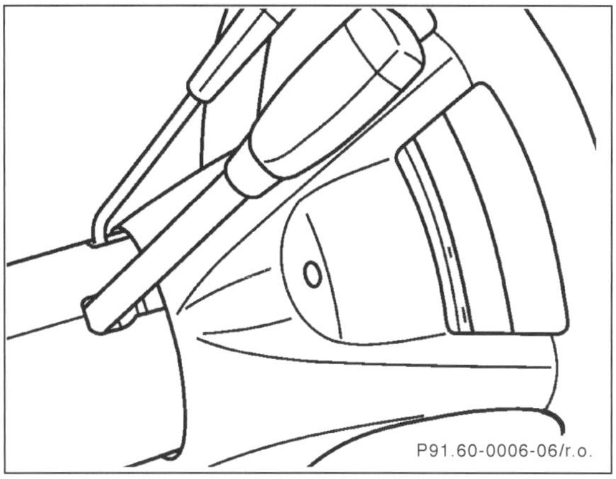

- 2 Torxschrauben für Airbageinheit links und rechts an der Lenkradrückseite abschrauben, dabei Airbageinheit festhalten.
- Airbageinheit vom Lenkrad abheben und Kabelstecker an der Rückseite abziehen.

Einbau

Achtung: Wurde der Airbag ausgelöst, ist grundsätzlich das Lenkrad ebenfalls zu ersetzen. Airbag-Sicherheitshinweise beachten.

- Kabelstecker für Airbageinheit zusammenfügen, er muß hörbar einrasten.
- Airbageinheit einsetzen, 2 Torxschrauben mit 6 Nm einschrauben.
- Batterie-Massekabel (–) anklemmen.
- Falls vorhanden, Zeituhr einstellen sowie Diebstahlcode für das Radio eingeben.

Lenkrad aus- und einbauen

Ausbau

- Airbageinheit ausbauen, siehe Seite 131.

Achtung: Sicherheitsvorschriften für Airbag beachten.

- Lenkrad so drehen, daß sich die Räder in Geradeausstellung befinden, vorher Lenkschloß lösen.
- Lenkrad etwas drehen bis Lenkschloß einrastet.
- Bei verstellbarer Lenksäule: Lenkrad ganz einschieben.

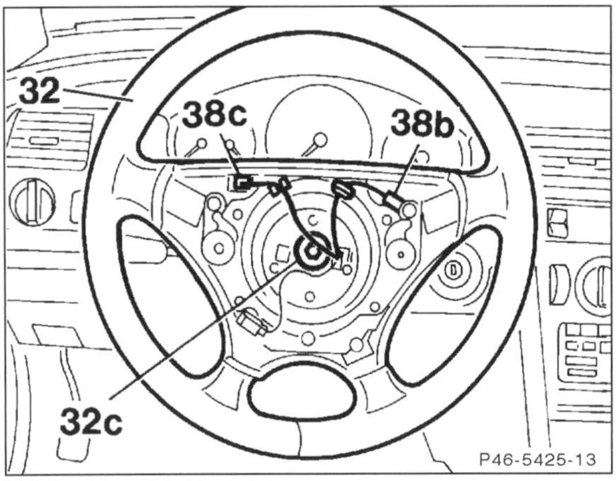

- Senkschraube –32c– mit Innensechskantschlüssel herausschrauben. Dabei Lenkrad –32– zum Schutz des Lenkschlosses durch eine Hilfsperson gegenhalten.
- Steckverbindungen –38b– und –38c– abziehen.
- Lenkrad von der Lenkspindel abziehen, gegebenenfalls mit dem Handballen abschlagen. Die Stellung des Lenkrades zur Lenkspindel ist serienmäßig markiert.

Einbau

- Steckverbindungen –38b– und –38c– durch die Aussparung im Lenkrad führen.

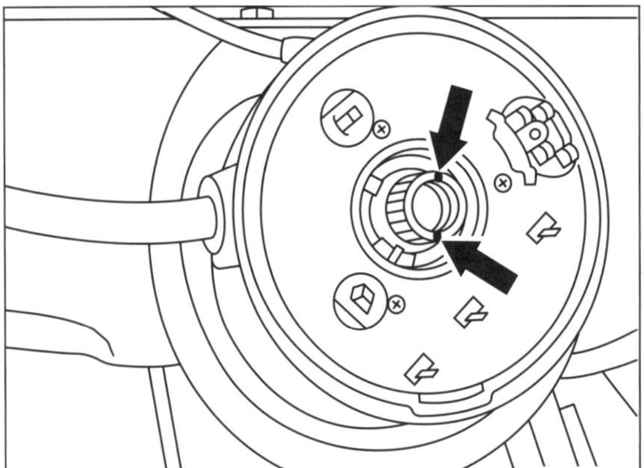

- Lenkrad so aufsetzen, daß die serienmäßigen Markierungen von Lenkrad und Lenkspindel übereinstimmen.
- **Neue selbstsichernde** Senkschraube hineindrehen und mit **80 Nm** festziehen. Dabei Lenkrad von Helfer gegenhalten lassen.
- Airbageinheit einbauen, siehe Seite 131.
- Probefahrt durchführen und bei Geradeausfahrt Stellung des Lenkrades überprüfen. Die obere Speiche des Lenkrades muß sich in waagerechter Lage befinden.
- Falls das Lenkrad schräg steht, kann es an der Kerbverzahnung um maximal 1 Zahn versetzt werden.

Achtung: Wenn diese Versetzung des Lenkrades nicht ausreicht, Spur der Vorderräder überprüfen, siehe Seite 136.

- Kontrolleuchte für Airbag bei vollem Lenkradeinschlag in beide Richtungen, bei laufendem Motor beobachten. Die Kontrolleuchte darf nicht aufleuchten.
- Hupe und automatische Rückstellung des Blinkerschalters prüfen.

Hinweis: Ein verschmutztes oder klebrig wirkendes Lenkrad kann mit neutralem Haushaltsreiniger und lauwarmem Wasser gereinigt werden, keine Scheuermittel verwenden.

Lenk-Spurstange aus- und einbauen

Lenkstange und Spurstangen sind durch Kugelgelenke miteinander verbunden und dürfen nicht zerlegt werden.

Ausbau

- Stellung der Vorderräder zur Radnabe mit Farbe kennzeichnen. Dadurch kann das ausgewuchtete Rad wieder in derselben Position montiert werden. Radschrauben bei auf dem Boden stehendem Fahrzeug lösen. Fahrzeug vorn aufbocken und Vorderräder abnehmen.

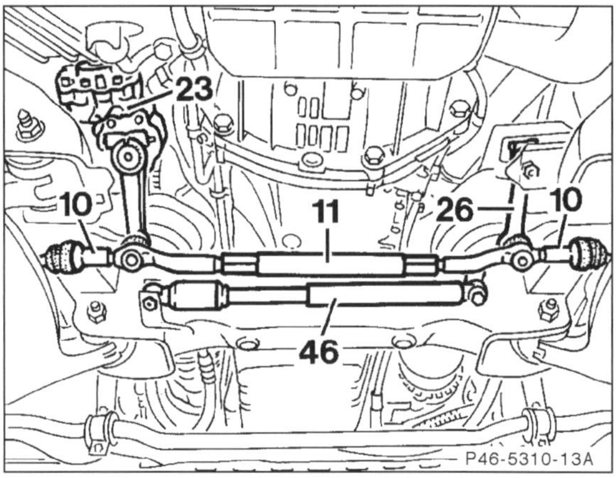

- Lenkungsdämpfer –46– an der Lenkstange –11– abschrauben.
- Befestigungsmuttern für Gelenke am Lenkzwischenhebel –26–, am Lenkstockhebel vom Lenkgetriebe –23– und an den Achsschenkeln abschrauben. Dabei mit Innensechskantschlüssel SW 5 an den Gelenkzapfen gegenhalten. 10 – Äußere Spurstangen.

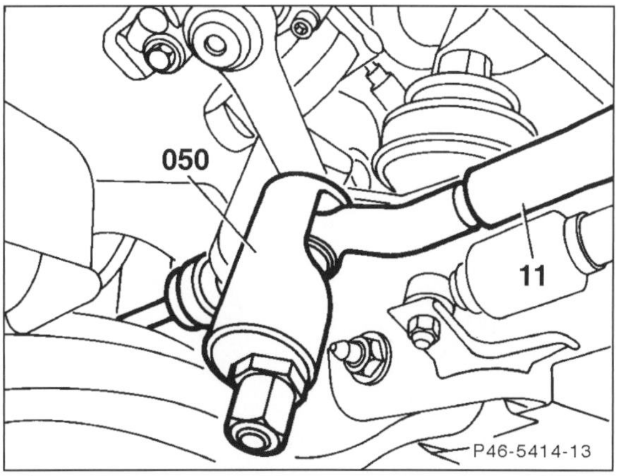

- Lenk-Spurstangengelenke –11– mit Abzieher 050 oder HAZET 779 von den Lenkhebeln abdrücken.

Achtung: Dabei Gummimanschetten nicht beschädigen.

Prüfen

- Spurstangengelenke am Zapfen hin- und herbewegen. Bei zu großer Leichtgängigkeit oder wenn Spiel vorhanden ist, Spurstangenkopf erneuern. **Achtung:** Das linke Gelenk der Lenk-Spurstange ist nicht schwenkbar, sondern nur drehbar.
- Staubmanschetten auf Beschädigung und Undichtheit (Austritt der Fettfüllung) prüfen. Wenn die Manschette beschädigt ist, Spurstangenkopf beziehungsweise Lenk-Spurstange erneuern, da eingedrungener Schmutz das Gelenk in kurzer Zeit zerstört. **Achtung:** Falls die Manschette erst beim Ausbau beschädigt wurde, genügt es, die Manschette zu ersetzen.

Einbau

- Zapfen der Spurstangengelenke sowie Sitze in den Lenkhebeln von Fett reinigen.
- Zapfen des jeweiligen Gelenkes fest in den Konus des entsprechenden Lenkhebels eindrücken.
- **Neue selbstsichernde** Muttern aufschrauben, dabei Gelenkzapfen mit Innensechskantschlüssel gegenhalten und Muttern mit **50 Nm** festziehen.
- Lenkungsdämpfer mit **neuer selbstsichernder** Mutter und **40 Nm** an der Lenkstange anschrauben.
- Vorderräder so ansetzen, daß die beim Ausbau angebrachten Markierungen übereinstimmen. Räder anschrauben. Fahrzeug ablassen und Radschrauben über Kreuz mit **110 Nm** festziehen.
- Spureinstellung überprüfen lassen.

Achtung Sicherheitskontrolle: Vor Fahrtantritt nochmals unbedingt sicherstellen, daß **neue selbstsichernde** Muttern an allen Lenkstangengelenken eingebaut und mit dem richtigen Drehmoment angezogen wurden.

Staubmanschetten für Spurstangen- und Lenkstangengelenke aus- und einbauen

Eine defekte Manschette muß umgehend erneuert werden, da eingedrungener Schmutz das Gelenk in kurzer Zeit zerstört. Im Zweifelsfall Spurstangenkopf beziehungsweise komplette Lenk-Spurstange erneuern.

Ausbau

- Lenk-Spurstange ausbauen.

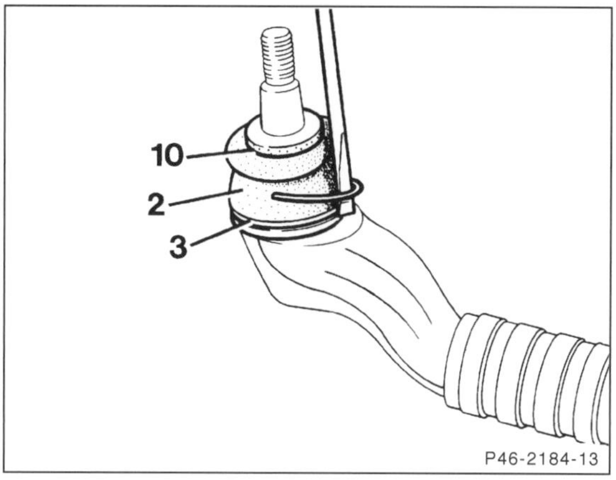

- Flachdraht-Spannring –3– mit Schraubendreher abheben.
- Manschette –2– mit Runddrahtspannring –10– nach oben abziehen.

Hinweis: Bei Kugelgelenk-Manschette zwischen Lenk- und Spurstange in gleicher Weise vorgehen, jedoch muß zuvor der jeweilige Spurstangenkopf abgeschraubt werden.

Einbau

- Fett entfernen und Kugelgelenke mit etwa 3 cm^3 Mehrzweckfett füllen, zum Beispiel SHELL Retinax A.
- Runddrahtspannring –10– in die neue Gummimanschette einsetzen.
- Gummimanschette –2– über den Gelenkzapfen aufschieben.
- Flachdraht-Spannring –3– mit Schraubendreher einsetzen, dabei Manschette nicht beschädigen. Die Kanten des Schraubendrehers sollten abgerundet sein, damit Beschädigungen vermieden werden.
- Lenk-Spurstange einbauen, siehe Seite 132.

Lenkhilfpumpe aus- und einbauen

Bei Fahrzeugen mit Niveauregulierung und/oder ASD (Automatisches Sperrdifferential) ist die Lenkhilfpumpe als Tandempumpe ausgeführt. Der Vorratsbehälter für Hydrauliköl sitzt oberhalb der Pumpe. Beim Arbeiten an der Hydraulikanlage ist peinlichste Sauberkeit wichtig, da bereits kleinste Verunreinigungen im Öl zu Störungen führen können.

Ausbau

- Falls vorhanden, Luftansaugschlauch für Luftfilter oberhalb der Lenkhilfpumpe ausbauen.
- Deckel vom Vorratsbehälter der Lenkhilfe abschrauben. Hydrauliköl aus dem Vorratsbehälter mit geeigneter Spritze absaugen.

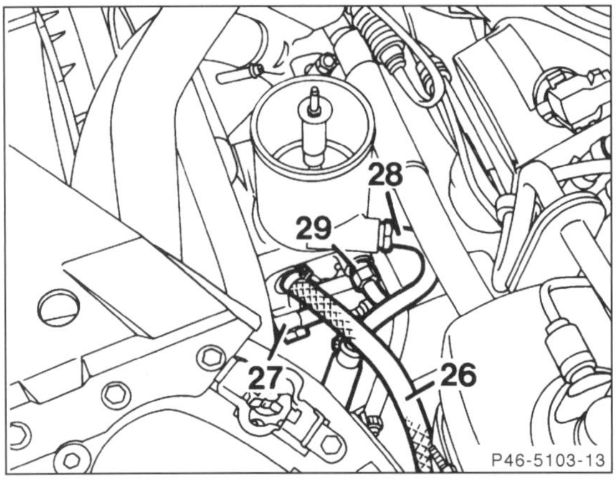

- Hochdruck-Dehnschlauch –29– sowie Rücklaufleitung –28– abschrauben und Anschluß mit sauberem Blindstopfen verschließen. Bei Tandempumpe, Hochdruckschlauch –27– ebenfalls abklemmen.
- Rücklaufschlauch –26– mit geeigneter Klemme, zum Beispiel Schraubzwinge, zusammendrücken (abklemmen) und abschrauben. Anschluß mit Blindstopfen schließen.

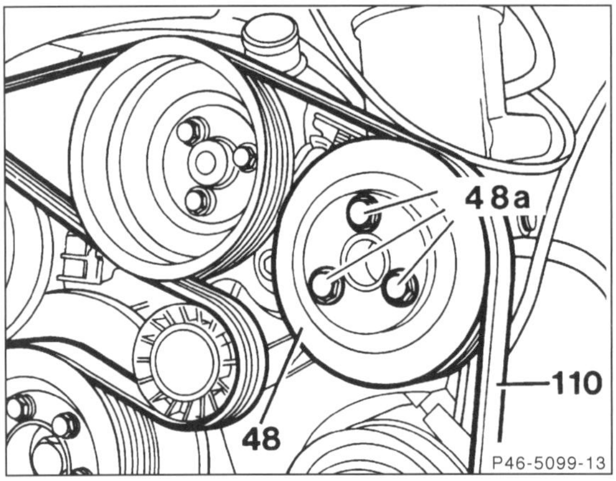

- Schrauben –48a– an der Riemenscheibe lösen, noch nicht abschrauben.
- Keilrippenriemen –110– ausbauen, siehe Seite 48.
- Schrauben abschrauben und Riemenscheibe abnehmen.

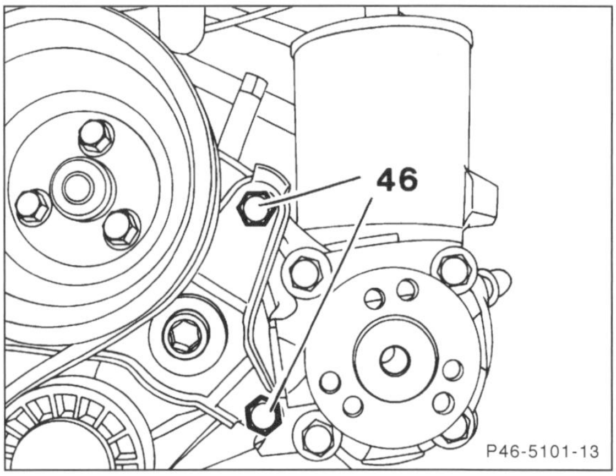

- Schrauben –46– abschrauben, untere Schraube von hinten gegenhalten.

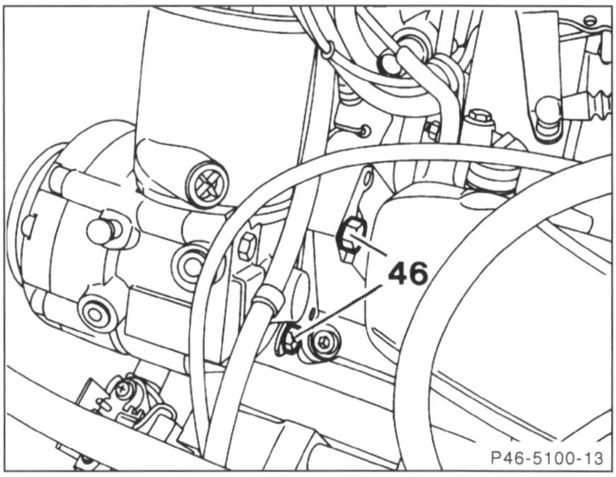

- Schrauben –46– abschrauben und Pumpe abnehmen.

Einbau

- Pumpe an den Halterungen anschrauben.
- Keilriemenscheibe handfest anschrauben.
- Keilrippenriemen einbauen, siehe Seite 40.
- 3 Schrauben für Keilriemenscheibe mit **30 Nm** festziehen.
- Blindstopfen entfernen und Leitungen mit etwa 30 Nm anschrauben.
- Servoöl bis ca. 10 mm unterhalb Behälteroberkante auffüllen. Spezifikation, siehe Seite 255.
- Motor starten, etwa 1 Sekunde laufen lassen, dann abstellen. Abgesaugtes Öl sofort nachfüllen, die Pumpe darf keine Luft ansaugen. Ölstand richtigstellen, siehe Seite 255.
- **Niveauregulierung:** Fahrzeug hinten anheben, die Hinterräder sind unbelastet. Motor starten, einige Zeit laufen lassen und abstellen. Ölstand bei stehendem Motor richtigstellen. Dann Fahrzeug ablassen und Kofferraum mit etwa 120 kg belasten. Motor bei mittlerer Drehzahl ca. 30 Sekunden laufen lassen. Ölstand richtigstellen.
- Luftansaugschlauch für Luftfilter einbauen. Nach Probefahrt Dichtheit der Anschlüsse an der Pumpe sichtprüfen, gegebenenfalls Anschluß etwas nachziehen.

Fahrzeugvermessung

Optimale Fahreigenschaften und geringster Reifenverschleiß sind nur dann zu erzielen, wenn die Stellung der Räder einwandfrei ist. Bei erhöhter und ungleichmäßiger Reifenabnutzung sowie mangelhafter Straßenlage – bei schlechter Richtungsstabilität in Geradeausfahrt sowie schlechten Lenkeigenschaften in Kurvenfahrt – sollte die Werkstatt aufgesucht werden, um den Wagen optisch vermessen zu lassen.
Die Fahrzeugvermessung kann ohne eine entsprechende Meßanlage nicht durchgeführt werden. Ich beschränke mich deshalb hier auf die Beschreibung der für die Vermessung erforderlichen Grundbegriffe.

Die Spur

Als Spur bezeichnet man den Winkel, um den die Radebene von der Fahrzeuglängsachse abweicht.. Vorspur bedeutet, daß die Räder – in Höhe des Radmittelpunktes gemessen – vorn etwas enger zusammenstehen als hinten. Nachspur bedeutet, daß die Räder vorn etwas weiter auseinanderstehen als hinten.

Beim MERCEDES werden sowohl die Vorderräder als auch die Hinterräder auf Vorspur eingestellt. (Vorderräder 0°25', Sportfahrwerk 0°10', Hinterräder 0°25'.)

Sturz und Spreizung

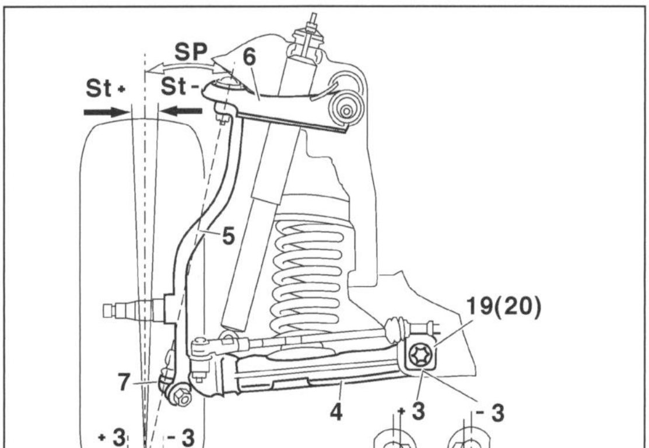

Vorderachse: St – Sturz, SP – Spreizung, 4 – unterer Querlenker, 5 – Achsschenkel, 6 – oberer Querlenker, 7 – Achsgelenk, 19, 20 – Exzenterbolzen, +/– 3 – Verstellweg 3 mm.

Sturz und Spreizung vermindern die Übertragung von Fahrbahnstößen auf die Lenkung und halten bei Kurvenfahrt die Reibung möglichst gering.

Sturz ist der Winkel, um den die Radebene von der Senkrechten abweicht. Die Vorderräder stehen also schräg, bei negativem Sturz im Radaufstandspunkt mehr auseinander als oben. Beim MERCEDES werden Vorder- und Hinterräder auf negativen Sturz eingestellt.

Spreizung ist der Winkel zwischen der Schwenkachse des Achsschenkels und der Senkrechten im Reifenaufstandspunkt, in Längsrichtung des Wagens gesehen.

Sturz- und Spreizwinkel beeinflussen gemeinsam den sogenannten Lenkrollhalbmesser. Durch entsprechende Auslegung wird eine große Richtungsstabilität beim Bremsen erreicht, insbesondere wenn die Räder sich auf unterschiedlichem Fahrbahnbelag befinden (z.B. linkes Rad bremst auf trockener, rechtes Rad auf nasser Fahrbahn).

Nachlauf

Nachlauf ist der Winkel zwischen der Schwenkachse des Achsschenkels und der Senkrechten im Reifenaufstandspunkt in Querrichtung des Fahrzeuges gesehen. Der Nachlauf beeinflußt maßgeblich die Geradeausführung der Vorderräder. Zu geringer Nachlauf begünstigt ein Abweichen aus der Fahrtrichtung auf schlechten Straßen oder bei Seitenwind und läßt zudem nach der Kurvenfahrt die Lenkung nicht weit genug zur Mittelstellung zurücklaufen.

Der Nachlauf wird zusammen mit dem Sturz über 2 Exzenterschrauben an den unteren Querlenkerlagern eingestellt.

Prüfvoraussetzungen

- Vorschriftsmäßiger Reifenfülldruck
- Fahrzeug bei Leergewicht in fahrfertigem Zustand: mit vollem Kraftstoffbehälter, Reserverad, Bordwerkzeug
- Fahrzeug vorher kräftig durchgefedert
- Lenkung richtig eingestellt
- Kein unzulässiges Spiel im Lenkgestänge
- Kein unzulässiges Spiel in der Radaufhängung

Vorderachsen-Vorspur prüfen/ einstellen

Die exakte Fahrzeugvermessung sollte in einer MERCEDES-Werkstatt erfolgen. Bei einseitig abgefahrenen Reifen wird meist zuerst die Spur geprüft. Die Spur muß auch geprüft werden, wenn Teile des Lenkgestänges ausgebaut wurden. Die Spur kann mit verhältnismäßig einfachen Mitteln geprüft werden.

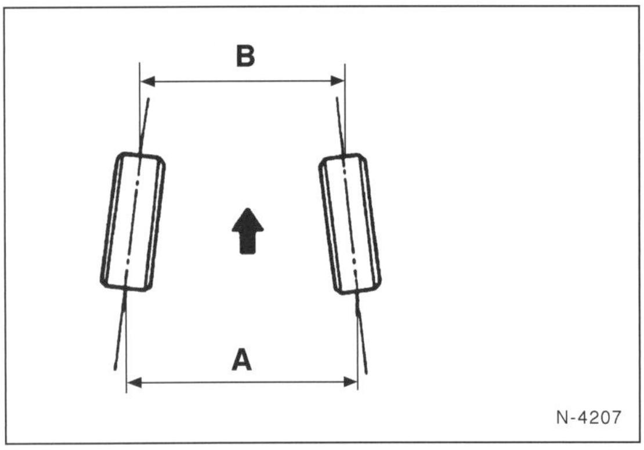

Die Abbildung zeigt die Radstellung bei Vorspur von oben gesehen. Dabei ist –B– in Fahrtrichtung gesehen vorn.

Prüfen

- Die Prüfvoraussetzungen für Fahrzeugvermessung (Beladung, Reifendruck, einwandfreie Teile) müssen eingehalten werden.
- Lenkrad in Geradeausstellung drehen, die Lenkradspeichen müssen waagerecht stehen.

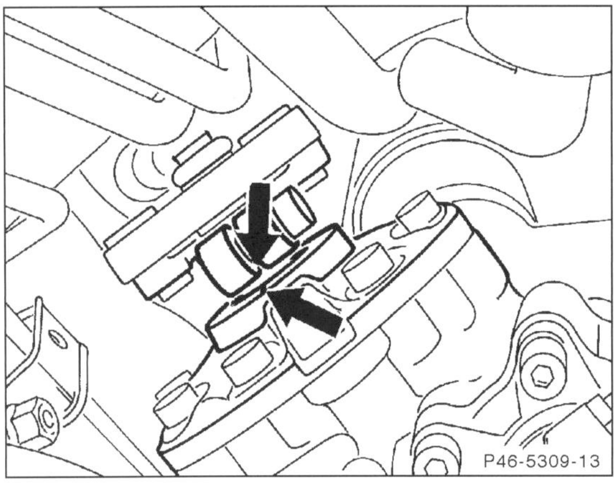

- Die Mittelstellung ist erreicht, wenn die Trennfuge der Lenkungskupplung mit der Markierungskerbe am Lenkgetriebe übereinstimmt –Pfeile–. Steht das Lenkrad dabei nicht genau gerade, Lenkrad ausbauen und umsetzen, siehe Seite 132.

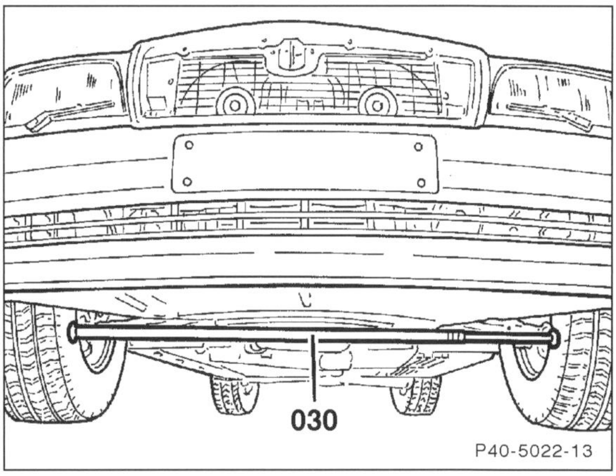

- Räder mit einer Stange –030– an den Radinnenseiten, in Fahrtrichtung vorn, mit etwa 100 N (entspricht etwa 10 kg) auseinanderdrücken. Dazu MERCEDES-Sonderwerkzeug oder geeignete Stange verwenden. Das Auseinanderdrücken ist notwendig, da die Räder auch im Fahrbetrieb das Bestreben haben, nach außen zu laufen.
- Vorspur messen. Die Gesamtvorspur der Vorderräder soll 0°25'±10', beim Sportfahrwerk 0°10'±10' betragen. Das bedeutet, daß die Felgenränder vorn etwa 2 mm weiter zusammenstehen als hinten.

Einstellen

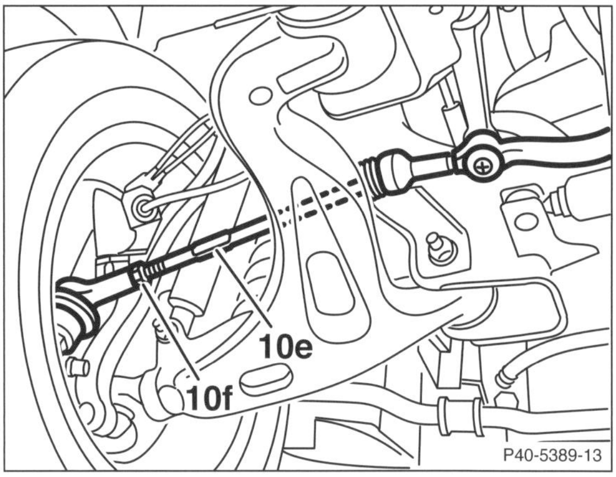

- Vorspur durch Verdrehen der Spurstange am Sechskant –10e– einstellen. Vorher Klemmkonusring –10f– lösen, dabei Spurstange am Sechskant mit Gabelschlüssel gegenhalten.
- Vorspur links und rechts gleichmäßig verteilen, das Lenkrad muß sich in Mittelstellung befinden.
- Klemmkonusring –10f– mit **50 Nm** festziehen, dabei Spurstange am Sechskant mit Gabelschlüssel gegenhalten.
- Kugelgelenk-Manschette der Spurstangen prüfen, sie dürfen nicht verdrillt oder beschädigt sein.
- Nach erfolgter Prüfung/Einstellung Räder-Drückvorrichtung abnehmen.

Bremsanlage

Das hydraulische Bremssystem besteht aus dem Hauptbremszylinder, dem Bremskraftverstärker und den Scheibenbremsen für die Vorder- und Hinterräder. Das Bremssystem ist in zwei Kreise aufgeteilt. Ein Bremskreis wirkt auf die vorderen Räder, der andere auf die hinteren. Bei Ausfall eines Bremskreises, zum Beispiel durch Undichtigkeit, kann das Fahrzeug über den anderen Bremskreis zum Stehen gebracht werden. Der Druck für beide Bremskreise wird im Tandem-Hauptbremszylinder über das Bremspedal aufgebaut.

Der Bremsflüssigkeitsbehälter befindet sich über dem Hauptbremszylinder und versorgt das ganze Bremssystem mit Bremsflüssigkeit.

Der Bremskraftverstärker speichert einen Teil des vom Motor erzeugten Ansaug-Unterdruckes. Da beim Dieselmotor kein nennenswerter Ansaugunterdruck besteht, haben Modelle mit Dieselmotor hierzu eine spezielle Unterdruckpumpe. Über entsprechende Ventile wird dann bei Bedarf die Pedalkraft durch den Unterdruck verstärkt.

Die Fußfeststellbremse wird über Seilzüge betätigt und wirkt auf die Hinterräder. Da sich die Scheibenbremse als Feststellbremse nicht gut eignet, befinden sich an den Hinterrädern zusätzlich 2 Trommelbremsen, die in den Bremsscheiben integriert sind. Die Trommelbremsen werden ausschließlich über den Fußhebel der Feststellbremse betätigt.

Sicherheitshinweis:
Beim Reinigen der Bremsanlage fällt Bremsstaub an. Dieser Staub kann zu gesundheitlichen Schäden führen. Deshalb beim Reinigen der Bremsanlage darauf achten, daß der Bremsstaub nicht eingeatmet wird.

Die Bremsbeläge sind Bestandteil der Allgemeinen Betriebserlaubnis (ABE), außerdem sind sie vom Werk auf das jeweilige Fahrzeugmodell abgestimmt. Es empfiehlt sich deshalb, nur vom Fahrzeughersteller beziehungsweise vom Kraftfahrtbundesamt freigegebene Bremsbeläge zu verwenden. Diese Bremsbeläge haben eine KBA-Freigabenummer.

Sicherheitshinweis:
Das Arbeiten an der Bremsanlage erfordert peinliche Sauberkeit und exakte Arbeitsweise. Falls die nötige Arbeitserfahrung fehlt, sollten die Arbeiten an der Bremse von einer Fachwerkstatt durchgeführt werden.

Hinweis: Auf stark regennassen Fahrbahnen sollte während des Fahrens die Bremse von Zeit zu Zeit betätigt werden, um die Bremsscheiben von Rückständen zu befreien. Durch die Zentrifugalkraft während der Fahrt wird zwar das Wasser von den Bremsscheiben geschleudert, doch bleibt teilweise ein dünner Film von Silikonen, Gummiabrieb, Fett und Verschmutzungen zurück, der das Ansprechen der Bremse vermindert.

Nach dem Einbau von neuen Bremsbelägen müssen diese eingebremst werden. Während einer Fahrtstrecke von rund 200 km sollten unnötige Vollbremsungen unterbleiben.

Korrodierte Scheibenbremsen erzeugen beim Abbremsen einen Rubbeleffekt, der sich auch durch längeres Abbremsen nicht beseitigen läßt. In diesem Fall müssen die Bremsscheiben erneuert werden.

Eingebrannter Schmutz auf den Bremsbelägen und zugesetzte Regennuten in den Bremsbelägen führen zur Riefenbildung auf den Bremsscheiben. Dadurch kann eine verminderte Bremswirkung eintreten.

ABS/ASR (Antiblockiersystem/Antriebsschlupfregelung)

ABS: Das **A**nti-**B**lockier-**S**ystem verhindert bei scharfem Abbremsen das Blockieren der Räder. Dadurch bleibt das Fahrzeug auch während der Bremsphase lenkbar und fahrstabil. Im ABS-System ist eine ASR integriert.

ASR: Mit der elektronischen **A**ntriebs**s**chlupf**r**egelung werden beim Anfahren durchdrehende Räder abgebremst und das Antriebsdrehmoment auf »greifende« Räder umgelenkt.

Das elektronische System kontrolliert den Schlupf der zum Durchdrehen neigenden Räder und baut sofort den richtigen Bremsdruck an den betroffenen Rädern auf. Dadurch wird immer die maximal übertragbare Antriebskraft der greifenden Räder genutzt, im Extremfall sogar nur die eines Rades.

Das selbsttätig arbeitende ASR nutzt viele Bauteile des ABS-Systems. Die elektronische Antriebsschlupfregelung wird beim Anfahren wirksam und schaltet sich bei einer Geschwindigkeit von 40 km/h automatisch ab. Besonders vorteilhaft an dieser Traktionshilfe: Sie beeinflußt weder das Fahrverhalten negativ noch beeinträchtigt sie den Lenkkomfort beim Anfahren.

Die Antriebs-Schlupf-Regelung (ASR) sorgt bei Bedarf zusätzlich für eine Reduzierung der Motorleistung. Dazu ist die Motorregelung um das Elektronische Gaspedal (E-Gas) ergänzt. Beim E-Gas betätigt ein elektronisches Steuergerät elektromotorisch die Drosselklappe.

Führt das Durchdrehen eines Hinterrades zum automatischen Abbremsen und kommt zudem das zweite Rad an die Schlupfgrenze, erkennt das elektronisch geregelte System ein für die momentanen Verhältnisse zu hohes Motor-Antriebsmoment. Über die elektronische Steuerung wird nun innerhalb von wenigen Millisekunden die Drosselklappenstellung verändert, um weniger »Gas« zu geben. Selbst dann, wenn der Fahrer im Extremfall Vollgas gibt. Durch die Gas-Zurücknahme wird das Motor-Antriebsmoment verringert, beide Antriebsräder können wieder Antriebskräfte übertragen. Ist der Motor noch kalt, wird zusätzlich der Zündwinkel verstellt.

Die Funktionsanzeige im Kombiinstrument informiert über den ASR-Regelbetrieb und signalisiert dem Fahrer, daß ein Rad die Schlupfgrenze erreicht hat.

Achtung: Bei Fahrbahnen mit Sand, Kies oder im Tiefschnee kann es von Vorteil sein, mit höherem Antriebsschlupf und ohne Motoreingriff zu fahren, die ASR also durch den Schalter auf der Mittelkonsole abzuschalten. Dabei bleibt im unteren Geschwindigkeitsbereich die Traktionskontrolle eines durchdrehenden Hinterrades aktiv.

ESP (Elektronisches Stabilitätsprogramm)

Je nach Modell und Ausstattung ist das auf dem ABS/ASR-System aufbauende ESP eingebaut. Über die ABS/ASR-Funktionen hinaus verringert ESP das Schleuderrisiko, auch wenn gerade nicht Gas gegeben oder gebremst wird. In schnell durchfahrenen Kurven oder bei abrupten Ausweichmanövern erkennt ESP, ob das Fahrzeug auszubrechen droht. Dazu erfaßt ESP über Sensoren den Lenkwinkel und die anhand der Fahrzeuggeschwindigkeit zugehörige Drehgeschwindigkeit des Fahrzeugs um die Hochachse. Unstabile Fahrzustände werden sofort erkannt. Durch Bremseingriff an einzelnen Rädern und Regulierung der Motorleistung wird dann das Fahrzeug bestmöglichst auf dem gewünschten Kurs gehalten. Droht das Fahrzeug beispielsweise in einer Kurve über die Vorderräder nach außen zu rutschen, bremst das kurveninnere Hinterrad gezielt ab und stabilisiert das Fahrzeug. Droht in einer zu schnell angefahrenen Kurve das Heck auszubrechen, erfolgt ein Bremseingriff am kurvenäußeren Vorderrad.

Der ESP-Regelbetrieb ist am Aufleuchten der Funktionsanzeige im Kombiinstrument erkennbar, die Fahrweise sollte dann den Straßenverhältnissen angepaßt werden, sonst besteht Unfallgefahr.

BAS (Bremsassistent)

Der Bremsassistent ist seit 6/97 serienmäßig eingebaut. Weil die meisten Fahrer in Notfallsituationen oft zögerlich oder nicht energisch genug bremsen, wird der Bremsweg länger als nötig. Anhand der Art und Weise, wie schnell das Bremspedal betätigt wird, erkennt der Bremsassistent eine Notfallsituation. Binnen Sekundenbruchteilen baut sich die maximale Bremskraftverstärkung auf und verkürzt so den Anhalteweg des Fahrzeugs beispielsweise aus Tempo 100 km/h um bis zu 45 Prozent.

Hinweise zum ABS/ASR/BAS/ESP

Eine Sicherheitsschaltung im elektronischen Steuergerät sorgt dafür, daß sich die Anlage bei einem Defekt (z. B. Kabelbruch) oder bei zu niedriger Betriebsspannung (Batteriespannung unter 10,5 Volt) selbst abschaltet. Dies wird durch das Leuchten der gelben ABS-Kontrollampe am Armaturenbrett angezeigt. ASR und, wo vorhanden, ESP sind dann ebenfalls deaktiviert. Die herkömmliche Bremsanlage bleibt dabei in Betrieb. Das Fahrzeug verhält sich dann beispielsweise beim Bremsen so, als ob keine ABS-Anlage eingebaut wäre.

Leuchtet die BAS-/ASR- beziehungsweise BAS-/ESP-Kontrolleuchte während der Fahrt dauernd auf, liegt eine Störung an diesen Systemen vor. Die normale Bremsanlage ist weiterhin funktionsfähig.

Sicherheitshinweis:
Wenn während der Fahrt die rote Warnleuchte (Symbol: Ausrufezeichen) für Bremsanlage aufleuchtet, sofort anhalten und Ursache feststellen. Ursachen können beispielsweise sein: Zu wenig Bremsflüssigkeit, angezogene Handbremse.

Leuchtet die ABS-Kontrollampe während der Fahrt auf, folgende Punkte beachten:

- Fahrzeug anhalten, Motor abstellen und wieder starten.
- Batteriespannung prüfen. Wenn die Spannung unter 10,5 Volt liegt, Batterie laden.

Achtung: Wenn die ABS-Kontrolleuchte am Anfang einer Fahrt aufleuchtet und nach einiger Zeit wieder erlöscht, deutet das darauf hin, daß die Batteriespannung zunächst zu gering war, bis sie sich während der Fahrt durch Ladung über den Generator wieder erhöht hat.

- Prüfen, ob die Batterieklemmen richtig festgezogen sind und einwandfreien Kontakt haben.
- Fahrzeug aufbocken, Räder abnehmen, elektrische Leitungen zu den Drehzahlfühlern auf äußere Beschädigungen (Scheuerstellen) prüfen. Weitere Prüfungen sollten der Werkstatt vorbehalten bleiben. Die Elektronik hat eine Selbstdiagnose, auftretende Fehler werden automatisch abgespeichert und können in der Fachwerkstatt abgefragt und behoben werden.

Achtung: Vor Schweißarbeiten mit einem elektrischen Schweißgerät muß der Stecker vom ABS-Steuergerät (Einbauort: an Hydraulikeinheit) abgezogen werden. Stecker nur bei ausgeschalteter Zündung abziehen. Bei Lackierarbeiten darf das Steuergerät mit max. +90° C belastet werden.

Bremsanlage mit ABS und ASR

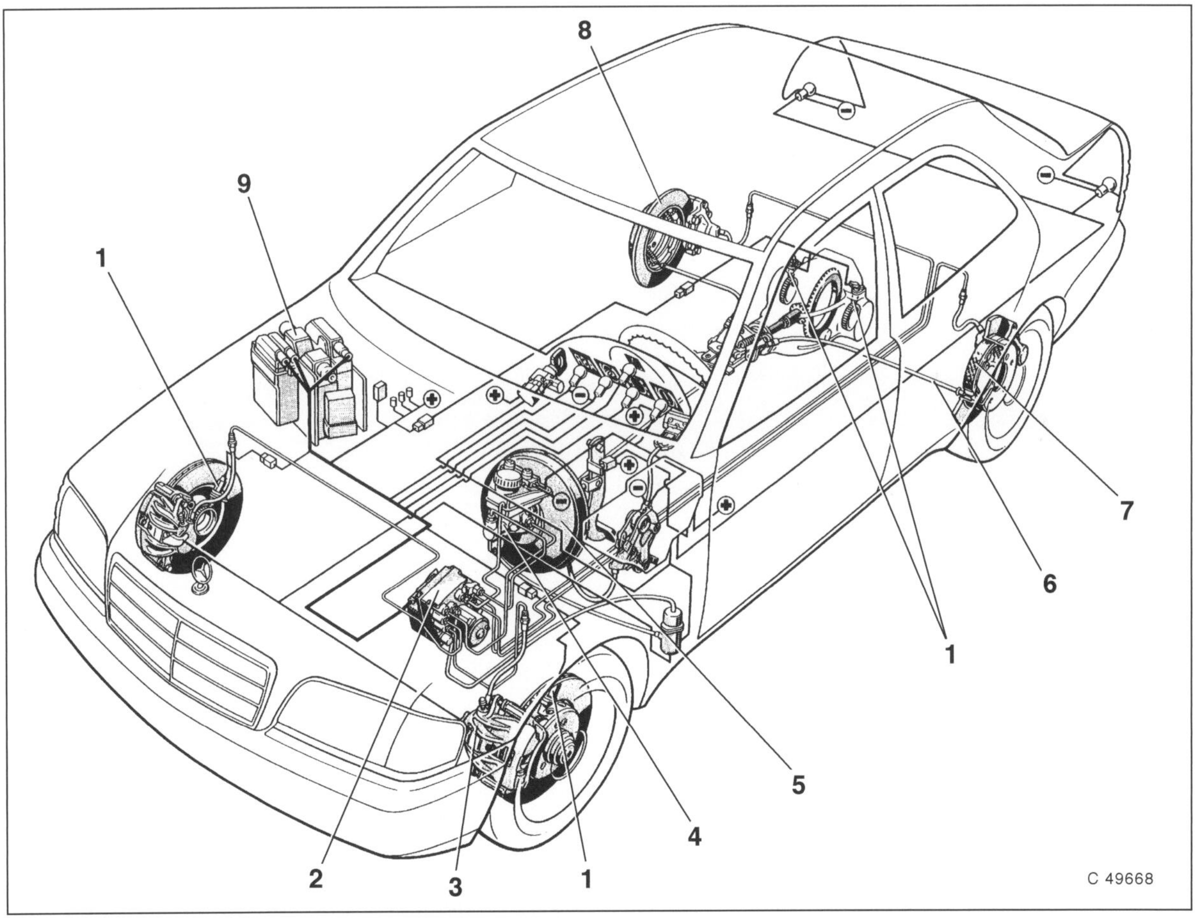

1 – **Drehzahlfühler**
2 – **Hydraulikeinheit**
3 – **Bremssattel vorn**
4 – **Hauptbremszylinder**
5 – **Bremskraftverstärker**
6 – **Bremsseil für Feststellbremse**
7 – **Feststell-Trommelbremse**
8 – **Bremsscheibe hinten**
9 – **Steuergeräte**

Technische Daten Bremsanlage

MERCEDES C-Klasse, Modell		C180, C200D, C220D, C250D	C200, C220, C230-T-Mod. C220D-T-Mod.	C280	C280	C230 Kompr., CLK, C240, C250Turbo-D
Einsatz-Zeitraum		–	–	6/93 – 8/95	9/95 – 5/97	–
Vorderrad-Scheibenbremse						
Bremsbelagdicke	Neu[1)]	20,3 mm	20,3 mm	20,3 mm	19,6 mm	19,6 mm
Bremsbelagdicke	Verschleißgrenze[2)]	2,0 mm	2,0 mm	2,0 mm	2,0 mm	2,0 mm
Bremsscheibe		massiv	belüftet	belüftet	belüftet	belüftet
Bremsscheibendicke	Neu	12,0 mm	22,0 mm	22,0 mm	25,0 mm	25,0 mm
Bremsscheibendicke	Mindestdicke[3)]	10,5 mm	20,0 mm	20,0 mm	23,0 mm	23,0 mm
Bremsscheibendicke	Verschleißgrenze	10,0 mm	19,4 mm	19,4 mm	22,4 mm	22,4 mm
Seitenschlag	Maximal	0,12 mm[4)]				
Hinterrad-Scheibenbremse						
Bremsbelagdicke	Neu[1)]	15,5 mm				
Bremsbelagdicke	Verschleißgrenze[2)]	2,0 mm				
Bremsscheibendicke	Neu	9,0 mm				
Bremsscheibendicke	Mindestdicke[3)]	7,6 mm				
Bremsscheibendicke	Verschleißgrenze	7,3 mm				
Seitenschlag	Maximal	0,15 mm				
Feststellbremse						
Bremstrommel-∅		164 + 0,2 mm				

[1]) mit Rückenplatte; [2]) ohne Rückenplatte; [3]) Es dürfen noch einmal neue Bremsbeläge eingebaut werden; [4]) eingebaut: 0,15 mm.

Bremsbeläge vorn aus- und einbauen

Achtung: Die Modelle C230, C280, C250TD seit 9/95 sowie C240, CLK sind mit einer geänderten Bremse ausgerüstet, daher für diese Modelle Hinweise am Ende des Kapitels beachten.

Ausbau

- Stellung der Vorderräder zur Radnabe mit Farbe kennzeichnen. Dadurch kann das ausgewuchtete Rad wieder in derselben Position montiert werden. Radschrauben bei auf dem Boden stehendem Fahrzeug lösen. Fahrzeug vorn aufbocken und Vorderräder abnehmen.

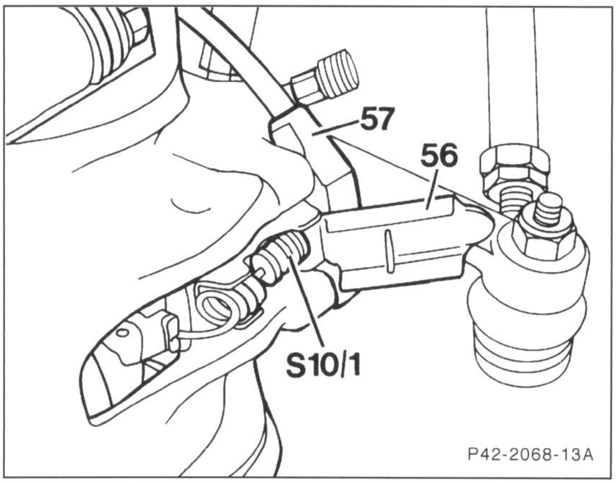

- Deckel –56– für Steckverbindung öffnen, dazu die seitlichen Haltenasen mit Schraubendreher etwas anheben.
- Kabel des Verschleißfühlers –S10/1– aus der Steckverbindung –57– herausziehen. Dabei nicht am Kabel ziehen.
- Bremssattel von Hand nach außen ziehen und dadurch den Bremskolben etwas zurückdrücken.

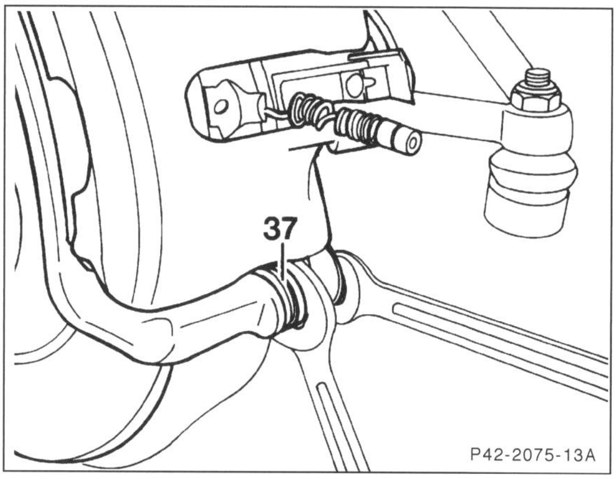

- Untere Befestigungsschraube für Kolbengehäuse herausdrehen, dabei am Führungsbolzen –37– mit Maulschlüssel gegenhalten.

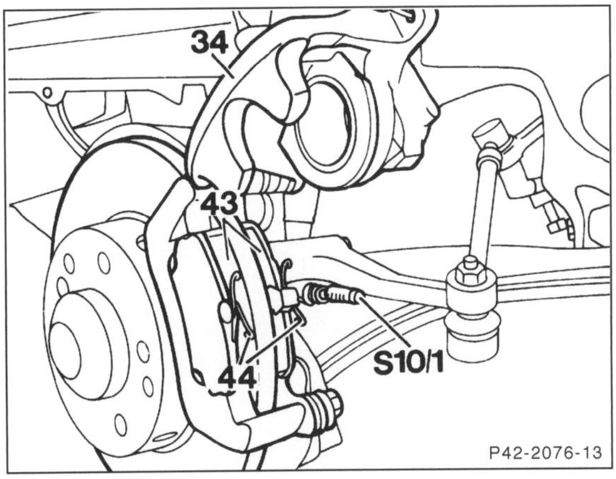

- **Bis 8/95**: Kolbengehäuse –34– nach oben klappen und mit Draht an der Schraubenfeder aufhängen. Beim Hochklappen darauf achten, daß die Führungsbolzen nicht verbogen werden. Das Kolbengehäuse auf keinen Fall dazu verwenden, den Lenkeinschlag zu verändern.
- **Seit 9/95** (mit Nocken am Bremssattelgehäuse): Obere Befestigungsschraube für Kolbengehäuse abschrauben. Kolbengehäuse komplett abziehen und mit Draht an der Schraubenfeder aufhängen.
- Bremsbeläge –43– vom Bremsträger abnehmen. Zusätzlich abgebildete Teile: 44 – Federbügel, –S10/1– Kabel des Verschleißfühlers.

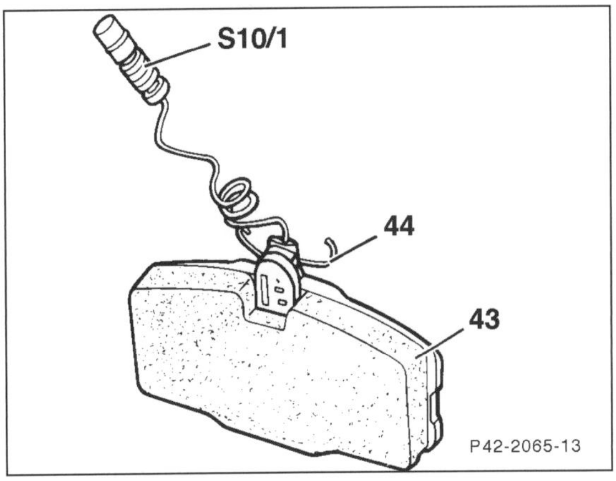

- Verschleißfühler –S10/1– aus der Belagrückenplatte herausziehen. Der Verschleißfühler befindet sich jeweils am äußeren Bremsbelag, nur bei Faustsattel Fa. Teves am inneren Bremsbelag. Bei Ausführung als Taxi bis 8/95 befindet sich an allen Bremsbelägen ein Verschleißfühler. 43 – Bremsbelage, 44 – Halteklammer.
- Falls die Isolation der Kontaktplatte durchgerieben oder die Kabelisolation beschädigt ist, Verschleißfühler ersetzen.

Achtung: Ein Wechsel der Beläge von der Außen- zur Innenseite und umgekehrt oder auch vom rechten zum linken Rad ist nicht zulässig. Der Wechsel kann zu ungleichmäßiger Bremswirkung führen. Grundsätzlich alle Scheibenbremsbeläge einer Achse gleichzeitig erneuern. Unterschiedlich abgenutzte Bremsbeläge sind kein Grund zur Beanstandung. Bei mehr als 2 mm Differenz zwischen innerem und äußerem Belag sind jedoch die Bremssattel-Führungsbolzen auf Leichtgängigkeit zu prüfen, gegebenenfalls zu ersetzen.

Einbau

Achtung: Bei ausgebauten Bremsbelägen nicht auf das Bremspedal treten, sonst wird der Kolben aus dem Gehäuse herausgedrückt. Wurde der Kolben versehentlich herausgedrückt, Bremssattel ausbauen und in der Fachwerkstatt zusammensetzen lassen.

- Führungsfläche bzw. Sitz der Beläge im Gehäuseschacht mit geeigneter Weichmetallbürste und Staubsauger reinigen, oder mit einem Lappen und Spiritus auswischen. Keine mineralölhaltigen Lösungsmittel oder scharfkantigen Werkzeuge verwenden.
- Vor Einbau der Beläge die Bremsscheibe durch Abtasten mit den Fingern auf Riefen untersuchen. Bremsscheibendicke messen, siehe Seite 146.

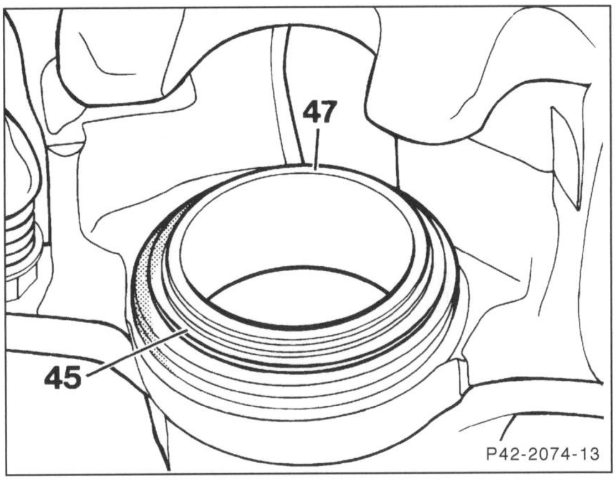

- Staubkappe –45– auf Anrisse prüfen. Eine beschädigte Staubkappe umgehend ersetzen lassen, da eingedrungener Schmutz schnell zu Undichtigkeiten des Bremssattels führt. Der Faustsattel muß hierzu ausgebaut und zerlegt werden (Werkstattarbeit). 47 – Bremskolben.

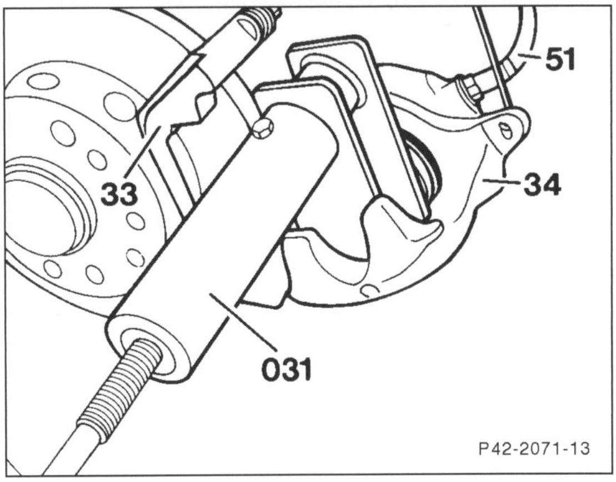

- Bremskolben mit Rücksetzvorrichtung –031–, zum Beispiel HAZET 4971-1, zurückdrücken. Es geht auch mit einem Hartholzstab (Hammerstiel), dabei jedoch besonders darauf achten, daß der Kolben nicht verkantet wird und Kolbenfläche sowie Staubkappe nicht beschädigt werden.

Achtung: Beim Zurückdrücken der Kolben wird Bremsflüssigkeit aus den Bremszylindern in den Ausgleichbehälter gedrückt. Flüssigkeit im Behälter beobachten, eventuell Bremsflüssigkeit mit einem Saugheber absaugen.

Zum Absaugen eine Entlüfterflasche oder eine Plastikflasche verwenden, die nur mit Bremsflüssigkeit in Berührung kommt. Keine Trinkflaschen verwenden! **Bremsflüssigkeit ist giftig und darf auf gar keinen Fall mit dem Mund über einen Schlauch abgesaugt werden. Saugheber verwenden. Auch nach dem Belagwechsel darf die Max.-Marke am Bremsflüssigkeitsbehälter nicht überschritten werden, da sich die Flüssigkeit bei Erwärmung ausdehnt. Ausgelaufene Bremsflüssigkeit läuft am Hauptbremszylinder runter, zerstört den Lack und führt zur Korrosion.**

Achtung: Bei hohem Bremsbelagverschleiß Leichtgängigkeit des Kolbens prüfen. Dazu Holzklotz in den Bremssattel einsetzen und durch Helfer langsam auf das Bremspedal treten lassen. Der Bremskolben muß sich leicht heraus- und hineindrücken lassen. Zur Prüfung muß der andere Bremssattel eingebaut sein. Darauf achten, daß der Bremskolben nicht ganz herausgedrückt wird. Wurde der Kolben versehentlich herausgedrückt oder ist er schwergängig, Bremssattel ausbauen und in der Fachwerkstatt zusammensetzen lassen.

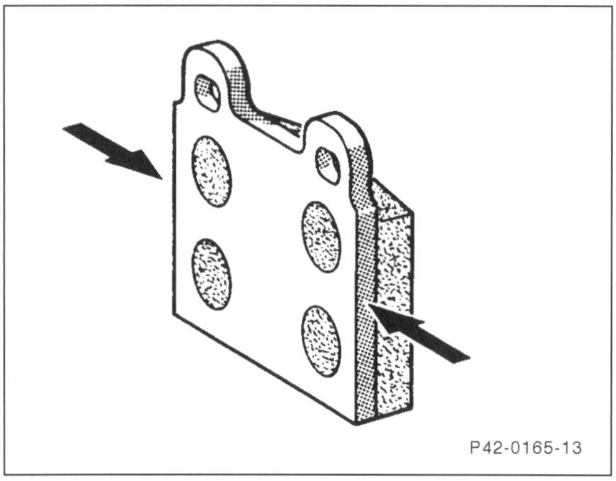

- Der folgende Arbeitsgang ist nicht unbedingt notwendig: Um ein Quietschen der Scheibenbremsen zu verhindern, können die Rückseiten der Bremsbeläge sowie Seitenteile der Rückenplatte –Pfeile– mit Schmiermittel (z. B. Plastilube, Tunap VC 582/S, Chevron SRJ/2, Liqui Moly LM-36 oder LM-508-ASC) **dünn** eingestrichen werden. **Die Paste darf keinesfalls auf den eigentlichen Bremsbelag oder auf die Bremsscheibe kommen.** Gegebenenfalls Paste sofort abwischen und Bremsbelag mit Spiritus reinigen.

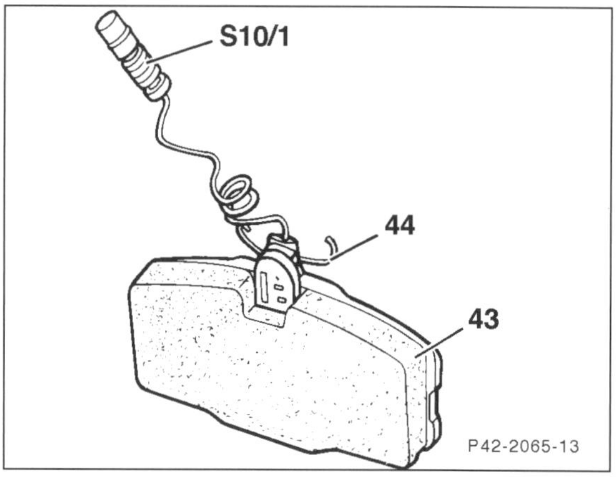

- Beide Bremsbeläge –43– in den Bremsträger einsetzen. Dabei darauf achten, daß die Federbügel –44– parallel zur Belagoberkante stehen. S10/1 – Stecker für Verschleißfühlerkabel.
- Verschleißfühler am äußeren Bremsbelag einstecken, nur bei Faustsattel Fa. Teves am inneren Bremsbelag. **Achtung:** Waren 2 Verschleißfühler eingebaut, müssen auch wieder 2 Stück eingebaut werden, da 2 Steckkontakte vorhanden sind.
- Kolbengehäuse herunterklappen und am Bremsträger mit **neuer** selbstsichernder Schraube und **35 Nm** festschrauben. Dabei mit Maulschlüssel am Führungsbolzen gegenhalten. Bei Fahrzeugen **seit 9/95:** Zweite Schraube in gleicher Weise einschrauben.

Achtung: Die selbstsichernden Befestigungsschrauben dürfen **nur einmal** verwendet werden.

- Kabel für Verschleißfühler –S10/1– spiralförmig aufwickeln und in die Steckverbindung am Bremssattel einstecken. Deckel für Steckverbindung schließen.
- Vorderräder so ansetzen, daß die beim Ausbau angebrachten Markierungen übereinstimmen. Räder anschrauben, Schrauben nicht ölen. Fahrzeug ablassen und Radschrauben über Kreuz mit **110 Nm** festziehen.

Achtung: Bremspedal im Stand mehrmals kräftig niedertreten, bis fester Widerstand spürbar ist. Andernfalls besteht die Gefahr, daß beim erstmaligen Betätigen der Bremse keine Bremswirkung vorhanden ist. Unfallgefahr!

- Bremsflüssigkeit im Ausgleichbehälter prüfen, gegebenenfalls bis zur Max.-Marke auffüllen.

Achtung, Sicherheitskontrolle durchführen:
- Sind die Entlüftungsschrauben angezogen?
- Ist genügend Bremsflüssigkeit eingefüllt?
- Bei laufendem Motor Dichtheitskontrolle durchführen, hierzu Bremspedal mit 200 bis 300 N (entspricht 20 bis 30 kg) etwa 10 sec. betätigen. Das Bremspedal darf nicht nachgeben. Sämtliche Anschlüsse auf Dichtheit kontrollieren.

Hinweis: Bremsbeläge sind als Sondermüll zu entsorgen. Die örtlichen Behörden geben darüber Auskunft, ob auch eine Entsorgung über den hausmüllähnlichen Gewerbemüll zulässig ist.

Speziell C230 Kompressor, C280, C250TD seit 9/95 sowie C240, CLK

Achtung: Hier wird nur auf die Unterschiede hingewiesen. In jedem Fall komplettes Kapitel durchlesen.

Ausbau

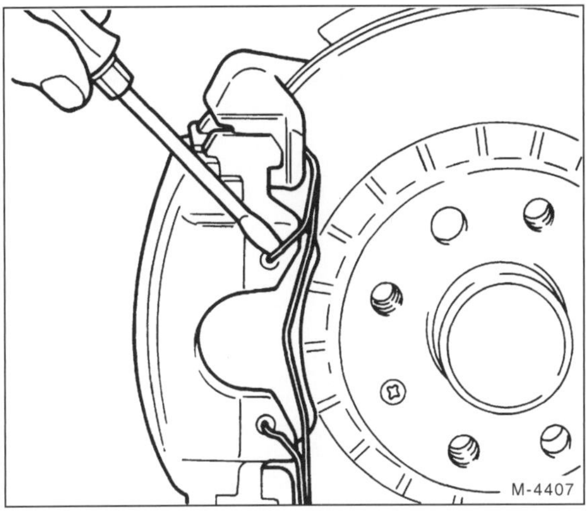

- Halteklammer mit Schraubendreher vom Bremssattel abdrücken.

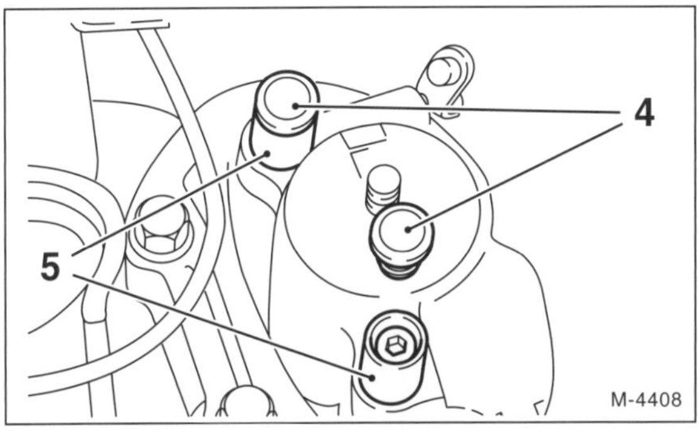

- 2 Abdeckkappen –4– für Führungsbolzen mit Schraubendreher abdrücken.
- Führungsbolzen –5– mit Innensechskantschlüssel abschrauben.

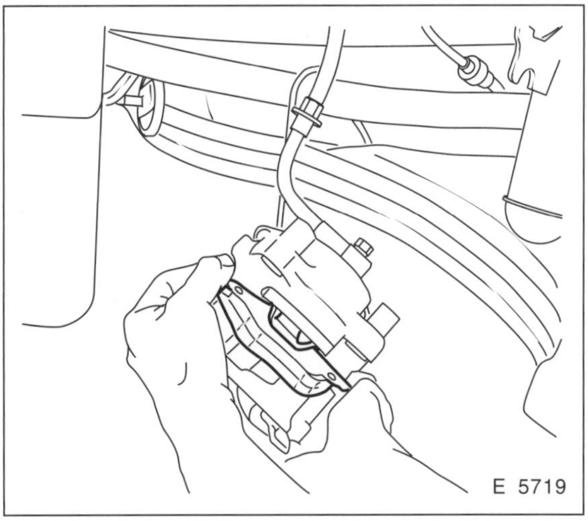

- Bremssattel abbauen und mit Draht am Aufbau aufhängen. **Achtung:** Der Bremsschlauch bleibt angeschlossen, sonst muß die Anlage nach dem Einbau entlüftet werden. Darauf achten, daß der Bremsschlauch nicht auf Zug beansprucht wird. Gegebenenfalls Bremsschlauch am Federbeinhalter ausclipsen, dazu Blechklammer abziehen.
- Inneren Bremsbelag vom Bremskolben abhebeln. Der Belag ist mit einer Halteklammer im Kolben befestigt.

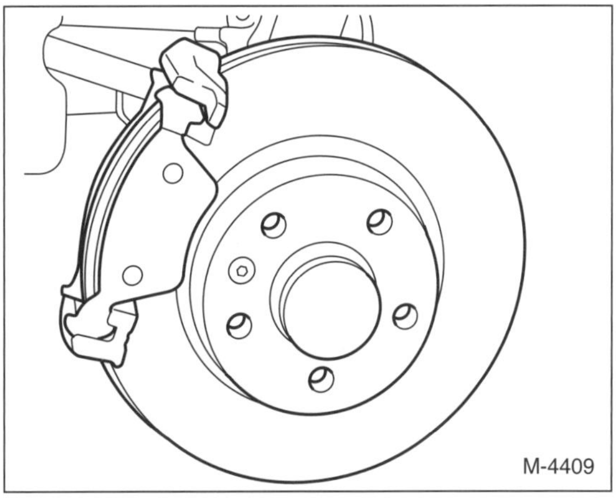

- Äußeren Bremsbelag nach außen aus dem Träger herausnehmen.

Einbau

- Vor dem Einbau der Bremsbeläge Gleitführungen mit Weichmetall-Drahtbürste reinigen oder mit einem Lappen und Spiritus abwischen. Keine mineralölhaltigen Lösungsmittel oder scharfkantigen Werkzeuge verwenden. Bremsstaubablagerungen und Korrosion an den Gleitschienen können zu ungleichmäßigem Bremsbelagverschleiß führen.

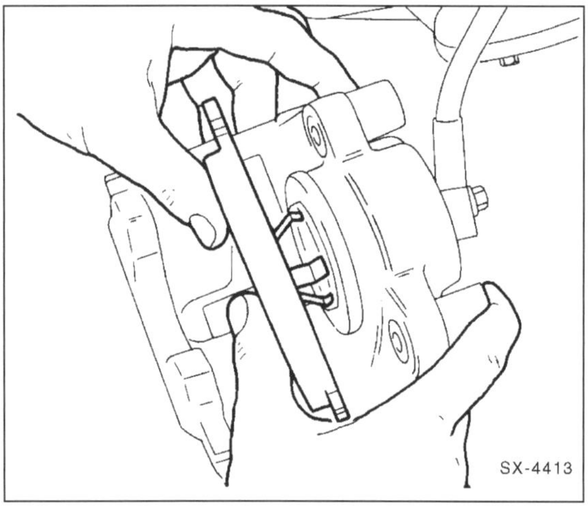

- Inneren Bremsbelag mit Haltefeder in den Bremskolben einsetzen.
- Äußeren Bremsbelag in den Bremsträger einsetzen.
- Bremssattelgehäuse über die Bremsscheibe am Bremsträger einsetzen.
- Gesäuberte, trockene Führungsbolzen mit Sicherungsmasse, zum Beispiel Loctite Typ 262, bestreichen und mit **25 Nm** festziehen.
- Abdeckkappen für Führungsbolzen aufdrücken.
- Verschleißfühler grundsätzlich am inneren Bremsbelag aufstecken.

Scheibenbremsbeläge hinten aus- und einbauen

Ausbau

- Stellung der Hinterräder zur Radnabe mit Farbe kennzeichnen. Dadurch kann das ausgewuchtete Rad wieder in derselben Position montiert werden. Radschrauben bei auf dem Boden stehendem Fahrzeug lösen. Fahrzeug hinten aufbocken und Räder abnehmen.

Achtung: Ein Wechsel der Beläge von der Außen- zur Innenseite und umgekehrt oder auch vom rechten zum linken Rad ist nicht zulässig. Der Wechsel kann zu ungleichmäßiger Bremswirkung führen. Grundsätzlich alle Scheibenbremsbeläge einer Achse gleichzeitig erneuern.

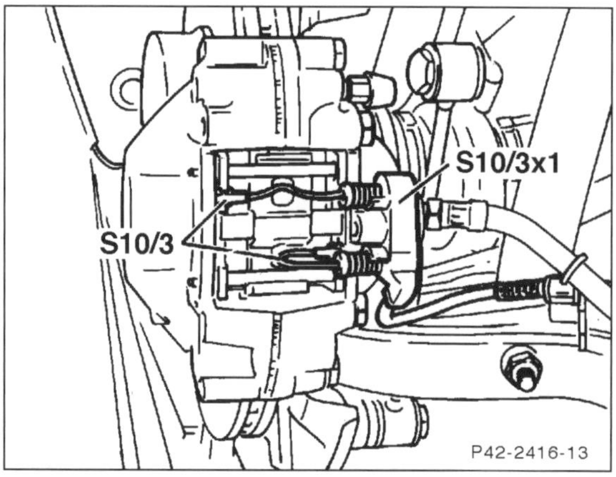

- **Nur Fahrzeuge mit ASR (Antriebsschlupfregelung):** Kabel der Verschleißfühler –S10– aus der Steckverbindung –S10/3x1– herausziehen. Dabei nicht am Kabel ziehen. Modelle seit 9/95 haben nur 1 Verschleißfühler, der C280 seit 9/95 hat keinen Fühler mehr.

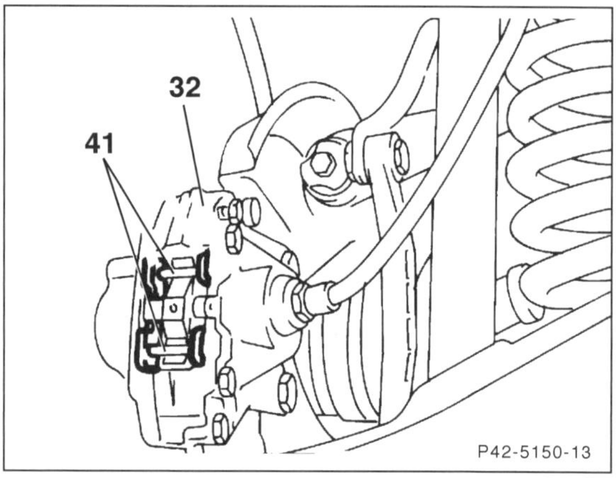

- Haltestifte –41– mit geeignetem Durchschlag aus dem Festsattel –32– herausschlagen.
- Kreuzfeder abnehmen.
- Bremsbeläge mit Ausdrückhebel, Zange oder Schraubendreher herausziehen. Bei festgerosteten Bremsbelägen wird eine spezielle Ausziehvorrichtung (z. B. von HAZET) benötigt.

Einbau

Achtung: Bei ausgebauten Bremsbelägen nicht auf das Bremspedal treten, sonst werden die Kolben aus dem Gehäuse herausgedrückt. Wurde der Kolben versehentlich herausgedrückt, Bremssattel ausbauen und in der Fachwerkstatt zusammensetzen lassen.

- Führungsfläche beziehungsweise Sitz der Beläge im Gehäuseschacht mit geeigneter Weichmetallbürste und Staubsauger reinigen, oder mit einem Lappen und Spiritus auswischen. Keine mineralölhaltigen Lösungsmittel oder scharfkantigen Werkzeuge verwenden.
- Vor Einbau der Beläge die Bremsscheibe durch Abtasten mit den Fingern auf Riefen untersuchen. Bremsscheibendicke messen, siehe Seite 146.
- Staubkappe auf Anrisse prüfen. Eine beschädigte Staubkappe umgehend ersetzen lassen, da eingedrungener Schmutz schnell zu Undichtigkeiten des Bremssattels führt. Der Festsattel muß hierzu ausgebaut und zerlegt werden (Werkstattarbeit).

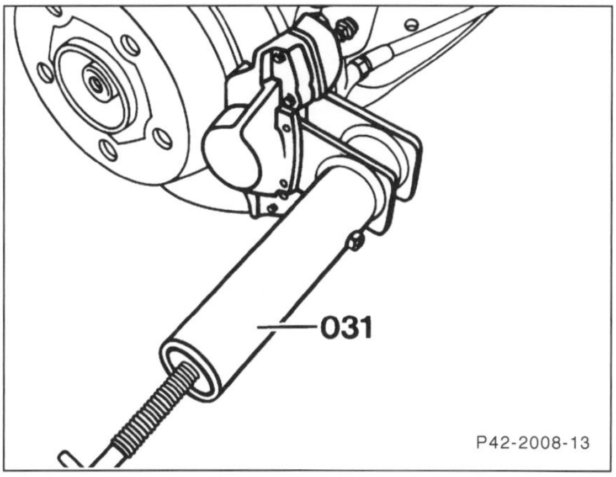

- Mit Rücksetzvorrichtung –031–, zum Beispiel HAZET 4971-1, beide Kolben zurückdrücken. Es geht auch mit einem Hartholzstab (Hammerstiel), dabei jedoch besonders darauf achten, daß die Kolben nicht verkantet und Kolbenfläche sowie Staubkappe nicht beschädigt werden.

Achtung: Beim Zurückdrücken der Kolben wird Bremsflüssigkeit aus den Bremszylindern in den Ausgleichbehälter gedrückt. Flüssigkeit im Behälter beobachten, eventuell Bremsflüssigkeit mit einem Saugheber absaugen.

Zum Absaugen eine Entlüfterflasche oder eine Plastikflasche verwenden, die nur mit Bremsflüssigkeit in Berührung kommt. Keine Trinkflaschen verwenden! **Bremsflüssigkeit ist giftig und darf auf gar keinen Fall mit dem Mund über einen Schlauch abgesaugt werden. Saugheber verwenden. Auch nach dem Belagwechsel darf die Max.-Marke am Bremsflüssigkeitsbehälter nicht überschritten werden, da sich die Flüssigkeit bei Erwärmung ausdehnt. Ausgelaufene Bremsflüssigkeit läuft am Hauptbremszylinder runter, zerstört den Lack und führt zur Korrosion.**

Achtung: Bei hohem Bremsbelagverschleiß Leichtgängigkeit der Kolben prüfen. Dazu Holzklotz in den Bremssattel einsetzen und durch Helfer langsam auf das Bremspedal treten lassen. Der Bremskolben muß sich leicht heraus- und hineindrücken lassen. Zur Prüfung muß der andere Bremsbelag sowie der gegenüberliegende Bremssattel eingebaut sein.

- 20°-Kolbenstellung prüfen. Die Werkstatt benutzt dazu eine 20°-Lehre. **In der Regel werden beim Ausbau der Bremsbeläge die Kolben nicht verdreht! Das Einstellen ist also nicht unbedingt notwendig.**
- Lehre aus Pappe oder Blech nach Zeichnung anfertigen.

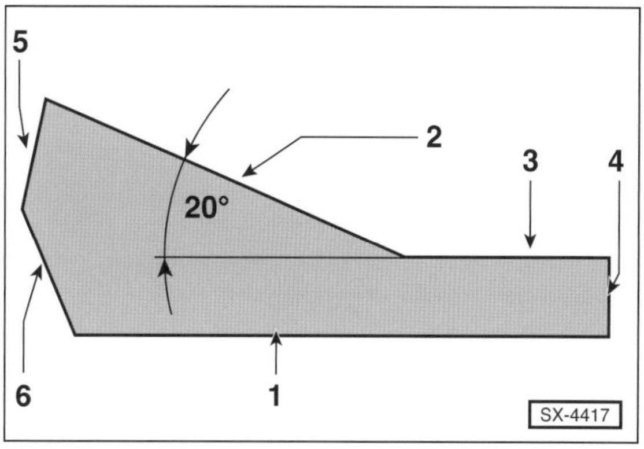

- Die lange Seite –1– der Lehre muß im Hinterrad-Bremssattel anliegen. Der Bremskolben hat einen Absatz. Dieser Absatz muß an der schrägen Fläche –2– der Lehre anliegen, sonst Bremskolben verdrehen.
  Maße für die Lehre: 1 = 70 mm, 2 = 51 mm, 3 = 27 mm, 4 = 10 mm, 5 = 14 mm, 6 = 17,5 mm.

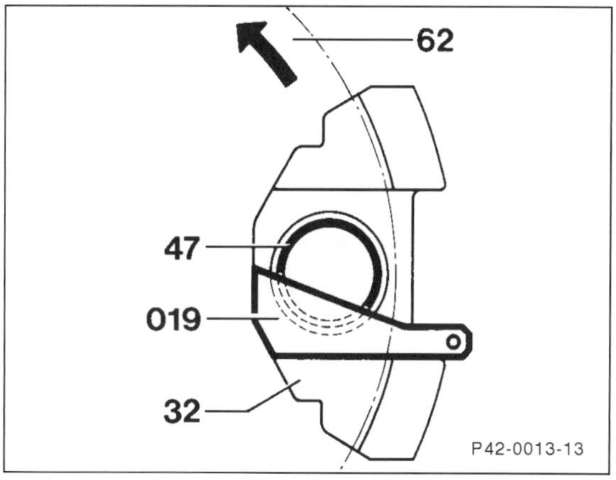

- Kolbenlehre –019– an der unteren Führungsfläche im Bremssattel –32– anlegen. Die Kolbenstellung ist richtig, wenn die angelegte Lehre (20°-Stellung) mit den Kolbenansätzen –47– übereinstimmt. Gegebenenfalls Kolben mit Schraubendreher vorsichtig verdrehen. 62 – Bremsscheibe.
- Um ein Quietschen der Scheibenbremsen zu verhindern, Rückseite der Bremsklötze sowie Seitenteile der Rückenplatte mit Schmierpaste dünn einstreichen, siehe Seite 140.
- Bremsbelagführungen im Bremssattel mit einer geeigneten Drahtbürste reinigen. Dabei Staubkappe der Bremskolben nicht beschädigen.

- Bremsbeläge in den Bremssattel einsetzen.
- **Nur Fahrzeuge mit ASR (Antriebsschlupfregelung):** Verschleißfühler an beiden Bremsbelägen einstecken. Kabel für Verschleißfühler spiralförmig aufwickeln und in die Steckverbindung am Bremssattel einstecken. Es dürfen nur Verschleißfühler in transparenter, temperaturbeständiger Ausführung eingebaut werden.
- Kreuzfeder auflegen und Haltestifte einschlagen.

Achtung: Kreuzfeder und Haltestifte grundsätzlich erneuern.

- Hinterräder so ansetzen, daß die beim Ausbau angebrachten Markierungen übereinstimmen. Räder anschrauben. Fahrzeug ablassen und Radschrauben über Kreuz mit **110 Nm** festziehen.

Achtung: Bremspedal im Stand mehrmals kräftig niedertreten, bis fester Widerstand spürbar ist.

- Bremsflüssigkeit im Ausgleichbehälter prüfen, gegebenenfalls bis zur Max.-Marke auffüllen.
- Neue Bremsbeläge vorsichtig einbremsen, dazu Fahrzeug mehrmals von ca. 80 km/h auf 40 km/h mit geringem Pedaldruck abbremsen. Dazwischen Bremse etwas abkühlen lassen.

Achtung: Bis zu einer Fahrstrecke von ca. 200 km sollten keine unnötigen Vollbremsungen vorgenommen werden.

Hinweis: Bremsbeläge sind als Sondermüll zu entsorgen. Die örtlichen Behörden geben darüber Auskunft, ob auch eine Entsorgung über den hausmüllähnlichen Gewerbemüll zulässig ist.

Bremsscheibendicke/Seitenschlag prüfen

- Stellung der Räder zur Radnabe mit Farbe kennzeichnen. Dadurch kann das ausgewuchtete Rad wieder in derselben Position montiert werden. Radschrauben bei auf dem Boden stehendem Fahrzeug lösen. Fahrzeug aufbocken und Räder abnehmen.

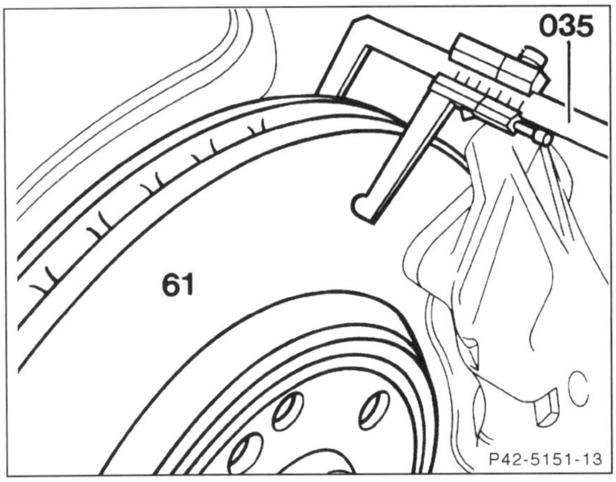

- Bremsscheibendicke messen. Die Werkstätten benutzen dazu eine spezielle Lehre –035– oder ein Mikrometer, da sich durch Abnutzung der Bremsscheibe –61– ein Rand bildet. Man kann die Bremsscheibendicke auch mit einer normalen Schieblehre messen, allerdings muß dann auf jeder Seite der Bremsscheibe eine entsprechend starke Unterlage zwischengelegt werden (beispielsweise 2 Münzen). Um die exakte Bremsscheibendicke zu haben, muß von dem gemessenen Maß die Dicke der Münzen beziehungsweise der Unterlage abgezogen werden. **Achtung:** Beim genaueren Messen mit Mikrometer, Messung an mindestens 8 Punkten der Bremsscheibe vornehmen. Dabei muß die Dicke in einem Toleranzbereich von 0,02 mm bleiben.
- Bei Erreichen der Mindestdicke können noch einmal neue Bremsbeläge eingebaut werden. Wenn die Verschleißgrenze erreicht ist, Bremsscheibe erneuern. **Sollwerte**, siehe Tabelle auf Seite 140.
- Belüftete Bremsscheiben mit Haarrissen bis 25 mm Länge, die durch hohe Beanspruchung entstehen können, müssen nicht erneuert werden. Bei größeren Rissen oder bei Riefen, die tiefer als 0,5 mm sind, Bremsscheibe erneuern.
- Ein Nacharbeiten der Bremsscheiben ist nicht zulässig. Immer beide Bremsscheiben einer Achse ersetzen.

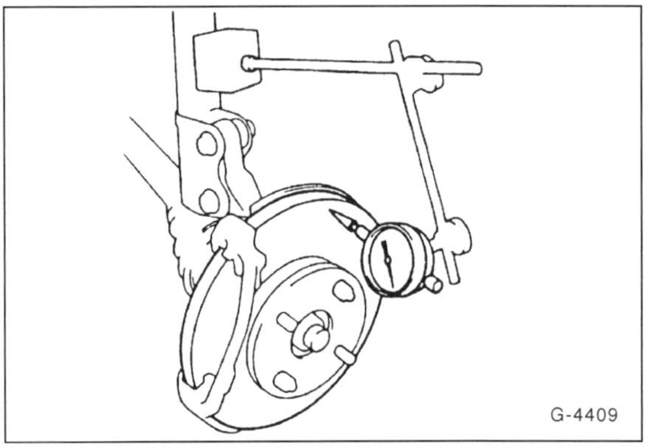

- Steht eine Meßuhr zur Verfügung, Seitenschlag der Bremsscheibe in eingebautem Zustand messen. Meßuhr in der Mitte der Bremsfläche ansetzen. **Sollwerte**, siehe Seite 140.

Achtung: Zu großer Seitenschlag kann auch von zu großem Radlagerspiel herrühren, also Radlagerspiel einstellen, siehe Seite 119.

Wird dadurch keine ausreichende Verbesserung erzielt, Bremsscheibe erneuern.

- Räder so ansetzen, daß die beim Ausbau angebrachten Markierungen übereinstimmen. Räder anschrauben. Fahrzeug ablassen und Radschrauben über Kreuz mit **110 Nm** festziehen.

Bremssattel aus- und einbauen

Ausbau

- Stellung der Räder zur Radnabe mit Farbe kennzeichnen. Dadurch kann das ausgewuchtete Rad wieder in derselben Position montiert werden. Radschrauben bei auf dem Boden stehendem Fahrzeug lösen. Fahrzeug aufbocken und Räder abnehmen.

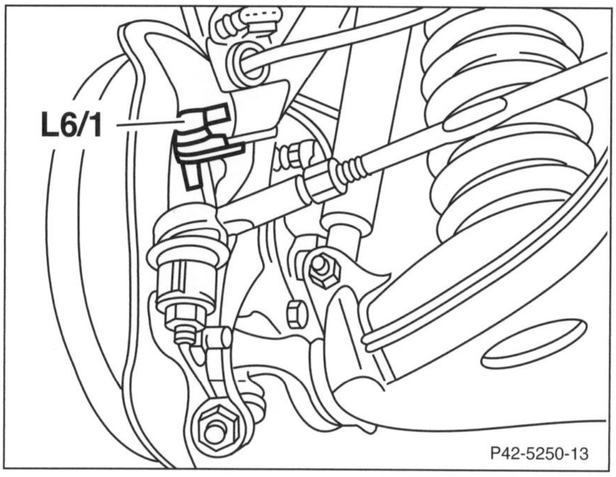

- Zündung ausschalten. ABS-Drehzahlgeber –L6/1– an Innensechskantschraube lösen und herausziehen.

Vorderrad-Bremssattel:

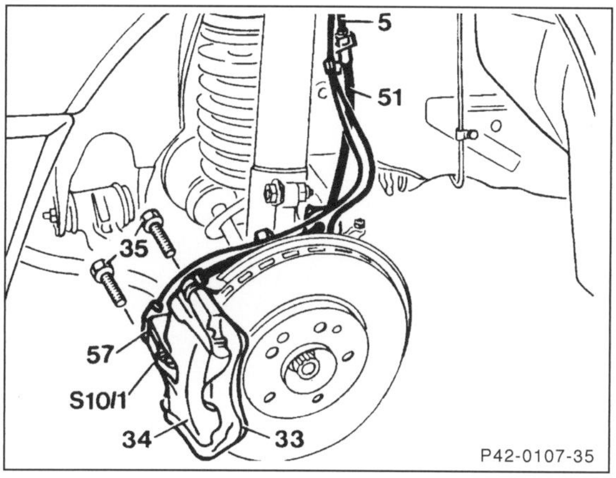

5 – Bremsleitung
33 – Bremsträger
34 – Bremssattel
35 – Befestigungsschrauben für Bremssattel
51 – Bremsschlauch
57 – Kabel für Verschleißanzeige
S10/1 – Stecker für Verschleißanzeige

Hinterrad-Bremssattel:

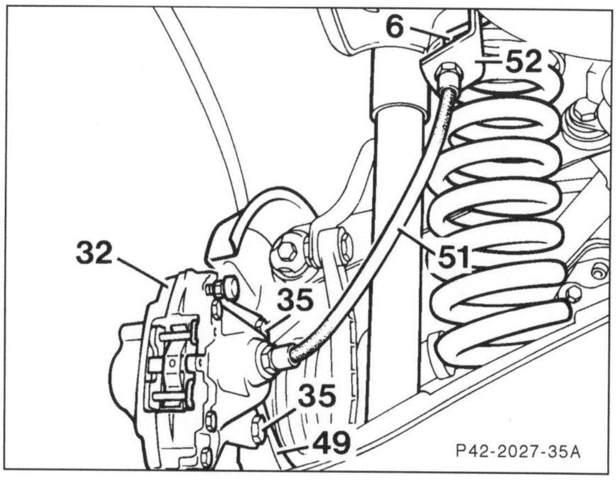

- Bremssattel mit 2 Schrauben –35– vom Radlagergehäuse abschrauben und komplett nach außen abziehen.
- Bremssattel –32–mit selbstangefertigtem Drahthaken so am Aufbau aufhängen, daß der Bremsschlauch sowie das Kabel für die Bremsbelagverschleißanzeige nicht verdreht oder auf Zug beansprucht werden. 49 – Abdeckblech.
- Soll der Bremssattel ganz abgenommen werden, Bremsschlauch –51– zuerst an der Bremsleitung –6– abschrauben und vom Halter –52– abnehmen, dazu offenen Doppelringschlüssel 9x11 mm verwenden. Anschließend Bremsschlauch am Bremssattel abschrauben. **Achtung:** Bremsflüssigkeit läuft aus. Anschlüsse sofort mit geeignetem Stopfen verschließen, damit der Bremsflüssigkeits-Vorratsbehälter nicht ganz ausläuft. Nach dem Wiedereinbau muß das Bremssystem entlüftet werden. Bei Fahrzeugen mit ASR (Antischlupfregelung) wird zur Entlüftung der Bremse ein Spezialgerät benötigt, daher Fachwerkstatt aufsuchen. Bremsflüssigkeit in einer Flasche sammeln, die aus-schließlich für Bremsflüssigkeit vorgesehen ist. Hinweise für Umgang mit Bremsflüssigkeit beachten, siehe Seite 149.
- Bremsbelag-Verschleißfühler von der Steckverbindung am Bremssattel abziehen. Steckverbindung am Bremssattel lösen, siehe unter »Bremsbeläge aus- und einbauen«.

Einbau

Bei Ersatz beachten: Die Bremssättel auf beiden Rädern einer Achse müssen die gleiche Kolbengröße haben und vom gleichen Hersteller sein.

- **Vorderradbremse:** Bremssattel ansetzen und mit 2 **neuen selbstsichernden** Schrauben am Radträger mit **115 Nm** festziehen.

Achtung: Wenn sich die Schrauben nur schwer reindrehen lassen, Gewinde im Radträger mit Gewindebohrer M 12x1,5 von den Resten des Schraubensicherungsmittels reinigen.

- **Hinterradbremse:** Bremssattel ansetzen und mit 2 **neuen selbstsichernden** Schrauben am Radträger mit **50 Nm**, bei Fahrzeugen mit ASR (Antischlupfregelung) mit **70 Nm** festziehen.

Achtung: Wenn sich die Schrauben nur schwer reindrehen lassen, Gewinde im Radträger mit Gewindebohrer M 10 von den Resten des Schraubensicherungsmittels reinigen.

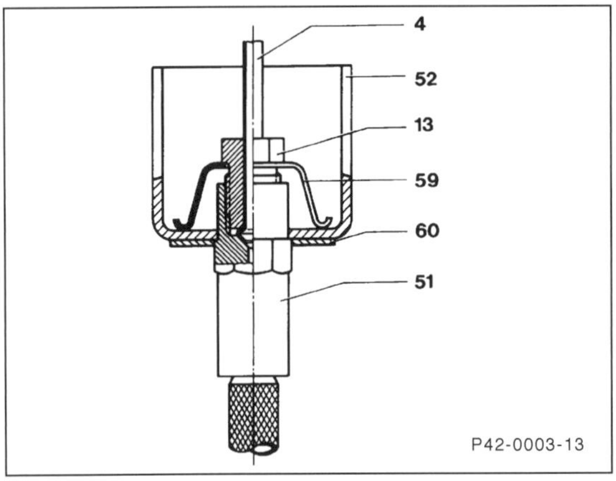

- Falls ausgebaut, Bremsschlauch mit **15 Nm** an Bremsleitung anschrauben. Der Bremsschlauch darf beim Einbau nicht verdreht werden. Am Halter –52– ist eine Sicherungsplatte –60– mit einem Zwölfkant befestigt. Bremsschlauch –51– so in die Sicherungsplatte einsetzen, daß er bei vollem Lenkeinschlag links und rechts nirgendwo anstößt, weder bei ein- noch bei ausgefedertem Rad. 4 – Bremsleitung, 13 – Überwurfschraube, 59 – Bremsschlauchhalter. **Achtung:** Seit 9/95, neue Bremsschlauch-Ausführung ohne Sechskant, siehe Seite 152.
- Bohrung für ABS-Drehzahlgeber mit Molykote Longtherm 2 einfetten. O-Ring prüfen, gegebenenfalls erneuern. ABS-Drehzahlgeber mit **neuer** Innensechskantschraube einsetzen, mit **20 Nm** anziehen.
- Kabel für Verschleißfühler in die Steckverbindung am Bremssattel einstecken.
- Falls das Bremssystem geöffnet war, Bremsanlage entlüften, siehe Seite 149.
- Räder so ansetzen, daß die beim Ausbau angebrachten Markierungen übereinstimmen. Räder anschrauben. Fahrzeug ablassen und Radschrauben über Kreuz mit **110 Nm** festziehen.

Achtung: Bremspedal im Stand mehrmals kräftig niedertreten, bis fester Widerstand spürbar ist. Dadurch stellen sich die Bremsbeläge ein.

- Bremsflüssigkeit im Ausgleichbehälter prüfen, gegebenenfalls bis zur Max.-Marke auffüllen.

Achtung, Sicherheitskontrolle durchführen:

- Sind die Bremsschläuche festgezogen?
- Befindet sich der Bremsschlauch in der Halterung?
- Sind die Entlüftungsschrauben angezogen?
- Ist genügend Bremsflüssigkeit eingefüllt?
- Bei laufendem Motor Dichtheitskontrolle durchführen. Hierzu Bremspedal mit 200 bis 300 N (entspricht 20 bis 30 kg) etwa 10 sec. betätigen. Das Bremspedal darf nicht nachgeben. Sämtliche Anschlüsse auf Dichtheit kontrollieren.

- Anschließend einige Bremsungen auf Straße mit geringem Verkehr durchführen.

Bremsscheibe vorn aus- und einbauen

Ausbau

- Vorderrad-Bremssattel abschrauben und mit selbstangefertigtem Drahthaken aufhängen, damit der Bremsschlauch nicht auf Zug beansprucht wird, siehe Seite 147.

Achtung: Bremsschlauch nicht lösen, sonst muß das Bremssystem entlüftet werden.

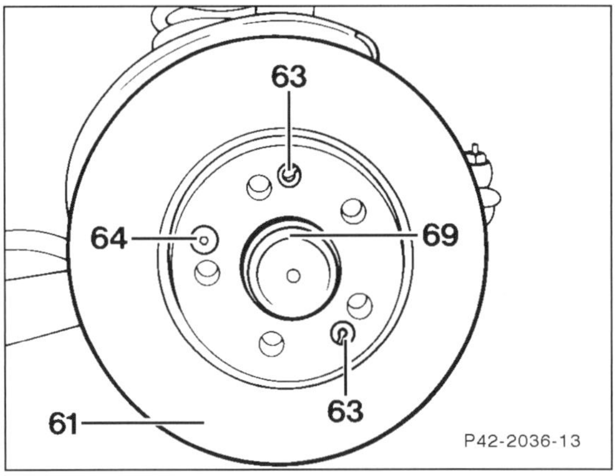

- Befestigungsschraube –64– mit Inbusschlüssel herausdrehen und Bremsscheibe –61– von der Radnabe –69– und den Spannhülsen –63– abnehmen.

Einbau

Um ein gleichmäßiges Bremsen beidseitig zu gewährleisten, müssen beide Bremsscheiben die gleiche Oberfläche bezüglich Schliffbild und Rauhtiefe aufweisen. Bremsscheibendicke/Seitenschlag prüfen, siehe Seite 146.

- Festsitz des Brems-Abdeckblechs am Radträger prüfen, gegebenenfalls Schrauben nachziehen.
- Falls vorhanden, Rost am Flansch der Bremsscheibe und der Vorderradnabe mit Drahtbürste oder Schmirgelpapier entfernen. Paßsitz der Radnabe **dünn** mit Hochtemperaturpaste, zum Beispiel Molykote-Paste »D«, Molykote-Paste G Rapid, Liqui-Moly-Paste 36, bestreichen, damit sich die Bremsscheibe beim späteren Ausbau leichter abnehmen läßt.
- Neue Bremsscheiben mit Nitro-Verdünnung vom Schutzlack reinigen. Die Bremsscheiben können auch mit einem Hochdruck-Dampfstrahler gereinigt und entfettet werden.
- Bremsscheibe auf Vorderradnabe aufsetzen, dabei auf festen Sitz der Spannhülsen achten. **Neue** Befestigungsschraube –64– mit **10 Nm** einschrauben.
- Bremssattel einbauen, siehe Seite 147.

Bremsscheibe hinten aus- und einbauen

Ausbau

- Hinterrad-Bremssattel abschrauben und mit selbstangefertigtem Drahthaken aufhängen, damit der Bremsschlauch nicht auf Zug beansprucht wird, siehe Seite 147.

Achtung: Bremsschlauch nicht lösen, sonst muß das Bremssystem entlüftet werden.

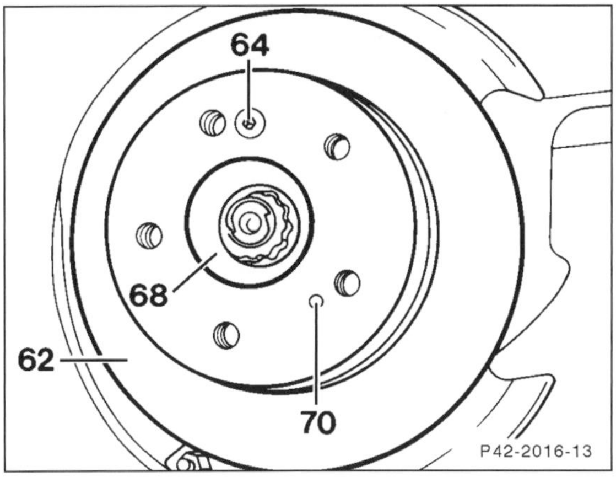

- Befestigungsschraube –64– mit Inbusschlüssel herausdrehen und Bremsscheibe –62– vom Hinterachswellenflansch –68– abnehmen. –70– Paßstift.

Achtung: Die Feststellbremse muß vollkommen gelöst sein. Festsitzende Bremsscheibe durch leichte Schläge mit einem Kunststoffhammer lösen.

Einbau

Um ein gleichmäßiges Bremsen beidseitig zu gewährleisten, müssen beide Bremsscheiben die gleiche Oberfläche bezüglich Schliffbild und Rauhtiefe aufweisen. Bremsscheibendicke/Seitenschlag prüfen, siehe Seite 146.

- Festsitz des Brems-Abdeckblechs am Radträger prüfen, gegebenenfalls Schrauben nachziehen.
- Falls vorhanden, Rost am Flansch der Bremsscheibe und der Hinterachswelle entfernen. Damit sich die Bremsscheibe beim späteren Ausbau leichter abnehmen läßt, Paßsitz des Hinterachswellenflansches **dünn** mit Hochtemperaturpaste, zum Beispiel Molykote-Paste »U«, Molykote-Paste G Rapid, Liqui-Moly-Paste 36, bestreichen.
- Neue Bremsscheibe mit Nitro-Verdünnung vom Schutzlack reinigen. Stattdessen können die Bremsscheiben auch mit einem Hochdruck-Dampfstrahler gereinigt und entfettet werden.
- Wird die alte Bremsscheibe eingebaut, Bremsbelagfläche für Feststellbremse auswischen und sichtprüfen. Spreizschloß für Bremsbacken der Feststellbremse auf Gängigkeit prüfen, siehe Seite 153.
- Bremsscheibe so auf den Hinterachswellenflansch aufsetzen, daß der Paßstift in die Bremsscheibe eingreift. **Neue** Befestigungsschraube mit **10 Nm** festziehen.
- Bremssattel einbauen, siehe Seite 147.
- Seillängenausgleich entspannen, siehe Seite 153/154.

Die Bremsflüssigkeit

Beim Umgang mit Bremsflüssigkeit ist zu beachten:

- Bremsflüssigkeit ist giftig. Keinesfalls Bremsflüssigkeit mit dem Mund über einen Schlauch absaugen. Bremsflüssigkeit nur in Behälter füllen, bei denen ein versehentlicher Genuß ausgeschlossen ist.
- Bremsflüssigkeit ist ätzend und darf deshalb nicht mit dem Autolack in Berührung kommen, gegebenenfalls sofort abwischen und mit viel Wasser abwaschen.
- Bremsflüssigkeit ist hygroskopisch, das heißt, sie nimmt aus der Luft Feuchtigkeit auf. Bremsflüssigkeit deshalb nur in geschlossenen Behältern aufbewahren.
- **Bremsflüssigkeit, die schon einmal im Bremssystem verwendet wurde, darf nicht wieder verwendet werden. Auch beim Entlüften der Bremsanlage nur neue Bremsflüssigkeit verwenden.**
- Bremsflüssigkeits-Spezifikation: **DOT 4**.
- **Bremsflüssigkeit darf nicht mit Mineralöl in Berührung kommen.** Schon geringe Spuren Mineralöl machen die Bremsflüssigkeit unbrauchbar beziehungsweise führen zum Ausfall des Bremssystems. Stopfen und Manschetten der Bremsanlage werden beschädigt, wenn sie mit mineralölhaltigen Mitteln zusammenkommen. Zum Reinigen keine mineralölhaltigen Putzlappen verwenden.
- Bremsflüssigkeit alle 2 Jahre wechseln, möglichst nach der kalten Jahreszeit.
- **Alte Bremsflüssigkeit bei der örtlichen Deponie für Sondermüll abgeben, nicht in die Kanalisation schütten. Bremsflüssigkeit nicht mit Motoröl vermischen.**

Bremsanlage entlüften

Achtung: Fahrzeuge mit **ASR (Antriebsschlupfregelung) bis 5/94** müssen bei der Entlüftung der gesamten Anlage zusätzlich mit einem elektronischen Testgerät von MERCEDES entlüftet werden, daher Werkstatt aufsuchen. Das Gerät wird am Diagnosestecker im Motorraum rechts angeschlossen. Durch Drücken einer Taste entlüftet sich das ASR-System selbsttätig. Seit 1.6.94 ist die ASR geändert und die Entlüftung ist wie bei den anderen Modellen durchzuführen.

Nach jeder Reparatur an der Bremse, bei der die Anlage geöffnet wurde, kann Luft in die Druckleitungen eingedrungen sein. Dann ist das Bremssystem zu entlüften. Luft ist auch dann in den Leitungen, wenn sich beim Treten auf das Bremspedal der Bremsdruck schwammig anfühlt. In diesem Fall muß die Undichtigkeit beseitigt und die Bremsanlage entlüftet werden.

Die Bremsanlage wird durch Pumpen mit dem Bremspedal entlüftet, dazu ist eine zweite Person notwendig.

Muß die ganze Anlage entlüftet werden, jeden Bremssattel einzeln entlüften. Auch beim regelmäßigen Bremsflüssigkeitswechsel im Rahmen der Wartung muß wie beim Entlüften an allen vier Bremssätteln Bremsflüssigkeit herausgepumpt werden, ohne daß Luft in das Bremssystem gelangt.

Die Reihenfolge der Entlüftung: 1. Bremssattel hinten rechts, 2. Bremssattel hinten links, 3. Bremssattel vorn rechts, 4. Bremssattel vorn links.

Falls nur ein Bremssattel erneuert oder überholt wurde, genügt in der Regel das Entlüften des betreffenden Zylinders. Ist bei der Reparatur jedoch der Bremsflüssigkeits-Vorratsbehälter ganz leergelaufen, muß die gesamte Anlage entlüftet werden.

- Vor dem Entlüften Deckel für Ausgleichbehälter abschrauben und Bremsflüssigkeit bis zur Max.-Markierung auffüllen. **Achtung:** Während des Entlüftens ab und zu den Ausgleichbehälter beobachten. Der Flüssigkeitsspiegel darf nicht zu weit sinken, sonst wird über den Ausgleichbehälter Luft angesaugt. **Immer nur neue Bremsflüssigkeit nachgießen!**

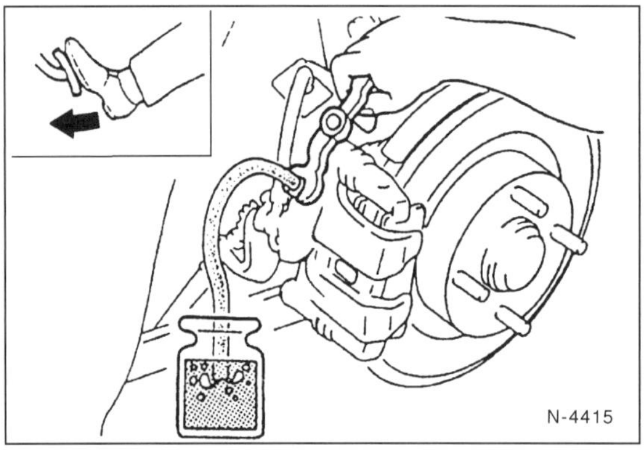
N-4415

- Staubkappe vom Entlüfterventil des Bremssattels abnehmen. Entlüfterventil reinigen, sauberen Schlauch aufstecken, anderes Schlauchende in eine mit Bremsflüssigkeit halbvoll gefüllte Flasche stecken.
- Von einer Hilfsperson Bremspedal so oft niedertreten lassen (»pumpen«), bis sich im Bremssystem Druck aufgebaut hat, zu spüren am wachsenden Widerstand beim Betätigen des Pedals.
- Ist genügend Druck vorhanden, Bremspedal ganz durchtreten, Fuß auf dem Bremspedal halten.
- Entlüfterventil am Bremssattel etwa eine halbe Umdrehung mit Ringschlüssel öffnen. Ausfließende Bremsflüssigkeit in der Flasche sammeln. Darauf achten, daß sich das Schlauchende in der Flasche ständig unterhalb des Flüssigkeitsspiegels befindet.
- Sobald der Flüssigkeitsdruck nachläßt, sofort Entlüfterventil schließen.
- Pumpvorgang wiederholen, bis sich Druck aufgebaut hat. Bremspedal niedertreten, Fuß auf dem Bremspedal lassen, Entlüfterschraube öffnen, bis der Druck nachläßt, Entlüfterschraube schließen.
- Entlüftungsvorgang an einem Bremssattel so lange wiederholen, bis sich in der Bremsflüssigkeit, die in die Entlüfterflasche strömt, keine Luftblasen mehr zeigen. Mindestens jedoch 80 ml Bremsflüssigkeit pro Bremssattel ausströmen lassen.
- Nach dem Entlüften Schlauch von Entlüfterschraube abziehen, Staubkappe aufstecken. Entlüfterschraube mit **7 Nm**, also nur leicht, festziehen.
- Die anderen Bremssättel auf gleiche Weise entlüften.

Achtung: Während des Entlüftens ab und zu den Ausgleichbehälter beobachten. Der Flüssigkeitsspiegel darf nicht zu weit sinken, sonst wird über den Ausgleichbehälter Luft angesaugt. **Immer nur neue Bremsflüssigkeit nachgießen!**

- Nach dem Entlüften Ausgleichbehälter bis zur Max.-Markierung auffüllen. Deckel aufschrauben.

Achtung, Sicherheitskontrolle durchführen:
- Sind die Entlüftungsschrauben angezogen?
- Ist genügend Bremsflüssigkeit eingefüllt?
- Bei laufendem Motor Dichtheitskontrolle durchführen, hierzu Bremspedal mit 200 bis 300 N (entspricht 20 bis 30 kg) etwa 10 Sekunden betätigen. Das Bremspedal darf nicht nachgeben. Sämtliche Anschlüsse auf Dichtheit kontrollieren.

- Anschließend einige Bremsungen auf Straße mit geringem Verkehr durchführen.

Bremsleitung/Bremsschlauch ersetzen

Für das Bremsleitungssystem, das zusammen mit den druckfesten Bremsschläuchen für die Räder die Verbindung vom Hauptbremszylinder zu den vier Radbremsen herstellt, werden Rohre verwendet. Die Bremsschläuche stellen die flexiblen Verbindungen zwischen den starren und beweglichen Fahrzeugteilen her.

Die Bremsleitungen (Rohre und Schläuche) auf Rißbildungen, Alterungsschäden und andere Mängel kontrollieren. Schadhafte Teile auswechseln.

Achtung: Bremsschläuche nicht mit Öl oder Petroleum in Berührung bringen, nicht lackieren oder mit Unterbodenschutz besprühen. Bremsleitungen nicht mit Stahlbürste oder Schmirgelpapier behandeln.

Bremsleitung ersetzen

- Fahrzeug aufbocken.
- Bremsleitung an den Überwurfmuttern lösen und abnehmen. **Achtung:** Bremsflüssigkeit läuft aus. Leitungsanschluß in Richtung Hauptbremszylinder mit geeignetem Stopfen verschließen, damit der Bremsflüssigkeits-Vorratsbehälter nicht ganz ausläuft. Nach dem Wiedereinbau muß das Bremssystem entlüftet werden. **Bei Fahrzeugen mit ASR (Antischlupfregelung) wird zur Entlüftung der Bremse ein Spezialgerät benötigt, daher Fachwerkstatt aufsuchen.** Bremsflüssigkeit in einer Flasche sammeln, die ausschließlich für Bremsflüssigkeit vorgesehen ist. Hinweise für Umgang mit Bremsflüssigkeit beachten, siehe Seite 149.
- Neue Bremsleitung möglichst an gleicher Stelle verlegen.
- Beim Anschließen der Bremsleitung die kegelige Anlagefläche mit einigen Tropfen Bremsflüssigkeit benetzen und mit **15 Nm** festziehen.

Bremsschlauch Vorderachse

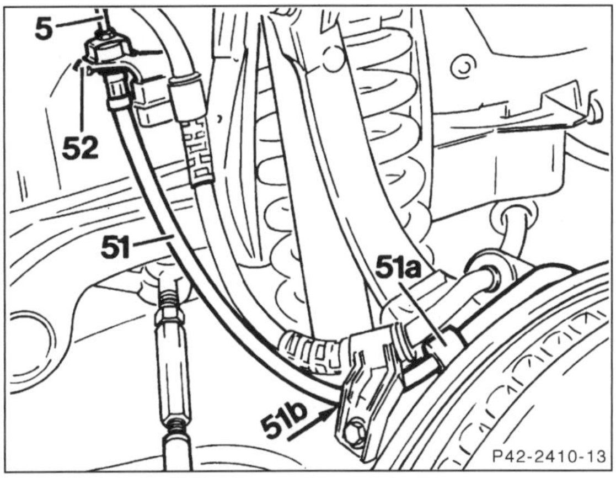

Bremsschlauch Hinterachse

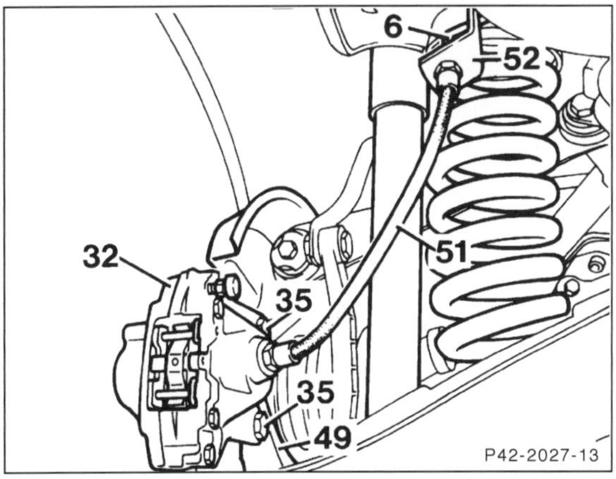

- Bremsleitung –5– beziehungsweise –6– vom Bremsschlauch –51– abschrauben. Offenen Ringschlüssel 9x11 verwenden, dabei Bremsschlauch mit Gabelschlüssel gegenhalten. Anschluß mit Stopfen verschließen.
  33 – Bremsträger, 34 – Bremssattel, 35 – Befestigungsschrauben für Bremssattel, 57 – Kabel für Verschleißanzeige, S10/1 – Stecker für Verschleißanzeige
- Bremsschlauchhalter –51a– abziehen.
- Bremsschlauch –51– aus dem Bremssattel herausdrehen.

Einbau

- Nur vom Werk freigegebene Bremsschläuche einbauen.
- Bremsschlauch mit **20 Nm** am Bremssattel festziehen.

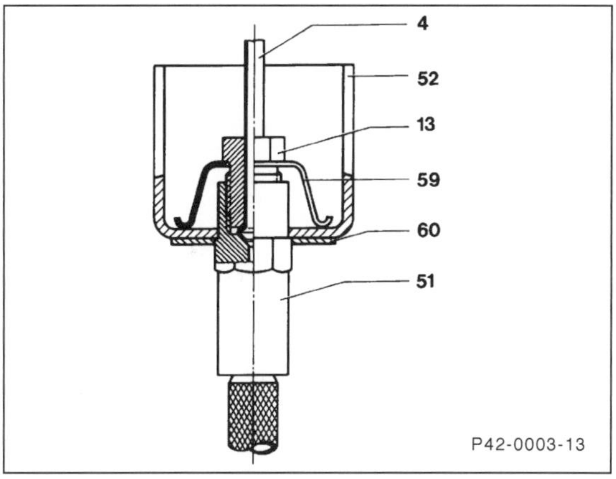

- Bremsschlauch mit **15 Nm** an Bremsleitung anschrauben. Der Bremsschlauch darf beim Einbau nicht verdreht werden. Am Halter –52– ist eine Sicherungsplatte –60– mit einem Zwölfkant befestigt. Bremsschlauch –51– so in die Sicherungsplatte einsetzen, daß er bei vollem Lenkeinschlag links und rechts nirgendwo anstößt, weder bei ein- noch bei ausgefedertem Rad. 4 – Bremsleitung, 13 – Überwurfschraube, 59 – Bremsschlauchhalter.

Achtung: Besonders nach Unfallreparaturen kann der Halter –52– verbogen sein. Halter vorsichtig richten, da schon eine geringe Lageveränderung des Halters am Rahmenboden die Bremsschlauchführung so verändern kann, daß es zum Durchscheuern des Bremsschlauches durch Berührung mit anderen Fahrzeugteilen kommen kann.

Achtung: Geänderter Bremsschlauch seit 9/95:

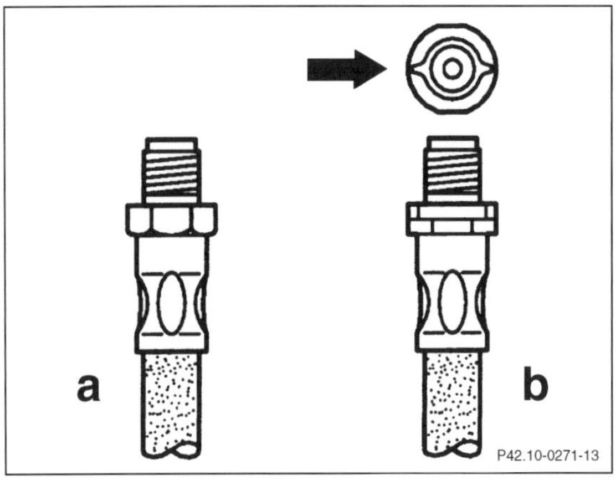

a – bisherige Ausführung mit Sechskant,
b – neue Ausführung.

Der Sechskant am Anschluß ist entfallen. Im Anschlußstück befinden sich jetzt nur noch 2 Erhebungen –Pfeil–, die in der Vielzahnöffnung des Bremsschlauchhalters arretieren. Beim Anziehen wird der Schlauch durch den Bremsschlauchhalter gegen Verdrehen gesichert.

- Bremsanlage entlüften, siehe Seite 149.

Achtung, Sicherheitskontrolle durchführen:
- Sind die Bremsleitungen/-schläuche festgezogen?
- Befindet sich der Bremsschlauch in der Halterung?
- Sind die Entlüftungsschrauben angezogen?
- Ist genügend Bremsflüssigkeit eingefüllt?
- Bei laufendem Motor Dichtheitskontrolle durchführen, hierzu Bremspedal mit 200 bis 300 N (entspricht 20 bis 30 kg) etwa 10 sec. betätigen. Das Bremspedal darf nicht nachgeben. Sämtliche Anschlüsse auf Dichtheit kontrollieren.

- Anschließend einige Bremsungen auf Straße mit geringem Verkehr durchführen.

Bremskraftverstärker prüfen

Der Bremskraftverstärker ist auf Funktion zu überprüfen, wenn zur Erzielung ausreichender Bremswirkung die Pedalkraft außergewöhnlich hoch ist.

- Bremspedal bei stehendem Motor mindestens 5mal kräftig durchtreten, dann bei belastetem Bremspedal Motor starten. Das Bremspedal muß jetzt unter dem Fuß spürbar nachgeben.
- Andernfalls Unterdruckschlauch am Bremskraftverstärker abschrauben, Motor starten. Durch Fingerauflegen am Ende des Unterdruckschlauches prüfen, ob Unterdruck erzeugt wird.
- Ist kein Unterdruck vorhanden: Unterdruckschlauch auf Undichtigkeiten und Beschädigungen prüfen, ggf. ersetzen. Sämtliche Schellen fest anziehen.
- Ist Unterdruck vorhanden: Unterdruck messen, ggf. Bremskraftverstärker ersetzen (Werkstattarbeit.)

Die Feststellbremse

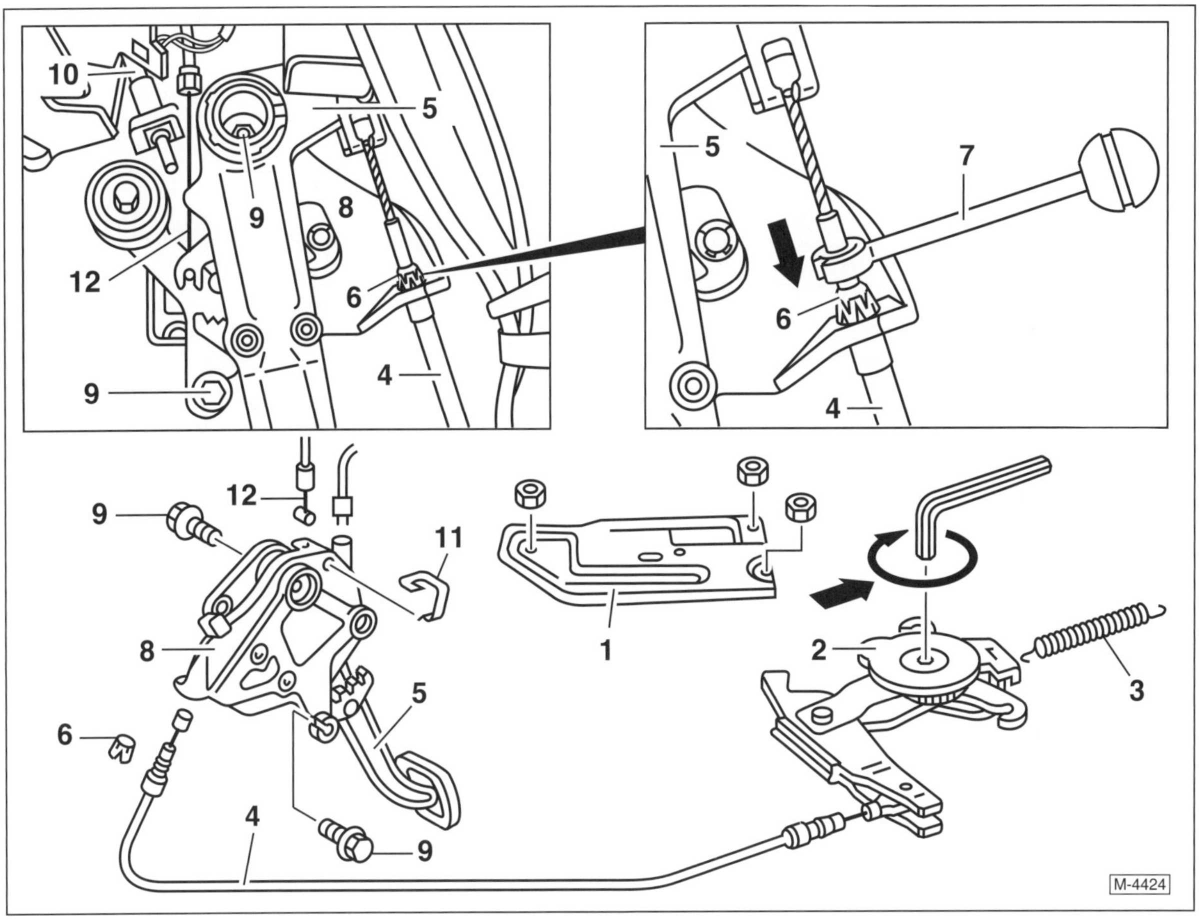

1 – Abdeckblech
2 – Automatischer Seillängenausgleich
3 – Rückzugfeder
4 – Vorderer Bremsseilzug
5 – Zuglasche
6 – Klemmring
7 – Ausclipser
8 – Abdeckhaube
9 – Sechskantschrauben
10 – Stecker für Schalter Feststellbremse
11 – Federklammer
12 – Seilzug

Pedal für Feststellbremse/vorderen Seilzug aus- und einbauen

Ausbau Bremsseil

- Rücksitzbank ausbauen, siehe Seite 182.
- Abdeckblech –1– ausbauen, siehe Abbildung M-4424.

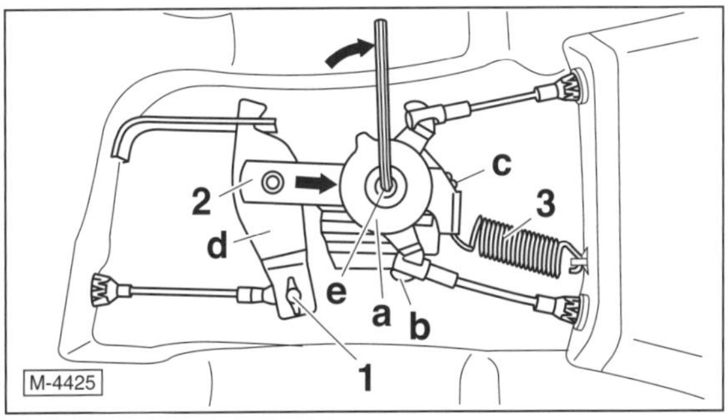

- Automatischen Seillängenausgleich –2– vorspannen. Dazu Rastenexzenterbolzen –e– mit Innensechskantschlüssel 1 Umdrehung rechtsherum drehen und gleichzeitig im Längsschlitz nach hinten schieben, bis der Rastenexzenter im Federgehäuse –a– in die Federklammer –c– einrastet. b – Ausgleichhebel, d – Zwischenhebel, 1 – Sicherungsstift.
- Rückzugfeder –3– aushängen.
- Bremsseilzug –4– aus der Zuglasche am Pedal aushängen, Klemmring –6– mit dem Ausclipser –7– zusammendrücken und Seilzug herausziehen. Ist der Ausclipser (Sonderwerkzeug) nicht vorhanden, kann der Seilzug auch durch Zerstören des Klemmrings ausgebaut werden. Beim Einbau neuen Klemmring in die Nut des Seilzugs einsetzen.

Ausbau Pedalanlage

- Abdeckung unter Instrumententafel ausbauen, siehe Seite 184.

- Bodenbelag herausnehmen.
- 2 Sechskantschrauben –9– für Pedalanlage abschrauben.
- Stecker für Schalter Feststellbremskontrolle –10– abziehen, dazu Pedalanlage etwas anheben.
- Federklammer –11– ausbauen.

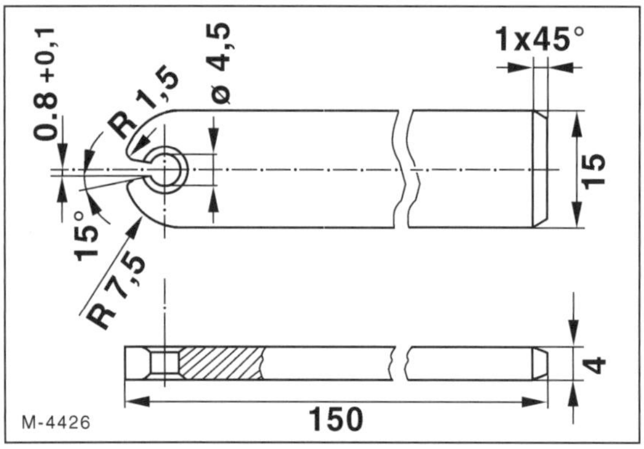

- Seilzug für Handentriegelung –12– aushängen. Dazu aus Flacheisen ein Werkzeug anfertigen, Maße siehe Abbildung. Clip für Seilzug an Pedalanlage mit dem Werkzeug entriegeln.
- Pedalanlage abnehmen.

Einbau

- Der Einbau erfolgt in umgekehrter Reihenfolge.

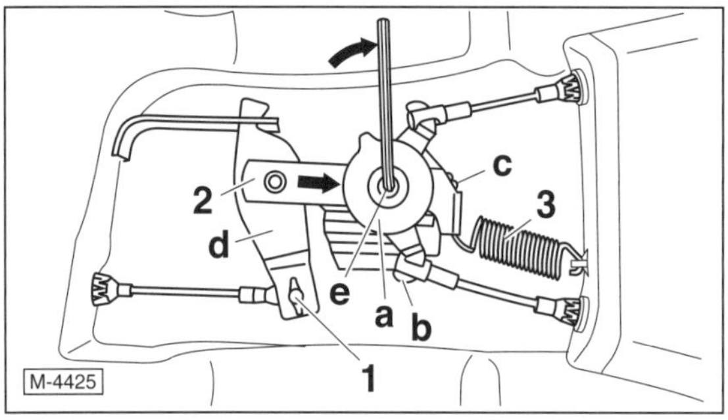

- Vor Einbau des Abdeckblechs –1– den automatischen Seillängenausgleich –2– entspannen. Dazu Federklammer –c– mit Schraubendreher anheben, der Seillängenausgleich stellt sich dann automatisch ein.
- Feststellbremse mehrmals kräftig betätigen und lösen, dabei stellt sie sich ein.

Bremsbacken für Feststellbremse aus- und einbauen

Ausbau

- Bremsscheibe hinten ausbauen, siehe Seite 149.
- Rücksitzbank ausbauen, siehe Seite 182.
- Abdeckblech für Seillängenausgleich unterhalb der Rücksitzbank ausbauen.

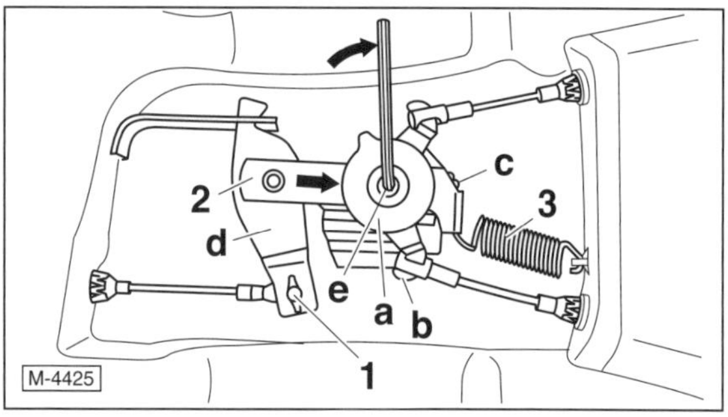

- Automatischen Seillängenausgleich –2– vorspannen. Dazu Rastenexzenterbolzen –e– mit Innensechskantschlüssel 1 Umdrehung rechtsherum drehen und gleichzeitig im Längsschlitz nach hinten schieben, bis der Rastenexzenter im Federgehäuse –a– in die Federklammer –c– einrastet. b – Ausgleichhebel, d – Zwischenhebel, 1 – Sicherungsstift, 3 – Rückzugfeder.

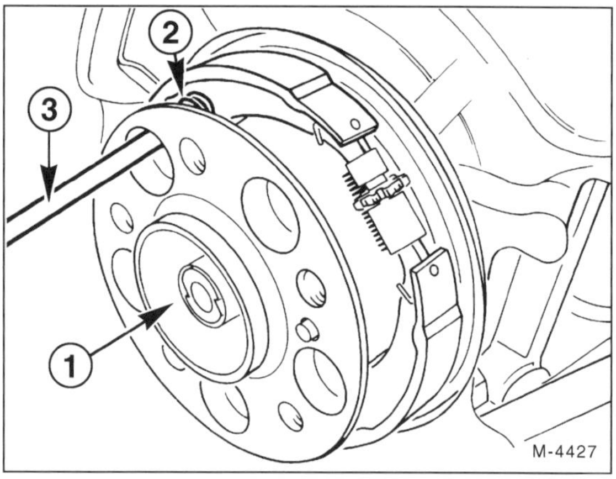

- Hinterachswellenflansch –1– so drehen, daß ein Gewindeloch sich über der Feder –2– befindet.
- Andrückfeder –2– mit HAZET-2730 –3– etwas zusammendrücken, um ca. 90° (¼ Umdrehung) drehen und aushängen. Das Hilfswerkzeug kann auch selbst angefertigt werden: An eine Stange mit entsprechendem Durchmesser auf der einen Seite einen T-Griff anschweißen und auf der anderen Seite einen Schlitz, ca. 4 mm tief und ca. 2,5 mm breit, einfeilen.
- Andrückfeder für die andere Bremsbacke auf dieselbe Weise ausbauen.

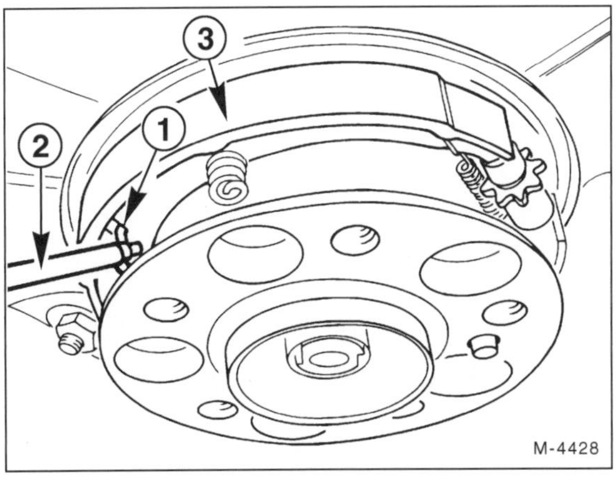

- Rückzugfeder –1– mit HAZET-4964 –2– oder Schraubendreher aus den Bremsbacken –3– aushängen.

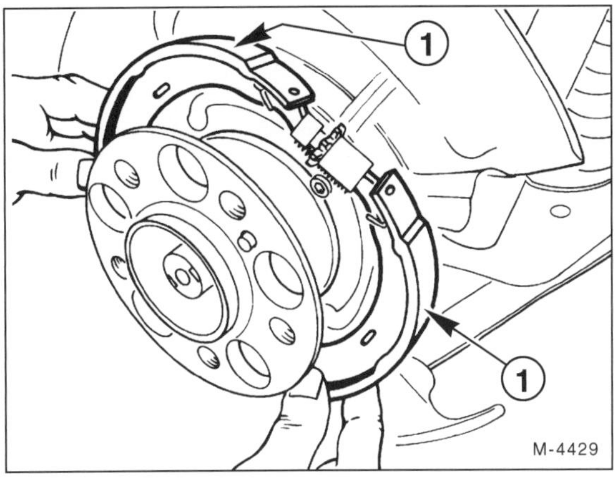

- Beide Bremsbacken –1– auseinanderziehen und über Hinterachswellenflansch abnehmen. Einbaulage der Nachstellvorrichtung für Wiedereinbau beachten. Das Stellrad zeigt nach vorne.

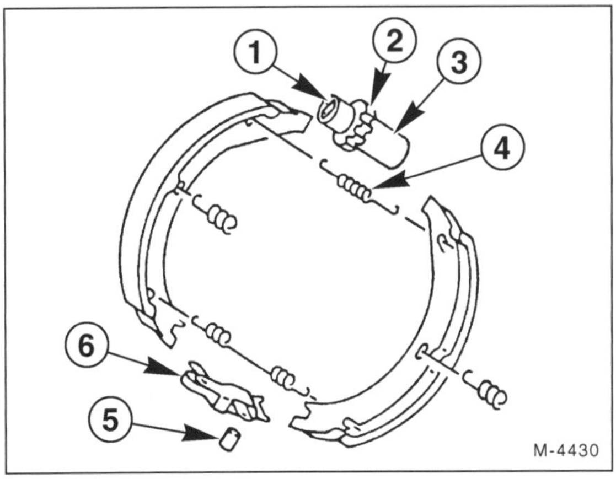

- Rückzugfeder –4– aus den Bremsbacken aushängen und Nachstellvorrichtung –1– bis –3– herausnehmen.
- Bolzen –5– am Spreizschloß –6– herausdrücken und Spreizschloß vom Bremsseilzug abnehmen.

Einbau

- Waren die Beläge der alten Bremsbacken verbrannt, auf jeden Fall auch die Bremsbacken-Rückzugfedern erneuern. Bei innenbelüfteter Hinterrad-Bremsscheibe (AMG-Modell) ist dann auch die Bremsscheibe zu erneuern.
- Sämtliche Lager- und Gleitflächen am Spreizschloß mit Hochtemperaturpaste (z. B. LIQUI MOLY LM-36, MOLYKOTE-PASTE-U oder G-RAPID) dünn einreiben.
- Bremsseilzug mit Bolzen am Spreizschloß befestigen. Danach Spreizschloß in Richtung Bremsträger drücken.
- Nachstellvorrichtung auseinanderschrauben. Gewinde des Druckstückes sowie zylindrischen Teil des Stellrades mit Hochtemperaturpaste schmieren.
- Druckstück –1– in das Stellrad –2– einschrauben und in die Druckhülse –3– einsetzen, siehe Abbildung M-4430. Dabei Druckstück ganz einschrauben.
- Nachstellvorrichtung so zwischen die beiden Bremsbacken einsetzen, daß das Druckstück nach vorn, in Fahrtrichtung, zeigt.
- Obere Rückzugfeder in die Bremsbacken einhängen.
- Bremsbacken auseinanderziehen, über den Hinterachswellenflansch einsetzen und in Spreizschloß einhängen.
- Andrückfeder mit Hilfswerkzeug durch ein Gewindeloch in die Bremsbacke einsetzen, etwas zusammendrücken, um 90° drehen und dadurch in den Abdeckring einhängen. Anschließend Feder auf richtigen Sitz prüfen.
- Andrückfeder für die andere Bremsbacke einhängen.

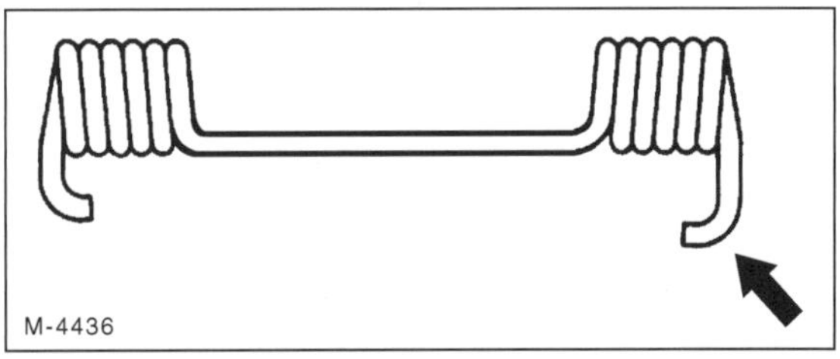

- Untere Rückzugfeder mit der kleinen Öse in die vordere Bremsbacke einhängen. Große Öse –Pfeil– mit Schraubendreher in die hintere Bremsbacke einhängen.
- Hintere Bremsscheibe einbauen, siehe Seite 149.

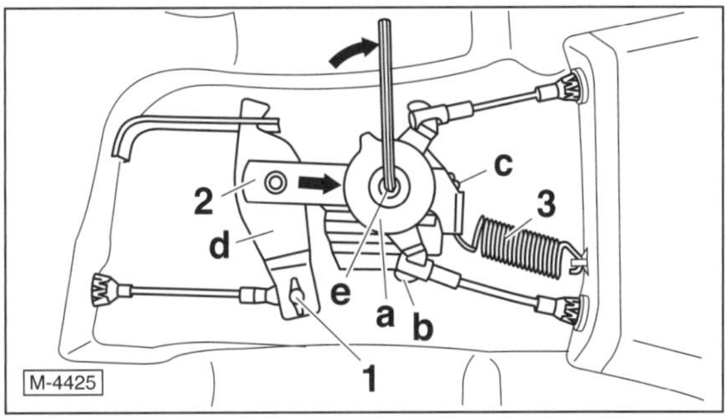

- Automatischen Seillängenausgleich –2– entspannen. Dazu Federklammer –c– mit Schraubendreher anheben, der Seillängenausgleich stellt sich später automatisch ein.

- Abdeckblech für Seillängenausgleich einsetzen und anschrauben.
- Rücksitzbank einbauen.
- Feststellbremse einstellen, siehe entsprechendes Kapitel.

Feststellbremse einstellen

Die Feststellbremse muß eingestellt werden, wenn sich das Pedal mehr als 10 Rasten hineintreten läßt und keine Bremswirkung spürbar wird.

- An den beiden Hinterrädern je eine Radschraube herausschrauben. **Achtung:** Leichtmetallräder müssen abmontiert werden. Stellung der Räder zur Radnabe mit Farbe kennzeichnen. Dadurch kann das ausgewuchtete Rad wieder in derselben Position montiert werden. Radschrauben bei auf dem Boden stehendem Fahrzeug lösen. Fahrzeug hinten aufbocken und Räder abnehmen.
- Fahrzeug hinten aufbocken, Handbremse lösen.

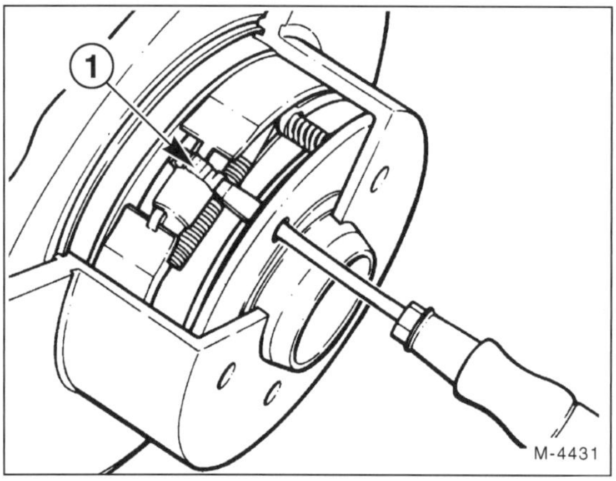

- Rad so drehen, daß das Schraubenloch ca. 45° nach hinten oben zeigt, siehe Abbildung.
- Mit Schraubendreher, Breite 4,5 mm, durch das Gewindeloch das Stellrad –1– der Nachstellvorrichtung verdrehen, bis sich das Rad von Hand gerade nicht mehr drehen läßt (bei gelöster Feststellbremse). Während des Nachstellens also immer das Rad von Hand drehen.

  Verstellrichtung: linkes Rad – Bewegung mit dem Schraubendreher von unten nach oben; rechtes Rad – von oben nach unten.
- Anschließend Stellrad wieder 12 bis 15 Zähne zurückdrehen, bis sich das Rad drehen läßt, ohne daß die Bremsbacken schleifen.
- Jetzt das Stellrad –1– genauso am anderen Rad einstellen.
- Fußfeststellbremse mehrmals kräftig mit dem Fuß betätigen und lösen.
- Danach prüfen, ob sich bei gelöstem Pedal das Hinterrad vollkommen frei drehen läßt. Andernfalls Einstellung wiederholen.
- Räder so ansetzen, daß die beim Ausbau angebrachten Markierungen übereinstimmen. Räder anschrauben. Fahrzeug ablassen und Radschrauben über Kreuz mit **110 Nm** festziehen.

Bremslichtschalter aus- und einbauen

Achtung: Bremslichtschalter prüfen, siehe Seite 204.

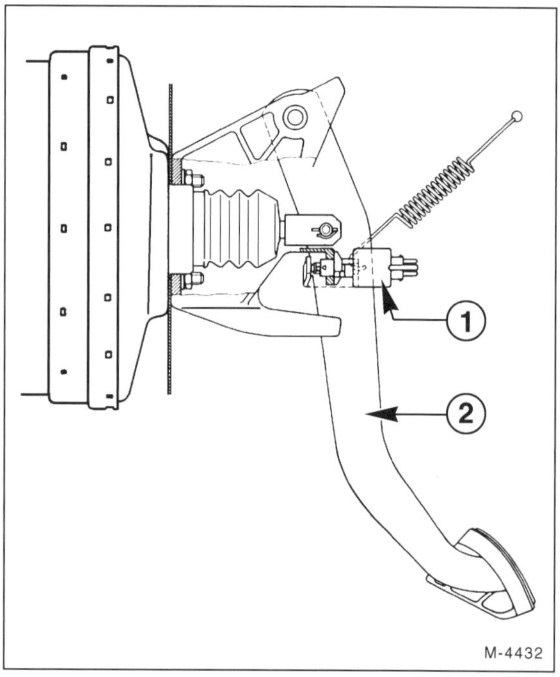

1 – Bremslichtschalter
2 – Bremspedal

Der Bremslichtschalter sitzt oberhalb vom Bremspedal am Pedalbock.

Ausbau

- Zündung ausschalten.
- Linke Abdeckung unter Instrumententafel ausbauen, siehe Seite 184.
- Kabelstecker am Bremslichtschalter abziehen.

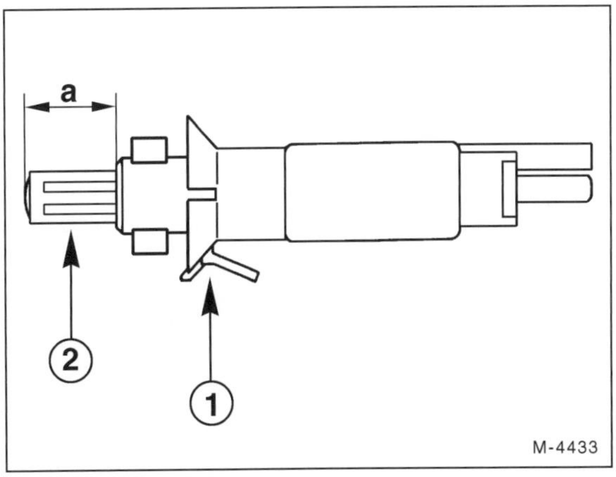

- Arretierung –1– eindrücken, Schalter drehen und herausziehen.

Einbau

- Betätigungsstift –2– am neuen Bremslichtschalter bis zum Anschlag herausziehen. Dadurch ergibt sich der maximale Weg –a–.
- Bremspedal ganz eindrücken. Schalter einsetzen und so weit drehen, bis die Arretierung –1– einrastet.
- Bremspedal loslassen, dabei stellt sich der Betätigungsweg selbst ein.
- Elektrische Leitung auf Bremslichtschalter aufschieben.
- Abdeckung unter Armaturentafel einbauen.
- Sicherstellen, daß die Bremsleuchten bei geringem Pedaldruck aufleuchten.

Störungsdiagnose Bremse

Störung	Ursache	Abhilfe
Leerweg des Bremspedals zu groß	Ein Bremskreis ausgefallen	■ Bremskreise auf Flüssigkeitsverlust prüfen
Bremspedal läßt sich weit und federnd durchtreten	Luft im Bremssystem	■ Bremse entlüften
	Zu wenig Bremsflüssigkeit im Ausgleichbehälter	■ Neue Bremsflüssigkeit nachfüllen Bremse entlüften
	Bremsbeläge hinten stark abgenutzt, Rückenplatte liegt an Kreuzfeder an	■ Bremsbeläge ersetzen. Nur Original-Bremsbeläge vom Automobilhersteller verwenden
	Dampfblasenbildung. Tritt meist nach starker Beanspruchung auf, z. B. Paßabfahrt	■ Bremsflüssigkeit wechseln. Bremse entlüften
Bremswirkung läßt nach, Bremspedal läßt sich durchtreten	Undichte Leitung	■ Leitungsanschlüsse nachziehen oder Leitung erneuern
	Beschädigte Manschette im Haupt- oder Radbremszylinder	■ Manschette erneuern. Beim Hauptbremszylinder Innenteile ersetzen, ggf. Hauptbremszylinder ersetzen
	Stationärer Gummidichtring beschädigt	■ Bremssattel überholen
Schlechte Bremswirkung trotz hohen Fußdrucks	Bremsbeläge verölt	■ Bremsbeläge erneuern
	Ungeeigneter oder verhärteter Bremsbelag	■ Beläge erneuern Original-Bremsbeläge vom Automobilhersteller verwenden
	Bremskraftverstärker defekt	■ Bremskraftverstärker prüfen
	Kolben klemmt	■ Bremssattel gangbar machen
	Hydrauliksystem verschmutzt	■ Reinigen, Bremsflüssigkeit wechseln
	Bremsbeläge abgenutzt	■ Bremsbeläge erneuern
Bremse quietscht	Bremsbelag abgenutzt	■ Bremsbeläge erneuern
	Oft auf atmosphärische Einflüsse (Luftfeuchtigkeit) zurückzuführen	■ Keine Abhilfe erforderlich, wenn Quietschen nach längerem Stillstand des Wagens bei hoher Luftfeuchtigkeit auftrat, aber nach den ersten Bremsungen sich nicht wiederholt
	Ungeeigneter Bremsbelag	■ Beläge erneuern. Original-Bremsbeläge vom Automobilhersteller verwenden Rückenplatte mit Anti-Quietsch-Paste bestreichen
	Bremsscheibe läuft nicht parallel zum Bremssattel	■ Anlagefläche des Bremssattels prüfen
	Verschmutzte Schächte im Bremssattel	■ Bremssattelschächte reinigen
	Falsche Kolbenstellung an den Hinterradbremssätteln	■ 20°-Kolbenstellung prüfen
Bremsen blockieren bei leichtem Abbremsen	Bremsbeläge leicht ölig	■ Bremsbeläge ersetzen
Bremse zieht von selbst an	Ausgleichsbohrung im Hauptbremszylinder verstopft	■ Hauptbremszylinder reinigen und Innenteile erneuern lassen
	Spiel zwischen Betätigungsstange und Hauptbremszylinderkolben zu gering	■ Spiel prüfen (Werkstattarbeit)

Störung	Ursache	Abhilfe
Bremsbeläge lösen sich nicht von der Bremsscheibe, Räder lassen sich schwer von Hand drehen	Korrosion in den Bremssattelzylindern	■ Bremssattel überholen, eventuell austauschen
Ungleichmäßiger Belag-Verschleiß	Ungeeigneter Bremsbelag	■ Bremsbeläge erneuern Original-Bremsbeläge vom Automobilhersteller verwenden
	Bremssattel verschmutzt	■ Bremssattelschächte reinigen
	Kolben nicht leichtgängig	■ Kolbenstellung prüfen
	Bremssystem undicht	■ Bremssystem auf Dichtigkeit prüfen
Bremse zieht einseitig	Unvorschriftsmäßiger Reifendruck	■ Reifendruck prüfen und berichtigen
	Bereifung ungleichmäßig abgefahren	■ Abgefahrene Reifen ersetzen
	Bremsbeläge verölt	■ Bremsbeläge erneuern
	Teile der Radaufhängung oder Lenkung defekt	■ Prüfen
	Verschiedene Bremsbelagsorten auf einer Achse	■ Beläge erneuern. Original-Bremsbeläge vom Automobilhersteller verwenden
	Schlechtes Tragbild der Bremsbeläge	■ Bremsbeläge austauschen
	Bremsleitung verstopft	■ Bremsdruck aller 4 Bremsen prüfen lassen
	Verschmutzte Bremssattelschächte	■ Sitz- und Führungsflächen der Bremsbeläge im Bremssattel reinigen
	Korrosion in den Bremssattelzylindern	■ Bremssattel erneuern
	Bremsbelag ungleichmäßig verschlissen	■ Bremsbeläge erneuern (beide Räder)
Bremsen erhitzen sich während der Fahrt	Ausgleichsbohrung im Hauptbremszylinder verstopft	■ Hauptbremszylinder reinigen und Innenteile erneuern lassen
	Ungenügender Leerweg am Stößel des Hauptbremszylinders	■ Prüfen, ob genügend Spiel zwischen Pedal und Stößel vorhanden ist, sonst einstellen
	Bremskolben klemmt oder schwergängig	■ Gangbar machen
	Bremsleitung verstopft	■ Reinigen, Bremsflüssigkeit wechseln
	Feststellbremse falsch eingestellt	■ Einstellen
Bremse pulsiert	Seitenschlag oder Dickentoleranz der Bremsscheibe zu groß	■ Schlag und Toleranz prüfen. Scheibe nacharbeiten oder ersetzen
	Bremsscheibe läuft nicht parallel zum Bremssattel	■ Anlagefläche des Bremssattels prüfen
	ABS in Funktion	■ Normal, keine Abhilfe
Bremsen rattern	Ungeeigneter Bremsbelag	■ Beläge erneuern Original-Bremsbeläge vom Automobilhersteller verwenden
	Bremsscheibe stellenweise korrodiert	■ Scheibe mit Schleifklötzen sorgfältig glätten
	Bremsscheibe hat Seitenschlag	■ Scheibe nacharbeiten oder ersetzen
Bremspedal fällt langsam durch bei leichtem Betätigen	Hauptbremszylinder defekt	■ Hauptbremszylinder ersetzen

Räder und Reifen

Die C-Klasse-Modelle von MERCEDES sind je nach Ausstattung mit Reifen und Felgen unterschiedlicher Größe ausgerüstet. Neben der Felgenbreite ist auch die Einpreßtiefe maßgebend. Die Einpreßtiefe ist das Maß von der Felgenmitte bis zur Anlagefläche der Radschüssel an die Bremsscheibe. **Achtung:** Für das T-Modell dürfen **keine** Scheibenräder vom MERCEDES 190 (Typ 201) verwendet werden.

Neben der Felgenbreite und dem Felgendurchmesser ist bei einem Wechsel der Felge auch die Einpreßtiefe zu beachten. Die Einpreßtiefe ist das Maß von der Felgenmitte bis zur Anlagefläche der Radschüssel an die Bremsscheibe.

Alle Scheibenräder sind als Hump-Felgen ausgelegt. Der Hump ist ein in die Felgenschulter eingepreßter Wulst, der auch bei extrem scharfer Kurvenfahrt nicht zuläßt, daß der schlauchlose Reifen von der Felge gedrückt wird.

Profiltiefe messen

Der Gesetzgeber hat festgelegt, daß Reifen bis zu einer Profiltiefe von 1,6 mm abgefahren werden, und zwar muß die gesamte Lauffläche noch 1,6 mm Tiefe aufweisen. Es empfiehlt sich jedoch aus Sicherheitsgründen, die Sommerreifen bei einer Profiltiefe von 2 mm und die Winterreifen bei einer Profiltiefe von 4 mm auszutauschen.

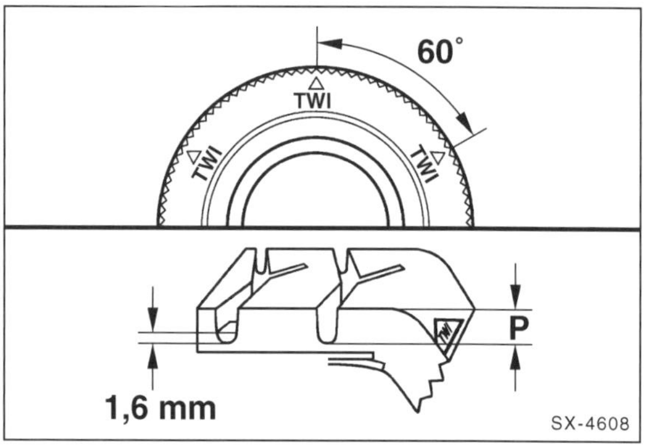

Die Tiefe der Reifenprofilrillen ist in den Hauptprofilrillen an den am stärksten verschlissenen Stellen des Reifens zu messen. Hauptprofilrillen sind an den Abnutzungsindikatoren (TWI) zu erkennen. Die Positionen der TWI-Indikatoren sind mehrmals an der Reifenflanke gekennzeichnet. Die Flächen der Abnutzungsindikatoren haben eine Höhe von 1,6 mm.

Sie dürfen nicht in die Messung mit einbezogen werden. Für die Meßwerte entscheidend ist das Maß an der tiefsten Stelle der Profilrille.

Eine Auswahl von Reifen-/Felgenkombinationen für die C-KLASSE

Achtung: Die technische Entwicklung geht ständig weiter. Möglicherweise sind mittlerweile sowohl für ältere, wie auch für neuere Modelle andere Fülldruckwerte oder auch andere Reifen-/Felgenkombinationen für die C-Klasse vorgeschrieben. Gültige Angaben stehen in der Tankklappe des Fahrzeugs. Im Zweifelsfall gibt die Fachwerkstatt Auskunft, welche Werte richtig sind.

Modell C-KLASSE	**Reifengröße** Sommerreifen	**Reifengröße** Winterreifen M+S	**Scheibenrad** (Felge)	**Reifenfülldruck (Überdruck) in bar**			
				halbe Zuladung		volle Zuladung	
				vorn	hinten[2]	vorn	hinten[2]
C 180, C 200 C 200 Diesel C 220 Diesel C 250 Diesel	185/65 R15 88H 195/65 R15 91H[3]	185/65 R15 88T 195/65 R15 91T	6 J x 15 H2 ET31 6½J x 15 H2 ET37[1]	2,1	2,3	2,3	2,8
	205/60 R15 91H/V	205/60 R15 91H	7 J x 15 H2 ET42 7 J x 15 H2 ET37[1]				
C 220 C 230 Kompr. C 240 C 280	195/65 R15 91V	195/65 R15 91T	6½J x 15 H2 ET37 6½J x 15 H2 ET37[1]	2,1	2,3	2,3	2,8
	205/60 R15 91V	205/60 R15 91H	7 J x 15 H2 ET42 7 J x 15 H2 ET37[1]				

[1] Leichtmetallfelge; [2] Fahrzeuge mit Sportfahrwerk: +0,2 bar; [3] Diese Reifengröße nur auf Felge 6½J x 15 H2 ET37 montieren.

Reifenfülldruck

Für die C-KLASSE-Modelle sind viele unterschiedliche Reifendimensionen und Felgengrößen vom Werk zugelassen. Die vorliegende Reifentabelle listet nur einen kleinen Querschnitt möglicher Reifen-/Felgenkombinationen auf. Eine komplette Liste aller zugelassenen Reifen und Felgen hat jede MERCEDES-Vertragswerkstatt. Der Reifenfülldruck wird vom Automobilhersteller in Abhängigkeit verschiedener Parameter festgelegt. Dazu zählen unter anderem die Fahrzeugbelastung und die Fahrzeug-Höchstgeschwindigkeit.

Es ist wichtig, daß der für den speziellen Reifen ermittelte Reifenfülldruck eingehalten wird. Der vorgeschriebene Reifenfülldruck steht auf einem Aufkleber in der Tankklappe. Wird das Reifenformat gewechselt, neue Reifenfülldruckwerte in der Tankklappe vermerken. Für die Lebensdauer und die Fahrzeugsicherheit ist das Einhalten des Reifenfülldrucks von großer Wichtigkeit. Reifenfülldruck deshalb möglichst alle 2 Wochen prüfen.

- Reifendruckangaben beziehen sich auf **kalte** Reifen. Der sich bei längerer Fahrt einstellende und um ca. 0,2 bis 0,4 bar höhere Überdruck darf nicht reduziert werden. Winterreifen werden in der Regel mit einem etwa 0,2 bar höheren Überdruck gefahren, die Luftdruckempfehlungen des jeweiligen Reifenherstellers bei Winterreifen sind zu beachten. Unterliegen die Winterreifen einer Geschwindigkeitsbeschränkung, muß ein Hinweis über die zulässige Höchstgeschwindigkeit im Blickfeld des Fahrers angebracht werden (§ 36, Absatz 1 StVZO).
- Bei Anhängerbetrieb Reifenfülldruck auf den unter »volle Zuladung« angegebenen Wert erhöhen.
- Bei sportlicher Fahrweise sowie längeren Autobahnfahrten mit Geschwindigkeiten über 160 km/h empfiehlt es sich, den Reifenüberdruck an Vorder- und Hinterrädern um 0,2 bar zu erhöhen. Bei dieser Erhöhung ist vom Basis-Überdruck auszugehen, wie er für die verschiedenen Belastungszustände vorgeschrieben ist.
- Der Reifenfülldruck für das **Reserverad** entspricht dem höchsten Fülldruck bei der maximalen Belastung.

Austauschen der Räder/ Laufrichtung beachten

Es ist nicht zweckmäßig, bei einem Austausch der Räder die Drehrichtung der Reifen zu ändern, da sich die Reifen nur unter vorübergehend stärkerem Verschleiß der veränderten Drehrichtung anpassen. Bei einigen Reifen ist eine Laufrichtung durch einen Pfeil auf der Seitenwand vorgegeben, die Laufrichtung ist dann unbedingt einzuhalten.

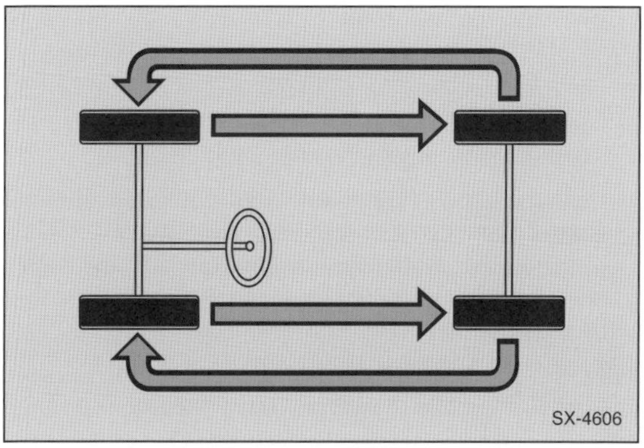

Bei deutlich stärkerer Abnutzung der vorderen Reifen empfiehlt es sich, die Vorderräder gegen die Hinterräder zu tauschen. Dadurch haben alle 4 Reifen etwa die gleiche Lebensdauer.

Sicherheitshinweise:
Reifen nicht einzeln, sondern mindestens achsweise ersetzen. Reifen mit der größeren Profiltiefe vorn montieren. An Vorder- und Hinterachse nur Reifen gleicher Größe und Bauart, möglichst auch gleichen Fabrikats und Profilausführung montieren. Reifen, die älter als 6 Jahre sind, nur im Notfall und bei vorsichtiger Fahrweise verwenden. Beim Erneuern und Demontieren schlauchloser Reifen unbedingt das Reifenventil mit austauschen.

- Bei **laufrichtungsgebundenem Profil**, erkennbar an Pfeilen auf der Reifenflanke in Laufrichtung, muß die Laufrichtung des Reifens unbedingt eingehalten werden. Dadurch werden die optimalen Laufeigenschaften bezüglich Aquaplaning, Haftvermögen, Geräusch und Abrieb sichergestellt. Falls das Reserverad bei einer Reifenpanne einmal entgegen der Laufrichtung montiert werden muß, sollte dieser Einsatz nur vorübergehend sein, denn die optimalen Laufeigenschaften des Reifens bezüglich Aquaplaning, Geräusch und Abriebverhalten sind dann nicht mehr voll gegeben. Das gilt insbesondere bei Nässe. Deshalb empfiehlt es sich, die Geschwindigkeit den Fahrbahnverhältnissen anzupassen und den entgegen der Laufrichtung montierten Reifen in die vorgeschriebene Laufrichtung zu montieren.

- Radkappen je nach Ausführung mit einem Schraubendreher abhebeln beziehungsweise von Hand abziehen.
- Vor der Demontage des Rades dieses mit Kreide oder Farbstift zur Radnabe markieren, damit es in gleicher Stellung wieder montiert werden kann.
- **Radschrauben lösen, wenn das Fahrzeug auf dem Boden steht.** Dazu Handbremse anziehen und 1. Gang einlegen und gegenüberliegendes Rad mit einem Stein oder dergleichen sichern, damit das Fahrzeug nicht wegrollt.

Achtung: Leichtmetallfelgen sind durch einen Klarlacküberzug gegen Korrosion geschützt. Beim Radwechsel darauf achten, daß die Schutzschicht nicht beschädigt wird, andernfalls mit Klarlack ausbessern.

- Zum Schutz gegen das Festrosten des Rades ist der Zentriersitz des Scheibenrades an der Radnabe vorn und hinten bei jeder Demontage des jeweiligen Rades mit Wälzlagerfett dünn einzufetten.

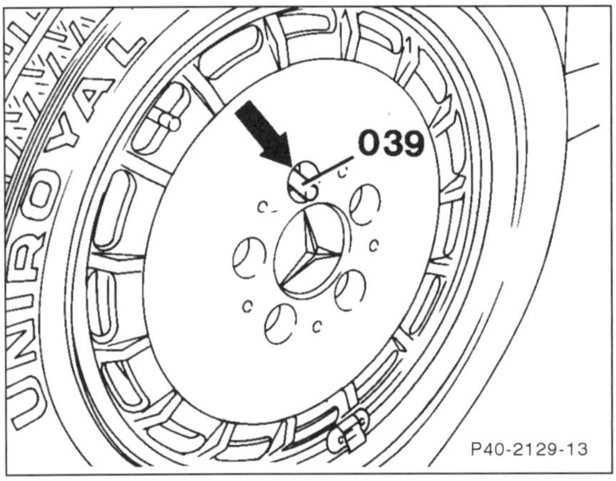

P40-2129-13

- Vor dem Aufschieben des Leichtmetall-Scheibenrades Montagebolzen –039– in ein oberes Gewindeloch einschrauben. Der Montagebolzen liegt dem Reserverad bei.
- Verschmutzte Schrauben und Gewinde reinigen. Gewinde der Radschrauben **nicht** fetten oder ölen.

Radschrauben anziehen

Felgen und Radschrauben sind aufeinander abgestimmt. Bei jeder Umrüstung auf andere Felgen, zum Beispiel Leichtmetallfelgen oder Räder mit Winterbereifung, müssen deshalb die dazugehörigen Radschrauben mit der richtigen Länge und Kalottenform verwendet werden. Der Festsitz der Räder und die Funktion der Bremsanlage hängen davon ab.

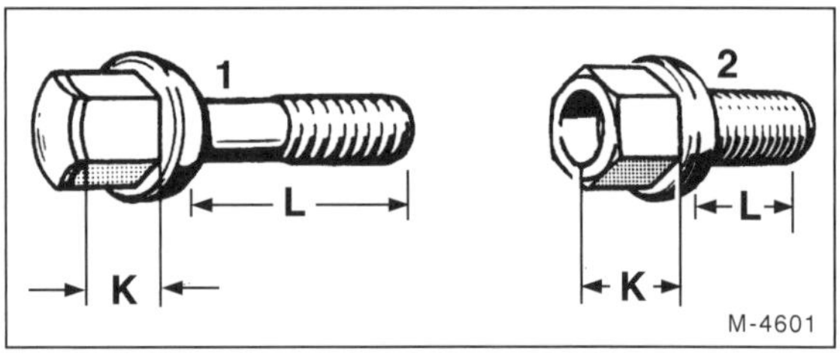

M-4601

Achtung: Schrauben –1– (Länge L = 40 mm, K = 13,5 mm) nur für Leichtmetall-Scheibenräder, Schrauben –2– (Länge L = 21 mm, K = 10,5 mm) nur für Stahl-Scheibenräder verwenden. Werden Leichtmetallfelgen nachträglich montiert und als Ersatzrad ein Stahl-Scheibenrad mitgeführt, empfiehlt es sich, für das Ersatzrad die entsprechenden Schrauben zum Bordwerkzeug zu legen.

- Radschrauben über Kreuz in mehreren Durchgängen festziehen. Zum Festziehen der Radschrauben sollte immer ein Drehmomentschlüssel verwendet werden. Dadurch wird sichergestellt, daß die Radschrauben gleichmäßig fest angezogen sind. **Das Anzugsdrehmoment beträgt für alle Radschrauben 110 Nm.**
- Wurde beim Radwechsel festgestellt, daß die Radschrauben korrodiert und schwergängig sind, müssen sie vor dem Prüfen des Anzugsdrehmomentes erneuert werden. Bis dahin vorsichtshalber nur mit mäßiger Geschwindigkeit fahren.

Achtung: Durch einseitiges oder unterschiedlich starkes Anziehen der Radschrauben können das Rad und/oder die Radnabe verspannt werden.

- Radabdeckung wieder aufdrücken. Blende beim Einbau so ansetzen, daß sich das Reifenventil im vorgesehenen Ausschnitt befindet. Stahlfelgen sollen nur mit montierter Radabdeckung gefahren werden, damit Schäden an den Reifenventilen vermieden werden.
- Bei **neuen** Rädern die Radschrauben nach etwa 100 bis 500 km Fahrtstrecke auf **110 Nm** nachziehen.
- Nach dem Reifenwechsel unbedingt Reifenfülldruck prüfen und gegebenenfalls korrigieren.

Auswuchten von Rädern

Die serienmäßigen Räder werden im Werk ausgewuchtet. Das Auswuchten ist notwendig, um unterschiedliche Gewichtsverteilung und Materialungenauigkeiten auszugleichen.

Im Fahrbetrieb macht sich die Unwucht durch Trampel- und Flattererscheinungen bemerkbar. Das Lenkrad beginnt dann bei höherem Tempo zu zittern.

In der Regel tritt dieses Zittern nur in einem bestimmten Geschwindigkeitsbereich auf und verschwindet wieder bei niedrigerer und höherer Geschwindigkeit.

Solche Unwuchterscheinungen können mit der Zeit zu Schäden an Achsgelenken, Lenkgetriebe und Stoßdämpfern führen.

Räder nach jeder Reifenreparatur auswuchten lassen, da sich durch Abnutzung und Reparatur die Gewichts- und Materialverteilung am Reifen ändert.

Reifen- und Scheibenrad-Bezeichnungen/Herstellungsdatum

Reifen-Bezeichnungen

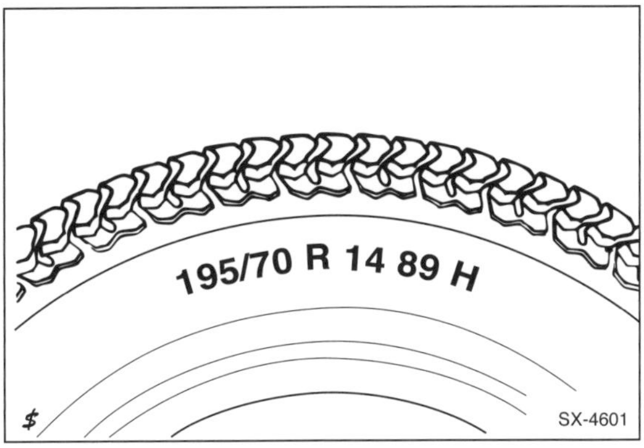

195 = Reifenbreite in mm

/70 = Verhältnis Höhe zu Breite (die Höhe des Reifenquerschnitts beträgt 70 % von der Breite)

Fehlt eine besondere Angabe des Querschnittverhältnisses (z. B. 155 R 13), so handelt es sich um das »normale« Höhen-Breiten-Verhältnis. Es beträgt bei Gürtelreifen 82 %.

R = Radial-Bauart (= Gürtelreifen).

14 = Felgendurchmesser in Zoll.

89 = Tragfähigkeits-Kennzahl.

Achtung: Steht zwischen den Angaben 14 und 89 die Bezeichnung M+S, dann handelt es sich um einen Reifen mit Winterprofil.

H = Kennbuchstabe für zulässige Höchstgeschwindigkeit, H: bis 210 km/h.

Der Geschwindigkeitsbuchstabe steht hinter der Reifengröße. Die Geschwindigkeitssymbole gelten sowohl für Sommer- als auch für Winterreifen.

Achtung: Steht hinter der Reifenbezeichnung das Wort »reinforced«, handelt es sich um einen Reifen in verstärkter Ausführung, beispielsweise für Vans und Transporter.

Geschwindigkeits-Kennbuchstabe

Kennbuchstabe	Zulässige Höchstgeschwindigkeit
Q	160 km/h
S.	180 km/h
T.	190 km/h
H	210 km/h
V.	240 km/h
W	270 km/h

Reifen-Herstellungsdatum

Das Herstellungsdatum steht auf dem Reifen im Hersteller-Code.

Beispiel: DOT CUL2 UM8 0201 TUBELESS

DOT = Department of Transportation (US-Verkehrsministerium)
CU = Kürzel für Reifenhersteller
L2 = Reifengröße
UM8 = Reifenausführung
0201 = Herstellungsdatum = 2. Produktionswoche 2001
Hinweis: Falls anstelle der 4-stelligen Ziffer eine 3-stellige Ziffer, gefolgt von einem ◁-Symbol aufgeführt ist, dann wurde der Reifen im vergangenen Jahrzehnt produziert. Die Bezeichnung 509◁ bedeutet beispielsweise: 50. Produktionswoche 1999.
TUBELESS = schlauchlos (TUBETYPE = Schlauchreifen)

Achtung: Neureifen müssen seit 10/98 zusätzlich mit einer ECE-Prüfnummer an der Reifenflanke versehen sein. Diese Prüfnummer weist nach, dass der Reifen dem ECE-Standard entspricht. Reifen seit 10/98 **ohne** ECE-Prüfnummer haben keine Allgemeine Betriebserlaubnis (ABE).

Beispiel Scheibenrad-Bezeichnungen: 6 J x 15

6 = Maulweite der Felge in Zoll
J = Kennbuchstabe für Höhe und Kontur des Felgenhorns (B = niedrigere Hornform)
x = Kennzeichen für einteilige Tiefbettfelge
15 = Felgen-Durchmesser in Zoll

Reifenpflegetips

Reifen haben ein »Gedächtnis«. Unsachgemäße Behandlung – und dazu zählt beispielsweise auch schon schnelles oder häufiges Überfahren von Bordstein- oder Schienenkanten – führt deshalb zu Reifenpannen, mitunter sogar erst nach längerer Laufleistung.

Reifen reinigen

- Reifen generell **nicht** mit einem Dampfstrahlgerät reinigen. Wird die Düse des Dampfstrahlers zu nahe an den Reifen gehalten, dann wird die Gummischicht innerhalb weniger Sekunden irreparabel zerstört, selbst bei Verwendung von kaltem Wasser. Ein auf diese Weise gereinigter Reifen sollte sicherheitshalber ersetzt werden.

- Ersetzt werden sollte auch ein Reifen, der über längere Zeit mit Öl oder Fett in Berührung kam. Der Reifen quillt an den betreffenden Stellen zunächst auf, nimmt jedoch später wieder seine normale Form an und sieht äußerlich unbeschädigt aus. Die Belastungsfähigkeit des Reifens nimmt aber ab.

Reifen lagern

- Reifen sollten kühl, dunkel und trocken aufbewahrt werden. Sie dürfen nicht mit Fett und Öl in Berührung kommen.
- Räder liegend oder an den Felgen aufgehängt in der Garage oder im Keller lagern.
- Bevor die Räder abmontiert werden, Reifenfülldruck etwas erhöhen (ca. 0,3 – 0,5 bar).
- Für Winterreifen eigene Felgen verwenden, denn das Ummontieren der Reifen lohnt sich aus Kostengründen nicht.

Reifen einfahren

Neue Reifen haben vom Produktionsprozeß her eine besonders glatte Oberfläche. Deshalb müssen neue Reifen – das gilt auch für das neue Ersatzrad – eingefahren werden. Bei diesem Einfahren rauht sich durch die beginnende Abnutzung die glatte Oberfläche auf.

Während der ersten 300 km sollte man mit neuen Reifen speziell auf Nässe besonders vorsichtig fahren.

Schneeketten

Die Verwendung von Schneeketten (Gleitschutzketten) ist nur an der Hinterachse erlaubt. Bei einigen Breitreifen-/Felgenkombinationen ist die Verwendung von Schneeketten generell verboten.

Mit Gleitschutzketten darf nicht schneller als 50 km/h gefahren werden. Auf schnee- und eisfreien Straßen sind die Gleitschutzketten abzunehmen.

Nur Gleitschutzketten verwenden, die nicht mehr als 15 mm auftragen.

Um Beschädigungen an den Radblenden zu vermeiden, sollten diese bei Schneekettenbetrieb abgenommen werden.

Störungsdiagnose Reifen

Abnutzung	Ursache
Stärkerer Reifenverschleiß auf beiden Seiten der Lauffläche.	■ Zu niedriger Reifenfülldruck.
Stärkerer Reifenverschleiß in der Mitte der Lauffläche, über den gesamten Umfang.	■ Zu hoher Reifenfülldruck.
Auswaschungen der Profilseite.	■ Statische und dynamische Unwucht des Rades. Eventuell zu großer Seitenschlag der Felge, zu großes Spiel in den Traggelenken.
Auswaschungen in der Mitte des Reifenprofils.	■ Statische Unwucht des Rades. Eventuell Folge von zu großem Höhenschlag.
Starke Abnutzung an einzelnen Stellen in der Mitte der Lauffläche.	■ Blockierspuren von Vollbremsungen.
Schuppenförmige oder sägezahnähnliche Abnutzung des Profils. In krassen Fällen mit Gewebebrüchen verbunden, die nach einiger Zeit außen sichtbar werden.	■ Überbelastung des Wagens. Innenseite der Reifen auf Gewebebrüche untersuchen!
Gummizungen an den seitlichen Profilkanten.	■ Fehlerhafte Radeinstellung. Reifen radiert. Bei Hinterrädern auch Zustand der Stoßdämpfer prüfen!
Gratbildung an einer Profilseite des Vorderrades.	■ Falsche Spureinstellung. Reifen radiert. Häufiges Fahren auf stark gewölbter Fahrbahn. Schnelle Kurvenfahrt.
Stoßbrüche im Reifenunterbau. Anfangs nur im Inneren des Reifens sichtbar.	■ Überfahren von kantigen Steinen, Schienenstößen und Ähnlichem bei hohen Geschwindigkeiten.
Einseitig abgefahrene Laufflächen.	■ Sturzeinstellung überprüfen.

Karosserie

Die Karosserie des MERCEDES ist selbsttragend. Bodengruppe, Seitenteile, Dach und hintere Kotflügel sind miteinander verschweißt. Sowohl Windschutz- als auch Heckscheibe sind eingeklebt. Größere Karosserieschäden lassen sich deshalb nur von einer Fachwerkstatt beheben.

Motorhaube, Kofferraumdeckel, Türen und die vorderen Kotflügel sind angeschraubt und lassen sich leicht auswechseln. Beim Einbau sind dann unbedingt die richtigen Luftspaltmaße einzuhalten, sonst klappert beispielsweise die Tür oder es können erhöhte Windgeräusche während der Fahrt auftreten. Der Luftspalt muß auf jeden Fall parallel verlaufen, das heißt, der Abstand zwischen den Karosserieteilen muß auf der gesamten Länge des Spaltes gleich groß sein. Abweichungen bis zu 0,5 mm sind zulässig. Die Maße in der unteren Abbildung sind in Millimeter angegeben.

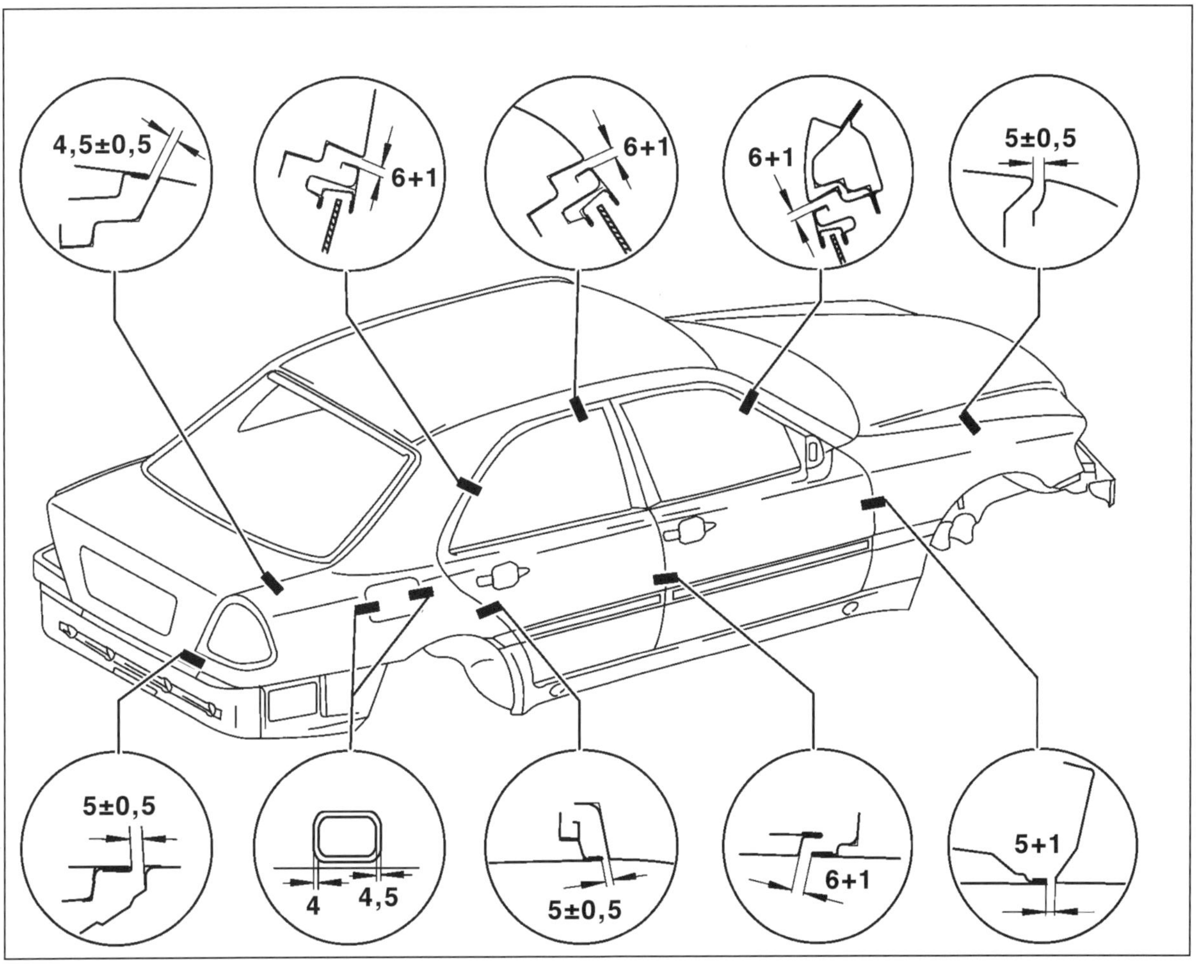

Sicherheitshinweise bei Karosseriearbeiten

- Soweit Schweißarbeiten oder andere funkenerzeugende Arbeiten in Batterienähe durchgeführt werden, muß grundsätzlich die Batterie ausgebaut werden. Beim Batterieausbau Hinweise beachten, siehe Seite 207.
- Unterbodenschutz und Dichtmaterialien an der Reparaturstelle mit rotierender Drahtbürste entfernen oder mit Heißluftgebläse auf maximal +180° C erwärmen und mit Spachtel ablösen.
- An Teilen der gefüllten Klimaanlage darf weder geschweißt, noch hart- oder weichgelötet werden. Das gilt auch für Schweiß- und Lötarbeiten am Fahrzeug, wenn die Gefahr besteht, daß sich Teile der Klimaanlage erwärmen. **Achtung: Der Kältemittelkreislauf der Klimaanlage darf nicht geöffnet werden.**
- Im Rahmen einer Reparaturlackierung darf im Trockenofen oder in seiner Vorwärmzone das Fahrzeug bis maximal **+80°C** aufgeheizt werden. Sonst können elektronische Steuergeräte im Fahrzeug beschädigt werden.

Vordertür aus- und einbauen

Fahrertür

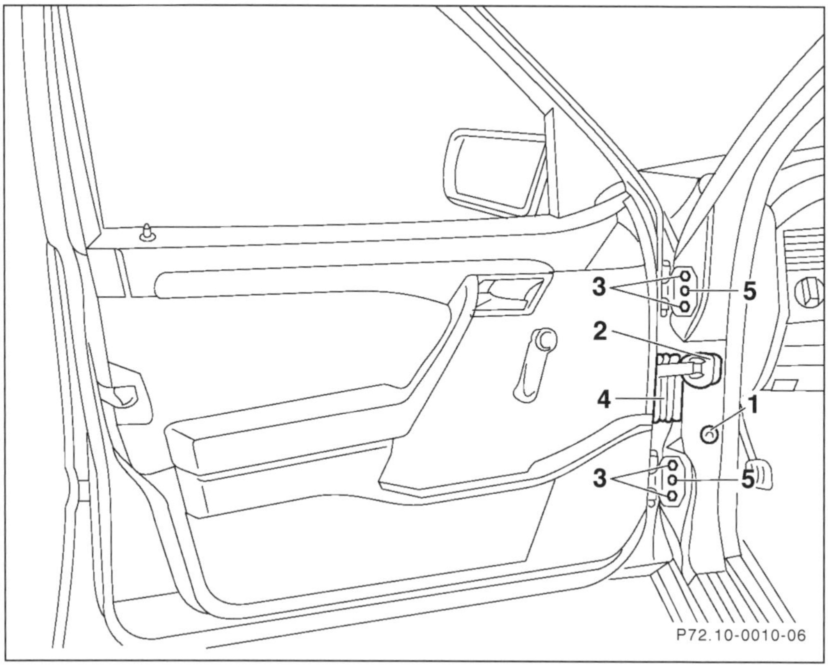

1 – Abdeckung
2 – Abdichtung
3 – Schrauben A-Säule
4 – Schutzschlauch
5 – Zentrierschraube

Ausbau

- Türfenster ganz herunterfahren.
- Abdeckung –1– abhebeln und mit Sonderwerkzeug –12– (Abbildung P72.10-0009-01) durch Rechtsdrehen des Innenvierkants die Verriegelung der Vielfach-Steckverbindung der Tür lösen.
- Abdichtung –2– abnehmen.

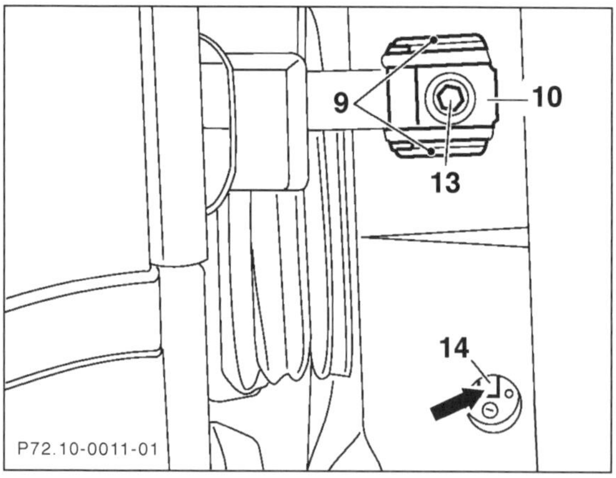

- Schraube –13– an der Türbremse –10– herausdrehen. 14 – Innenvierkant.

- Lage der Türscharniere an den Anlageflächen markieren, zum Beispiel oben und unten ankörnen oder mit Reißnadel umfahren. Dadurch braucht die alte Tür beim Einbau nicht eingestellt zu werden.
- 4 Scharnierschrauben –3– herausdrehen und Tür mit Hilfsperson etwas von der Türsäule wegziehen.

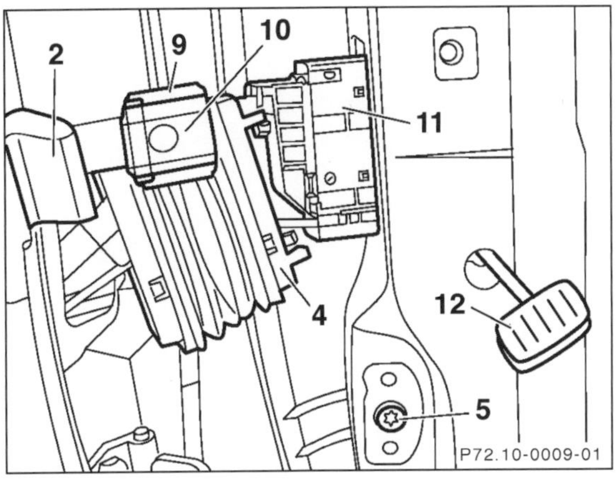

- Schutzschlauch –4– an der Türsäule ausknöpfen und Steckverbindung –11– herausziehen.
- Tür abnehmen und abstellen, dabei Lackbeschädigungen vermeiden.

Einbau

- Steckverbindung –11– einführen und Verriegelung durch Drehen nach außen schließen.
- Schutzschlauch –4– einclipsen.
- Tür ansetzen und Befestigungsschrauben leicht anziehen.
- Tür so ausrichten, daß die Scharniere mit den angebrachten Markierungen übereinstimmen.
- Abdeckung –1– montieren.
- Türbremse mit Schraube –13– an Türsäule mit **25 Nm** anschrauben.
- Abdeckungen –1– und –2– anbringen.
- Tür einstellen, dann Zentrierschrauben –5– mit **25 Nm**, Scharnierschrauben –3– mit **35 Nm** festziehen.

Tür einstellen

Die Tür muß eingestellt werden, wenn die Tür nicht korrekt eingepaßt ist, bzw. wenn die Tür ausgebaut war.

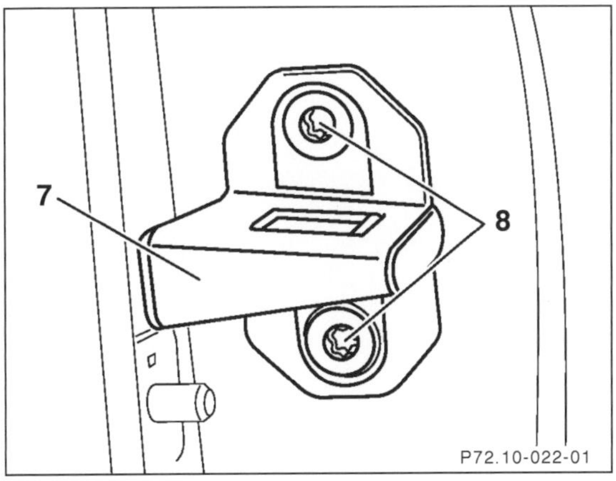

- Schließplatte –7– für Türschloß abschrauben –8–.
- Die Einstellung erfolgt durch Lösen der Scharnierschrauben und Verschieben der Tür. Die Scharniere haben größere Bohrungen als der Durchmesser der Schrauben, das Scharnier kann also verschoben werden.

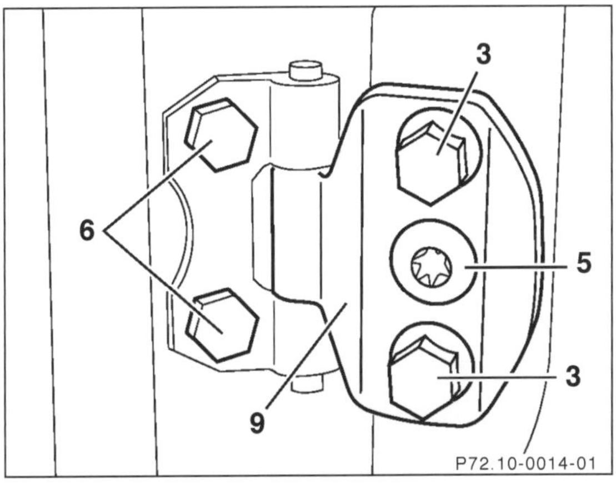

- Zum Einstellen der Fugenmaße Scharnierschrauben –6– **am Türinnenblech** lösen, nicht herausdrehen. Fugenmaß durch Verschieben der Tür einstellen. Tür so einstellen, daß sich zu den umliegenden Karosserieteilen ein paralleler und jeweils gleich großer Spalt ergibt. Die Abbildung zeigt das Scharnier der Vordertüren.
- Tür an die Karosserie-Kontur anpassen: Schließt die Tür in geschlossenem Zustand vorn nicht bündig mit der umliegenden Karosserie ab, Scharnierschrauben –3– und –5– **an der Karosserie** lösen und Tür entsprechend verschieben. Die hintere Tür darf vorn maximal 1 mm weiter innen stehen als die vordere Tür.
- Schließplatte –7– soweit festschrauben, daß sie mit leichten Schlägen mit dem Gummihammer verschoben werden kann.

- Im hinteren Bereich der Tür ist die Einstellung an der Schließplatte vorzunehmen. Tür schließen und ausrichten, dadurch wird auch die Schließplatte ausgerichtet. Anschließend Tür vorsichtig öffnen und Schrauben für Schließplatte festziehen. Um das Verschieben besser kontrollieren zu können, Schließplatte vor dem Lösen der Schrauben mit Filzstift umranden. Schließplatte mit **30 Nm** festziehen.
- Korrekte Anlage der Türdichtungen am Dachrand prüfen. Sitzt die Tür in geschlossenem Zustand einwandfrei, Scharnierschrauben festziehen.

Hintertür aus- und einbauen

Ausbau

- Türfenster ganz herunterfahren.

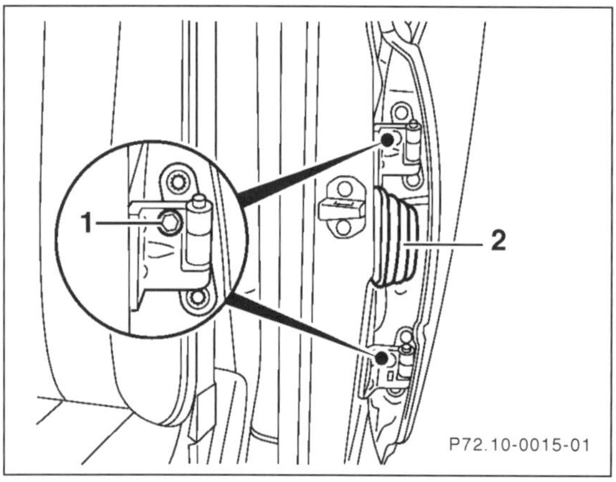

- Vordertür öffnen und Scharnierschrauben –1– bei geschlossener Hintertür abschrauben.
- Schutzschlauch –2– mit einem Kunststoffkeil an der Türsäule abhebeln (ausclipsen).

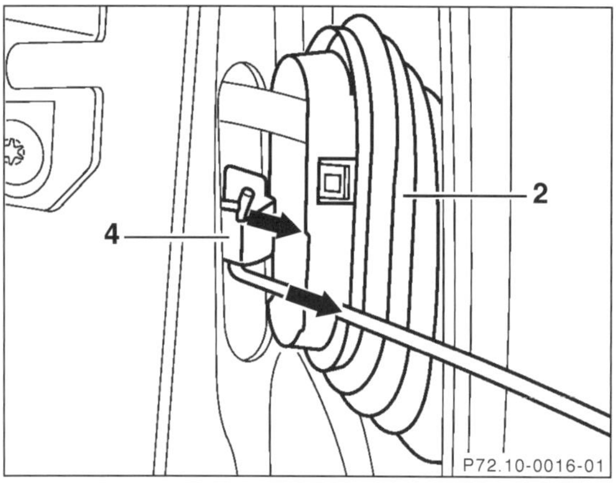

- Verriegelung –4– der Vielfach-Steckverbindung mit einem geeigneten Haken herausziehen.
- Hintertür öffnen.

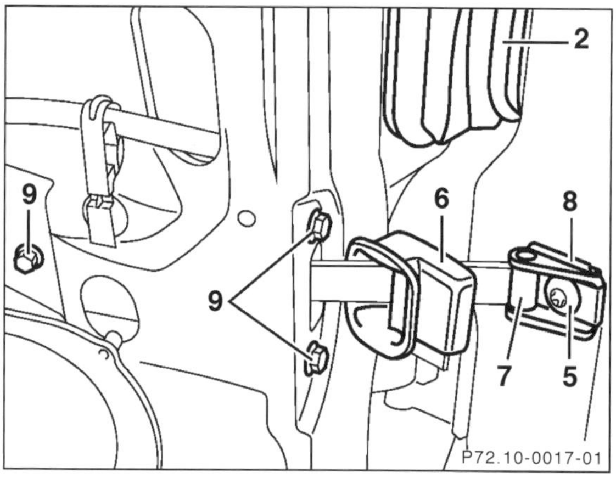

- Abdichtung –6– an Türbremse abnehmen und Schraube –5– herausdrehen.
- Tür mit Hilfsperson nach oben aus den Scharnieren herausheben. Gleichzeitig Steckverbindung an der Türsäule trennen. Dabei Lackbeschädigungen vermeiden.

Einbau

- Tür von oben in die Scharniere einsetzen, dabei Steckverbindung einführen und Verriegelung –4– durch Eindrücken schließen.
- Schutzschlauch –2– einclipsen.
- Türbremse mit Schraube –5– an Türsäule mit **25 Nm** anschrauben.
- Abdeckung –6– anbringen.
- Tür gegebenenfalls einstellen, dann Scharnierschrauben –1– mit **35 Nm** festziehen. Einstellen, siehe Seite 167.

Türgriff für Vordertür aus- und einbauen

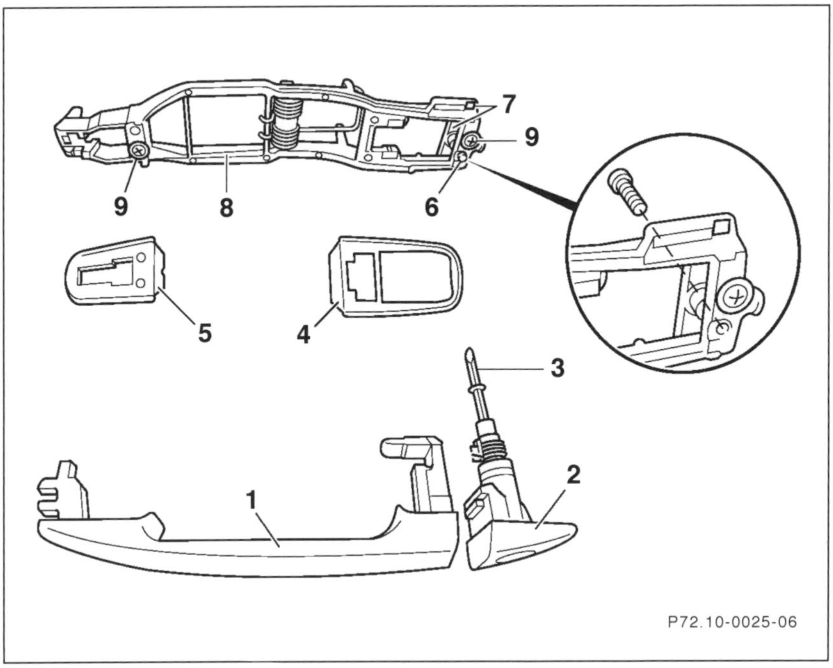

1 – **Griff**
2 – **Führung Schließzylinder**
3 – **Drehstange**
4 – **Unterlage**
5 – **Unterlage**
6 – **Innensechskantschraube 4 mm**
7 – **Haltebügel für Schraube 6**
8 – **Lagerbügel**
9 – **Schrauben**

Ausbau

- Türdichtung in Höhe vom Türschloß vom Türfalz abziehen.
- Innensechskantschraube –6– mit 4 mm-Inbusschlüssel durch die Öffnung in der Tür ca. 4 Umdrehungen herausdrehen. Die Innensechskantschraube wird durch Halter –7– gegen Herabfallen gesichert.
- Führung –2– zuerst nach hinten und dann nach außen herausziehen.
- Türgriff –1– mit Unterlage –1– nach hinten aus dem Lagerbügel –8– ziehen und abnehmen. Der Lagerbügel kann, falls notwendig, von der Türinnenseite her abgenommen werden, dazu muß allerdings die Türverkleidung ausgebaut werden.
- Unterlage –5– abnehmen.

Einbau

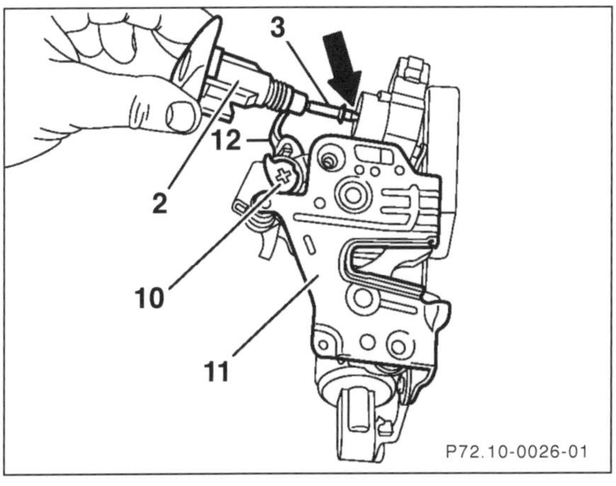

Türschloß-Übersicht: 2 – Führung Schließzylinder, 3 – Drehstange, 10 – Exzentereinstellschraube, 11 – Türschloß, 12 – Betätigungshebel.

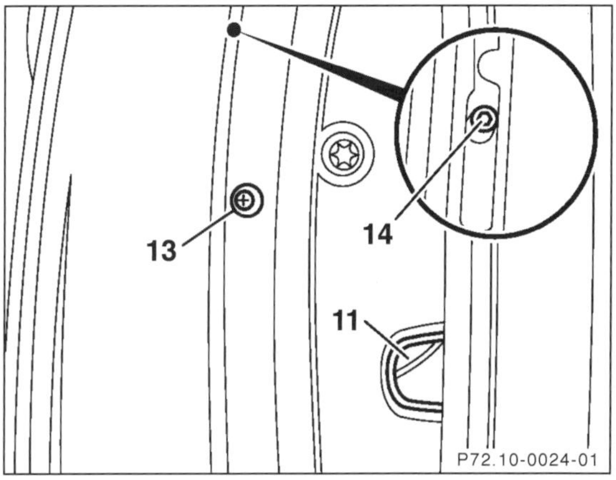

11 – Türschloß, 13 – Öffnung Exzentereinstellschraube, 14 – Öffnung Innensechskantschraube.

- Exzentereinstellschraube –10– nach außen stellen, dadurch kann der Türgriff leichter montiert werden.
- Türgriff mit Unterlage einsetzen und dabei in den Betätigungshebel –12– vom Türschloß einführen.
- Schließzylinderführung –2– von hinten einsetzen und dabei Drehstange –3– in die Türschloßbetätigung einführen.
- Türschloß mit Innensechskantschraube befestigen.
- Mit Exzentereinstellschraube –10– Spiel zwischen Griff –1– und Betätigungshebel –12– mit Kreuzschlitzschraubendreher durch Öffnung –13– an der Türstirnseite einstellen. Das Spiel soll **1 bis 3 mm** betragen.
- Türdichtung einsetzen und Funktionskontrolle durchführen.

Türgriff Hintertür aus- und einbauen

Der hintere Türgriff ist ähnlich dem vorderen Türgriff aufgebaut, hier wird vor allem auf die Unterschiede eingegangen.

Ausbau

- Türdichtung in Höhe vom Türschloß vom Türfalz abziehen.

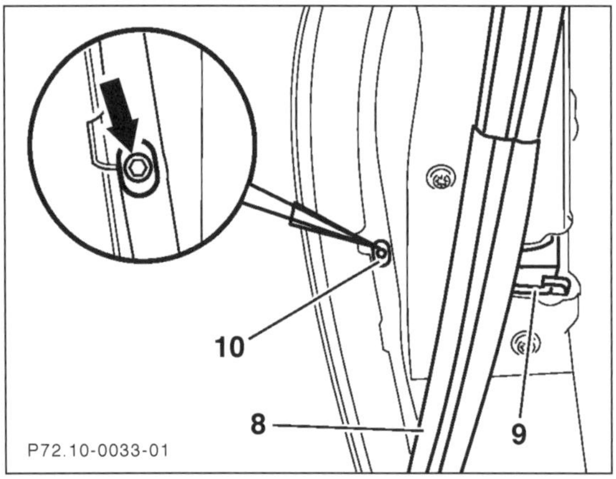

P72.10-0033-01

- Innensechskantschraube –Pfeil– mit 3 mm-Inbusschlüssel durch die Öffnung in der Tür ca. 5 Umdrehungen herausdrehen. Die Innensechskantschraube ist durch Öffnung –10– an der Türstirnseite zugänglich.
- Hintere Türgriffführung zuerst nach hinten und dann nach außen herausziehen, siehe große Abbildung im Kapitel »Türgriff Vordertür aus- und einbauen«.
- Türgriff mit Unterlage nach hinten aus dem Lagerbügel ziehen und abnehmen. Der Lagerbügel kann, falls notwendig, von der Türinnenseite her abgenommen werden, dazu muß allerdings die Türverkleidung ausgebaut werden.
- Gummi-Unterlagen für Türgriff abnehmen.

Einbau

- Türgriff mit Unterlage einsetzen und dabei in den Betätigungshebel vom Türschloß einführen.
- Hintere Führung einsetzen.
- Türschloß mit Innensechskantschraube befestigen.
- Türdichtung einsetzen und Funktionskontrolle durchführen.

Türschloß aus- und einbauen

Ausbau

- Türinnenverkleidung ausbauen.
- Abdichtfolie im oberen Bereich vorsichtig abziehen.
- Zugstange für Türinnenbetätigung am Halteclip abdrücken und am Türschloß aushängen.
- Türgriff ausbauen.

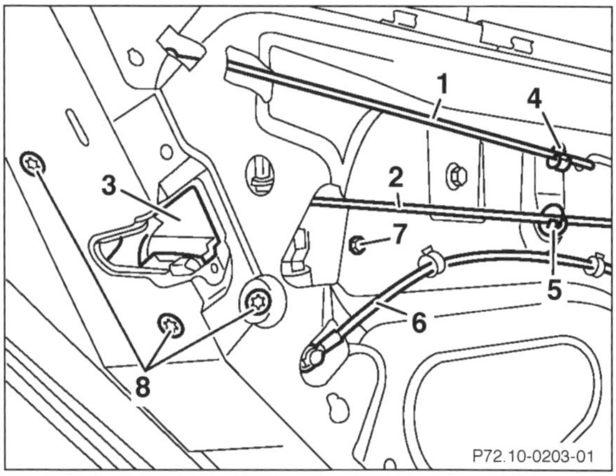

P72.10-0203-01

- Schrauben –8– für Türschloß –3– herausdrehen. Die Abbildung zeigt das Schloß der Hintertür. 1 – Stange für Innenbetätigung, 2 – Verriegelungsgestänge, 3 – Türschloß, 4, 5 – Klammern, 6 – Unterdruckleitung für Zentralverriegelung, 7, 8 – Schrauben.
- Leitung für Zentralverriegelung am Türschloß abziehen.
- Schraube –7– für Schloßabdeckung –9– herausdrehen. Die Abdeckung kann nur zusammen mit dem Türschloß ausgebaut werden.
- Türschloß durch die Öffnung im Türinnenblech herausnehmen.

Einbau

- Türschloß mit Verriegelungsgestänge einsetzen.
- Türschloß mit 3 Befestigungsschrauben und 8 Nm anschrauben. **Achtung:** Zuerst die beiden Schrauben an der Tür-Stirnseite festziehen.
- Bei Vordertür, Spiel zwischen Griffbügel und Betätigungshebel des Türschlosses prüfen. Türgriff einbauen, siehe Seite 169.
- Abdichtfolie faltenfrei ankleben.
- Zugstange für Türinnenbetätigung einhängen und einclipsen.
- Türinnenverkleidung einbauen.

Türinnenverkleidung aus- und einbauen

Fahrertür

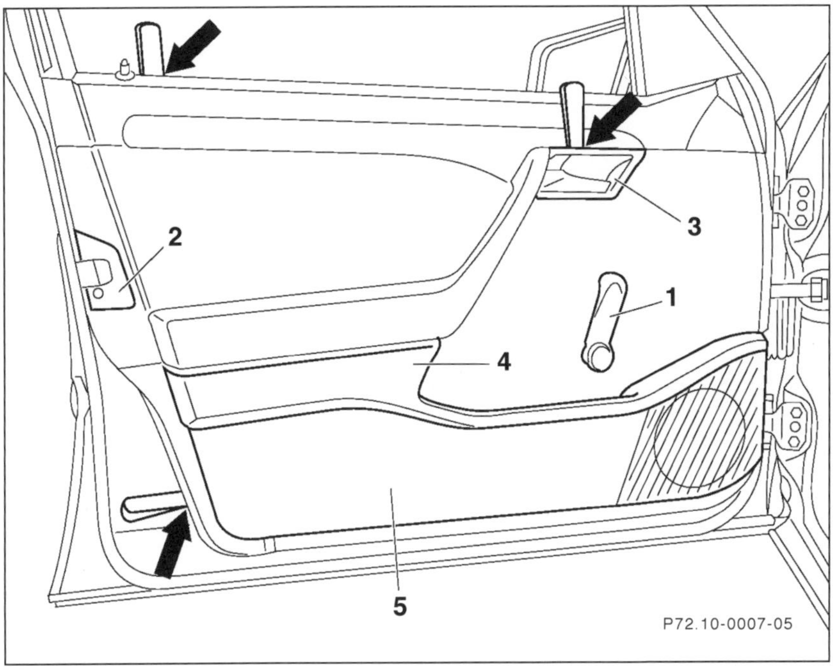

1 – **Fensterkurbel**
2 – **Schloßrosette**
3 – **Griffmulde**
4 – **Abdeckung**
5 – **Türinnenverkleidung**

Hinweis: An den Fondtüren sind die Arbeitsgänge in entsprechender Weise durchzuführen.

Ausbau

- Schloßrosette –2– mit einer Schraube abschrauben und abnehmen.
- Fenster ganz nach unten kurbeln.

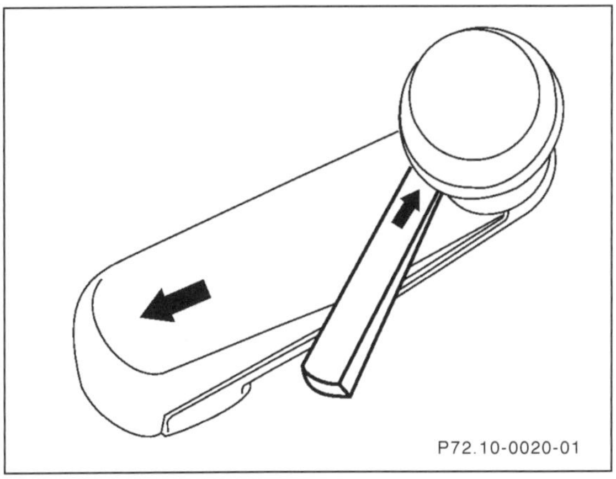

- Fensterkurbel ausbauen, dazu mit kleinem Schraubendreher Sicherungshaken an der Abdeckung eindrücken, Abdeckung in Pfeilrichtung nach unten schieben und abnehmen.
- Fensterkurbel von der Kurbelachse abziehen, Distanzscheibe abnehmen.
- Blende –3– für Türinnenbetätigung mit den Fingern oder einem Schraubendreher von der Türinnenverkleidung wegziehen und abnehmen.

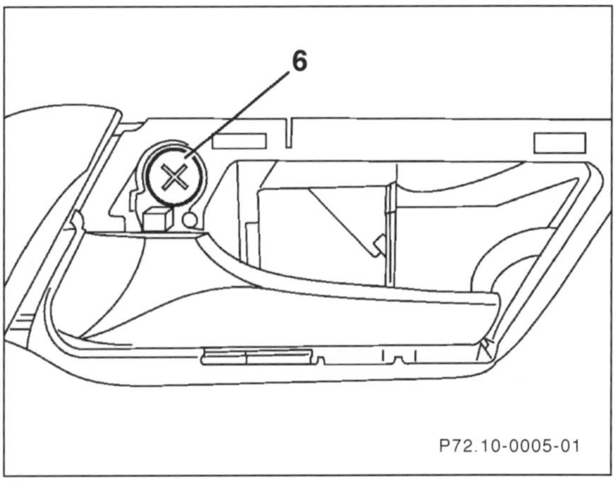

- Schraube –6– an der Türinnenbetätigung herausdrehen.
- Abdeckung –4– unter der Armlehne an der Türtasche abdrücken und Kreuzschlitzschraube herausdrehen.
- Türinnenverkleidung ringsum etwas vom Türblech wegziehen und dadurch leichte Klebungen am Rand lösen.
- Türverkleidung an der Unterseite und seitlich mit einem breiten Spachtel oder Schraubendreher vom Türblech abhebeln, dabei rasten die Befestigungsclipse aus. An der Unterseite der Verkleidung beginnen. **Achtung:** Stoff zwischenlegen, damit der Lack nicht zerkratzt wird.

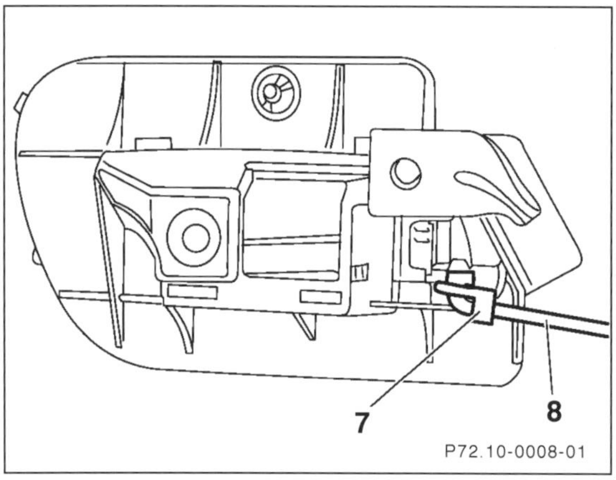

- Sicherung –7– am Gestänge der Türinnenbetätigung öffnen und Gestänge –8– aushängen. Bei Sonderausstattung »elektrisch verstellbarer Fahrersitz« ist anstelle des Gestänges ein Bowdenzug eingebaut, diesen aushängen.
- Kabelstecker an Türverkleidung abziehen.
- Türinnenverkleidung nach oben über den Türverriegelungsknopf ziehen und aus dem Türblech herausnehmen.

Einbau

- Vor dem Einbau auf richtigen Sitz der Abdichtfolie achten, sonst kann es im Fahrzeug ziehen. Kleinere Beschädigungen der Folie mit Tesaband ausbessern, bei größeren Rissen Folie erneuern. **Achtung:** Der Halter für Befestigung der Armlehne wird erst nach der Folienmontage im Werk angenietet. Beim Erneuern der Folie diesen Bereich ausschneiden und überlappend zukleben oder mit Klebeband abdichten.
- Kabelstecker aufstecken.
- Gestänge der Türinnenbetätigung einhängen und sichern.

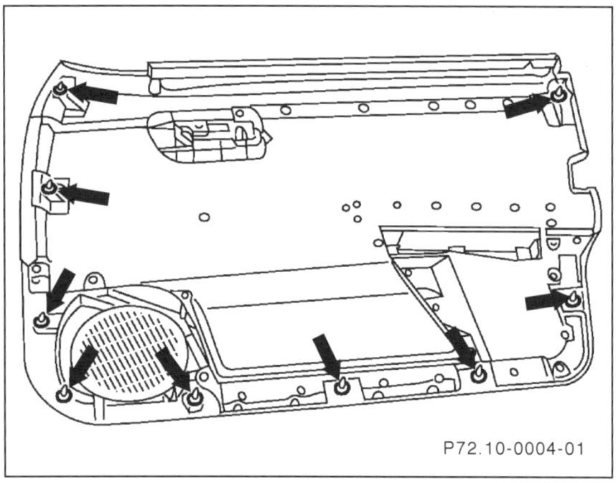

- Beschädigte Clipse erneuern. Türinnenverkleidung von oben über den Türverriegelungsknopf ansetzen, in die Abdichtschiene und gleichzeitig mit den Clipsen in die Öffnungen am Türblech einführen.
- Türinnenverkleidung im Bereich der Clipse mit dem Handballen andrücken.
- Kreuzschlitzschraube unterhalb der Armlehne einschrauben. Abdeckung aufdrücken.
- Türinnenbetätigung mit 2 Schrauben anschrauben. Griffschale aufdrücken.

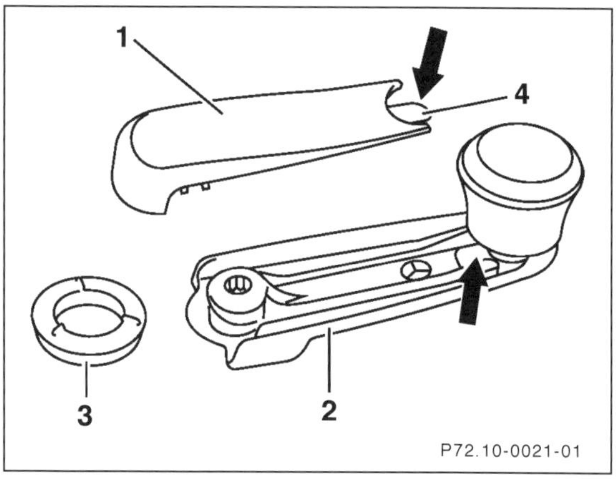

- Distanzscheibe –3– für Fensterkurbel mit dem größeren Durchmesser zur Türinnenverkleidung aufsetzen.
- Fensterkurbel auf die Kurbelachse aufschieben. Bei geöffnetem Fenster zeigt die Kurbel schräg nach vorn oben.
- Abdeckung –1– für die Fensterkurbel –2– von hinten aufschieben, dabei darauf achten, daß die Nase der Abdeckung in die Nut an der Kurbelachse eingreift. Abdeckung so weit nach vorn schieben, bis der Sicherungshaken –Pfeil– einrastet.
- Fenster hochkurbeln.
- Verkleidung für Türschloß oben einhängen und unten mit 1 Schraube festschrauben.

Fensterheber vorn aus- und einbauen

Ausbau

- Türinnenverkleidung ausbauen.
- Abdichtfolie vorsichtig abziehen. **Achtung:** Die Folie reißt leicht ein.

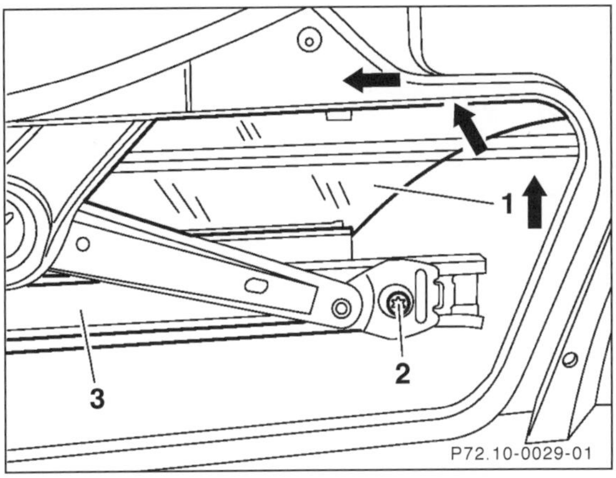

- Fenster soweit nach unten kurbeln beziehungsweise herunterfahren, bis sich Schraube –2– in der Montageöffnung befindet. 3 – Fensterheberschiene, 1 – Fenster.
- Schraube –2– an der Fensterhebeschiene vorn herausdrehen.
- Fenster hinten etwas anheben und mit Gleitbacken aus der Fensterhebeschiene herausnehmen.
- Fenster nach oben drücken und mit einem Kunststoff- oder Holzkeil gegen Herabfallen sichern.

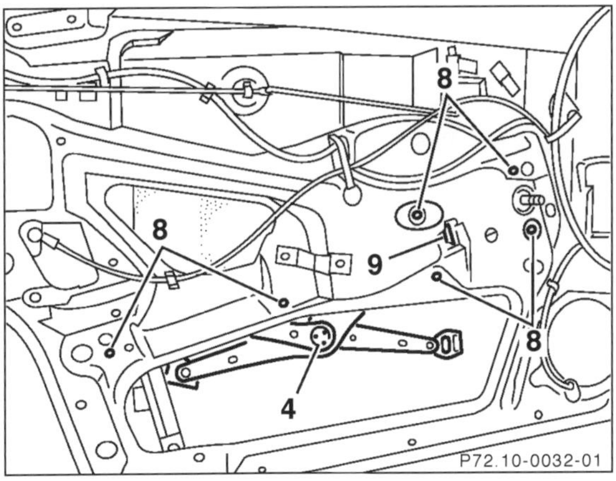

- Der Fensterheber –4– ist angenietet. 6 Nieten –8– mit einem Bohrer mit 4,8 mm ∅ abbohren. Dabei darauf achten, daß die Bohrungen im Türinnenblech nicht aufgebohrt werden. Zum Annieten wird ein Hebelnietgerät für Blindnieten benötigt.
- Fensterheber mit Fensterhebeschiene herausziehen und nach unten herausnehmen. Der elektrische Fensterheber wird komplett mit Motor herausgenommen. Kabel für elektrischen Fensterheber abklemmen.

Einbau

- Fensterheber in die Tür einsetzen und mit Blindnietzange annieten. Steht keine Blindnietzange zur Verfügung, kann der Fensterheber auch mit Schrauben und Muttern befestigt werden. Schrauben vor dem Einschrauben mit Sicherungsmittel bestreichen, zum Beispiel mit Loctite 270 oder Omnifit.
- Fensterscheibe vorsichtig ablassen und mit dem Gleitbacken vom hinteren Fensterhebearm am Ausschnitt der Fensterhebeschiene einführen.
- Vorderen Fensterhebearm in die Hebeschiene einsetzen und anschrauben, nicht festziehen. Die Schraube –2– wird erst angezogen, nachdem das Türfenster eingestellt ist.
- Elektrische Leitungen anklemmen.
- Türfenster einstellen.
- Abdichtfolie faltenfrei ankleben.

Achtung: Die Folie darf nicht beschädigt sein und muß einwandfrei abdichten, sonst kann es im Fahrzeug ziehen.

- Türinnenverkleidung einbauen.

Türfenster vorn einstellen

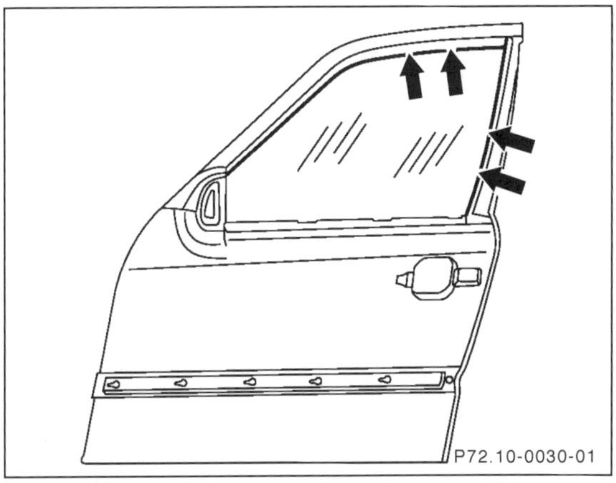

- Einbaulage des Fensters bei leicht geöffnetem Fenster prüfen. Der Spalt oben muß gleichmäßig verlaufen, hinten muß das Fenster in der Führungsschiene liegen, sonst Fenster einstellen:
- Türinnenverkleidung ausbauen.
- Abdichtfolie im unteren Bereich vorsichtig abziehen. **Achtung:** Die Folie reißt leicht ein.

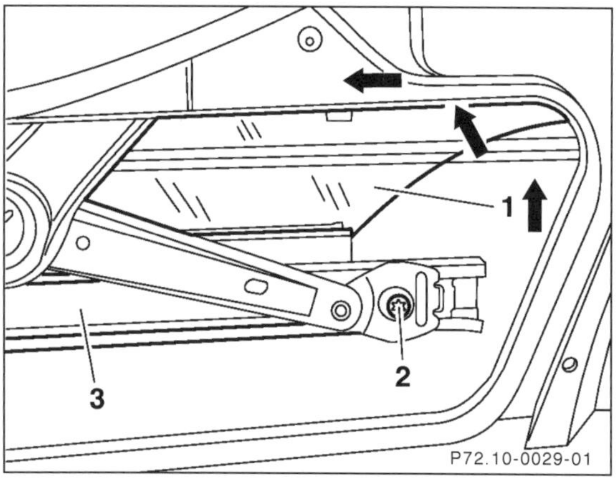

- Fenster soweit nach unten kurbeln beziehungsweise herunterfahren, bis sich Schraube –2– in der Montageöffnung befindet. Schraube lösen, nicht abschrauben.
- Fenster oben in die hintere Fensterlaufschiene drücken, gleichzeitig Fenster nach unten oder oben korrigieren. Schraube festziehen.
- Fenster rauf- und runterkurbeln und dabei Leichtgängigkeit prüfen.
- Abdichtfolie faltenfrei ankleben.

Achtung: Die Folie darf nicht beschädigt sein und muß einwandfrei abdichten, sonst kann es im Fahrzeug ziehen.

- Türinnenverkleidung einbauen.

Fensterheber hinten aus- und einbauen

Ausbau

- Türinnenverkleidung ausbauen.
- Abdichtfolie vorsichtig abziehen. **Achtung:** Die Folie reißt leicht ein.

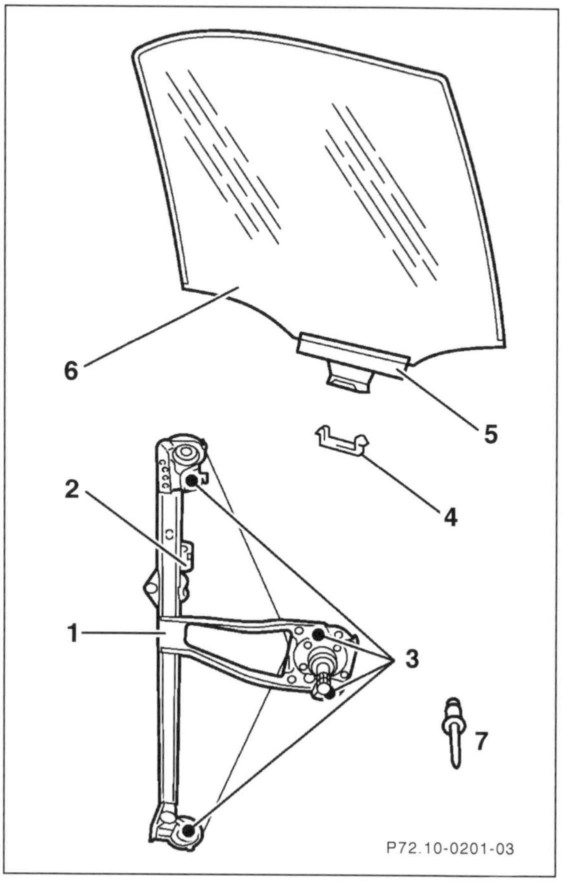

1 – Fensterheber
2 – Gleitstück
3 – Befestigungslöcher für Blindnieten
4 – Sicherungsbügel
5 – Fensterhebeschiene
6 – Kurbelfenster
7 – Blindniet 4,8 mm

- Sicherungsbügel aus Fensterhebeschiene ausclipsen.
- Kurbelfenster mit Fensterhebeschiene aus Gleitstück nach hinten ausfahren und in der Fensterlaufschiene nach oben schieben. Fenster mit einem Kunststoff- oder Holzkeil gegen Herabfallen sichern.
- Der Fensterheber ist angenietet. 4 Nieten mit einem Bohrer mit 4,8 mm ∅ abbohren. Dabei darauf achten, daß die Bohrungen im Türinnenblech nicht aufgebohrt werden. Zum Annieten wird ein Hebelnietgerät für Blindnieten benötigt.

- Fensterheber herausziehen und nach unten herausnehmen. Der elektrische Fensterheber wird komplett mit Motor herausgenommen. Kabel für elektrischen Fensterheber abklemmen.

Einbau

- Fensterheber in die Tür einsetzen und mit Blindnietzange annieten. Steht keine Blindnietzange zur Verfügung, kann der Fensterheber auch mit Schrauben und Muttern befestigt werden. Schrauben vor dem Einschrauben mit Sicherungsmittel bestreichen, zum Beispiel mit Loctite 270 oder Omnifit.
- Fensterscheibe vorsichtig ablassen und Sicherungsbügel einsetzen.
- Elektrische Leitungen anklemmen.
- Abdichtfolie faltenfrei ankleben.

Achtung: Die Folie darf nicht beschädigt sein und muß einwandfrei abdichten, sonst kann es im Fahrzeug ziehen.

- Türinnenverkleidung einbauen.

Türfenster vorn aus- und einbauen

Achtung: Einige Arbeitsanweisungen sind im Kapitel »Fensterheberausbau« näher erläutert, es empfiehlt sich deshalb, dieses Kapitel ebenfalls durchzulesen. Bei dem hinteren Türfenster in entsprechender Weise vorgehen.

Ausbau

- Türinnenverkleidung ausbauen.
- Abdichtfolie im unteren Bereich vorsichtig abziehen. **Achtung:** Die Folie reißt leicht ein.
- Fenster ganz nach unten stellen.

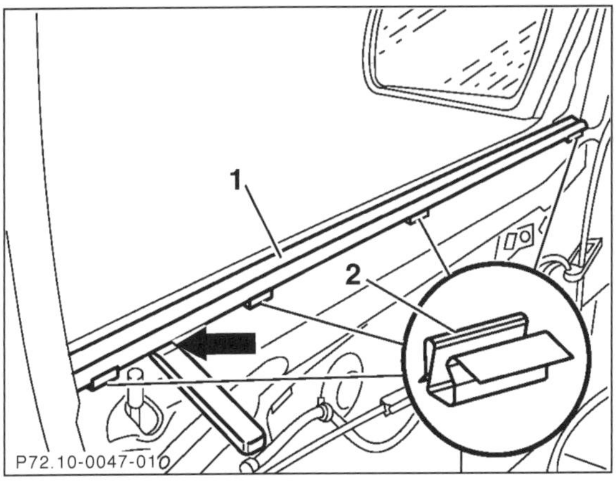

- Innere Fenster-Abdichtschiene mit breitem Kunststoffkeil am Türrahmen nach oben abhebeln. Dabei Montagekeil möglichst nah an den Halteklammern ansetzen. Die Klammern verbleiben am Türkörper.
- Äußere Fenster-Abdichtschiene in gleicher Weise abhebeln.
- Fenster etwas nach oben fahren. Mutter an der Fensterhebeschiene vorn herausdrehen und Fensterhebearm aushängen.

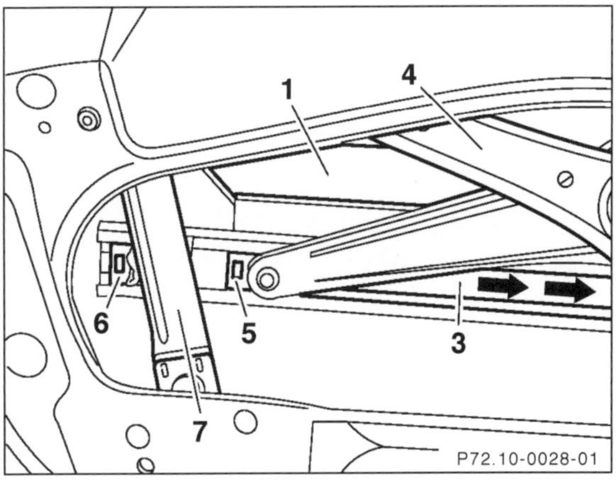

- Fenster –1– hinten anheben und Gleitbacken –5– und –6– am Ausschnitt der Fensterhebeschiene herausnehmen.
- Fensterscheibe nach oben aus dem Türschacht herausnehmen, dabei Fenster nach vorne kippen.

Einbau

- Fensterscheibe von oben in den Türschacht einsetzen und vorsichtig nach unten absenken.
- Fenster hinten nach oben drehen und in die Führungsschiene sowie in die Gleitbacken einsetzen.
- Vorderen Fensterhebearm in die Hebeschiene einsetzen und anschrauben, nicht festziehen. Die Mutter wird erst angezogen, nachdem das Türfenster eingestellt ist.
- Abdichtschienen vorn bündig ansetzen und in den Türrahmen eindrücken.
- Türfenster einstellen.
- Abdichtfolie faltenfrei ankleben.

Achtung: Die Folie darf nicht beschädigt sein und muß einwandfrei abdichten, sonst kann es im Fahrzeug ziehen.

- Türinnenverkleidung einbauen.

Fensterhebermotor aus- und einbauen

Ausbau

- Türinnenverkleidung ausbauen.
- Abdichtfolie im unteren Bereich vorsichtig abziehen. **Achtung:** Die Folie reißt leicht ein.

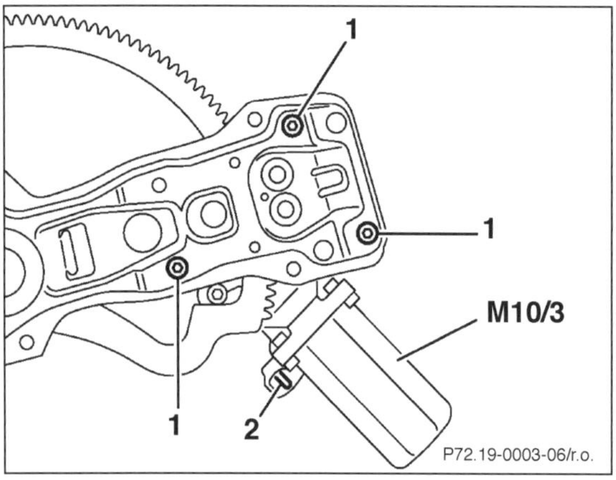

P72.19-0003-06/r.o.

- Stecker –2– am Fensterhebermotor abziehen.

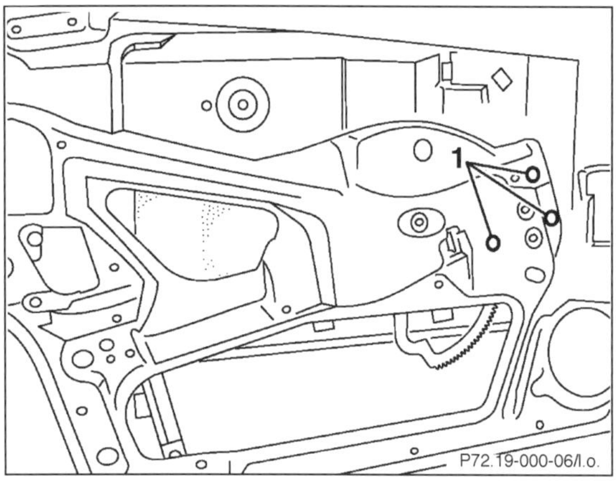

P72.19-000-06/l.o.

- **Vordertür:** Fensterhebermotor –M10/3– mit Innentorxschrauben –1– abschrauben und abnehmen.

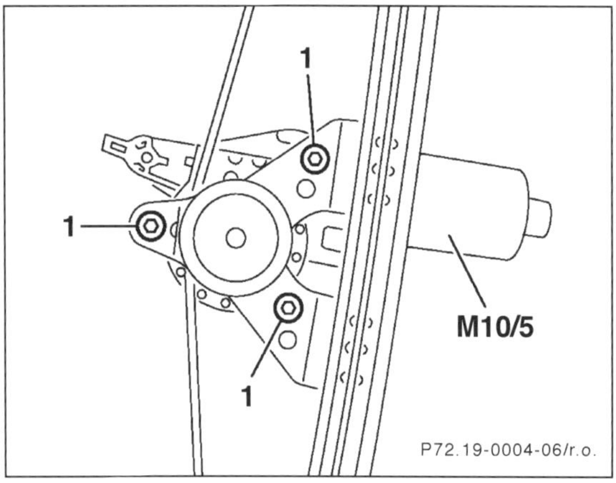

P72.19-0004-06/r.o.

- **Hintertür:** Fensterheber ausbauen, siehe entsprechendes Kapitel. Anschließend Fensterhebermotor –M10/5– mit Innentorxschrauben –1– abschrauben und abnehmen.

Einbau

- Vor dem Einbau das Zahnrad am Motor leicht mit Mehrzweckfett einfetten.
- Motor einsetzen und mit **15 Nm** anschrauben.
- **Hintertür:** Fensterheber einbauen, siehe Seite 173.
- Kabelstecker aufschieben.
- Abdichtfolie faltenfrei ankleben.

Achtung: Die Folie darf nicht beschädigt sein und muß einwandfrei abdichten, sonst kann es im Fahrzeug ziehen.

- Fensterheber auf einwandfreie Funktion prüfen.
- Türinnenverkleidung einbauen.

Handschuhkasten aus- und einbauen

Ausbau

- Handschuhkastendeckel öffnen.

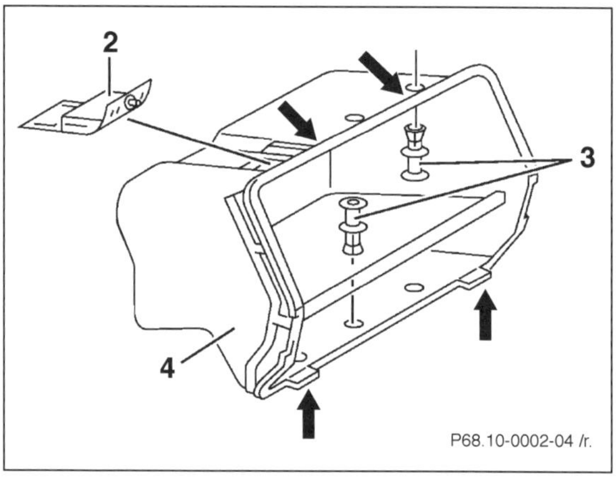

P68.10-0002-04 /r.

- Leuchte –2– für Handschuhkasten mit Schraubendreher nach unten aushebeln und Kabelstecker abziehen.
- 4 Spreizclips –3–am Handschuhkasten –4– komplett mit einem Schraubendreher aushebeln.
- Handschuhkasten oben und unten –Pfeile– vom Rahmen abdrücken und herausziehen.

Einbau

- Handschuhkasten einsetzen und Spreizclips eindrücken.
- Leuchte anschließen und einclipsen.

Abdeckung für Schalthebel aus- und einbauen

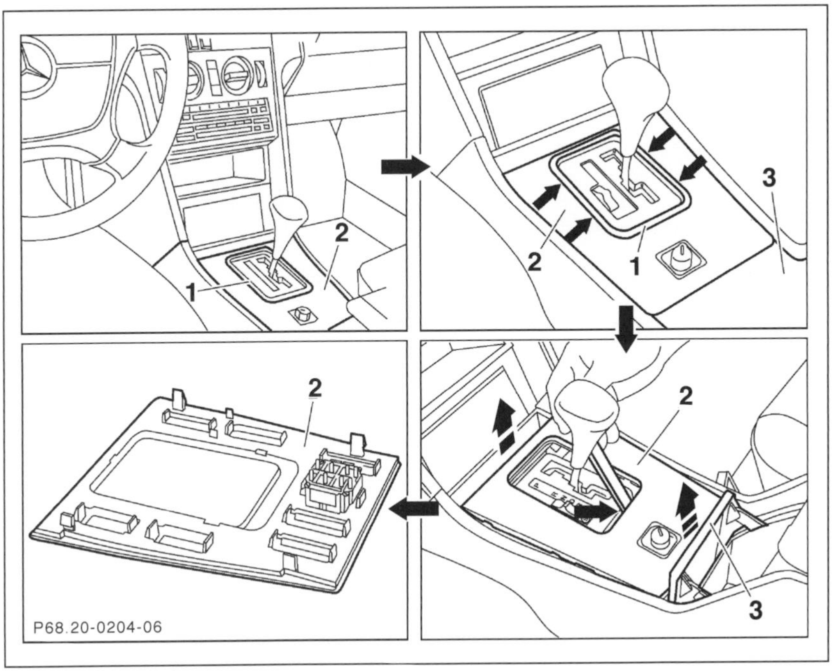

1 – **Kunststoffrahmen**
2 – **Abdeckung**
3 – **Deckel Ablagefach**
Nur bei klappbarer vorderer Armlehne (Sonderausstattung)

Ausbau

- Kunststoffrahmen mit den Fingern seitlich zusammendrücken und nach oben abziehen. Gegebenenfalls einen breiten Kunststoffkeil zum Abhebeln verwenden. Abbildung zeigt den Schalthebel für das Automatikgetriebe, beim Schaltgetriebe in gleicher Weise vorgehen.
- Nur bei Sonderausstattung »klappbare Armlehne«: Deckel –3– öffnen.
- Abdeckung –2– mit Kunststoffkeil vorn und hinten aus der Verrastung ausdrücken. Kunststoffkeil nur zwischen dem Spalt am Schaltbock einführen –Pfeil–.
- Kabelstecker an der Rückseite abziehen, Abdeckung abnehmen.

Einbau

- Der Einbau geschieht in umgekehrter Ausbaureihenfolge.

Aschenbecher vorn aus- und einbauen

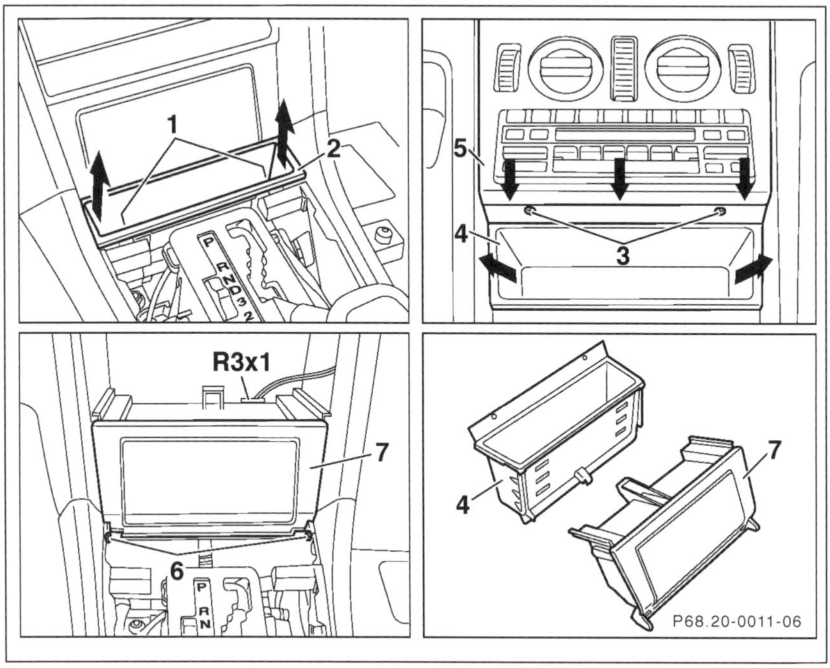

1 – Schraube
2 – Ablageschale
3 – Schraube
4 – Brillenfach
5 – Abdeckung Mittelkonsole
6 – Schraube
7 – Aschergehäuse

usbau

- Abdeckung für Schalthebel ausbauen, siehe Seite 177.
- Schraube –1– herausdrehen und Ablageschale –2– nach oben herausziehen.
- Schraube –3– herausdrehen und Brillenfach –4– herausziehen. Dazu oberen Befestigungsflansch des Brillenfachs –Pfeile– nach unten über Abdeckung –5– heben.
- Schraube –6– herausdrehen und Aschergehäuse –7– herausnehmen.
- Kabelstecker –R3x1– am Aschergehäuse abziehen.

Einbau

- Der Einbau geschieht in umgekehrter Ausbaureihenfolge.

Mittelkonsole aus- und einbauen

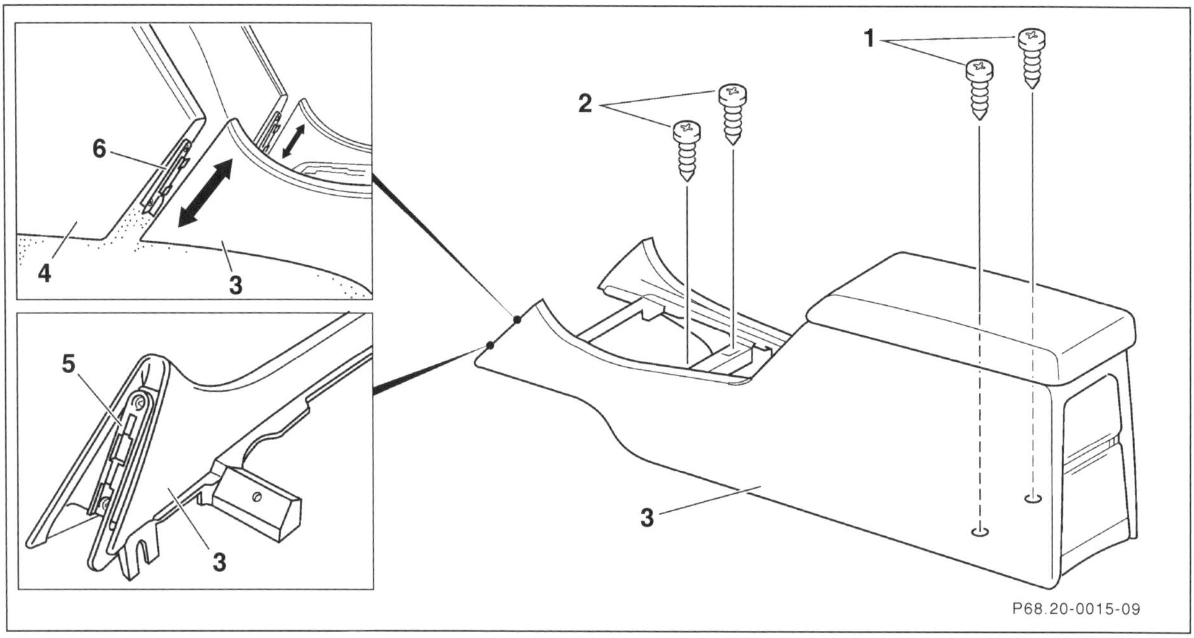

1 – Schrauben hinten
2 – Schrauben vorn
3 – Mittelkonsole
4 – Instrumententafel
5 – Schiebe-Steckverbindung

Ausbau

- Abdeckung für Schalthebel ausbauen, siehe Seite 177.
- Aschenbecher vorn ausbauen, siehe Seite 178.
- Teppicheinlage in der Mittelkonsole herausnehmen und Schrauben –1– abschrauben.
- Schrauben –2– abschrauben.
- Mittelkonsole –3– vorn soweit anheben, bis sich die Schiebe-Steckverbindung –5– zur Instrumententafel –4– löst. Mittelkonsole abnehmen.

Einbau

- Lage und Vorhandensein der Blechklipsmuttern für die Befestigungsschrauben überprüfen. Darauf achten daß keine Kabel zu den Bedienschaltern eingeklemmt werden.
- Mittelkonsole in die Schiebe-Steckverbindung einsetzen und anschrauben.
- Aschenbecher und Schalthebel-Abdeckung einbauen. Mittelkonsole komplettieren.

Bedienblende für Heizung aus- und einbauen

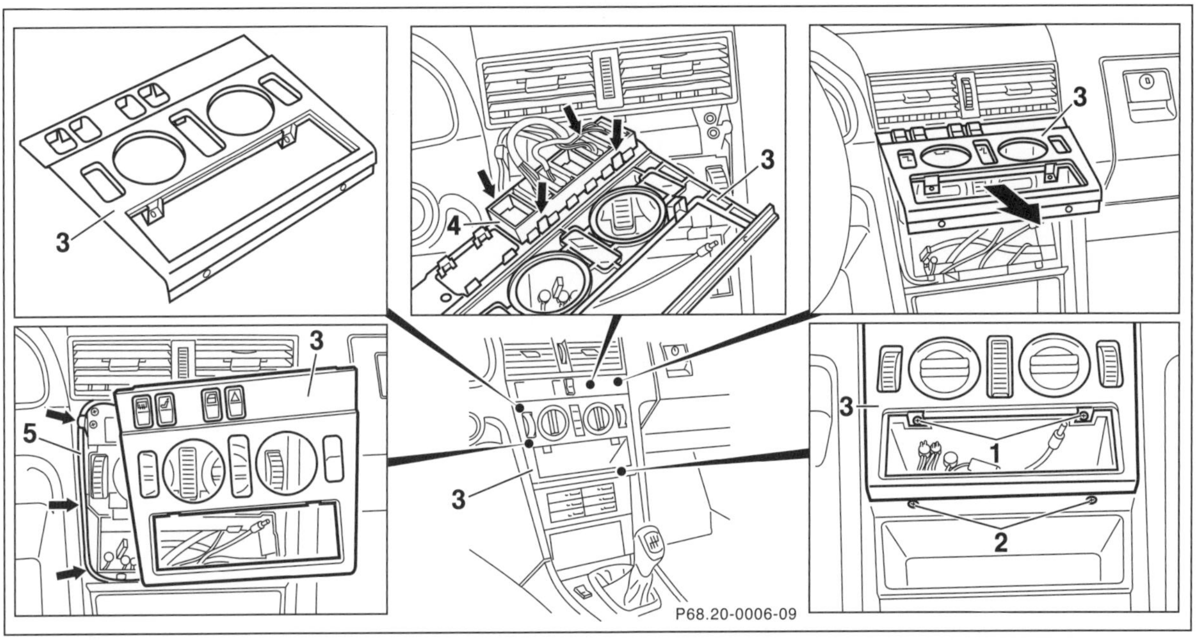

1 – **Schrauben**
2 – **Schrauben**
3 – **Abdeckung**
4 – **Schalterleiste**
5 – **Leitung**

Ausbau

- Radio ausbauen, siehe Seite 228.
- Schrauben –1– und –2– herausdrehen. Abdeckung –3– unten herausziehen, bis in waagrechte Position anheben und anschließend oben zurückziehen.
- Schalterleiste –4– an der Abdeckung –3– ausclipsen –Pfeile–. **Achtung:** Beim Einbauen Leitung –5– seitlich im Leitungsschacht verlegen –Pfeile–.
- Abdeckung abnehmen.

Einbau

- Der Einbau geschieht in umgekehrter Ausbaureihenfolge.

Innenverkleidung A-Säule aus- und einbauen

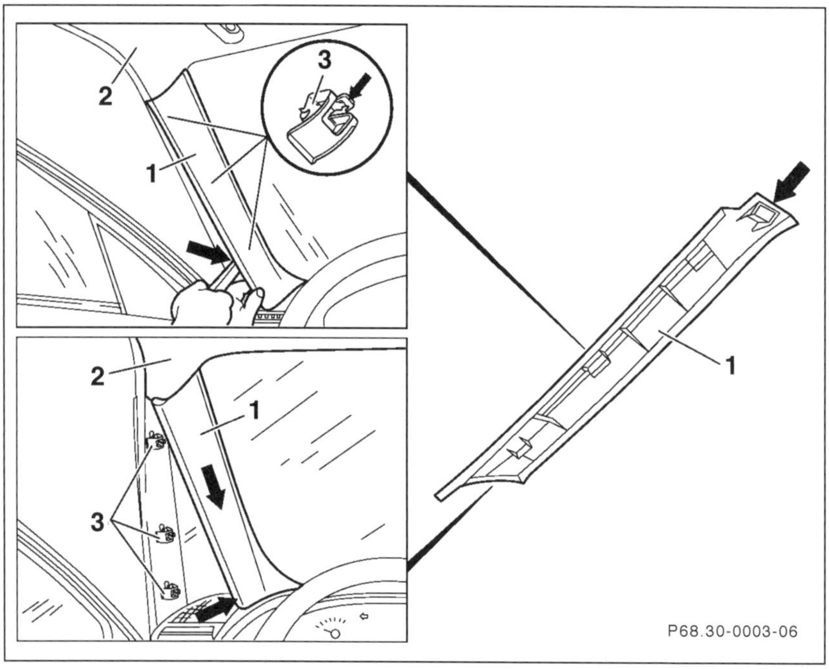

1 – **Verkleidung A-Säule**
2 – **Dachhimmel**
3 – **Halteklammer**

Ausbau

- Kantenschutz (Keder) im Bereich der A-Säulenverkleidung abziehen.
- Verkleidung mit Kunststoffkeil von den Halteklammern abdrücken.
- Verkleidung unten nach innen schieben und oben aus dem Dachhimmel herausziehen.

Einbau

- Der Einbau geschieht in umgekehrter Ausbaureihenfolge. Darauf achten, daß beim Einsetzen kein Spalt zwischen der Verkleidung und der Instrumententafel besteht.

Innenverkleidung C-Säule aus- und einbauen

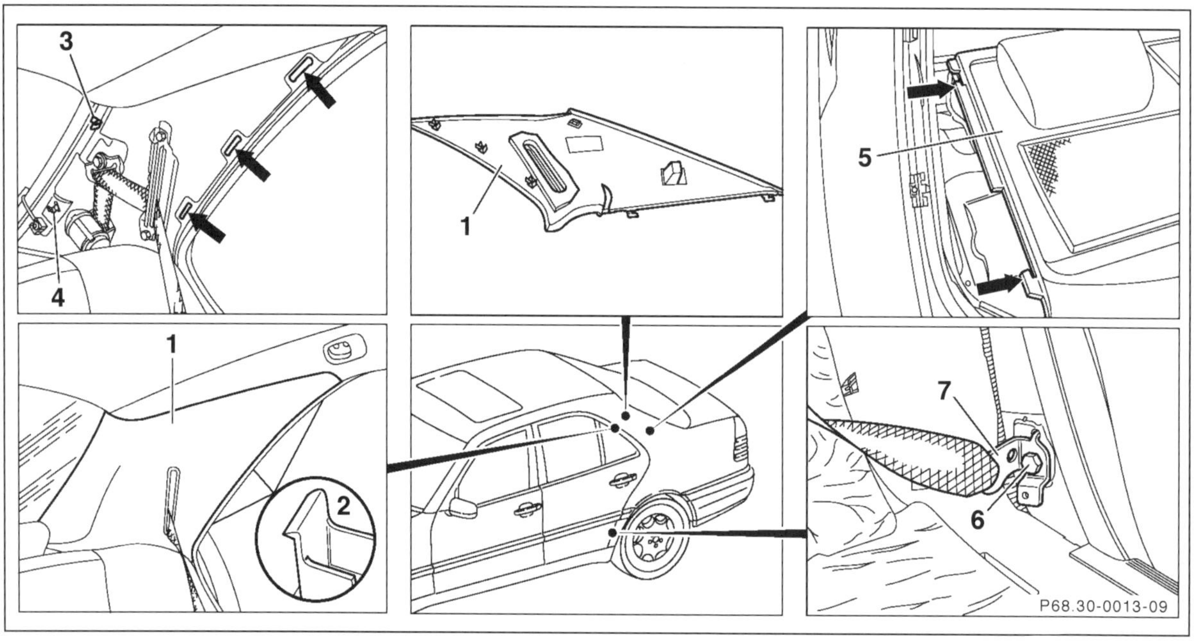

1 – **Verkleidung**
2 – **Haken**
3 – **Halteklammern**
4 – **Steckklammer**
5 – **Hutablage**
6 – **Schraube**
7 – **Gurtendbeschlag**

Ausbau

- Kantenschutz (Keder) im Bereich der Verkleidung –1– abziehen.
- 3 Haken –2– mit Kunststoffkeil von den Halteklammern abdrücken.
- Verkleidung –1– aus der hinteren oberen Halteklammer –3– abdrücken, dazu Verkleidung zur Mitte drücken.
- Verkleidung –1– nach vorn aus der Steckklammer –4– und den Stecklaschen –Pfeile– in der Hutablage –5– herausziehen. Soll die Verkleidung vollständig ausgebaut werden, zusätzlich Rücksitzbank ausbauen.
- Schraube –6– am Gurtendbeschlag –7– des Fondsicherheitsgurtes herausdrehen und Gurtband an der Verkleidung –1– herausziehen.

Einbau

- Gurtband verlegen und Schraube am Gurtbeschlag mit **35 Nm** anziehen.
- Der weitere Einbau geschieht in umgekehrter Ausbaureihenfolge.

Vordersitz aus- und einbauen

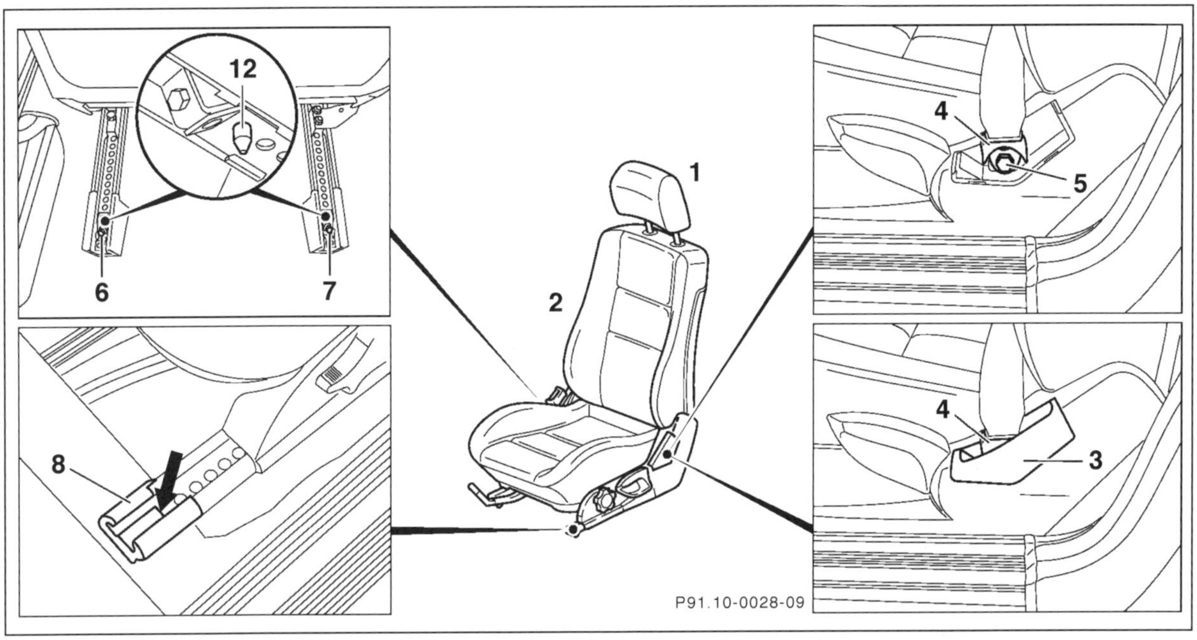

1 – Kopfstütze **2 – Fahrersitz** **3 – Abdeckung** **4 – Gurtendbeschlag** **5 – Schraube** **6 – Schraube** **7 – Schraube** **8 – Abdeckung** **12 – Arretierbolzen**

Ausbau

- Sitz ganz nach vorn fahren.
- Abdeckung –3– über Gurtendbeschlag –4– abziehen.
- Schraube –5– am Gurtendbeschlag –4– herausdrehen.
- 2 Schrauben –6– und –7– an den beiden Sitzschienen hinten mit Torxschraubennuß Größe E12 herausdrehen.
- Sitz ganz nach hinten fahren.
- Abdeckung –8– an beiden Seiten nach vorn abziehen, dazu Lasche mit einem Schraubendreher anheben.
- 2 Schrauben an den beiden Sitzschienen vorn herausdrehen.
- Anschlußstecker für Sitzheizung am Sitzkissenrahmen vorn abziehen.
- Sitz herausnehmen.

Einbau

- Sitz einsetzen. Dabei muß der Arretierungsbolzen –12– in die Aufnahmebohrung der hinteren Konsole eingreifen.
- Anschlußstecker aufschieben.
- Sitzschienen vorn und hinten mit **50 Nm** festziehen.
- Schraube am Gurtbeschlag mit **35 Nm** anziehen.
- Abdeckungen anbringen.

Rücksitz aus- und einbauen

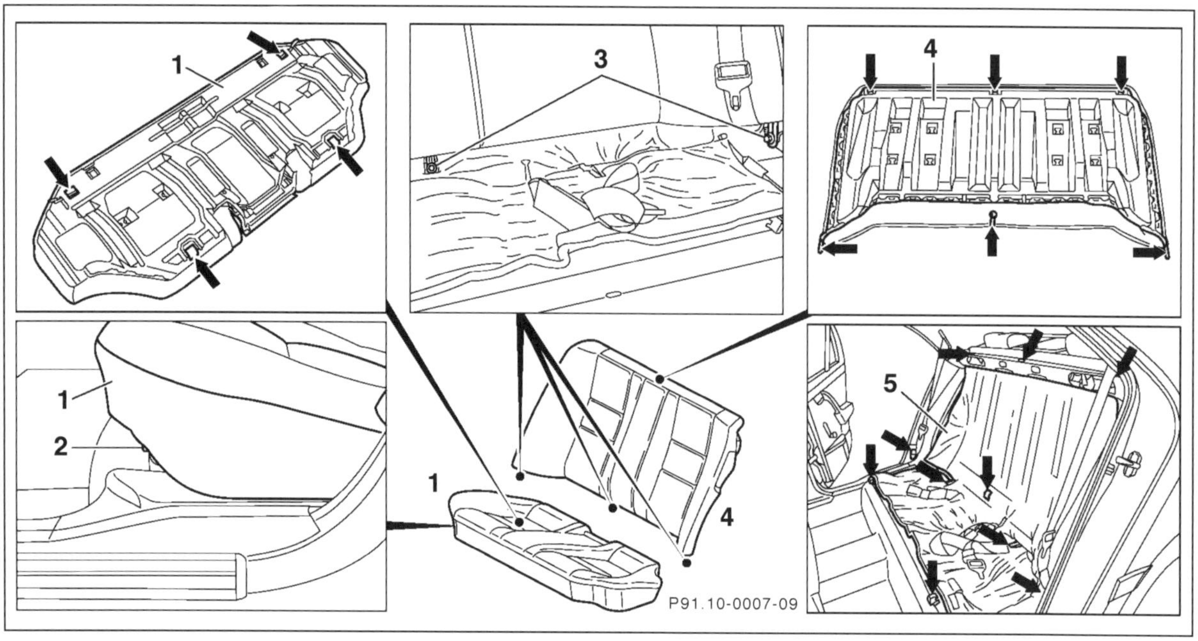

1 – **Rücksitzbank** 3 – **Schrauben unten** 5 – **Dämmatte**
2 – **Entriegelungshebel** 4 – **Rücksitzlehne**

Ausbau

- Beide Entriegelungshebel drücken und Rücksitzbank anheben.
- Rücksitzbank herausnehmen, dabei Verlegung der Gurtschlösser beachten.
- Schrauben –3– unten seitlich links, rechts und mitte herausdrehen.
- Rücksitzlehne nach oben anheben und herausnehmen.

Einbau

- Dämmatte –5– muß eingelegt sein, Blechlaschen für Rücksitzbank freilegen.
- Rücksitzlehne in die Steckbügel –Pfeile– an der Rückwand einsetzen. Sicherheitsgurte freilegen.
- Rücksitzlehne anschrauben.
- Rücksitzbank hinten in die beiden Blechlaschen einführen und vorn einrasten. Dabei Beckengurt und Gurtschlösser freilegen.

Die Zentralverriegelung

Auf Wunsch ist die C-Klasse von MERCEDES mit einer Zentralverriegelung erhältlich. Es handelt sich dabei um eine Mehrstellenanlage, die außer von der Fahrertür auch von der Beifahrertür und vom Kofferraumdeckel aus, bei Zusatzausstattung auch mittels Infrarot-Fernbedienung betätigt werden kann. Die Zentralverriegelung besteht aus der pneumatischen Steuereinheit, den Versorgungsleitungen sowie den Arbeits- und Schaltelementen an den einzelnen Schlössern. Die pneumatische Steuereinheit sitzt rechts seitlich im Kofferraum. Sie versorgt die Unter-/Überdrucksysteme, wie Zentralverriegelung, gegebenfalls auch Sitzlehne (Multikonturlehne) und Diesel-Saugrohr mit Unter- beziehungsweise Überdruck.

Beim Drehen des Schlüssels im Tür- oder Kofferraumschloß läuft eine Versorgungspumpe in der pneumatischen Steuereinheit an. Je nach Drehrichtung des Schlüssels läuft die Pumpe rechts- oder linksherum und erzeugt dabei Über- oder Unterdruck. Über Schlauchleitungen gelangt der Druck an die einzelnen Arbeitselemente, wodurch die einzelnen Schlösser geöffnet oder verriegelt werden.

Zentralverriegelungselemente aus- und einbauen

Türelement

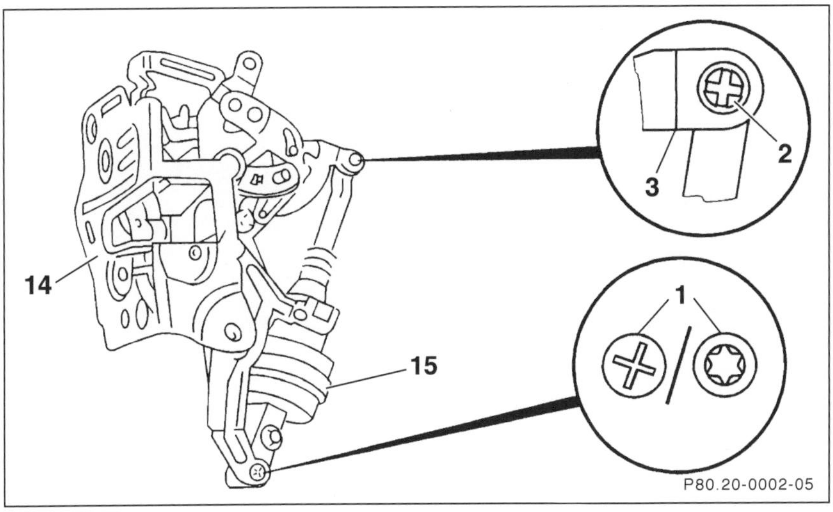

1 – **Schraube**
Kreuzschlitz- oder Innentorxkopf.
2 – **Schaltstange**
3 – **Sicherungshebel**
14 – **Türschloß**
15 – **Zentralverriegelungs-Element**

Die Zentralverriegelungselemente der Vorder- und Fondtüren sind direkt an den Türschlössern eingehängt und angeschraubt. Eine Einstellung der Schaltstangen ist nicht notwendig.

Ausbau

- Türschloß ausbauen, siehe Seite 170.
- Schraube –1– herausdrehen.
- Schaltstange –2– aus Sicherungshebel –3– ausclipsen.
- Element –15– am Türschloß –14– aushängen. Gegebenenfalls Element auf Funktion prüfen (Werkstattarbeit).

Einbau

- Der Einbau erfolgt in umgekehrter Ausbaureihenfolge.

Tankklappen-Element

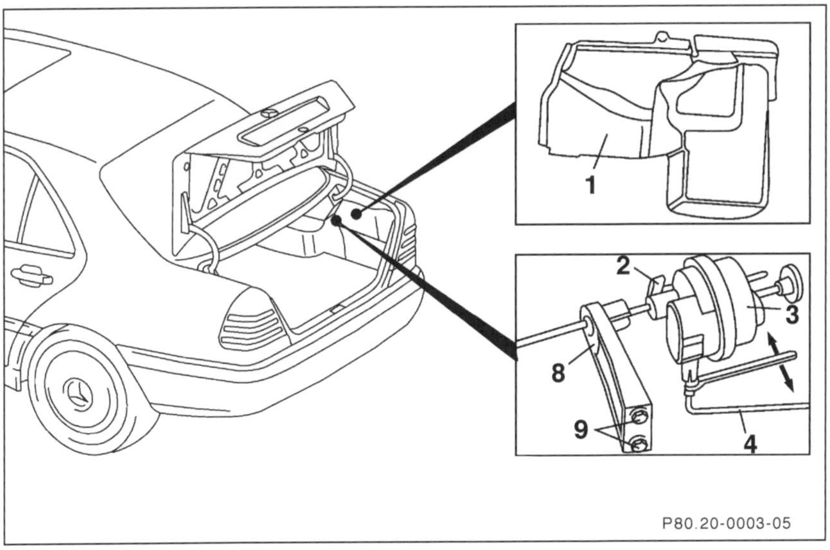

1 – **Verkleidung**
2 – **Befestigungslasche**
3 – **Zentralverriegelungs-Element**
4 – **Pneumatik-Leitung**
8 – **Halter**
9 – **Schraube**

Ausbau

- Kofferraumverkleidung –1– ausbauen.
- Pneumatik-Leitung –4– mit 7mm-Gabelschlüssel abhebeln.
- Schrauben –9– lösen.
- Tankklappen-Element –3– mit Halter –8– aus der Stützstrebe aushängen.
- Befestigungslasche –2– drücken und Halter –8– abziehen.
- Gegebenenfalls Element auf Funktion prüfen (Werkstattarbeit).

Einbau

- Der Einbau erfolgt in umgekehrter Ausbaureihenfolge.

Außenspiegel/Spiegelglas aus- und einbauen

Ausbau

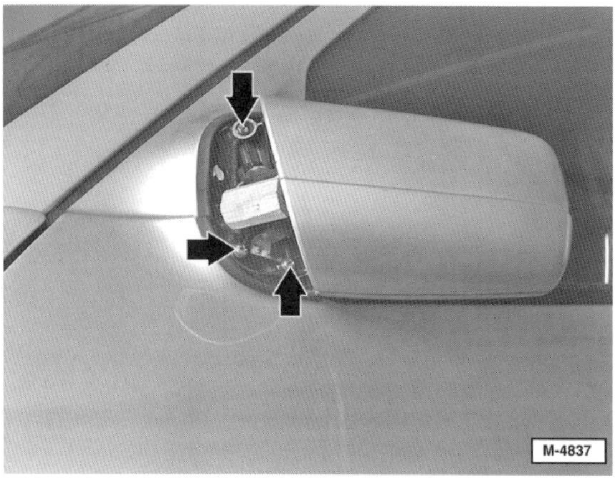

- Außenspiegel nach hinten klappen. Damit der Spiegel in dieser Position bleibt, sollte ein geeignetes Holzstück mit einer Länge von 35 mm eingesetzt werden. Dadurch wird der Aus- und Einbau des Spiegels wesentlich erleichtert.
- 3 Befestigungsschrauben für Spiegelfuß herausdrehen. Dabei Spiegel festhalten, damit er nicht herunterfallen kann.
- Spiegel abnehmen, Kabel für Spiegelverstellung trennen.

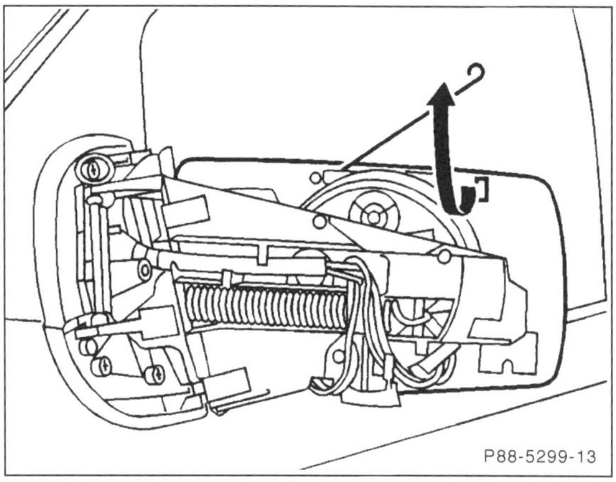

- Soll das Spiegelglas ausgewechselt werden, Spiegelgehäuse ausclipsen und abziehen. Sicherungsfeder für Spiegelglas nach oben aushängen und Spiegelglas abnehmen. **Achtung:** Spiegelglas nicht nach vorn aus dem Spiegelgehäuse heraushebeln.

Einbau

- Spiegel komplettieren.
- Elektrische Leitung für Spiegel anschließen, Spiegel ansetzen und festschrauben. Holzstück entfernen.

Abdeckung unter Armaturentafel aus- und einbauen

Ausbau

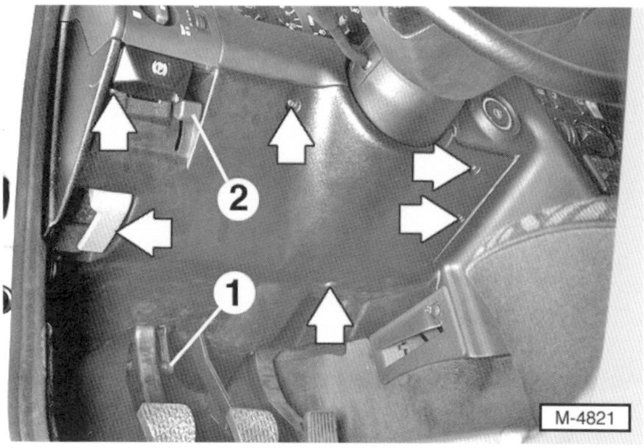

- Kunststoffclip –1– um 90° drehen und dadurch lösen.
- Schrauben –Pfeile– herausdrehen.
- Bei Zusatzausstattung »Lenkradverstellung«: Am Lenkverstellhebel den Kunststoffgriff –2– nach außen abziehen.
- Abdeckung nach unten absenken.

- Am Lagerbock für Lenkverstellhebel eine Schraube herausdrehen. Lagerbock am unteren Lager herausnehmen.
- Abdeckung herausnehmen.

Einbau

- Lagerbock für Lenkverstellhebel in die Abdeckung einsetzen und anschrauben. Griff aufdrücken.
- Abdeckung einsetzen und anschrauben.
- Abdeckung vorn durch Drehen des Halteclips befestigen.

Stoßfänger vorn aus- und einbauen

Ausbau

- Innenkotflügel ausbauen, siehe Seite 186.

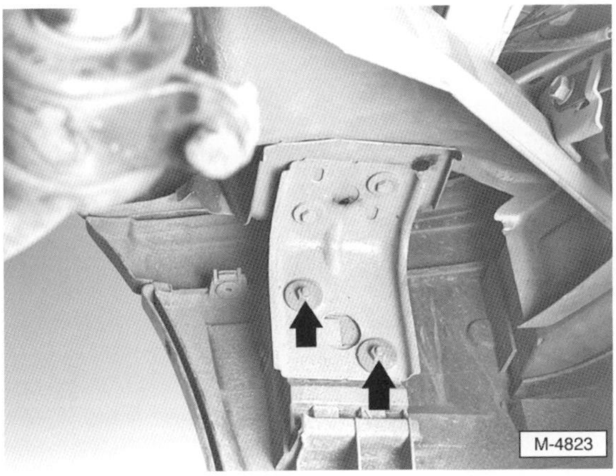

M-4823

- Schrauben –Pfeile– am Halter auf der rechten und linken Seite herausdrehen.
- Abdeckung für Abschlepphaken auf der rechten Stoßfängerseite und entsprechende Abdeckung auf der linken Seite ausrasten.

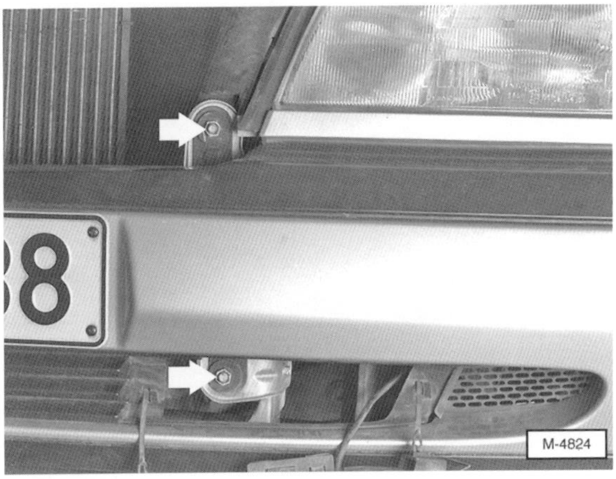

M-4824

- Schrauben am Längsträger links und rechts herausdrehen.
- Stoßfänger nach vorn abnehmen.

Einbau

- Stoßfänger mit Helfer waagerecht einsetzen und am Längsträger festschrauben.
- Seitliche Schrauben anschrauben.
- Abdeckungen einrasten.
- Innenkotflügel einbauen, siehe Seite 186.

Stoßfänger hinten aus- und einbauen

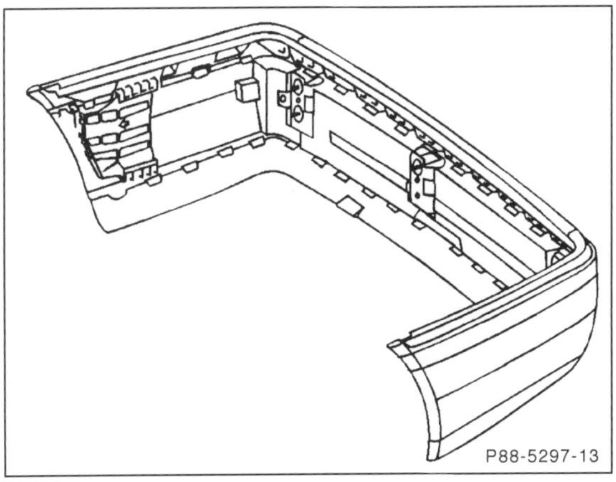

P88-5297-13

Ausbau

- Ausschnitte oberhalb der Schrauben in der Kofferraumverkleidung aufklappen.

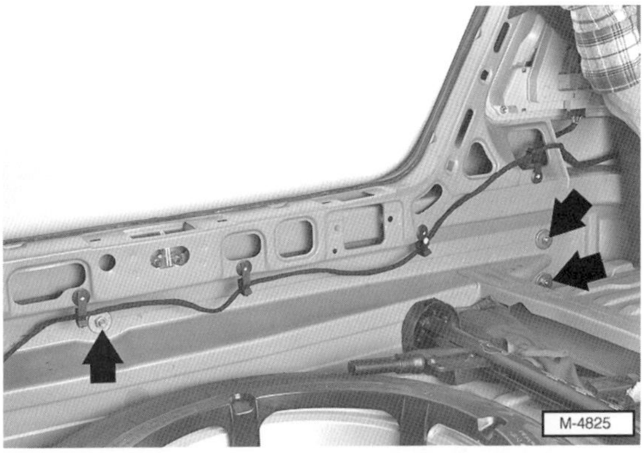

M-4825

- 2 seitliche Muttern links und rechts sowie 1 mittlere Mutter –Pfeile– an der hinteren Kofferraumwand herausdrehen. Die Abbildung zeigt die Schrauben zur besseren Darstellung bei ausgebauter Innenverkleidung.
- Stoßfänger nach hinten aus den seitlichen Haltern herausziehen.

Einbau

- Stoßfänger mit Helfer von hinten in die Bohrungen einsetzen und mit Befestigungsmuttern sowie Unterlegscheiben anschrauben.

Innenkotflügel aus- und einbauen

Ausbau

- Stellung des Vorderrads zur Radnabe mit Farbe kennzeichnen. Dadurch kann das ausgewuchtete Rad wieder in derselben Position montiert werden. Radschrauben bei auf dem Boden stehendem Fahrzeug lösen. Fahrzeug vorn aufbocken und Vorderrad abnehmen.

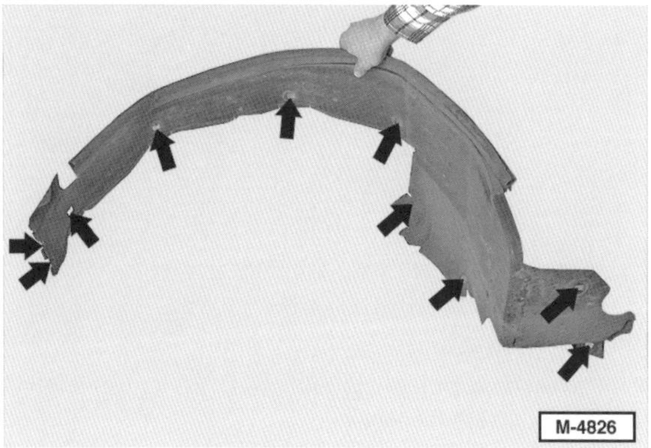

- Kunststoffmuttern und Schrauben an den mit –Pfeilen– markierten Stellen lösen und Innenkotflügel herausnehmen.

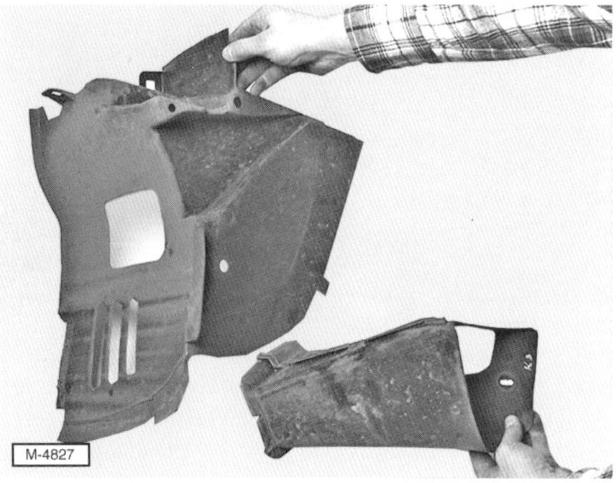

- Muttern und Schrauben an der vorderen Luftführung lösen und Teile abnehmen.

Einbau

- Abdichtgummi am Innenkotflügel auf festen Sitz und Beschädigungen prüfen, gegebenenfalls erneuern.
- Teile einsetzen und anschrauben. Beim Einpassen gegebenenfalls am Radkasten des anderen Vorderrads schauen, wie die Teile sitzen müssen.
- Vorderrad so ansetzen, daß die beim Ausbau angebrachten Markierungen übereinstimmen. Rad anschrauben. Fahrzeug ablassen und Radschrauben über Kreuz mit **110 Nm** festziehen.

Kotflügel aus- und einbauen

Ausbau

- Vorderen Stoßfänger ausbauen, siehe Seite 185.
- Blinkleuchte ausbauen, siehe Seite 221.
- Innenkotflügel ausbauen.

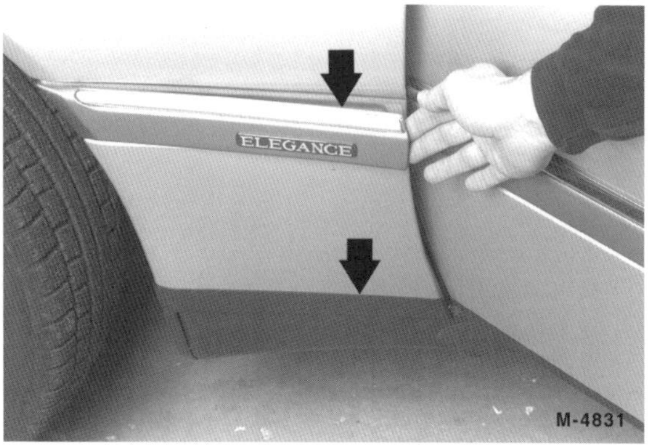

- Zierleisten mit den Fingern abziehen, oder mit breitem Kunststoffspachtel abdrücken.

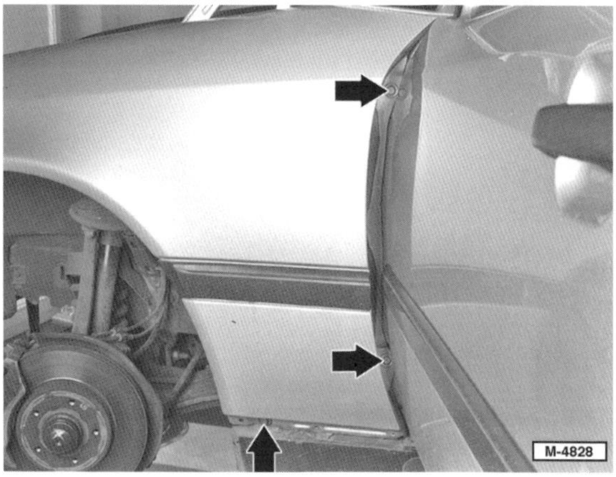

- Tür öffnen und hintere Schrauben für Kotflügel herausdrehen. **Achtung:** Dabei Tür im Arbeitsbereich mit Klebeband abkleben, damit der Lack nicht beschädigt wird.
- Kotflügel unten abschrauben.

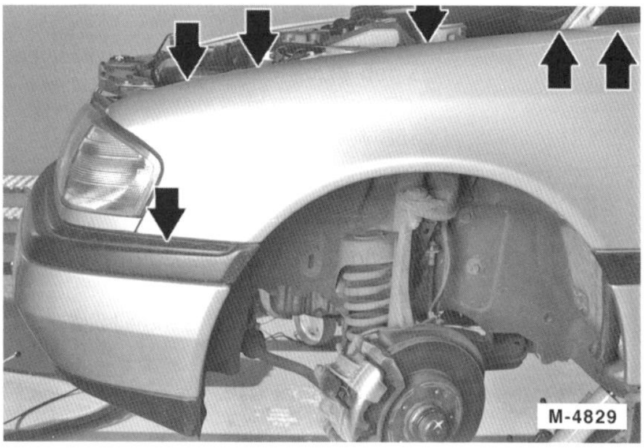

- Kotflügel oben (5 Schrauben) und von unten im Stoßfängerbereich abschrauben.

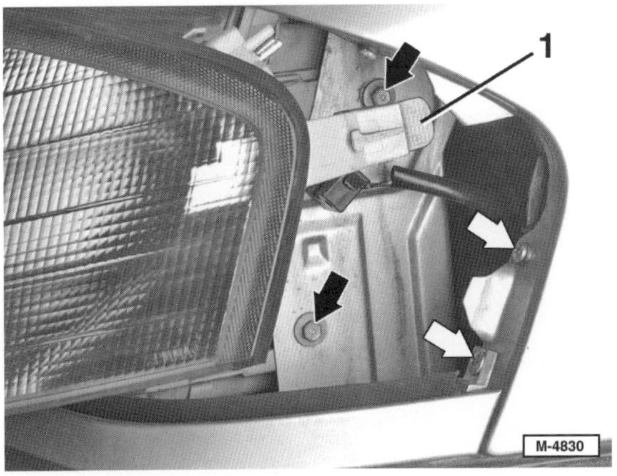

- 2 Schrauben im Blinkleuchtenausschnitt herausdrehen.
- Schrauben an der Blende unterhalb des Scheinwerfers herausdrehen und Blende abnehmen.
- Kotflügel nach vorn ziehen und abnehmen.

Einbau

- Kotflügel innen ausreichend mit Unterbodenschutz bestreichen.
- Kotflügel ansetzen und ausrichten. Der Kotflügel muß bündig mit der Vordertür abschließen beziehungsweise maximal 1 mm überstehen. Luftspalt zwischen Kotflügel und geschlossener Motorhaube sowie Vordertür überprüfen, siehe Seite 165.
- Sämtliche Befestigungsschrauben reindrehen und zugweise festziehen.
- Lage des Kotflügels nochmals überprüfen.
- Hohlraum über Innenkotflügel durch Blinkleuchtenausschnitt mit Hohlraumwachs konservieren.

Achtung: Öffnungen oben im Kotflügel vor dem Wachsen mit Tesaband abkleben. Nach dem Wachsen Tesaband wieder abziehen.

- Stoßfänger einbauen, siehe Seite 185.
- Innenkotflügel einbauen.
- Blinkleuchte einbauen, siehe Seite 221.
- Zierleisten einclipsen.

Kühlergrill/MERCEDES-Stern aus- und einbauen

Der Kühlergrill ist von vorn in die Umrahmung der Motorhaube gesteckt und angeschraubt. Der MERCEDES-Stern ist weiter hinten im lackierten Bereich der Motorhaube befestigt.

Ausbau

- Schrauben –Pfeile– herausdrehen und Kühlerverkleidung nach vorn abnehmen.
- MERCEDES-Stern ausbauen. Dazu von unten Federbügel mit Rohrzange kräftig nach unten ziehen, ca. 90° (¼ Umdrehung) nach links drehen und die Enden des Bügels in die vorgesehenen Nuten einrasten.
  Anschließend MERCEDES-Stern nach oben aus der Motorhaube herausziehen.

Einbau

- Kühlergrill einsetzen und anschrauben.
- MERCEDES-Stern von oben einsetzen und Federbügel mit Zange nach unten ziehen und um 90° nach rechts drehen.

Motorhaubenzug aus- und einhängen

Ausbau

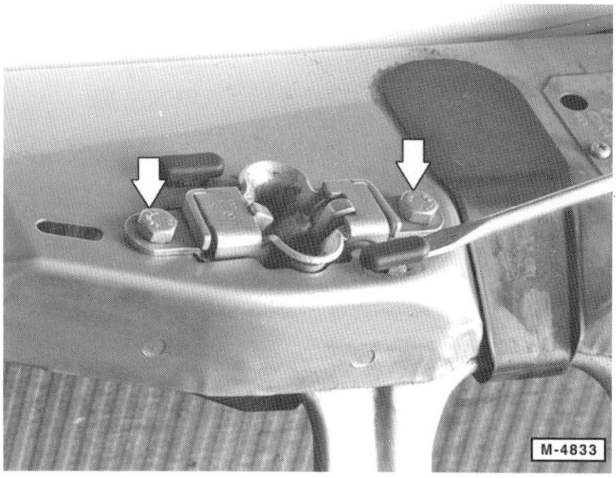

- Abdeckung unter dem Motorhaubenschloß ausclipsen, dazu Clipsoberteile mit Schraubendreher am Querträger nach oben abhebeln. Abdeckung nach unten abziehen.
- 2 Schrauben für Haubenschloß herausdrehen.

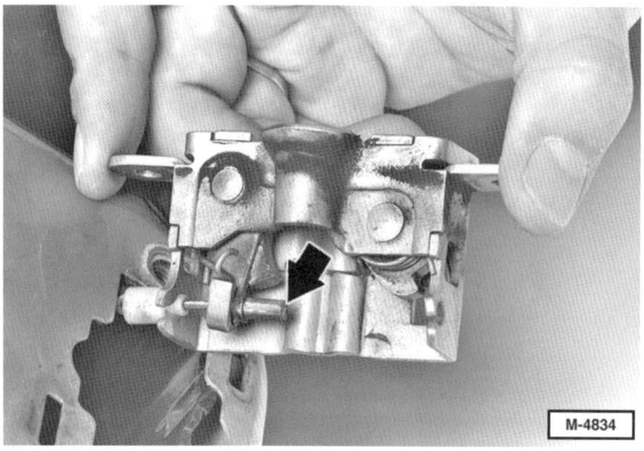

- Haubenzug an Schloß und Halter aushängen.

Einbau

- Beim Einhängen darauf achten, daß die Schloß-Rückstellfeder den Seilzugnippel arretiert.
- Bowdenzughülle mit Kunststoffteil im Widerlager des Haubenschloßes verlegen.
- Schloß anschrauben und Abdeckung mit den Clips arretieren.

Abdeckung unterhalb Windschutzscheibe aus- und einbauen

Die Gitterabdeckung muß zum Beispiel vor Montagearbeiten an der Heizung demontiert werden.

Ausbau

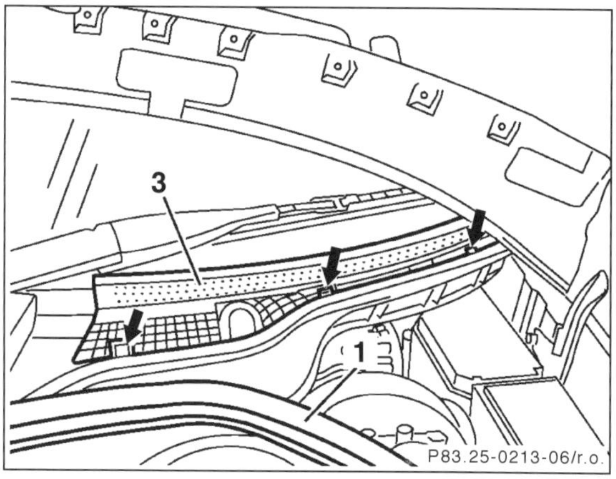

- Motorhaube öffnen. Lippendichtung –1– an der Stirnwand abziehen.
- Abdeckung –3– auf beiden Seiten nach oben abnehmen, dabei 3 Rasthalterungen –Pfeile– an der Vorderseite ausclipsen.

Einbau

- Abdeckungen einsetzen und einclipsen. Dichtgummi aufsetzen.

Lufteintritt Heizung aus- und einbauen

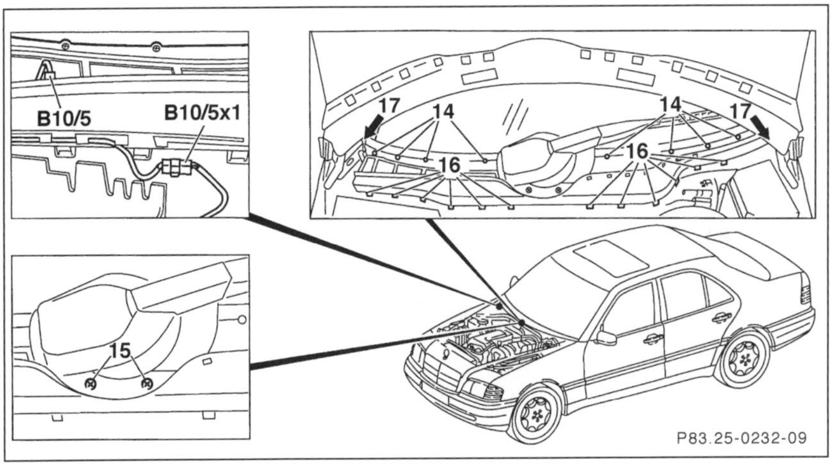

14 – Schraube
15 – Schraube
16 – Haken
17 – Sechskantmutter
B10/5 – Temperaturfühler Außenluft
B10/5x1 – Stecker Temperaturfühler

Ausbau

- Abdeckung unterhalb Windschutzscheibe ausbauen.
- Sechskantmuttern –17– abschrauben.
- Schrauben –14– ausschrauben.
- Bei Ausstattung Klimaanlage: Steckverbindung für Temperaturfühler trennen.
- 12 Haken –16– aushängen und Lufteintritt abnehmen.

Einbau

- Der Einbau erfolgt in umgekehrter Ausbaureihenfolge.

Wassersammler aus- und einbauen

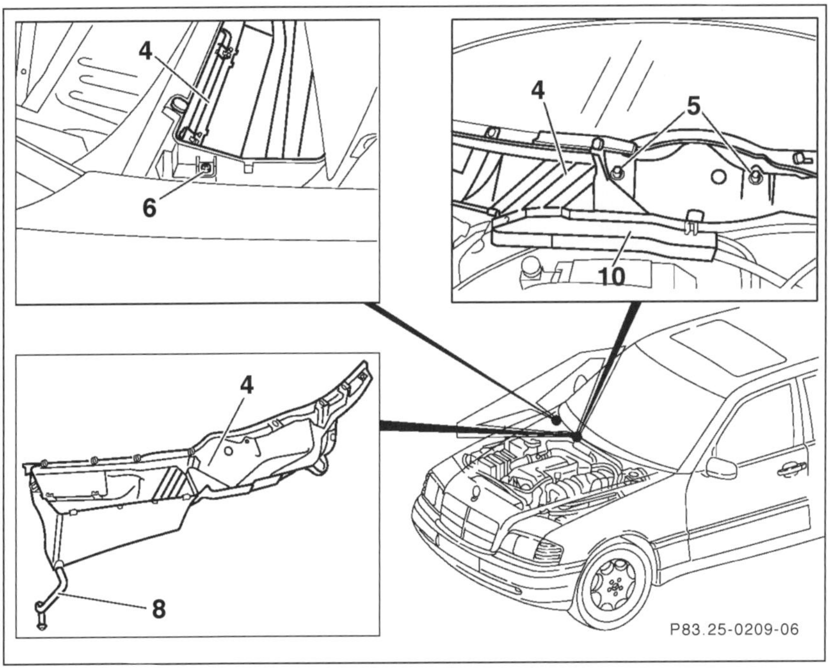

4 – Wassersammler
5 – Wischergummilager
6 – Befestigungsschraube rechts
8 – Wasserablaufschlauch
10 – Leitungsschacht

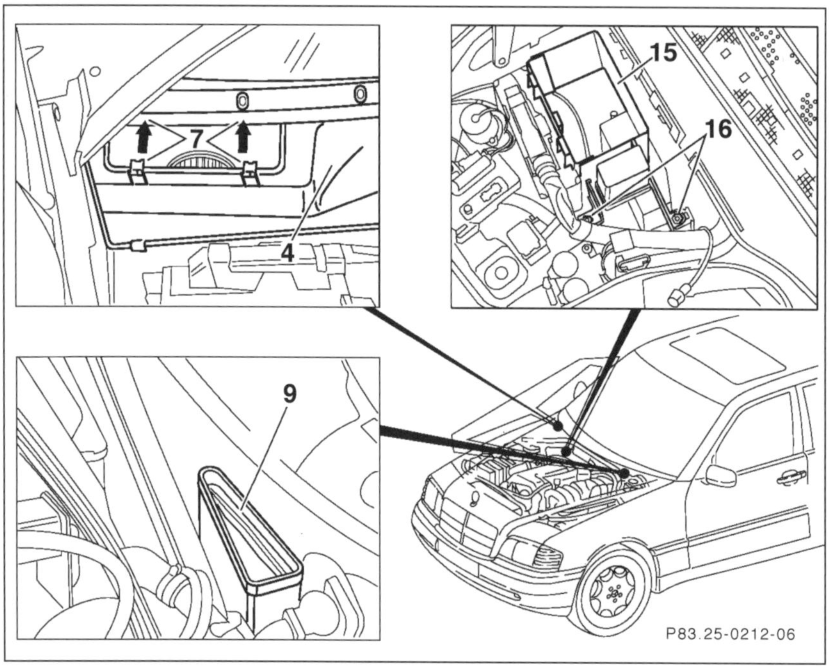

4 – **Wassersammler**
7 – **Klammern Lufteintritt**
9 – **Wasserablauf**
15 – **Steuergeräteträger**
16 – **Sechskantmutter**

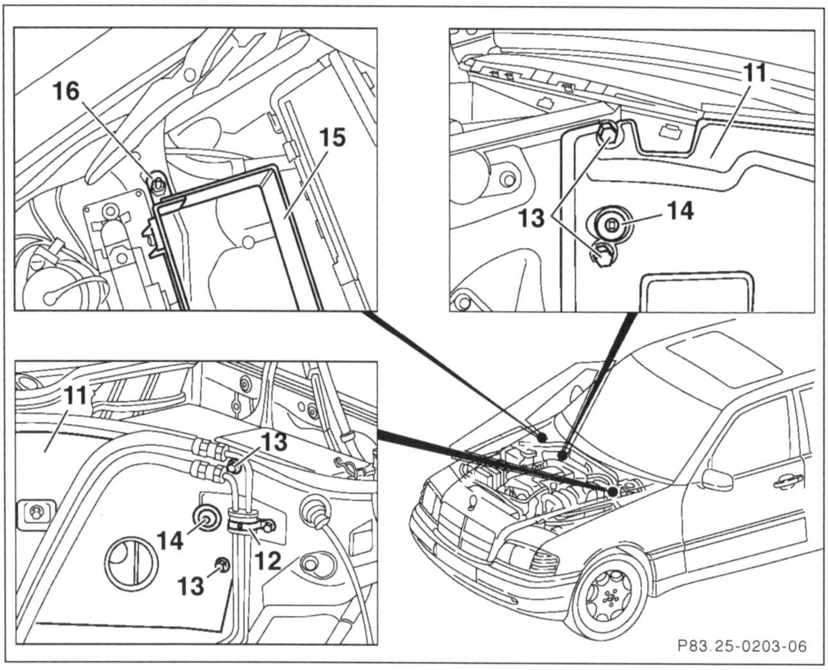

11 – **Stirnwand-Mittelteil**
12 – **Schelle**
13 – **Schraube**
14 – **Clips**
15 – **Steuergeräteträger**
16 – **Sechskantmutter**

Ausbau

- Abdeckung unterhalb Windschutzscheibe ausbauen, siehe Seite 188.
- Wischeranlage ausbauen, siehe Seite 233.
- 2 Gummilager –5– ausschrauben.
- 4 Klammern –7– abclipsen. 1 Schraube –6– rausdrehen.
- Leitungsschacht –10– aushängen.
- Schelle –12– für Kraftstoffleitungen lösen.
- 4 Schrauben –13– ausschrauben, 2 Clipse –14– abdrücken und Stirnwand-Mittelteil –11– abnehmen. **Achtung:** Beim Einsetzen des Stirnwand-Mittelteils auf richtigen Sitz der Gummitülle für den Heizungs-Zulaufschlauch achten.
- Steuergeräteträger –15– ausbauen, dazu 3 Muttern –16– ausbauen.
- Wassersammler herausnehmen. **Achtung:** Beim Einsetzen des Wassersammlers auf richtigen Sitz des Wasserablaufs –9– und des Ablaufschlauches –8– achten.

Einbau

- Der Einbau erfolgt in umgekehrter Ausbaureihenfolge. Einbauhinweise beachten.

Lackierung

Ausbeul- und Lackierarbeiten an der Autokarosserie setzen Erfahrung über den Werkstoff und dessen Bearbeitung voraus. Derartige Fertigkeiten werden in der Regel erst durch eine langjährige Praxis vervollkommnet. Aus diesem Grund wird hier nur das Ausbessern von kleineren Karosserie- und Lackschäden erläutert.

Zum Nachlackieren wird unbedingt dieselbe Lackfarbe benötigt, denn selbst kleinste Farbunterschiede fallen nach Abschluß der Arbeiten sofort ins Auge. Der jeweilige Fahrzeug-Farbton wird vom Hersteller durch die Lack-Nummer auf dem Typschild vermerkt, das sich im Motorraum an der Spritzwand befindet.

Treten dennoch Differenzen zwischen dem Originallack und dem Reparaturlack auf, dann liegt das daran, daß Fahrzeug-Lackierungen sich durch Alterung, ultraviolette Sonnenbestrahlung, extreme Temperaturdifferenzen, Witterungsbedingungen und chemische Einflüsse wie beispielsweise Industrieabgase mit der Zeit verändern. Außerdem können Oberflächenschäden, Farbveränderungen und Ausbleichen des Lackes eintreten, wenn Reinigung und Lackpflege mit ungeeigneten Mitteln durchgeführt wurden.

Die Metallic-Lackierung besteht aus 2 Schichten, dem Metallic-Grundlack und der farblosen Decklackierung. Beim Lackieren wird der Klarlack über den feuchten Grundlack gespritzt. Die Gefahr von Farbdifferenzen bei der nachträglichen Metallic-Lackierung ist besonders groß, da hier schon unterschiedliche Viskosität des Reparaturlackes gegenüber dem Originallack zu Farbverschiebungen führt.

Steinschlagschäden ausbessern

Es lohnt sich, regelmäßig auch kleinste Lackschäden zu beseitigen, da auf diese Weise Rostschäden und größere Reparaturen vermieden werden.

Für kleine Kratzer und Steinschläge, die lediglich den Decklack abgesplittert haben, also nicht bis aufs blanke Blech vorgedrungen sind, genügt im allgemeinen der Lackstift. Neben diesem Tupflack mit kleinem Pinsel hilft auch die im Zubehörhandel oft angebotene selbstklebende Lackfolie, wenn die Beschädigung sehr gering ist oder nur Grundierung aufgetragen wird.

- Tiefere Steinschlagschäden, die schon kleine Rostpickel gebildet haben, mit einem »Rostradierer« beziehungsweise einem Messer oder einem kleinen Schraubendreher auskratzen, bis das blanke Blech erscheint. Wichtig ist, daß keine auch noch so kleine Roststelle mehr sichtbar ist. Bei »Rostradierern« handelt es sich um kleine Kunststoffhülsen, die zum Auskratzen des Rostes kurze Drahtborsten besitzen.
- Die blanken Stellen müssen einwandfrei trocken und fettfrei sein. Dazu Reparaturstelle sowie umgebenden Lack mit Silikonentferner reinigen.
- Auf die blanke Metallfläche mit einem dünnen Pinsel etwas Lackgrundierung (»Primer«) auftragen. Da das Grundiermittel meist in Sprühdosen erhältlich ist, etwas Grundiermittel in den Deckel der Dose sprühen und Pinsel dort eintauchen.
- Nachdem die Grundierung trocken ist, Stelle mit Tupflack ausbessern. Bei den Tupflackdosen ist der Pinsel bereits im Deckel integriert. Falls nur eine Spraydose mit der entsprechenden Farbe zur Verfügung steht, etwas Farbe in den Deckel der Dose sprühen und anschließend Lack mit einem dünnen Wasserfarbenpinsel auftragen. Dabei in einem Arbeitsgang immer nur eine dünne Lackschicht anbringen, damit der Lack nicht herunterlaufen kann. Anschließend Farbe gut trocknen lassen. Vorgang so oft wiederholen, bis der Krater ausgefüllt ist und die ausgebesserte Stelle gegenüber der umgebenden Lackfläche keine Vertiefung mehr bildet.

Karosserie ausbeulen/Rostlöcher ausbessern

Kleine Dellen können mit einem Ausbeulhammer sowie einem passenden Handamboß ausgebeult werden. Bei Rostlöchern in der Karosserie empfiehlt es sich, das Teil je nach Schadensumfang komplett auszutauschen oder ein Blechstück einschweißen zu lassen.

Ausbeulen

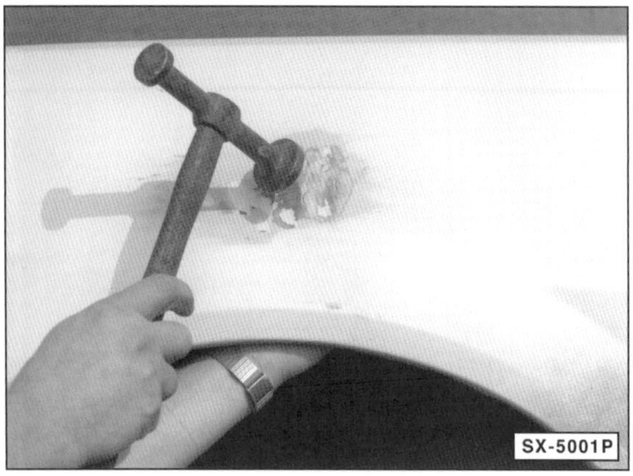
SX-5001P

- Kleinere Dellen mit einem Ausbeulhammer zurückschlagen. Dabei auf der anderen Seite mit einem Handamboß gegenhalten. Nicht zu stark hämmern, sonst dehnt sich das Blech zu stark und man bekommt es nicht mehr glatt. Vom Rand ausgehend gleichmäßig zur Mitte hin arbeiten.
- Die ausgebeulte Fläche immer wieder mit der Hand prüfen, bis man die gewünschte Form gefunden hat. Kleinere Unebenheiten werden später ausgespachtelt.
- Roststellen und alte Lackreste sind nach dem Ausbeulen sorgsam von der Reparaturstelle zu entfernen. Entweder mit Sandpapier grober Körnung (120), das über einen Schleifblock gespannt wird, oder mit passenden Schleifblättern auf der Schwabbelscheibe. Naheliegende Zierleisten oder Kunststoffteile mit Abdeckband abkleben, damit sie bei einem Ausrutscher nicht versehentlich verkratzt werden.

Lackierung vorbereiten

- Vor jeder Lackreparatur das Auto waschen, damit Schleifkratzer und Schmutzeinschlüsse vermieden werden.
- Nur bei Temperaturen über +12° C, nicht in praller Sonne und nicht bei starkem Wind arbeiten.

Entrosten

- Reparaturstelle großzügig mit Abdeckband (Tesakrepp) abkleben, damit der umliegende Lack nicht versehentlich beschädigt wird.
- Jeden sichtbaren sowie unter Rostblasen versteckten Rost mit Dreikantschaber oder Schraubendreher sowie Schleifpapier der Körnung 120 entfernen.
- Die Kante rings um die Schadenstelle anschließend mit Schleifpapier Körnung 320 zum gesunden Lack hin etwa 1 bis 2 Zentimeter breit anschleifen.
- An verzinkten Karosserieteilen sollte möglichst nur bis auf die Grundierung, nicht bis auf das Zink durchgeschliffen werden.

Rostschutzgrundierung (»Primer«) aufsprühen

- Die Reparaturstelle mit Nitroverdünnung und einem sauberen Lappen fett- und staubfrei wischen und trocknen lassen.
- Damit keine Verträglichkeitsprobleme auftreten, sollte der »Primer« und der später aufzutragende Decklack vom gleichen Hersteller sein. Sonst kann der Lack später Blasen werfen oder schrumpfen.
- Der »Primer« wird auf das entrostete Blech aus einem Abstand von etwa 25 cm extrem dünn, aber deckend aufgesprüht. Um Spritznebel auf den umgebenden Teilen zu vermeiden, Umfeld zunächst einige Zentimeter neben der Reparaturstelle mit Abdeckband und Papier (Zeitungspapier) abdecken.
- Nach 10 bis 15 Minuten Ablüftzeit kann weiter überspritzt werden. Muß die Stelle gespachtelt werden, »Primer« vorher ganz trocknen lassen.

Spachteln

Man unterscheidet 2 Spachtelarten: Den Zweikomponentenspachtel und den Feinspachtel. Zweikomponentenspachtel wird kurz vor der Verarbeitung mit Härter vermischt. Er härtet schnell aus und muß rasch verarbeitet werden. Man benutzt ihn, um größere Unebenheiten im Blech auszugleichen. Feinspachtel ist ein Ziehspachtel, mit dem feinere Unebenheiten geglättet werden. Man kann ihn in mehreren Lagen auftragen. Beide Spachtelarten gibt es in Tuben und Dosen, Füllspachtel gibt es auch aus der Spraydose. **Achtung**: Obwohl auf der Dose oft noch direkter Spachtelauftrag auf das blanke Blech empfohlen wird, ist auf jeden Fall die Vorbehandlung mit dem »Primer« ratsam (Rostschutz).

- Auf die ausgebeulte oder mit Glasfasermatten ausgebesserte Stelle Zweikomponentenspachtel auftragen und aushärten lassen. Gebrauchsanleitung des Herstellers beachten.
- Nach dem Trocknen Unebenheiten von Hand oder mit Schwingschleifer abschleifen. Dabei sollte ein Schleifpapier mit der Körnung »180« verwendet werden. Es kann bereits Wasserschleifpapier verwendet werden. In diesem Fall die Reparaturstelle (mit Schwamm) und das Schleifpapier während des Schleifens von Zeit zu Zeit mit reichlich Wasser abspülen.
- Anschließend Reparaturstelle sauber abwischen und trocknen lassen.

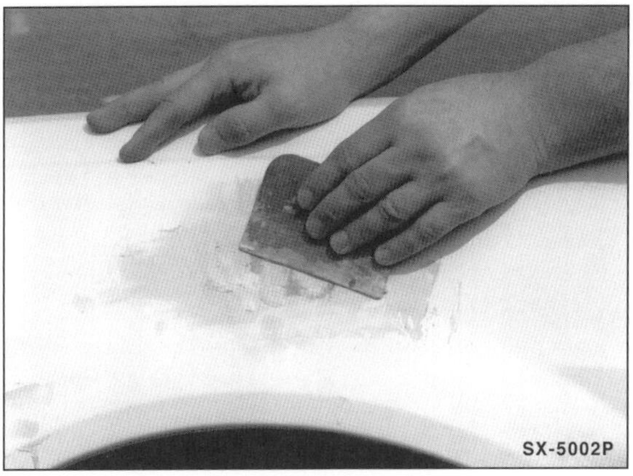

SX-5002P

- Mit breitem, elastischem Kunststoffspachtel die Reparaturstelle mit Feinspachtel überziehen und mindestens 2 Stunden lang aushärten lassen. Auf starken Rundungen und Konturen empfiehlt sich ein Feinspachtel aus der Spraydose.
- Je nach Schichtdicke muß Feinspachtel gut 2 bis 3 Stunden durchtrocknen.

Schleifen

Schleifpapier ist in verschiedenen Körnungen erhältlich. Je kleiner die Zahl, um so grober der Schliff. Zum Schleifen von Zweikomponentenspachtel empfiehlt sich Körnung 180 bis 240; Füllspachtel und alter Lack werden mit Körnung 360 naß geschliffen. Für den letzten Naßschliff vor der Lackierung empfiehlt sich 600er Schleifpapier.

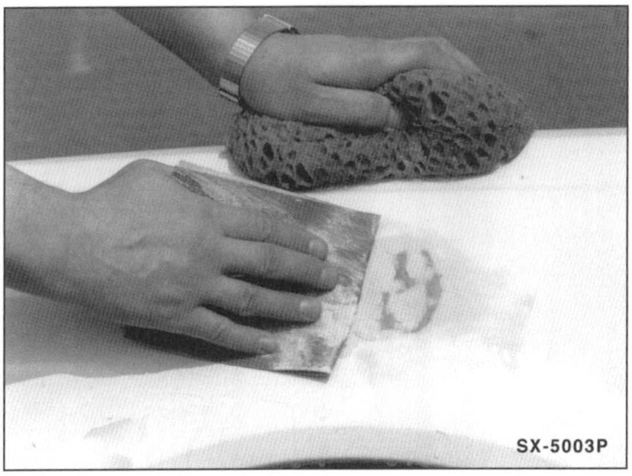

SX-5003P

- Fertige Spachtelstelle mit 360er Papier naß überschleifen, dabei ständig einen Schwamm über der Reparaturstelle ausdrücken. Schwamm von Zeit zu Zeit in sauberes Wasser tauchen und wieder vollsaugen lassen.
- Für den folgenden nassen Feinschliff eignet sich am besten spezielles Naßschleifpapier mit 600er Körnung, dabei wird auch der angrenzende und zu überspritzende Lack mit angeschliffen. Dabei nur in Fahrzeuglängsrichtung schleifen; dann sind verbleibende kleine Schleifriefen hinterher im Decklack kaum sichtbar.

Reinigen

Vor dem Spritzen muß die geschliffene Lackoberfläche sowie ein bis zwei Handbreiten des umliegenden Lackes von Fett- und Silikonresten befreit werden. Am besten eignet sich dazu Silikonentferner.

- Nach dem Schleifen Reparaturstelle sorgfältig reinigen und alle angrenzenden Fahrzeugflächen mit Zeitungspapier und Klebeband ganz exakt abkleben. Bei Lackierungen an den Kotflügeln ebenfalls die Reifen und die Stoßdämpfer sorgfältig abkleben.

SX-5004P

- Reparaturstelle möglichst immer so abkleben, daß die gespritzte Fläche bis zur nächsten Zierleiste oder Karosseriekante reicht, da am Rand der Abklebung ein Farbgrat entsteht. Falls ein annähernd fließender Übergang zum Originallack unumgänglich ist, etwa zwei Handbreit um die Reparaturstelle abkleben.
- Fußboden zur Staubbindung mit Wasser anfeuchten.

Lackieren

Damit beim Lackieren keine Probleme auftreten, sollte der zuvor aufgetragene »Primer« vom gleichen Hersteller stammen wie der Spraydosenlack. Der Lack wirft dann keine Blasen und schrumpft nicht.

Achtung: Es empfiehlt sich, den Lackiervorgang zunächst an einem geeigneten Blech, zum Beispiel einem alten Kotflügel, zu üben.

- Zum Lackieren muß das zu lackierende Teil trocken und staubfrei sein. Wenn möglich, mit Preßluft abblasen.
- Fußboden zur Staubbindung mit Wasser anfeuchten.
- Reparaturstelle über die zu lackierende Fläche hinaus mit Silikonentferner abreiben. Noch optimaleren Haftgrund für den Decklack erhält man durch Abreiben der gereinigten Fläche mit **silikonfreier** Polierpaste.
- Spraydose vor Gebrauch wenigstens 3 bis 5 Minuten lang intensiv schütteln, sonst bilden sich auf dem Blech Lacknasen.
- Bei **Metalliclack** anschließend etwas Farbe auf einen Karton sprühen, damit eventuell im Steigrohr abgesetzte Metallpartikel beseitigt werden.

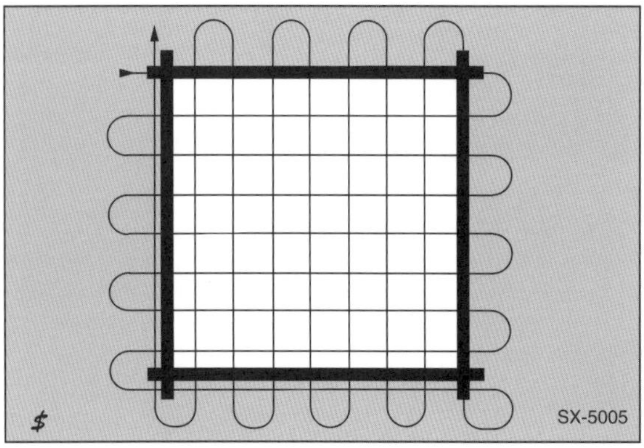

- Große Flächen, ob senkrecht oder waagerecht, werden im »Kreuzgang« gespritzt: Man beginnt außerhalb der Fläche und schwenkt den Spritzstrahl außerhalb in die andere Richtung.
- Kleine Stellen spiralförmig von außen nach innen besprühen, damit ein unnötig großes Sprühnebelfeld vermieden wird.
- Spraydose mit gleichbleibender Geschwindigkeit und gleichmäßigem Abstand über die Oberfläche führen. Der richtige Abstand liegt bei etwa 25 cm.
- Soll der Lacküberzug möglichst übergangslos zum gesunden Lack aufgetragen werden: Das gelingt am besten, wenn man ihn in mindestens vier sich überlappenden Spritzgängen aufträgt. Jeder einzelne Auftrag sollte den vorhergehenden Lackauftrag um zwei bis drei Zentimeter vergrößern.

Achtung: Wird aus nächster Nähe gesprüht oder ist die Sprühbewegung zu langsam beziehungsweise von wechselnder Geschwindigkeit, treten sogenannte Lacknasen auf. Das heißt, der Lack läuft an einigen Stellen herunter, weil dort zuviel Farbe auf einmal aufgespritzt wurde. Ebenso verhält es sich, wenn die Richtungsänderungen beim Sprühvorgang nicht über der abgedeckten Fläche durchgeführt werden.

Der Spritzvorgang ist mit ca. 5minütigen Pausen, zum Abdunsten des Lösungsmittels, so oft zu wiederholen, bis der Lack eine ausreichende Deckung erreicht hat. Besonders Metallic-Lack auch zwischen den einzelnen Spritzgängen aufschütteln, da sich die Metallic-Partikel schnell absetzen.

Achtung: Bei Metallic-Lack ist eine Farbübereinstimmung mit dem Original-Lack nur schwer möglich. Die Pigmentierung (Verteilung der Aluminium-Partikel) wird gleichmäßiger, wenn der letzte Spritzgang aus etwa 30 cm statt 25 cm erfolgt. Mit dieser Technik ist auch eine gewisse Farbtonangleichung möglich: Langsame Handbewegung und damit satter Auftrag macht dunkler, nach schnellerem Überspritzen scheint Metalliclack dagegen heller.

- Bei Metallic-Lackierungen den Basis-Metallic-Lack mit einem Klarlacküberzug versehen, erst danach bekommt der Metallic-Lack seinen Glanz. Gespritzt wird wieder mindestens drei– bis viermal dünn, wobei jedesmal dazwischen eine Ablüftpause von einigen Minuten eingehalten werden muß. Vor dem ersten Auftragen soll der Basislack mindestens 30 Minuten abgelüftet sein. Der Klarlack hat den neuen Basislack um etwa eine Handbreit zu überlappen, das Abdeckpapier ist vorher entsprechend zu erweitern.
- Düsen der Spraydosen freisprühen. Dazu Dose auf den Kopf stellen und so lange sprühen, bis keine Farbe mehr kommt.
- Sofort nach Abschluß der Lackierarbeiten alle Abdeckungen abziehen. Dadurch kann, falls bis zur Abdeckung gespritzt wurde, der nasse Lack am Übergang verlaufen.
- Gespritzte Fläche trocknen lassen. Der Trocknungsvorgang läßt sich mit einer Heizsonne oder einer starken Fotolampe beschleunigen. **Achtung:** Kein Gebläse-Heizgerät verwenden, dadurch würden aufgewirbelte Staubpartikel gegen den frischen Lack geblasen.
- Nach dem Aushärten der Farbe, nach mindestens 48 Stunden, Sprühnebel auf den angrenzenden Flächen mit einem milden Poliermittel und einem Wattebausch vorsichtig abtragen. Dabei nur in Fahrzeug-Längsrichtung polieren.

Heizung

Die Frischluft für die Heizung gelangt über den Lufteinlaß unterhalb der Windschutzscheibe in den Fahrzeuginnenraum. Dabei durchströmt die Luft den Heizungskasten und wird durch verschiedene Klappen auf die einzelnen Lufteintrittsdüsen verteilt. Wird die Heizung auf »warm« gestellt, öffnen die Heizungsventile im Motorraum den Zulauf zum Wärmetauscher. Der Wärmetauscher befindet sich im Heizungskasten und wird durch das heiße Kühlmittel erwärmt. Die vorbeistreichende Frischluft erwärmt sich nun an den heißen Lamellen des Wärmetauschers und gelangt dann in den Fahrzeuginnenraum.

Die Innenraumtemperatur kann mit je einem Drehregler für die linke und rechte Wagenhälfte vorgewählt werden. Ein elektronisches Steuergerät im Bedienteil der Heizungsanlage regelt dementsprechend die Öffnungszeiten der Heizungsventile in Abhängigkeit von der Innenraumtemperatur. Die Innen-Temperaturfühler befinden sich hinten am Wärmetauscher und im Bediengerät. Auf diese Weise wird die Temperatur im Fahrzeug, unabhängig von der Fahrzeuggeschwindigkeit und von der Außentemperatur, nahezu konstant gehalten.

Zur Verstärkung der Heizleistung dient ein fünfstufiges Heizgebläse (bis 8/95: 4stufig). Damit das Gebläse in den einzelnen Stufen mit unterschiedlicher Geschwindigkeit läuft, werden Widerstände vorgeschaltet. Dadurch verringert sich der Stromfluß zum Gebläsemotor und das Gebläse läuft langsamer. Für die höchste Geschwindigkeitsstufe (Stufe 5) werden die Vorwiderstände ausgeschaltet.

Durch einen Reinluftfilter im Luftfangkasten (ab 9/95 serienmäßig) werden Luftverunreinigungen, Pollen, Staub oder andere Micropartikel aus der Innenraumbelüftung herausgefiltert. Durch eine Umluftschaltung kann der Lufteintritt von außen ganz verschlossen werden. Die interne Luftumwälzung erfolgt dann ebenfalls über den Reinluftfilter.

Sonderausstattung Klimaanlage

Mit Hilfe der Klimaanlage kann die Innenraumtemperatur auch unter die momentan herrschende Außentemperatur gesenkt werden. Ist die Klimaanlage in Betrieb, wird außerdem die Luftfeuchtigkeit im Fahrzeuginnern vermindert. Bei Ausstattung mit Klimaanlage ist immer auch ein Staubfilter eingebaut.

In das normale Heizungs- und Lüftungssystem ist eine Kälteanlage integriert, so daß der Innenraum auch gekühlt werden kann. Die Klimaanlage arbeitet wie ein Kühlschrank: Der Kompressor, vom Motor her über den Keilrippenriemen angetrieben, verdichtet das dampfförmige, umweltfreundliche Kältemittel (R 134 a). Dieses erhitzt sich dabei und wird in den Kondensator geleitet. Dort wird das Medium abgekühlt und verflüssigt sich. Ein Verdampfungsventil spritzt die abgekühlte Flüssigkeit in den Verdampfer, der in seinem Aufbau einem Kühler entspricht. Das Medium verdampft darin. Durch diesen Verdampfungsprozeß wird der von außen über das Röhren- oder Wabensystem vorbeistreichenden Luft Wärme entzogen.

Die Luft kühlt also ab und mitgeführte Luftfeuchtigkeit wird zu Kondenswasser, das ins Freie geleitet wird.

Bei laufendem Motor und eingeschaltetem Gebläse kann dem Innenraum über verschiedene Austrittsöffnungen gekühlte Luft zugeführt werden. Die Intensität der Kühlung ist abhängig von der eingestellten Temperatur und von der Gebläseschalterstellung.

MERCEDES-BENZ unterscheidet zwischen Klimaanlage und Klimatisierungsautomatik, beide Versionen sind in Fahrzeugen der C-Klasse erhältlich. Der Unterschied beider Anlagen liegt in der Steuerung und im Bedienungskomfort.

Während bei der Klimaanlage die gewünschte Temperatur links und rechts getrennt einstellbar ist, hat die Klimatisierungsautomatik eine gemeinsame Temperaturregelung für links und rechts.

Vorteil der Klimatisierungsautomatik gegenüber der Klimaanlage ist die zusätzliche Automatikschaltung »AUTO«. Ist sie aktiviert, erfolgt die Regelung der Luftmenge und -verteilung vollautomatisch. Ist sie nicht aktiviert, kann der Fahrer Luftmenge und -verteilung selbst bestimmen — wie bei der normalen Heizung und Belüftung, aber natürlich auch für beide Seiten gemeinsam.

Sicherheitshinweis:
Arbeiten an der Klimaanlage sollten von einer Fachwerkstatt durchgeführt werden. Insbesondere darf der **Kältemittelkreislauf nicht geöffnet** werden, da das Kältemittel bei Hautberührung Erfrierungen hervorrufen kann.

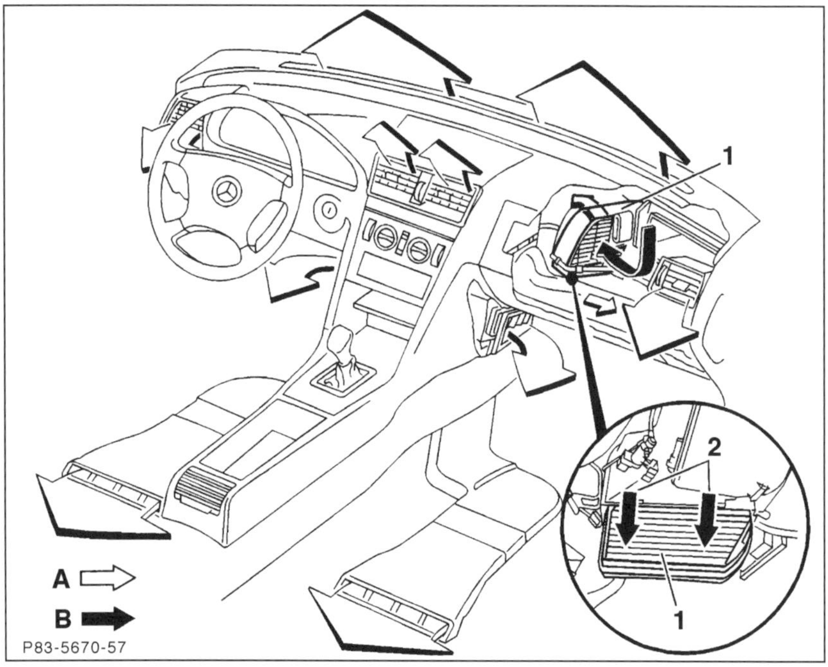

1 – Staubfilter
2 – Ausbaurichtung Staubfilter
A – Temperierte Luft
B – Umluft

Vorwiderstand aus- und einbauen

Wenn das Heizgebläse nicht auf allen Stufen läuft, ist in der Regel ein Vorwiderstand defekt. In diesem Fall Vorwiderstände komplett ersetzen.

Ausbau

- Gebläseschalter ausschalten.

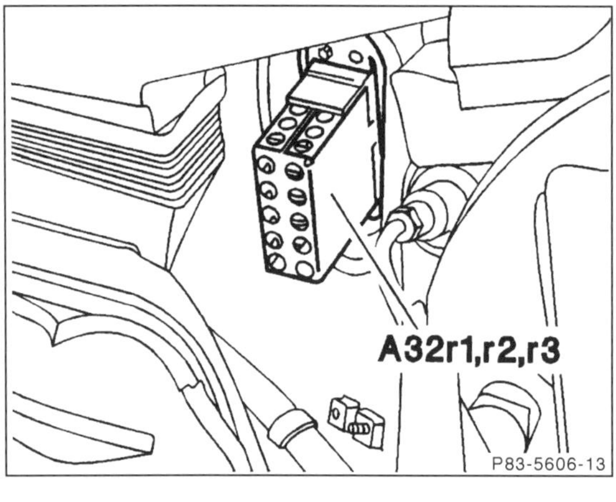

- Die Vorwiderstände –A32r1,r2,r3– sitzen im Motorraum an der Stirnwand, neben dem Bremskraftverstärker. Falls das Gehäuse schwer erreichbar ist, zuvor Wassersammler ausbauen, siehe Seite 189.
- Vorwiderstand-Gehäuse ausclipsen und austauschen.

Einbau

- Der Einbau erfolgt in umgekehrter Ausbaureihenfolge.

Heizgebläse aus- und einbauen

Der Gebläsemotor sitzt rechts unter der Instrumententafel, unterhalb vom Handschuhkasten. Dort ist auch der Reinluftfilter erreichbar.

Ausbau

- Gebläseschalter ausschalten.
- Abdeckung unterhalb Handschuhkasten im Beifahrer-Fußraum ausbauen. Hierzu vordere Kreuzschlitzschraube lösen. Seitlichen Kunststoffclip am Fußraumausströmer um 90° (¼ Umdrehung) drehen und herausziehen. Mit den Fingern in die Löcher der Abdeckung greifen und Abdeckung in Richtung Beifahrersitz abziehen.

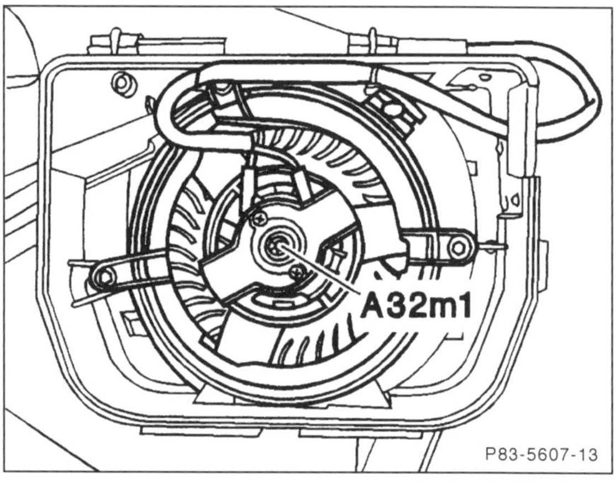

- Abdeckung für Gebläsemotor ausrasten.
- Kabelstecker trennen und Gebläsemotor –A32m1– abschrauben.

Einbau

- Lüfterrad in eingebautem Zustand auf Leichtgängigkeit prüfen. Eventuell vorhandene Fremdkörper aus dem Luftführungskanal herausnehmen.
- Motor einsetzen und anschrauben. Kabelstecker aufschieben.
- Abdeckungen einbauen, in umgekehrter Weise wie ausgebaut.

Bediengerät für Heizung aus- und einbauen

Heizung ohne Klimaanlage

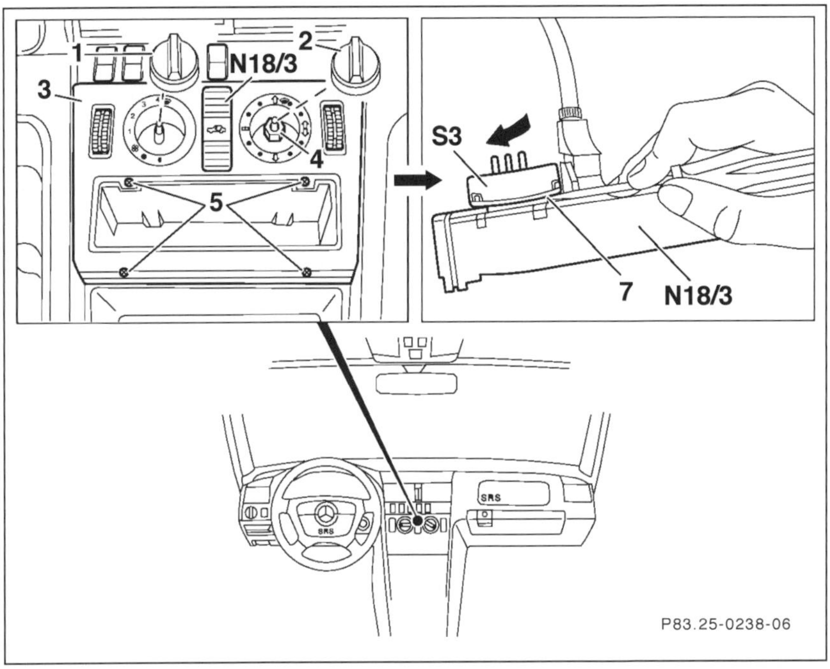

1 – Bedienknopf Luftmenge
2 – Bedienknopf Luftverteilung
3 – Abdeckung
4 – Sechskantmutter
5 – Schraube
7 – Rastnase
N18/3 – Bediengerät
S3 – Luftmengenschalter

Ausbau

- Radio ausbauen, siehe Seite 228.
- Bedienknöpfe –1– und –2– abziehen.
- Sechskantmutter –4– und Schrauben –5– abschrauben.
- Abdeckung –3– abnehmen.
- Bediengerät lösen, 2 Schrauben ausschrauben.
- Kabelstecker für Luftmengenschalter –S3– an der Rückseite abziehen.
- Gegebenenfalls Luftmengenschalter ausbauen. Dazu Rastnase –7– mit Schraubendreher wegdrücken und Luftmengenschalter nach links drehen.

Einbau

- Der Einbau erfolgt in umgekehrter Ausbaureihenfolge.

Störungsdiagnose Heizung

Störung	Ursache	Abhilfe
Heizgebläse läuft nicht	Sicherung für Gebläsemotor defekt	■ Sicherung für Gebläse prüfen, gegebenenfalls ersetzen
	Gebläseschalter defekt	■ Prüfen, ob am Gebläsemotor Spannung anliegt. Wenn nicht, Gebläseschalter ausbauen und prüfen
	Elektromotor defekt	■ Gebläsemotor ersetzen
Heizgebläse läuft nur in einer Geschwindigkeitsstellung nicht	Vorwiderstand defekt	■ Vorwiderstand ersetzen
Heizleistung zu gering	Kühlmittelstand zu niedrig	■ Kühlmittelstand prüfen, gegebenenfalls Kühlmittel auffüllen
	Heizventil öffnet nicht	■ Elektromagnetisches Heizventil im Wasserzulauf prüfen, gangbar machen.
	Wärmetauscher undicht oder verstopft	■ Wärmetauscher ersetzen (Werkstattarbeit)
Heizluft riecht süßlich, Scheiben beschlagen, wenn Heizung eingeschaltet wird	Wärmetauscher undicht	■ Kühlsystem auf Dichtheit prüfen, Wärmetauscher ersetzen (Werkstattarbeit)
Geräusche im Bereich des Heizgebläses	Eingedrungener Schmutz, Laub	■ Gebläse ausbauen, reinigen, Luftkanal säubern
	Lüfterrad hat Unwucht, Lager defekt	■ Gebläsemotor ausbauen und auf leichten Lauf prüfen

Elektrische Anlage

Bei der Überprüfung der elektrischen Anlage stößt der Heimwerker in den technischen Unterlagen immer wieder auf die Begriffe Spannung, Stromstärke und Widerstand.

Die Spannung wird in Volt (V) gemessen, die Stromstärke in Ampere (A) und der Widerstand in Ohm (Ω). Mit dem Begriff Spannung ist beim Auto in der Regel die Batteriespannung gemeint. Es handelt sich dabei um eine Gleichspannung von ca. 12 Volt. Die Höhe der Batteriespannung hängt vom Ladezustand der Batterie und von der Außentemperatur ab. Sie kann zwischen 10 bis 13 Volt betragen. Demgegenüber wird die Bordspannung vom Generator (Lichtmaschine) erzeugt, die bei mittleren Drehzahlen ca. 14 Volt beträgt.

Der Begriff Stromstärke taucht im Bereich der Automobil-Elektrik relativ selten auf. Die Stromstärke ist beispielsweise auf der Rückseite von Sicherungen angegeben und weist auf den maximalen Strom hin, der fließen kann, ohne daß die Sicherung durchbrennt und damit den Stromkreis unterbricht.

Überall wo Strom fließt, muß er einen Widerstand überbrücken. Der Widerstand ist unter anderem von folgenden Faktoren abhängig: Leitungsquerschnitt, Leitungsmaterial, Stromaufnahme usw. Ist der Widerstand zu groß, treten Funktionsstörungen auf. Beispielsweise darf der Widerstand in den Zündleitungen nicht zu hoch sein, sonst fehlt ein ausreichend starker Zündfunke an den Zündkerzen, der das Kraftstoff-Luftgemisch entzündet und damit den Motor zum Laufen bringt.

Meßgeräte

Zum Messen der Bord-Elektrik gibt es im Handel sogenannte Mehrfach-Meßgeräte. Sie vereinen in einem Gerät das Voltmeter, um Spannungen zu messen, das Amperemeter, um die Stromstärke zu messen und das Ohmmeter, um den Widerstand zu messen. Die im Handel befindlichen Meßgeräte unterscheiden sich hauptsächlich im Meßbereich und in der Meßgenauigkeit. Durch den Meßbereich wird festgelegt, in welchem Bereich Spannungen oder Widerstände liegen müssen, damit sie überhaupt vom Gerät erfaßt werden können.

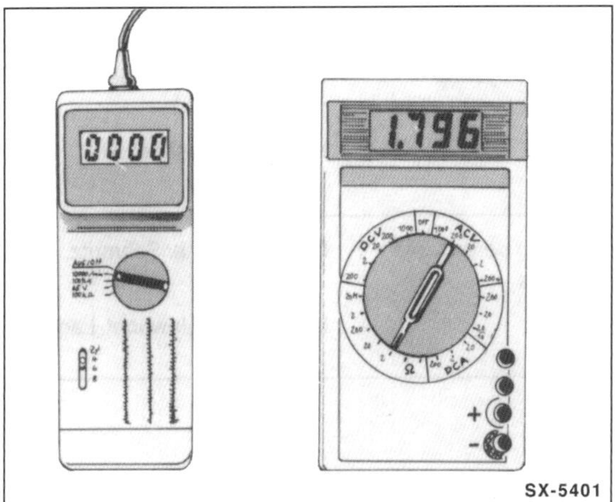

SX-5401

Für den Heimwerker gibt es Vielfach-Meßgeräte, die speziell für Prüfarbeiten am Auto abgestimmt sind. Mit solch einem Gerät können Motordrehzahl, Zünd-Schließwinkel und Spannungen bis zu 20 Volt gemessen werden. Bei Widerstandsmessungen beschränkt sich das Gerät in der Regel auf den Kilo-Ohm-Bereich, also etwa 1–1000 kΩ.

Darüber hinaus werden Meßgeräte zur Überprüfung von elektrischen und elektronischen Bauteilen angeboten. Sie erlauben eine umfassende Messung von kleinen Widerständen in Ohm (Ω) bis zu großen Widerständen im Mega-Ohm-Bereich (MΩ). Spannungen (in Volt) können sehr exakt gemessen werden, was vor allem bei elektronischen Bauteilen erforderlich ist.

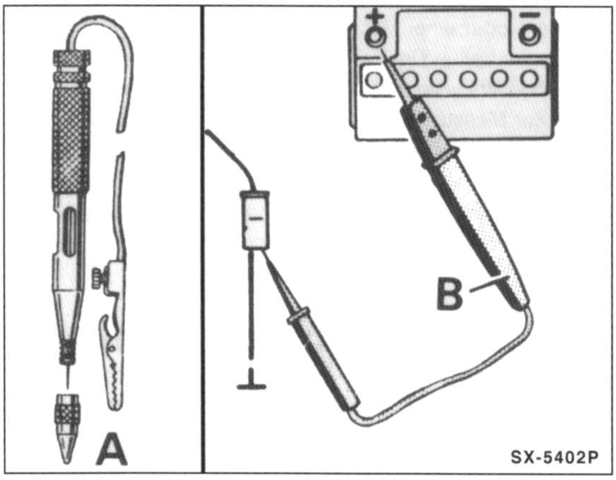

Wenn nur geprüft werden soll, ob überhaupt Spannung (V) anliegt, eignet sich hierzu eine einfache Prüflampe –A–. Dies gilt allerdings nur für Stromkreise, in denen sich keine elektronischen Bauteile befinden. Denn Elektronikteile reagieren äußerst empfindlich auf zu hohe Ströme. Unter Umständen können sie bereits durch Anschließen einer Prüflampe zerstört werden. Achtung: Bei der Prüfung elektronischer Bauteile (Transistoren, Dioden, und Steuergeräte) ist ein hochohmiger Spannungsprüfer –B– erforderlich. Er arbeitet wie eine Prüflampe, jedoch ohne daß elektronische Bauteile geschädigt werden, und eignet sich für sämtliche Prüfarbeiten.

Meßtechnik

Spannung messen

Spannung kann schon mit einer einfachen Prüflampe oder einem Spannungsprüfer nachgewiesen werden. Allerdings erkennt man dann nur, ob überhaupt Spannung anliegt. Um die Höhe der anliegenden Spannung zu prüfen, muß ein Voltmeter (Spannungs-Meßgerät) angeschlossen werden.

Zunächst ist beim Voltmeter der Meßbereich einzustellen, in dem sich die zu messende Spannung voraussichtlich befindet. Spannungen am Fahrzeug sind in der Regel nicht höher als ca. 14 Volt. Eine Ausnahme bildet die Zündanlage; hier kann die Zündspannung bis zu 30.000 Volt betragen. Diese hohe Spannung ist nur mit einem speziellen Meßgerät oder einem Oszilloskop meßbar.

Während man bei Meßgeräten, die speziell auf das Auto abgestimmt sind, am Wählschalter nur das Voltmeter einschalten muß, sind bei einem allgemeinen Vielfachmeßgerät erst eine Reihe von Entscheidungen zu fällen. Zunächst wird mit dem Wählschalter der Bereich Gleichspannung (DCV im Gegensatz zu ACV=Wechselspannung) eingestellt. Dann wird der Meßbereich gewählt. Da beim Auto außer an der Zündanlage keine höheren Spannungen als ca. 14 Volt auftreten, sollte die Obergrenze des einzustellenden Meßbereiches etwas höher liegen (ca. 15 bis 20 Volt). Falls sicher ist, daß die gemessene Spannung wesentlich niedriger ist, zum Beispiel im Bereich von 2 Volt, kann der Meßbereich heruntergeschaltet werden, um eine größere Anzeigegenauigkeit zu erreichen. Liegen höhere Spannungen an, als sie vom Meßbereich des Gerätes erfaßt werden, kann das Meßgerät zerstört werden.

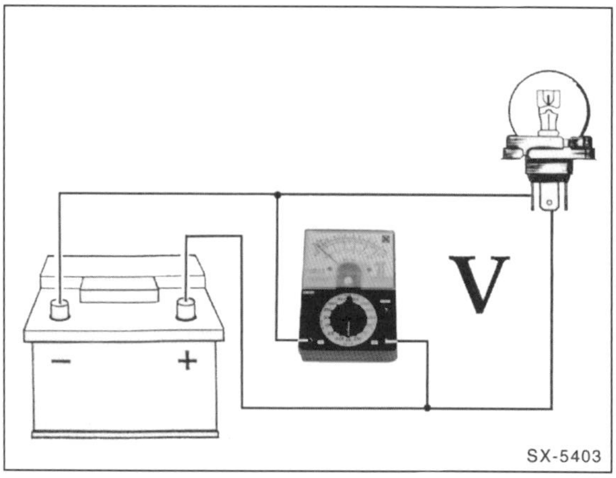

Die Kabel des Meßgerätes entsprechend der Zeichnung parallel zum Verbraucher anschließen. Dabei wird das rote Meßkabel an die vom Batterie-Pluspol kommende Leitung angelegt, das schwarze Meßkabel an die Masse-Leitung oder an Fahrzeugmasse, wie zum Beispiel den Motorblock.

Prüfbeispiel: Wenn der Motor nicht richtig anspringt, weil der Anlasser zu langsam dreht, ist es zweckmäßig, die Batteriespannung zu prüfen, während der Anlasser betätigt wird. Dazu das Voltmeter mit dem roten Kabel (+) an den Batterie-Pluspol und mit dem schwarzen Kabel an Fahrzeugmasse (–) anklemmen. Anschließend durch einen Helfer den Anlasser betätigen lassen und den Spannungswert ablesen. Liegt die Spannung unter ca. 10 Volt (bei einer Batterie-Temperatur von +20°C), muß die Batterie überprüft und eventuell vor den nächsten Startversuchen geladen werden.

Stromstärke messen

Am Auto ist es relativ selten erforderlich, die Stromstärke zu messen. Beispiel, siehe Kapitel »Batterie entlädt sich selbständig«. Benötigt wird hierzu ein Amperemeter, welches ebenfalls in einem Vielfachmeßgerät integriert ist.

Vor der Strommessung wird das Meßgerät auf den Meßbereich eingestellt, in dem sich die zu messende Stromstärke voraussichtlich befindet. Falls das nicht bekannt ist, höchsten Meßbereich einstellen und, falls keine Anzeige erfolgt, nacheinander in die nächstniedrigeren Meßbereiche schalten.

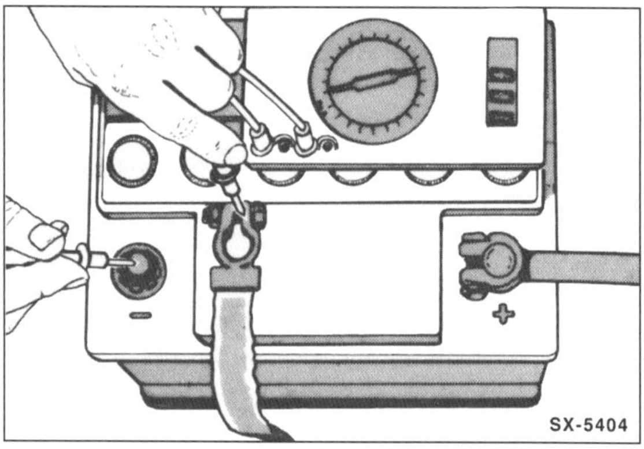

Für die Messung der Stromstärke muß der Stromkreis aufgetrennt werden, das Meßgerät (Amperemeter) wird dazwischengeschaltet. Dazu wird beispielsweise der Stecker abgezogen und das rote Kabel (+) des Amperemeters an die stromführende Leitung angeschlossen. Das schwarze Kabel (–) wird an den Kontakt angelegt, an dem normalerweise die unterbrochene Leitung angeschlossen ist. Die Massekontakte zwischen Verbraucher und Stecker müssen dann mit einem Hilfskabel verbunden werden.

Achtung: Keinesfalls sollte mit einem normalen Amperemeter die Stromstärke in der Leitung zum Anlasser (ca. 150 A) oder zu den Glühkerzen beim Dieselmotor (bis 60 A) gemessen werden. Durch die hierbei auftretenden hohen Ströme kann das Meßgerät zerstört werden. Die Werkstatt benutzt für diese Messungen ein Amperemeter mit Gleichstromzange. Dabei wird eine Stromzange über das isolierte Stromkabel geklemmt und der Stromwert durch Induktion gemessen.

Widerstand messen

Vor der Prüfung des Widerstandes ist grundsätzlich sicherzustellen, daß am Bauteil, an welches das Ohmmeter angeschlossen wird, keine Spannung anliegt. Also immer vorher Stecker abziehen, Zündung ausschalten, Leitung beziehungsweise Aggregat ausbauen oder Batterie abklemmen. Andernfalls kann das Meßgerät beschädigt werden.

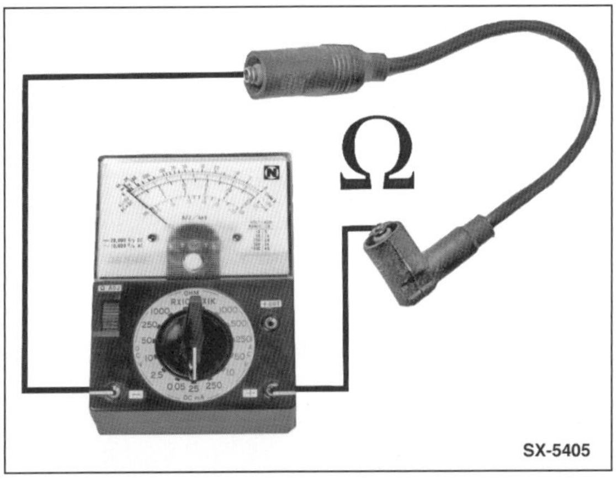

SX-5405

Das Ohmmeter wird an die 2 Anschlüsse eines Verbrauchers oder an die 2 Enden einer elektrischen Leitung angeschlossen. Dabei spielt es keine Rolle, welches Kabel (+/–) des Meßgerätes an welchen Kontakt angeklemmt wird.

Die Widerstandsmessung am Auto erstreckt sich weitgehend auf 2 Bereiche:

1. Kontrolle eines in den Stromkreis integrierten Widerstandes oder Bauteils.

2. »Durchgangsprüfung« einer elektrischen Leitung, eines Schalters oder einer Heizwendel. Dabei wird geprüft, ob eine elektrische Leitung im Fahrzeug unterbrochen ist und deshalb das angeschlossene elektrische Gerät nicht funktionieren kann. Zur Messung wird das Ohmmeter an die beiden Enden der betreffenden elektrischen Leitung angeschlossen. Beträgt der Widerstand 0 Ω, dann ist „Durchgang" vorhanden. Das heißt, die elektrische Leitung ist in Ordnung. Bei unterbrochener Leitung zeigt das Meßgerät ∞ (unendlich) Ω an.

Elektrisches Zubehör nachträglich einbauen

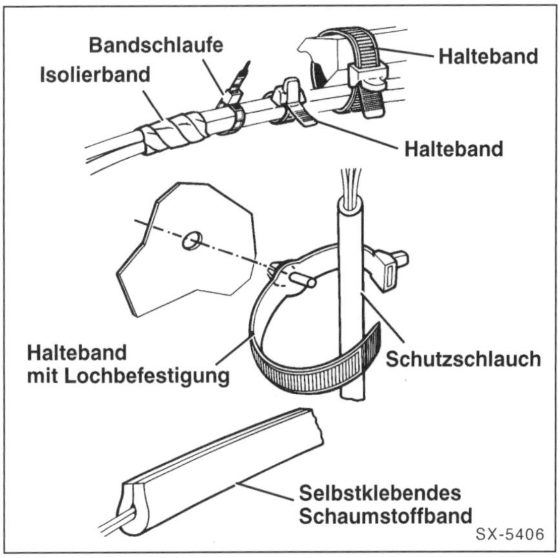

SX-5406

Kabel, die beim Einbau von Zubehör zusätzlich zu dem serienmäßig eingebauten Kabelsatz im Fahrzeug verlegt werden müssen, sind nach Möglichkeit immer entlang der einzelnen Kabelstränge unter Verwendung der vorhandenen Kabelschellen und Gummitüllen zu verlegen.

Falls erforderlich, sind die neu verlegten Kabel, um Geräuschen während der Fahrt vorzubeugen und das Scheuern von Kabeln zu vermeiden, mit Isolierband, plastischer Masse, Kabelbändern und dergleichen zusätzlich festzulegen. Hierbei ist besonders darauf zu achten, daß zwischen den Bremsleitungen und den festverlegten Kabeln ein Mindestabstand von 10 mm sowie zwischen den Bremsleitungen und den Kabeln, die mit dem Motor oder anderen Teilen des Fahrzeuges schwingen, ein Mindestabstand von 25 mm vorliegt.

Beim Bohren von Karosserie-Löchern müssen die Lochränder anschließend entgratet, grundiert und lackiert werden. Die beim Bohren zwangsläufig anfallenden Späne sind restlos aus der Karosserie zu entfernen.

Bei allen Einbauarbeiten, die das elektrische Leitungssystem berühren, ist, um der Gefahr von Kurzschlüssen im elektrischen Leitungssystem vorzubeugen, grundsätzlich das Massekabel (–) von der Fahrzeugbatterie abzuklemmen und zur Seite zu hängen.

Achtung: Wird die Batterie abgeklemmt, werden unter Umständen der Fehlerspeicher für Motor- und Getriebesteuerung, Antiblockiersystem sowie andere elektrische Geräte wie zum Beispiel das Radio und die Zeituhr stillgelegt, beziehungsweise Speicherwerte gelöscht. Spezielle Hinweise zu diesem Thema stehen im Kapitel »Batterie-Ausbau«.

Sofern zusätzliche elektrische Verbraucher eingebaut werden, ist in jedem Fall zu überprüfen, ob die erhöhte Belastung noch von dem vorhandenen Drehstromgenerator mit übernommen werden kann. Falls erforderlich, sollte ein Generator mit größerer Leistung vorgesehen werden.

Fehlersuche in der elektrischen Anlage

Beim Aufspüren eines Defekts in der elektrischen Anlage ist es wichtig, systematisch vorzugehen. Dies gilt sowohl beim Überprüfen von ausgefallenen Glühlampen wie auch bei nicht laufenden Elektromotoren.

Der **erste Schritt** ist immer die Überprüfung der Sicherung, sofern das elektrische Bauteil abgesichert ist. Die aktuelle Sicherungsbelegung ergibt sich aus dem Aufdruck auf dem Sicherungskastendeckel, siehe auch unter Kapitel »Sicherungen auswechseln«.

Defekte Sicherung gegebenenfalls auswechseln und nach Einschalten des elektrischen Verbrauchers kontrollieren, ob diese nicht unmittelbar wieder durchbrennt. In diesem Fall muß zuerst der Fehler aufgespürt und behoben werden, in der Regel handelt es sich um einen Kurzschluß. Das bedeutet, an irgend einer Stelle, mitunter auch intern im elektrischen Gerät, sind Masse- und Plusanschluß miteinander verbunden.

Zweiter Prüfschritt: Wenn bei intakter Sicherung die Glühlampe nicht leuchtet beziehungsweise der Elektromotor nicht anläuft, ist die Stromversorgung zu überprüfen.

Glühlampe prüfen

- Lampe ausbauen und sichtprüfen. Ist der Glühfaden durchgebrannt oder sitzt der Glaskolben locker im Sockel, Lampe erneuern.
- Um einwandfrei festzustellen, ob die Glühlampe intakt ist, geht man folgendermaßen vor: Eine Plusleitung (+) und eine Masseleitung (–) direkt an die Pole der Batterie anschließen und mit der Lampe verbinden. Dabei ist es unwichtig, wie die Kabel an die Lampe angeschlossen werden. Ein Kabel an den Stromanschluß, das andere an das Glühlampengehäuse. Wenn jetzt die Lampe nicht leuchtet, Lampe erneuern. Hinweis: Es muß sichergestellt sein, daß die Kontakte an der Lampe und in der Lampenfassung nicht korrodiert sind. Gegebenenfalls korrodierte oder verbogene Anschlüsse abschmirgeln und einwandfreien Kontakt herstellen.
- Ist die Lampe intakt, Lampe einsetzen und einschalten. Leuchtet die Lampe nicht, mit Prüflampe Stromzuführung überprüfen. Dazu Prüflampe an Masse anlegen. Das bedeutet: Das eine Kabel der Prüflampe muß an eine gute Massestelle am Motor (blankes Metall) oder direkt am Batterie-Minuspol angeschlossen werden. Die andere Prüflampen-Prüfspitze (+) entweder an den stromführenden Stecker halten oder mit der Prüfspitze in das stromführende Kabel einstechen. Wenn die Prüflampe jetzt aufleuchtet und die Lampe dennoch nicht brennt, ist die Massezuführung zur Lampe unterbrochen. Um dies zu überprüfen, Massehilfsleitung an die Lampenfassung anlegen. Die Lampe muß jetzt leuchten.
  Hinweis: Es gibt Lampen, die nur eine spannungsführende Zuleitung haben, zum Beispiel Standlicht, Fahrzeuginnenbeleuchtung. Diese Lampen sind über ihr Gehäuse direkt mit der Fahrzeugmasse verbunden.
- Wenn das stromführende Kabel zur Lampe keine Spannung aufweist, die Prüflampe also nicht aufleuchtet, ist sehr wahrscheinlich der Schalter defekt. Schalter auf Durchgang prüfen.

Elektromotoren prüfen

Im Auto werden immer mehr Komfortfunktionen von kleinen Elektromotoren übernommen. Dazu gehören bespielsweise der Fensterheber, das Schiebedach, die elektrische Zentralverriegelung oder die elektrische Antenne.

Jeder Motor wird bei Bedarf über einen Schalter zugeschaltet, meist von Hand. Bei der elektrischen Antenne wird der Schalter automatisch vom Radio angesteuert.

- Sicherung des betreffenden Elektromotors prüfen, gegebenenfalls ersetzen.

Hinweis: Beim elektrischen Fensterheber und der Zentralverriegelung sollte vor einer erneuten Betätigung die Überlastungsursache beseitigt werden. Das können beispielsweise vereiste Scheiben und Schlösser oder verschmutzte Fenster-Führungsschienen sein.

- Brennt die Sicherung gleich wieder durch, liegt ein Kurzschluß vor.
- Um eindeutig zu klären, ob der Defekt im Motor liegt, 2 Hilfskabel (∅ ca. 2 mm) direkt von der Fahrzeugbatterie an den Motor anlegen. Pluskabel an den Pluspol, Massekabel an Massepol des Motors. Die Pol-Belegung ergibt sich im Zweifelsfall aus dem Stromlaufplan. Dazu muß der Motor gegebenenfalls ausgebaut werden. Alle elektrischen Motoren im Fahrzeug werden mit Bordspannung (12 bis 14 Volt) versorgt. Funktioniert der Motor jetzt ordnungsgemäß, war die Stromversorgung defekt. Hinweis: Ein zu langsam laufender oder aussetzender Elektromotor kann auf abgenützte Schleifkohlen hinweisen. In diesem Fall Schleifkohlen (Bürsten) ersetzen.
- Funktioniert der Motor, anhand des Stromlaufplans feststellen, welche Zuleitung am Elektromotor Spannung führt, wenn der Schalter betätigt wird und zuvor die Zündung eingeschaltet wurde.
- Spannungsführendes Kabel am Elektromotor mit Prüflampe prüfen. Da bei Elektromotoren ein großer Strom fließt, kann eine herkömmliche Prüflampe mit Glühlampe genommen werden. Diese haben spitze Prüfnadeln, mit denen das Anschlußkabel durchstochen werden kann. So läßt sich auf einfache Weise die Spannung prüfen. Motoren, die links/rechtsherum drehen, zum Beispiel Fensterhebermotoren, haben zwei Plus-Anschlüsse. **Achtung:** Scheibenwischermotor prüfen, siehe entsprechendes Kapitel.
- Liegt keine Spannung am Elektromotor an, ist die Stromversorgung defekt. Fehler in der Zuleitung nach Stromlaufplan suchen und beheben. Elektromotoren haben in der Regel aufgrund des hohen Strombedarfs zusätzliche Schaltrelais. Prüfung, siehe entsprechendes Kapitel.
- Wurde kein Fehler gefunden, Schalter prüfen.
- Ist ein Kabel defekt, ist es oft sinnvoller, man legt ein neues Kabel, da es schwierig ist, einen Defekt im Kabel zu lokalisieren.

Schalter auf Durchgang prüfen

Die meisten elektrischen Verbraucher werden über einen von Hand betätigten Schalter ein- und ausgeschaltet. Darüber hinaus gibt es auch Schalter, die automatisch betätigt werden. Zu diesen Schaltern zählen zum Beispiel der Öldruckschalter und der Geber für Bremsflüssigkeitsstand.

Grundsätzlich hat ein Schalter die Aufgabe, den Stromkreis zu schließen und zu unterbrechen. Es gibt Schalter, die die Masseleitung unterbrechen, und Schalter, die den Plusstrom unterbrechen.

Schalter für Lampen und Elektromotoren prüfen

- Betreffenden Schalter ausbauen.
- Einfache Schalter haben nur 2 Anschlüsse für die Kabel. In diesem Fall muß an einem Anschluß immer Spannung (+) anliegen und nach dem Einschalten an der anderen Klemme auch. Es gibt auch Schalter mit mehreren Klemmen. Bei diesen Schaltern anhand des Stromlaufplans klären, an welcher Klemme Spannung anliegen muß, gegebenenfalls vorher Zündung einschalten.
- Mit Prüflampe prüfen, ob am Schalter Spannung anliegt. Leuchtet die Prüflampe auf, Schalter betätigen und an der Ausgangsklemme prüfen, ob dort auch Spannung anliegt. Ist das der Fall, ist sichergestellt, daß der Schalter funktioniert.
- Wenn an der Eingangsklemme keine Spannung anliegt, liegt eine Unterbrechung in der Leitungs-Zuführung vor. Anhand des Stromlaufplans muß die Spannungszuführung kontrolliert und gegebenenfalls eine neue Leitung gelegt werden.

Geberschalter prüfen

Geberschalter sind bespielsweise: Öldruckschalter, Geber für Bremsflüssigkeits- und Kühlmittelstand.

- Durchgangsprüfer (Prüflampe oder Ohmmeter) an der Zu- und Ableitung des Schalters anschließen, dazu Kabel am Schalter abziehen. **Achtung:** Schalter, die im Motorblock eingeschraubt sind, haben in der Regel kein Massekabel, da das Schaltergehäuse über den Motorblock als Massepol dient.
- Bei geschlossenem Schalter muß der Durchgangsprüfer Durchgang anzeigen. Am besten ist ein Ohmmeter als Durchgangsprüfer: Bei geschlossenem Schalter muß es 0Ω, bei geöffnetem Schalter $\infty\Omega$ (unendlich) anzeigen.
- Die Funktionsfähigkeit etwa der Kühlmittel- oder Bremsflüssigkeitsstand-Warnschalter läßt sich am schnellsten prüfen, indem bei eingeschalteter Zündung die Zuleitung am Schalter abgezogen wird und an eine gute Massestelle, zum Beispiel gegen den Motorblock, gehalten wird. Spricht die Warnlampe im Schalttafeleinsatz jetzt an, liegt der Fehler am Schalter.
  Ein Sonderfall ist der Öldruckschalter: Bei stehendem Motor ist der Kontakt geschlossen (Warnlampe brennt), erst bei einem gewissen Öldruck öffnet der Schalter.

Relais prüfen

In vielen Stromkreisen ist ein Relais integriert. Ein Schaltrelais arbeitet wie ein Schalter. Beispiel: Wenn das Fernlicht über den Handschalter eingeschaltet wird, bekommt das Relais den Befehl, den Strom zum Fernlicht durchzuschalten. Man könnte natürlich den Strom auch direkt über den Lichtschalter von der Batterie zum Fernlicht legen. Bei allen Verbrauchern mit hoher Stromaufnahme (Fernscheinwerfer, Scheibenwischer, Nebelscheinwerfer) schaltet man jedoch ein Relais dazwischen, um den Schalter nicht zu überlasten beziehungsweise um kurze Stromwege sicherzustellen. Neben diesen Schaltrelais gibt es auch Funktionsrelais, zum Beispiel für die Wisch-Wasch-Anlage oder das Warntonrelais für eingeschaltete Außenbeleuchtung.

Schaltrelais prüfen

Beim Einschalten des betreffenden Verbrauchers wird das Relais angesteuert, das heißt durch den Schaltstrom zieht eine Magnetspule im Relaisinnern einen Kontakt an und schließt so den Stromkreis für den »Arbeitsstrom«. Der Arbeitsstrom läuft über das Relais zum Stromverbraucher weiter.

Am einfachsten läßt sich die Funktionsfähigkeit eines Relais prüfen, wenn man es gegen ein intaktes auswechselt. So macht man es auch in der Werkstatt. Da dem Heimwerker jedoch in den seltensten Fällen ein neues Relais sofort zur Verfügung steht, empfiehlt sich folgender Arbeitsschritt bei den sogenannten Schaltrelais, wie sie unter anderem zum Schalten von Nebel- und Hauptscheinwerfern verwendet werden. Die hier angegebenen Klemmenbezeichnungen können vor allem bei den serienmäßig eingebauten Relais auch anders lauten.

- Relais aus der Halterung herausziehen.
- Zündung und entsprechenden Schalter einschalten.
- Zuerst mit Spannungsprüfer feststellen, ob an Klemme 30 (+) im Relaishalter Spannung anliegt. Dazu Spannungsprüfer an Masse (–) anschließen und die andere Kontaktspitze vorsichtig in Klemme 30 einführen. Wenn die Leuchtdiode des Spannungsprüfers aufleuchtet, ist Spannung vorhanden. Zeigt der Spannungsprüfer keine Spannung an, Unterbrechung vom Batterie-Pluspol (+) zu Klemme 30 anhand des Schaltplanes aufspüren.
- Leitungsbrücke aus einem Stück isoliertem Draht herstellen, die Enden müssen blank sein.
- Mit dieser Brücke im Relaishalter die Klemme 30 (Batterie +, führt immer Spannung) mit dem Ausgang des Relais-Schließers Klemme 87 verbinden. Mit diesem Arbeitsschritt wird praktisch genau das getan, was ein intaktes Relais auch vornimmt. Wo sich die Klemmen im Relaishalter befinden, ist auf dem Relais beziehungsweise am Steckkontakt aufgeführt.
- Wenn bei eingesetzter Brücke zum Beispiel das Fernlicht aufleuchtet, kann man davon ausgehen, daß das Relais defekt ist.

- Wenn das Fernlicht nicht aufleuchtet, klären, ob die Masseverbindung zum Scheinwerfer intakt ist. Dann Unterbrechung in der Leitungsführung von Klemme 87 zum Hauptscheinwerfer anhand des Schaltplanes aufspüren und beheben.
- Falls erforderlich, neues Relais einsetzen.

Achtung: Falls ein Fehler nur zeitweise in einem Stromkreis auftritt, der mit einem Relais bestückt ist, dann liegt der Defekt in Regel im Relais. Und zwar bleibt dann ein Kontakt im Relais ab und zu kleben, während das Relais in der übrigen Zeit einwandfrei funktioniert. Bei Auftreten des Fehlers leicht gegen das Relaisgehäuse klopfen. Wenn das Relais daraufhin durchschaltet, Relais ersetzen.

Scheibenwischermotor prüfen

Der Scheibenwischermotor sitzt im Wasserkasten unterhalb der Windschutzscheibe. Zum Prüfen muß die jeweilige Abdeckung demontiert werden.

Klemmenbezeichnungen

Die Klemmen am Motor sind genormt:

- Klemme **31** ist der Masseanschluß (allgemein in der Fahrzeugelektrik).
- Klemme **53** erhält Spannung für die erste Wischergeschwindigkeit.
- Klemme **53 a** liefert Plusstrom (+) für die Wischer-Endabstellung: Der Motor erhält über einen Schleifkontakt so lange Spannung, bis die Wischer in Ruhestellung gelaufen sind, wenn der Fahrer den Scheibenwischer ausschaltet.
- Klemme **53 b** führt die Spannung für die zweite Wischergeschwindigkeit (Nebenschlußwicklung).
- Über Klemme **53 e** wird der Wischermotor beim Zurücklaufen nach dem Abschalten abgebremst, damit die Wischer nicht über ihre Parkstellung hinauslaufen.
- Klemme **53 c** (vom Relais) führt zur elektrischen Scheibenwaschpumpe.

Wischermotor prüfen

Zunächst klären, ob der Wischermotor oder die Stromversorgung defekt ist. Dazu folgendermaßen vorgehen:

- Mehrfachstecker am Wischermotor abziehen.
- Mit 2 Hilfskabeln Spannung (+) und Masse (–) von der Fahrzeugbatterie an den Wischermotor anlegen:
- Ein Kabel vom Batterie-Pluspol zu Klemme **53** oder **53 b** verlegen.
- Das zweite vom Batterie-Minuspol zu Motor-Klemme **31** führen.
- Der Scheibenwischermotor muß jetzt je nach benutzter Klemme auf Stufe I oder II laufen. Wenn nicht, ist der Motor oder die entsprechende Stufe defekt. Wischermotor ausbauen, siehe Seite 233.

Blinkanlage prüfen

Die Takte für die Blink- und Warnblinkanlage werden von einem Relais erzeugt, dem sogenannten Blinkgeber. Die Warnblinkanlage ist ohne Sicherung an das Relais angeschlossen. Die Richtungs-Blinkanlage wird über eine Sicherung im Sicherungskasten abgesichert.

- Ist der Blinker-Rhythmus auf einer Seite schneller als auf der anderen Seite, ist auf der »schnellen« Seite eine Glühlampe defekt oder eine Leitungsunterbrechung vorhanden.
- Bei allen anderen Störungen ist meist das Blinkrelais die Ursache. Klemmenbelegung am Blinkgeber, die Anschlußfahnen sind markiert:
- Klemme **31** ist Masse (minus, allgemein in der Fahrzeugelektrik)
- Klemme **49** ist Relaiseingang (plus liegt ständig an), Klemme **49a** der Relaisausgang
- Klemme **C** geht zur Kontrollampe im Schalttafeleinsatz, bei Anhängevorrichtung kann eine weitere Klemme **C2** für die Anhänger-Blinkkontrolle vorhanden sein.
- Steht kein neues Relais zur Verfügung, dünnen Draht vorsichtig zwischen Klemme **49** und **49a** im Relaisstecker einstecken. **Achtung:** Dabei dürfen die empfindlichen Relaiskontakte nicht beschädigt werden. Drahtenden vor dem Einstecken umbiegen, damit keine scharfen Kanten vorhanden sind. Defektes Blinkrelais wieder aufsetzen. Die Anschlußfahnen sind so lang, daß das Relais trotz Überbrückung wieder aufgesteckt werden kann.
- Zündung einschalten. Wird der Blinkhebel jetzt betätigt, leuchtet die betreffende Blinkerseite dauernd auf. Durch Ein- und Ausschalten mit dem Blinkerhebel kann ein Blinkrhythmus erzeugt werden.
- Leuchtet das Blinklicht trotz Überbrückung der Relaiskontakte nicht, liegt ein Defekt im Blinkerschalter oder in der elektrischen Zuleitung vor.

Bremslicht prüfen

- Wenn das Bremslicht nicht aufleuchtet, zuerst Sicherung im Sicherungkasten überprüfen.
- War die Sicherung in Ordnung, anschließend Brems-Glühlampen überprüfen, gegebenenfalls erneuern.

Sind die Brems-Glühlampen in Ordnung, anschließend Bremslichtschalter prüfen. Oberhalb des Bremspedals sitzt am Pedalbock der Bremslichtschalter. Beim Niedertreten des Bremspedals wandert ein Druckstift aus dem Schalter heraus. Der Schalterkontakt schließt, und die Bremslichter leuchten auf.

- Bremslichtschalter überprüfen. Dazu Abdeckung oberhalb der Pedale ausbauen. Kabelstecker vom Bremslichtschalter abziehen.
- Zündung einschalten.
- Beide Kontakte im Kabelstecker des Bremslichtschalters mit einer kurzen Hilfsleitung überbrücken. Wenn die Bremslichter jetzt aufleuchten, ist der Bremslichtschalter defekt, ersetzen.

Heizbare Heckscheibe prüfen

Bei eingeschalteter Heckscheibenheizung muß das Feld mit den sichtbaren Leiterbahnen nach einiger Zeit frei von Beschlag oder Eis sein.

- Bei Störungen zuerst Sicherung im Sicherungskasten überprüfen.
- Ist die Sicherung in Ordnung, anschließend festen Sitz der Kabelstecker links und rechts an der Heckscheibe überprüfen, gegebenenfalls von Korrosion reinigen.
- Funktioniert die Heckscheibenheizung immer noch nicht, Zuleitungen und Schalter sowie Schaltrelais prüfen, siehe Seite 205.

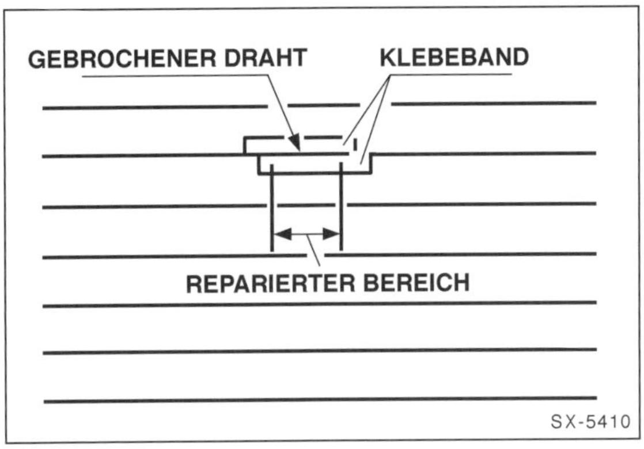

- Sind Heizfäden unterbrochen, hilft handelsüblicher Leitsilberlack zur Wiederherstellung der Verbindung. Dazu beschädigten Bereich mit Verdünner oder Ethylen reinigen.
- Unterbrochene Stelle von beiden Seiten mit Klebeband abkleben und mit einem kleinen Pinsel Silberfarbe auftragen.
- Farbe bei ca. +25° C ca. 24 Stunden trocknen lassen. Es kann auch ein Heißluftfön verwendet werden. Bei +150° C trocknet die Farbe in ca. 30 Minuten.

Achtung: Heckscheibenheizung nicht einschalten, bevor die Farbe ganz trocken ist. Kein Benzin oder andere Lösungsmittel zum Reinigen des beschädigten Teils verwenden.

Hupe aus- und einbauen

Modelle mit 1,8-l-Motor sowie 2,0-l-Dieselmotor haben im linken Radkasten eine Tiefton-Fanfare. Alle anderen Typen haben zusätzlich im rechten Radkasten eine Hochton-Fanfare.

Ausbau

- Innenkotflügel mit Luftführung vorn links, beziehungsweise rechts ausbauen, siehe Seite 186.

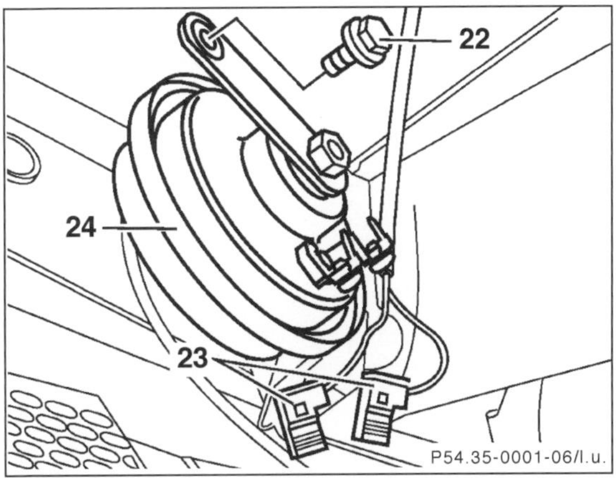

- Kabel –23– von der Fanfare –24– abziehen.
- Fanfare abschrauben –22–.

Einbau

- Horn anschrauben, Kabel aufschieben. Innenkotflügel und Luftführung einbauen.

Sicherungen auswechseln

Um Kurzschluß- und Überlastungsschäden an den Leitungen und Verbrauchern der elektrischen Anlage zu verhindern, sind die einzelnen Stromkreise durch Schmelzsicherungen geschützt. Es werden Sicherungen verwendet, die mit Messerkontakten ausgestattet sind, so daß herkömmliche Sicherungen nicht mehr verwendet werden können.

Die Sicherungen sind vornehmlich in einem Sicherungs- und Relaiskasten untergebracht, der sich links hinten im Motorraum befindet.

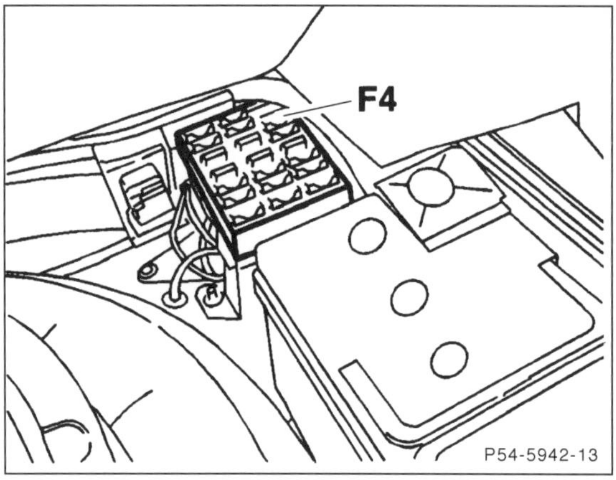

Weitere Sicherungen befinden sich im Zusatz-Sicherungskasten –F4– im Kofferraum vor der Batterie.

- Vor dem Auswechseln einer Sicherung immer zuerst den betroffenen Verbraucher ausschalten.
- Deckel für Sicherungskasten abnehmen.

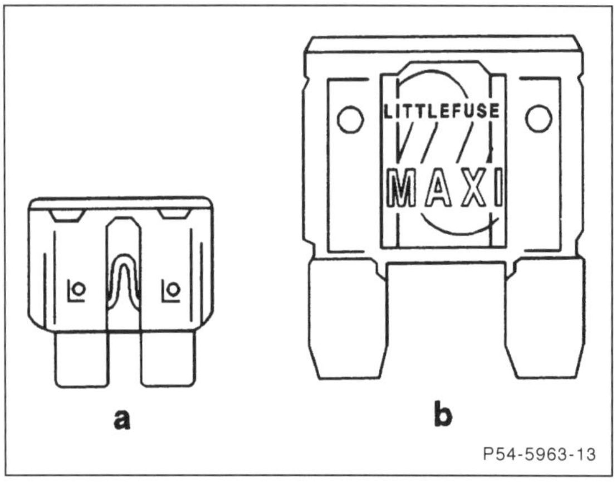

- Eine durchgebrannte Sicherung erkennt man am durchgeschmolzenen Metallstreifen. Es sind Sicherungen in 2 verschiedenen Ausführungen eingebaut. a – 7,5 bis 30 Ampere, b – 30 und 40 Ampere.

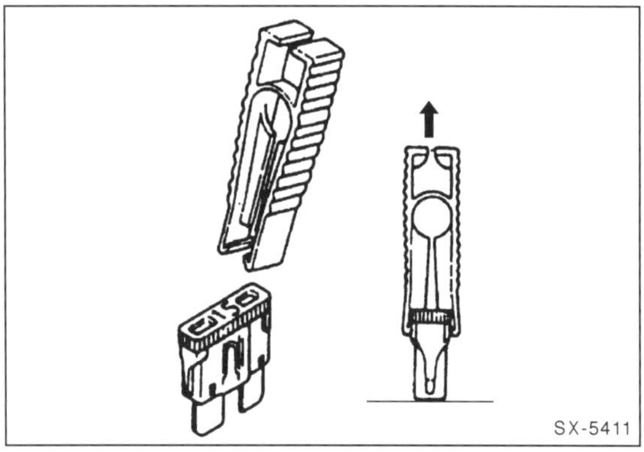

- Defekte Sicherung herausziehen. Zum Ausziehen der Sicherungen befindet im Bordwerkzeug eine Kunststoffpinzette.

- Neue Sicherung **gleicher Sicherungsstärke** einsetzen. Die Nennstromstärke der Sicherung ist auf der Rückseite des Griffes aufgedruckt. Außerdem hat der Griff bei den Sicherungen –a– eine Kennfarbe, an der ebenfalls die Nennstromstärke zu erkennen ist.

Nennstromstärke Ampere	**Kennfarbe Standardsicherung**
10	rot
15	blau
20	gelb
30	grün

- Sicherungskasten-Abdeckung wieder aufsetzen.
- Brennt eine neu eingesetzte Sicherung nach kurzer Zeit wieder durch, muß der entsprechende Stromkreis überprüft werden.
- Auf keinen Fall Sicherung durch Draht oder ähnliche Hilfsmittel ersetzen, weil dadurch ernste Schäden an der elektrischen Anlage auftreten können.
- Es ist empfehlenswert, stets einige Ersatzsicherungen im Wagen mitzuführen. Zur Aufbewahrung befinden sich im Hauptsicherungskasten entsprechende Halterungen.

Hinweis: Die Sicherungsbelegung ist abhängig von der Ausstattung und vom Baujahr des Fahrzeuges. Die aktuelle Belegung der Sicherungen befindet sich im Deckel vom Sicherungskasten und in der Betriebsanleitung.

Relaisbelegung

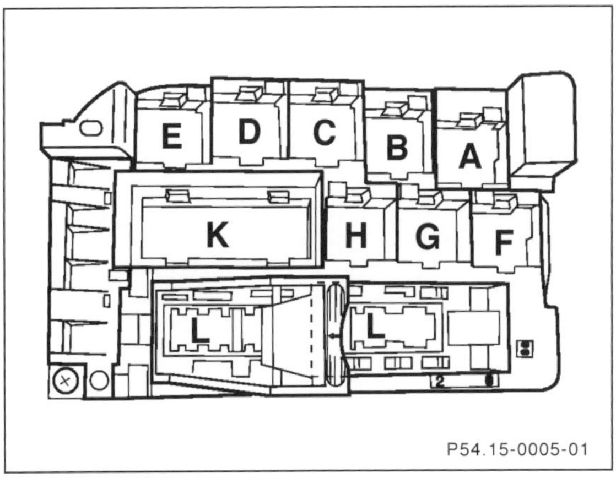

Die Relais sitzen im Sicherungs- und Relaiskasten im Motorraum.

Kennbuchstabe	Relais/ Steuergerät	Verbraucher
A	K3/1	Partielle Saugrohrvorwärmung (PSV)
B	K20	Vorladepumpe
C/D	K9	Zusatzlüfter
E	K2	Scheinwerferreinigungsanlage
F	K39	Fanfaren
G	–	–
H	K17	Lufteinblasung
K_1	N10	Kombi-Relais (Blinker, heizbare Heckscheibe, Wischermotor)
K_2	N10/2	Kombi-Relais (Blinker mit Anhängevorrichtung, heizbare Heckscheibe, Wischermotor) Lampenkontrollgerät
L	N7	Lampenkontrollgerät

Batterie aus- und einbauen

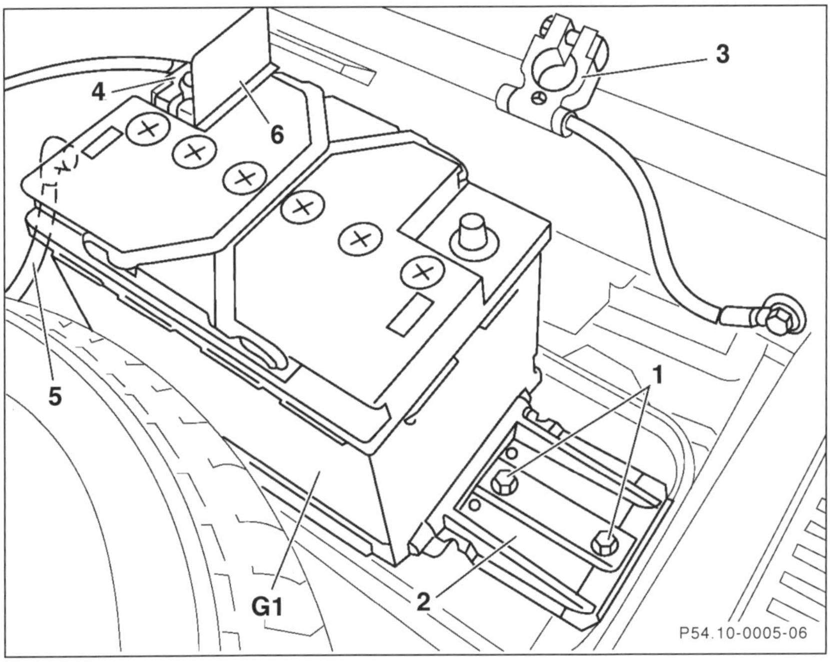

1 – Schrauben
2 – Halter
3 – Minuspolklemme
4 – Pluspolklemme
5 – Gasungsleitung
6 – Pluspolabdeckung
G1 – Batterie

Die Batterie befindet sich auf der rechten Seite unter dem Kofferraumboden.

Achtung: Einige serienmäßig eingebaute Autoradios besitzen eine Codierung. Die Anti-Diebstahl-Codierung verhindert die unbefugte Inbetriebnahme des Gerätes, wenn die Stromversorgung unterbrochen wurde. Die Stromversorgung ist beispielsweise unterbrochen beim Abklemmen der Batterie, beim Ausbau des Radios oder wenn die Radiosicherung durchgebrannt ist. Falls das Radio codiert ist, Radiocode vor Abklemmen der Batterie feststellen. Ist der Code nicht bekannt, kann nur eine MERCEDES-Werkstatt das Autoradio wieder in Betrieb nehmen.

Ausbau

- Zündschlüssel darf nicht eingesteckt sein.
- Batteriekabel abklemmen, zuerst Massekabel –3– (–), dann Pluskabel –4– (+), dazu Abdeckung –6– hochklappen.
- Gasungsleitung –5– an der Batterie –G1– abziehen.
- Schrauben –1– für Halteplatte –2– am Batteriefuß abschrauben und herausnehmen. Bei der 100 Ah-Batterie ist nur eine Schraube –1– vorhanden.
- Batterie herausheben.

Achtung: Batterien enthalten giftige Substanzen, diese dürfen nicht in den Hausmüll gelangen.

Hinweis:
Wenn Sie eine neue Autobatterie kaufen, nehmen Sie die Altbatterie zum Händler mit. Sonst müssen Sie Pfand für die neue Batterie bezahlen.

Einbau

- Vor dem Einbau Batterie-Pole blank kratzen, geeignet ist dazu eine Messingdrahtbürste. Zur Verhinderung von Korrosion beide Pole mit speziellem Säureschutzfett bestreichen, zum Beispiel mit BOSCH-Polfett.
- Batterie einsetzen. Halteplatte ansetzen und festschrauben.
- Gasungsleitung an der Batterie aufschieben.
- Pluskabel am Pluspol (+), dann Massekabel am Minuspol (–) anklemmen. **Achtung:** Batterie nur bei **ausgeschalteter Zündung** anklemmen, sonst kann das Steuergerät der Einspritzanlage beschädigt werden. Durch eine falsch angeschlossene Batterie können erhebliche Schäden am Generator und an der elektrischen Anlage entstehen.

Achtung: Auf einwandfreie Masseanschlüsse und saubere Kontakte achten. Hohe Übergangswiderstände führen, insbesondere beim Starten, zu einer Überlastung der elektronischen Steuergeräte und können im Extremfall sogar deren Zerstörung bewirken.

- Abdeckung für Pluspol zuklappen und einrasten.
- Generatorspannung prüfen, siehe Seite 213.

Hinweis: Eine zu hohe Ladespannung des Generators kann die Ursache für den Ausfall der bisherigen Batterie gewesen sein und, falls der Fehler weiter besteht, die neue Batterie schädigen.

- Zeituhr einstellen.
- Diebstahlcode für Radio eingeben, siehe Radio-Bedienungsanleitung.

Hinweise zur wartungsarmen Batterie

Fahrzeuge der MERCEDES C-Klasse sind serienmäßig mit einer wartungsarmen Batterie ausgestattet. Bei dieser Batterie muß nicht mehr wie bisher destilliertes Wasser nachgefüllt werden, dennoch sind einige Wartungspunkte zu beachten.

- Der Deckel hat eine Entlüftungsöffnung, über die die Batterie atmen kann. Damit keine Batteriesäure austreten kann, darf die Batterie nicht mehr als 45° geneigt werden.
- Zum Laden können die normalen Ladegeräte verwendet werden. Die Batterie darf auch mit einem Schnellladegerät geladen werden.
- Die günstigste Lagertemperatur liegt zwischen 0° C und +27° C. Bei diesen Temperaturen hat die Batterie die geringste Selbstentladungsrate.
- Batteriepole reinigen und mit Bosch-Polfett einreiben.

Batterie prüfen

Es gibt zwei verschiedene Möglichkeiten, die Batterie zu prüfen. Je nach Prüfung werden verschiedene Testgeräte benötigt.

Säuredichte prüfen

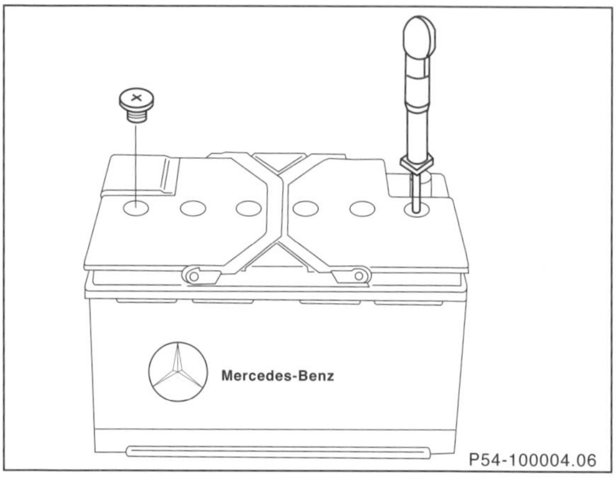

P54-100004.06

- Die Säuredichte ergibt in Verbindung mit der Spannungsmessung genauen Aufschluß über den Ladezustand der Batterie. Zur Prüfung dient ein Säureheber, der recht preiswert in Fachgeschäften angeboten wird. Je größer das spezifische Gewicht (Säuredichte) der angesaugten Batteriesäure ist, desto mehr taucht der Schwimmer auf. An der Skala kann man die Säuredichte in spezifischem Gewicht (g/ml) oder Baumégrad (+°Bé) ablesen. Folgende Werte müssen erreicht werden (bei einer Säuretemperatur von ca. +20° C):

Ladezustand	+°Bé	g/ml
entladen	16	1,15
halb entladen	24	1,22
gut geladen	30	1,26

- Nacheinander jede Batteriezelle prüfen, alle Zellen müssen die gleiche Säuredichte (maximale Differenz 0,04 g/ml) haben. Sonst kann auf eine defekte Batterie geschlossen werden.

Batterie unter Belastung prüfen

- Voltmeter an den Polen der Batterie anschließen. Hinweis: Beträgt die Batteriespannung (ohne angeschlossene Verbraucher) weniger als 12,0 V, ist die Batterie entladen und muß nachgeladen werden.
- Motor starten und Spannung ablesen.
- Während des Startvorganges darf bei einer geladenen Batterie die Spannung nicht unter 8 Volt (bei einer Säuretemperatur von ca. +20° C) abfallen.
- Bricht die Spannung sofort zusammen und wurde in den Zellen eine unterschiedliche Säuredichte festgestellt, so ist auf eine defekte Batterie zu schließen.

- Die Gesamtspannung kann auch mit einem Batterie-Testgerät gemessen werden. Bedienungsanweisung des Herstellers beachten.

Prüfwerte

Batterie-Kapazität Ah	Belastungs-strom Ampere	Mindestspannung nach 5-10 Sek. bei 0 bis +20°C
62	190	10,0 V
74	265	10,0 V
100	300	10,0 V

Achtung: Sinkt bei dieser Messung (Dauer 10 Sekunden) die Gesamtspannung unter 10 Volt, so ist die Batterie entweder entladen oder defekt.

Batterie entlädt sich selbständig

Je nach Fahrzeugausstattung addiert sich zur natürlichen Selbstentladung der Batterie auch die Stromaufnahme der verschiedenen Steuergeräte im Ruhezustand. Daher sollte ein stehendes Fahrzeug spätestens alle 4 Wochen nachgeladen werden. Wenn der Verdacht auf Kriechströme besteht, Bordnetz nach folgender Anleitung prüfen:

- Zur Prüfung geladene Batterie verwenden.
- Batterie-Massekabel (–) von der Batterie abklemmen. **Achtung:** Dadurch werden elektronische Speicher gelöscht, wie zum Beispiel der Radiocode. Vor dem Abklemmen der Batterie sollten auch die Hinweise im Kapitel »Batterie aus- und einbauen« durchgelesen werden.

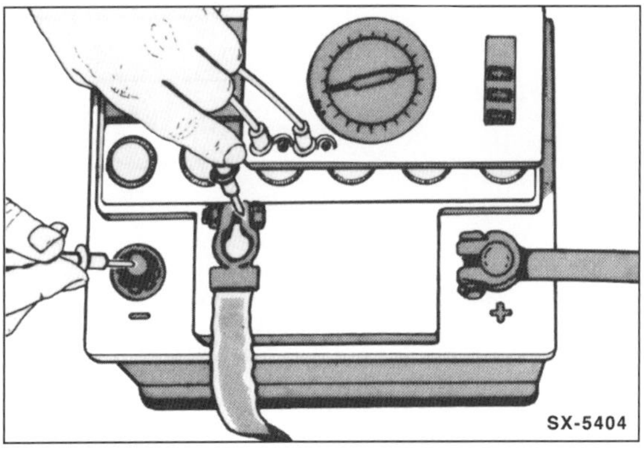

- Am Amperemeter (Meßbereich von 0–5 mA bis 5 A) den höchsten Meßbereich einstellen. Amperemeter zwischen Batterie-Minuspol und Massekabel schalten.

Achtung: Die Prüfung kann auch mit einer Prüflampe durchgeführt werden. Leuchtet die Lampe zwischen Masseband und Minuspol der Batterie jedoch nicht auf, ist auf jeden Fall ein Amperemeter zu verwenden.

- Alle Verbraucher ausschalten, vorhandene Zeituhr (Dauerverbraucher) abklemmen, Türen schließen.
- Vom Amperebereich solange auf den Milliamperebereich zurückschalten, bis eine ablesbare Anzeige erfolgt (1–3 mA sind zulässig).
- Durch Herausnehmen der Sicherungen nacheinander die verschiedenen Stromkreise unterbrechen. Wenn bei einem der unterbrochenen Stromkreise die Anzeige auf Null zurückgeht, ist hier die Fehlerquelle zu suchen. Fehler können sein: korrodierte und verschmutzte Kontakte, durchgescheuerte Leitungen, interner Schluß in Aggregaten.
- Wird in den abgesicherten Stromkreisen kein Fehler gefunden, so sind die Leitungen an den nicht abgesicherten Aggregaten abzuziehen. Diese sind: Zündanlage, Generator und Anlasser.
- Geht beim Abklemmen von einem der ungesicherten Aggregate die Anzeige auf Null zurück, betreffendes Bauteil überholen oder austauschen. Bei Stromverlust in Anlasser oder Zündanlage immer auch den Zündschalter nach Stromlaufplan prüfen.
- Batterie-Massekabel (–) anklemmen.
- Zeituhr einstellen sowie Diebstahlcode für das Radio eingeben.

Batterie laden

Die mit ■ gekennzeichneten Positionen entfallen bei der wartungsarmen Batterie, die serienmäßig eingebaut ist. Hinweise zur wartungsarmen Batterie beachten. Wurde nachträglich eine nicht wartungsarme Batterie eingebaut, sämtliche Positionen beachten.

- Vor dem Laden Säurestand prüfen, gegebenenfalls destilliertes Wasser nachfüllen.
- Batterie niemals kurzschließen. Bei Kurzschluß erhitzt sich die Batterie und kann platzen. Nicht mit offener Flamme in die Batterie leuchten. Batteriesäure ist ätzend und darf nicht in die Augen, auf die Haut oder die Kleidung gelangen, gegebenenfalls mit viel Wasser abspülen.
- Plus- und Massekabel von Batterie abklemmen, Massekabel zuerst. Beim An- und Abklemmen darauf achten, daß keine Funken entstehen. Deshalb vorher alle Verbraucher abschalten.
- Gefrorene Batterie vor dem Laden auftauen. Eine geladene Batterie friert bei ca. –65° C, eine halbentladene bei ca. –30° C und eine entladene bei ca. –12° C.

■ Stopfen aus der Batterie herausschrauben und leicht auf die Öffnungen legen. Dadurch werden Säurespritzer auf dem Lack vermieden, während die beim Laden entstehenden Gase entweichen können.

- Batterie nur in gut belüftetem Raum laden. Beim Laden der eingebauten Batterie die Gepäckraumklappe geöffnet lassen.
- Bei der Normalladung beträgt der Ladestrom ca. 10 % der Kapazität. (Bei einer 74-Ah-Batterie also etwa 7,4 Ampere (A).

- Die Batterie darf auch mit einem Schnell-Ladegerät geladen werden.

Achtung: Das Schnelladen einer Batterie sollte nicht zur Gewohnheit werden! Batterien, die lange unbenutzt gestanden haben oder neu sind, dürfen nicht schnellgeladen werden.

- Pluspol (+) der Batterie mit Pluspol, Minuspol (–) der Batterie mit Minuspol des Ladegerätes verbinden.
- Die Säuretemperatur darf während des Ladens +55° C nicht überschreiten, gegebenenfalls Ladung unterbrechen oder Ladestrom herabsetzen.

■ So lange laden, bis alle Zellen lebhaft gasen und bei drei im Abstand von je einer Stunde aufeinanderfolgenden Messungen das spezifische Gewicht der Säure und die Spannung nicht mehr angestiegen sind.

■ Nach der Ladung Säurestand prüfen, gegebenenfalls destilliertes Wasser nachfüllen.

■ Säuredichte prüfen. Liegt der Wert in einer Zelle deutlich unterhalb der anderen Werte (z. B. 5 Zellen zeigen 1,26 g/ml und eine Zelle 1,18 g/ml), so ist die Batterie defekt und sollte erneuert werden.

■ Batterie ca. 20 Minuten ausgasen lassen, dann Verschlußstopfen aufschrauben.

Achtung: Der Motor darf nicht bei abgeklemmter Batterie laufen, da sonst die elektrische Anlage beschädigt wird.

Batterie lagern

Batterien, die längere Zeit unbenutzt waren (zum Beispiel Fahrzeug stillgelegt), entladen sich selbst und können darüber hinaus sulfatiert sein. Wenn diese Batterien mit einem Schnelladegerät geladen werden, nehmen sie keinen Ladestrom auf oder werden durch sogenannte Oberflächenladung zu früh als »voll« ausgewiesen. Sie sind anscheinend defekt.

Bevor diese Batterien als defekt angesehen werden, sind sie zu prüfen:

- Säuredichte prüfen. Weicht die Säuredichte in allen Zellen nicht mehr als 0,04 g/ml voneinander ab, so ist die Batterie mit einem Normalladegerät zu laden.
- Weicht die Säuredichte in einer oder in zwei benachbarten Zellen merklich ab (über 0,04 g/ml), hat die Batterie einen Kurzschluß und ist defekt.
- Batterie nach der Ladung durch eine Belastungsprüfung testen. Wenn sie die Sollwerte nicht erreicht, ist sie defekt.
- Um die Alterung der Batterie zu vermeiden, gelagerte Batterie daher etwa alle 3 Monate nachladen.

Störungsdiagnose Batterie

Störung	Ursache	Abhilfe
Säurestand zu niedrig	Überladung, Verdunstung (besonders im Sommer)	■ Destilliertes Wasser bis zur vorgeschriebenen Höhe nachfüllen (bei geladener Batterie)
Säure tritt aus dem Entlüftungdeckel aus	Ladespannung zu hoch	■ Spannungsregler prüfen, ggf. austauschen
	Säurestand zu hoch	■ Überschüssige Säure mit Säureheber absaugen
Säuredichte zu niedrig	Säuredichte in einer Zelle deutlich niedriger als in den übrigen Zellen	■ Kurzschluß in einer Zelle. Batterie erneuern
	Säuredichte in zwei benachbarten Zellen deutlich niedriger als in den übrigen Zellen	■ Trennwand undicht, dadurch entsteht eine leitende Verbindung zwischen den Zellen, wodurch die Zellen entladen werden. Batterie erneuern
	Batterie entladen	■ Batterie laden
	Generator nicht in Ordnung	■ Generator prüfen, ggf. reparieren oder austauschen
	Kurzschluß im Leitungsnetz	■ Elektrische Anlage überprüfen
	Säure infolge Wartungsfehler verwässert	■ Säureausgleich durchführen
Säuredichte zu hoch	Säure wurde nachgefüllt	■ Säureausgleich durchführen
Abgegebene Leistung ist zu gering, Spannung fällt stark ab	Batterie entladen	■ Batterie nachladen
	Ladespannung zu niedrig	■ Spannungsregler prüfen, ggf. austauschen
	Anschlußklemmen lose oder oxydiert	■ Anschlußklemmen reinigen und besonders Unterseite mit Säureschutzfett leicht einfetten, Befestigungsschrauben anziehen
	Masseverbindungen Batterie-Motor-Karosserie sind schlecht	■ Masseverbindung überprüfen, ggf. metallische Verbindungen herstellen oder Schraubverbindungen festziehen
	Zu große Selbstentladung der Batterie durch Verunreinigung der Batteriesäure	■ Batterie austauschen
	Evtl. Batterie sulfatiert (grauweißer Belag auf den Plus- und Minusplatten)	■ Batterie mit kleinem Strom laden, damit sich der Belag langsam zurückbildet. Falls nach wiederholter Ladung und Entladung die abgegebene Leistung immer noch zu gering ist, Batterie austauschen
	Batterie verbraucht, aktive Masse der Platten ausgefallen	■ Batterie austauschen
Nicht ausreichende Ladung der Batterie	Fehler an Generator, Spannungsregler oder Leitungsanschlüssen	■ Generator und Spannungsregler überprüfen, instand setzen bzw. austauschen; Leitungen einwandfrei befestigen
	Keilriemen locker	■ Keilriemen spannen oder austauschen
	Zu viele Verbraucher angeschlossen	■ Größere Batterie einbauen; evtl. auch größeren Generator verwenden
Dauernde Überladung	Fehler am Spannungsregler, evtl. auch am Generator	■ Spannungsregler austauschen bzw. Generator überprüfen

Der Generator

Die Motoren der MERCEDES C-Klasse haben einen Drehstromgenerator. Je nach Modell und Ausstattung sind Generatoren mit unterschiedlicher Leistung eingebaut.

Der Generator wird von der Kurbelwelle über den Keilriemen angetrieben. Dabei dreht sich der Läufer mit der Erregerwicklung innerhalb der feststehenden Ständerwicklung mit ca. doppelter Motordrehzahl.

Über Kohlebürsten und Schleifringe fließt der Erregerstrom durch die Erregerwicklung. Dabei bildet sich ein Magnetfeld. Die Lage des magnetischen Feldes zur Ständerwicklung ändert sich ständig, entsprechend der Umdrehung des Läufers. Dadurch wird in der Ständerwicklung ein Drehstrom erzeugt.

Da die Batterie aber nur mit Gleichstrom geladen werden kann, wird der Drehstrom durch Gleichrichter in der Diodenplatte in Gleichstrom umgewandelt. Der Spannungsregler verändert den Ladestrom durch Ein- und Ausschalten des Erregerstromes, entsprechend dem Ladezustand der Batterie. Gleichzeitig hält der Regler die Betriebsspannung konstant bei ca. 14 Volt, unabhängig von der Drehzahl.

Sicherheitshinweise bei Arbeiten am Drehstromgenerator

Bei Arbeiten am Drehstromgenerator sind verschiedene Punkte zu beachten, um Schäden an der Anlage zu vermeiden. Das komplette Zerlegen und Überholen des Drehstromgenerators sollte von einer Fachwerkstatt durchgeführt werden.

- Wenn eine zusätzliche Batterie (z. B. als Starthilfe) angeschlossen wird, unbedingt darauf achten, daß die gleichen Batteriepole miteinander verbunden werden.
- Beim Anschließen eines Ladegerätes Leitungen des Laders mit den richtigen Batterieklemmen verbinden. Masseband- und Pluskabel während des Ladevorganges von Batterie abklemmen.
- Motor nicht ohne Batterie laufen lassen.
- Klemmen am Drehstromgenerator und am Regler niemals kurzschließen.
- Drehstromgenerator nicht umpolen.

Generator aus- und einbauen

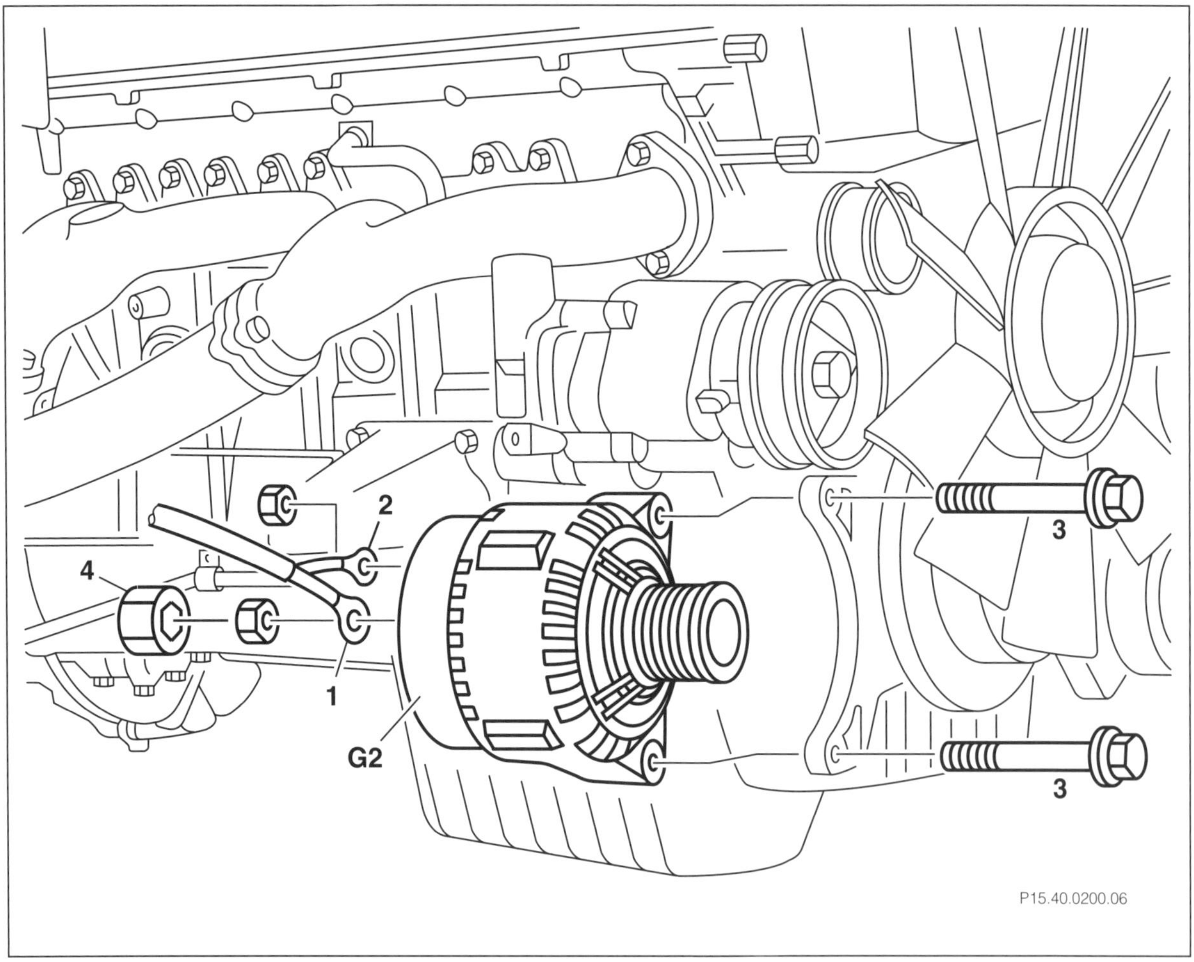

1 – Leitung Klemme 30 (B+)
2 – Leitung Klemme 61 (D+)
3 – Schrauben
4 – Berührungsschutz
G2 – Generator

Achtung: Den Generator gibt es je nach Typ auch als Austauschteil. Das bedeutet, daß ein defekter Generator unter Umständen bei Kauf eines überholten oder neuen Generators vom Hersteller in Zahlung genommen wird, daher Altteil zum Händler mitnehmen.

Ausbau

- **Wichtig:** Batterie-Massekabel (–) abklemmen. **Achtung:** Batterie nur bei **ausgeschalteter Zündung** abklemmen, da sonst das Steuergerät der Einspritzanlage beschädigt werden kann. Vor dem Abklemmen sollten auch die Hinweise im Kapitel »Radio« bzw. »Batterie aus- und einbauen« durchgelesen werden.
- Keilrippenriemen entspannen und nur vom Riemenrad des Generators abnehmen, siehe Seite 48.
- Fahrzeug vorn aufbocken. Falls vorhanden, untere Motorraumverkleidung ausbauen, siehe Seite 20.
- Berührungsschutz –4– am Generatoranschluß abziehen.
- Elektrische Leitungen –1– und –2– am Generator abschrauben.
- Generator mit Schrauben –3– am Halter abschrauben und herausnehmen.

Einbau

- Generator einsetzen, Befestigungsschrauben mit **40 Nm** anziehen.
- Kabel an Klemme 30 mit **15 Nm**, an Klemme 61 mit **5 Nm** anschrauben. Berührungsschutz aufdrücken.
- Keilrippenriemen auflegen und spannen, siehe Seite 48.
- Motorraumverkleidung einbauen, siehe Seite 20.
- Batterie-Massekabel (–) anklemmen. Zeituhr einstellen sowie Diebstahlcode für Radio eingeben.

Generator-Ladespannung prüfen

- Voltmeter zwischen Plus- und Minuspol der Batterie anschließen.
- Motor starten. Die Spannung darf beim Startvorgang bis 9,5 Volt absinken.
- Bei einer Motordrehzahl von 3.000/min soll die Spannung 13,0–14,5 Volt betragen. Dies ist ein Beweis dafür, daß Generator und Regler arbeiten.

Schleifkohlen für Generator/Spannungsregler ersetzen/prüfen

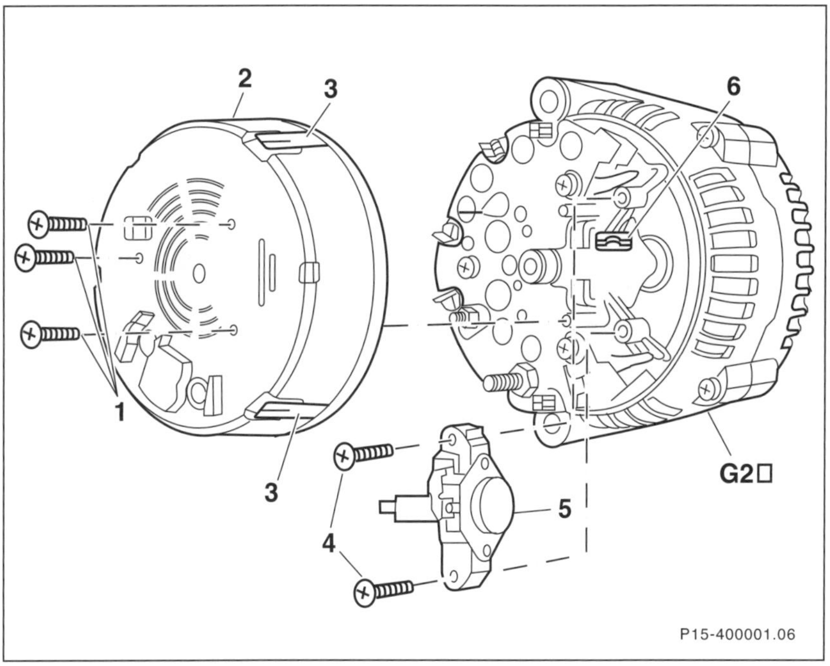

1 – Schrauben
2 – Deckel
3 – Haltenasen
4 – Schrauben
5 – Regler
6 – Massenase
G2 – Generator

Der Spannungsregler ist im Kohlebürstenhalter integriert. Die Kohlebürsten können einzeln ersetzt werden, dazu ist allerdings einiges Geschick notwendig. Die Kohlebürsten des Generators verschleißen recht langsam; im Schnitt sind sie nach etwa 120.000 km abgenutzt. Es empfiehlt sich, die Kohlebürsten vorsorglich etwas früher auszuwechseln.

Ausbau

- Generator ausbauen.
- Schrauben –1– herausdrehen, Abdeckung –2– ausclipsen und abnehmen.
- Schrauben –4– herausdrehen und Regler –5– zur Seite herausnehmen.

- Kohlebürsten ersetzen, dazu Anschlußlitze auslöten.
- Schleifringe auf Verschleiß prüfen, gegebenenfalls feinstüberdrehen und polieren (Werkstattarbeit).

Einbau

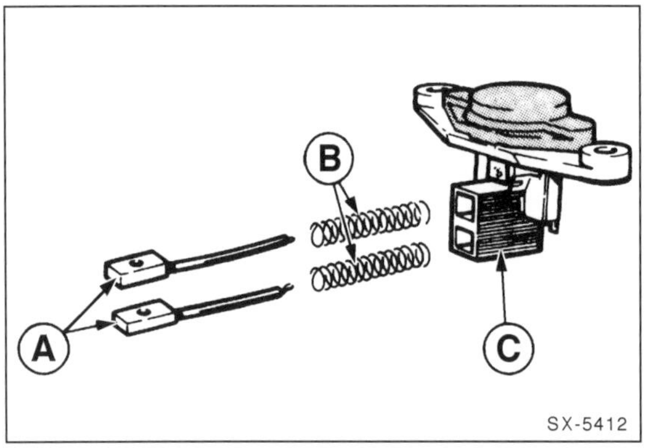

- Neue Kohlebürsten –A– und Federn –B– in den Bürstenhalter –C– einsetzen und Anschlüsse verlöten.
- Damit beim Anlöten der neuen Bürsten kein Lötzinn in der Litze hochsteigen kann, Anschlußlitze der Bürsten mit einer Flachzange fassen. **Achtung:** Durch hochsteigendes Lötzinn würden die Litzen steif und die Kohlebürsten unbrauchbar werden.
- Spannungsregler einsetzen und festschrauben. Beim Einsetzen des Reglers darauf achten, daß die Massenase –6– am Regler anliegt, siehe große Abbildung.
- Nach dem Einbau neue Kohlebürsten auf leichten Lauf in den Bürstenhaltern prüfen.
- Abdeckung am Generator aufstecken und anschrauben.
- Generator einbauen, siehe Seite 212.

Störungsdiagnose Generator

Störung	Ursache	Abhilfe
Ladekontrollampe brennt nicht bei eingeschalteter Zündung	Batterie leer	■ Laden
	Kabel an Generator locker oder korrodiert	■ Kabel auf einwandfreien Kontakt prüfen, Schraube festziehen
	Ladekontrollampe durchgebrannt	■ Ersetzen
	Regler defekt	■ Regler prüfen, gegebenenfalls austauschen
	Unterbrechung in der Leitungsführung zwischen Generator, Zündschloß und Kontrollampe	■ Mit Ohmmeter nach Stromlaufplan untersuchen
	Steckverbindungen zwischen Gleichrichterplatte und Spannungsregler nicht gesteckt	■ Generator demontieren, gegebenenfalls Stecker ersetzen
	Kohlebürsten liegen nicht auf dem Schleifring auf	■ Freigängigkeit der Kohlebürsten und Mindestlänge (5 mm) prüfen
	Erregerwicklung im Generator durchgebrannt	■ Läufer austauschen
Ladekontrollampe verlöscht nicht bei Drehzahlsteigerung	Keilrippenriemen locker	■ Keilrippenriemen spannen
	Kohlebürsten abgenutzt	■ Kohlebürsten sichtprüfen, gegebenenfalls austauschen
	Regler defekt	■ Regler prüfen, gegebenenfalls austauschen
	Leitung zwischen Drehstromgenerator und Regler defekt	■ Leitung und Kontakte prüfen, ggf. Leitungsstrang ersetzen
Ladekontrollampe brennt bei ausgeschalteter Zündung	Plusdiode hat Kurzschluß	■ Dioden prüfen, gegebenenfalls Diodenplatte austauschen

Der Anlasser

Zum Starten des Verbrennungsmotors ist ein kleiner elektrischer Motor, der Anlasser, erforderlich. Damit der Motor überhaupt anspringen kann, muß der Anlasser den Verbrennungsmotor auf eine Drehzahl von mindestens 300 Umdrehungen in der Minute beschleunigen. Das funktioniert aber nur, wenn der Anlasser einwandfrei arbeitet und die Batterie hinreichend geladen ist.

Der Anlasser besteht aus einem Antriebs-, Pol- und Kollektorgehäuse. In dem Pol- und Kollektorgehäuse sind Anker und Kollektor gelagert sowie der Bürstenhalter. Im Bürstenhalter befinden sich Kohlebürsten, die sich zwar langsam, aber stetig abnutzen. Bei hoher Abnutzung der Kohlebürsten kann der Anlasser nicht mehr einwandfrei arbeiten.

In dem vorderen Antriebsgehäuse ist der Ritzelantrieb untergebracht. Wenn der Anlasser über den Zündanlaßschalter Spannung erhält, wird über den Magnetschalter, der auf dem Anlassergehäuse sitzt, das Ritzel auf einem Steilgewinde gegen den Zahnkranz des Motor-Schwungrades geschoben. Sobald das Ritzel bis zum Anschlag auf der Spindel vorgelaufen ist, ist es kraftschlüssig mit dem Schwungrad verbunden. Nun kann der Anlasser den Motor auf die erforderliche Anlaßdrehzahl bringen. Wenn der Verbrennungsmotor anläuft, wird das Ritzel vom Motor her beschleunigt, es läuft also kurzzeitig schneller als der Anlassermotor und spurt aus, wodurch die Verbindung zum Verbrennungsmotor aufgehoben ist.

Da zum Starten eine hohe Stromaufnahme erforderlich ist, ist im Rahmen der Wartung auf eine einwandfreie Kabelverbindung zu achten. Korrodierte Anschlüsse säubern und mit Polschutzfett einstreichen.

Achtung: Den Anlasser gibt es je nach Typ auch als Austauschteil. Das bedeutet, daß ein defekter Anlasser unter Umständen bei Kauf eines überholten oder neuen Anlassers vom Hersteller in Zahlung genommen wird, daher Altteil zum Händler mitnehmen.

Magnetschalter prüfen/ aus- und einbauen

Bei einem Defekt des Magnetschalters wird das Ritzel im Anlasser nicht gegen den Zahnkranz des Schwungrades gezogen. Dadurch kann der Anlasser den Motor nicht durchdrehen. Dieser Defekt tritt häufiger auf als daß der Anlassermotor selbst schadhaft ist.

Prüfen in eingebautem Zustand

- Gang herausnehmen, Schalthebel in Leerlaufstellung.
- Mit Hilfskabel Klemme 30 (=dickes Pluskabel) und 50 (dünnes Kabel, zum Zündschloß) am Anlasser kurz überbrücken, das Anlasserritzel muß nach vorne schnellen (klicken) und der Anlasser anlaufen. Wenn nicht, Anlasser abschrauben und im ausgebauten Zustand überprüfen.

Ausbau

- Anlasser ausbauen und Prüfung bei ausgebautem Anlasser mit einer Autobatterie wiederholen. Als Zuleitung zu Klemme 50 des Anlassers eignet sich ein Starthilfekabel. Schnellt das Ritzel nach vorne, ohne daß der Anlasser anläuft, Anlassermotor von einer Werkstatt überholen lassen.
- Schnellt das Ritzel nicht nach vorn, Magnetschalter abschrauben und ersetzen.

Einbau

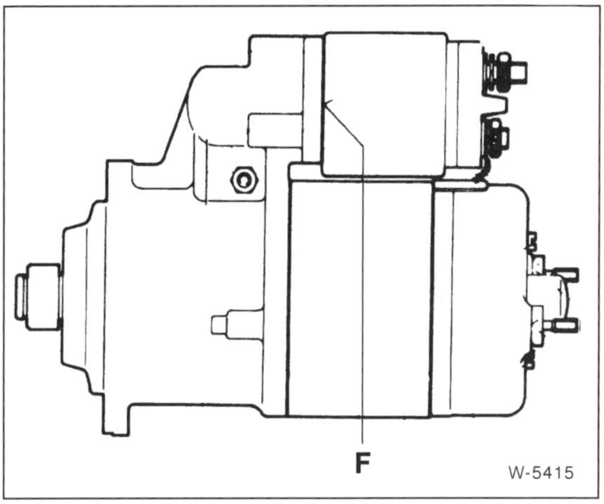

- Trennfuge –F– zum Anlasser mit geeignetem Dichtmittel abdichten.
- Magnetschalter an Gabelhebel im Anlasser einhängen, dann anschrauben.
- Leitung für Magnetschalter anschrauben.
- Anlasser erneut prüfen, wie oben beschrieben.
- Anlasser einbauen.

Anlasser aus- und einbauen

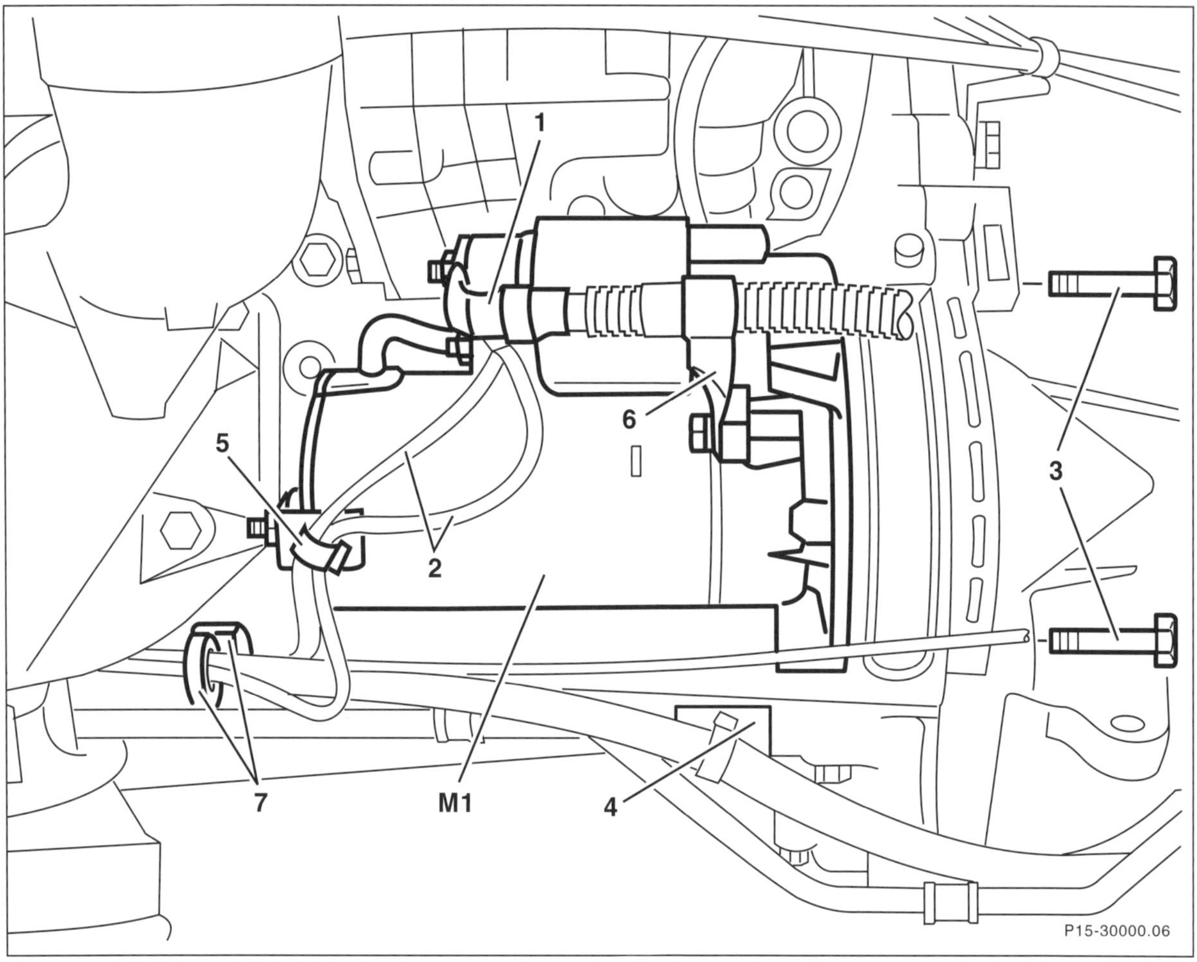

1 – Leitung Klemme 30
2 – Leitung Klemme 50
3 – Schrauben
4 – Halter
5 – Halter (nur bei Benzinmotor)
6 – Halter
7 – Clips/Halter
M1 – Anlasser

Ausbau

- **Wichtig:** Batterie-Massekabel (–) abklemmen. **Achtung:** Batterie nur bei **ausgeschalteter Zündung** abklemmen, da sonst das Steuergerät der Einspritzanlage beschädigt werden kann. Vor dem Abklemmen sollten auch die Hinweise im Kapitel »Radio« bzw. »Batterie aus- und einbauen« durchgelesen werden.
- Fahrzeug vorn aufbocken. Untere Motorraumverkleidung ausbauen, siehe Seite 20.
- Kabel von Klemme 30 –1– und Klemme 50 –2– am Magnetschalter abklemmen.
- Kabelhalter –4– bis –7– ausbauen. **Hinweis:** Bei Modellen mit Dieselmotor ist Halter –5– nicht vorhanden.
- Schrauben –3– am Anlasserflansch herausschrauben.
- Anlasser nach unten herausnehmen. Beim 6-Zylinder-Motor vorher Lenkung leicht nach links einschlagen.

Einbau

- Anlasser einsetzen und Schrauben mit **40 Nm** festziehen. Beim 6-Zylinder-Motor Lenkung wieder geradeaus stellen.
- Kabel an Klemme 30 mit **15 Nm**, an Klemme 50 mit **5 Nm** anschrauben.
- Kabelhalter –4– bis –7– einbauen.
- Motorraumverkleidung einbauen, siehe Seite 20.
- Batterie-Massekabel (–) anklemmen. Zeituhr einstellen sowie Diebstahlcode für Radio eingeben.

Störungsdiagnose Anlasser

Wenn ein Anlasser nicht durchdreht, ist zunächst zu prüfen, ob an der Klemme 50 des Magnetschalters die zum Einziehen benötigte Spannung von mindestens 8 Volt vorhanden ist. Liegt die Spannung unter dem genannten Wert, dann müssen die Leitungen, die zum Anlasserstromkreis gehören, nach dem Stromlaufplan überprüft werden. Ob der Anlasser bei voller Batteriespannung einzieht, kann folgendermaßen geprüft werden:

- Keinen Gang einlegen, Zündung eingeschaltet.
- Mit einer Leitung (Querschnitt mindestens 4 mm^2) die Klemmen 30 und 50 am Anlasser überbrücken, siehe auch Stromlaufplan.

Spurt der Anlasser dabei einwandfrei ein, so liegt der Fehler in der Leitungsführung zum Anlasser. Anderenfalls Anlasser in ausgebautem Zustand überprüfen.

Prüfvoraussetzung: Leitungsanschlüsse müssen festsitzen und dürfen nicht oxydiert sein.

Störung	Ursache	Abhilfe
Anlasser dreht sich nicht beim Betätigen des Zündanlaßschalters	Batterie entladen	■ Batterie laden
	Klemmen 30 und 50 am Anlasser überbrücken: Anlasser läuft an. Leitung 50 zum Zündanlaßschalter unterbrochen, Anlaßschalter defekt	■ Unterbrechung beseitigen, defekte Teile ersetzen
	Kabel oder Masseanschluss ist unterbrochen, oder die Batterie ist entladen.	■ Batteriekabel und Anschlüsse prüfen. Batteriespannung messen, ggf. laden.
	Ungenügender Stromdurchgang infolge lockerer oder oxydierter Anschlüsse	■ Batteriepole und -klemmen reinigen. Stromsichere Verbindungen zwischen Batterie, Anlasser und Masse herstellen
	Keine Spannung an Klemme 50 (Magnetschalter)	■ Leitung unterbrochen Zündanlaßschalter defekt
Anlasser dreht sich zu langsam und zieht den Motor nicht durch	Batterie entladen	■ Batterie laden
	Kein Mehrbereichsöl im Motor	■ Mehrbereichsöl einfüllen
	Ungenügender Stromdurchgang infolge lockerer oder oxydierter Anschlüsse	■ Batteriepole und -klemmen und Anschlüsse am Anlasser reinigen, Anschlüsse festziehen
	Kohlebürsten liegen nicht auf dem Kollektor auf, klemmen in ihren Führungen, sind abgenutzt, gebrochen, verölt oder verschmutzt	■ Kohlebürsten überprüfen, reinigen bzw. auswechseln. Führungen prüfen
	Ungenügender Abstand zwischen Kohlebürsten und Kollektor	■ Kohlebürsten ersetzen und Führungen für Kohlebürsten reinigen
	Kollektor riefig oder verbrannt und verschmutzt	■ Kollektor abdrehen oder Anker ersetzen
	Spannung an Klemme 50 fehlt (mind. 8 Volt)	■ Zündanlaßschalter oder Magnetschalter überprüfen
	Magnetschalter defekt	■ Schalter auswechseln
Anlasser spurt ein und zieht an, Motor dreht nicht oder nur ruckweise	Ritzelgetriebe defekt	■ Ritzelgetriebe ersetzen
	Ritzel verschmutzt	■ Ritzel reinigen
	Zahnkranz am Schwungrad defekt	■ Zahnkranz nacharbeiten, falls erforderlich, Schwungrad erneuern
Ritzelgetriebe spurt nicht aus	Ritzelgetriebe oder Steilgewinde verschmutzt bzw. beschädigt	■ Ritzelgetriebe reinigen, ggf. ersetzen
	Magnetschalter defekt	■ Magnetschalter ersetzen
	Rückzugfeder schwach oder gebrochen	■ Rückzugfeder erneuern
Anlasser läuft weiter, nachdem der Zündschlüssel losgelassen wurde	Magnetschalter hängt, schaltet nicht ab	■ Zündung sofort ausschalten, Magnetschalter ersetzen
	Zündschloß schaltet nicht ab	■ Sofort Batterie abklemmen, Zündschloß ersetzen

Beleuchtungsanlage

Zur Beleuchtungsanlage zählen: Hauptscheinwerfer, Heckleuchten, Bremsleuchten, Rückfahrscheinwerfer, Blinkleuchten, Nebelschlußleuchten, Kennzeichenleuchten und Innenleuchten. Die Instrumentenbeleuchtung wird im Kapitel »Armaturen« abgehandelt.

Glühlampen verschleißen mit der Zeit. Etwa alle 2 Jahre sollten sie deshalb ausgewechselt werden, auch wenn sie noch intakt sind. Dies gilt nicht für Halogenlampen, wie sie beispielsweise in den Hauptscheinwerfern verwendet werden. Sie halten normalerweise wesentlich länger und müssen erst bei einem Defekt gewechselt werden. Eine Glühlampe mit verminderter Leuchtkraft erkennt man auch an schwarzen Ablagerungen auf dem Glaskolben.

Vor dem Auswechseln einer Glühlampe Schalter des betreffenden Verbrauchers ausschalten. **Achtung: Glaskolben nicht mit bloßen Fingern anfassen.** Der Fingerabdruck würde verdunsten und sich – aufgrund der Wärme – auf dem Reflektor niederschlagen und diesen erblinden lassen. Grundsätzlich Glühlampe nur durch eine gleiche Ausführung ersetzen. Versehentlich entstandene Berührungsflecken mit sauberem, nicht faserndem Tuch und Spiritus entfernen.

Lampentabelle

Um jederzeit eine Lampe auswechseln zu können, sollte stets ein Kasten mit Ersatzlampen im Fahrzeug mitgeführt werden. Der MERCEDES-Kundendienst führt solche Ersatzlampenboxen.

12-V-Glühlampe für ...	Typ/Leistung
Abblendlicht/Fernlicht bis 5/96 [1]	H1 / 55 W
Abblendlicht ab 6/96 [2]	H7 / 55 W
Fernlicht ab 6/96 [2]	H1 / 55 W
Vordere Nebelleuchte bis 5/96	H3 / 55 W
Vordere Nebelleuchte ab 6/96	H1 / 55 W
Blinkleuchten vorn und hinten, weißes Glas	P 21 W
Blinkleuchten vorn und hinten, gelbes Glas	PY 21 W (gelb)
Bremsleuchte	P 21 W
Rückfahrleuchte	P 21 W
Stand- und Parklicht vorn	W 5 W
Schluß- und Parklicht hinten	R 5 W
2. Schluß- und Parklicht hinten (+ Nebelschlußlicht Fahrerseite)	P 21 / 4 W
Kennzeichenleuchten	Soffitte 5 W

[1]) Graue Lampenabdeckung hinten am Scheinwerfer.
[2]) Schwarze Abdeckkappen hinten am Scheinwerfer.

Glühlampe für Abblendlicht/Fernlicht/Nebellicht auswechseln

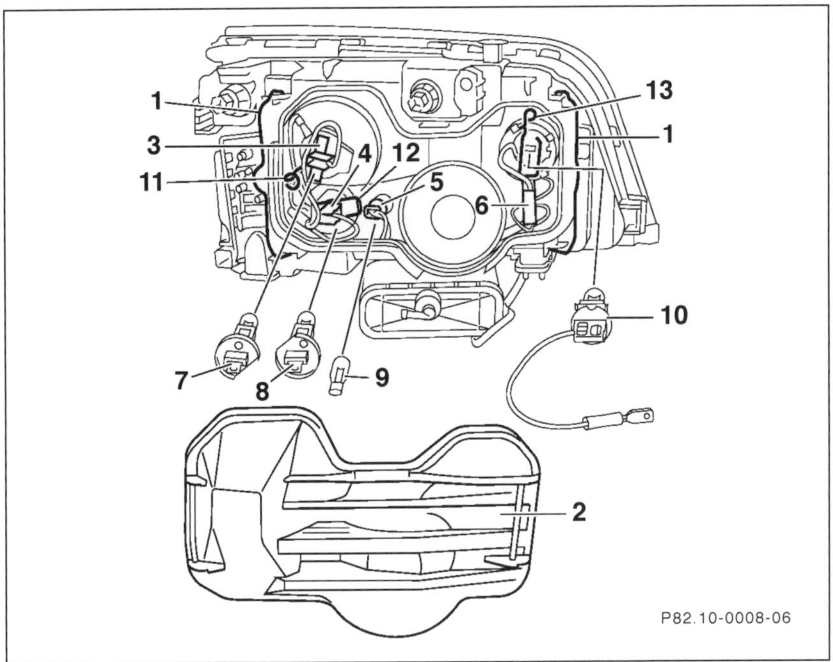

1 – **Verschlußbügel**
2 – **Gehäusedeckel**
3 – **Anschlußstecker Abblendlicht**
4 – **Anschlußstecker Fernlicht**
5 – **Fassung Standlicht**
6 – **Anschlußstecker Nebellicht**
7 – **Glühlampe Abblendlicht**
8 – **Glühlampe Fernlicht**
9 – **Glühlampe Standlicht**
10 – **Glühlampe Nebellicht**
11 – **Halteklammer Abblendlicht**
12 – **Halteklammer Fernlicht**
13 – **Halteklammer Nebellicht**

Achtung: Schalter der betreffenden Lampe ausschalten.

- Motorhaube öffnen.
- Beide Drahtbügel –1– nach außen klappen und Gehäusedeckel –2– abnehmen.
- Stecker von der jeweiligen Lampe abziehen.
- Abblend-, Fern- und Nebelleuchte: Halteklammern aushängen und Glühlampe herausnehmen. Neue Glühlampe so einsetzen, daß die Nasen in die entsprechenden Aussparungen am Gehäuse passen. Glühlampe für Nebelleuchte mit dem Kabel zur Fahrzeugmitte einsetzen.
- Stand- und Parklicht: Lampenhalter mit Glühlampe herausziehen. Glühlampe aus dem Halter herausziehen und ersetzen. Lampenhalter beim Einsetzen einrasten lassen.
- Abdeckung aufsetzen und Haltebügel einrasten.

Glühlampe für Blinkleuchte vorn/seitlich auswechseln

- Zündung ausschalten, Motorhaube öffnen.
- Blinkleuchte ausbauen, siehe Seite 221.
- Stecker abziehen.
- Lampenfassung ca. 90° (¼ Umdrehung) nach links drehen und herausnehmen.
- Glühlampe etwas eindrücken, nach links drehen und aus der Fassung herausnehmen.
- Neue Glühlampe in die Fassung eindrücken, nach rechts drehen und einrasten. **Achtung:** Bei weißem Leuchtenglas nur Blinklampen mit gelben Glaskolben einsetzen, damit das Blinklicht gelb leuchtet.
- Fassung in die Blinkleuchte einsetzen und bis zum Anschlag nach rechts drehen. Stecker aufschieben.
- Blinkleuchte einbauen.

Glühlampe für seitliche Blinkleuchte

- Blinkleuchte mit den Fingern nach vorn schieben, in Fahrtrichtung gesehen, und hinten herausziehen.
- Lampenfassung um 90° (¼ Umdrehung) nach links drehen und vom Gehäuse abnehmen.
- Lampe herausziehen.

Glühlampe für Heckleuchte auswechseln

- Heckklappe öffnen, Verkleidung an der Leuchte wegklappen.

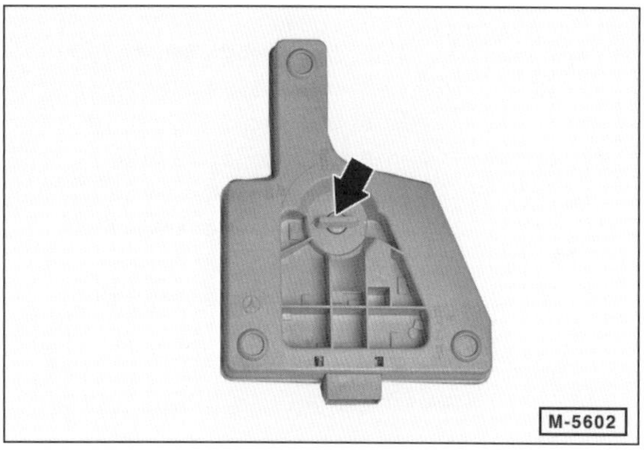

M-5602

- Kunststoffgriff an der Heckleuchte –Pfeil– waagerecht drehen und Lampenträger abnehmen. **Hinweis:** In der Abbildung ist der bereits ausgebaute Lampenträger dargestellt.

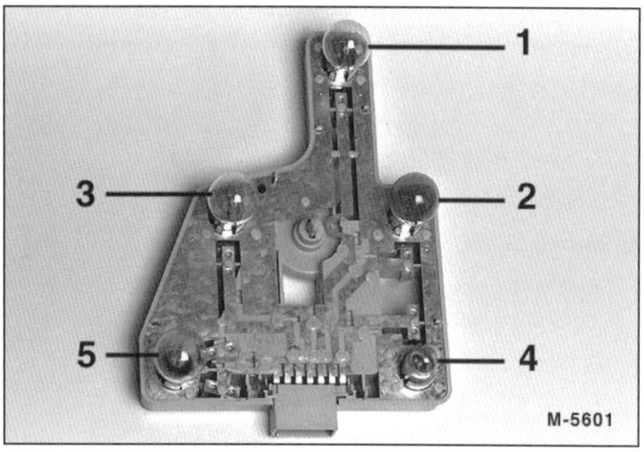

M-5601

- Defekte Lampe eindrücken, nach links drehen und herausnehmen. 1 – Bremslicht, 2 – Blinklicht, 3 – Rückfahrlicht, 4 – Schlußlicht/Parklicht, an Fahrerseite zusätzlich Nebelschlußleuchte –5–.
- Neue Lampe in die Fassung einsetzen, hineindrücken, nach rechts drehen und durch Loslassen einrasten. **Achtung:** Bei weißem Leuchtenglas nur Blinklampen mit gelben Glaskolben einsetzen, damit das Blinklicht gelb leuchtet.

Glühlampe für Kennzeichenleuchte auswechseln

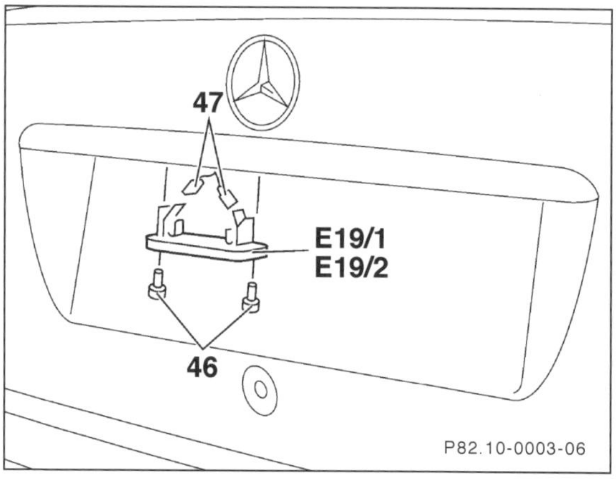

P82.10-0003-06

- Kennzeichenleuchte E19/1 mit 2 Schrauben –46– abschrauben und Kabel –47– abziehen.
- Soffittenlampe aus den Kontaktfedern abziehen. Saß die Lampe locker, gegebenenfalls Kontaktfedern vorsichtig nachbiegen.
- Neue Lampe einsetzen.
- Dichtung auf Porosität oder Beschädigung prüfen, gegebenenfalls ersetzen.
- Kennzeichenleuchte anschließen, einsetzen und mit 2 Schrauben befestigen, dabei auf richtigen Sitz der Dichtung achten.

Innenraumleuchte aus- und einbauen/ Glühlampe wechseln

Ausbau

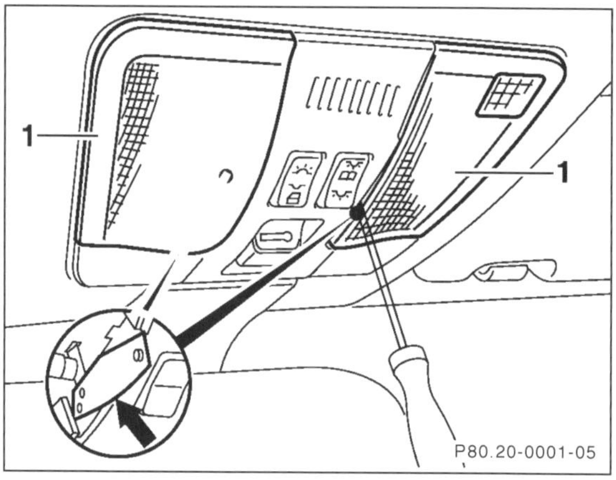

P80.20-0001-05

- Lichtscheiben –1– aushebeln. Dabei Schraubendreher wie in der Abbildung dargestellt ansetzen, dort befindet sich ein Aushebelmechanismus.

- Soffittenlampe aus den Kontaktfedern abziehen. Saß die Lampe locker, gegebenenfalls Kontaktfedern vorsichtig nachbiegen. Neue Lampe einsetzen.

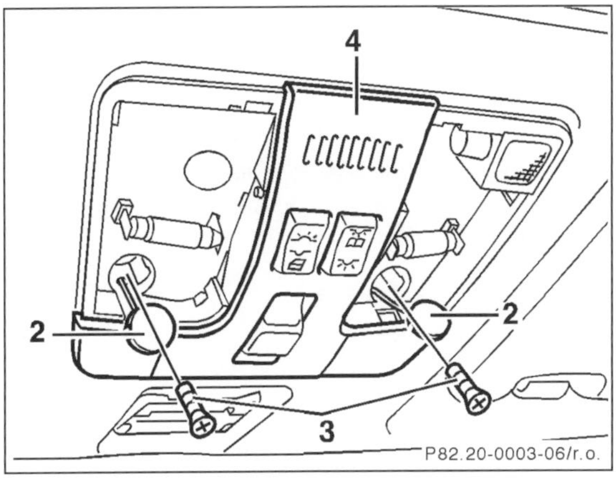

- Kunststoffabdeckungen –2– aushebeln, Schrauben –3– ausdrehen.
- Deckenleuchte –4– vorne aushebeln. Kabel an der Rückseite abziehen.

Einbau

- Der Einbau erfolgt in umgekehrter Ausbaureihenfolge.

Blinkleuchte aus- und einbauen

Ausbau

- Motorhaube öffnen.

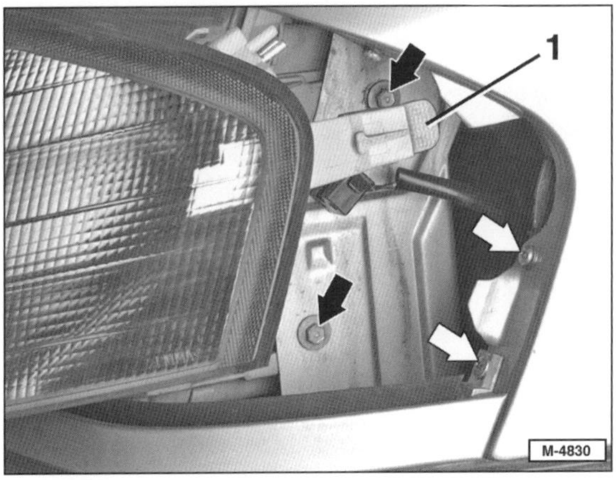

- Haltebügel –1– zur Fahrzeugmitte hin drücken und Blinkleuchte nach vorn herausnehmen.
- Mehrfachstecker für Blinkleuchte abziehen.

Einbau

- Stecker an der Blinkleuchte aufschieben.
- Blinkleuchte von vorn in die Öffnung schieben und einrasten. Dabei müssen die beiden seitlichen Zapfen der Blinkleuchte in die Führungen am Scheinwerfer eingreifen.

Scheinwerfer einstellen

Für die Verkehrssicherheit ist die richtige Einstellung der Scheinwerfer von großer Bedeutung. Die exakte Einstellung der Scheinwerfer ist nur mit einem Spezialeinstellgerät möglich. Es wird deshalb nur gezeigt, wo der Scheinwerfer eingestellt werden kann und welche Bedingungen zum richtigen Einstellen der Scheinwerfer erfüllt sein müssen.

- Reifen müssen den vorgeschriebenen Reifenfülldruck haben.
- Das unbeladene Fahrzeug muß mit 75 kg (eine Person) auf dem Fahrersitz belastet sein.
- Kraftstofftank füllen.
- Fahrzeug auf ebene Fläche stellen.
- Vorderwagen mehrmals kräftig nach unten drücken, damit die Federung der Vorderradaufhängung sich setzt.
- Leuchtweitenregulierung auf „0" stellen, Motor starten und kurz laufen lassen. Dabei mehrmals Gas geben, damit genügend Unterdruck aufgebaut wird. Motor abstellen.
- Die Scheinwerfer dürfen nur bei Abblendlicht eingestellt werden. Das Neigungsmaß der oberen Hell-/Dunkelgrenze beträgt **10 cm auf 10 m Entfernung**. Durch die gemeinsame Anordnung in einer Scheinwerfereinheit stimmt dann auch die Stellung der Fern- und Nebelscheinwerfer.

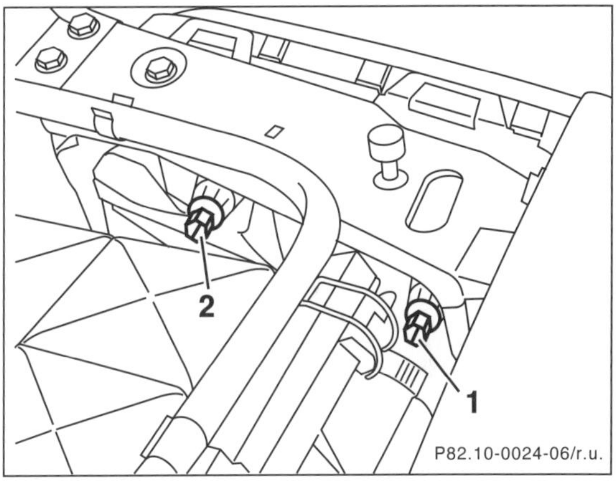

- Die Einstellschrauben sind vom Motorraum her zu erreichen. Die Abbildung zeigt den rechten Scheinwerfer, links ist die Anordnung spiegelbildlich. 1 – Seiteneinstellung; 2 – Höheneinstellung.

Scheinwerfer aus- und einbauen

Ausbau

- Blinkleuchte ausbauen, siehe Seite 221.

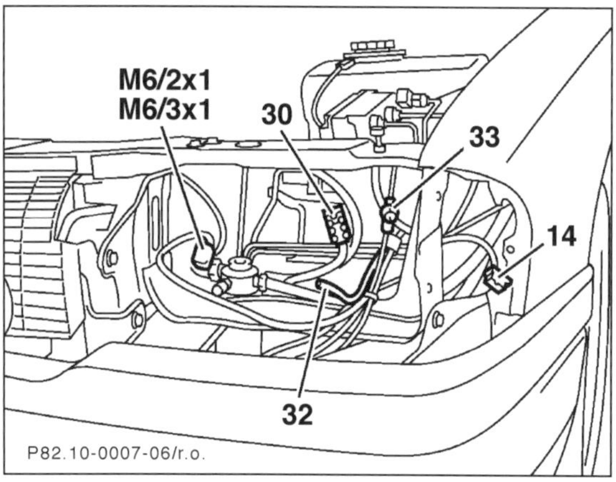

P82.10-0007-06/r.o.

14 – Anschlußstecker Blinkleuchte
30 – Anschlußstecker Beleuchtung
32 – Schlauch Scheinwerferreinigungsanlage
33 – Pneumatikleitung
M6/2x1, M6/3x1 – Anschlußstecker Wischermotor links/rechts

- Elektrische Leitungen und Pneumatikleitung für Höhenverstellung am Scheinwerfer abziehen, siehe Abbildung.

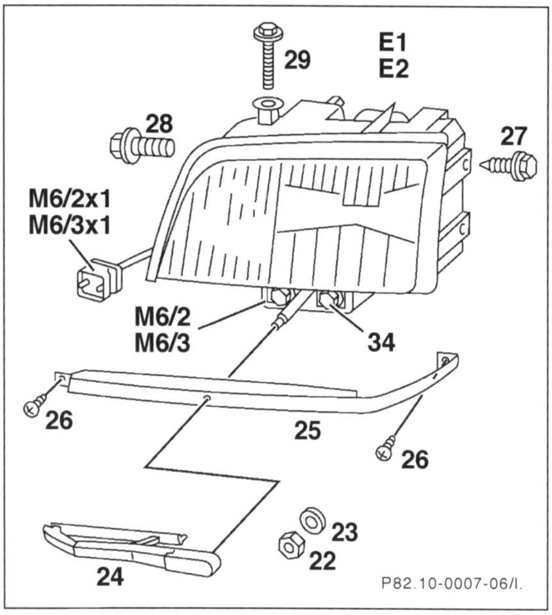

P82.10-0007-06/l.

22 – Mutter
23 – Scheibe
24 – Wischerarm
25 – Abdeckung
26 – 29 – Schrauben
34 – Schraube
E1, E2 – Scheinwerfer links/rechts
M6/2, M6/3 – Wischermotor Scheinwerfer links/rechts
M6/2x1, M6/3x1 – Anschlußstecker Wischermotor links/rechts

- Falls vorhanden, Scheinwerfer-Wischerarm –24– ausbauen, dazu Abdeckung hochklappen, Mutter –22– lösen und mit Unterlegscheibe –23– abnehmen.
- Je nach Ausstattung, Traverse oder seitliche Abdeckungen im Bereich der Scheinwerfer-Befestigungen abschrauben.
- Abdeckung –25– unter dem Scheinwerfer mit 2 Schrauben –26– abschrauben und aushängen.
- Schrauben –27– bis –29– ausdrehen und Scheinwerfer vorsichtig nach vorn herausnehmen. Stoßfänger gegen Verkratzen mit einem Lappen abdecken.
- Falls vorhanden, Schlauch für Scheinwerferreinigungsanlage abziehen.

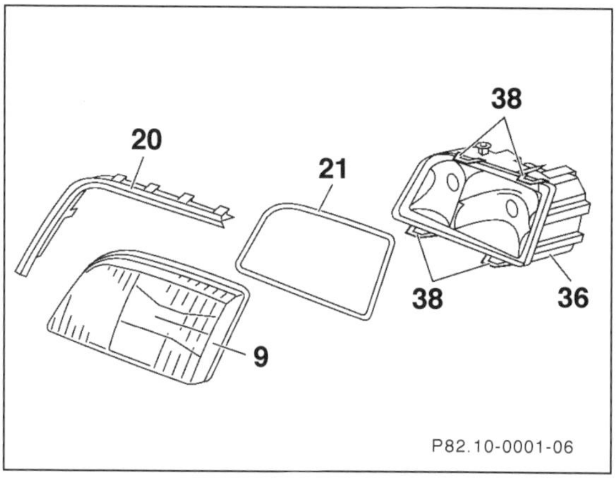

P82.10-0001-06

- Falls das Scheinwerferglas ausgebaut werden soll, Gummiabdichtung –20– abziehen. 2 Haltelaschen –38– oben und unten ausclipsen. Glas –9– mit Dichtung –21– abnehmen. 36 – Scheinwerfer-Gehäuse.

Einbau

- Falls ausgebaut, Scheinwerferglas am Gehäuse ansetzen und gleichmäßig aufdrücken, bis die Haltelaschen oben und unten hörbar einrasten. Vorher Dichtung auf Porosität prüfen, gegebenenfalls ersetzen.
- Der weitere Einbau erfolgt in umgekehrter Ausbaureihenfolge.
- Nach erfolgtem Einbau, Scheinwerfer von einer Fachwerkstatt einstellen lassen.

Heckleuchte aus- und einbauen

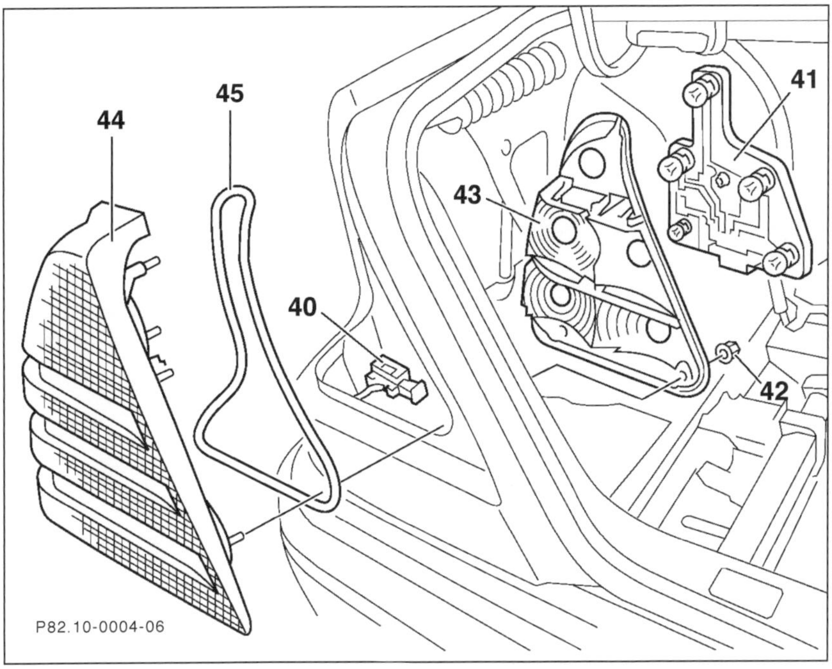

40 – Anschlußstecker
41 – Lampenträger
42 – Muttern
43 – Reflektor
44 – Leuchtenglas
45 – Dichtung

Ausbau

- Kofferraum-Bodenbelag herausnehmen.
- Innenverkleidungen im Bereich der Heckleuchte ausbauen.
- Stecker –40– unten am Lampenträger abziehen.

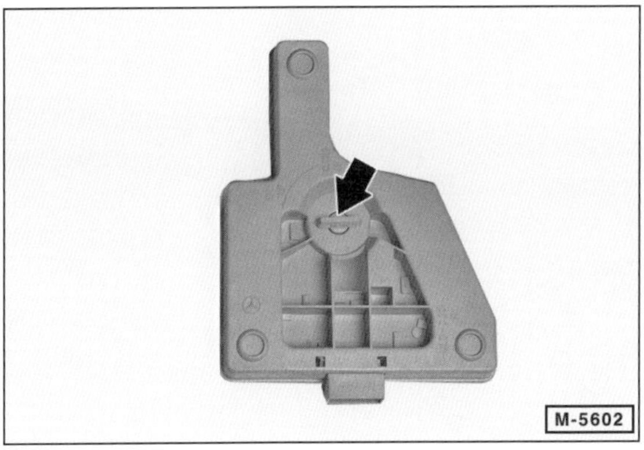

- Kunststoffgriff an der Heckleuchte –Pfeil– waagerecht drehen und Lampenträger abnehmen. **Hinweis:** In der Abbildung ist der bereits ausgebaute Lampenträger dargestellt.
- Befestigungsmuttern –42– abschrauben, siehe Abbildung P82.10.0004-06.
- Glas –44– für Heckleuchte mit Dichtung –45– nach außen, Reflektor –43– nach innen abnehmen, siehe Abbildung P82.10.0004-06.

Einbau

- Dichtung auf Porosität oder Beschädigung prüfen, gegebenenfalls ersetzen.
- Glas für Heckleuchte mit Dichtung von außen in die Karosserie einsetzen.
- Reflektor aufdrücken und Befestigungsmuttern gleichmäßig festziehen.
- Lampenträger ansetzen und durch Rechtsdrehen des Kunststoffgriffes verriegeln.
- Stecker aufschieben.
- Innenverkleidungen einbauen.

Speziell T-Modell

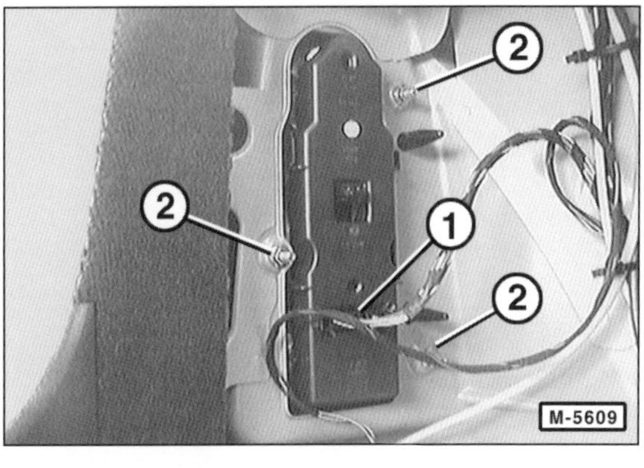

- Mehrfachstecker –1– abziehen.
- 3 Muttern –2– abschrauben und Heckleuchte nach hinten aus der Karosserie herausnehmen.

Armaturen

Bei den C-Klasse-Modellen von MERCEDES sind die Instrumente in einem Schalttafeleinsatz zusammengefaßt. Der Schalttafeleinsatz muß beispielsweise ausgebaut werden, wenn Glühlampen der Instrumentenbeleuchtung ersetzt werden sollen. Sind einzelne Instrumente defekt, kann der Schalttafeleinsatz zerlegt und das Instrument erneuert werden. In diesem Kapitel werden auch die Lenkstockschalter für Scheibenwischer/Fern- und Abblendlicht/Blinklicht behandelt.

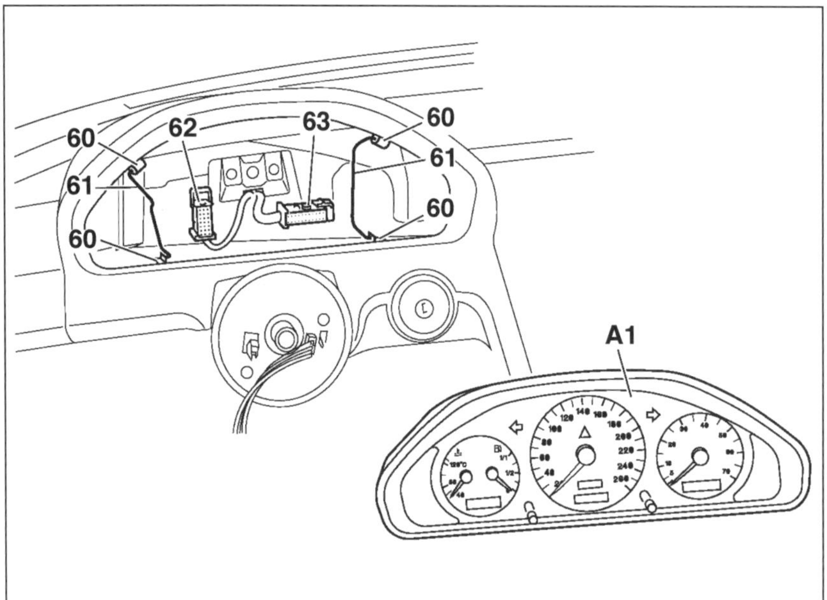

P54.30-0009-06

60 – Federklammern
61 – Drahtbügel
62 – Anschlußstecker 21polig
63 – Anschlußstecker 24polig
A1 – Kombiinstrument

Schalttafeleinsatz aus- und einbauen

Ausbau

- Batterie-Massekabel (–) von der Batterie abklemmen. **Achtung:** Dadurch werden elektronische Speicher gelöscht, wie zum Beispiel der Radiocode. Vor dem Abklemmen der Batterie sollten auch die Hinweise im Kapitel »Batterie aus- und einbauen« durchgelesen werden.
- Fahrzeuge ohne Lenkradverstellung. Lenkrad ausbauen, siehe Seite 132.

Achtung: Regeln beim Umgang mit der Airbag-Einheit beachten.

- Fahrzeuge mit Lenkradverstellung. Lenkrad ganz in Richtung Fahrer herausziehen.

- Ausziehhaken vorsichtig zwischen Polsterung und Schalttafeleinsatz einführen und um 90° verdrehen. Gegebenenfalls Ausziehhaken aus Draht selbst anfertigen.
- Steht der Haken nicht zur Verfügung, untere Abdeckung ausbauen, siehe Seite 184.
- Von unten hinter den Schalttafeleinsatz greifen und Einsatz gleichmäßig ohne zu verkanten herausdrücken.
- Schalttafeleinsatz gleichmäßig herausziehen.
- Bügel an elektrischen Anschlußsteckern –62, 63– entriegeln und Stecker abziehen. Schalttafeleinsatz herausnehmen.

Einbau

- Beide Stecker aufschieben und durch Eindrücken der Bügel sichern.
- Schalttafeleinsatz an der Öffnung ansetzen, gleichmäßig hineindrücken und einrasten. Einsatz nicht verkanten.
- Falls ausgebaut, untere Verkleidung einbauen, siehe Seite 184.
- Gegebenenfalls Lenkrad einbauen, siehe Seite 132.
- Batterie-Massekabel (–) anklemmen. Zeituhr einstellen und Radio-Diebstahlcode programmieren.

Glühlampen im Schalttafeleinsatz ersetzen

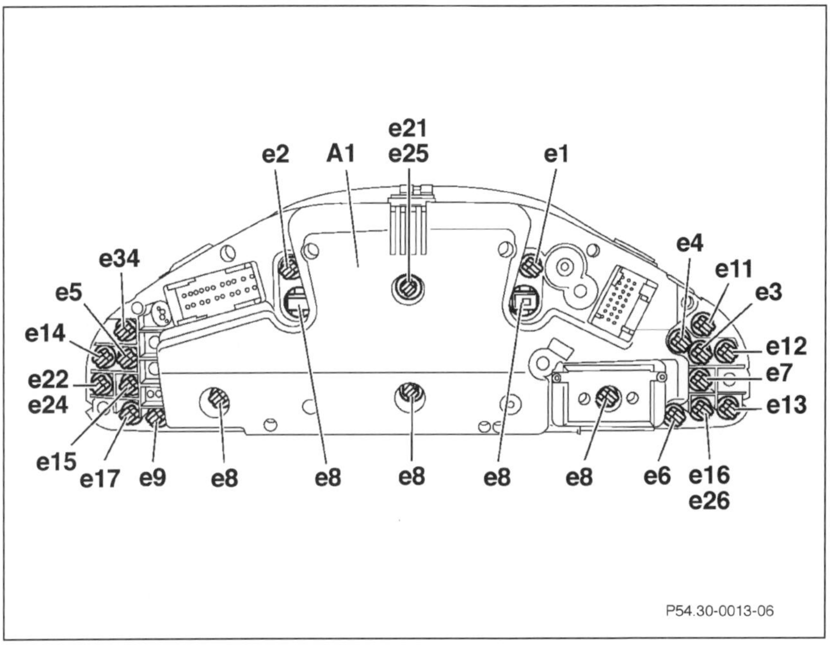

A1 – Kombiinstrument
e1 – Blinkerkontrolle links
e2 – Blinkerkontrolle rechts
e3 – Fernlichtkontrolle
e4 – Warnleuchte Kraftstoffreserve
e5 – Ladekontrolle
e6 – Bremsbelagverschleißanzeige
e7 – Kontrolle Bremsflüssigkeit und Feststellbremse
e8 – Instrumentenbeleuchtung
e9 – Warnleuchte Sicherheitsgurt
e11 – Kontrolle Kühlmittelstand
e12 – Kontrolle Ölstand
e13 – Kontrolle Waschwasserstand
e14 – Kontrolle Glühlampenausfall
e15 – Airbagkontrolle
e16 – Vorglühkontrolle
e17 – Kontrolle ABS
e21 – Funktionsanzeige ASR
e22 – Kontrolle ASR
e24 – Kontrolle ASD
e25 – Funktionsanzeige ASD
e26 – Kontrolle CHECK ENGINE
e34 – Kontrolle EDC

- Schalttafeleinsatz ausbauen.
- Gegebenenfalls Kontrolleuchten-Fassungen an der Rückseite durch Linksdrehen ausbauen und Lampe erneuern. Die MERCEDES-Werkstätten haben zum Drehen der Fassung ein Sonderwerkzeug, es geht jedoch auch mit den Fingern oder einer Flachzange.
- Beim Wechsel nur Lampe gleicher Leistung und Bauart einsetzen.
- Lampenfassung einsetzen und nach rechts drehen.
- Schalttafeleinsatz einbauen.

Blinker-/Wischerschalter aus- und einbauen

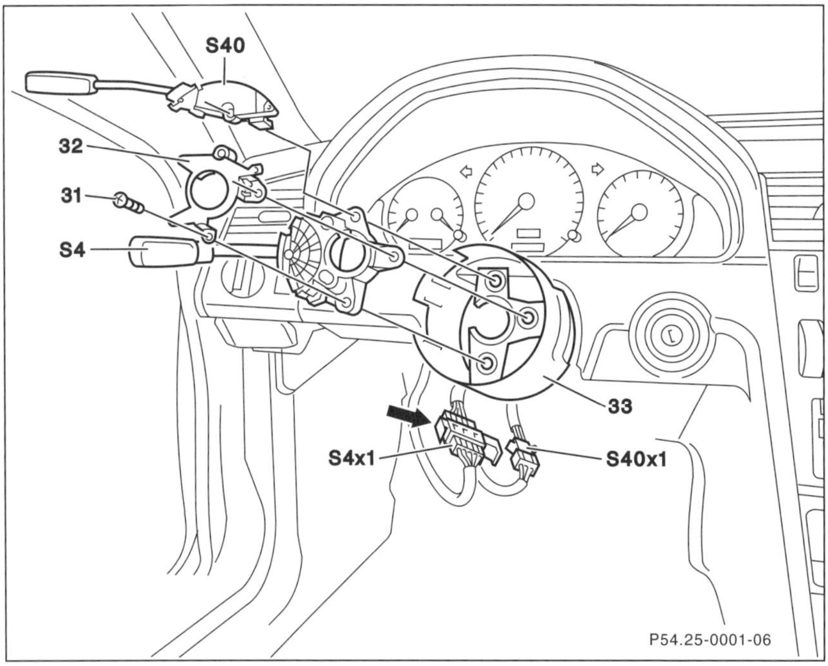

31 – Schrauben
32 – Halter
33 – Mantelrohr-Verkleidung
S4 – Kombischalter
S40 – Schalter Tempomat
S4x1 – Anschlußstecker Kombischalter
S40x1 – Anschlußstecker Tempomat

Ausbau

- Abdeckung unter Instrumententafel ausbauen, siehe Seite 184.
- Lenkrad ausbauen, siehe Seite 132.

Achtung: Regeln beim Umgang mit der Airbag-Einheit beachten.

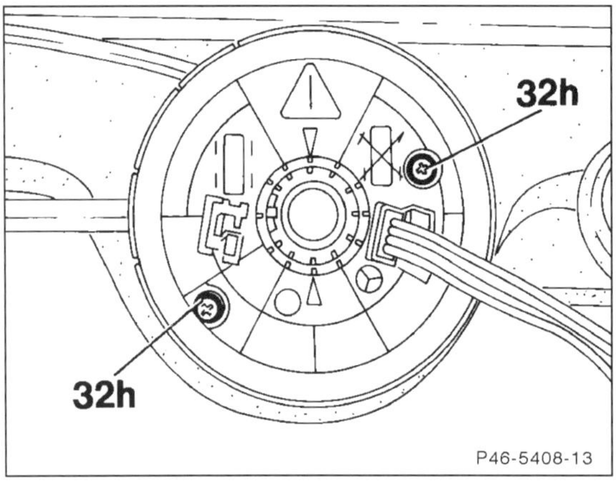

- Schrauben –32h– Kontaktspirale bei geradeaus stehenden Vorderrädern nur soweit herausdrehen, daß die Kontaktspirale abgenommen werden kann. **Achtung:** Schrauben nicht ganz lösen, sonst wird die Kontaktspirale zerlegt und muß in Mittelstellung wieder zusammengebaut werden (Werkstattarbeit).

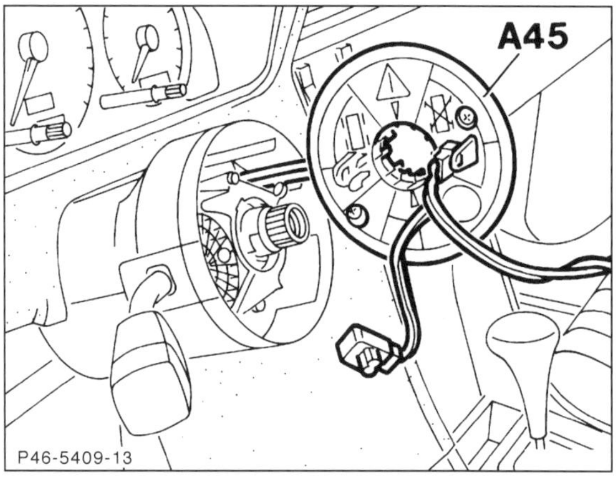

- 2 Steckverbindungen für Kontaktspirale –A45– aus der Halterung herausziehen und trennen. Kontaktspirale abnehmen.
- Befestigungsschrauben –31– für Kombischalter herausschrauben, siehe große Abbildung.
- Halter –32– herausnehmen.
- Steckverbindung –S4x1– herausnehmen und durch Verschieben des Bügels –Pfeil– entriegeln.
- Nur bei Ausstattung mit Tempomat: Steckverbindung –S40x1– herausnehmen und trennen.
- Mantelrohr-Verkleidung –33– mit Kombischalter und gegebenenfalls Tempomatschalter herausnehmen.

Einbau

- Kombischalter/Tempomatschalter mit Mantelrohr auf die Lenkspindel aufsetzen. Halter aufsetzen und anschrauben.
- Anschlußleitungen verlegen und Kabelstecker verriegeln, umgekehrt wie unter »Ausbau« beschrieben.

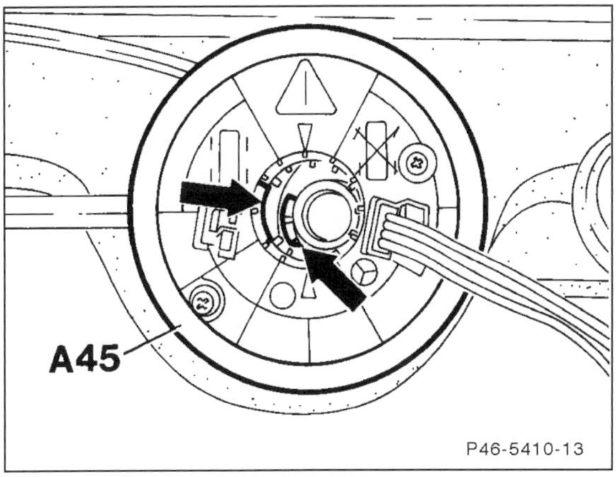

- Kontaktspirale –A45– auf die Lenkspindel aufsetzen, dabei Anschlußkabel verlegen. Darauf achten, daß die Kontaktspirale bis zum Anschlag aufgeschoben wird und die Aussparung –Pfeil– an der Kontaktspirale mit der Fixiernase –Pfeil– an der Lenkspindel übereinstimmt, siehe Abbildung. Befestigungsschrauben festziehen, Kabelstecker zusammenfügen und fixieren.
- Abdeckung unter Instrumententafel einbauen, siehe Seite 184.
- Lenkrad einbauen, siehe Seite 132.

Lichtschalter aus- und einbauen

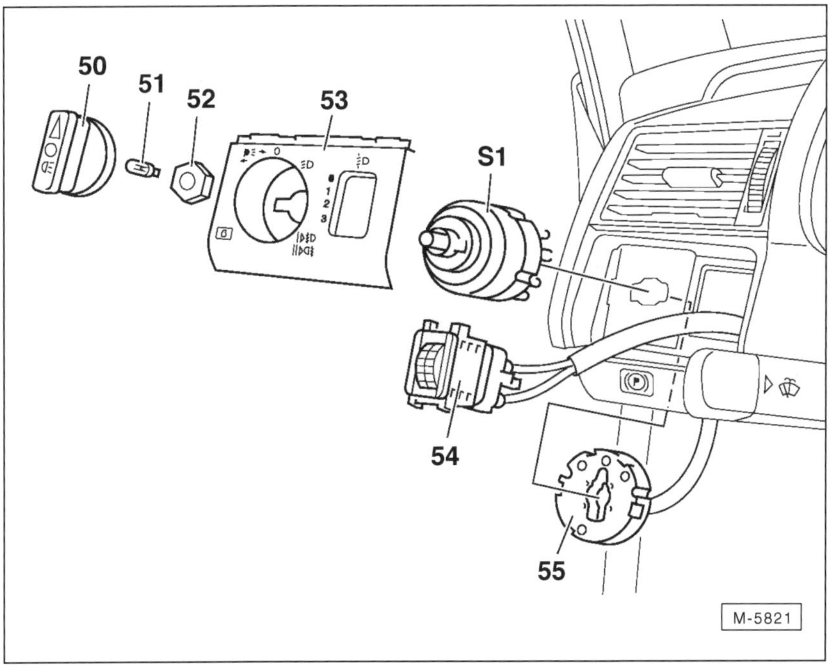

50 – **Bedienknopf**
51 – **Glühlampe**
52 – **Mutter**
53 – **Abdeckung**
54 – **Leuchtweitenregler**
55 – **Anschlußstecker**
S1 – **Lichtschalter**

Ausbau

- Batterie-Massekabel (–) von der Batterie abklemmen. **Achtung:** Dadurch werden elektronische Speicher gelöscht, wie zum Beispiel der Radiocode. Vor dem Abklemmen der Batterie sollten auch die Hinweise im Kapitel »Batterie aus- und einbauen« durchgelesen werden.
- Abdeckung unter Instrumententafel ausbauen, siehe Seite 184.
- Bedienknopf für Lichtschalter von Hand abziehen.
- Glühlampe –51– herausziehen.
- Mutter –52– abschrauben und Abdeckung –53– abnehmen.
- Leuchtweitenregler –54– ausclipsen.
- Lichtschalter –S1– nach links drehen und nach hinten herausnehmen. Beim Einbau auf richtigen Sitz der Haltenasen achten.
- Der Einbau erfolgt in umgekehrter Ausbaureihenfolge.

Radio aus- und einbauen

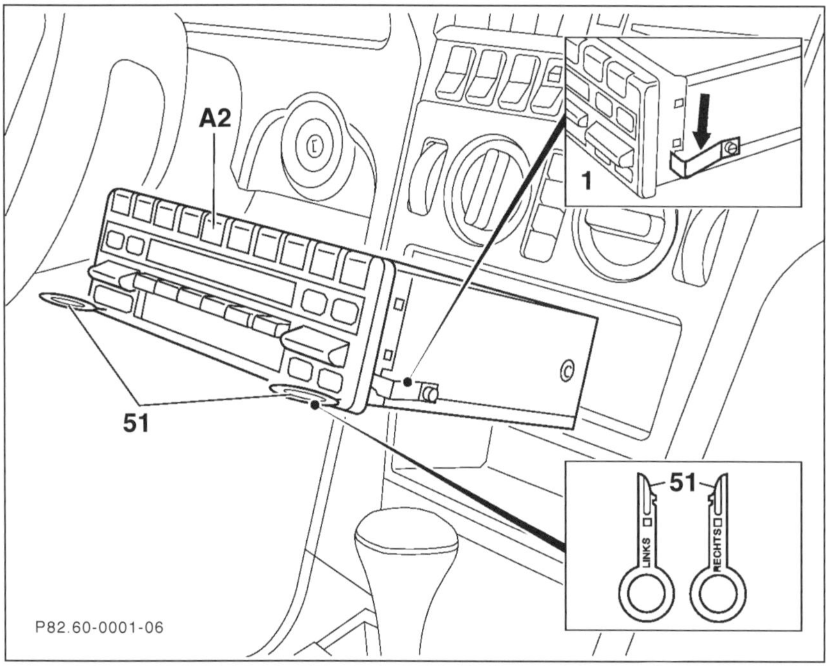

1 – Ausschnitt Federklammer
51 – Demontagebleche
A2 – Radio

Ausbau

Achtung: Sowohl serienmäßig eingebaut als auch im Handel erhältlich sind Radios mit einer Codenummer. Die Codenummer dient als Diebstahlschutz. Nach jedem Anschließen des Radios muß eine bestimmte Codenummer nach der Radio-Bedienungsanleitung eingegeben werden, sonst kann das Radio nicht in Betrieb genommen werden. Falls das Radio codiert ist, Radiocode vor Abklemmen der Batterie oder Ausbau des Radios feststellen. Ist der Code nicht bekannt, kann nur der Hersteller das Autoradio wieder in Betrieb nehmen. Die individuelle Codenummer ist im Radio-Paß angegeben. Er sollte nicht im Fahrzeug aufbewahrt werden.

- Batterie-Massekabel (–) von der Batterie abklemmen. **Achtung:** Dadurch wird der Radiocode gelöscht. Vor dem Abklemmen der Batterie sollten auch die Hinweise im Kapitel »Batterie aus- und einbauen« durchgelesen werden.
- 2 Demontagebleche –51– einschieben und mit Radio –A2– herausziehen.
- Haltefedern –Pfeil– zurückdrücken und Demontagebleche herausziehen.
- An der Rückseite des Radios Kabel mit Tesaband kennzeichnen und abziehen.

Einbau

- Antennenkabel sowie Steuerleitung für Motorantenne sind serienmäßig nicht vorhanden und müssen nachträglich verlegt werden.
- Stecker entsprechend der angebrachten Markierung beziehungsweise entsprechend der Herstelleranweisung hinten am Radio anschließen.
- Radio in die Öffnung der Konsole drücken.
- Batterie-Massekabel (–) anklemmen. Zeituhr einstellen und Radio-Diebstahlcode programmieren.

Hinweise für den nachträglichen Radioeinbau

Achtung: Wird das serienmäßige Anschlußkabel nicht verwendet, unbedingt darauf achten, daß keine unisolierten Kabel frei herumliegen. Ein sonst möglicher Kurzschluß kann zu einem Kabelbrand führen. Im Zubehörhandel sind geeignete Adapterleitungen zum Anschließen des Radios erhältlich.

- Darauf achten, daß nur typgeprüfte Entstörsätze (mit allgemeiner Betriebserlaubnis, ABE) verwendet werden, sonst kann die Zulassung des Fahrzeuges erlöschen. Im Handel gibt es speziell auf den MERCEDES abgestimmte Entstörsätze mit Einbauanleitung.
- Radio auf Antenne abstimmen. Dazu schwachen Mittelwellensender etwa bei 1400 KHz einstellen. Ist kein Sender vorhanden, kann auch das Rauschen zum Abstimmen verwendet werden. Antennenabgleichschraube (vorn links im Radiogehäuse) mit kleinem Schraubendreher verdrehen, bis der beste Empfang oder der höchste Rauschpegel erreicht ist. **Achtung:** Dabei Abgleichschraube nur maximal ½ Umdrehung verdrehen.

Antenne aus- und einbauen

Das **T-Modell** ist mit Scheibenantennen ausgestattet. Der UKW-Teil befindet sich zwischen den Heizdrähten der Heckscheibe, während die Mittelwellenantenne in die linke hintere Seitenscheibe integriert ist. Der Antennenverstärker befindet sich am oberen Teil der D-Säule hinter der Verkleidung.

Ab 6/97 besitzt die Limousine ebenfalls eine Heckscheibenantenne. Der Antennenverstärker befindet sich am oberen Teil der C-Säule hinter der Verkleidung.

Ausbau elektische Antenne bis 5/97

- Batterie-Massekabel (–) von der Batterie abklemmen. **Achtung:** Dadurch wird der Radiocode gelöscht. Vor dem Abklemmen der Batterie sollten auch die Hinweise im Kapitel »Batterie aus- und einbauen« durchgelesen werden.
- Kofferraumdeckel öffnen, linke Seitenverkleidung ausclipsen und herausnehmen.

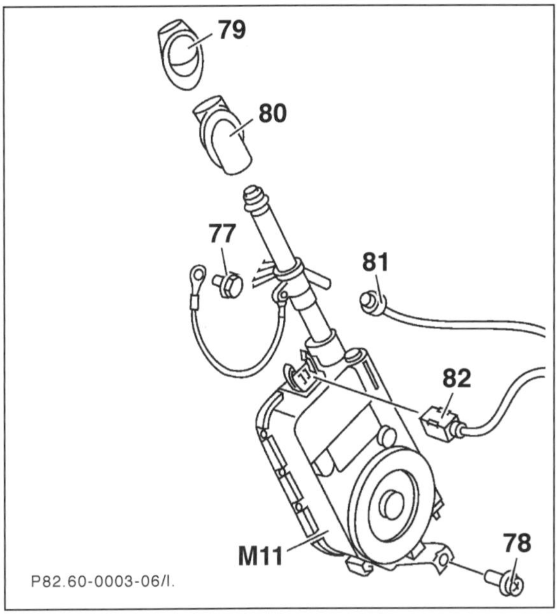

77 – Schraube
78 – Schraube
79 – Abdichtung Oberteil
80 – Abdichtung Unterteil
81 – HF-Leitung
82 – Elektrischer Anschluß
M11 – Automatische Antenne

- Massekabel mit Schraube –77– abschrauben.
- Antenne unten am Halter abschrauben –78– und nach unten aus der Gummitülle im Kotflügel herausnehmen.
- Antennenkabel –81– und, falls vorhanden, elektrische Steuerleitung –82– von der Antenne abklemmen.

Einbau

- Gummitülle im Kotflügel auf Porosität oder Beschädigung prüfen, gegebenenfalls austauschen.
- Antenne von unten einführen und Kugelkopf der Antenne in das Unterteil der Tülle stecken.
- Oberteil der Tülle ansetzen und in das Unterteil einrasten.
- Antenne am Halter anschrauben.
- Massekabel an die Karosserie anschrauben.
- Antennenkabel anklemmen. Bei der Motorantenne elektrische Steuerleitung anklemmen.
- Linke Seitenverkleidung ansetzen und einclipsen.
- Batterie-Massekabel (–) anklemmen. Zeituhr einstellen und Radio-Diebstahlcode programmieren.

Teleskop für automatische Antenne aus- und einbauen

Ausbau

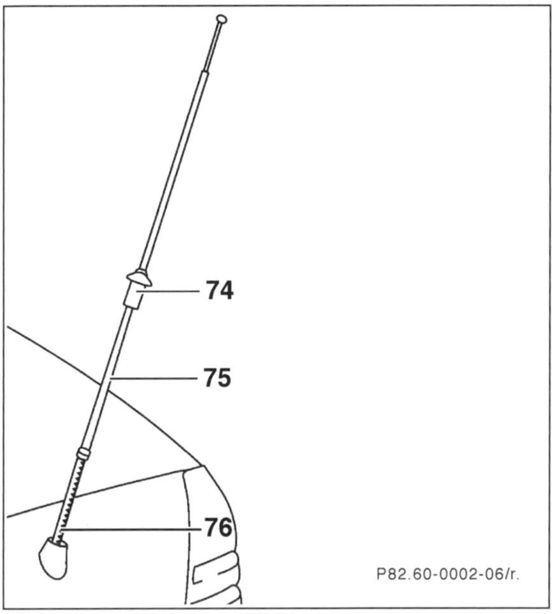

74 – Mutter
75 – Teleskop
76 – Kunststoffzug

- Befestigungsmutter –74– abschrauben.
- Radio von Hilfsperson einschalten lassen. Das ausfahrende Teleskop –75– mit Kunststoffzug –76– herausziehen.

Einbau

- Kunststoffzug –76– vom Fahrzeugheck her, entgegen der Fahrtrichtung, einführen.
- Radio von Hilfsperson ausschalten lassen. Kunststoffzug –76– und Teleskop –75– ganz einfahren lassen.
- Befestigungsmutter –74– aufschrauben.

Lautsprecher aus- und einbauen

Ausbau

- Radio ausschalten.

Lautsprecher in der Instrumententafel

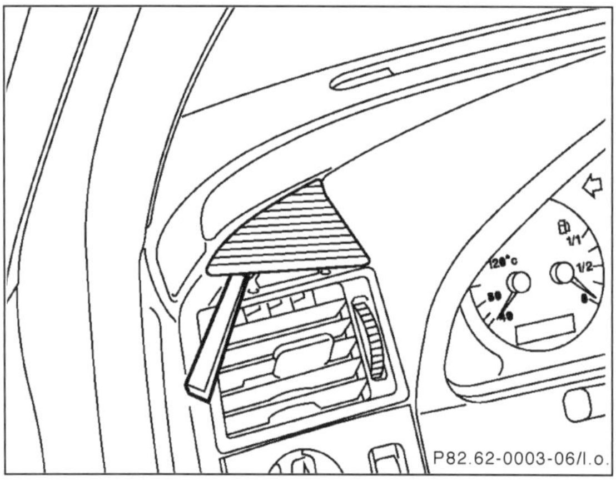

- Abdeckung für linken beziehungsweise rechten Lautsprecher mit einem Kunststoffkeil aushebeln.
- Lautsprecher ausheben, Steckverbindung in der Zuleitung trennen.
- Lautsprecher aus der Abdeckung ausclipsen.

Lautsprecher in der Hutablage

- Fondsitzbank mit Lehne ausbauen, siehe Seite 184.
- Innenverkleidung C-Säule ausbauen, siehe Seite 180.
- Hutablage ausbauen und zerlegen.

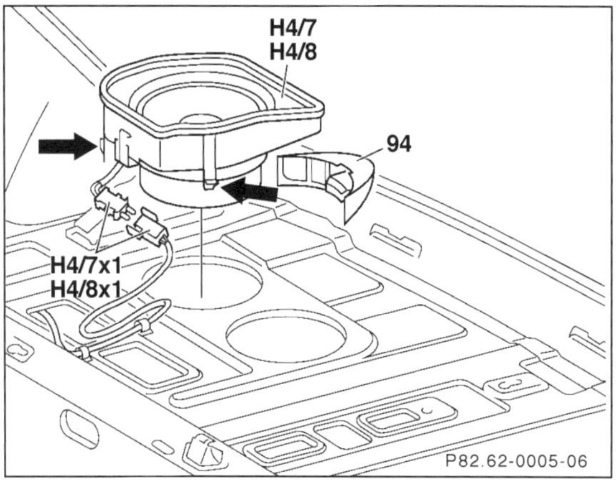

- Steckverbindung –H4/7x1 (links)– beziehungsweise –H4/8x1 (rechts)– für Lautsprecher –H4/7-H4/8– trennen.
- Gehäuse –94– vom Kofferraum her nach hinten abziehen.
- Lautsprecher herausnehmen, dazu Haltenasen –Pfeil– zurückdrücken. Bei Sonderausstattung »Soundanlage« sind auf beiden Seiten je 2 Lautsprecher eingebaut, diesen in gleicher Weise ausbauen.

Lautsprecher in den Vordertüren

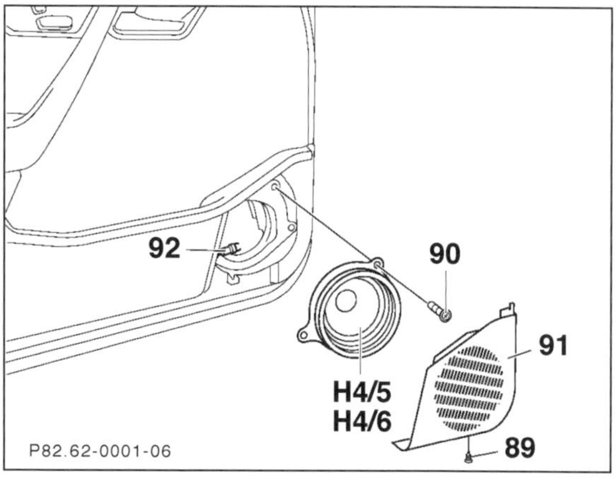

- Schraube –89– ausschrauben. Abdeckung –91– für Lautsprecher abnehmen.
- Schrauben –90– lösen und Lautsprecher –H4/5-H4/6– ausheben, Steckverbindung –92– in der Zuleitung trennen.

Lautsprecher in den Hintertüren

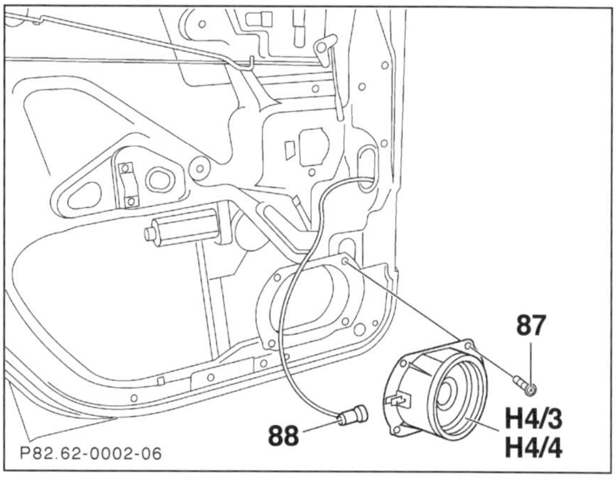

- Türverkleidung hinten ausbauen, siehe Seite 171.
- Steckverbindung –88– für Lautsprecher –H4/3-H4/4– trennen.
- Schrauben –87– ausschrauben. Lautsprecher abnehmen.

Einbau

- Der Einbau erfolgt jeweils in umgekehrter Ausbaureihenfolge.

Scheibenwischeranlage

Scheibenwischergummi ersetzen

Die Scheibenwischergummis sind bei schlechtem Wischbild zu ersetzen. Im Handel werden sowohl komplette Scheibenwischerblätter (Wischergummi mit Träger) als auch einzelne Wischgummis angeboten. Wird nur das Wischgummi ersetzt, darauf achten, daß der Träger nicht verbogen wird.

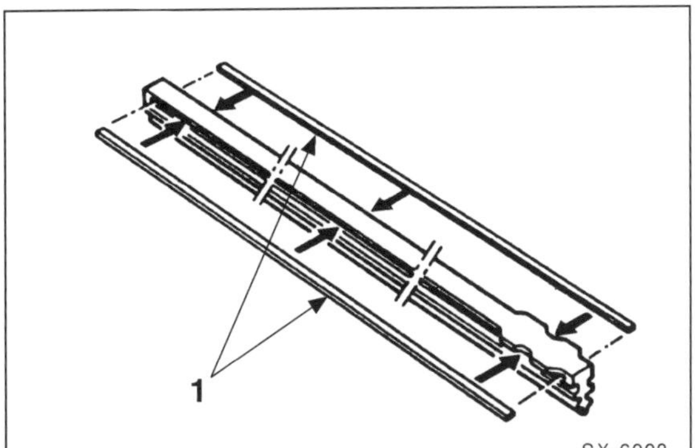

SX-6003

Das Wischergummi ist in 2 Metall-Halteschienen –1– geführt, die zum Ausbau einzeln demontiert werden müssen.

Ausbau

Achtung: Bei Arbeiten an der Wischeranlage den Zündschlüssel abziehen. Durch Bewegungen am Wischerarm oder Wischergestänge kann ab Zündschlüsselstellung »1« die Parkstellungsautomatik angeregt werden. Das heißt, der Wischer läuft los, bis er sich in Endabstellung befindet. Verletzungsgefahr!

- Wischerarm abheben, nicht einrasten.

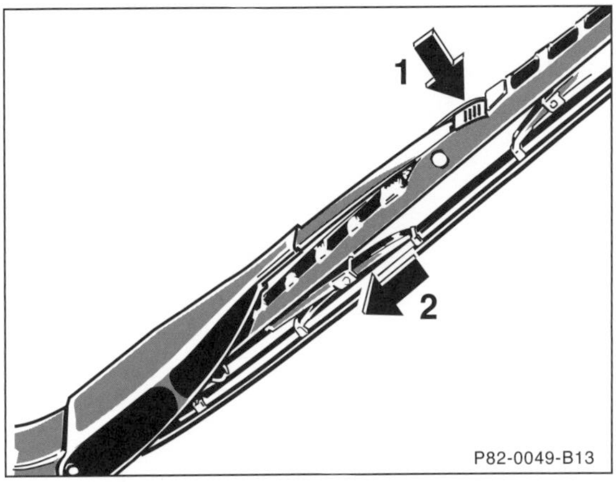

P82-0049-B13

- Kunststoffklammer am geriffelten Teil –1– niederdrücken und Wischerblatt nach unten –2– aus dem Haken am Wischerarm schieben.

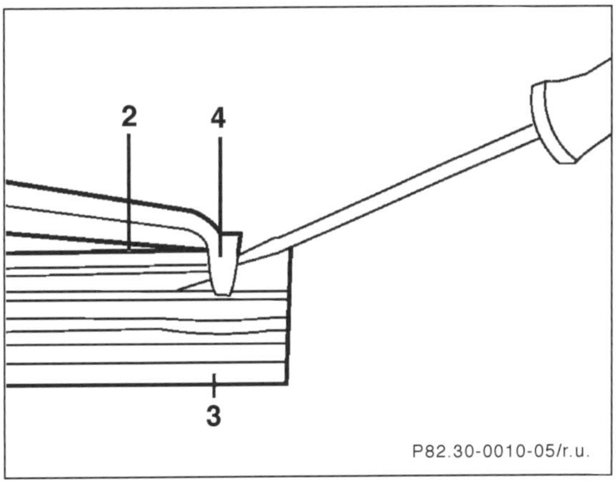

P82.30-0010-05/r.u.

- Von der geschlossenen Seite des Wischgummis aus beide Stahlschienen –2– mit schmalem Schraubendreher zurückschieben und vollständig aus dem Gummi herausziehen.
- Wischgummi –3– an den Haltebügeln –4– des Wischerblattes aushängen.

Einbau

- Neues Wischgummi ohne Halteschienen in die Klammern des Wischerblattes lose einlegen.
- Beide Schienen von der offenen Profilseite aus so in den Wischgummi einführen, daß die Aussparungen der Schienen zum Gummi zeigen und in die Gumminasen der Rille einrasten. Die Wölbung der Schienen soll zur Scheibe zeigen.

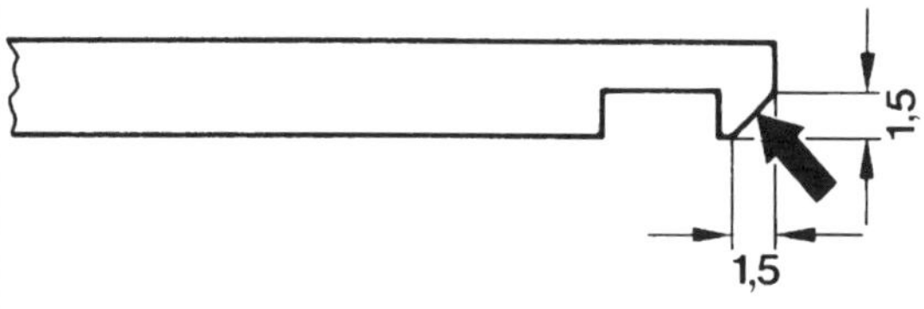

P82-0139-13

- Die Haltefedern rasten leichter ein, wenn vorher das vordere Ende mit einer Feile abgeschrägt und mit Seifenwasser (Spülmittel) eingestrichen wird.
- Wischgummi an der geschlossenen Seite mit Seifenwasser einstreichen, damit es besser in die Haltebügel gleitet.
- Beide Stahlschienen und Gummi mit Kombizange zusammendrücken und in die Haltebügel des Wischerblattes einhängen.
- Wischerblatt so ansetzen, daß es sich zwischen den beiden Führungsstiften am Wischerarm befindet. **Achtung:** Falls ein neues Wischerblatt eingebaut wird, Kunststoffklammer am geriffelten Teil nach unten drücken.
- Wischerblatt in den Haken des Wischerarms schieben, Kunststoffklammer zurückklappen und dadurch Wischerblatt arretieren.
- Wischerarm zurückklappen. Darauf achten, daß das Wischgummi überall an der Scheibe anliegt.
- Scheibenwischer betätigen. Das Wischfeld muß freigewischt werden. **Achtung:** Die Gummilippe des Wischerblatts muß sich bei Änderung der Bewegungsrichtung umlegen (kippen). Geschieht dies nicht, Wischerarm vorsichtig so verbiegen, daß das Wischerarmende parallel zur Scheibe liegt.

Scheibenwaschdüse einstellen

Die beiden zweistrahligen Scheibenwaschdüsen sind mit einem PTC-Heizwiderstand ausgestattet. Der Heizdraht erwärmt nach Einschalten der Zündung die Spritzdüse und verhindert so ein Einfrieren im Winter.

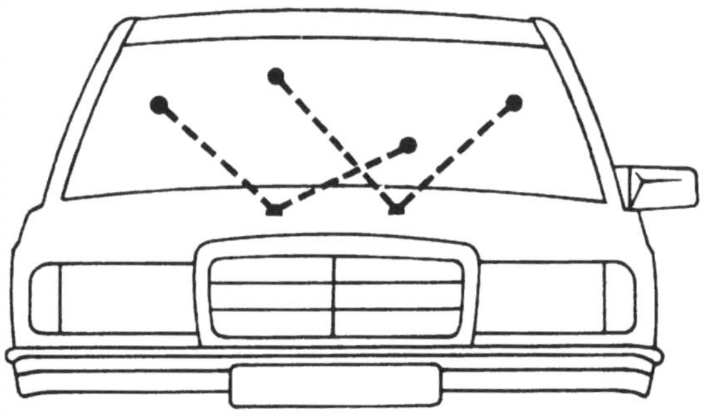
P82-5594-13

- Die Spritzrichtungen der Düsen können korrigiert werden. Dazu eine Nadel vorsichtig in die Düsenöffnung einführen und Spritzrichtung einstellen. Die Spritzstrahlen müssen im gekennzeichneten Bereich auftreffen, siehe Abbildung.
- Düse bei Verstopfung mit Nadel reinigen.

Scheinwerfer-Waschdüse einstellen

Sobald bei eingeschalteten Scheinwerfern der Scheibenwischer betätigt wird, laufen ebenfalls die Wischer für die Scheinwerfer mit.

- Wascherschalter von Helfer betätigen lassen.

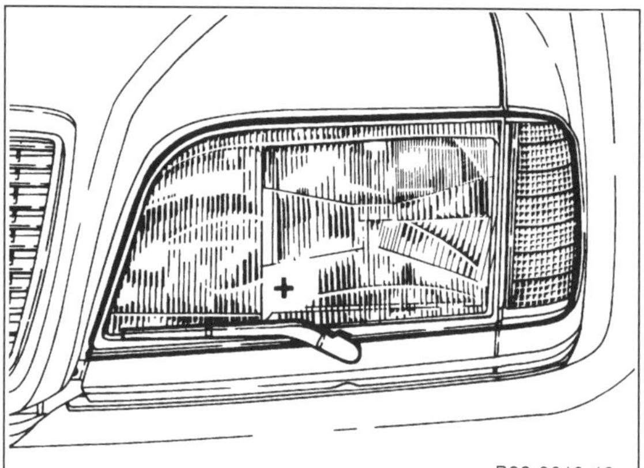

P82-3013-13

- Die Düse muß jeweils an die mit dem Kreuz gekennzeichnete Stelle der Scheinwerfer spritzen, siehe Abbildung. Gegebenenfalls Nadel vorsichtig in die Düsenöffnung am Wischerarm einführen und Spritzrichtung einstellen.

Wischeranlage/Wischermotor aus- und einbauen

Ausbau

- Wisch-/Waschanlage betätigen und Scheibenwischer in Ablagestellung laufen lassen. Zündung ausschalten.

Achtung: Bei Arbeiten an der Wischeranlage den Zündschlüssel abziehen. Durch Bewegungen am Wischerarm oder Wischergestänge kann ab Zündschlüsselstellung »1« die Parkstellungsautomatik angeregt werden. Das heißt, der Wischer läuft los, bis er sich in Endabstellung befindet. Verletzungsgefahr!

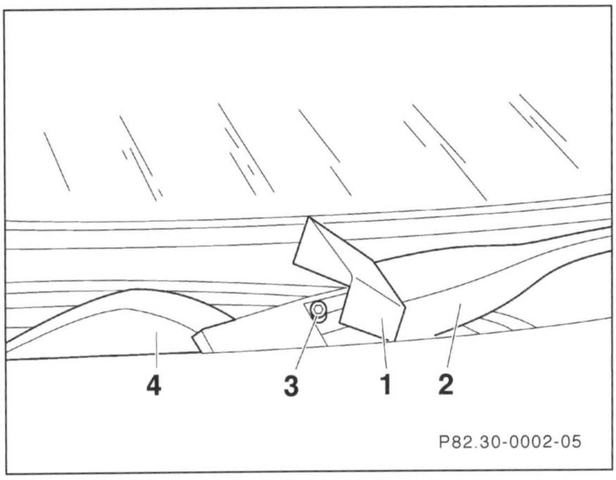

- Kunststoffabdeckung –1– abziehen und Innensechskantschraube –3– herausdrehen.
- Wischerarm –2– nach oben abziehen. Dabei Wischerarm –4– am Befestigungsteil halten, dadurch wird ein Aufschlagen auf der Windschutzscheibe vermieden.
- Lufteintritt für Heizung ausbauen, siehe Seite 189.
- Abdeckung unter der Wischeranlage abnehmen.

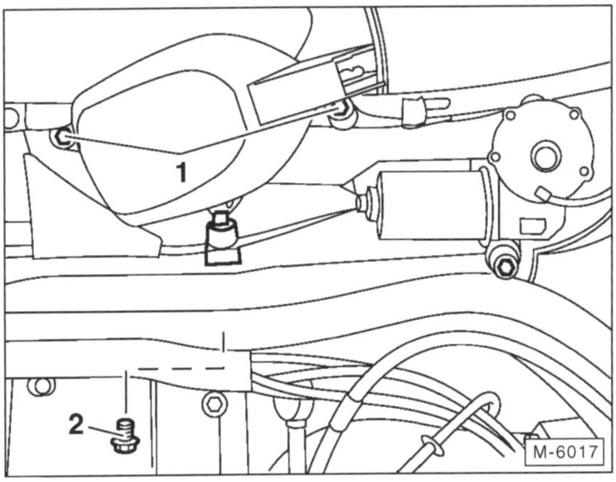

- Muttern –1– herausdrehen und Schraube –2– für Gummilager herausdrehen. Schraube –2– sitzt hinter der Motortrennwand und ist schwer zugänglich.
- Mehrfachstecker vom Wischermotor abziehen.
- Wischeranlage von den Lagerstellen abheben und herausnehmen.

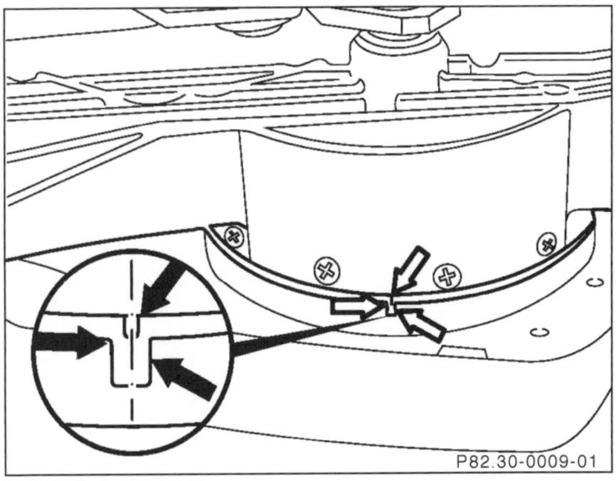

- Bevor der Wischermotor ausgebaut wird, Stellung von Wischerarm und Gestänge zueinander mit Bleistift markieren. Zum Teil sind die Teile schon serienmäßig markiert.

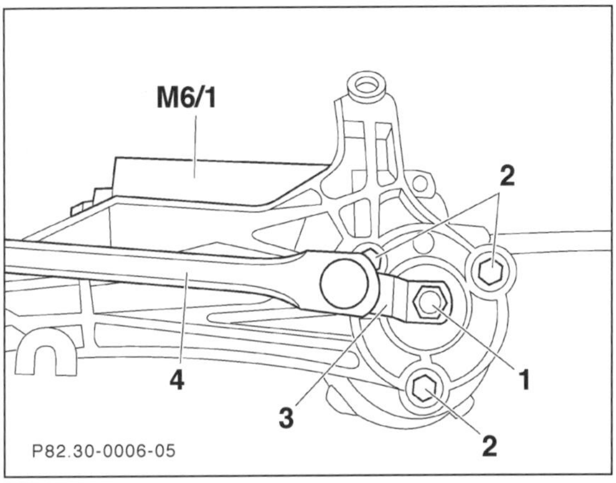

- Kurbelarm von der Motorachse abdrücken, vorher Mutter –1– abschrauben. M6/1 – Wischermotor.
- Schrauben –2– herausdrehen, Wischermotor abnehmen.

Einbau

Achtung: Sicherstellen, daß sich der Wischermotor in Parkstellung befindet. Gegebenenfalls Mehrfachstecker anschließen, Wischermotor kurz laufen lassen und mit Wischerschalter abstellen. Dazu kurzfristig Zündung einschalten. Anschließend elektrische Verbindung wieder trennen.

- Wischermotor mit Schrauben –2– und **5 Nm** anschrauben.
- Wischerarm mit Gestänge nach der beim Ausbau angebrachten Markierung ausrichten.
- Kurbelarm auf Motorachse stecken und so ausrichten, daß der Kurbelarm –3– mit dem Wischergestänge –4– eine Linie bildet, siehe Abbildung P82.30-0006-05. Befestigungsmutter –1– mit **20 Nm** festziehen.
- Wischeranlage in das Fahrzeug einsetzen und Mehrfachstecker aufschieben.
- Gummilager aufstecken und Schraube für Gummilager eindrehen.
- Wischeranlage anschrauben.
- Wischerarm aufschieben, Innensechskantschraube eindrehen und Abdeckplatte zuklappen.

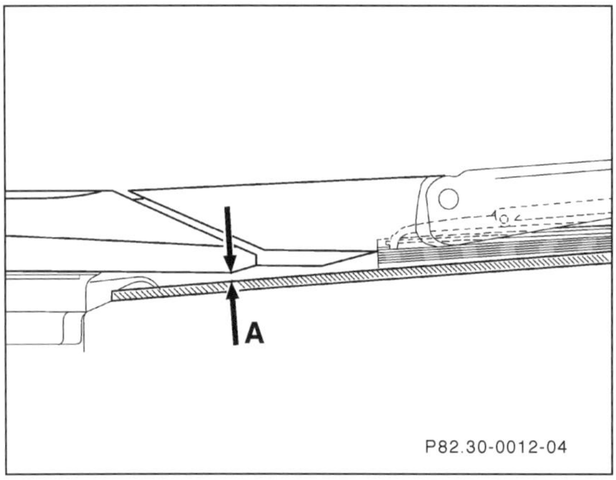

- Abstandsmaß –A– zwischen Wischergetriebekopf und Windschutzscheibe mit Fühlerblattlehre kontrollieren. Es muß 5 mm betragen.

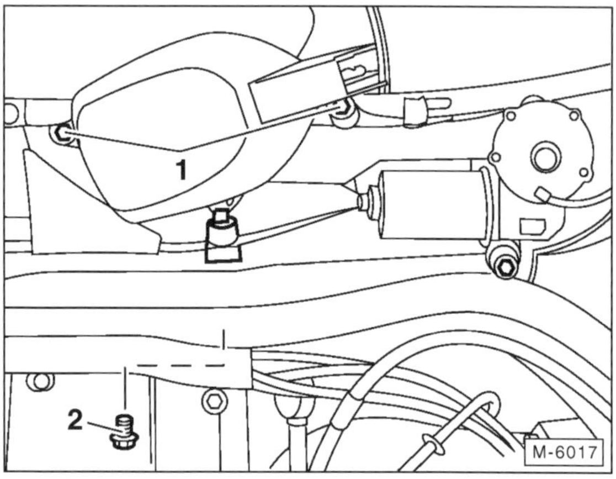

- Falls das Maß nicht erreicht wird, durch Lösen der Schraube –2– Abstand vom Wischergetriebekopf zur Windschutzscheibe einstellen. Dabei muß der Wischerarm nach oben geklappt sein.

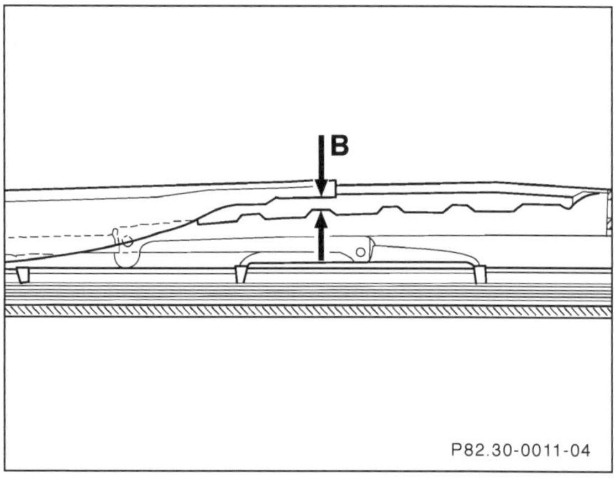

- Anschließend Maß –B– zwischen Wischerarm und Wischerblatt mit Fühlerlehre kontrollieren. Ist der Abstand kleiner als 5 mm, Wischerarmbügel in Richtung Windschutzscheibe biegen, bis der Abstand etwas mehr als 5 mm beträgt.
- Abdeckung unter Wischeranlage schieben.
- Abdeckung für Lufteintritt Heizung einbauen, siehe Seite 189.
- Motorhaube schließen und Wischeranlage auf korrekte Funktion prüfen.

Heckwischermotor aus- und einbauen

T-Modell

Hinweis: Das Relais für Heckwischer steckt seitlich am Wischermotor. Der Waschwasserbehälter befindet sich im Gepäckraum hinter der linken Seitenverkleidung.

Ausbau

- Heckscheibe mit Wasser benetzen.
- Heckscheiben-Wischeranlage ca. 2 Minuten laufen lassen und mit dem Scheibenwischerschalter abschalten. Dadurch läuft der Wischer in die Endstellung.
- Zündschlüssel abziehen, um unbeabsichtigtes Anlaufen der Wischeranlage zu vermeiden. Verletzungsgefahr!
- Ruhestellung des Wischerblattes auf der Heckscheibe mit Abdeck-Klebeband markieren. Dazu einen Streifen Klebeband direkt neben das Wischerblatt auf die Heckscheibe kleben. Beim Einbau wird der Wischerarm wieder so auf die Verzahnung der Antriebswelle gesetzt, daß sich das Wischerblatt direkt neben dem Klebestreifen befindet.

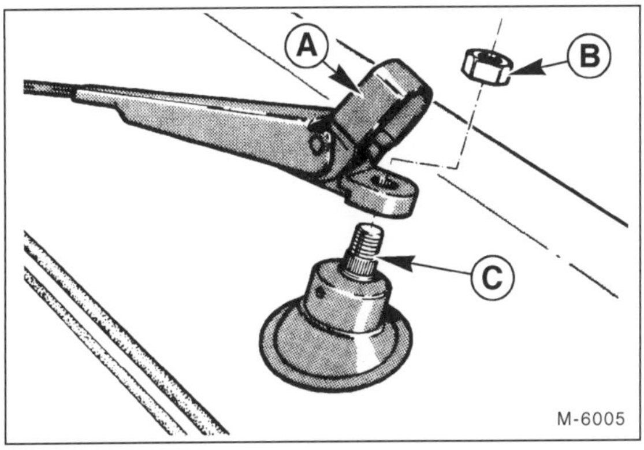

- Kunststoffkappe –A– hochschwenken.
- Mutter –B– ca. 2 Umdrehungen lösen.
- Wischerarm hochklappen und durch seitliche Bewegungen vom Konus abziehen.
- Mutter –B– abschrauben und abnehmen.
- Wischerarm von der Welle –C– abziehen.
- Heckklappe öffnen und Innenverkleidung ausbauen. Dazu für untere Verkleidung Spreizstifte aus den Clips heraushebeln und untere Verkleidung abnehmen. Rahmen für Innenentriegelung ausclipsen. Seitlich links und rechts je 2 Spreizclips herausdrücken. Verkleidung für Heckklappe nach oben schieben und abnehmen.
- Elektrische Steckverbindung trennen.

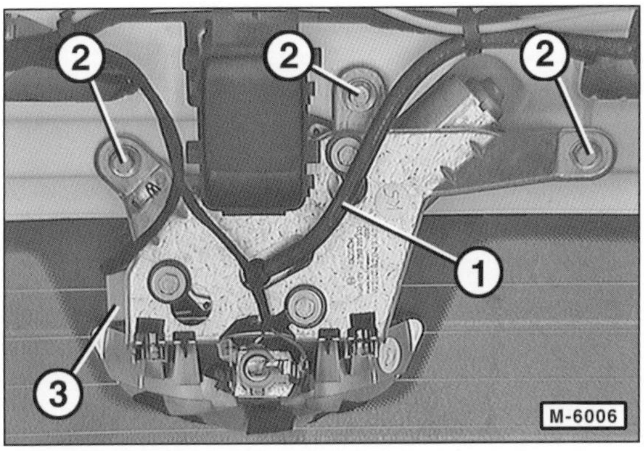

- Waschwasserleitung –1– abziehen.
- Wischermotor mit 3 Schrauben –2– von der Heckklappe abschrauben und abnehmen. 3 = Wischerrelais.
- Gummitülle für Wischerachse in der Heckklappe auf Porosität oder Beschädigung prüfen, gegebenenfalls ersetzen.

Einbau

- Wischermotor mit Halter an der Heckklappe anschrauben.
- Waschwasserleitung aufstecken.
- Elektrischen Anschluß verbinden.
- Wischermotor kurz laufen lassen und mit Wischerschalter abschalten, damit der Motor in Endstellung stehenbleibt.
- Wischerarm ensprechend den angebrachten Markierungen auf der Scheibe aufsetzen. Dabei darauf achten, daß die Waschdüse in der Wischerachse nicht beschädigt wird.
- Wischerarm mit Befestigungsmutter anschrauben.
- Abdeckung herunterklappen.
- Heckwischer laufen lassen und Wischbereich überprüfen, gegebenenfalls Wischerarm auf der Achse umsetzen.
- Innenverkleidung für Heckklappe einbauen.

Störungsdiagnose Scheibenwischergummi

Wischbild	Ursache	Abhilfe
Schlieren	Wischgummi verschmutzt	■ Wischgummi mit harter Nylonbürste und einer Waschmittellösung oder Spiritus reinigen
	Ausgefranste Wischlippe, Gummi ausgerissen oder abgenutzt	■ Wischgummi erneuern
	Wischgummi gealtert, rissige Oberfläche	■ Wischgummi erneuern
Im Wischfeld verbleibende Wasserreste ziehen sich sofort zu Perlen zusammen	Windschutzscheibe durch Lackpolitur oder Öl verschmutzt	■ Windschutzscheibe mit sauberem Putzlappen und einem Fett-Öl-Silikonentferner reinigen
Wischerblatt wischt einseitig gut - einseitig schlecht, rattert	Wischgummi einseitig verformt, „kippt nicht mehr"	■ Neues Wischgummi einbauen
	Wischerarm verdreht, Blatt steht schief auf der Scheibe	■ Wischerarm vorsichtig verdrehen, bis richtige, senkrechte Stellung erreicht ist
Nicht gewischte Flächen	Wischgummi aus der Fassung herausgerissen	■ Wischgummi vorsichtig in die Fassung einsetzen
	Wischerblatt liegt nicht mehr gleichmäßig an der Scheibe an, da Federschienen oder Bleche verbogen	■ Wischerblatt ersetzen. Dieser Fehler tritt vor allem bei unsachgemäßem Montieren eines Ersatzblattes auf
	Anpreßdruck durch Wischerarm zu gering	■ Wischerarmgelenke und Feder leicht einölen oder neuen Arm einbauen

Wagenpflege

Fahrzeug waschen

Aus Umweltschutzgründen ist in den meisten Gemeinden die Wagenwäsche auf öffentlichen Plätzen verboten. Inzwischen gibt es an vielen Tankstellen die Möglichkeit, dort seinen Wagen auch von Hand zu waschen. Da an diesen Tankstellen garantiert ist, daß das Schmutzwasser nicht in der Erde versickert, sollte die Wagenwäsche dort durchgeführt werden.

- Verschmutzten Wagen möglichst umgehend waschen.
- Tote Insekten **vor** der Wagenwäsche einweichen und abwaschen.
- Reichlich Wasser verwenden.
- Weichen Schwamm oder sehr weiche Waschbürste mit Schlauchanschluß benutzen.
- Lackierung nicht scharf abspritzen, sondern nur abbrausen und Schmutz aufweichen lassen.
- Aufgeweichten Schmutz von oben nach unten mit reichlich Wasser abwaschen.
- Schwamm oft ausspülen.
- Zum Abtrocknen sauberes Leder verwenden.
- Nur gute, rückfettende Markenwaschmittel verwenden (falls überhaupt). Mit klarem Wasser gründlich nachspülen, um die Reste des Waschmittels zu entfernen.
- Zum Schutz der Lackierung kann dem Waschwasser ein Waschkonservierer beigegeben werden.
- Bei regelmäßiger Benutzung von Waschmitteln muß öfter konserviert werden.
- Wagen niemals in der Sonne waschen oder trocknen. Wasserflecken auf der Lackierung sind sonst unvermeidlich.
- Durch Streusalze besonders gefährdet sind alle innenliegenden Falze, Flansche und Fugen an Türen und Hauben. Diese Stellen müssen deshalb bei jedem Wagenwaschen – auch nach der Wäsche in automatischen Waschstraßen – mit einem Schwamm gründlich gereinigt und anschließend abgespült und abgeledert werden.

Achtung: Nach der Wagenwäsche ergibt sich eine verringerte Bremswirkung durch Nässe. Deshalb Bremsscheiben kurz trockenbremsen.

Lackierung pflegen

Konservieren: So oft wie nötig soll die sauber gewaschene und getrocknete Lackierung mit einem Konservierungsmittel behandelt werden, um die Oberfläche durch eine porenschließende und wasserabweisende Wachsschicht gegen Witterungseinflüsse zu schützen.

Übergelaufenen Kraftstoff, übergelaufenes Öl oder Fett, beziehungsweise übergelaufene Bremsflüssigkeit **sofort entfernen,** sonst kommt es zu Lackverfärbungen.

Das Konservieren muß wiederholt werden, wenn Wasser nicht mehr vom Lack abperlt, sondern großflächig verläuft. Regelmäßiges Konservieren bewirkt, daß der ursprüngliche Glanz der Lackierung sehr lange erhalten bleibt.

Eine weitere Möglichkeit, den Lack zu konservieren, bieten Waschkonservierer. Waschkonservierer schützen die Lackierung jedoch nur ausreichend, wenn sie bei **jeder** Wagenwäsche verwendet werden und der zeitliche Abstand zwischen 2 Wäschen nicht mehr als 2 bis 3 Wochen beträgt. Nur Lackkonservierer verwenden, die Carnauba- oder synthetische Wachse enthalten.

Nach dem Anwenden von Waschmitteln (Schaumwäsche) ist eine Nachbehandlung mit einem Konservierungsmittel besonders zu empfehlen (Gebrauchsanweisung beachten).

Polieren: Das Polieren der Lackierung ist nur dann erforderlich, wenn der Lack infolge mangelhafter Pflege unter der Einwirkung von Straßenstaub, industriellen Abgasen, Sonne und Regen unansehnlich geworden ist und sich durch eine Behandlung mit Konservierungsmitteln kein Glanz mehr erzielen läßt. Zu warnen ist vor stark schleifenden oder chemisch stark angreifenden Poliermitteln, auch wenn der erste Versuch damit noch so sehr zu überzeugen scheint.

Vor jedem Polieren muß der Wagen sauber gewaschen und sorgfältig abgetrocknet werden. Im übrigen ist nach der Gebrauchsanweisung für das Poliermittel zu verfahren.

Die Bearbeitung soll in nicht zu großen Flächen erfolgen, um ein vorzeitiges Eintrocknen der Politur zu vermeiden. Bei manchen Poliermitteln muß anschließend noch konserviert werden. Nicht in der prallen Sonne polieren! Matt lackierte Teile dürfen nicht mit Konservierungs- oder Poliermitteln behandelt werden.

Teerflecke entfernen: Teerflecke fressen sich innerhalb kurzer Zeit in den Lack ein und können dann nicht mehr vollkommen entfernt werden. Frische Teerflecke können mit einem in Waschbenzin getränkten weichen Lappen entfernt werden. Notfalls kann auch Tankstellenbenzin, Petroleum oder Terpentinöl verwendet werden. Sehr gut gegen Teerflecke eignet sich auch ein Lackkonservierer. Bei Verwendung dieses Mittels kann auf ein Nachwaschen verzichtet werden.

Insekten entfernen: Die Reste von Insektenleichen tragen Stoffe in sich, die den Lackfilm beschädigen können, wenn sie nicht innerhalb kurzer Zeit entfernt werden. Einmal festgeklebt, lassen sie sich durch Wasser und Schwamm allein nicht entfernen, sondern müssen mit schwacher, lauwarmer Seifen- oder Waschmittel-Lösung abgewaschen werden. Es gibt auch spezielle Insekten-Entferner.

Baumaterial-Spritzer entfernen: Spritzer jeglichen Baumaterials mit einer lauwarmen Lösung neutraler Waschmittel abwaschen. Nur leicht reiben, da sonst die Lackierung zerkratzt werden kann. Nach dem Waschen sorgfältig mit klarem Wasser nachspülen.

Kunststoffteile pflegen: Kunststoffteile, Kunstledersitze, Himmel, Leuchtengläser sowie mattschwarz gespritzte Teile mit Wasser und eventuell einem Shampoo-Zusatz säubern, Himmel nicht durchfeuchten. Kunststoffteile gegebenenfalls mit Kunststoffreiniger behandeln. Keinesfalls Lösungsmittel wie Nitroverdünner, Kaltreiniger oder Kraftstoff verwenden.

Scheiben reinigen: Fensterscheiben innen und außen mit sauberem, weichem Lappen abreiben. Bei starker Verschmutzung helfen Spiritus oder Salmiakgeist und lauwarmes Wasser, oder auch ein spezieller Scheibenreiniger. Beim Reinigen der Windschutzscheibe Scheibenwischerarm nach vorn klappen.

Bei der Reinigung der Windschutzscheibe sind auch die Wischerblätter zu säubern.

Achtung: Bei Verwendung silikonhaltiger Mittel dürfen die zur Reinigung der Lackierung verwendeten Waschbürsten, Schwämme, Lederlappen und Tücher nicht für die Scheiben verwendet werden. Beim Einsprühen der Lackierung mit silikonhaltigen Pflegemitteln sollten die Scheiben mit Pappe oder anderem Material abgedeckt werden.

Gummidichtungen pflegen: Von Zeit zu Zeit Gummidichtungen durch Einpudern der Dicht- und Gleitflächen mit Talkum oder Besprühen mit Silikonspray geschmeidig halten. So werden auch quietschende oder knarrende Geräusche beim Türenschließen vermieden. Auch das Einreiben der betreffenden Flächen mit Schmierseife beseitigt die Geräusche.

Leichtmetall-Scheibenräder mit Felgenreiniger besonders während der kalten Jahreszeit pflegen, jedoch keine aggressiven, säurehaltigen, stark alkalischen und rauhen Reinigungsmittel oder Dampfstrahler über +60° C verwenden.

Sicherheitsgurte nur mit milder Seifenlauge in eingebautem Zustand säubern, nicht chemisch reinigen, da dadurch das Gewebe zerstört werden kann. Automatikgurte nur in trockenem Zustand aufrollen. Gurtband nicht bei einer Temperatur von über +80° C oder direkter Sonneneinstrahlung trocknen.

Unterbodenschutz/ Hohlraumkonservierung

Die gesamte Bodenanlage einschließlich der hinteren Radkästen ist mit PVC-Unterbodenschutz beschichtet. Die besonders stark gefährdeten Bereiche in den vorderen Radläufen sind mit Kunststoffschalen gegen Steinschlag geschützt. Darüber hinaus wurden korrosionsgefährdete Karosserieteile aus hochfestem beziehungsweise verzinktem Blech hergestellt. Vor der kalten Jahreszeit und nach einer Unterbodenwäsche sollte der Unterbodenschutz kontrolliert und gegebenenfalls nachkonserviert werden.

Im Schleuderbereich des Unterbaues können sich Staub, Lehm und Sand ablagern. Das Entfernen des angesammelten Schmutzes, der während der Winterzeit auch noch mit Salz angereichert sein kann, ist besonders wichtig.

Motorraum konservieren: Zur Verhinderung von Korrosion am Vorderwagen (z. B. Seitenteile, Längsträger oder Abschlußblech) und des Antriebaggregates muß der Motorraum einschließlich der im Motorraum befindlichen Teile der Bremsanlage sowie der Vorderachselemente und der Lenkung mit einem hochwertigen Konservierungswachs eingesprüht werden. Vor allen Dingen natürlich nach einer Motorwäsche. **Achtung:** Vor der Motorwäsche, die zum Beispiel mit Kaltreiniger und einem Dampfstrahlgerät durchgeführt werden kann, sind Generator, Sicherungskasten und Bremsflüssigkeitsbehälter mit Plastikhüllen abzudecken.

Polsterbezüge pflegen

Textilbezüge: Polsterbezüge mit Staubsauger absaugen oder mit einer nicht zu weichen Bürste ausbürsten. Bei starker Verschmutzung Textilbezüge mit Trockenschaum reinigen.

Fett- und Ölflecke mit Reinigungsbenzin oder Fleckenwasser behandeln. Das Reinigungsmittel darf aber nicht unmittelbar auf den Stoff gegossen werden, da sich sonst unweigerlich Ränder bilden. Fleck durch kreisförmiges Reiben von außen nach innen bearbeiten. Andere Verschmutzungen lassen sich meistens mit lauwarmem Seifenwasser entfernen.

Lederbezüge: Bei starker Sonneneinstrahlung und längerer Standzeit Sitze abdecken, damit sie nicht ausbleichen.

Trikot- oder Wollappen mit Wasser leicht anfeuchten und Lederflächen säubern, ohne das Leder oder die Nahtstellen zu durchfeuchten. Anschließend das getrocknete Leder mit einem sauberen und weichen Tuch nachreiben.

Stärker verschmutzte Lederflächen können mit einem milden Feinwaschmittel ohne Aufheller (2 Eßlöffel auf 1 Liter Wasser) gereinigt werden. Fett- und Ölflecke vorsichtig ohne Reiben mit Reinigungsbenzin abtupfen.

Lackierte Lederpolster sollten nach dem Reinigen mit einem handelsüblichen Pflegemittel für Lederflächen behandelt werden. Solche Mittel sind bei den Fachwerkstätten und im Autofachhandel erhältlich. Das Mittel vor Gebrauch gut schütteln und mit einem weichen Lappen dünn auftragen. Nach dem Eintrocknen mit einem sauberen und weichen Tuch nachreiben. Diese Behandlung empfiehlt sich bei normaler Beanspruchung alle 6 Monate.

Motorstarthilfe

- Die Starthilfekabel sollten einen Leitungsquerschnitt von 25 mm^2 aufweisen und mit isolierten Kabelzangen ausgestattet sein. In der Regel ist der Leitungsquerschnitt auf der Packung der Starthilfekabel angegeben.
- Bei beiden Batterien muss die Spannung 12 Volt betragen. Die Kapazität der stromgebenden Batterie darf nicht wesentlich unter der der entladenen Batterie liegen.
- Falls vorhanden, Deckel über der Fahrzeugbatterie öffnen.
- Eine entladene Batterie kann bereits bei –10° C gefrieren. Vor Anschluss der Starthilfekabel muss eine gefrorene Batterie unbedingt aufgetaut werden.
- Die entladene Batterie muss ordnungsgemäß am Bordnetz angeklemmt sein.
- Wenn möglich, Säurestand der entladenen Batterie prüfen, gegebenenfalls destilliertes Wasser auffüllen und Batterie verschließen.
- Fahrzeuge so weit auseinander stellen, dass kein metallischer Kontakt besteht. Andernfalls könnte bereits beim Verbinden der Pluspole ein Strom fließen.
- Bei beiden Fahrzeugen Handbremse anziehen. Schaltgetriebe in Leerlaufstellung, automatisches Getriebe in Parkstellung »P« schalten.
- Alle Stromverbraucher, auch das Autotelefon, ausschalten.
- Grundsätzlich Motor des Spenderfahrzeuges ca. 1 Minute vor dem Startvorgang und während des Startvorganges mit Leerlaufdrehzahl drehen lassen. Dadurch wird eine Beschädigung des Generators durch Spannungsspitzen beim Startvorgang vermieden.
- Während des Starthilfevorganges offene Flammen oder brennende Zigaretten in der Nähe der Batterie vermeiden, weil aus der Batterie brennbare Gase austreten können.
- Darauf achten, daß die Starthilfekabel nicht durch drehende Teile wie z. B. Kühlerventilator beschädigt werden.

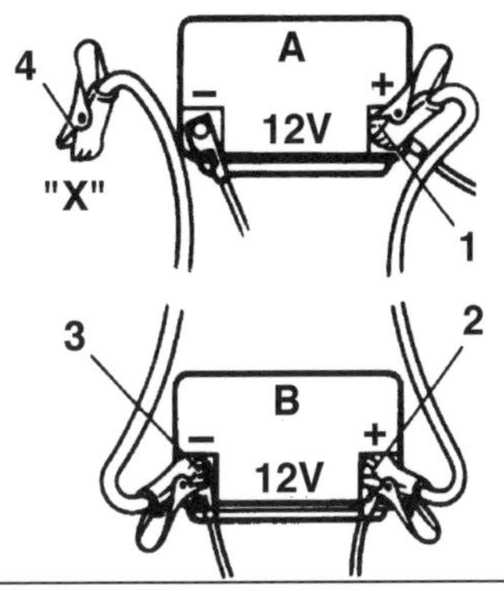

SX-6801P

- Starthilfekabel in folgender Reihenfolge anschließen:
  1. Rotes Kabel an den Pluspol der entladenen Batterie –A– anklemmen.
  2. Das andere Ende des roten Kabels an den Pluspol der stromgebenden Batterie –B– anklemmen.
  3. Schwarzes Kabel an den Minuspol der stromgebenden Batterie anklemmen.
  4. Das andere Ende des schwarzen Kabels an eine gute Massestelle –X– des Empfängerfahrzeuges anschließen. Am besten eignet sich ein mit dem Motorblock verschraubtes Metallteil. Unter ungünstigen Umständen könnte beim Anschließen des Kabels an den Minuspol der leeren Batterie, durch Funkenbildung und Knallgasentwicklung, die Batterie explodieren.

Achtung: Die Klemmen der Starthilfekabel dürfen bei angeschlossenen Kabeln nicht in Kontakt miteinander kommen beziehungsweise die Plusklemmen dürfen keine Massestellen (Karosserie oder Rahmen) berühren.

- Motor des Empfängerfahrzeuges (leere Batterie) starten und laufen lassen. Beim Starten Anlasser nicht länger als 10 Sekunden ununterbrochen betätigen, da sich durch die hohe Stromaufnahme Polzangen und Kabel erwärmen. Deshalb zwischendurch eine »Abkühlpause« von mindestens ½ Minute einlegen.
- Nicht über die Batterien beugen – Verätzungsgefahr!
- **Nach der Starthilfe** Kabel in **umgekehrter** Reihenfolge abklemmen: Zuerst schwarzes Kabel (–) am Empfängerfahrzeug, dann am stromgebenden Fahrzeug abklemmen. Rotes Kabel zuerst am stromgebenden und dann am Empfängerfahrzeug abklemmen.

Fahrzeug abschleppen

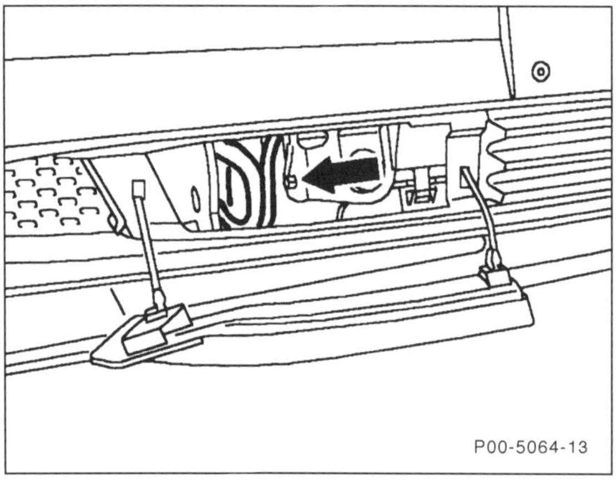

- Die vordere Abschleppöse befindet sich hinter einer Klappe rechts am Stoßfänger. Klappe mit den Fingern nach vorn ausclipsen. Beim Anbringen einer Abschleppstange den Haken der Abschleppstange von der Fahrzeugmitte her einführen –Pfeilrichtung–, damit ausreichende Bewegungsfreiheit sichergestellt ist.

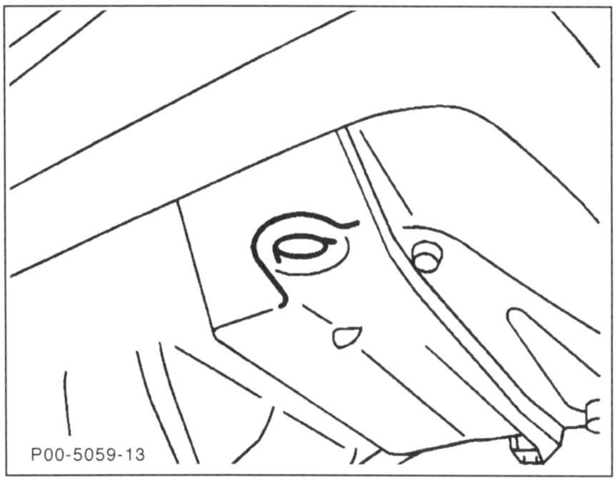

- Die hintere Abschleppöse befindet sich rechts unter dem hinteren Stoßfänger.

Regeln beim Abschleppen

- Zündung einschalten, damit das Lenkrad nicht blockiert ist und das Signalhorn und die Scheibenwischer betätigt werden können.
- Getriebe in Leerlaufstellung bringen, bei Fahrzeugen mit Automatikgetriebe den Wählhebel in Stellung „N".
- Warnblinkanlage bei ziehendem und gezogenem Fahrzeug einschalten.
- Da der Bremskraftverstärker und die Servolenkung nur bei laufendem Motor arbeiten, müssen bei nicht laufendem Motor das Bremspedal und das Lenkrad entsprechend kräftiger betätigt werden!
- **Empfehlenswert ist die Verwendung einer Abschleppstange.** Die Gefahr des Auffahrens ist bei Verwendung eines Abschleppseils groß. Ein Abschleppseil soll elastisch sein, damit das schleppende und das gezogene Fahrzeug geschont werden. Nur Kunstfaserseile oder Seile mit elastischen Zwischengliedern verwenden.

Besonderheiten bei Fahrzeugen mit Getriebeautomatik

Maximale Schleppgeschwindigkeit: **50 km/h!**
Maximale Schleppentfernung: **50 Kilometer!**

- Über große Entfernungen das Fahrzeug mit einem Abschleppwagen hinten anheben oder aufladen.
- Ohne Getriebeöl darf das Fahrzeug nur mit angehobenen Antriebsrädern abgeschleppt werden.

Besonderheiten bei Fahrzeugen mit ASD oder ASR

- Bei Fahrzeugen mit automatischem Sperrdifferential ASD oder Antriebs-Schlupf-Regelung ASR darf der Zündschlüssel nicht in Stellung II (Zündung eingeschaltet) sein, wenn bei angehobener Vorderachse abgeschleppt wird.

Fahrzeug anschleppen (Notstart)

Achtung: Das Anschleppen (Starten des Motors durch das rollende Fahrzeug) ist bei Fahrzeugen mit Getriebeautomatik nicht möglich. Fahrzeuge mit Katalysator dürfen nur bei kaltem Motor und in einem Versuch angeschleppt werden, da sonst die Gefahr von Katalysatorschäden besteht.

Fahrzeug aufbocken

Bei Arbeiten unter dem Fahrzeug muß dieses, falls es nicht auf einer Hebebühne steht, auf zwei oder vier stabilen Unterstellböcken stehen. **Auf keinen Fall dürfen Arbeiten unter dem Fahrzeug ausgeführt werden, wenn dieses nicht ausreichend gesichert ist oder nur mit dem Wagenheber abgestützt wird. Lebensgefahr!**

- Das Fahrzeug nur in unbeladenem Zustand anheben.

Achtung: Durch eine geeignete Gummi- oder Holzzwischenlage werden beim Anheben Beschädigungen am Unterbau vermieden. Keinesfalls darf der Wagen an Motor- oder Getriebeteilen angehoben oder abgestützt werden.

- Die Räder, die beim Anheben auf dem Boden stehen bleiben, mit Keilen gegen Vor- oder Zurückrollen sichern. Nicht auf die Feststellbremse verlassen, diese muß bei einigen Reparaturen gelöst werden.
- Fahrzeug nur auf ebener, fester Fläche aufbocken.
- Fahrzeug mit Unterstellböcken so abstützen, daß jeweils ein Bein seitlich nach außen zeigt.

Anheb- und Aufbockpunkte: Bordwagenheber

M-6801

- Abdeckung an der jeweiligen Aufnahmebohrung für den Wagenheber mit einem Schraubendreher abhebeln.
- Aufnahmebolzen des Wagenhebers vollständig in das Einsteck-Rohr des Längsträgers schieben.
- Wagenheber lotrecht ansetzen.

Werkstattwagenheber

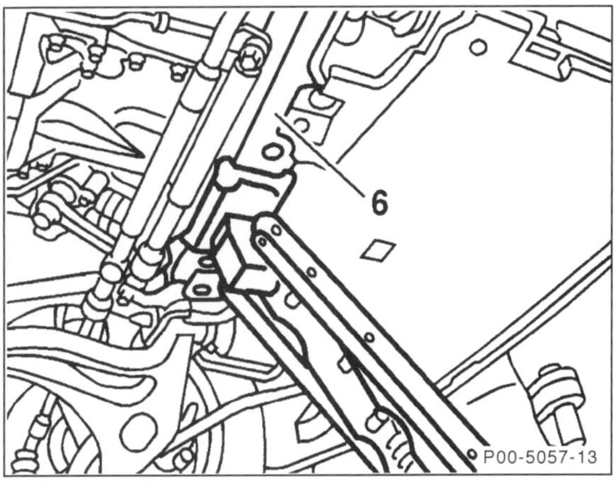

P00-5057-13

- Vorn am Rahmen-Querträger –6– der Vorderachse anheben.

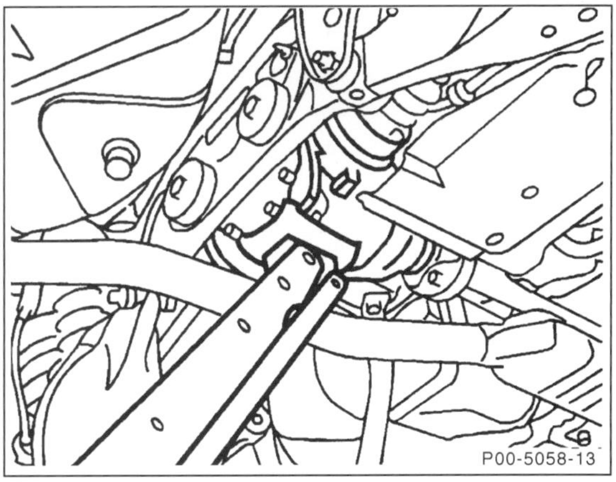

P00-5058-13

- Hinten am Hinterachs-Mittelstück anheben.

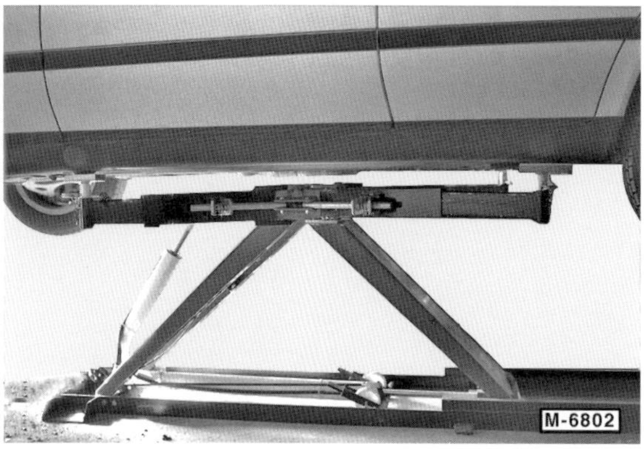

- Die Aufnahmepunkte vorn und hinten befinden sich unterhalb der Einsteckrohre für den Bordwagenheber und sind mit Hartgummipuffern versehen.

Achtung: Die Aufnahmepunkte an den Längsträgern können auch zum seitlichen Anheben mit einem Werkstattwagenheber benutzt werden. Dabei Wagenheber unter den Hartgummipuffern ansetzen.

Werkzeug

Der Aufwand an Werkzeug richtet sich ganz nach dem Umfang der Arbeiten, die am MERCEDES ausgeführt werden sollen. Neben einer Grundausstattung ist in jedem Fall ein Drehmomentschlüssel empfehlenswert.

Gutes und stabiles Werkzeug wird von der Firma Hazet (42804 Remscheid, Postfach 100461) angeboten. In den Tabellen sind die Werkzeuge mit der Hazet-Bestellnummer aufgeführt. Vertrieben wird das Werkzeug über den Fachhandel.

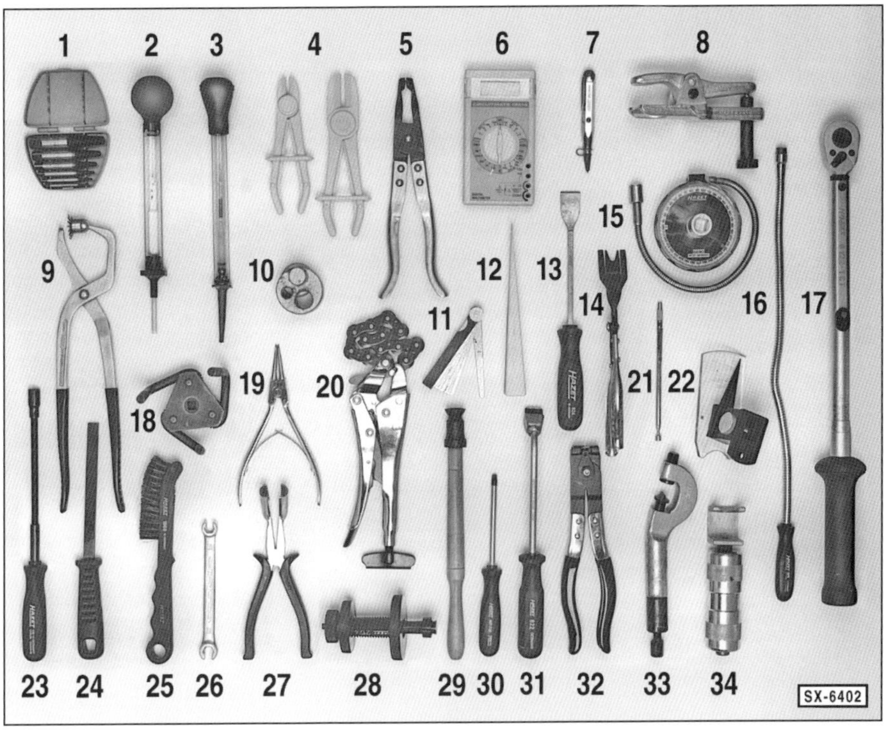

Abb.	Werkzeug	Hazet-Nr.
1	Schraubenausdreher für verschiedene Schrauben	840/5
2	Batteriesäureprüfer	4650-1
3	Kühlmittel-Frostschutzprüfer	–
4	Abklemmzangen für Schläuche	4590/3
5	Ausziehzange für Ventilschaft-abdichtungen	2791
6	Multimeter	–
7	Spannungsprüflampe mit Spitze	2153
8	Ausdrücker für Spurstangenköpfe	1790-7
9	Bremsfedernzange	797
10	Stehbolzenausdreher	845
11	Fühlerblattlehre 0,05–1,0 mm	2147
12	Montagekeil	1965-20
13	Flachschaber zur Beseitigung von Dichtungsrückständen an Zylinderkopf sowie Motorblock	824
14	Abdrückzange für Verkleidungen	799-4
15	Winkelscheibe für drehwinkel-gesteuerten Schraubenanzug	6690
16	Magnet-Sucher	1976
17	Drehmomentschlüssel 40 – 200 Nm	6122-1CT
18	Ölfilterschlüssel	2172

Abb.	Werkzeug	Hazet-Nr.
19	Spitzzange für Sicherungsringe	1846c-2
20	Ketten-Abgasrohrschneider	4682
21	Spritzdüseneinsteller für Scheiben-waschanlage	4850-1
22	Winkeleinsteller für Scheibenwischerarme	4851-1
23	Steckschlüssel flexibel, 8 und 10 mm	426-8, -10
24	Bremssattelfeile	4968-1
25	Stahldrahtbürste für Bremssattelreinigung	4968-2/-3
26	Offene Doppelringschlüssel für Überwurfmuttern der Bremsleitungen	612-8x10, 612-10x11
27	Zündkerzensteckerzange (nur Benziner)	1849-1
28	Kupplungs-Zentrierwerkzeug	2174
29	Ventileinschleifer	795
30	Torxschraubendreher (verschied. Größen)	837-T20....T45
31	Ziehklinge zum Entfernen von Unterbodenschutz etc.	822
32	Klemmzange für Haltebänder der Gelenkwellenmanschetten	1847-1
33	Hydraulischer Mutternsprenger	846-22
34	Schlag-Ausziehgerät für Bremsbeläge, Scheibenwischerarme etc.	1966
ohne Abbildung:		
	Ausbauhebel für Mercedes-Stern	2735
	Ölfilterschlüssel	2169

W

Wartung MERCEDES C-Klasse

Wartungsplan 6/93 – 5/97

Die Wartung ist alle 12 Monate durchzuführen. Werden innerhalb dieser Zeit mehr als 15.000 km gefahren, ist die Wartung bereits nach 15.000 km fällig. Die mit ● gekennzeichneten Positionen sind bei jeder Wartung, die mit ■ gekennzeichneten Positionen bei jeder 2. Wartung zusätzlich auszuführen.

Bei erschwerten Betriebsbedingungen, wie überwiegend Stadt- und Kurzstreckenverkehr, häufigen Gebirgsfahrten, Anhängerbetrieb und staubige Straßenverhältnisse, Motorölwechsel alle 7.500 km durchführen.

Im Rahmen der Wartung sind ebenfalls die zusätzlichen, mit ◆ gekennzeichneten Wartungspunkte durchzuführen. Und zwar immer dann, wenn seit der letzten Durchführung des Wartungspunktes die angegebenen Kilometer gefahren wurden beziehungsweise die angegebene Zeit verstrichenen ist.

Motor

● Motor: Öl- und Filterwechsel.

● Kühl- und Heizsystem: Flüssigkeitsstand prüfen, Konzentration des Frostschutzmittels prüfen. Sichtprüfung auf Undichtigkeiten und äußere Verschmutzung des Kühlers.

■ Keilrippenriemen: Zustand prüfen.

■ Zündkerzen: Erneuern.

■ Gasbetätigung: Schmieren, auf Leichtgängigkeit und Verschleiß prüfen.

■ Motor: Sichtprüfung auf Ölundichtigkeiten.

■ Abgasanlage: Sichtprüfung auf Beschädigungen.

■ Klimaanlage: Kältemittelstand prüfen.

Getriebe, Achsantrieb

■ Gelenkschutzhüllen: Auf Undichtigkeiten und Beschädigungen prüfen.

■ Schalt- und Ausgleichgetriebe: Sichtprüfung auf Undichtigkeiten.

Vorderachse und Lenkung

■ Vorderachsgelenke: Spiel und Befestigung prüfen, Staubkappen prüfen.

■ Lenkung: Spiel prüfen, Faltenbälge auf Undichtigkeiten und Beschädigungen prüfen.

■ Servolenkung: Flüssigkeitsstand prüfen, gegebenenfalls Hydrauliköl auffüllen.

■ Niveauregulierung/ASD: Flüssigkeitsstand prüfen, gegebenenfalls Hydrauliköl auffüllen.

Bremsen, Reifen, Räder

● Bremsanlage: Leitungen, Schläuche und Anschlüsse auf Undichtigkeiten und Beschädigungen prüfen.

● Bereifung: Profiltiefe und Reifenfülldruck prüfen; Reifen auf Verschleiß und Beschädigungen (einschließlich Reserverad) prüfen.

■ Scheibenbremse: Belagstärke der vorderen und hinteren Bremsbeläge prüfen. Zustand der Bremsscheibe prüfen.

■ Räder: Abschrauben, Zustand der Felgen (auch innen) prüfen, Räder reinigen und mit vorgeschriebenem Drehmoment anschrauben.

Karosserie/Innenausstattung

● Motorhaube: Verschluß und Sicherungshaken der Motorhaube auf Funktion prüfen, gegebenenfalls einstellen. **Keinesfalls schmieren!**

■ Staubfiltereinsatz: Erneuern.

■ Sicherheitsgurte: Auf Beschädigungen prüfen.

■ Anhängevorrichtung mit abnehmbarem Kugelhals und automatischer Verriegelung: Schmieren und auf Funktion prüfen.

Elektrische Anlage

- ● Kontrolleuchten, Symbolbeleuchtung und Innenbeleuchtung: Funktion prüfen.
- ● Außenbeleuchtung: Prüfen, gegebenenfalls Scheinwerfer einstellen.
- ● Signalhorn: Prüfen.
- ● Scheibenwischer vorn: Wischergummi auf Verschleiß prüfen.
- ● Scheibenwaschanlage: Flüssigkeitsstand und Funktion prüfen, wenn nötig auffüllen. Düsenstellung kontrollieren.
- ● Scheinwerferreinigungsanlage: Funktion prüfen.
- ■ Leuchtweitenregulierung der Scheinwerfer prüfen.
- ■ Wischergummi für Windschutzscheibe: Erneuern.
- ■ Wischergummi für Scheinwerfer und Heckscheibe: Zustand prüfen.
- ■ Teleskopstab der Antenne: Reinigen.
- ■ Alle Stromverbraucher: Funktion prüfen.
- ■ Batterie: Flüssigkeitsstand prüfen, wenn nötig auffüllen.

Zusätzlich alle 60.000 km

- ◆ Lenkung: Befestigungsschrauben am Lenkgetriebe mit richtigem Drehmoment nachziehen.
- ◆ Automatisches Getriebe: Öl und Filter wechseln.
- ◆ Gelenkwelle: Gelenkscheiben auf Beschädigungen und Verformung prüfen.

Alle 2 Jahre

- ◆ Bremsflüssigkeit: Erneuern, möglichst im Frühjahr.
- ◆ Karosserie auf Lackschäden prüfen.
- ◆ Fahrgestell- und Karosserieteile auf Beschädigung und Korrosion prüfen.

Alle 3 Jahre

- ◆ Kühlmittel erneuern.
- ◆ Schiebedach: Gleitschienen und Gleitbacken reinigen und leicht einfetten.

Zusätzlich alle 90.000 km oder 4 Jahre

- ◆ Kraftstoffilter ersetzen.
- ◆ Luftfilter: Filtereinsatz ersetzen.

Wartungsplan ab 6/97

Für Fahrzeuge ab 6/97 gilt für die Wartung das **A**ktive **S**ervice **Syst**em »ASSYST«. Dabei werden die Wartungsintervalle per Digitalanzeige im Schalttafeleinsatz angezeigt. Und zwar erscheint der erste Hinweis auf die Wartung etwa 3000 km vor dem nächsten Wartungstermin.

Der Wartungsumfang ist abhängig von den gefahrenen Kilometern nach der letzten »großen« Wartung. Wurden weniger als 22.000 km gefahren, dann ist die »kleine« Wartung fällig oder alle im Wartungsplan mit ● gekennzeichneten Positionen. Bei mehr als 22.000 km ist die »große« Wartung durchzuführen oder alle mit ● und ■ gekennzeichneten Positionen. Bei einigen Fahrzeugen wird der Wartungsumfang im Kombiinstrument mit »Serviceumfang A« oder großem »Serviceumfang B« angezeigt.

Im Rahmen der Wartung sind ebenfalls die zusätzlichen, mit ◆ gekennzeichneten Wartungspunkte durchzuführen. Und zwar immer dann, wenn seit der letzten Durchführung des Wartungspunktes die angegebenen Kilometer gefahren wurden beziehungsweise die angegebene Zeit verstrichenen ist.

Nach erfolgter Wartung Serviceanzeige im Schalttafeleinsatz zurücksetzen, siehe Seite 261.

Motor

- ● Motor: Öl- und Filterwechsel.
- ● Kühl- und Heizsystem: Flüssigkeitsstand prüfen, Konzentration des Frostschutzmittels prüfen. Sichtprüfung auf Undichtigkeiten und äußere Verschmutzung des Kühlers.
- ■ Keilrippenriemen: Zustand prüfen.
- ■ Gasbetätigung: Schmieren, auf Leichtgängigkeit und Verschleiß prüfen.
- ■ Motor: Sichtprüfung auf Ölundichtigkeiten.
- ■ Abgasanlage: Sichtprüfung auf Beschädigungen.
- ■ Klimaanlage: Kältemittelstand prüfen.

Getriebe, Achsantrieb

- ■ Gelenkschutzhüllen: Auf Undichtigkeiten und Beschädigungen prüfen.
- ■ Schalt- und Ausgleichgetriebe: Sichtprüfung auf Undichtigkeiten.

Vorderachse und Lenkung

- ■ Vorderachsgelenke: Spiel und Befestigung prüfen, Staubkappen prüfen.
- ■ Lenkung: Spiel prüfen, Faltenbälge auf Undichtigkeiten und Beschädigungen prüfen.
- ■ Servolenkung: Flüssigkeitsstand prüfen, gegebenenfalls Hydrauliköl auffüllen.
- ■ Niveauregulierung/ASD: Flüssigkeitsstand prüfen, gegebenenfalls Hydrauliköl auffüllen.

Bremsen, Reifen, Räder

- ● Bremsanlage: Leitungen, Schläuche und Anschlüsse auf Undichtigkeiten und Beschädigungen prüfen.
- ● Bereifung: Profiltiefe und Reifenfülldruck prüfen; Reifen auf Verschleiß und Beschädigungen (einschließlich Reserverad) prüfen.
- ■ Scheibenbremse: Belagstärke der vorderen und hinteren Bremsbeläge prüfen. Zustand der Bremsscheibe prüfen.
- ■ Räder: Abschrauben, Zustand der Felgen (auch innen) prüfen, Räder reinigen und mit vorgeschriebenem Drehmoment anschrauben.

Karosserie/Innenausstattung

- ● **Fahrzeugtyp 202**: Verschluß und Sicherungshaken der Motorhaube auf Funktion prüfen, gegebenenfalls einstellen. **Keinesfalls schmieren!**
- ● **Fahrzeugtyp 208**: Verschluß und Scharniere der Motorhaube schmieren. Sicherungshaken ölen und auf Leichtgängigkeit prüfen.
- ■ Staubfiltereinsatz: Erneuern.
- ■ Sicherheitsgurte: Auf Beschädigungen prüfen.

Elektrische Anlage

- ● Batterie: Flüssigkeitsstand prüfen, wenn nötig auffüllen.
- ● Kontrolleuchten, Symbolbeleuchtung und Innenbeleuchtung: Funktion prüfen.
- ● Außenbeleuchtung: Funktion prüfen.
- ● Signalhorn: Prüfen.
- ● Scheibenwischer vorn: Wischergummi auf Verschleiß prüfen.
- ● Scheibenwaschanlage: Flüssigkeitsstand und Funktion prüfen, wenn nötig auffüllen. Düsenstellung kontrollieren.
- ● Scheinwerferreinigungsanlage: Funktion prüfen.
- ● Serviceanzeige im Schaltafeleinsatz zurücksetzen.
- ■ Scheinwerfereinstellung: Prüfen.
- ■ Leuchtweitenregulierung der Scheinwerfer prüfen (nicht bei Xenon-Scheinwerfern).
- ■ Wischergummi für Windschutzscheibe: Erneuern.
- ■ Wischergummi von Scheinwerfer und Heckscheibe: Zustand prüfen.
- ■ Alle Stromverbraucher: Funktion prüfen.

2 Jahre nach letzter Prüfung bzw. Wechsel

- ◆ Bremsflüssigkeit: Erneuern.
- ◆ Karosserie auf Lackschäden prüfen.
- ◆ Fahrgestell- und Karosserieteile auf Beschädigung und Korrosion prüfen.
- ◆ Anhängevorrichtung mit abnehmbarem Kugelhals und automatischer Verriegelung: Schmieren und auf Funktion prüfen (oder alle 30.000 km, wenn viel mit Anhänger gefahren wird).

3 Jahre nach letzter Prüfung bzw. Wechsel

- ◆ **Motor 111:** Kühlmittel erneuern.
- ◆ Schiebedach: Gleitschienen und Gleitbacken reinigen und leicht einfetten.

4 Jahre oder 40.000 km nach letztem Wechsel

- ◆ **Motor 111.944/975:** Zündkerzen erneuern.

4 Jahre oder 60.000 km nach letztem Wechsel

- ◆ **Motor 111** (außer 111.944/975/952/956)**:** Zündkerzen erneuern.

4 Jahre oder 100.000 km nach letztem Wechsel

- ◆ **Motor 111.952/956, 112, 113:** Zündkerzen erneuern.

4 Jahre oder 80.000 km nach letztem Wechsel

- ◆ Kraftstoffilter ersetzen.
- ◆ Luftfilter: Filtereinsatz ersetzen.

80.000 km nach letzter Prüfung

- ◆ Lenkung: Befestigungsschrauben am Lenkgetriebe mit richtigem Drehmoment nachziehen.
- ◆ Gelenkwelle: Gelenkscheiben prüfen.

250.000 km oder 15 Jahre nach letztem Wechsel

- ◆ **Motor 112, 113:** Kühlmittel erneuern.

Wartungsarbeiten

Hier werden, nach den verschiedenen Baugruppen des Fahrzeugs aufgeteilt, alle Wartungsarbeiten beschrieben, die gemäß dem Wartungsplan durchgeführt werden müssen. Auf die erforderlichen Verschleißteile sowie das möglicherweise benötigte Sonderwerkzeug wird jeweils hingewiesen.

Es empfiehlt sich, Reifendruck, Motorölstand und Flüssigkeitsstände für Kühlung, Wisch-/Wasch-Anlage etc. mindestens alle 4 bis 6 Wochen zu prüfen und gegebenenfalls zu ergänzen.

Achtung: Beim **Einkauf von Ersatzteilen** sind immer der **KFZ-Schein** und die **Modellnummer** (siehe Kapitel »Fahrzeugidentifizierung«) mitzunehmen, da zur einwandfreien Fahrzeugidentifizierung oftmals die genaue Angabe der Fahrgestellnummer, des Modells oder des Baujahres erforderlich ist.

Um ganz sicher zu sein, daß man die richtigen Ersatzteile erhalten hat, empfiehlt es sich nach Möglichkeit, das Altteil auszubauen und zum Ersatzteilhändler mitzunehmen. Dort kann man es mit dem Neuteil vergleichen.

Motor und Abgasanlage

Folgende Wartungspunkte müssen nach dem Wartungsplan durchgeführt werden:

- Motor: Öl- und Filterwechsel.
- Motor: Sichtprüfung auf Ölundichtigkeiten.
- Motor: Ölstand prüfen.
- Keilrippenriemen: Zustand prüfen.
- Zündkerzen: Erneuern.
- Gasgestänge: Alle Kugelköpfe und Bowdenzüge schmieren und Leichtgängigkeit prüfen.
- Kühl- und Heizsystem: Flüssigkeitsstand prüfen, Konzentration des Frostschutzmittels prüfen. Sichtprüfung auf Undichtigkeiten und äußere Verschmutzung des Kühlers.
- Kühlmittel erneuern, siehe Seite 60.
- Klimaanlage: Kältemittelstand prüfen.
- Kraftstoffilter ersetzen, siehe Seite 82.
- Trockenluftfilter: Filtereinsatz erneuern.
- Abgasanlage: Sichtprüfung auf Beschädigungen.

Motorölwechsel

Das Motoröl darf auch mittels einer Sonde (an der Tankstelle) über das Ölmeßrohr abgesaugt werden. Allerdings muß das neue Öl dann meistens bei der betreffenden Tankstelle gekauft werden.

Achtung: Die Öl-Verkaufsstellen nehmen die entsprechende Menge Altöl kostenlos entgegen, daher beim Ölkauf Quittung und Ölkanister für spätere Altölrückgabe aufbewahren! Altöl kann unter Umständen auch bei den Altöl-Sammelstellen abgegeben werden. Gemeinde- und Stadtverwaltungen informieren darüber, wo sich die nächste Altöl-Sammelstelle befindet. **Um Umweldschäden zu vermeiden keinesfalls Altöl einfach wegschütten oder dem Hausmüll mitgeben.**

Um die Betriebsverhältnisse des Motors besser überwachen zu können, soll beim Ölwechsel immer ein Öl gleichen Typs und möglichst auch gleicher Marke verwendet werden. Daher ist es zweckmäßig, bei jedem Ölwechsel ein Hinweisschild am Motor zu befestigen, auf dem Marke und Viskosität des Öles vermerkt sind.

Wahllos abwechselnder Gebrauch verschiedener Öltypen ist ungünstig. Motorenöle gleichen Typs, aber verschiedener Marken sollen möglichst nicht gemischt werden. Motorenöle gleichen Typs und gleicher Marke, aber verschiedener Viskosität, können im Bedarfsfall während jahreszeitlicher Überschneidung ohne weiteres nachgefüllt werden.

Zum Motorölwechsel ist folgendes Werkzeug erforderlich:

- Eine Grube oder ein hydraulischer Wagenheber mit Unterstellböcken (wenn Öl nicht abgesaugt wird).
- Steckschlüsseleinsatz SW 74 beziehungsweise HAZET 2169 zum Lösen der Ölfilterdeckels und Stecknuß für Ölablaßschraube.
- Ölauffangschale (wenn Öl nicht abgesaugt wird), die je nach Motor ca. 7 bis 10 Liter Öl faßt.

Folgende Verschleißteile werden benötigt:

- Nur wenn Öl nicht abgesaugt wird: Aluminium- oder Kupfer-Dichtring für die Ölablaßschraube.
- Ölfilter-Einsatz.
- Gummidichtring für Ölfilterdeckel.
- Je nach Motor 5,8 bis 9,5 Liter Motoröl. Nur von MERCEDES freigegebenes Motoröl verwenden, siehe Seite 52.

Ölwechselmenge:

Benzinmotor	mit Filterwechsel
4-Zylinder bis 5/00	5,8 l
4-Zylinder ab 5/00	5,5 l
Reihen-6-Zylinder	7,5 l
V6-Zylinder	8,0 l
V8-Zylinder	9,5 l

Motoröl ablassen

- Motor auf Betriebstemperatur bringen. Dazu Motor warmfahren bis die Kühlmittel-Temperaturanzeige normale Betriebstemperatur des Kühlmittels signalisiert. Anschließend noch mindestens 5 km weiterfahren, damit auch eine ausreichende Motoröltemperatur sichergestellt ist.

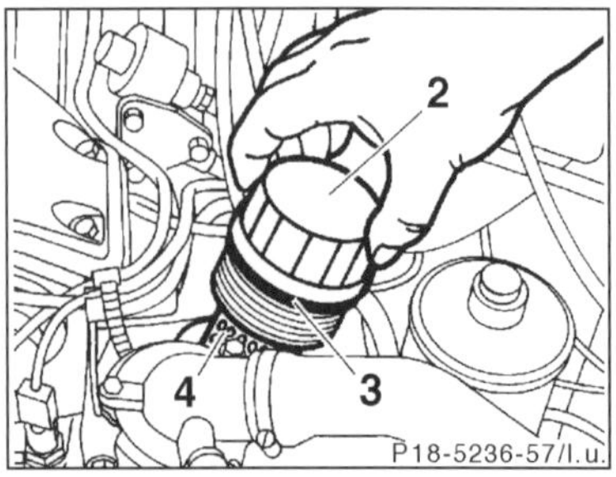

- Ölfilterdeckel –2– mit einem passenden Filterschlüssel, zum Beispiel HAZET 2169, abschrauben. Dadurch kann das Motoröl aus dem Ölfilter in die Ölwanne ablaufen.
- Ölfilterdeckel –2– zusammen mit der eingeclipsten Filterpatrone –4– herausnehmen.
- Motoröl mit einem Ölabsauggerät über das Ölmeßstab-Führungsrohr absaugen. Steht kein Ölabsauggerät zur Verfügung, Motoröl ablassen.
- Fahrzeug waagerecht aufbocken.
- Untere Motorraumabdeckung ausbauen, siehe Seite 20.
- Gefäß zum Auffangen des Altöls unter die Ölwanne stellen.

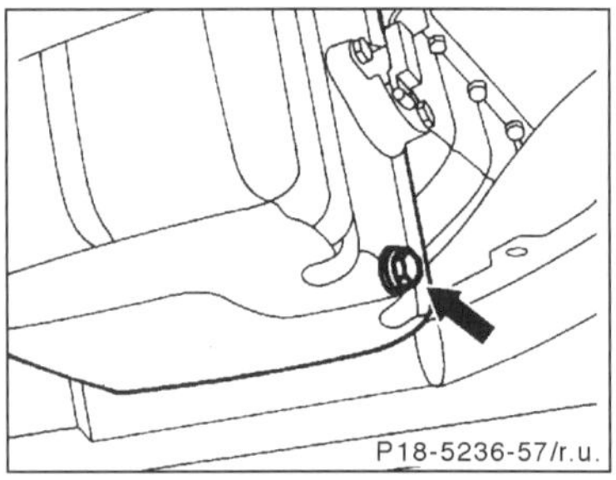

- Ölablaßschraube aus der Ölwanne herausdrehen und Altöl ganz ablassen.

Achtung: Werden im Motoröl Metallspäne und Abrieb in größeren Mengen festgestellt, deutet dies auf Freßschäden hin, zum Beispiel Kurbelwellen- oder Pleuellagerschäden. Um Folgeschäden nach erfolgter Reparatur zu vermeiden, ist die sorgfältige Reinigung von Ölkanälen und Ölschläuchen unerläßlich. Zusätzlich soll der Ölkühler, falls vorhanden, erneuert werden.

- Anschließend Ölablaßschraube mit neuem Dichtring einschrauben. M14-Schraube mit **30 Nm** festziehen (M12-Schraube: **25 Nm**).
- Neue Filterpatrone –4– in den Ölfiltereinsetzen.
- Ölfilterdeckel mit **neuem** Dichtring –3– anschrauben. Anziehdrehmoment: Aluminiumdeckel mit 20 Nm; Kunststoffdeckel mit 25 Nm.

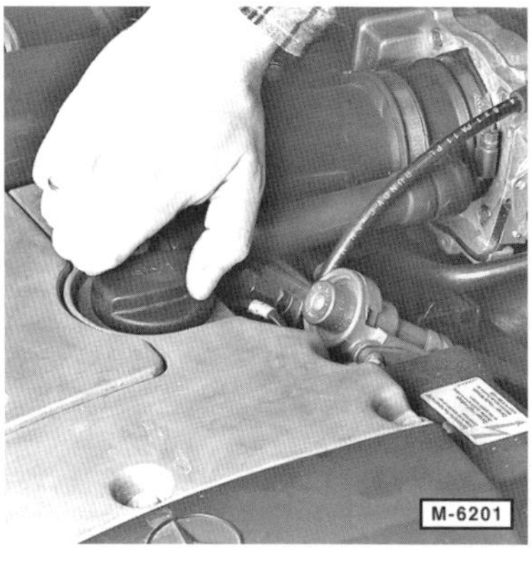

- Verschlußdeckel öffnen und neues Öl am Einfüllstutzen des Zylinderkopfdeckels einfüllen.

Achtung: Grundsätzlich empfiehlt es sich, zunächst ½ Liter Motoröl weniger einzufüllen, den Motor warmlaufen zu lassen und nach einigen Minuten den Ölstand mit dem Meßstab zu kontrollieren und gegebenenfalls zu ergänzen. Zuviel eingefülltes Motoröl muß wieder abgesaugt werden, da sonst die Motordichtungen beziehungsweise der Katalysator beschädigt werden können.

Achtung: CD-Motorenöle, die vom Hersteller ausdrücklich als Öle für Diesel-Motoren bezeichnet werden, sind für Otto-Motoren nicht geeignet.

- Fahrzeug ablassen.
- Nach Probefahrt Dichtigkeit der Ablaßschraube und des Ölfilters überprüfen, gegebenenfalls vorsichtig nachziehen.
- Bei betriebswarmem Motor Ölstand ca. 3 Minuten nach Abstellen des Motors nochmals prüfen, gegebenenfalls korrigieren.
- Motorraumabdeckung unten einbauen, siehe Seite 20.

Sichtprüfung auf Ölverlust

Bei ölverschmiertem Motor und hohem Ölverbrauch überprüfen, wo das Öl austritt. Dazu folgende Stellen überprüfen:

- Öleinfülldeckel öffnen und Dichtung auf Porosität oder Beschädigung prüfen.
- Kurbelgehäuse-Entlüftung: Zum Beispiel Belüftungsschlauch vom Zylinderkopfdeckel zum Drosselklappengehäuse.
- Zylinderkopfdeckel-Dichtung
- Zylinderkopf-Dichtung.
- Ölfilterdichtung: Ölfilterdeckel an Ölfilter.
- Ölablaßschraube (Dichtring).
- Ölwannendichtung.
- Wellendichtringe vorn und hinten für Nockenwelle und Kurbelwelle

Da sich bei Undichtigkeiten das Öl meistens über eine größere Motorfläche verteilt, ist der Austritt des Öls nicht auf den ersten Blick zu erkennen. Bei der Suche geht man zweckmäßigerweise wie folgt vor:

- Motorwäsche durchführen. Motor mit handelsüblichem Kaltreiniger einsprühen und nach einer kurzen Einwirkungszeit mit Wasser abspritzen. Vorher Generator mit Plastiktüte abdecken.
- Trennstellen und Dichtungen am Motor von außen mit Kalk oder Talkumpuder bestäuben.
- Ölstand kontrollieren, gegebenenfalls auffüllen.
- Probefahrt durchführen. Da das Öl bei heißem Motor dünnflüssig wird und dadurch schneller an den Leckstellen austreten kann, sollte die Probefahrt über eine Strecke von ca. 30 km auf einer Schnellstraße durchgeführt werden.
- Anschließend Motor mit Lampe absuchen, undichte Stelle lokalisieren und Fehler beheben.

Motorölstand prüfen

Hinweis: Der Motor soll auf einer Fahrstrecke von ca. 1.000 Kilometer nicht mehr als 1,0 Liter Öl verbrauchen. Mehrverbrauch ist ein Anzeichen für verschlissene Ventilschaftabdichtungen und/oder Kolbenringe beziehungsweise Öldichtungen.

- Das Fahrzeug muß beim Messen auf einer waagerechten Fläche stehen.
- Der Motor muß betriebswarm sein.
- Nach Abstellen des Motors mindestens 3 Minuten lang warten, damit sich das Öl in der Ölwanne sammelt.

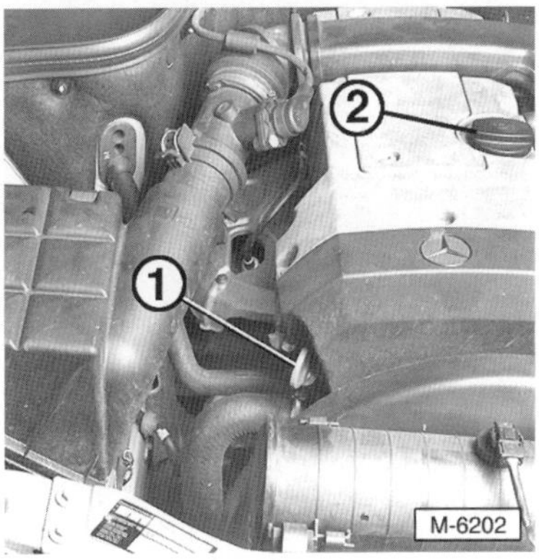

- Ölpeilstab –1– am Motor herausziehen und mit sauberem Lappen abwischen.

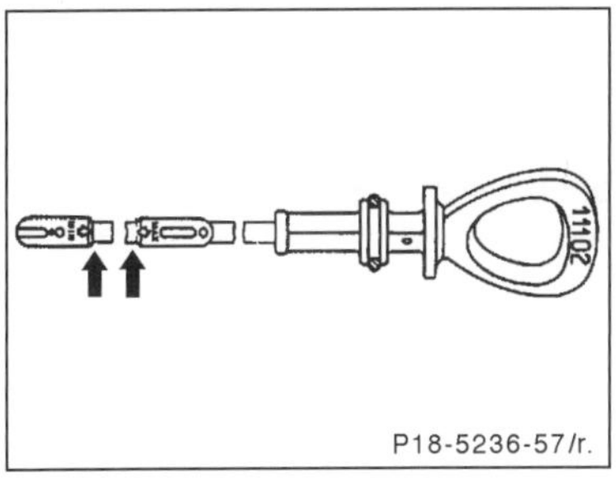

- Anschließend Meßstab bis zum Anschlag in das Führungsrohr einführen und wieder herausziehen. Der Ölstand muß zwischen den beiden Markierungen liegen.
- Neues Öl erst nachfüllen, wenn sich der Ölstand der »min«-Marke nähert. Die Ölmenge von der »min«- bis zur »max«-Markierung beträgt bei **2,0 l**.
- Nachgefüllt wird am Verschluß –2– des Zylinderkopfdeckels. Beim Nachfüllen richtige Ölsorte verwenden, keine Ölzusätze verwenden.

Keilrippenriemen: Zustand prüfen

Der Keilrippenriemen muß nicht nachgespannt werden. Im Rahmen der Wartung ist er auf Beschädigungen zu prüfen.

- Zündung ausschalten.

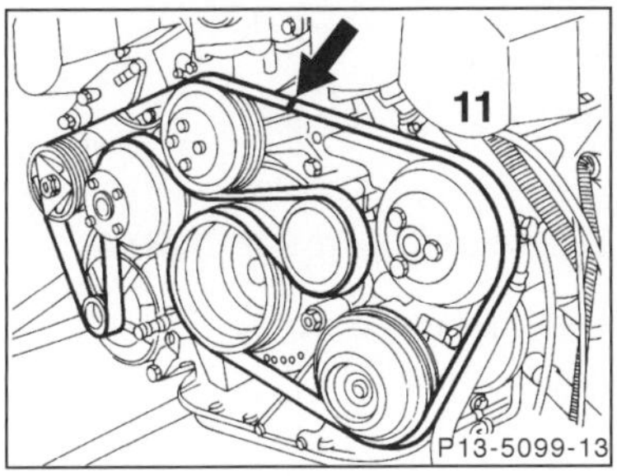

- Riemen –11– an gut sichtbarer Stelle mit einem Kreidestrich –Pfeil– markieren.
- Motor mit Stecknuß SW 27 an der Kurbelwellen-Riemenscheibe in Motordrehrichtung jeweils ein Stück weiterdrehen, bis die Kreidemarkierung wieder sichtbar wird. Dabei Getriebe in Leerlaufstellung bringen, Handbremse anziehen.

Achtung: Motor nicht rückwärts drehen.

- Keilriemen auf folgende Beschädigungen prüfen:

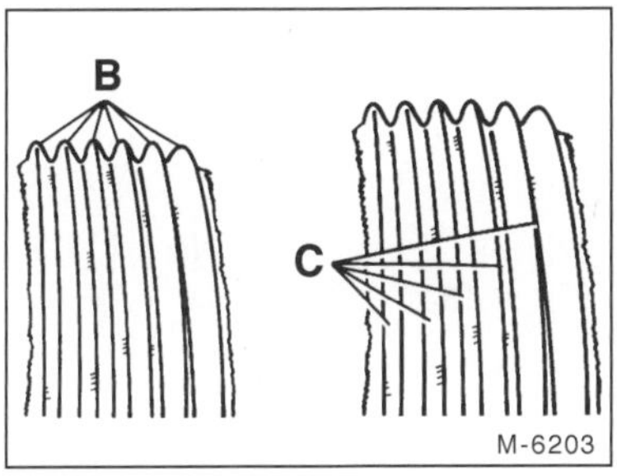

- Flankenverschleiß: Rippen laufen spitz zu –B–, neu sind sie trapezförmig.
- Der Zugstrang ist im Rippengrund sichtbar, erkenntlich an den helleren Stellen –C–.

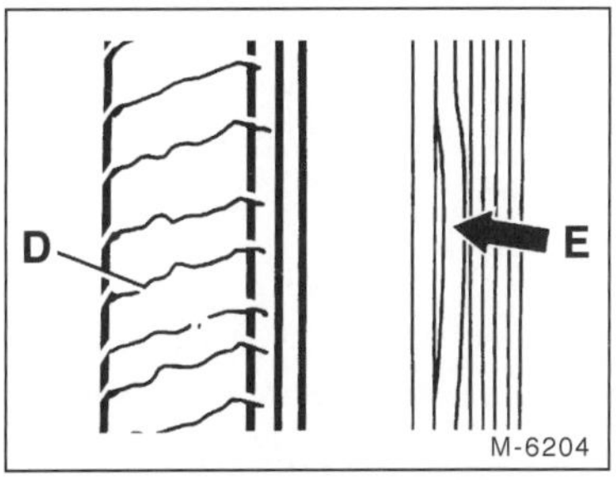

- Querrisse –D– auf der Rückseite des Riemens.
- Einzelne Rippen lösen sich ab –E–.

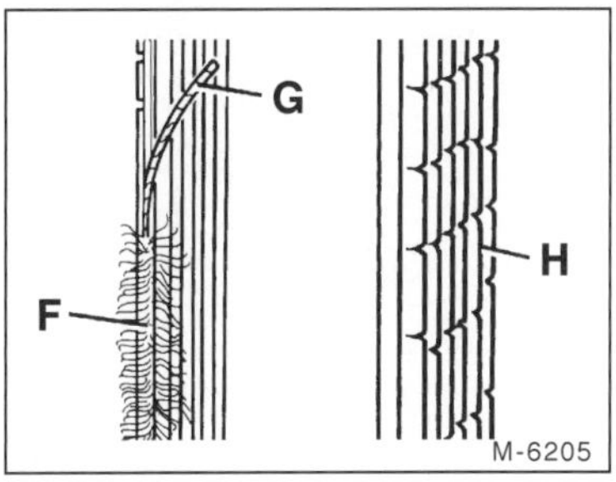

- Ausfransungen der äußeren Zugstränge –F–.
- Zugstrang seitlich herausgerissen –G–.
- Querrisse –H– in mehreren Rippen.

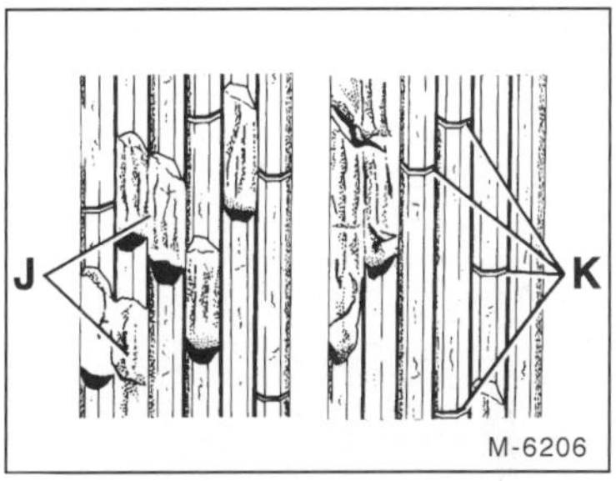

- Rippenbrüche –J–.
- Einzelne Rippenquerrisse –K–.
- Einlagerung von Schmutz und Steinen zwischen den Rippen.
- Gummiknollen im Rippengrund.
- Wenn eine oder mehrere dieser Beschädigungen vorhanden sind, Keilrippenriemen ersetzen.

Zündkerzen ersetzen/ elektrische Anschlüsse prüfen

Erforderliches Spezialwerkzeug:

- Ein Zündkerzen-Steckschlüsseleinsatz, der im Zubehörhandel zu kaufen ist. Zum Beispiel HAZET 2776.

Folgende Verschleißteile müssen gekauft werden:

- 4 oder 6 Zündkerzen. Die richtige Zündkerze, siehe Seite 78.

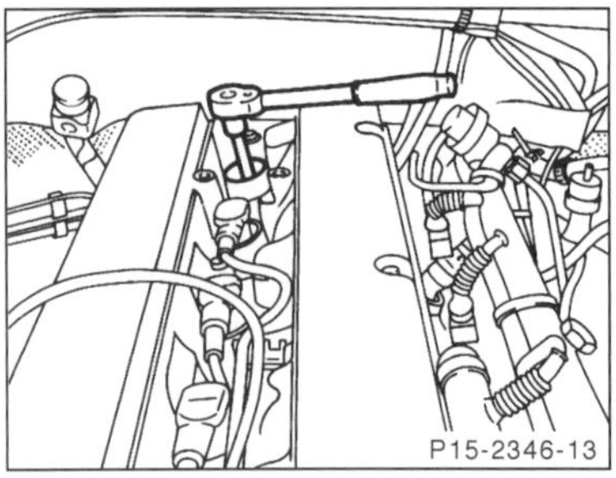

- Zündkerzen ausbauen, siehe Seite 76.

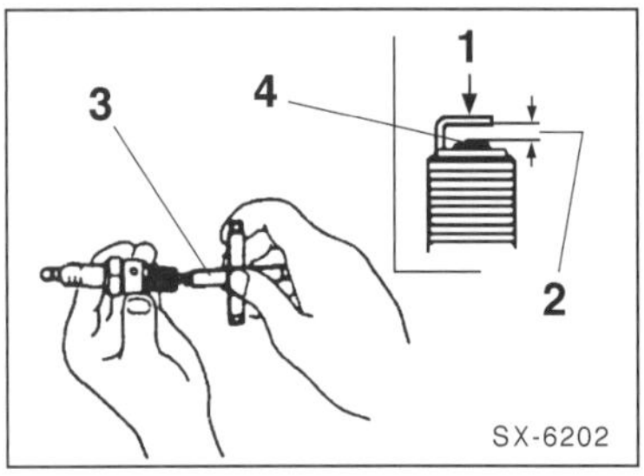

- Elektrodenabstand –2– mit Fühlerblattlehre prüfen. Bei neuen Zündkerzen ist der Elektrodenabstand in der Regel richtig eingestellt. Sollwert: **0,8 mm** beziehungsweise **1,0 mm**, siehe Zündkerzentabelle Seite 78.

Achtung: Bei Zündkerzen mit 2 und mehr Masseelektroden kann der Elektrodenabstand nicht eingestellt werden.

- Zum Einstellen des Kontaktabstandes Masse-Elektrode –1– nachbiegen. Dafür gibt es ein einfaches, praktisches Werkzeug –3–, andernfalls seitlich gegen die Masse-Elektrode klopfen. Beim Aufbiegen kleinen Schraubendreher am Gewinderand der Kerze abstützen, keinesfalls jedoch an der Mittel-Elektrode –4–, da diese sonst beschädigt wird.
- Zündkerzen einbauen, siehe Seite 76.

Elektrische Anschlüsse prüfen

- Sämtliche elektrischen Anschlüsse an den Zündspulen auf festen Sitz prüfen.
- Angerissene Klemmen ersetzen.
- Die Kontakte dürfen nicht feucht sein, andernfalls Kontakte reinigen und mit Kontaktspray einsprühen.
- Zündkabel auf engen Radius biegen und auf Risse prüfen. Gegebenenfalls alle Zündkabel ersetzen.

Gasbetätigung schmieren

4-/V6-Zylinder-Motor

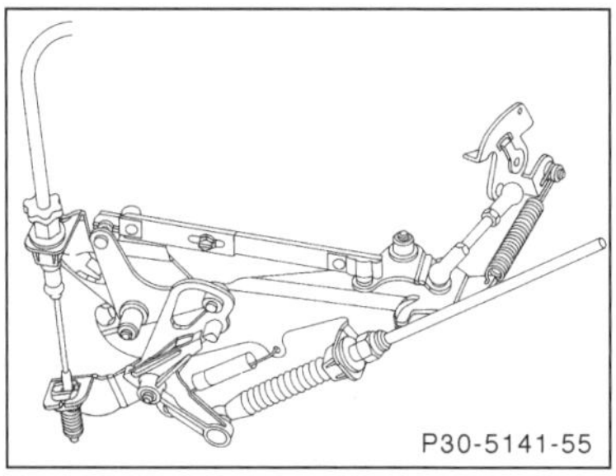

Reihen-6-Zylinder-Motor

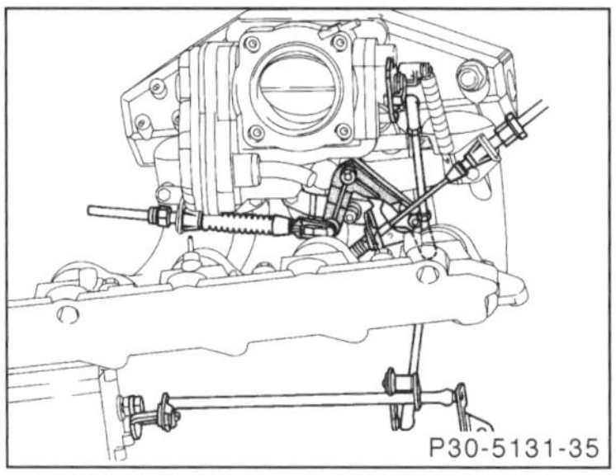

- Alle Lagerstellen der Regulierhebel, Kugelköpfe, Seilzüge mit sauberem Motoröl schmieren.
- Gasbetätigung auf Leichtgängigkeit und Verschleiß prüfen.

Kühlmittelstand prüfen

Der Kühlmittelstand sollte außerhalb der Wartung auch vor jeder größeren Fahrt geprüft werden.

Zum Nachfüllen – auch in der warmen Jahreszeit – nur eine Mischung aus Kühlerfrostschutzmittel und kalkarmem, sauberem Wasser verwenden.

Achtung: Um die Weiterfahrt zu ermöglichen, kann auch, insbesondere im Sommer, reines Wasser nachgefüllt werden. Der Kühlerfrostschutz muß dann jedoch baldmöglichst korrigiert werden.

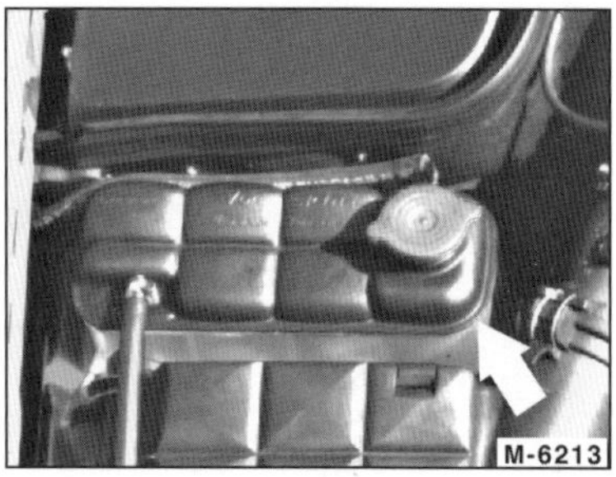

- **Reihen-6-Zylinder-Motor bzw. 4-Zylinder-Motor mit Klimaanlage:** Der Kühlmittelstand soll bei kaltem Motor (Kühlmitteltemperatur ca. +20° C) bis zur Trennfläche zwischen dem schwarzen Oberteil und dem transparenten Unterteil des Ausgleichbehälters reichen.
- **4-Zylinder-Motor ohne Klimaanlage:** Der Kühlmittelstand soll bei kaltem Motor (Kühlmitteltemperatur ca. +20° C) bis zur Markierung im Einfüllstutzen des Kühlers reichen.
- **V6-/V8-Zylinder-Motor:** Der Kühlmittelstand soll bis zu der eingegossenen Nase am Boden des Ausgleichbehälters reichen (sichtbar bei geöffnetem Verschlußdeckel). Das sind ca. 5,5 cm unter Oberkante Einfüllstutzen. **Hinweis:** Bei warmem Motor soll der Kühlmittelstand ca. 1 cm über der Markierung liegen.
- Wenn der Kühlmittelstand zu niedrig ist, Kühlmittel nachfüllen.
- **Kaltes** Kühlmittel nur bei **kaltem Motor** nachfüllen, um Motorschäden zu vermeiden.

Achtung: Verschlußdeckel bei heißem Motor vorsichtig öffnen. Verbrühungsgefahr! Beim Öffnen Lappen über den Verschlußdeckel legen. Verschlußdeckel nur bei einer Kühlmittel-Temperatur unter +90° C öffnen.

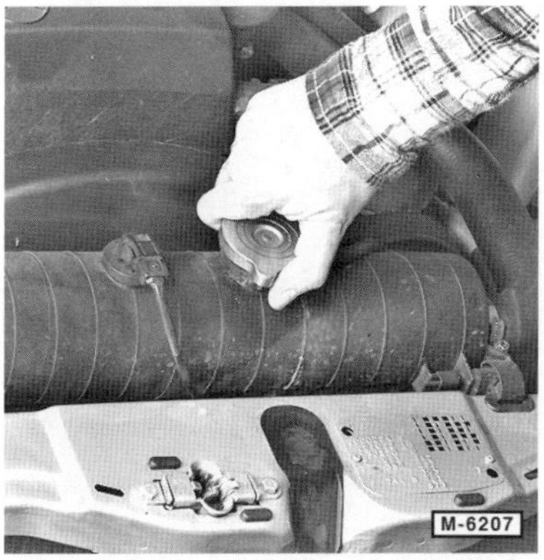

- Verschlußdeckel beim Öffnen zuerst etwas aufdrehen und Überdruck entweichen lassen. Danach Deckel weiterdrehen und abnehmen.
- Sichtprüfung auf Dichtheit durchführen, wenn der Kühlmittelstand in kurzer Zeit absinkt.

Frostschutz prüfen

Folgendes Prüfwerkzeug wird benötigt:

- Eine Prüfspindel, die es preiswert im Zubehörhandel zu kaufen gibt.

Hinweis: Eventuell ist es erforderlich, die **Prüfspindel zu eichen**. Dabei ist folgendermaßen vorzugehen: 50 ml Kühlkonzentrat mit 50 ml destilliertem Wasser mischen. Diese Mischung hat einen Frostschutz von –37° C. Frostschutz mit der Prüfspindel messen und eventuelle Abweichung zum Sollwert von –37° C notieren. **Beispiel:** Die Prüfspindel zeigt –31° C an. Die Abweichung beträgt also –6° C. Wird dann am Fahrzeug ein Wert von –16° C gemessen, dann beträgt der tatsächliche Frostschutz (–16°) + (–6°) = –22° C.

Regelmäßig vor Winterbeginn sollte sicherheitshalber die Konzentration des Frostschutzmittels geprüft werden, insbesondere wenn zwischendurch reines Wasser nachgefüllt wurde.

- Motor warmfahren, bis der obere Kühlmittelschlauch zum Kühler ca. handwarm ist.
- Verschlußdeckel am Ausgleichbehälter vorsichtig öffnen. **Achtung:** Nicht bei heißem Motor öffnen, siehe unter »Kühlmittelstand prüfen«.

- Mit Meßspindel Kühlflüssigkeit ansaugen und am Schwimmer Kühlmitteldichte ablesen.
- Der Frostschutz soll in unseren Breiten bis –30° C reichen, bei extrem kalten Klima bis –45° C.

MERCEDES-Kühlkonzentrat ergänzen

Achtung: Da einige Teile des Kühlsystems aus Aluminium gefertigt sind, darf nur ein dafür geeignetes und von MERCEDES-BENZ freigegebenes Frost- und Korrosionsschutzmittel verwendet werden.

Beispiel: Die Frostschutz-Messung mit der Spindel ergibt beim 4-Zylinder-Motor (ohne Klimaanlage) einen Frostschutz bis –20° C. In diesem Fall aus dem Kühlsystem 1,8 l Kühlflüssigkeit ablassen und dafür 1,8 l reines Frostschutzkonzentrat auffüllen. Dadurch wird ein Frostschutz bis –37° C erreicht. Soll ein Frostschutz von –45° C erreicht werden: 2,5 l Flüssigkeit wechseln.

Gemess. Wert in °C		0	–10	–20	–30
Motor	Sollwert	Differenzmenge in Liter			
4-Zylinder ohne Klima.	–37°	4,0	2,9	1,8	0,8
	–45°	4,5	3,5	2,5	1,5
4-Zylinder mit Klima.	–37°	4,3	3,1	2,0	0,8
	–45°	4,8	3,7	2,7	1,6
V6-Zylinder V8-Zylinder	–37°	4,5	3,3	2,1	0,9
	–45°	5,0	3,9	2,8	1,7
Reihen-6-Zylinder	–37°	4,0	2,9	1,8	0,8
	–45°	4,5	3,5	2,5	1,5

Achtung: Die in der Tabelle angegebenen Werte gelten bei einer Kühlflüssigkeitstemperatur von ca. +20° C.

- Verschlußdeckel am Kühler verschließen und nach Probefahrt Frostschutz erneut überprüfen.

Kühlsystem-Sichtprüfung auf Dichtheit

- Kühlmittelschläuche durch Zusammendrücken und Verbiegen auf poröse Stellen untersuchen, hartgewordene Schläuche ersetzen.
- Die Schläuche dürfen nicht zu kurz auf den Anschlußstutzen sitzen.
- Festen Sitz der Schlauchschellen kontrollieren, gegebenenfalls Schellen erneuern.
- Dichtung des Verschlußdeckels für den Kühler beziehungsweise Ausgleichbehälter auf Beschädigungen überprüfen.

Achtung: Ein zu niedriger Kühlmittelstand kann auch von einem nicht richtig aufgeschraubten Verschlußdeckel herrühren.

- Deutlicher Kühlmittelverlust und/oder Öl in der Kühlflüssigkeit sowie weiße Abgaswolken bei warmem Motor deuten auf eine defekte Zylinderkopfdichtung hin.

Achtung: Mitunter ist es schwierig, die Leckstelle ausfindig zu machen. Dann empfiehlt sich eine Druckprüfung durch die Werkstatt (Spezialgerät erforderlich). Hierbei kann ebenfalls das Überdruckventil des Verschlußdeckels geprüft werden.

Klimaanlage: Kältemittelstand prüfen

Achtung: Der Kältemittelkreislauf der Klimaanlage darf nicht geöffnet werden. Das Kältemittel enthält Stoffe, die bei Hautkontakt zu Erfrierungen führen können.

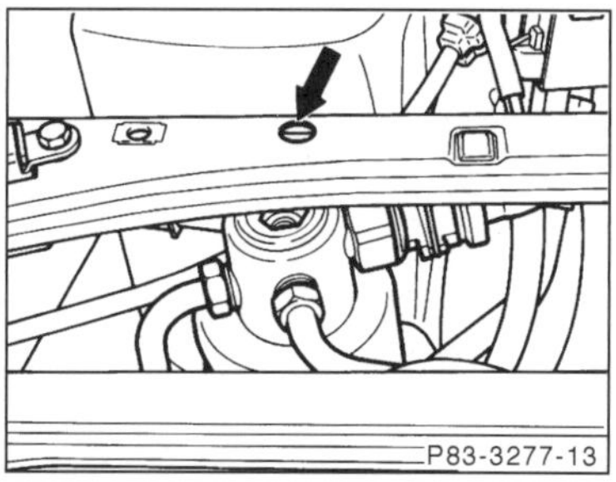

- Schauglas –Pfeil– am Flüssigkeitsbehälter reinigen

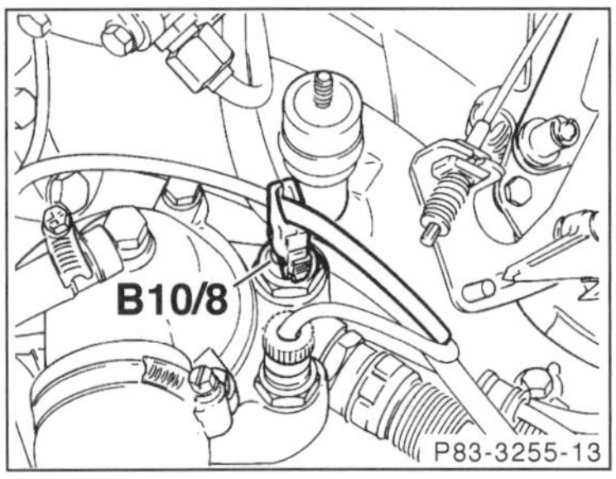

● Stecker am Temperaturfühler (Kühlmittel/Klimatisierung) –B10/8– abziehen. Anschlüsse mit Hilfsleitung überbrücken.

● Motor starten und im Leerlauf drehen lassen.

● Klimaanlage einschalten und auf Funktion »Entfrosten« beziehungsweise »Lufttrocknung« stellen.

● Brücke am Stecker entfernen und dabei das Schauglas am Flüssigkeitsbehälter beobachten.

● Das Kältemittel muß kurz nach Einschalten der elektromagnetischen Kupplung ansteigen und anschließend blasenfrei durchfließen. Das Kältemittel ist dann nicht mehr sichtbar.

● Stecker am Temperaturfühler aufschieben.

Achtung: Bei höheren Umgebungstemperaturen (über +35° C) können sich auch bei richtiger Füllmenge Schaum oder einige Blasen zeigen. Bei Kältemittelverlust oder vermuteter Undichtheit des Systems kann die korrekte Füllmenge nur durch vollständiges Entleeren und Neubefüllen der Anlage ermittelt werden (Werkstattarbeit).

Luftfiltereinsatz wechseln

Es wird kein Sonderwerkzeug benötigt.

Folgendes Verschleißteil muß gekauft werden:

■ Luftfiltereinsatz. Beim Ersatzteilkauf beachten, daß ein Luftfiltereinsatz entsprechend der Motorleistung benötigt wird.

Ausbau

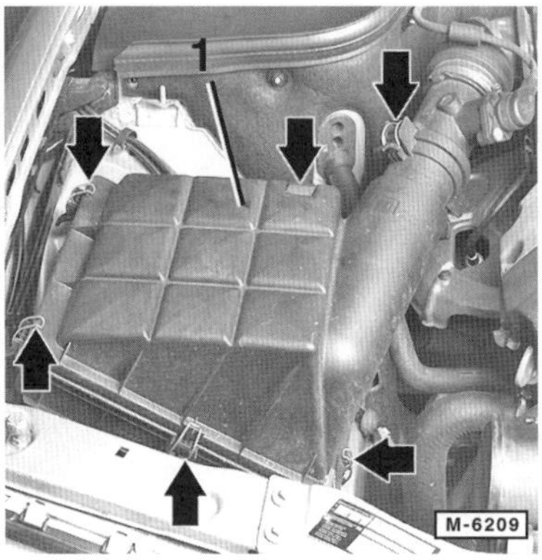

● Luftfilterdeckel –1– abnehmen. Dazu Schnellverschlüsse –Pfeile– öffnen.

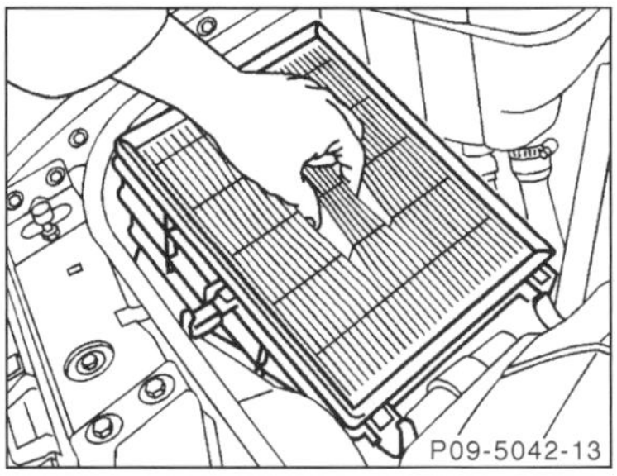

● Filtereinsatz herausnehmen. Dabei FIltereinsatz ohne Lochblech an den Papierfalten anfassen. Kein Werkzeug verwenden.

● Filtergehäuse mit einem Lappen auswischen.

Einbau

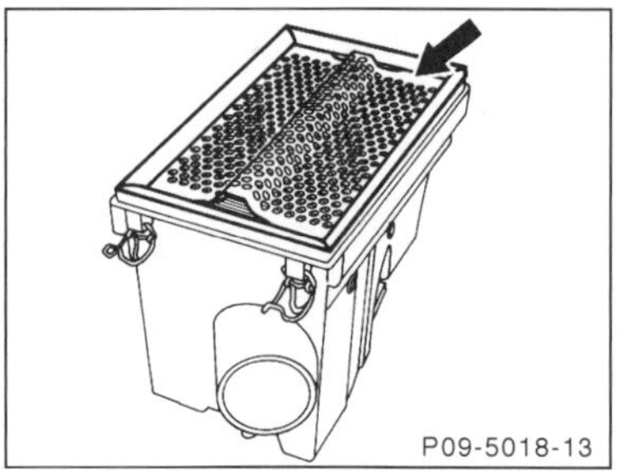

● Neuen Filtereinsatz in das Luftfiltergehäuse einlegen. Darauf achten, daß das Abdichtgummi ringsum bündig anliegt.

● Dichtung am Luftfilterdeckel auf Beschädigung prüfen, gegebenenfalls erneuern.

● Deckel ansetzen und Schnellverschlüsse zuschnappen lassen.

Sichtprüfung der Abgasanlage

● Fahrzeug aufbocken.

● Befestigungsschellen auf festen Sitz prüfen.

● Abgasanlage mit Lampe auf Löcher, durchgerostete Teile sowie Scheuerstellen absuchen.

● Stark gequetschte Abgasrohre ersetzen.

● Gummihalterungen durch Drehen und Dehnen auf Porosität überprüfen und gegebenenfalls austauschen.

● Elektrischen Anschluß und festen Sitz der Lambdasonde prüfen.

● Alle Schrauben und Muttern an den Flanschverbindungen mit **20 Nm** nachziehen.

● Fahrzeug ablassen.

Getriebe/Achsantrieb

- Schalt- und Ausgleichgetriebe: Sichtprüfung auf Dichtheit.
- Achswellen: Gelenkschutzhüllen auf Undichtigkeiten und Beschädigungen prüfen.
- Automatisches Getriebe: Öl und Filter wechseln, siehe Seite 113.
- Gelenkwelle: Gelenkscheiben prüfen.

Sichtprüfung auf Dichtheit

Folgende Leckstellen sind möglich:

- Trennstelle zwischen Motorblock und Getriebe (Schwungraddichtung/Wellendichtung-Getriebe).
- Gelenkwelle an Getriebe.
- Öleinfüllschraube.
- Ablaßschraube.

Bei der Suche nach der Leckstelle folgendermaßen vorgehen:

- Getriebegehäuse mit Kaltreiniger reinigen.

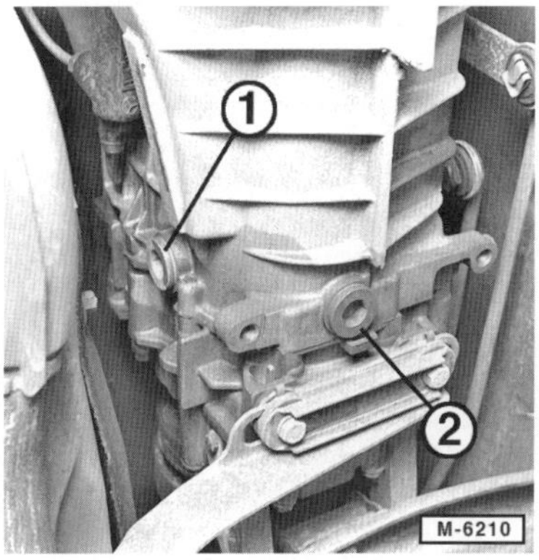

- Ölstand kontrollieren. Dazu Öleinfüllschraube –1– herausdrehen. Der Ölstand muß bis zur Unterkante der Einfüllbohrung reichen. Gegebenenfalls ATF-Getriebeöl auffüllen. Einfüllschraube mit max. 60 Nm festziehen. 2 – Ablaßschraube.
- Mögliche Leckstellen mit Kalk oder Talkumpuder bestäuben.
- Probefahrt durchführen. Damit das Öl besonders dünnflüssig wird, sollte die Probefahrt auf einer Schnellstraße über eine Entfernung von ca. 30 km durchgeführt werden.
- Anschließend Fahrzeug aufbocken und Getriebe mit einer Lampe nach der Leckstelle absuchen.
- Leckstellen umgehend beseitigen.

Ölstand im Ausgleichgetriebe prüfen

Der Ölstand im Ausgleichgetriebe muß nur geprüft werden, wenn sich bei der Sichtprüfung Undichtigkeiten in diesem Bereich gezeigt haben.

Das Öl im Ausgleichgetriebe der Hinterachse muß nicht gewechselt werden.

- Kurze Probefahrt durchführen, damit das Öl im Ausgleichgetriebe Betriebstemperatur erreicht.
- Fahrzeug waagerecht aufbocken.

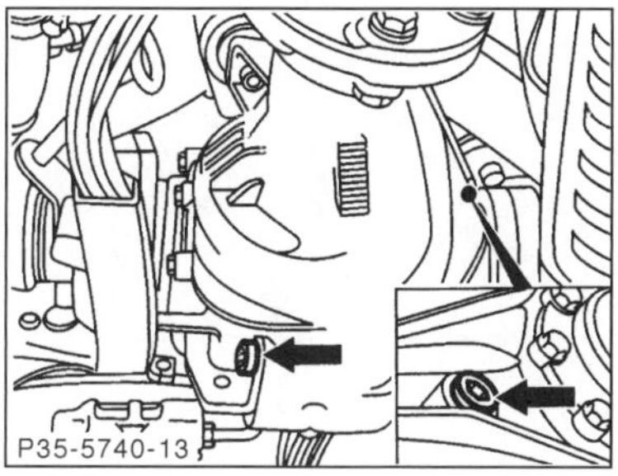

- Öleinfüllschraube –rechter Pfeil– mit Innensechskantschlüssel SW 14, zum Beispiel HAZET 2760, herausdrehen. Ablaßschraube –linker Pfeil–.
- Wenn geringfügig Öl austritt, ist der Ölstand in Ordnung. Andernfalls mit Finger prüfen, ob der Ölstand bis zur Unterkante der Öffnung reicht.
- Gegebenenfalls Öl nachfüllen.

Achtung: Bei größerem Ölverlust Ursache ermitteln und beseitigen.

Öl-Spezifikation: Hypoid-Getriebeöl SAE 90. Dabei nur ein von MERCEDES freigegebenes Öl verwenden (steht auf der Öldose). **Achtung:** Bei Fahrzeugen mit ASD (Hinweisschild am Hinterachsabschlußdeckel) nur Spezial-Getriebeöl SAE 90 für Sperrdifferential verwenden.

Achtung: Getriebeöl ist zähflüssig, deshalb nicht zuviel Öl auf einmal einfüllen. Jeweils Wartepausen einlegen und Gefäß unterstellen, um überlaufendes Öl aufzufangen.

- Einfüllschraube anschrauben: 50 Nm.

Gummimanschetten der Achswellen prüfen

- Fahrzeug aufbocken.
- Gummi der Manschette mit Lampe anstrahlen und auf Porosität und Risse untersuchen. Eingerissene Manschetten umgehend erneuern.
- Sollte die Manschette durch Unterdruck im Gelenk nach innen gezogen oder defekt sein, so ist sie umgehend auszutauschen.
- Auf sichtbare Fettspuren an den Manschetten und in deren Umgebung achten.
- Festen Sitz der Klemmschellen prüfen.

Gelenkscheiben der Gelenkwelle prüfen

- Fahrzeug aufbocken.
- Falls erforderlich, untere Motorraumabdeckung ausbauen, siehe Seite 20.

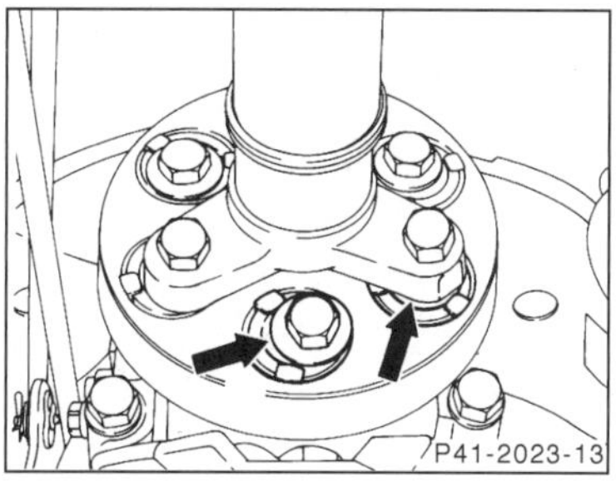

- Gelenkscheiben vorn und hinten mit Lampe auf Verschleiß, Beschädigungen und auf Verformungen sichtprüfen.
- Zwischenstege im Bereich der Paßhülsen –Pfeile– auf Risse prüfen.
- Gegebenenfalls Gelenkscheibe erneuern. Bei Verformungen Gelenkwelle entspannen; wenn die Verformung bestehen bleibt, Gelenkscheibe ebenfalls ersetzen.

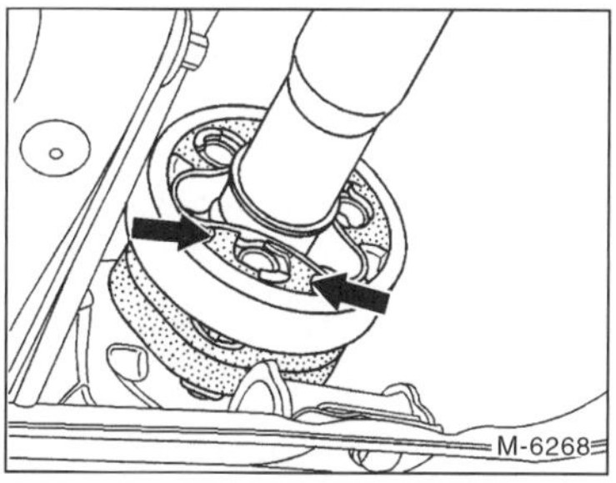

- Zwischenstege –Pfeile– des Schwingungstilgers auf Risse sichtprüfen, gegebenenfalls Schwingungstilger ersetzen.

Vorderachse/Lenkung

- Vorderachsgelenke: Spiel und Befestigung prüfen, Staubkappen prüfen.
- Lenkung: Spiel prüfen, Faltenbälge auf Undichtigkeiten und Beschädigungen prüfen. Befestigungsschrauben am Lenkgetriebe mit richtigem Drehmoment nachziehen.
- Servolenkung: Flüssigkeitsstand prüfen, gegebenenfalls Hydrauliköl auffüllen.
- Niveauregulierung/ASD: Flüssigkeitsstand prüfen, gegebenenfalls Hydrauliköl auffüllen.

Vorderachsgelenke prüfen

- Fahrzeug vorn aufbocken.

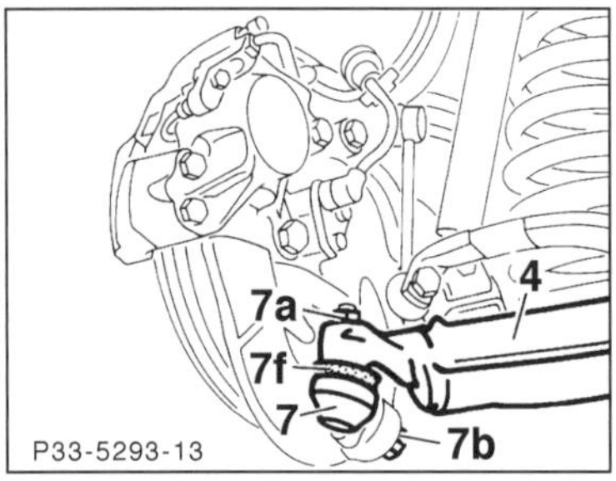

- Staubkappen –7f– für Achsgelenk –7– links und rechts mit Lampe anstrahlen und auf Beschädigungen überprüfen, dabei auf Fettspuren an den Manschetten und in deren Umgebung achten. 7a/b – Mutter, 4 – Achslenker.

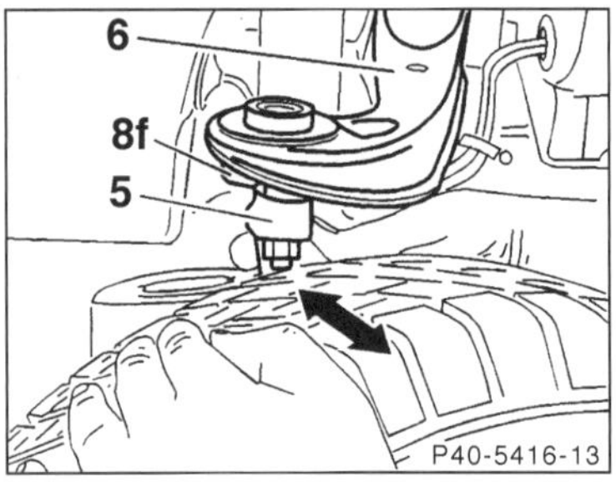

- Staubkappen für Führungsgelenk –8f– links und rechts mit Lampe anstrahlen und auf Beschädigungen überprüfen, dabei auf Fettspuren an den Manschetten und in deren Umgebung achten.
- Bei beschädigter Staubkappe, sicherheitshalber entsprechendes Gelenk mit Schutzkappe auswechseln. Eingedrungener Schmutz zerstört mit Sicherheit das Gelenk.
- Führungsgelenk des oberen Querlenkers –6– auf Spiel prüfen. Dazu am Vorderrad kräftig ziehen und drücken und gleichzeitig mit den Fingern das Kugelgelenk abtasten. Falls Spiel vorhanden ist, oberen Querlenker ersetzen. **Achtung:** Bei dieser Prüfung muß das Gelenk entlastet sein (Fahrzeug aufgebockt).

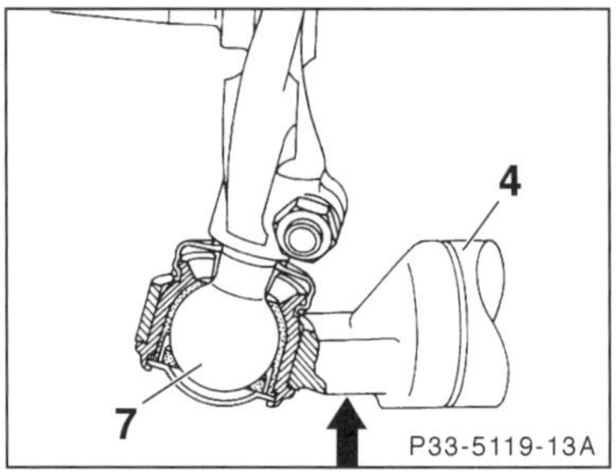

- Achsgelenk –7– auf Spiel prüfen. Dazu muß von unten gegen den Querlenker –4– gedrückt werden –Pfeil–.

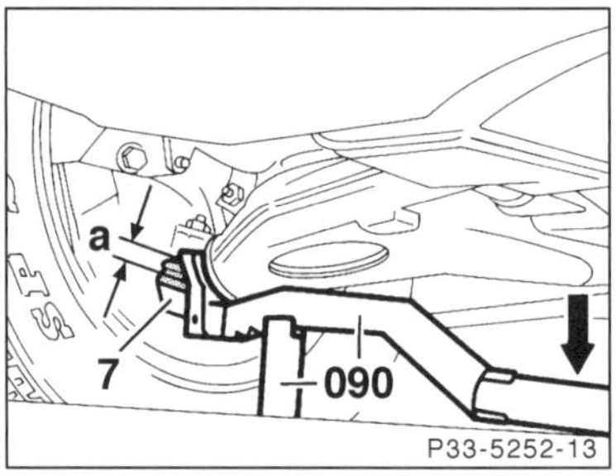

- Die Werkstatt verwendet dazu das Spezialwerkzeug –090– um das Spiel –a– zu prüfen.
- Falls Spiel vorhanden ist, Achsgelenk –7– ersetzen.
- Befestigungsmutter für die Achs- und Führungsgelenke auf festen Sitz prüfen, dabei Mutter jedoch nicht verdrehen.

Lenkungsspiel prüfen

- Lenkrad in Mittelstellung bringen.

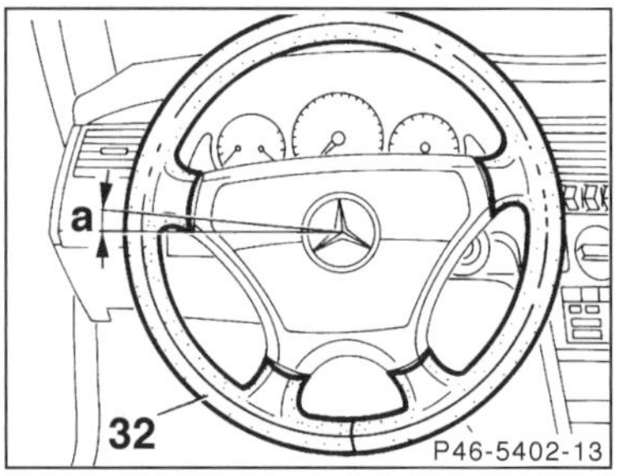

- Durch geöffnetes Fenster das Lenkrad –32– hin- und herbewegen. Am Lenkrad darf dabei maximal ein Spiel von a = 25 mm vorhanden sein, ohne daß die Räder sich bewegen.
- Bei größerem Spiel am Lenkrad sind Lenkgestänge, Lenkgetriebe und die Lagerspiele der Vorderachse zu prüfen.

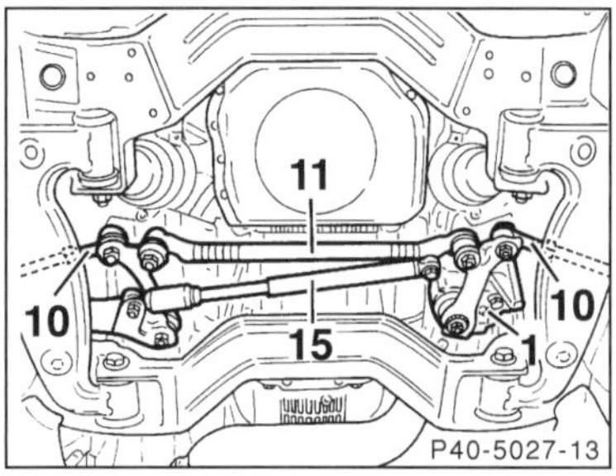

- Spurstangen –10– sowie Lenkstange –11– kräftig von Hand hin- und herbewegen. Die Kugelgelenke dürfen kein Spiel aufweisen, andernfalls Gelenke oder Lenkstange ersetzen. 15 – Lenkungsdämpfer.
- Falls das Lenkgestänge kein Spiel aufweist, obwohl das Spiel am Lenkrad zu groß ist, muß das Lenkgetriebespiel geprüft beziehungsweise nachgestellt werden (Werkstattarbeit).
- Staubkappen für Spur- und Lenkstangengelenke mit Lampe anstrahlen und auf Beschädigungen überprüfen, dabei auf Fettspuren an den Manschetten und in deren Umgebung achten.
- Bei beschädigter Staubkappe, sicherheitshalber entsprechendes Gelenk mit Schutzkappe auswechseln. Eingedrungener Schmutz zerstört mit Sicherheit das Gelenk.

Befestigungsschrauben am Lenkgetriebe nachziehen

- Fahrzeug vorn aufbocken.
- Untere Motorraumverkleidung ausbauen, siehe Seite 20.

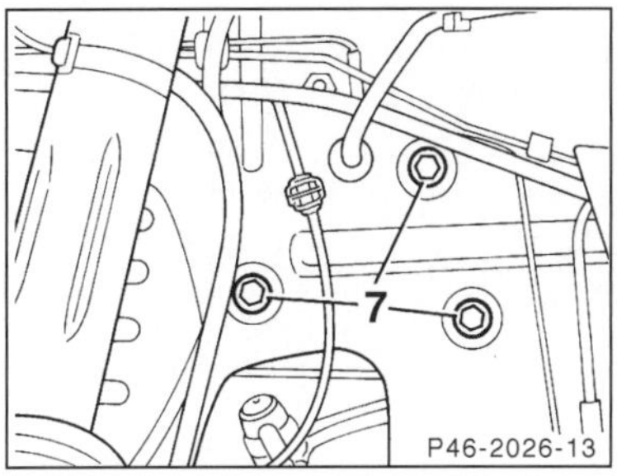

- Sicherheits-Befestigungsschrauben –7– des Lenkgetriebes am Rahmenboden mit **70 Nm** nachziehen.
- Untere Motorraumverkleidung einbauen.
- Fahrzeug ablassen.

Ölstand für Servolenkung/ Niveauregulierung prüfen

Modelle bis 8/95:

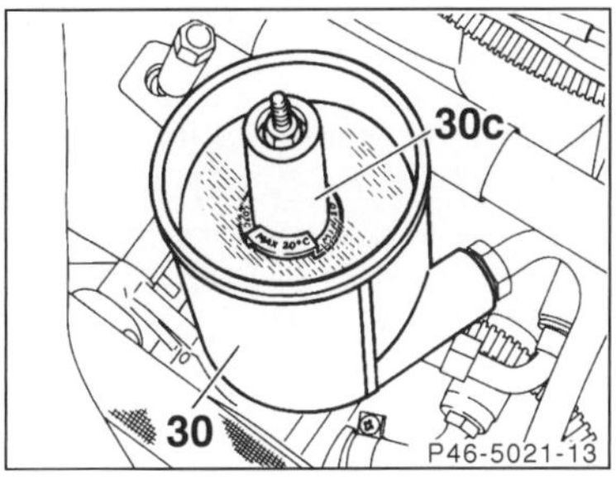

- Verschlußschraube abschrauben und Deckel vom Vorratsbehälter –30– abnehmen. 30c – Kunststoffhülse.

Modelle ab 9/95:

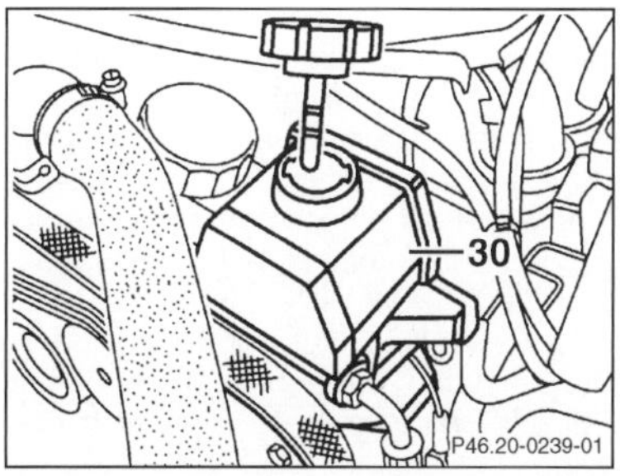

- Der Ölstand soll bei kaltem Öl (Umgebungstemperatur, ca. +20° C) zwischen der »MIN«- und der »MAX«-Markierung im Vorratsbehälter –30– (bis 8/95) beziehungsweise am Peilstab liegen.

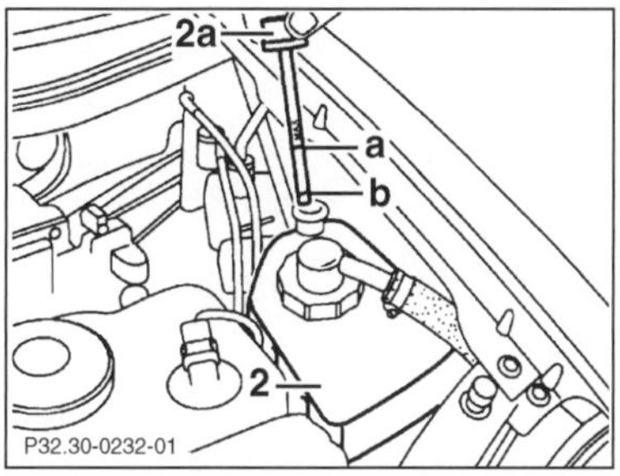

- **Fahrzeuge ab 9/95 mit Niveauregulierung:** Es ist ein gemeinsamer Ölbehälter –2– für beide Systeme vorhanden. Ölstand am Meßstab –2a– ablesen, er muß zwischen –a– und –b– stehen.
- Falls erforderlich, MERCEDES-BENZ-Lenkgetriebeöl 000 989 88 03 nachfüllen. Grundsätzlich nur neues Öl nachfüllen, da bereits kleinste Verunreinigungen zu Störungen an der hydraulischen Anlage führen können.
- Peilstab einsetzen, Deckel anschrauben.
- Anschließend bei laufendem Motor das Lenkrad mehrmals von Anschlag zu Anschlag bewegen, dadurch entlüftet sich die Anlage.

Ölstand Niveauregulierung/ ASD prüfen

Modelle bis 8/95

Hinweis: Sonderausstattung ASD (Sperrdifferential) wird seit 9/95 nicht mehr eingebaut, da dessen Funktion von ETS (Traktionshilfe) übernommen wird.

- Fahrzeug auf waagerechter Fläche abstellen. Ölstand bei abgestelltem Motor prüfen.

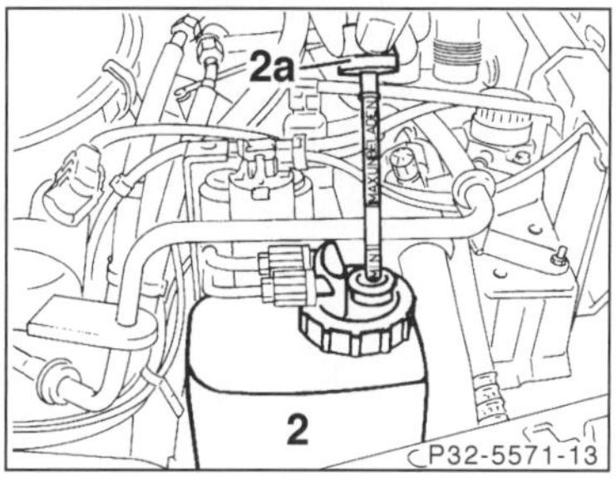

- Verschlußdeckel öffnen und mit Ölmeßstab –2a– aus dem Vorratsbehälter –2– herausziehen.
- Meßstab mit fusselfreiem Tuch abwischen und wieder bis zum Anschlag einstecken.
- Meßstab herausziehen und Ölstand ablesen. Der Ölstand muß sich zwischen den Markierungen »MIN« und »MAX« befinden.
- Muß Hydrauliköl nachgefüllt werden, sauberen Trichter und feinmaschiges Sieb verwenden.

Achtung: Es dürfen nur die vom Werk freigegebenen Hydrauliköle, zum Beispiel MERCEDES-000 989 91 03/10, verwendet werden.

Bremsen/Reifen/Räder

- Scheibenbremse: Belagstärke der vorderen und hinteren Bremsbeläge prüfen. Zustand der Bremsscheibe prüfen.
- Bremsflüssigkeitsstand prüfen.
- Bremsscheiben prüfen, siehe Seite 146.
- Bremsanlage: Leitungen, Schläuche und Anschlüsse auf Undichtigkeiten und Beschädigungen prüfen.
- Bremsflüssigkeit erneuern.
- Bereifung: Profiltiefe und Reifenfülldruck prüfen; Reifen auf Verschleiß und Beschädigungen (einschließlich Reserverad) prüfen.
- Räder: Abschrauben, Zustand der Felgen (auch innen) prüfen, Räder reinigen und mit vorgeschriebenem Drehmoment anschrauben, siehe Seite 161.

Bremsbelagdicke prüfen

- Stellung der Räder zur Radnabe mit Farbe kennzeichnen. Dadurch kann das ausgewuchtete Rad wieder in derselben Position montiert werden. Radschrauben bei auf dem Boden stehendem Fahrzeug lösen. Fahrzeug aufbocken und Räder abnehmen.
- Bremsscheibendicke prüfen, siehe Seite 146.

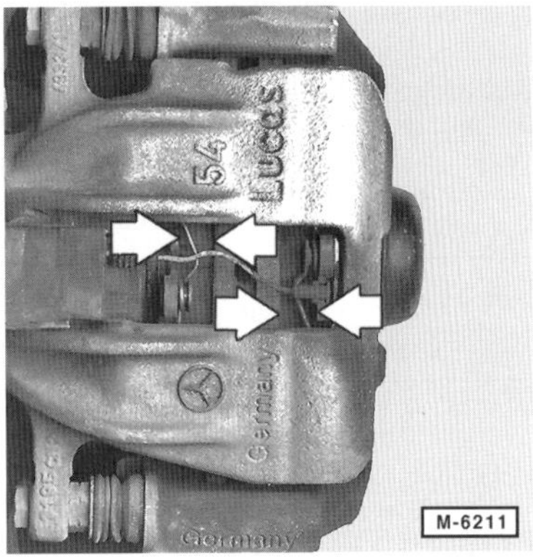

- Dicke der Bremsbeläge (ohne Rükkenplatte) mit einer Schieblehre messen.
- Die Verschleißgrenze der **Scheibenbremsbeläge** an der Vorder- und Hinterachse ist erreicht, wenn ein Belag ohne Rückenplatte nur noch eine Dicke von **2 mm** aufweist. In diesem Fall immer alle 4 Beläge einer Achse ersetzen.

Hinweis: Nach einer Faustregel entspricht bei den vorderen Scheibenbremsen 1 mm Bremsbelag einer Fahrleistung von mindestens 1.000 km. Diese Faustregel gilt unter ungünstigen Bedingungen. Im Normalfall halten die Beläge viel länger. Bei einer Belagdicke der Scheibenbremsbeläge von 5,0 mm (ohne Rückenplatte) beträgt die Restnutzbarkeit der Bremsbeläge also noch mindestens 3.000 km.

- Räder so ansetzen, daß die beim Ausbau angebrachten Markierungen übereinstimmen. Vorher Zentriersitz der Felge an der Radnabe mit Wälzlagerfett leicht einfetten. Räder anschrauben. Fahrzeug ablassen und Radschrauben über Kreuz mit **110 Nm** festziehen.
- Fahrzeug ablassen.

Bremsflüssigkeitsstand prüfen

Der Vorratsbehälter für die Bremsflüssigkeit befindet sich im Motorraum. Er hat zwei Kammern, je eine für jeden Bremskreis. Der Schraubverschluß hat eine Belüftungsbohrung, die nicht verstopft sein darf.

Der Vorratsbehälter ist durchscheinend, so daß der Bremsflüssigkeitsstand jederzeit von außen überwacht werden kann. Es ist ratsam, in regelmäßigen Abständen einen Blick auf den Vorratsbehälter zu werfen.

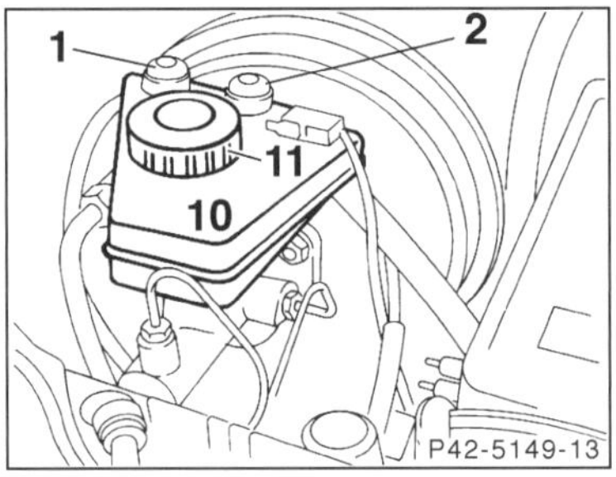

- Der Flüssigkeitsstand soll bei geschlossenem Deckel –11– zwischen den am Behälter –10– eingeprägten Markierungen »MAX« und »MIN« liegen.
- Nur Bremsflüssigkeit der Spezifikation **DOT 4** einfüllen.
- Durch Abnutzung der Scheibenbremsen entsteht ein geringfügiges Absinken der Bremsflüssigkeit. Das ist normal.
- Sinkt die Bremsflüssigkeit jedoch innerhalb kurzer Zeit stark ab, ist das ein Zeichen für Bremsflüssigkeitsverlust.
- Die Leckstelle muß dann sofort ausfindig gemacht werden. Sicherheitshalber sollte die Überprüfung der Anlage von einer Fachwerkstatt durchgeführt werden.

Warnleuchte prüfen

- Zündung einschalten, Feststellbremse lösen.
- Beide Kontakte –1– und –2– nacheinander mit dem Finger nach unten drücken.
- Ein Helfer kontrolliert, ob die Warnleuchte jeweils aufleuchtet. Falls nicht, elektrische Zuleitung gemäß Stromlaufplan prüfen.
- Die Kontakteinsätze können nicht ausgebaut werden. Gegebenenfalls Vorratsbehälter ersetzen.

Sichtprüfung der Bremsleitungen

- Fahrzeug aufbocken, siehe Seite 241.
- Bremsleitungen mit Kaltreiniger reinigen.

Achtung: Die Bremsleitungen sind zum Schutz gegen Korrosion mit einer Kunststoffschicht überzogen. Wird diese Schutzschicht beschädigt, kann es zur Korrosion der Leitungen kommen. Aus diesem Grund dürfen Bremsleitungen nicht mit Drahtbürste, Schmirgelleinen oder Schraubendreher gereinigt werden.

- Bremsleitungen vom Hauptbremszylinder zu den einzelnen Radbremszylindern mit Lampe überprüfen. Der Hauptbremszylinder sitzt im Motorraum unter dem Vorratsbehälter für Bremsflüssigkeit.
- Bremsleitungen dürfen weder geknickt noch gequetscht sein. Auch dürfen sie keine Rostnarben oder Scheuerstellen aufweisen. Andernfalls Leitung bis zur nächsten Trennstelle ersetzen.
- Bremsschläuche verbinden die Bremsleitungen mit den Radbremszylindern an den beweglichen Teilen des Fahrzeugs. Sie bestehen aus hochdruckfestem Material, können aber mit der Zeit porös werden, aufquellen oder durch scharfe Gegenstände angeschnitten werden. In einem solchen Fall sind sie sofort zu ersetzen.

● Bremsschläuche mit der Hand hin- und herbiegen, um Beschädigungen festzustellen. Schläuche dürfen nicht verdreht sein. Farbige Kennlinie beachten, falls vorhanden!

● Lenkrad nach links und rechts bis zum Anschlag drehen. Die Bremsschläuche dürfen dabei in keiner Stellung Fahrzeugteile berühren.

● Anschlußstellen von Bremsleitungen und -schläuchen dürfen nicht durch ausgetretene Flüssigkeit feucht sein.

Achtung: Wenn der Vorratsbehälter und die Dichtungen durch ausgetretene Bremsflüssigkeit feucht sind, so ist das nicht unbedingt ein Hinweis auf einen defekten Hauptbremszylinder. Vielmehr dürfte die Bremsflüssigkeit durch die Belüftungsbohrung im Deckel oder durch die Deckeldichtung ausgetreten sein.

● Fahrzeug ablassen.

● Lenkrad nochmals nach links und rechts bis zum Anschlag drehen und prüfen, ob die Bremsschläuche in keiner Stellung Fahrzeugteile berühren.

Bremsflüssigkeit wechseln

Achtung: Gilt nicht für Fahrzeuge mit ASR (Antriebsschlupfregelung) von 6/93 – 5/94. Diese müssen zur Entlüftung der gesamten Anlage zusätzlich mit einem elektronischen Testgerät von MERCEDES entlüftet werden, daher Werkstatt aufsuchen.

Benötigtes Sonderwerkzeug:

■ Ringschlüssel für Entlüfterschrauben.

■ Durchsichtiger Kunststoffschlauch.

Benötigte Betriebsmittel:

■ Ca. 0,5 l Bremsflüssigkeit der Spezifikation **DOT 4**.

Die Bremsflüssigkeit nimmt durch die Poren der Bremsschläuche sowie durch die Entlüftungsöffnung des Vorratsbehälters Luftfeuchtigkeit auf. Dadurch sinkt im Laufe der Betriebszeit der Siedepunkt der Bremsflüssigkeit. Bei starker Beanspruchung der Bremse kann es deshalb zu Dampfblasenbildung in den Bremsleitungen kommen, wodurch die Funktion der Bremsanlage stark beeinträchtigt wird.

Bremsflüssigkeit alle 2 Jahre unabhängig von den gefahrenen Kilometern, möglichst im Frühjahr, erneuern. Bei vielen Gebirgsfahrten, Bremsflüssigkeit in kürzeren Abständen wechseln.

● Vorsichtsmaßregeln beim Umgang mit Bremsflüssigkeit beachten, siehe Seite 149.

● Bremsflüssigkeitsstand auf dem Vorratsbehälter mit Filzstift markieren. Nach Erneuern der Bremsflüssigkeit ursprünglichen Flüssigkeitsstand wieder herstellen. Dadurch wird ein Überlaufen des Bremsflüssigkeitsbehälters beim Wechsel der Bremsbeläge vermieden.

● Mit einer Absaugflasche aus dem Bremsflüssigkeitsbehälter Bremsflüssigkeit bis zu einem Stand von ca. 10 mm absaugen.

Achtung: Vorratsbehälter nicht ganz entleeren, damit keine Luft in das Bremssystem gelangt.

● Vorratsbehälter bis zur »MAX«-Marke mit **neuer** Bremsflüssigkeit füllen.

● Am rechten hinteren Bremssattel sauberen Schlauch auf Entlüfterventil aufschieben, geeignetes Gefäß unterstellen.

● Von Helfer das Bremspedal mehrmals durchtreten lassen, bis sich ein Gegendruck aufgebaut hat. Bremspedal getreten lassen, gleichzeitig Entlüfterventil öffnen und Bremsflüssigkeit durch den durchsichtigen Schlauch herausströmen lassen. Entlüfterventil schließen, wenn das Pedal am Bodenblech anstößt, Fuß vom Pedal nehmen lassen. Dieser Vorgang ist an jedem Entlüfterventil solange zu wiederholen (ca. 10mal), bis nur noch neue Bremsflüssigkeit heraustritt. Neue Bremsflüssigkeit ist an der helleren Farbe zu erkennen.

● Entlüfterventil schließen, Vorratsbehälter mit neuer Bremsflüssigkeit auffüllen.

● Auf die gleiche Weise alte Bremsflüssigkeit aus den anderen Bremssätteln herauspumpen.

Achtung: Die abfließende Bremsflüssigkeit muß in jedem Fall klar und blasenfrei sein.

● Alte Bremsflüssigkeit bei der örtlichen Deponie für Sondermüll abgeben.

Reifenprofil prüfen

Die Reifen ausgewuchteter Räder nutzen sich bei gewissenhaftem Einhalten des vorgeschriebenen Fülldrucks und bei fehlerfreier Radeinstellung und Stoßdämpferfunktion auf der gesamten Lauffläche annähernd gleichmäßig ab. Bei ungleichmäßiger Abnutzung, siehe Störungsdiagnose im Kapitel »Reifen«. Im übrigen läßt sich keine generelle Aussage über die Lebensdauer bestimmter Reifenfabrikate machen, denn die Lebensdauer hängt von unterschiedlichen Faktoren ab:

■ Fahrbahnoberfläche
■ Reifenfülldruck
■ Fahrweise
■ Witterung

Vor allem sportliche Fahrweise, scharfes Anfahren und starkes Bremsen fördern den schnellen Reifenverschleiß.

Achtung: Der Gesetzgeber hat festgelegt, daß Reifen bis zu einer Profiltiefe von 1,6 mm abgefahren werden dürfen, und zwar müssen die Profilrillen auf der gesamten Lauffläche noch mindestens 1,6 mm Tiefe aufweisen. Es empfiehlt sich jedoch, sicherheitshalber die Reifen bereits bei einer Mindestprofiltiefe von 2 mm auszutauschen.

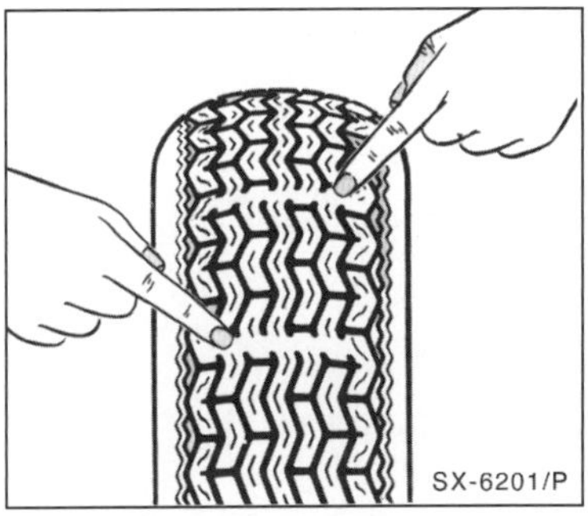

Nähert sich die Profiltiefe der gesetzlich zulässigen Mindestprofiltiefe, das heißt, weist der mehrmals am Reifenumfang angeordnete 1,6 mm hohe Verschleißanzeiger kein Profil mehr auf, müssen die Reifen gewechselt werden.

Achtung: M + S-Reifen haben auf Matsch und Schnee nur ausreichende Wirkung, wenn ihr Profil noch mindestens 4 mm tief ist.

Achtung: Reifen auf Schnittstellen untersuchen und mit kleinem Schraubendreher Tiefe der Schnitte feststellen. Wenn die Schnitte bis zur Karkasse reichen, korrodiert durch eindringendes Wasser der Stahlgürtel. Dadurch löst sich unter Umständen die Lauffläche von der Karkasse, der Reifen platzt. Deshalb: Bei tiefen Einschnitten im Profil aus Sicherheitsgründen Reifen austauschen.

Karosserie/Innenausstattung

Reifenventil prüfen

- Staubschutzkappe vom Ventil abschrauben.
- Etwas Seifenwasser auf das Ventil geben. Wenn sich eine Blase bildet, Ventil mit umgedrehter Schutzkappe festdrehen.

Achtung: Zum Anziehen des Ventils kann nur eine Metallschutzkappe verwendet werden. Metallschutzkappen sind an der Tankstelle erhältlich.

- Ventil erneut prüfen. Falls sich wieder Blasen bilden oder sich das Ventil nicht weiter anziehen läßt, Ventil erneuern.
- Grundsätzlich Schutzkappe wieder befestigen.

Reifenfülldruck prüfen

- ■ Reifenfülldruck nur am kalten Reifen prüfen.
- ■ Reifenfülldruck einmal im Monat sowie im Rahmen der Wartung prüfen. Der richtige Fülldruck steht auf einem Aufkleber an der Innenseite der Tankklappe. Anhaltewert siehe Reifentabelle auf Seite 160.
- ■ Zusätzlich sollte der Fülldruck vor längeren Autobahnfahrten kontrolliert werden, da hierbei die Temperaturbelastung für den Reifen am größten ist.

- ■ Staubfiltereinsatz erneuern.
- ■ Verschluß und Scharniere der Motorhaube schmieren.
- ■ Sicherheitsgurte auf Beschädigungen prüfen.
- ■ Schiebedach: Gleitschienen und Gleitbacken reinigen und leicht einfetten.
- ■ Karosserie auf Lackschäden, Beschädigung und Korrosion prüfen, siehe Seite 191.
- ■ Anhängevorrichtung mit abnehmbarem Kugelhals und automatischer Verriegelung: Schmieren und auf Funktion prüfen (Werkstattarbeit).

Staubfiltereinsatz erneuern

Der Staubfilter darf nicht gereinigt werden. Im Rahmen der Wartung ist der Filter immer zu ersetzen.

Der Staubfilter ist hinter dem Gebläse angeordnet. Einbaulage, siehe Seite 196.

- Seitliche Lüftungsabdeckung im rechten Fußraum abziehen, vorher Befestigungsclip um 90° (¼ Umdrehung) drehen.
- Abdeckung unter dem Handschuhfach abschrauben und nach hinten ziehen.
- Clips abdrücken und Deckel nach unten klappen.

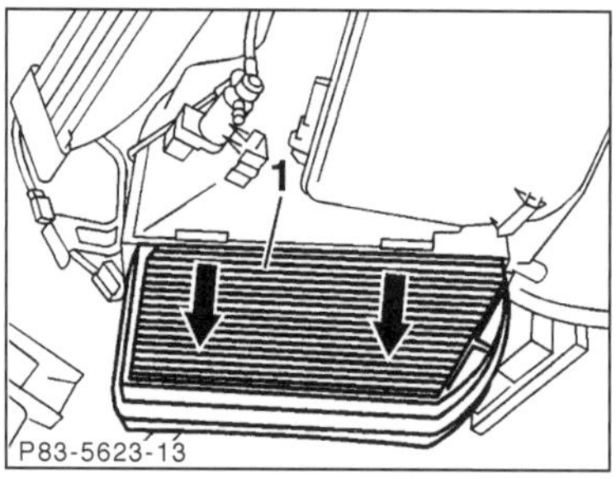

- Staubfilter –1– nach unten in Pfeilrichtung herausziehen.
- Neuen Filter einsetzen.

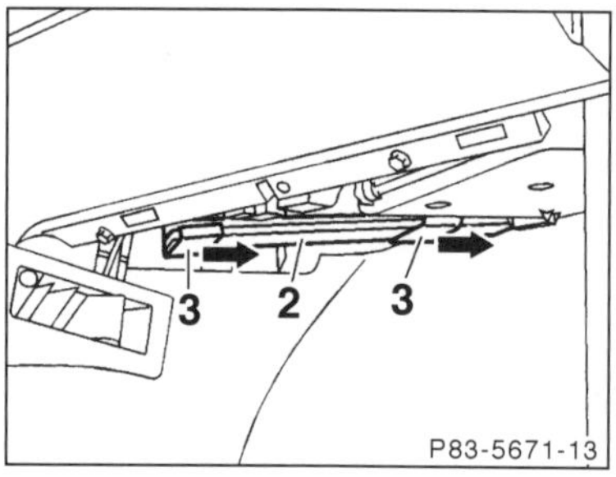

- Deckel einsetzen, dazu die beiden Halteklammern –3– auf der Schiene –2– in Pfeilrichtung verschieben.
- Untere Abdeckung einsetzen und anschrauben.
- Seitliche Lüftungsabdeckung einsetzen und Befestigungsclip um 90° (¼ Umdrehung) drehen.

Motorhaube schmieren

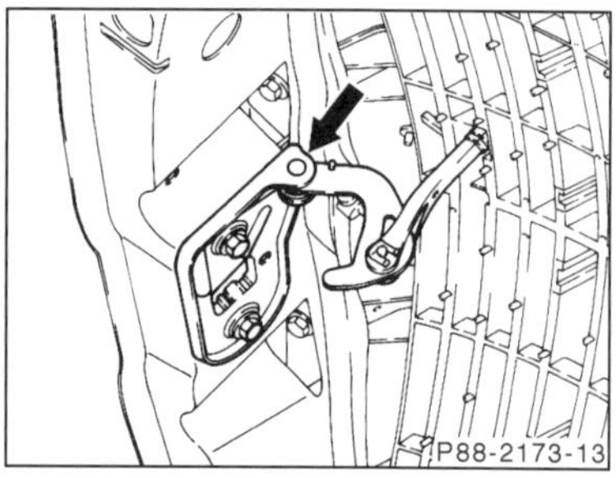

- Sicherungshaken ölen.

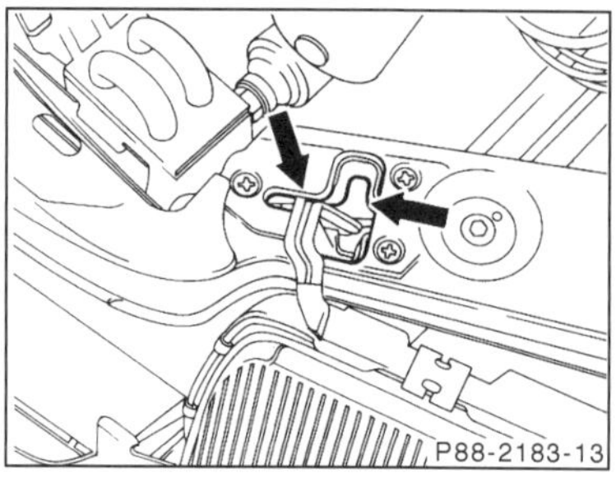

- Motorhaubenschloß mit Mehrzweckfett schmieren.

Sichtprüfung aller Sicherheitsgurte

Achtung: Geräusche, die beim Aufrollen des Gurtbandes entstehen, sind funktionsbedingt. Bei störenden Geräuschen kann nur der Sicherheitsgurt ausgetauscht werden. Auf keinen Fall darf zur Behebung von Geräuschen Öl oder Fett verwendet werden. Der Aufrollautomat darf nicht zerlegt werden, da hierbei die vorgespannte Feder herausspringen kann. Unfallgefahr!

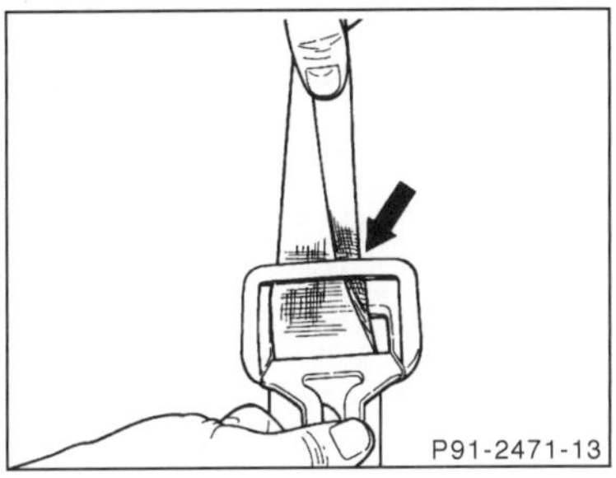
P91-2471-13

- Sicherheitsgurt ganz herausziehen und Gurtband auf durchtrennte Fasern prüfen.
- Beschädigungen können zum Beispiel durch Einklemmen des Gurtes oder durch brennende Zigaretten entstehen. In diesem Fall Gurt austauschen.
- Sind Scheuerstellen vorhanden, ohne daß Fasern durchtrennt sind, braucht der Gurt nicht ausgewechselt zu werden.
- Schwergängigen Gurt auf Verdrehungen prüfen, gegebenenfalls Verkleidung an der Mittelsäule ausbauen.
- Wenn die Aufrollautomatik nicht mehr funktioniert, Gurt auswechseln.
- Gurtbänder nur mit Seife und Wasser reinigen, keinesfalls Lösungsmittel oder chemische Reinigungsmittel verwenden.

Schiebedach fetten

Es wird kein Sonderwerkzeug benötigt.

Erforderliches Verschleißteil:

- MERCEDES-BENZ-Gleitpaste 001 989 1451 oder vergleichbares Fett.

- Schiebedach ganz öffnen.
- Gleitschienen mit Lappen reinigen.
- Lauffläche der Gleitbacken am Schiebedach mit Gleitpaste einfetten.
- Schiebedach ganz schließen und wieder öffnen.
- Überschüssige Gleitpaste seitlich an den Gleitbacken abwischen.

Elektrische Anlage

- Kontrolleuchten, Symbolbeleuchtung und Innenbeleuchtung: Funktion prüfen.
- Außenbeleuchtung prüfen, gegebenenfalls Scheinwerfer einstellen, siehe Seite 221.
- Signalhorn prüfen.
- Wischergummi auf Verschleiß prüfen.
- Scheibenwaschanlage: Flüssigkeitsstand und Funktion prüfen, Düsenstellung kontrollieren, Scheinwerfer-Waschanlage prüfen.
- T-Modell: Flüssigkeitsstand und Funktion der Heckscheibenwaschanlage prüfen.
- Leuchtweitenregulierung prüfen.
- Alle Stromverbraucher: Funktion prüfen.
- Wischergummi für Windschutzscheibe erneuern, siehe Seite 231.
- Wischergummi für Scheinwerfer: Zustand prüfen.
- T-Modell: Heckwischergummi auf Verschleiß prüfen.
- Teleskopstab der Antenne reinigen.
- Batterie: Flüssigkeitsstand prüfen
- Serviceanzeige im Schaltafeleinsatz zurücksetzen.

Kontrolleuchten/ Außenbeleuchtung: Funktion prüfen

Kontrolleuchten

- Zündung einschalten (Zündschlüssel in Stellung »2« drehen).
- Die Kontrollampen leuchten ca. 30 Sekunden auf und verlöschen dann. Prüfen, ob alle Lampen entsprechend der Fahrzeug-Ausstattung aufleuchten.
- Die SRS-Kontrolleuchte (Airbag) muß spätestens nach ca. 4 Sekunden verlöschen.
- Fernlicht einschalten, Blinker betätigen und Kontrollampen prüfen.

Außenbeleuchtung

- Gläser der Front- und Heckbeleuchtung auf Beschädigung und Wassereintritt prüfen.
- Außenbeleuchtung einschalten und Funktion prüfen.

Leuchtweitenregulierung prüfen

- Motor starten und im Leerlauf laufen lassen.
- Abblendlicht einschalten.
- Leuchtweitenregler auf die verschiedenen Stellungen bringen und prüfen, ob sich beide Lichtbündel der Scheinwerfer gleichmäßig verstellen.

Teleskopstab der Antenne reinigen

Erforderliche Verschleißteile:

- Reinigungstuch für Teleskopantenne (im Zubehörhandel erhältlich).

- Antenne herausziehen beziehungsweise durch Einschalten des Radios herausfahren lassen.

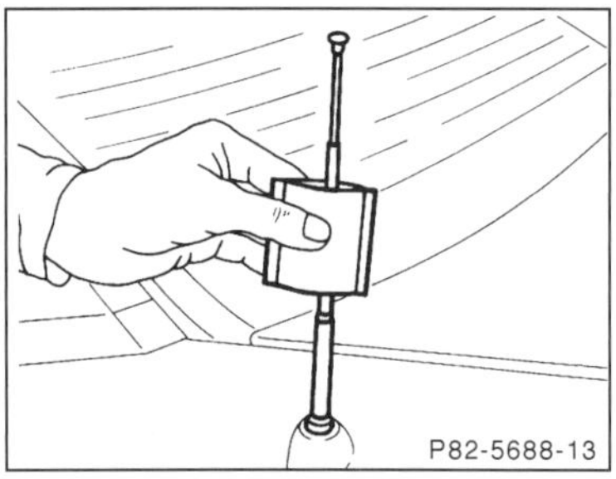

- Teleskopstab mit einem Reinigungstuch reinigen.
- Antenne einschieben beziehungsweise durch Ausschalten des Radios hineinfahren lassen.
- Diesen Vorgang mehrmals wiederholen.

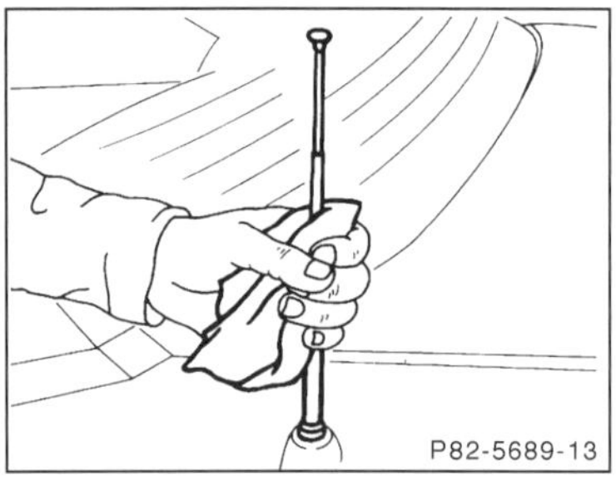

- Anschließend Teleskopstab mit einem sauberen Lappen trockenwischen.

Batterie: Flüssigkeitsstand prüfen

Benötigtes Sonderwerkzeug:

- Destilliertes Wasser.

Säurestand prüfen/ergänzen

Normalerweise reicht die einmal eingefüllte Säuremenge für die gesamte Lebensdauer der Batterie. **Hinweis:** Der Säurestand kann nur bei einer Batterie mit herausschraubbaren Batteriestopfen –3– (V-6251) korrigiert werden.

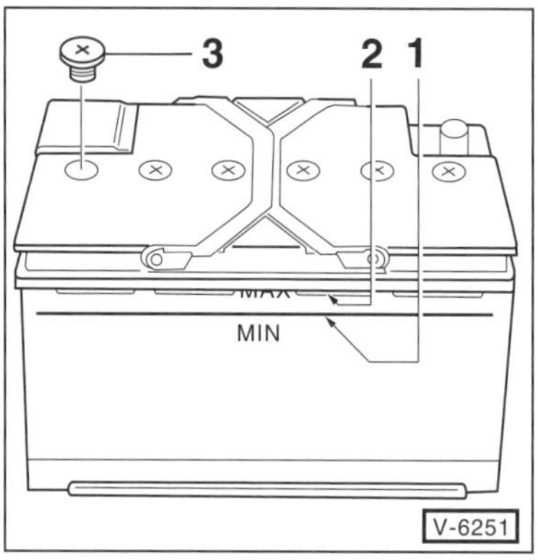

- Nur wenn der Säurestand in einer Zelle unter die MIN-Markierung –1– abgesunken ist, Batteriestopfen –3– ausschrauben.

Achtung: Nicht mit offener Flamme in die Batterie leuchten. Explosionsgefahr!

- Jede Zelle einzeln mit destilliertem Wasser bis zur MAX-Markierung –2– auffüllen. Der Säurestand muß etwa 5 mm oberhalb der Bleiplatten liegen.
- Stopfen einschrauben und festziehen. Vorher O-Dichtring am Stopfen kontrollieren, bei Beschädigung erneuern.
- Anschließend Batterie laden, siehe Seite 209.

Serviceanzeige im Schaltafeleinsatz zurücksetzen

Die Serviceanzeige im Schaltafeleinsatz ist zurückzusetzen nachdem Motorölwechsel und Wartung durchgeführt wurden.

Zurücksetzen

- Zündung einschalten beziehungsweise Startschalter mit Zündschlüssel in Stellung »2« bringen.
- Innerhalb von 4 Sekunden nachdem die Zündung eingeschaltet wurde: Rückstelltaste für Tageskilometerzähler innerhalb 1 Sekunde 2mal drücken. Dadurch wird die Wartungsanzeige für 10 Sekunden aktiviert.
- Innerhalb dieser 10 Sekunden Startschalter in Stellung »1« drehen. Die Wartungsanzeige wird weiterhin angezeigt.
- Rückstelltaste für Tageskilometerzähler drücken und gedrückt halten.
- Startschalter in Stellung »2« drehen.
- Rückstelltaste für Tageskilometerzähler noch weitere 10 Sekunden gedrückt halten, bis ein Signalton ertönt und die neue Mindestlaufstrecke (in der Regel 15.000 km) auf dem Display erscheint.
- Rückstelltaste für Tageskilometerzähler loslassen.

Schaltpläne

Der Umgang mit dem Schaltplan

Will man einen Fehler in der elektrischen Anlage aufspüren oder nachträglich ein elektrisches Zubehör montieren, kommt man nicht ohne Schaltplan aus; anhand dessen der Stromverlauf und damit die Kabelverbindungen aufgezeigt werden. Grundsätzlich muß der betreffende Stromkreis geschlossen sein, sonst kann der elektrische Strom nicht fließen. Es reicht beispielsweise nicht aus, wenn an der Plusklemme eines Scheinwerfers Spannung anliegt, wenn nicht gleichzeitig über den Masseanschluß der Stromkreis geschlossen ist.

In den einzelnen Stromkreisen können Schalter, Relais, Sicherungen, Meßgeräte, elektrische Motoren oder andere elektrische Bauteile integriert sein. In der Erläuterung (Legende) neben jedem Schaltplan sind die Schaltungsteile mit der entsprechenden Positionsangabe aufgeführt. Jeder Schaltplan ist durch Buchstaben (A bis M) am linken und rechten Rand sowie durch Zahlen am oberen und unteren Rand in Suchfelder eingeteilt. Das gesuchte Schaltungsteil befindet sich im Schnittpunkt gedachter waagerechter und senkrechter Linien, ausgehend vom entsprechenden Buchstaben und der dazugehörigen Zahl, die als Positionsangabe in der Legende hinter dem Schaltungsteil stehen.

Fahrzeug-Varianten und Sonderausstattungen sind strichpunktiert eingerahmt und mit einer Abkürzung gekennzeichnet, die in nachfolgender Liste oder in der jeweiligen Legende aufgeführt ist.

Die Zahlen an den Anschlußstellen der Leitungen mit den Verbrauchern, Schaltern usw. decken sich mit der Kennzeichnung an diesen Teilen im Fahrzeug. Dabei geben die etwas größeren Zahlen die Klemmenbezeichnung der einzelnen Stromkreise an. Die wichtigsten Klemmenbezeichnungen am Beispiel von Relais sind im Kapitel »Elektrische Anlage« zu finden, siehe Seite 205.

Damit der Kabelverlauf besser verfolgt werden kann, haben die einzelnen Anschlußkabel verschiedene Farben.

Wenn Massestellen im Schaltplan Bezeichnung aufweisen, dann ist das Bauteil direkt an Motor, Fahrwerk oder Karosserie befestigt.

Abkürzungen in den Schaltplänen

AB = Airbag
ABS = Antiblockiersystem
AG = Automatisches Getriebe
AKR = Antiklopfregelung
ARA = Antiruckelaufschaltung
ARF = Abgasrückführung
ASD = Automatisches Sperr-Differential
ASR = Antriebs-Schlupf-Regelung
BAE = Beifahrer-Auslöse-Einheit
CAN = Control Area Network (Datenbus)
EAG = Elektronische Steuerung für automatisches Getriebe
EDW = Einbruch-Diebstahl-Warnanlage
EFP = Elektronisches Fahrpedal
ERE = Elektronisches Reiheneinspritzsystem
ESV = Elektrische Sitzverstellung
EVE = Elektronisches Verteilereinspritzsystem
FAN = Fanfaren-Signalanlage
FSA = Freisprechanlage
GUS = Gurtstraffer
GES = Geschwindigkeitssignal
HAU = Heizungsautomatik
HFM = Heißfilm-Motorsteuerung
IFZ = Infrarot-Fernbedienung für Zentralverriegelung
KAT = Katalysator
KFB = Komfortbetätigung
KI = Kombi-Instrument
KLA = Klimatisierungsautomatik
LL = Linkslenker
LLR = Leerlaufregelung
MG = Mechanisches Getriebe
MRA = Motor-Restwärme-Anlage
PMS = Druck-Motorsteuerung (P-Motronic)
RL = Rechtslenker
SHD = Schiebe-Hebe-Dach
SIH = Sitzheizung
SRA = Scheinwerfer-Reinigungsanlage
SRS = Rückhaltesystem
STH = Standheizung
TAU = Temperaturautomatik
TEL = Telefon
TPM = Tempomat
ZV = Zentralverriegelung

Hinweis: Weitere Abkürzungen werden in den Schaltplan-Legenden erklärt.

Kabelfarbcode/Kabelquerschnitt

Die Buchstaben in den einzelnen Leitungen weisen auf die Kabelfarbe hin:

Code Farbe	Code Farbe	Code Farbe
bl = blau	gn = grün	rt = rot
br = braun	gr = grau	sw = schwarz
el = elfenbein	nf = naturfarben	vi = violett
ge = gelb	rs = rosa	ws = weiß

Bei zweifarbigen Kabeln weisen die Buchstaben vor dem Schrägstrich auf die Grundfarbe des Kabels und der zweite auf die Streifenfarbe hin. Vor der Kabelfarbe steht der Leiterquerschnitt (Kabeldicke) in mm^2.

Beispiel: 0,75 sw/rt bezeichnet ein schwarz/rotes Kabel mit Leitungsquerschnitt 0,75 mm^2.

Achtung: Die Leitungsquerschnitte im Fahrzeug können von der Darstellung im Schaltplan abweichen. Einfließende Leitungsänderungen sind im Schaltplan umrahmt.

Schaltpläne

Aus Platzgründen ist es nicht möglich, die Schaltpläne aller Stromkreise, Modelljahre und Modellvarianten mitzuliefern. Bei einer Neuauflage wird jeweils eine Auswahl der aktuellen Schaltpläne veröffentlicht. Da die Änderungen in der Regel jedoch nur in Detailbereichen stattfinden, kann man sich auch dann, wenn das eigene Fahrzeug einem anderen Modelljahr angehört, an den vorliegenden Schaltplänen orientieren.

Um die Arbeit mit dem Schaltplan zu erleichtern, empfiehlt es sich, den Plan mit einer Schere herauszutrennen und dem Buch lose beizulegen.

Anordnung der Massestellen

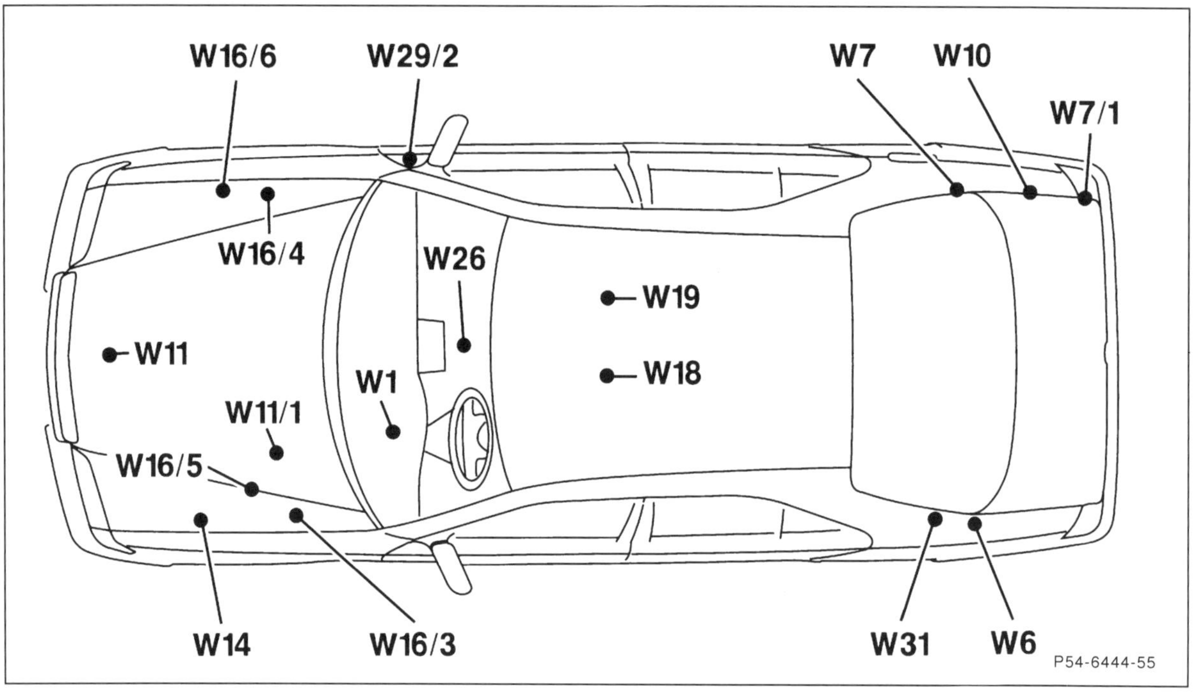

W1 Hauptmasse (hinter Kombi-Instrument)
W6 Masse Kofferraum Radlauf links
W7 Masse Kofferraum Radlauf rechts
W7/1 Masse Kofferraum Schlußleuchte rechts
W10 Masse Batterie
W11 Masse Motor, USA
W11/1 Masse Motor
W14 Masse Halter Hydraulikeinheit
W16/3 Masse Aggregateraum links, Leistungsmasse
W16/4 Masse Aggregateraum rechts, Leistungsmasse
W16/5 Masse Aggregateraum links, Elektronikmasse
W16/6 Masse Aggregateraum rechts, Elektronikmasse
W18 Masse Querträger Sitz vorne links
W19 Masse Querträger Sitz vorne rechts
W26 Masse Steuergerät Gurtstraffer/Airbag
W29/2 Masse A-Säule, rechts
W31 Masseband Antenne